지게차운전기능사

필기

㈜에듀웨이 R&D연구소 지음

스마트폰으로 언제 어디서나~ 짬짬이 시간에 눈으로 익히자!
에듀웨이 지게차운전기능사 최신경향 알짜요약노트 보는 방법

1. 아래 기입란에 카페 가입 닉네임을 볼펜(또는 유성 네임펜)으로 기입합니다. (※ 연필 기입 안됨)

2. 이 페이지를 스마트폰으로 촬영합니다.

3. 에듀웨이출판사 카페(eduway.net)에 가입한 후 우측 그림과 같이 카페 메뉴의 (필기)도서-인증하기에 촬영한 이미지를 첨부합니다.
   – 자세한 방법은 카페를 참조하기 바랍니다.

4. 카페 매니저가 등업처리하면 카페 메뉴에서 지게차 관련 자료를 확인할 수 있습니다.

카페 글쓰기
카페 채팅
검색
★ 즐겨찾는 게시판
▣ 전체글보기　23,952
✿ 인기글
▣ (필기)도서-인증하기 ⑯
▣ (실기)이용도서-인증하기 ⑯
▣ 에듀웨이 <공지사항>
▣ 유튜브강의&핵심자료집

에듀웨이출판사 카페 닉네임 기입란

EDUWAY

주의 표지 : 도로의 형상, 상태 등의 도로 환경 및 위험물, 주의사항 등 미연에 알려 안전조치 및 예비동작을 할 수 있도록 함

+자형교차로	T자형교차로	Y자형교차로	ㅏ자형교차로	ㅓ자형교차로	우선도로	우합류도로	좌합류도로	회전형교차로

철길건널목	우로굽은도로	좌로굽은도로	우좌로굽은도로	좌우로굽은도로	2방향통행	오르막경사	내리막경사	도로폭이좁아짐

우측차로없어짐	좌측차로없어짐	우측방통행	양측방통행	중앙분리대시작	중앙분리대끝남	신호기	미끄러운도로	강변도로

노면고르지못함	과속방지턱	낙석도로	횡단보도	어린이보호	자전거	도로공사중	비행기	횡풍

터널	교량	야생동물보호	위험	상습정체구간				

규제 표지 : 도로교통의 안전을 목적으로 위한 각종 제한, 금지, 규제사항을 알림(통행금지, 통행제한, 금지사항)

통행금지	자동차 통행금지	화물자동차 통행금지	승합자동차 통행금지	이륜자동차 및 원동기 장치자전거통행금지	자동차·이륜자동차 및 원동기장치자전거 통행금지	경운기·트랙터 및 손수레 통행금지	자전거 통행금지	진입금지
직진금지	우회전금지	좌회전금지	유턴금지	앞지르기금지	정차·주차금지	주차금지	차중량제한	차높이제한
차폭제한	차간거리확보	최고속도제한	최저속도제한	서행	일시정지	양보	보행자 보행금지	위험물적재차량 통행금지

지시 표지 : 도로교통의 안전 및 원활한 흐름을 위한 도로이용자에게 지시하고 따르도록 함(통행방법, 통행구분, 기타)

자동차전용도로	자전거전용도로	자전거 및 보행자 겸용도로	회전교차로	직진	우회전	좌회전	직진 및 우회전	직진 및 좌회전
좌회전 및 유턴	좌우회전	유턴	양측방통행	우측면통행	좌측면통행	진행방향별 통행구분	우회로	자전거 및 보행자 통행구분
자전거전용차로	주차장	자전거주차장	보행자전용도로	횡단보도	노인보호	어린이보호	장애인보호	자전거횡단도
일방통행	일방통행	일방통행	비보호좌회전	버스전용차로	다인승차량 전용차로	통행우선	자전거나란히 통행허용	

산업안전표지

금지 표지	출입금지	보행금지	차량통행금지	사용금지	탑승금지	금연

화기금지	물체이동금지	경고 표지	인화성물질 경고	산화성물질 경고	폭발성물질 경고	급성독성물질 경고

부식성물질 경고	방사성물질 경고	고압전기 경고	매달린 물체 경고	낙하물 경고	고온 경고	저온 경고

몸균형 상실 경고	레이저 광선 경고	발암성 · 변이원성 · 생식독성 · 전신독성 · 호흡기 과민성 물질 경고	위험장소 경고	지시 표지	보안경 착용

방독마스크 착용	방진마스크 착용	보안면 착용	안전모 착용	귀마개 사용	안전화 착용	안전장갑 착용

안전복 착용	안내 표지	녹십자표지	응급구호표지	들것	세안장치	비상용기구

비상구	좌측비상구	우측비상구

지게차운전기능사

필기

㈜에듀웨이 R&D연구소 지음

a qualifying examination professional publishers

(주)에듀웨이는 자격시험 전문출판사입니다.
에듀웨이는 독자 여러분의 자격시험 취득을 위해 고품격 수험서 발간을 위해 노력하고 있습니다.

기출문제만

분석하고

파악해도

반드시 합격한다!

지게차는 일반 산업 현장이나 각종 건설공사, 항만, 공항, 물류업체 등 그 사용 범위가 광범위하며 건설 및 유통구조가 대형화될수록 지게차의 수요는 더욱 증가할 것으로 기대됩니다. 따라서 지게차 운전 기능사의 전망은 매우 밝은 편이라 할 수 있습니다.

이 책은 지게차 운전기능사의 시험에 대비하여 NCS(국가직무능력표준)에 따른 새로운 출제기준에 맞춰 최근 개정된 법령을 반영하여 수험생들이 쉽게 합격할 수 있도록 만들었습니다.

이 책의 특징

1. NCS(국가직무능력표준)를 완벽 반영하고, 기출문제를 분석하여 핵심이론을 재구성하였습니다.
2. 핵심이론을 공부하고 바로 기출문제를 풀며 실력을 향상시키도록 구성하였습니다.
3. 적중률 높은 상시대비 모의고사를 수록하였습니다.
4. 출제 빈도수를 ★표로 표시하여 문제의 중요도를 나타내었습니다.
5. 최신 개정법 및 신출제기준을 완벽 반영하였습니다.

이 책으로 공부하신 여러분 모두에게 합격의 영광이 있기를 기원하며 책을 출판하는 데 있어 도와주신 ㈜에듀웨이 임직원, 편집 담당자, 디자인 실장님에게 지면을 빌어 감사드립니다.

㈜에듀웨이 R&D연구소(건설기계부문) 드림

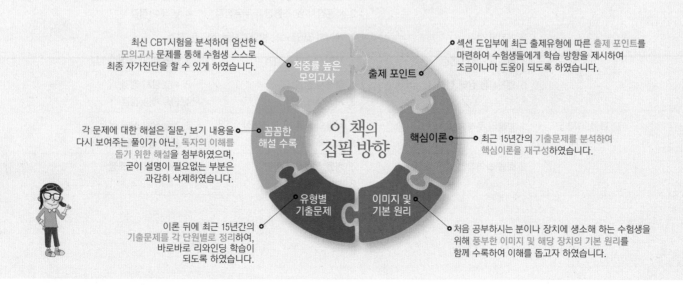

최신 CBT시험을 분석하여 엄선한 모의고사 문제를 통해 수험생 스스로 최종 자가진단을 할 수 있게 하였습니다.

섹션 도입부에 최근 출제유형에 따른 출제 포인트를 마련하여 수험생들에게 학습 방향을 제시하여 조금이나마 도움이 되도록 하였습니다.

각 문제에 대한 해설은 질문, 보기 내용을 다시 보여주는 풀이가 아닌, 독자의 이해를 돕기 위한 해설을 첨부하였으며, 굳이 설명이 필요없는 부분은 과감히 삭제하였습니다.

최근 15년간의 기출문제를 분석하여 핵심이론을 재구성하였습니다.

이론 뒤에 최근 15년간의 기출문제를 각 단원별로 정리하여, 바로바로 리와인딩 학습이 되도록 하였습니다.

처음 공부하시는 분이나 장치에 생소해 하는 수험생을 위해 풍부한 이미지 및 해당 장치의 기본 원리를 함께 수록하여 이해를 돕고자 하였습니다.

이 책의 집필 방향
적중률 높은 모의고사
출제 포인트
꼼꼼한 해설 수록
핵심이론
유형별 기출문제
이미지 및 기본 원리

출제
Examination Question's Standard
기준표

- **시 행 처** | 한국산업인력공단
- **자격종목** | 지게차운전기능사
- **직무내용** | 지게차를 사용하여 작업현장에서 화물을 적재 또는 하역하거나 운반하는 직무
- **필기검정방법**(문제수) | 객관식 (전과목 혼합, 60문항)
- **시험시간** | 1시간
- **합격기준**(필기 · 실기) | 100점을 만점으로 하여 60점 이상

주요항목	세부항목	세세항목	
1 안전관리	1. 안전보호구 착용 및 안전장치 확인	1. 안전보호구	2. 안전장치
	2. 위험요소 확인	1. 안전표시 3. 위험요소	2. 안전수칙
	3. 안전운반 작업	1. 장비사용설명서 3. 작업안전 및 기타 안전 사항	2. 안전운반
	4. 장비 안전관리	1. 장비안전관리 3. 작업요청서 5. 기계 · 기구 및 공구에 관한 사항	2. 일상 점검표 4. 장비안전관리 교육
2 작업 전 점검	1. 외관 점검	1. 타이어 공기압 및 손상 점검 3. 엔진 시동 전 · 후 점검	2. 조향장치 및 제동장치 점검
	2. 누유 · 누수 확인	1. 엔진 누유점검 3. 제동장치 및 조향장치 누유점검	2. 유압 실린더 누유점검 4. 냉각수 점검
	3. 계기판 점검	1. 게이지 및 경고등, 방향지시등, 전조등 점검	
	4. 마스트 · 체인 점검	1. 체인 연결부위 점검	2. 마스트 및 베어링 점검
	5. 엔진시동 상태 점검	1. 축전지 점검 3. 시동장치 점검	2. 예열장치 점검 4. 연료계통 점검
3 화물 적재 및 하역작업	1. 화물의 무게중심 확인	1. 화물의 종류 및 무게중심 3. 화물의 결착	2. 작업장치 상태 점검 4. 포크 삽입 확인
	2. 화물 하역작업	1. 화물 적재상태 확인 3. 하역 작업	2. 마스트 각도 조절

주요항목	세부항목	세세항목	
④ 화물운반작업	1. 전 · 후진 주행	1. 전 · 후진 주행 방법	2. 주행 시 포크의 위치
	2. 화물 운반작업	1. 유도자의 수신호	2. 출입구 확인
⑤ 운전시야확보	1. 운전시야 확보	1. 적재물 낙하 및 충돌사고	2. 접촉사고 예방
	2. 장비 및 주변상태 확인	1. 운전 중 작업장치 성능확인 3. 운전 중 장치별 누유 · 누수	2. 이상 소음
⑥ 작업 후 점검	1. 안전주차	1. 주기장 선정 3. 주차 시 안전조치	2. 주차 제동장치 체결
	2. 연료 상태 점검	1. 연료량 및 누유 점검	
	3. 외관점검	1. 휠 볼트, 너트 상태 점검 3. 윤활유 및 냉각수 점검	2. 그리스 주입 점검
	4. 작업 및 관리일지 작성	1. 작업일지	2. 장비관리일지
⑦ 건설기계관리법 및 도로교통법	1. 도로교통법	1.도로통행방법에 대한 사항 3. 도로교통법 관련 벌칙	2.도로표지판(신호, 교통표지)
	2. 안전운전 준수	1. 도로주행 시 안전운전	
	3. 건설기계관리법	1. 건설기계 등록 및 검사	2. 면허 · 벌칙 · 사업
⑧ 응급대처	1. 고장 시 응급처치	1. 고장표시판 설치 3. 고장유형별 응급조치	2. 고장내용 점검
	2. 교통사고 시 대처	1. 교통사고 유형별 대처	2. 교통사고 응급조치 및 긴급구호
⑨ 장비구조	1. 엔진구조 익히기	1. 엔진본체 구조와 기능 3. 연료장치 구조와 기능 5. 냉각장치 구조와 기능	2. 윤활장치 구조와 기능 4. 흡배기장치 구조와 기능
	2. 전기장치 익히기	1. 시동장치 구조와 기능 3. 등화 및 계기장치 구조와 기능	2. 충전장치 구조와 기능 4. 퓨즈 및 계기장치 구조와 기능
	3. 진 · 후진 주행징치 익히기	1. 조향장치의 구조와 기능 3. 동력전달장치 구조와 기능 5. 주행장치 구조와 기능	2. 변속장치의 구소와 기능 4. 제동장치 구조와 기능
	4. 유압장치 익히기	1. 유압펌프 구조와 기능 3. 컨트롤 밸브 구조와 기능 5. 유압유	2. 유압 실린더 및 모터 구조와 기능 4. 유압탱크 구조와 기능 6. 기타 부속장치
	5. 작업장치 익히기	1. 마스트 구조와 기능 3. 포크 구조와 기능 5. 조작레버 장치 구조와 기능	2. 체인 구조와 기능 4. 가이드 구조와 기능 6. 기타 지게차의 구조와 기능

필기응시절차
Accept Application - Objective Test Process

검정일정을 확인하시려면
에듀웨이 카페에서
상시검정공고를
확인하시면 됩니다.

01 시험일정 확인

원서접수기간, 필기시험일 등..
큐넷 홈페이지에서 해당 종목의
시험일정을 확인합니다.

1 한국산업인력공단 홈페이지(q-net.or.kr)에 접속합니다.

2 화면 상단의 로그인 버튼을 누릅니다. '로그인 대화상자
가 나타나면 아이디/비밀번호를 입력합니다.

※회원가입 : 만약 q-net에 가입되지 않았으면 회원가입을 합니다.
(이때 반명함판 크기의 사진(200kb 미만)을 반드시 등록합니다.)

3 메인 화면에서 원서접수를 클릭하고, 좌측 원서 접수신청을 선택하면 최근 기간(약 1주일
단위)에 해당하는 시험일정을 확인할 수 있습니다.

02 원서접수현황 살펴보기

4 좌측 메뉴에서 원서접수현황을 클릭합니다. 해당 응시시험의 현황보기 를 클릭합니다.

5 그리고 자격선택, 지역, 시/군/구, 응시유형을 선택하고 🔍 (조회버튼)을 누르면
해당시험에 대한 시행장소 및 응시정원이 나옵니다.

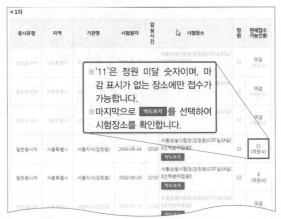

※ '11'은 정원 미달 숫자이며, 마
감 표시가 없는 장소에만 접수가
가능합니다.
※ 마지막으로 약도보기 를 선택하여
시험장소를 확인합니다.

※만약 해당 시험의 원하는 장소,
일자, 시간에 응시정원이 초과될
경우 시험을 응시할 수 없으며
다른 장소, 다른 일시에 접수할
수 있습니다.

03 원서접수

⑥ 시험장소 및 정원을 확인한 후 오른쪽 메뉴에서 '원서접수신청'을 선택합니다. 원서접수신청 페이지가 나타나면 현재 접수할 수 있는 횟차가 나타나며, 접수하기 를 클릭합니다.

⑦ 응시종목명을 선택합니다. 그리고 페이지 아래 수수료 환불 관련 사항에 체크 표시하고 다음 (다음 버튼)을 누릅니다.

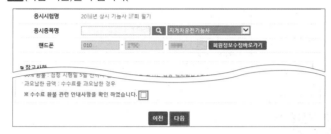

마지막 수험표 확인은 필수!

⑧ 자격 선택 후 종목선택 – 응시유형 – 추가입력 – 장소선택 – 결제 순서대로 사용자의 신청에 따라 해당되는 부분을 선택(또는 입력)합니다.

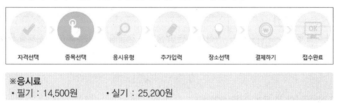

자격선택 > 종목선택 > 응시유형 > 추가입력 > 장소선택 > 결제하기 > 접수완료

※응시료
• 필기 : 14,500원   • 실기 : 25,200원

04 필기시험 응시

필기시험 당일 유의사항
❶ 신분증은 반드시 지참해야 하며, 필기구도 지참합니다(선택).
❷ 대부분의 시험장에 주차장 시설이 없으므로 가급적 대중교통을 이용합니다.
❸ 고사장에 시험 20분 전부터 입실이 가능합니다(지각 시 시험응시 불가).
❹ CBT 방식(컴퓨터 시험 – 마우스로 정답을 클릭)으로 시행합니다.

05 합격자 발표 및 실기시험 접수

• 합격자 발표 : 인터넷, ARS, 접수지사에서 게시 공고
• 실기시험 접수 : 필기시험 합격자에 한하여 실기시험 접수기간에 Q-net 홈페이지에서 접수

※ 기타 사항은 큐넷 홈페이지(www.q-net.or.kr)를 방문하거나 또는 전화 1644-8000에 문의하시기 바랍니다.

computer-based testing

수시로 현재 [안 푼 문제 수]와 [남은 시간]를 확인하여 시간 분배합니다. 또한 답안 제출 전에 [수험번호], [수험자명], [안 푼 문제 수]를 다시 한번 더 확인합니다.

글자 크기 및 화면 배치 조정
시험을 보기 편한 글자 크기로 변경할 수 있으며, 한 화면에 문제 배열 방식을 2문제/2단/1문제로 조정할 수 있습니다.

정답 체크
문제의 번호에 정답을 클릭하거나 [답안 표기란]의 각 문제 번호에 정답을 클릭합니다.

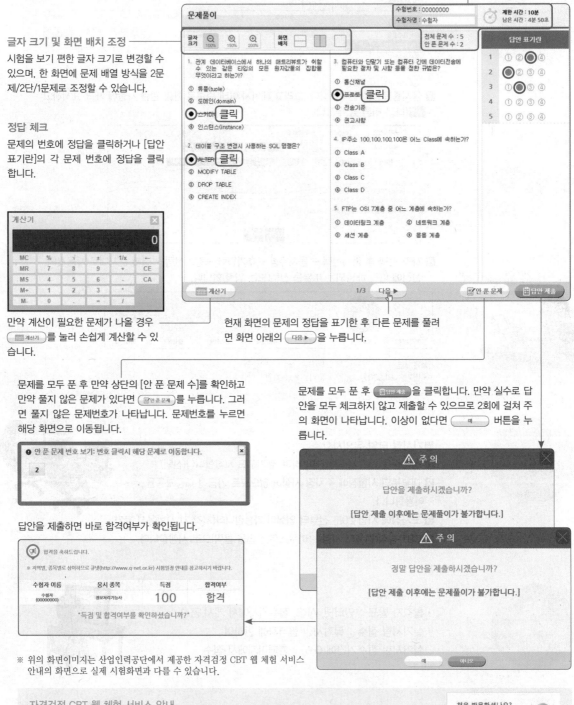

만약 계산이 필요한 문제가 나올 경우 계산기 를 눌러 손쉽게 계산할 수 있습니다.

현재 화면의 문제의 정답을 표기한 후 다른 문제를 풀려면 화면 아래의 다음 ▶ 을 누릅니다.

문제를 모두 푼 후 만약 상단의 [안 푼 문제 수]를 확인하고 만약 풀지 않은 문제가 있다면 안 푼 문제 를 누릅니다. 그러면 풀지 않은 문제번호가 나타납니다. 문제번호를 누르면 해당 화면으로 이동됩니다.

❶ 안 푼 문제 번호 보기: 번호 클릭시 해당 문제로 이동합니다. ✕

2

답안을 제출하면 바로 합격여부가 확인됩니다.

(개) 합격을 축하드립니다.
※ 지역별, 종목별로 상이하므로 큐넷(http://www.q-net.or.kr) 시험일정 안내를 참고하시기 바랍니다.

수험자 이름	응시 종목	득점	합격여부
수험자 (00000000)	정보처리기능사	100	합격

"득점 및 합격여부를 확인하셨습니까?"

문제를 모두 푼 후 답안 제출 을 클릭합니다. 만약 실수로 답안을 모두 체크하지 않고 제출할 수 있으므로 2회에 걸쳐 주의 화면이 나타납니다. 이상이 없다면 예 버튼을 누릅니다.

⚠ 주 의 ✕
답안을 제출하시겠습니까?
[답안 제출 이후에는 문제풀이가 불가합니다.]

⚠ 주 의 ✕
정말 답안을 제출하시겠습니까?
[답안 제출 이후에는 문제풀이가 불가합니다.]

예   아니오

※ 위의 화면이미지는 산업인력공단에서 제공한 자격검정 CBT 웹 체험 서비스 안내의 화면으로 실제 시험화면과 다를 수 있습니다.

자격검정 CBT 웹 체험 서비스 안내
큐넷 홈페이지 우측하단에 'CBT 체험하기'를 클릭하면 CBT 체험을 할 수 있는 동영상을 보실 수 있습니다. (스마트폰에서는 동영상을 보기 어려우므로 PC에서 확인하시기 바랍니다)
※ 필기시험 전 약 20분간 CBT 웹 체험을 할 수 있습니다.

Con
tents

Craftsman Fork Lift Truck Operator

추가모의고사 문제
에듀웨이 카페(자료실)에 확인하세요!

스마트폰을 이용하여 우측의 QR코드를 확인하거나,
카페에 방문하여 '카페 메뉴 > 자료실 >
지게차운전기능사'에서 다운받을 수 있습니다.

이책의 구성과 특징

수많은 독자분들의 합격수기(에듀웨이 카페에 확인하실 수 있습니다)로 검증해주신 '기분파! 지게차운전기능사 필기'의 구성은 다음과 같습니다.

실기 코스 · 작업 요령

필기시험에 합격한 독자를 위해 실기 코스 · 작업 요령을 마련하였습니다. 시험의 순서 및 각 코스 · 작업에서의 방법 및 유의사항을 설명하여 실기시험에 대비하도록 하였습니다.

기출문제

섹션 마지막에 이론과 연계된 10년간 기출문제를 수록하여 최근 출제유형을 파악할 수 있도록 하였습니다. 문제 상단에는 해당 문제의 출제빈도 및 중요도를 '★'표로 표기하였습니다.

핵심이론요약

10년간 기출문제를 분석하여 출제가 거의 없는 이론은 과감히 삭제, 시험에 출제되는 부분만 중점으로 정리하여 필요 이상의 책 분량을 줄였습니다.
※ 기출문제를 푸는 것도 중요하지만 이론을 이해하시면 합격률을 높일 수 있습니다.

이해를 돕는 컬러 삽화

내용 이해를 위해 여백을 할애하여 삽화를 수록하였으며, 필요에 따라 작동 원리도 함께 수록하여 이해도를 향상시켰습니다.

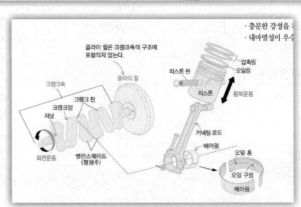

CBT 적중모의고사

최신 경향의 CBT 문제를 분석하여 시험에 자주 출제되었거나 출제될 가능성이 높은 문제를 따로 엄선하여 모의고사 7회분으로 수록하여 수험생 스스로 실력을 테스트할 수 있도록 구성하였습니다.

최신경향 핵심 120제

새 출제기준에 의해 변경된 출제유형 중 빈출부분만 정리하여 합격률을 높였습니다.

시험에 자주 나오는 핵심요약 빈출노트

시험 직전 한번 더 체크해야 할 이론 내용 중 따로 엄선하여 요점정리하였습니다. 이 부분을 가위로 오려서 출퇴근 시간 등 짜투리 시간에도 활용하시면 좋습니다.

지계차운전기능사 필기 / 출제비율

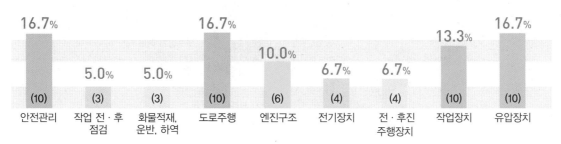

안전관리	작업 전·후 점검	화물적재, 운반, 하역	도로주행	엔진구조	전기장치	전·후진 주행장치	작업장치	유압장치
16.7%	5.0%	5.0%	16.7%	10.0%	6.7%	6.7%	13.3%	16.7%
(10)	(3)	(3)	(10)	(6)	(4)	(4)	(10)	(10)

※ 개인별, 횟차별로 차이가 있을 수 있습니다.

지게차 및 운전석 구조

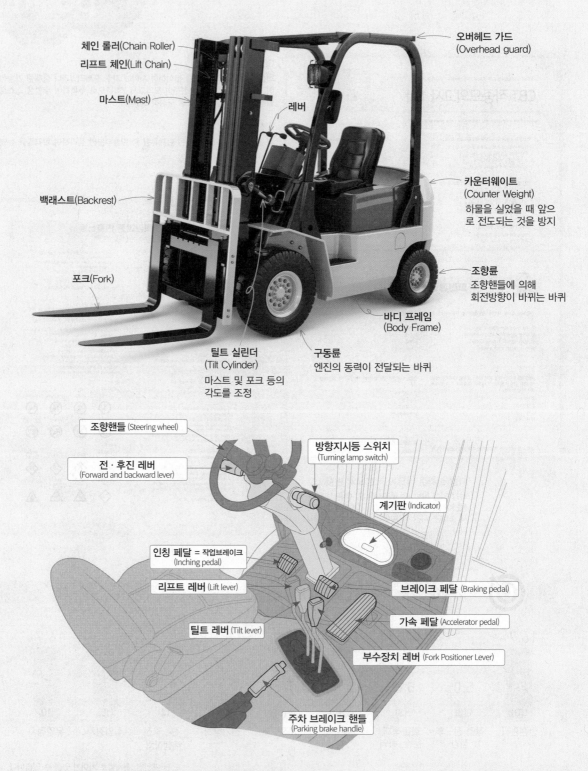

체인 롤러(Chain Roller)
리프트 체인(Lift Chain)
마스트(Mast)
레버
백래스트(Backrest)
포크(Fork)
틸트 실린더 (Tilt Cylinder)
마스트 및 포크 등의 각도를 조정
구동륜
엔진의 동력이 전달되는 바퀴
바디 프레임 (Body Frame)
오버헤드 가드 (Overhead guard)
카운터웨이트 (Counter Weight)
히물을 실었을 때 앞으로 전도되는 것을 방지
조향륜
조향핸들에 의해 회전방향이 바뀌는 바퀴

조향핸들 (Steering wheel)
전·후진 레버 (Forward and backward lever)
방향지시등 스위치 (Turning lamp switch)
계기판 (Indicator)
인칭 페달 = 작업브레이크 (Inching pedal)
리프트 레버 (Lift lever)
틸트 레버 (Tilt lever)
브레이크 페달 (Braking pedal)
가속 페달 (Accelerator pedal)
부수장치 레버 (Fork Positioner Lever)
주차 브레이크 핸들 (Parking brake handle)

※위 그림은 독자의 이해를 돕기 위한 것으로 실제 지게차와 다를 수 있습니다.

지게차운전기능사 실기 코스·작업 요령

주어진 지게차를 운전하여 아래 작업순서에 따라 도면과 같이 시험장에 설치된 코스에서 화물을 적하차하고,
전·후진 운전을 하여 출발전 장비위치로 운전하시오.

※ 본 실기 작업·코스요령은 독자의 이해를 돕기 위한 설명으로 시험 장비 또는 개개인에 따라 다를 수 있습니다.

 시간제한 : **4분**

항목별 배점	
화물하차작업	**55점**
화물상차작업	**45점**

전·후진 코스 도면

→ : 전진
⇢ : 후진

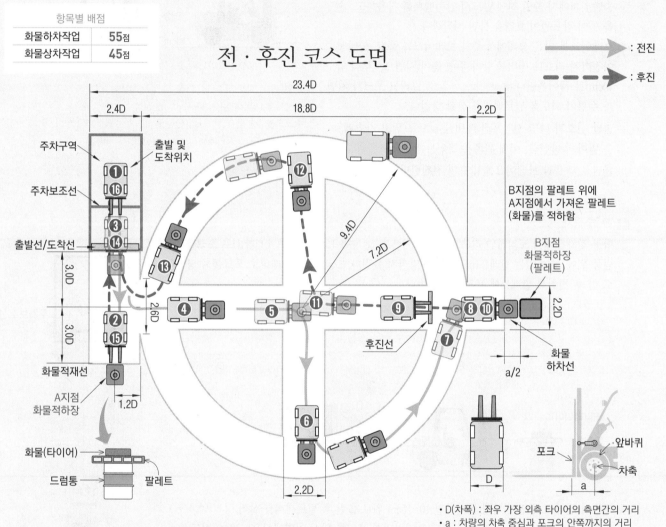

B지점의 팔레트 위에
A지점에서 가져온 팔레트
(화물)를 적하함

• D(차폭) : 좌우 가장 외측 타이어의 측면간의 거리
• a : 차량의 차축 중심과 포크의 안쪽까지의 거리

 지게차운전기능사 실기 코스요령 동영상 보기

[QR코드 스캔법]

❶ 네이버 어플을 실행하면 검색창 옆에 🎤을 클릭합니다.

❷ 아래 그림과 같이 나타나면 코드 검색창 옆에 코드(▦)를 클릭합니다.

❸ 그러면 QR코드 인식창이 나타나며, 카메라 화면을 좌측의 QR코드에 위치시
키고 초점을 맞추면 인식이 되어 동영상이 있는 해당 페이지로 이동합니다.

※기타 방법 : 에듀웨이 카페(eduway.net)에 방문하시면 기능사(실기) 자료실▶지게차&굴삭기(동영상)에 들어가시면 보실 수 있습니다.

0 준비사항

① 복장 : 피부 노출이 되지 않는 긴소매 상하의, 안전화 및 운동화 – 수행여부에 따라 점수부여(0~3점)

② 신분증 및 수험표

1 출발 및 전진

① 지게차에 탑승 시 떨어지지 않도록 안전하게 자리에 오른다.(떨어지면 감점 요인)

② 출발위치에서 출발 전에 반드시 안전벨트를 착용하고, 손을 들어 감독관이 호각을 불면 시작한다.

③ 브레이크를 밟은 상태에서 주차 브레이크를 풀고, 출발선 이전까지 리프트 레버를 당겨 주행 높이(지면으로부터 약 30cm)로 들어올린다.(올리지 않으면 감점) 그리고 포크가 지면과 수평이 되도록 틸트레버를 살짝 당긴다.

④ 출발 신호가 나면 전 · 후진 레버를 앞으로 밀고 가속페달을 밟아 출발한다. 이때 왼쪽을 작업브레이크에서 떼고 오른발로 엑셀과 브레이크를 밟으며 전진한다.

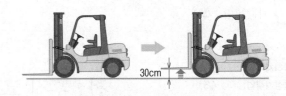

※ 안전벨트 착용 시 0~3점 가점
※ 1분 이내 출발선을 통과하지 않으면 실격
※ 포크를 주행 높이(약 30cm)만큼 올리는 것은 자주 연습해보는 것이 좋다.
※ 포크의 위치가 지면에서 50cm 이상이면 실격처리

2 화물 적재

① 화물 적재선에서 도착하면 리프트 레버(당기면 포크가 올라가고, 밀면 포크가 내려감)로 포크를 드럼통 위에 놓여 있는 팔레트(pallet)의 구멍까지 올린다. 그리고 틸트 레버로 포크를 수평상태로 한 후 천천히 팔레트에 포크를 삽입한다.

※ 충분한 시간 확보를 위해 출발지점에서 드럼통까지 전진하는 과정에서 미리 리프트 레버로 포크를 팔레트 구멍 위치까지 올린다.

※ 장비 조작상태가 미숙하여 포크로 드럼통을 터치하면 경우 실격이므로 주의해야 한다. (충격 정도에 따라 감독관에 따라 감점으로 처리될 수 있음)

※ 팔레트 구멍에 포크 삽입 시 삽입 정도가 20cm를 초과하여 삽입하지 않는 경우 실격이므로 주의해야 한다. (단, 제자리에서 작업장치 조작을 통한 파레트 위치 조정은 허용함)

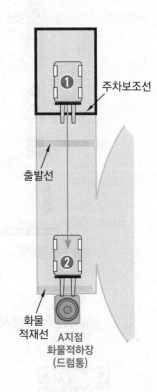

주차보조선

출발선

화물
적재선　A지점
화물적하장
(드럼통)

화물(타이어)
팔레트
드럼통

② 포크가 팔레트 구멍에 거의 들어가면 10~15cm 위로 올린 후 틸트레버를 살짝 당겨(약 4~6°) 팔레트가 빠지지 않도록 한다. 그리고 후진하면서 포크를 다시 지면에서 20~30cm 정도로 내린다.

※ 팔레트가 포크에서 떨어지면 실격이므로 틸트레버를 반드시 당긴다.

※ 시간 절약을 위해 ❸지점까지 후진하면서 포크를 내려도 된다.

※ 포크를 내리지 않고 작업장을 빠져나가면 실격처리

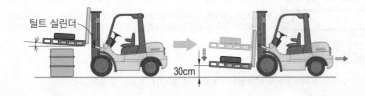

틸트 실린더

30cm

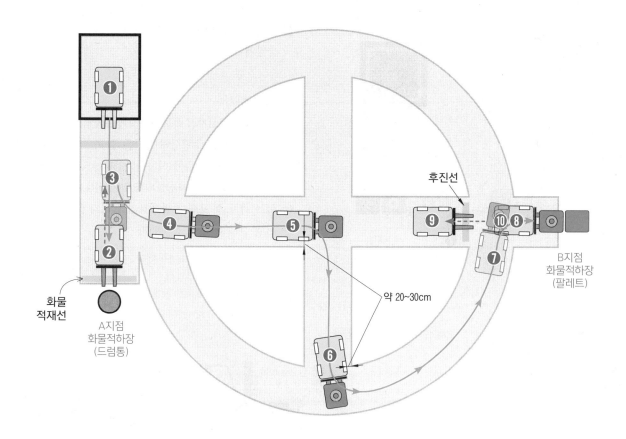

후진선

B지점
화물적하장
(팔레트)

약 20~30cm

화물
적재선

A지점
화물적하장
(드럼통)

3, **4** 후진 및 좌회전 시 요령

그리고 ❸번 지점까지 코너 라인과 약 20~30cm 정도 되도록 좌측으로 붙이며 후진한다. 그리고 앞바퀴 중앙(또는 중앙 앞부분)이 코너 라인과 일직선이 되도록 한다. (이 상태에서 좌회전하면 라인 터치를 최소화할 수 있다.)

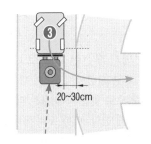

20~30cm

5, **6** 주행 코스 통과

코너링 시 우측 앞바퀴를 코너라인과 약 20~30cm 정도로 간격을 두고, 앞바퀴 중앙이 코너라인에 맞추고 우회전한다. (회전반경이 짧고, 회전축이 앞바퀴이므로 승용차와 달리 코너라인에 바짝 붙여서 코너링을 한다).

※ 좌·우 회전 시 코너라인과의 간격 및 코너링 지점은 개개인마다 다를 수 있음

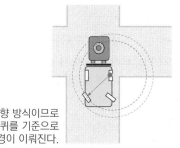

지게차는 뒷바퀴 조향 방식이므로
우측앞바퀴를 기준으로
뒷바퀴의 회전반경이 이뤄진다.

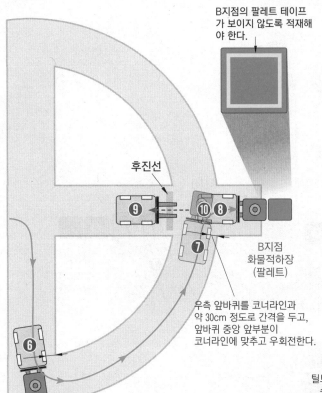

B지점의 팔레트 테이프가 보이지 않도록 적재해야 한다.

후진선

B지점
화물적하장
(팔레트)

우측 앞바퀴를 코너라인과
약 30cm 정도로 간격을 두고,
앞바퀴 중앙 앞부분이
코너라인에 맞추고 우회전한다.

7 앞과 동일한 방법으로 우회전한다. 가급적 차체가 도로 중앙에 오도록 해야 한다.

8 화물 하차

① 코너를 돌아 B지점 화물적하장에 도착하면 틸트 레버를 밀어 팔레트를 수평상태로 만든 후 리프트 레버를 밀어 B지점의 팔레트 위에 하차한다.(하차 시 B지점의 팔레트에 붙여진 테이프가 보이지 않도록 적재해야 한다.)

② 화물 하차 후 포크에 팔레트가 끌리지 않도록 조심해서 후진을 하며 포크를 뺀다.

※ 화물 적하시 B지점의 팔레트의 테이프가 보이지 않도록 적재해야 한다. 화물 하차 시 자리에서 일어나 확인하면서 천천히 작업해도 된다.

※ 팔레트 위에 팔레트를 내릴 때 50cm 이상 벗어날 경우 실격

※ 팔레트 위에 팔레트를 내릴 때 심한 소리가 나거나 포크를 뺄 때 팔레트가 끌리는 경우 감점

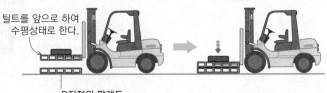

틸트를 앞으로 하여
수평상태로 한다.

B지점의 팔레트
(팔레트 안쪽 사방으로
테이프가 붙여져 있음)

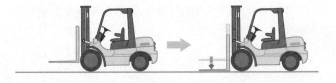

9 후진선까지 후진한 후 포크 내리기

화물 하차 후 후진선까지 후진한다. 그리고 틸트레버를 밀어 포크를 수평으로 맞춘 후 리프트 레버로 포크를 내려 지면의 후진선에 닿게 한다. 이때 소리가 나도록 한다.(내릴 때 심한 충격음을 내지 않도록 주의한다)

※ 후진선에 포크가 닿지 않은 경우 감점

10 화물 재적재

① 다시 포크를 지면에서 20~30cm까지 올리고(잊지 않도록 주의), B지점까지 전진한다.

② 리프트 레버를 조정하여 포크를 팔레트 구멍에 맞춘다. 그리고 틸트레버를 당겨 마스트가 수직이 되도록 하고, 전후진 레버로 포크를 밀어 넣는다. 포크를 표지해 둔 적재선까지 집어넣어야 한다.

③ 다시 포크를 지면에서 20~30cm까지 올린다.

※ 마찬가지로 팔레트 적재 시 팔레트가 밀리게 하거나 선을 밟으면 감점

※ B지점에서 후진선, 다시 후진선에서 B지점까지 이동 시 포크를 올리는 것을 잊는 경우가 많으니 주의한다.

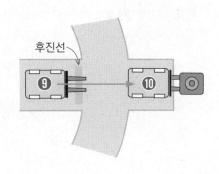

후진선

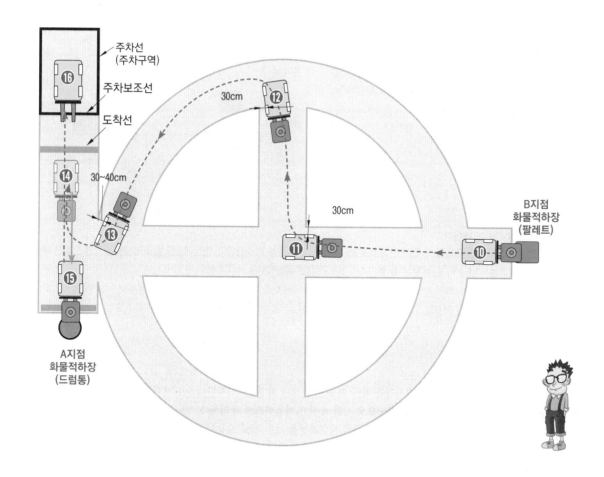

주차선
(주차구역)

주차보조선

도착선

30cm

30~40cm

30cm

B지점
화물적하장
(팔레트)

A지점
화물적하장
(드럼통)

⑪, ⑫, ⑬ 후진 주행

① 전후진 레버를 당겨 후진한다. 코너에서는 전진 시와 동일하게 앞바퀴의 중앙이 우측코너라인과 30cm 정도 간격을 두며 뒤로 그림과 같이 좌회전(⑪) - 우회전(⑫)하며 후진한다.

② ⑬ 부분에서는 다른 코너라인보다 10cm 정도 더 간격을 두고(30~40cm) 회전반경을 크게 부드럽게 회전한다.

   (❸과 마찬가지로 후진시 뒷바퀴가 출발선에 닿지 않도록 주의)

   ※ 후진 시 주의할 점 : 조향방향은 승용차와 동일하지만 지게차는 일반 승용차와 달리 조향축이 뒷바퀴에 있으므로 앞바퀴를 기준으로 회전하며 후진 시 승
   용차의 전진과 같은 느낌이다.

⑮ 화물 하차

① 후진으로 코너를 돌고나서 전후진 레버를 밀어서 전진한다.

② 앞과 동일한 방법으로 드럼통 앞에 정지한 후 리프트 레버로 포크를 드럼통 위까지 올린다.

③ 드럼통 위에 화물이 놓인 팔레트를 적재하고 틸트 레버로 포크를 수평으로 하여 팔레트가 끌리지 않도록
   후진하면 포크를 빼낸다.

④ 시간 절약을 위해 도착선까지 후진하면서 포크를 20~30cm 높이까지 내린다.

⑯ 종료

① 지게차의 네 바퀴 모두 주차구역 내에 들어도록 하고 포크는 주차보조선 위에 놓이도록 후진한다.

② 틸트레버를 밀어 포크와 지면이 수평이 되도록 하고, 리프트레버를 밀어 포크를 주차보조선 위에 닿도록 한다.

③ 마지막으로 기어를 중립에 위치시키고, 주차 브레이크를 당기고, 안전벨트를 풀고 안전하게 하차한다.

■ 포크의 높이에 대하여

그림의 노란색 부분은 화물 적재/하차를 위해 전·후진하는 위치로 이 곳에서는 포크가 지면에서 50cm 이상 초과하여 운행해도 무방하다.

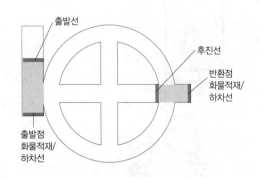

■ 작업브레이크(인칭페달)에 대하여

· 포크를 올릴 때 리프트 레버를 이용할 수 있지만, 포크를 보다 빠르게 들어올릴 때 사용한다. 인칭페달을 밟고 엑셀을 밟으면 전후진 레버가 전진방향으로 되어도 앞으로 나가지 않고 리프트를 올리는데 동력이 전달되어 빠르게 포크를 올릴 수 있다.

· 2017년 개정 내용에 의하면 '상·하차 작업 시에는 인칭페달을 적절히 사용하고, 주행 중에는 인칭페달을 사용하지 않아야 한다'로 되어 있으므로 작업 시 가급적 인칭페달을 사용할 것을 권장하며(사용하지 않더라도 실격은 아님), 주행 중에는 인칭페달에 발을 올려두지 않도록 한다.

【선배들이 전하는 합격수기】

① 가급적 학원에 다니길 권장한다. 실기시험을 여러 번 보는 것보다 학원에서 1시간이라도 제대로 타보는 것이 좋다. 또한 시험을 볼 수 있는 전문학원의 경우 연습한 차량으로 시험 응시가 가능하므로 유리하다.

② 시험장에 1~2시간 전에 도착해서 다른 수험자들의 시험과정을 보는 것도 도움이 된다.

③ 가장 큰 탈락 원인은 바로 '긴장'이다. 차례가 오면 심호흡을 크게 몇 번 하여 마인드 컨트롤을 한다.

④ 시험에 대비한 이미지 트레이닝을 많이 하기 바란다.

⑤ 주행 중 좌우회전 시 차량을 라인에 20~30cm 정도 최대한 붙여서 회전한다.(마지막 드럼통 위치까지 들어오는 후진 유턴 시에는 40cm까지 간격을 벌리고 들어온다.)

⑥ 방향 전환 시 핸들을 너무 빨리 돌리지 않도록 주의한다.(지게차의 뒷바퀴 조향방식을 충분히 이해하도록 한다.)

⑦ 가급적 틸트 레버를 사용하여 주행 중 팔레트가 포크에서 이탈하는 것을 방지한다.

⑧ 포크를 올리고 틸트로 평행을 맞출 때는 실린더 사이에 간격이 엄지와 중지 사이만큼의 간격이 되도록 맞추고, 밑에서 보았을 때 눈으로 평행을 확인하면서 조정한다.

⑨ 시간 분배를 위해 주행 중에는 가속페달을 사용하여 시간을 절약한다.

⑩ 신속한 회전을 위해 가급적 핸들 조작 시 핸들 노브(동그랗게 튀어나온 보조손잡이)를 사용한다.

⑪ 약간의 실수에 있어도 당황하지 않고 마무리할 수 있도록 한다.

⑫ 여러 동영상이나 조언보다 지게차를 직접 타보며 나만의 감각을 찾는 것이 가장 좋다.

〈시험장에서의 잦은 실격 사항〉

① 선을 터치하여 탈락(특히 처음 드럼통 위치까지 오는 후진 유턴)하는 경우

② 시간을 초과하여 탈락하는 경우

③ 레버(리프트, 틸트) 조작 미숙으로 인한 드럼통 터치 또는 팔레트를 끄는 경우

④ 출발 시 포크를 올리지 않고 출발선까지 주행하는 경우

⑤ 팔레트에 포크를 끼운 후 포크를 내리지 않고 주행하는 경우

【수험자 유의사항】

1. 시험위원의 지시에 따라 시험장소의 출입 및 운전을 해야 한다.
2. 음주상태 측정은 시험시작 전에 실시하며, 음주상태 및 음주측정을 거부하는 경우 실기시험에 응시할 수 없다. (도로교통법기준 정하는 알콜 농도 0.03% 이상)
3. 적절한 작업복장을 갖추고 시험에 응해야 한다.
    - 작업복 : 피부 노출이 되지 않는 긴소매 상의(팔토시 허용), 피부 노출이 되지 않는 긴바지(반바지, 7부바지, 찢어진 청바지, 치마 등은 착용 안됨)
    - 작업화 : 안전화 또는 운동화(샌들, 슬러퍼, 하이힐과 같은 굽이 높은 신발 착용 안됨)
4. 휴대폰 및 시계류(손목시계, 스톱워치 등)는 시험 전 제출 후 시험에 응시해야 한다.
5. 장비운전 중 이상 소음이 발생되거나 위험사항이 발생되면 즉시 운전을 중지하고, 시험위원에게 알려야 한다.
6. 장비조작 및 운전 중 안전수칙을 준수하고, 안전사고가 발생되지 않도록 유의하여야 한다.
7. 코스 내 이동시 포크는 지면에서 20~30cm로 유지하여 안전하게 주행하여야 한다. (단, 팔레트를 실었을 경우 팔레트 하단부가 지면에서 20~30cm 유지하게 함)
8. 수험자가 작업 준비된 상태에서 시험위원의 호각신호에 의해 시작되고, 다시 후진하여 출발 전 장비위치에 지게차를 정지시켜야 한다. (단, 시험시간은 앞바퀴기준으로 출발선 및 도착선을 통과하는 시점으로 한다.)

1. 수행여부에 따라 점수 부여(0~3점)

① 조종작업시 후진선에 포크를 터치하지 하지 않은 경우
② 인칭페달을 필요이상 과다 사용하는 경우
③ 좌석의 안전벨트를 착용하지 않고 운전하는 경우
④ 규정된 작업복장(작업화, 작업복) 미착용의 경우

2. 주요 실격 사항

① 운전 조작이 극히 미숙하여 안전사고 발생 및 장비 손상이 우려되는 경우
② 시험시간을 초과하는 경우
③ 요구사항 및 도면대로 코스를 운전하지 않은 경우
④ 출발신호 후 1분 내에 장비의 앞바퀴가 출발선을 통과하지 못하는 경우
⑤ 출발 시 포크를 올리지 않고 출발할 경우

〈주행 시 실격〉
① 코스 운전 중 라인을 터치하는 경우 (단, 후진선은 해당되지 않으며, 출발선에서 라인 터치는 짐을 실은 상태에서만 적용)
② 수험자의 조작 미숙으로 기관이 1회 정지된 경우 (단, 수동변속기형은 2회 기관 정지)
③ 주차브레이크를 해제하지 않고 앞바퀴가 출발선을 통과하는 경우
④ 주행 중 포크가 지면에서 50cm 이상 올려 주행하는 경우 (단, 화물 적하차의 작업 시에는 관계없음)
    - 주행 코스에 진입하기 전에 반드시 20~30cm 사이로 포크 올릴 것
    ※ 화물적하차를 위한 전후진하는 위치(2개소) : 출발선과 화물적재선 사이의 위치와 코스 중간지점의 후진선이 있는 위치에 "전진-후진"으로 도면에 표시된 부분임
⑤ 코스 내에서 포크 및 팔레트가 땅에 닿는 경우 (단, 후진선 포크 터치는 제외)

〈작업 시 실격〉
① 화물(팔레트)을 떨어뜨리는 경우
② 장비 조작상태가 미숙하여 포크로 드럼통에 터치하는 경우
③ 팔레트가 드럼통 옆면을 터치하거나 상부면에 충격을 가하는 경우
④ 팔레트 구멍에 포크를 삽입은 하였으나, 덜 삽입한 정도가 20cm를 초과한 경우 (단, 제자리에서 작업장치 조작을 통해 팔레트 위치 조정은 허용함)
⑤ 화물을 적재하지 않거나, 화물 적재시 팔레트 구멍에 포크를 삽입하지 않고 주행하는 경우
⑥ 화물 적하차 위치에서 하차한 팔레트가 고정 팔레트를 기준으로 가로 또는 세로 방향으로 20cm 초과하는 경우
⑦ 화물적재 후 후진할 때 출발선을 터치하는 경우

【지게차운전기능사 실기 채점기준】

· 배점 (100점 만점에 60점 이상)
· 항목별 배점 : 화물하차작업 55점, 화물상차작업 45점

구분	항목	배점(좋음 ↔ 나쁨)			설명
화물하차 작업	① 기관회전상태	5	3	실격	과다한 엑셀레이터 사용 및 인칭페달 사용으로 기관의 과부하 상태 및 기관 정지 여부
	② 주 브레이크 사용	5	3	0	과도한 브레이크 사용 여부
	③ 핸들 조작	5	3	0	주행 중 부드러운 핸들 사용 여부
	④ 각종 레버 조작	5	3	0	원활한 레버 사용 여부(미숙한 작동 여부 체크)
	⑤ 전진주행 시 포크 높이	5	3	실격	주행 중 포크를 지면에서 20~30cm 유지 여부 (50cm 이상 올려 주행 시 실격)
	⑥ 후진주행 시 포크 높이	5	3	실격	
	⑦ 장애물 주시	5	3	실격	화물 적재/하차 시 드럼통이나 고정 팔레트 (화물)에 대한 터치 및 충격 여부
	⑧ 출발위치 화물하차	5	3	0	A지점에서 화물하차 시 원활한 작업 여부
	⑨ 반환점 화물하차	5	3	실격	B지점에서 화물하차 시 고정 팔레트의 가로 및 세로 방향으로 20cm 이내 화물 적재 여부
	⑩ 레버 위치, 주차브레이크	5	3	0	출발 전, 도착 후 각종 레버의 중립 위치 및 주차 브레이크 체결 여부
	⑪ 포크 지면 터치	5	3	0	후진선 및 주차 시 외에 코스 내에서 포크 및 팔레트의 지면 터치 여부
화물상차 작업	① 기관회전상태	5	3	실격	과다한 엑셀레이터 사용 및 인칭페달 사용으로 기관의 과부하 상태 및 기관 정지 여부
	② 전경각 및 후경각	5	3	0	화물 적재/하차 시 틸트 레버 사용 여부
	③ 출발위치 화물적재	5	3	0	A지점에서 화물 적재 시 원활한 작업 여부
	④ 반환점 화물적재	5	3	0	B지점에서 화물 적재 시 원활한 작업 여부
	⑤ 장애물 주시	5	3	실격	화물 적재/하차 시 드럼통이나 고정 팔레트 (화물)에 대한 터치 및 충격 여부
	⑥ 화물적재 후 전진주행	5	3	0	화물의 낙하 여부 및 포크의 지면 위치 여부 등
	⑦ 화물적재 후 후진주행	5	3	0	
	⑧ 팔레트 포크 삽입	10	5	실격	팔레트에 포크 삽입 시 삽입 여부 및 삽입 정도가 충분한 지 여부
가점 사항	① 작업복장 상태	3	~	0	작업화, 작업복 착용 여부
	② 안전띠 착용 여부	3	~	0	
	③ 후진선에 포크를 터치 여부	3	~	0	
	④ 인칭페달 사용 여부	3	~	0	
총점수					

※위 채점기준표는 실제와 다를 수 있으므로 참고하시기 바랍니다.

CHAPTER

01

안전관리

Study
Point

출제문항수도 많고, 전체적으로 골고루 출제되는 부분입니다. 상식으로 풀 수 있는 문제들이 많이 출제되기 때문에 가장 쉽게 점수를 확보할 수 있는 과목입니다. 다만 안전표지, 수공구 사용, 화재 안전 등 약간의 암기가 필요한 부분은 꼭 암기하시기 바랍니다. 출제비율이 높고 쉬운 과목이므로 꼼꼼하게 학습하시기 바랍니다.

01 산업안전과 안전관리

[출제문항수 : 1문제] 많이 출제되는 부분은 아니나 이 과목 중에선 가장 까다로운 부분입니다. 기출문제 위주로 학습하시기 바랍니다.

01 산업안전의 정의

산업재해란 근로자가 업무에 관계되는 건설물·설비·원재료·가스·증기·분진 등에 의하거나 작업 또는 그 밖의 업무로 인하여 사망 또는 부상하거나 질병에 걸리는 것을 말한다.

 ▶ 산업안전관리의 정의
산업재해를 예방하기 위한 기술적, 교육적, 관리적 원인을 파악하고 예방하는 수단과 방법이다.

1 재해조사의 목적
동종재해를 두 번 다시 반복하지 않도록 재해의 원인이 되었던 불안전한 상태와 불안전한 행동을 발견하고, 이것을 다시 분석·검토해서 적절한 예방대책을 수립하기 위하여 한다.

 ▶ 작업 표준의 목적
위험요인의 제거, 작업의 효율화, 손실요인의 제거

02 산업재해의 원인

1 직접적인 원인
① 불안전한 행동 : 재해 발생 원인으로 **가장 높은 비율**을 차지
  • 작업태도 불안전, 위험한 장소의 출입, 작업자의 실수, 보호구 미착용 등의 안전수칙 무시, 작업자의 피로 등
② 불안정한 상태
  • 기계의 결함, 방호장치의 결함, 불안전한 조명, 불안전한 환경, 안전장치의 결여 등

2 간접적인 원인
  • 안전수칙 미제정, 안전교육의 미비, 잘못된 작업관리
  • 작업자의 가정환경이나 사회적 불만 등 직접요인 이외의 재해 발생 원인

3 불가항력의 원인
천재지변, 인간이나 기계의 한계로 인한 불가항력 등
  ↳ 지진, 태풍, 홍수 등

 ▶ 사고발생이 많이 일어날 수 있는 원인에 대한 순서
불안전 행동 > 불안전 조건 > 불가항력

03 산업안전의 3요소

1 기술적 요소
① 설계상 결함 – 설계 변경 및 반영
② 장비의 불량 – 장비의 주기적 점검
③ 안전시설 미설치 – 안전시설 설치 및 점검

2 교육적 요소
① 안전교육 미실시 – 강사 양성 및 교육 교재 발굴
② 작업태도 불량 – 작업 태도 개선
③ 작업방법 불량 – 작업방법 표준화

3 관리적 요소
① 안전관리 조직 미편성 – 안전관리조직 편성
② 적성을 고려하지 않은 작업 배치 – 적정 작업 배치
③ 작업환경 불량 – 작업환경 개선

04 산업재해의 예방

1 재해예방 4원칙
① 손실 우연의 원칙
② 예방 가능의 원칙
③ 원인 계기의 원칙
④ 대책 선정의 원칙

2 재해의 복합 발생 요인

① 환경의 결함

② 사람의 결함

③ 시설의 결함

3 산업안전보건상 근로자의 의무사항

① 위험한 장소에는 출입금지

② 위험상황 발생 시 작업 중지 및 대피

③ 보호구 착용 및 안전 규칙의 준수

▶ 건설 산업현장에서 재해가 자주 발생하는 주요 원인
안전의식 부족, 안전교육 부족, 작업 자체의 위험성

05 산업재해의 분류

1 산업재해의 분류 중 통계적 분류

① 사망 : 업무로 인해서 목숨을 잃게 되는 경우

② 중경상 : 부상으로 인하여 8일 이상의 노동 상실을 가져온 상해 정도

③ 경상해 : 부상으로 1일 이상 7일 이하의 노동 상실을 가져온 상해 정도

④ 무상해 사고 : 응급처치 이하의 상처로 작업에 종사하면서 치료를 받는 상해 정도

▶ ILO(국제노동기구)의 구분에 의한 근로 불능 상해의 종류

• 사망	사고의 결과로 생명을 잃는 것 (노동손실일수 7,500일)
• 영구 전노동 불능상해	신체장애등급 1~3등급에 해당하는 노동 기능을 완전히 잃게 되는 부상 (노동손실일수 7,500일)
• 영구 일부노동 불능상해	신체장애등급 4~14등급에 해당하는 신체의 일부가 노동 기능을 상실한 부상
• 일시 전노동 불능상해	의사의 진단에 따라 일정 기간 노동에 종사할 수 없는 상해(신체장애가 남지 않는 일반적인 휴업 재해)
• 일시 부분노동 불능상해	의사의 진단으로 일정 기간 노동에 종사할 수 없으나 휴무 상태가 아닌 상해
• 응급조치 상해	1일 미만의 치료를 받고 정상작업에 임할 수 있는 정도의 상해

06 재해발생 시 조치

1 재해발생 시 조치순서

운전 정지 ▸ 피해자 구조 ▸ 응급 처치 ▸ 2차 재해방지

▶ 구급처치 중에서 환자의 상태를 확인하는 사항
의식 / 상처 / 출혈

2 사고 시 응급처치 실시자의 준수사항

① 의식 확인이 불가능하여도 생사를 임의로 판정하지 않는다.

② 원칙적으로 의약품의 사용은 피한다.

③ 정확한 방법으로 응급처치를 한 후에 반드시 의사의 치료를 받도록 한다.

▶ 세척작업 중에 알칼리 또는 산성 세척유가 눈에 들어갔을 경우의 응급처치 : 먼저 수돗물로 씻어낸다.

▶ 화상을 입었을 때 응급조치 : 빨리 찬물에 담갔다가 아연화 연고를 바른다.

07 안전관리의 개념과 목적

① 안전관리는 위험요소의 배제 등을 통해 사고 발생 가능성을 사전 제거하는 것이 가장 중요하다.

② 안전의 제일 이념은 인간존중으로 인명보호를 가장 중요시한다.

③ 안전교육의 목적

• 능률적인 표준작업을 숙달시킨다.

• 위험에 대처하는 능력을 기른다.

• 작업에 대한 주의심을 파악할 수 있게 한다.

▶ 안전을 위하여 눈으로 보고 손으로 가리키고, 입으로 복창하여 귀로 듣고, 머리로 종합적인 판단을 하는 지적확인은 의식을 강화하기 위해서 한다.

1 사고의 결과로 인하여 인간이 입는 인명 피해와 재산상의 손실을 무엇이라고 하는가?

① 재해 　　　　　② 안전
③ 사고 　　　　　④ 부상

2 재해조사 목적을 가장 확실하게 설명한 것은?

① 적절한 예방대책을 수립하기 위하여
② 재해를 발생케 한 자의 책임을 추궁하기 위하여
③ 재해 발생 상태와 그 동기에 대한 통계를 작성하기 위하여
④ 작업능률 향상과 근로기강 확립을 위하여

재해조사의 목적 : 재해의 원인 제거, 적절한 예방대책 수립

3 다음 중 안전의 제일 이념에 해당하는 것은?

① 품질 향상 　　　　② 재산 보호
③ 인간 존중 　　　　④ 생산성 향상

4 건설 산업현장에서 재해가 자주 발생하는 주요 원인이 아닌 것은?

① 안전의식 부족 　　　② 안전교육 부족
③ 작업의 용이성 　　　④ 작업 자체의 위험성

5 재해의 원인 중 생리적인 원인에 해당되는 것은?

① 작업자의 피로 　　　② 작업복의 부적당
③ 안전장치의 불량 　　④ 안전수칙의 미 준수

6 안전관리에서 산업재해의 원인과 가장 거리가 먼 것은?

① 방호장치 결함 　　　② 불안전한 조명
③ 불안전한 환경 　　　④ 안전수칙 준수

재해의 예방을 위하여 안전수칙을 제정하고 이에 따른다.

7 사고의 직접원인으로 가장 적합한 것은?

① 유전적인 요소 　　　② 성격 결함
③ 사회적 환경요인 　　④ 불안전한 행동 및 상태

사고의 직접적인 원인은 불안전한 행동과 불안정한 상태에 있다.

8 산업안전에서 안전의 3요소와 가장 거리가 먼 것은?

① 관리적 요소 　　　　② 자본적 요소
③ 기술적 요소 　　　　④ 교육적 요소

산업안전의 3요소는 기술적 요소, 교육적 요소, 관리적 요소이다.

9 산업재해를 예방하기 위한 재해예방 4원칙으로 적당치 못한 것은?

① 대량 생산의 원칙 　　② 예방 가능의 원칙
③ 원인 계기의 원칙 　　④ 대책 선정의 원칙

재해예방의 4원칙 : 예방가능의 원칙, 손실우연의 원칙, 원인계기의 원칙, 대책선정의 원칙

10 산업공장에서 재해의 발생을 적게 하기 위한 방법 중 틀린 것은?

① 폐기물은 정해진 위치에 모아둔다.
② 공구는 소정의 장소에 보관한다.
③ 소화기 근처에 물건을 적재한다.
④ 통로나 창문 등에 물건을 세워 놓아서는 안된다.

신속한 소화작업을 위하여 소화기 근처에는 물건을 적재하지 않는다.

11 산업안전보건 상 근로자의 의무 사항으로 틀린 것은?

① 위험한 장소에의 출입
② 위험상황발생 시 작업 중지 및 대피
③ 보호구 착용
④ 안전 규칙의 준수

위험한 장소에는 출입하면 안된다.

12 산업재해의 통상적인 분류 중 통계적 분류를 설명한 것 중 틀린 것은?

① 사망 : 업무로 인해서 목숨을 잃게 되는 경우
② 중경상 : 부상으로 인하여 30일 이상의 노동 상실을 가져온 상해정도
③ 경상해 : 부상으로 1일 이상 7일 이하의 노동 상실을 가져온 상해 정도
④ 무상해 사고 : 응급처치 이하의 상처로 작업에 종사하면서 치료를 받는 상해 정도

중경상 : 부상으로 인하여 8일 이상의 노동 상실을 가져온 상해 정도

13 재해의 복합 발생 요인이 아닌 것은?

① 환경의 결함
② 사람의 결함
③ 품질의 결함
④ 시설의 결함

재해의 복합 발생요인 : 환경 결함, 사람 결함, 시설 결함

14 ILO(국제노동기구)의 구분에 의한 근로 불능 상해의 종류 중 응급조치 상해는?

① 1일 미만의 치료를 받고 다음부터 정상작업에 임할 수 있는 정도의 상해
② 2~3일의 치료를 받고 다음부터 정상작업에 임할 수 있는 정도의 상해
③ 1주 미만의 치료를 받고 다음부터 정상작업에 임할 수 있는 정도의 상해
④ 2주 미만의 치료를 받고 다음부터 정상작업에 임할 수 있는 정도의 상해

15 산업재해 부상의 종류별 구분에서 경상해란?

① 부상으로 1일 이상 7일 이하의 노동 상실을 가져온 상해 정도
② 응급 처치 이하의 상처로 작업에 종사하면서 치료를 받는 상해 정도
③ 부상으로 인하여 2주 이상의 노동 상실을 가져온 상해 정도
④ 업무상 목숨을 잃게 되는 경우

16 산업재해의 분류에서 사람이 평면상으로 넘어졌을 때 (미끄러짐 포함)를 말하는 것은?

① 낙하
② 충돌
③ 전도
④ 추락

17 다음은 재해가 발생 하였을 때 조치요령이다. 조치 순서로 맞는 것은?

[보기]
㉠ 운전 정지　　㉡ 2차재해 방지
㉢ 피해자 구조　　㉣ 응급처치

① ㉠ → ㉢ → ㉡ → ㉣
② ㉠ → ㉢ → ㉣ → ㉡
③ ㉢ → ㉣ → ㉠ → ㉡
④ ㉢ → ㉣ → ㉡ → ㉠

18 안전관리의 가장 중요한 업무는?

① 사고책임자의 직무조사
② 사고원인 제공자 파악
③ 사고발생 가능성의 제거
④ 물품손상의 손해사정

안전관리는 위험요소의 배제를 통하여 사고발생의 가능성을 제거하는 것이 가장 중요한 업무이다.

19 구급처치 중에서 환자의 상태를 확인하는 사항과 가장 거리가 먼 것은?

① 의식
② 상처
③ 출혈
④ 격리

20 세척작업 중에 알칼리 또는 산성 세척유가 눈에 들어갔을 경우에 응급처치로 가장 먼저 조치해야 하는 것은?

① 산성 세척유가 눈에 들어가면 병원으로 후송하여 알칼리성으로 중화시킨다.
② 알칼리성 세척유가 눈에 들어가면 붕산수를 구입하여 중화시킨다.
③ 눈을 크게 뜨고 바람 부는 쪽을 향해 눈물을 흘린다.
④ 먼저 수돗물로 씻어낸다.

먼저 수돗물로 씻어낸 후 반드시 의사의 치료를 받아야 한다.

02 | 안전보호구 및 안전장치

[출제문항수 : 2~3문제] 안전보호구의 종류와 용도, 지게차의 안전장치에 대한 문제가 많이 출제됩니다. 상식적인 부분이 많으므로 가볍게 읽기 바랍니다.

01 안전 보호구

1 안전 보호구
① 안전보호구는 작업자가 작업 전에 착용하고 작업을 하는 기구나 장치이다.
② 작업자를 유해 또는 위험 요인으로부터 보호하여, 산업재해를 예방한다.
③ 작업 상황에 맞는 안전보호구를 착용해야 한다.

2 안전 보호구의 구비 조건
① 착용이 간단하고 착용 후 작업하기가 쉬워야 한다.
② 유해·위험 요소로부터 보호 성능이 충분해야 한다.
③ 품질 및 마무리가 양호해야 한다.
④ 사용목적에 적합하고, 손질이 쉬워야 한다.
⑤ 외관 및 디자인이 양호해야 한다.
⑥ 보호구 검정에 합격하고 보호성능이 보장되어야 한다.

3 안전 보호구의 선택 시 주의사항
① 사용 목적에 적합성
② 품질의 우수
③ 사용 및 관리의 용이함
④ 착용감 우수

02 보안경

1 보안경을 사용하는 이유
① 유해 광선으로부터 눈을 보호하기 위하여
② 유해 약물로부터 눈을 보호하기 위하여
③ 칩의 비산(飛散)으로부터 눈을 보호하기 위하여
└→ 날려서 흩어짐

2 보안경을 끼고 작업해야 하는 사항
① 그라인더 작업을 할 때
② 장비의 하부에서 점검, 정비 작업을 할 때
③ 철분, 모래 등이 날리는 작업을 할 때
④ 전기용접 및 가스용접 작업을 할 때

3 보안경의 종류 및 용도
① 일반 보안경 : 날아오는 물체로부터 작업자의 눈을 보호
② 차광용 보안경 : 전기아크용접이나 가스용접 작업 시 빛으로부터 눈을 보호
③ 도수렌즈 보안경 : 보안경 사용 시 작업자의 시력을 보정해주는 렌즈를 장착한 보안경

03 안전모, 마스크, 방음보호구

1 안전모
└→ 날아서 옴
물체의 낙하 또는 비래(飛來), 인체의 추락이나 머리의 감전 등의 위험으로부터 머리를 보호하는 안전보호구

① 작업내용에 적합한 안전모를 착용한다.
② 안전모 착용 시 턱 끈을 바르게 한다.
③ 충격을 받거나 변형된 안전모는 폐기 처분한다.
④ 자신의 크기에 맞도록 착장제의 머리 고정대를 조절한다.
⑤ 안전모에 구멍을 내지 않도록 한다.
⑥ 합성수지는 자외선에 균열 및 노화가 되므로 자동차 뒷 창문 등에 보관을 하지 않는다.

2 마스크 (호흡용 보호구)
산소결핍 작업, 분진 및 유독가스 발생 작업장에서 작업 시 신선한 공기 공급 및 여과를 통하여 호흡기를 보호한다.
└→ 티끌 진
① 방진 마스크 : 분진이 많은 작업장에서 사용
② 방독 마스크 : 유해 가스가 있는 작업장에서 사용
③ 송기(공기) 마스크 : 산소결핍의 우려가 있는 장소에서 사용

3 방음보호구 (귀마개, 귀덮개)
① 소음이 발생하는 작업장에서 작업자의 청력을 보호하기 위해 사용되는 보호구
② 소음의 허용 기준은 8시간 작업 시 90db이고, 그 이상의 소음 작업장에서는 귀마개나 귀덮개를 착용한다.

1 ★★★★ 작업별 안전보호구의 착용이 잘못 연결된 것은?

① 그라인딩 작업 – 보안경
② 10m 높이에서 작업 – 안전벨트
③ 산소 결핍장소에서의 작업 – 공기 마스크
④ 아크용접 작업 – 도수가 있는 렌즈 안경

용접 시에는 차광용 안경을 사용한다.

2 ★★★★★ 감전되거나 전기화상을 입을 위험이 있는 작업에서 제일 먼저 작업자가 구비해야 할 것은?

① 구급 용구 　　　② 구명구
③ 보호구 　　　　④ 신호기

감전의 위험이 있는 전기 작업을 위해서는 절연용 보호구를 사용한다.

3 ★★★★★ 안전보호구 선택 시 유의사항으로 틀린 것은?

① 보호구 검정에 합격하고 보호성능이 보장될 것
② 반드시 강철로 제작되어 안전보장형일 것
③ 작업행동에 방해되지 않을 것
④ 착용이 용이하고 크기 등 사용자에게 편리할 것

4 ★★ 보호구는 반드시 한국산업안전보건공단으로부터 보호구 검정을 받아야 한다. 검정을 받지 않아도 되는 것은?

① 안전모 　　　　② 방한복
③ 안전장갑 　　　④ 보안경

방한복은 안전 보호구라고 볼 수 없으므로 검정을 받지 않아도 된다.

5 ★★★ 유해광선이 있는 작업장에 보호구로 가장 적절한 것은?

① 보안경 　　　　② 안전모
③ 귀마개 　　　　④ 방독마스크

보안경은 유해광선이나 유해 약물로부터 눈을 보호하거나 칩의 비산(흩날림)으로부터 눈을 보호하기 위하여 사용한다.

6 ★★★★ 다음 중 보호안경을 끼고 작업해야 하는 사항과 가장 거리가 먼 것은?

① 산소용접 작업 시
② 그라인더 작업 시
③ 건설기계 장비 일상점검 작업 시
④ 클러치 탈·부착 작업 시

7 ★★★★ 안전한 작업을 위해 보안경을 착용해야 하는 작업은?

① 엔진 오일 보충 및 냉각수 점검 작업
② 제동등 작동 점검 시
③ 장비의 하체 점검 작업
④ 전기저항 측정 및 매선 점검 작업

장비의 하체 작업 시 오일이나 이물질 등이 떨어질 수 있으므로 보안경을 착용하여 눈을 보호해야 한다.

8 ★★★ 전기아크용접에서 눈을 보호하기 위한 보안경 선택으로 맞는 것은?

① 도수 안경
② 방진 안경
③ 차광용 안경
④ 실험실용 안경

9 ★★★ 작업장에서 방진마스크를 착용해야 할 경우는?

① 소음이 심한 작업장
② 분진이 많은 작업장
③ 온도가 낮은 작업장
④ 산소가 결핍되기 쉬운 작업장

방진마스크는 분진이 많은 작업장에서 사용한다.

10 ★ 낙하, 추락 또는 감전에 의한 머리의 위험을 방지하는 보호구는?

① 안전대
② 안전모
③ 안전화
④ 안전장갑

정답 1 ④ 2 ③ 3 ② 4 ② 5 ① 6 ③ 7 ③ 8 ③ 9 ② 10 ②

04 안전작업복, 안전화

1 작업복의 조건

① 작업복은 몸에 알맞고 동작이 편해야 함
② 주머니가 적고 팔·발이 노출되지 않는 것
③ 옷소매 폭이 너무 넓지 않고 조여질 수 있는 것
④ 단추가 달린 것은 되도록 피한다.
⑤ 화기사용 작업 시 방염성, 불연성 재질로 착용
⑥ 배터리 전해액처럼 강한 산성, 알칼리 등의 액체를 취급할 때는 고무로 만든 옷이 좋다.
⑦ 작업에 따라 보호구 및 기타 물건을 착용 가능한 것

2 작업복장의 유의사항

① 작업복은 항상 깨끗한 상태로 입어야 한다.
② 상의의 옷자락이 밖으로 나오지 않도록 한다.
③ 기름이 묻은 작업복은 될 수 있는 한 착용하지 않는다.
④ 땀을 닦기 위한 수건이나 손수건을 허리나 목에 걸고 작업해서는 안 된다.
⑤ 물체 추락의 우려가 있는 작업장에서는 작업모를 착용해야 한다.
⑥ 옷에 모래나 쇳가루 등이 묻었을 때는 솔이나 먼지떨이를 이용하여 털어낸다.

 ▶ 작업복을 입은 채로 압축공기로 털어내면 안 된다.

3 일반적인 작업안전을 위한 복장

① 작업복 ② 안전모 ③ 안전화

4 운반 및 하역 작업 시 착용복장 및 보호구

① 상의 작업복의 소매는 손목에 밀착되는 작업복을 착용한다.
② 하의 작업복은 바지 끝 부분을 안전화 속에 넣거나 밀착되게 한다.
③ 유해, 위험물을 취급 시 방호할 수 있는 보호구를 착용한다.

5 안전화

① 작업장소의 상태가 나쁘거나, 작업 자세가 부적합할 때 발이 미끄러져 발생하는 사고를 예방
② 물건의 취급, 운반 시 물품이 낙하하여 발등이 다치는 재해로부터 작업자를 보호
③ 정전기 방지(정전화) 및 감전을 방지(절연화)

05 안전대

기본 구조 : 신체를 지지하는 요소와 구조물 등 걸이설비에 연결하는 요소로 구성된다.

1 안전대의 용도

① 작업 제한 : 개구부 또는 측면이 개방 형태로 추락할 위험이 있는 경우 작업자의 행동반경을 제한하여 추락을 방지
② 작업자세 유지 : 전신주 작업 등에서 작업 시 작업을 할 수 있는 자세를 유지시켜 추락을 방지
③ 추락 억제 : 철골 구조물 또는 비계작업 중 추락 시 충격흡수장치가 부착된 죔줄을 사용하여 추락하중을 신체에 고루 분산하여 추락하중을 감소

2 안전대용 로프의 구비조건

① 충격 및 인장 강도에 강할 것
② 내열성, 내마모성이 높을 것
③ 완충성이 높고 미끄럽지 않을 것

06 지게차의 안전장치

지게차 작업 시 다른 작업자 및 구조물과의 충돌을 방지하여 각종 위험으로 부터 운전자를 안전하게 보호하는 장치이다.

1 헤드가드

지게차 운전석 상부의 지붕을 말하며, 물체 낙하의 충격에 충분히 견딜 수 있는 강도여야 한다.

2 백레스트

포크 위에 올려진 화물이 마스트 후방으로 낙하하는 것을 방지하는 짐받이 틀을 말한다.

3 안전벨트

지게차의 전도 및 충격에 운전자가 튕겨져 나가는 것을 방지한다.

 ▶ 주행연동 안전벨트 : 안전벨트 착용 시에만 전·후진이 가능한 인터록 시스템을 구축하여 전도, 충돌 시 운전자가 운전석에서 튕겨져 나가는 것을 방지

④ 후방 접근 경보장치

지게차 후진 시 후면에 통행 중인 근로자 또는 물체와의 충돌을 방지하기 위한 접근 경보장치

⑤ 대형 후사경 및 룸 미러

① 지게차 후진 시 지게차 후면에 위치한 작업자 또는 물체를 인지하기 위하여 대형 후사경을 설치
② 대형 후사경 외에도 지게차 뒷면의 사각지역 해소를 위하여 룸 미러를 설치

⑥ 포크 위치 표시

① 바닥으로부터의 포크 위치를 운전자가 쉽게 알 수 있도록 마스트와 포크 후면에 경고표지를 부착
② 지면으로부터 포크를 들어올린 높이 20~30cm 위치에 마스트와 백레스트가 상호 일치되도록 페인트 또는 색상 테이프를 부착한다.

⑦ 지게차의 식별을 위한 형광 테이프 부착

조명이 어두운 작업장에서 지게차의 위치와 움직임 등을 식별할 수 있도록 지게차의 좌우 및 후면에 형광 테이프를 부착

⑧ 경광등

조명이 불량한 작업장소에서 지게차의 운행상태를 알릴 수 있도록 지게차 후면에 경광등을 설치

⑨ 포크 받침대

지게차의 수리, 점검 시 포크의 급격한 하강을 방지하기 위하여 받침대를 설치한다.

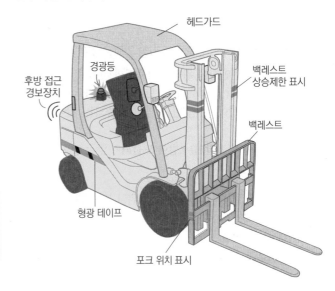

헤드가드
경광등
후방 접근 경보장치
백레스트 상승제한 표시
백레스트
형광 테이프
포크 위치 표시

기출문제 ★ 숫자는 빈출 정도 및 중요도를 나타냅니다.

1 높은 곳에 출입할 때는 안전장구를 착용해야 하는데 안전대용 로프의 구비조건에 해당되지 않는 것은?

① 충격 및 인장 강도에 강할 것
② 내마모성이 높을 것
③ 내열성이 높을 것
④ 완충성이 적고, 매끄러울 것

2 안전한 작업을 하기 위하여 작업 복장을 선정할 때의 유의사항으로 가장 거리가 먼 것은?

① 화기사용 작업에서 방염성, 불연성의 것을 사용하도록 한다.
② 착용자의 취미, 기호 등에 중점을 두고 선정한다.
③ 작업복은 몸에 맞고 동작이 편하도록 제작한다.
④ 상의의 소매나 바지 자락 끝 부분이 안전하고 작업하기 편리하게 잘 처리된 것을 선정한다.

3 추락 위험이 있는 장소에서 작업할 때 안전관리상 어떻게 하는 것이 가장 좋은가?

① 안전띠 또는 로프를 사용한다.
② 일반 공구를 사용한다.
③ 이동식 사다리를 사용해야 한다.
④ 고정식 사다리를 사용해야 한다.

4 안전작업은 복장의 착용상태에 따라 달라진다. 다음에서 권장사항이 아닌 것은?

① 땀을 닦기 위한 수건이나 손수건을 허리나 목에 걸고 작업해서는 안 된다.
② 옷소매 폭이 너무 넓지 않은 것이 좋고, 단추가 달린 것은 되도록 피한다.
③ 물체 추락의 우려가 있는 작업장에서는 작업모를 착용해야 한다.
④ 복장을 단정하게 하기 위해 넥타이를 꼭 매야 한다.

정답 1 ④ 2 ② 3 ① 4 ④

5 운전 및 정비 작업시의 작업복의 조건으로 틀린 것은?

① 잠바형으로 상의 옷자락을 여밀 수 있는 것
② 작업용구 등을 넣기 위해 호주머니가 많은 것
③ 소매를 오무려 붙이도록 되어 있는 것
④ 소매를 손목까지 가릴 수 있는 것

작업복은 몸에 알맞고 동작이 편해야 하며 호주머니는 적은 것이 좋다.

6 다음 중 작업복의 조건으로서 가장 알맞은 것은?

① 작업자의 편안함을 위하여 자율적인 것이 좋다.
② 도면, 공구 등을 넣어야 하므로 주머니가 많아야 한다.
③ 작업에 지장이 없는 한 손발이 노출되는 것이 간편하고 좋다.
④ 주머니가 적고 팔이나 발이 노출되지 않는 것이 좋다.

7 일반적인 작업장에서 작업안전을 위한 복장으로 가장 적합하지 않은 것은?

① 작업복의 착용
② 안전모의 착용
③ 안전화의 착용
④ 선글라스 착용

8 운반 및 하역작업 시 착용복장 및 보호구로 적합하지 않은 것은?

① 상의 작업복의 소매는 손목에 밀착되는 작업복을 착용한다.
② 하의 작업복은 바지 끝 부분을 안전화 속에 넣거나 밀착되게 한다.
③ 방독면, 방화 장갑을 항상 착용해야 한다.
④ 유해, 위험물을 취급 시 방호할 수 있는 보호구를 착용한다.

9 배터리 전해액처럼 강산, 알칼리 등의 액체를 취급할 때 가장 적합한 복장은?

① 면장갑 착용
② 면직으로 만든 옷
③ 나일론으로 만든 옷
④ 고무로 만든 옷

10 다음 중 조종사를 보호하기 위해 설치한 지게차의 안전장치로 가장 적합한 것은?

① 안전벨트
② 핑거보드
③ 카운터 웨이트
④ 아웃트리거

조종사를 보호하기 위하여 설치한 지게차의 안전장치는 안전벨트, 백레스트, 헤드가드 등이 있다.

11 다음 중 지게차의 안전장치를 설명한 것으로 옳지 않은 것은?

① 후사경은 시야를 가리지 않도록 작게 만들어야 한다.
② 지게차의 수리, 점검 시 포크의 급격한 하강을 막기 위하여 포크 받침대를 설치한다.
③ 포크 위치 표지는 지면으로부터 포크를 들어올린 높이 20~30cm 위치에 표시한다.
④ 조명이 어두운 곳에서는 지게차의 좌우 및 후면에 형광 테이프를 부착한다.

후사경은 지게차 후면의 작업자 또는 물체를 인지하기 위하여 대형 후사경을 설치한다.

12 지게차가 어두운 곳에서 작업할 때 안전을 위하여 설치해야 하는 안전장치 중 가장 거리가 먼 것은?

① 경광등
② 형광 테이프
③ 후방 접근 경보장치
④ 백레스트

백레스트는 화물이 마스트 후방으로 낙하하는 것을 방지하는 짐받이 틀을 말한다.

정답 5 ② 6 ④ 7 ④ 8 ③ 9 ④ 10 ① 11 ① 12 ④

Craftsman Fork Lift Truck Operator

03 위험요소 확인

[출제문항수 : 1~2문제] 전반적으로 출제되며 거의 상식적으로 생각하면 풀 수 있는 문제가 출제됩니다.

01 안전수칙

1 안전 수칙
① 안전보호구의 착용법을 숙지하고 착용
② 안전 보건표지 부착
③ 안전 보건교육 실시
④ 안전작업 절차 준수

2 작업자의 올바른 안전 자세
① 자신의 안전과 타인의 안전을 고려한다.
② 작업장 환경 조성을 위해 노력한다.
③ 작업 안전 사항을 준수한다.

 ▶ **작업자가 작업을 할 때 반드시 알아두어야 할 사항**
안전수칙 / 작업량 / 기계 기구의 사용법

3 작업상의 안전수칙
① 벨트 등의 회전부위에 주의한다.
② 대형 물건의 기중 작업 시 서로 신호에 의거한다.
③ 고장 중의 기기에는 표지를 한다.
④ 정전 시는 반드시 스위치를 끊는다.
⑤ 전기장치는 접지를 하고, 이동식 전기기구는 방호장치를 한다.
⑥ 엔진에서 배출되는 일산화탄소에 대비한 통풍 장치를 설치한다.
⑦ 주요 장비 등은 조작자를 지정하여 누구나 조작하지 않도록 한다.
⑧ 병 속에 들어있는 약품을 냄새로 알아보고자 할 때 손바람을 이용하여 확인한다.
⑨ 회전 중인 물체를 정지시킬 때는 스스로 정지하도록 한다.
⑩ 추락 위험이 있는 장소에서 작업할 때 안전띠 또는 로프를 사용한다.
⑪ 선풍기 날개에 의한 재해를 방지하기 위하여 망 또는 울을 설치한다.
⑫ 위험한 작업을 할 때는 미리 작업자에게 이를 알려주어야 한다.

02 지게차 작업 시 안전수칙

① 지게차의 작업 전 일일점검 및 운전 전 점검을 시행한다.
② 엔진 가동 시 소화기를 비치한다.
③ 안전벨트를 착용하고, 운전시야를 확보한다.
④ 작업 반경 내의 변화에 주의하면서 작업한다.
⑤ 주행 시 작업 장치는 진행방향으로 하고, 가급적 평탄한 지면으로 주행한다.
⑥ 지게차 작업 시 안전한 경로를 선택하고, 규정 속도를 준수한다.
⑦ 지게차 작업 시 적재하중을 초과하여 적재하지 않는다.
⑧ 하중을 달아 올린 채로 브레이크를 걸어두어서는 안 된다.
⑨ 무거운 하중은 5~10cm 들어 올려 보아서 브레이크나 기계의 안전을 확인한 후 작업한다.
⑩ 운전석을 떠날 경우 기관정지, 브레이크를 확실히 걸고, 키는 반드시 휴대한다.
⑪ 작업 종료 후 장비의 전원을 끈다.
⑫ 차를 받칠 때는 안전 잭이나 고임목으로 고인다.
⑬ 장비 승·하차 시에는 장비에 장착된 손잡이 및 발판을 사용한다.
⑭ 유압계통 및 냉각계통의 점검 시에는 작동유나 냉각수가 식은 다음에 점검한다.

03 안전점검

1 안전점검을 실시할 때 유의사항
① 안전 점검한 내용은 상호 이해하고 공유할 것
② 과거에 재해가 발생한 곳에는 그 요인이 없어졌는지 확인할 것
③ 과거에 재해가 발생하지 않았더라도 재해요인이 있는지 확인할 것
④ 안전점검이 끝나면 강평을 실시하여 안전사항을 주지할 것

2 작업개시 전 운전자의 조치사항

① 구조와 개요, 기능 및 점검에 필요한 점검 내용 숙지
② 운전 장비의 사양을 숙지하고 고장 취약 부분 파악
③ 장비의 이상 유무를 작업 전에 항상 점검
④ 점검표기에 따라 점검

▶ 안전점검의 종류 (암기법 : 일정특수)
일상점검 / 정기점검 / 특별점검 / 수시점검

04 지게차 작업자의 안전 및 안전점검

1 운전자만 탑승

지게차에는 운전자만 탑승하고 작업을 하여야 하며, 지게차 포크를 이용하여 다른 작업자를 승차시켜 작업을 하는 고소작업(높은 곳에서의 작업)을 금지한다.

2 포크위치표시 등의 안전 부착물을 부착

3 운전자만 작업장치를 작동

① 지게차의 안전한 작업을 위하여 지게차 관리 담당 운전자만 탑승한다.
② 운전자가 정 위치에 있을 때에만 작업장치를 작동한다.
③ 손과 발이 젖은 상태에서는 조작을 금지한다.

4 운전자의 손, 복장, 안전화, 운전석 바닥 오염 시 세척

① 작업 전 안전보호구를 착용 후 작업을 한다.
② 안전벨트를 착용한다.
③ 운전석은 항상 정리정돈을 한다.
④ 작업 전 안전한 작업을 위하여 기름 묻은 손이나 신발로 인하여 사고가 발생하지 않도록 청결 상태를 유지한다.
⑤ 운전석에 공구 등을 보관하지 않는다.

05 안전장치

1 안전장치에 관한 사항

① 안전장치는 반드시 활용하도록 한다.
② 안전장치가 불량할 때는 즉시 수정한 다음 작업한다.
③ 안전장치 점검은 작업 전에 하도록 한다.
④ 안전장치는 일시 제거하거나 함부로 조작해서는 안 된다.

2 안전장치 선정 시의 고려사항

① 위험 부분에는 안전 방호 장치가 설치되어 있을 것
② 강도나 기능 면에서 신뢰도가 클 것
③ 작업하기 불편하지 않은 구조일 것
④ 안전장치 기능은 제거가 잘되지 않아야 한다.

▶ 안전사고 발생의 원인
• 적합한 공구를 사용하지 않았을 때
• 안전장치 및 보호 장치가 잘되어 있지 않을 때
• 정리정돈 및 조명 장치가 잘되어 있지 않을 때
※ 안전사고 발생의 가장 많은 원인은 본인의 실수이다.

06 작업 시의 안전

1 기계 시설의 안전 유의사항

① 회전 부분(기어, 벨트, 체인 등)은 위험하므로 반드시 커버를 씌어둔다.
② 작업장 통로는 근로자가 안전하게 다닐 수 있도록 정리정돈을 한다.
③ 작업장의 바닥은 보행에 지장을 주지 않도록 청결하게 유지한다.
④ 작업 중 기계에서 이상한 소리가 날 경우 즉시 작동을 멈추고 점검한다.
⑤ 기계 작업 시 적절한 안전거리를 유지해야 한다.

2 작업 시 장갑을 착용하지 않고 작업을 해야 하는 작업

① 연삭 작업   ② 해머 작업
③ 정밀기계 작업   ④ 드릴 작업

3 작업장의 안전수칙

① 공구는 제자리에 정리한다.
② 무거운 구조물은 인력으로 무리하게 이동하지 않는 것이 좋다.
③ 작업이 끝나면 모든 사용 공구는 정 위치에 정리정돈 한다.
④ 위험한 작업장에는 안전수칙을 부착하여 사고 예방을 한다.
⑤ 항상 청결하게 유지한다.
⑥ 작업대 사이, 또는 기계 사이의 통로는 안전을 위한 일정한 너비가 필요하다.
⑦ 전원 콘센트 및 스위치 등에 물을 뿌리지 않는다.
⑧ 작업복과 안전 장구는 반드시 착용한다.
⑨ 각종 기계를 불필요하게 공회전시키지 않는다.
⑩ 기계의 청소나 손질은 운전을 정지시킨 후 실시한다.

⑪ 기름 묻은 걸레는 정해진 용기에 보관한다.
⑫ 흡연 장소로 정해진 장소에서 흡연한다.
⑬ 연소하기 쉬운 물질은 특히 주의를 요한다.

④ 작업장에서 지켜야 할 준수사항
① 작업장에서는 급히 뛰지 말아야 한다.
② 불필요한 행동을 삼간다.
③ 대기 중인 차량엔 고임목을 고인다.
④ 작업 중 입은 부상은 즉시 응급조치하고 보고한다.
⑤ 밀폐된 실내에서는 장비의 시동을 걸지 않는다.
⑥ 통로나 마룻바닥에 공구나 부품을 방치하지 않는다.

⑤ 작업장의 승강용 계단 설치 방법
① 경사 : 30° 이하의 완만한 경사
② 견고한 구조
③ 추락위험이 있는 곳은 손잡이를 90cm 이상 높이로 설치

07 위험요소판단

지게차 작업 시 주의할 위험요소는 화물의 낙하 위험, 협착 및 충돌 위험, 지게차의 전도 위험 및 추락 위험이 있다.

▶ 용어해설) 전도, 협착
• 전도(顚倒: 뒤집힐 전, 뒤집힐 도) : 산업재해에서 미끄러짐을 포함하여 넘어지는 것
• 협착(狹窄: 좁을 협, 좁을 착) : 기계의 움직이는 부분 사이 또는 움직이는 부분과 고정부분 사이에 신체 또는 신체의 일부분이 끼거나, 물리는 것

① 화물이 낙하 재해 예방
① 화물의 적재 상태를 확인한다.
② 허용 하중을 초과한 적재를 금지한다.
③ 마모가 심한 타이어를 교체한다.
④ 무자격자는 운전을 금지한다.
⑤ 작업장 바닥의 요철을 확인한다.

② 협착 및 충돌 재해 예방
① 지게차 전용 통로를 확보한다.
② 지게차 운행구간별 제한속도 지정 및 표지판을 부착한다.
③ 교차로 등 사각지대에 반사경을 설치한다.
④ 불안전한 화물 적재 금지 및 시야를 확보하도록 적재한다.
⑤ 경사진 노면에 지게차를 방치하지 않는다.

③ 지게차 전도 재해 예방
① 연약한 지반에서는 받침판을 사용하고 작업한다.
② 연약한 지반에서 편하중에 주의하여 작업한다.
③ 지게차의 용량을 무시하고 무리하게 작업하지 않는다.
④ 급선회, 급제동, 오작동 등을 하지 않는다.
⑤ 화물의 적재중량 보다 작은 소형 지게차로 작업하지 않는다.

④ 추락 재해 예방
① 운전석 이외에 작업자 탑승을 금지한다.
② 난폭운전 금지 및 유도자의 신호에 따라 작업한다.
③ 작업 전 안전벨트를 착용하고 작업한다.
④ 지게차를 이용한 고소작업을 금지한다.

08 방호장치 및 안전장치

① 방호장치의 종류

방호장치	점검사항
격리형	• 위험한 작업점과 작업자 사이에 서로 접근되어 일어날 수 있는 재해를 방지하기 위해 차단벽이나 망을 설치하는 방법 • 완전차단형, 덮개형 등
위치제한형	• 조작자의 신체 부위가 위험한계 밖에 있도록 기계의 조작장치를 위험구역에서 일정거리 이상 떨어지게 한 방호장치
접근거부형	• 작업자의 신체 부위가 위험한계 내로 접근하면 설치되어 있는 방호장치가 접근하는 신체 부위를 안전한 위치로 되돌리는 방호장치
접근반응형	• 작업자의 신체 부위가 위험한계 내로 들어오면 작동 중인 기계를 정지시키거나 스위치가 꺼지도록 하는 방호장지
포집형	• 목재 침이나 금속 칩 등 위험원이 비산하거나 튀는 것을 방지하는 방호장치

② 안전장치
① 페일 세이프(Fail-Safe) : 기계나 부품의 고장 또는 불량이 발생하여도 안전하게 작동할 수 있도록 하는 장치
② 인터록(Interlock) : 기계의 각 작동 부분들을 연결해 각 작동 부분이 정상으로 작동하기 위한 조건이 만족되지 않을 경우 자동적으로 기계가 작동할 수 없도록 하는 것
③ 풀 프루프(Fool proof) : 작업자가 실수 등 기계를 잘못 취급하더라도 기계설비의 안전 기능이 작용되는 장치

1 작업자가 작업을 할 때 반드시 알아두어야 할 사항이 아닌 것은?

① 안전수칙　　　　② 작업량
③ 기계기구의 사용법　④ 경영관리

2 작업 시 안전사항으로 준수해야 할 사항 중 틀린 것은?

① 대형 물건을 기중 작업할 때는 서로 신호에 의거할 것
② 고장 중의 기기에는 표지를 할 것
③ 정전 시는 반드시 스위치를 끊을 것
④ 다른 용무가 있을 때는 기기 작동을 자동으로 조정하고 자리를 비울 것

3 재해를 방지하기 위해 선풍기 날개에 의한 위험방지조치로 가장 적합한 것은?

① 망 또는 울 설치
② 역회전 방지장치 부착
③ 과부하 방지장치 부착
④ 반발 장비장치 설치

4 안전작업 사항으로 잘못된 것은?

① 전기장치는 접지를 하고, 이동식 전기기구는 방호장치를 한다.
② 엔진에서 배출되는 일산화탄소에 대비한 통풍장치를 설치한다.
③ 담뱃불은 발화력이 약하므로 어느 곳에서나 흡연해도 무방하다.
④ 주요 장비 등은 조작자를 지정하여 누구나 조작하지 않도록 한다.

5 건설기계 작업 시 주의사항으로 틀린 것은?

① 운전석을 떠날 경우에는 기관을 정지시킨다.
② 주행 시 작업 장치는 진행방향으로 한다.
③ 주행 시는 가능한 평탄한 지면으로 주행한다.
④ 후진 시는 후진 후 사람 및 장애물 등을 확인한다.

> 항상 후진하기 전에 사람이나 장애물 등을 확인해야 한다.

6 건설기계의 점검 및 작업 시 안전사항으로 가장 거리가 먼 것은?

① 엔진 등 중량물을 탈착 시에는 반드시 밑에서 잡아준다.
② 엔진을 가동 시는 소화기를 비치한다.
③ 유압계통을 점검 시에는 작동유가 식은 다음에 점검한다.
④ 엔진 냉각계통을 점검 시에는 엔진을 정지시키고 냉각수가 식은 다음에 점검한다.

> 무거운 중량물의 탈착 시 하물의 낙하의 위험성이 크므로 밑에서 작업하면 안 된다.

7 작업개시 전 운전자의 조치사항으로 가장거리가 먼 것은?

① 점검에 필요한 점검 내용을 숙지한다.
② 운전하는 장비의 사양을 숙지 및 고장나기 쉬운 곳을 파악해야 한다.
③ 장비의 이상 유무를 작업 전에 항상 점검해야 한다.
④ 주행로 상에 복수의 장비가 있을 때는 충돌방지를 위하여 주행로 양측에 콘크리트 옹벽을 친다.

8 안전점검을 실시할 때 유의사항으로 틀린 것은?

① 안전 점검한 내용은 상호 이해하고 공유할 것
② 안전점검 시 과거에 안전사고가 발생하지 않았던 부분은 점검을 생략할 것
③ 과거에 재해가 발생한 곳에는 그 요인이 없어졌는지 확인할 것
④ 안전점검이 끝나면 강평을 실시하여 안전사항을 주지할 것

9 안전사고 발생의 원인이 아닌 것은?

① 적합한 공구를 사용하지 않았을 때
② 안전장치 및 보호 장치가 잘되어 있지 않을 때
③ 정리정돈 및 조명 장치가 잘되어 있지 않을 때
④ 기계 및 장비가 넓은 장소에 설치되어 있을 때

정답 1 ④ 2 ④ 3 ① 4 ③ 5 ④ 6 ① 7 ④ 8 ② 9 ④

10 안전장치 선정 시의 고려사항에 해당되지 않는 것은?

① 위험부분에는 안전 방호 장치가 설치되어 있을 것

② 강도나 기능 면에서 신뢰도가 클 것

③ 작업하기 불편하지 않는 구조일 것

④ 안전장치 기능 제거를 용이하게 할 것

안전장치는 반드시 활용하도록 해야 하며 일시 제거하거나 함부로 조작하면 안된다.

11 안전작업 측면에서 장갑을 착용하고 해도 가장 무리 없는 작업은?

① 드릴 작업을 할 때

② 건설현장에서 청소 작업을 할 때

③ 해머 작업을 할 때

④ 정밀기계 작업을 할 때

연삭작업, 해머작업, 드릴작업, 정밀기계작업 등은 장갑을 사용하면 사고의 위험성이 높아진다.

12 작업 중 기계장치에서 이상한 소리가 날 경우 가장 적절한 작업자의 행위는?

① 작업종료 후 조치한다.

② 즉시 작동을 멈추고 점검한다.

③ 속도가 너무 빠르지 않나 살핀다.

④ 장비를 멈추고 열을 식힌 후 계속 작업한다.

13 기계나 부품의 고장 또는 불량이 발생하여도 안전하게 작동할 수 있도록 하는 기능은?

① 인터록(Interlock)

② 풀 프루프(Fool-proof)

③ 시간지연장치

④ 페일 세이프(Fail-safe)

① 인터록(Interlock) : 기계의 각 작동 부분들을 연결해 각 작동 부분이 정상으로 작동하기 위한 조건이 만족되지 않을 경우 자동적으로 기계가 작동할 수 없도록 하는 것

② 풀 프루프(Fool proof) : 작업자가 실수 등 기계를 잘못 취급하더라도 기계 설비의 안전 기능이 작용되는 장치

④ 페일 세이프(Fail-Safe) : 기계나 부품의 고장 또는 불량이 발생하여도 안전하게 작동할 수 있도록 하는 장치

14 기계운전 및 작업 시 안전사항으로 맞는 것은?

① 작업속도를 높이기 위해 레버 조작을 빨리한다.

② 장비의 무게는 무시해도 된다.

③ 작업도구나 적재물이 장애물에 걸려도 동력에 무리가 없으므로 그냥 작업한다.

④ 장비 승·하차 시에는 장비에 장착된 손잡이 및 발판을 사용한다.

15 작업 시 안전사항으로 준수해야 할 사항 중 틀린 것은?

① 정전 시는 반드시 스위치를 끊을 것

② 딴 볼일이 있을 때는 기기 작동을 자동으로 조정하고 자리를 비울 것

③ 고장 중의 기기에는 반드시 표식을 할 것

④ 대형 건물을 기중 작업할 때는 서로 신호에 의거할 것

작업 중 기기가 작동 되고 있을 때에는 자리를 비우지 않아야 하며, 부득이하게 자리를 이탈할 때는 기기의 작동을 멈추어야 한다.

16 작업장에서 V벨트나 평면벨트 등에 직접 사람이 접촉하여 말려들거나 마찰위험이 있는 작업장에서의 방호장치로 맞는 것은?

① 격리형 방호장치

② 덮개형 방호장치

③ 위치제공형 방호장치

④ 접근반응형 방호장치

격리형 방호장치는 위험한 작업점과 작업자 사이에 서로 접근되어 일어날 수 있는 재해를 방지하기 위해 차단벽이나 망을 설치하는 방법으로 사업장에서 가장 흔히 볼 수 있는 방호형태이다.

17 안전사고 발생의 가장 큰 원인이 되는 것은?

① 장비사용 잘못

② 본인의 실수

③ 공장설비 부족

④ 공구사용 잘못

안전사고의 발생원인 중 가장 큰 원인을 차지하는 것은 본인의 실수와 부주의이다.

18 작업장에 대한 안전관리상 설명으로 틀린 것은?

① 항상 청결하게 유지한다.
② 작업대 사이, 또는 기계 사이의 통로는 안전을 위한 일정한 너비가 필요하다.
③ 공장바닥은 폐유를 뿌려, 먼지 등이 일어나지 않도록 한다.
④ 전원 콘센트 및 스위치 등에 물을 뿌리지 않는다.

> 바닥에 폐유를 뿌리면 미끄러지는 원인이 된다.

19 작업장에서 지켜야 할 안전 수칙이 아닌 것은?

① 작업 중 입은 부상은 즉시 응급조치하고 보고한다.
② 밀폐된 실내에서는 장비의 시동을 걸지 않는다.
③ 통로나 마룻바닥에 공구나 부품을 방치하지 않는다.
④ 기름걸레나 인화물질은 나무상자에 보관한다.

> 기름걸레나 인화물질은 인화성이 낮은 정해진 용기에 보관해야 한다.

20 작업장의 안전수칙 중 틀린 것은?

① 공구는 오래 사용하기 위하여 기름을 묻혀서 사용한다.
② 작업복과 안전장구는 반드시 착용한다.
③ 각종 기계를 불필요하게 공회전시키지 않는다.
④ 기계의 청소나 손질은 운전을 정지시킨 후 실시한다.

> 공구에 기름이 묻으면 미끄러지기 쉬워 사고의 원인이 된다.

21 작업장에서 지켜야 할 준수 사항이 아닌 것은?

① 작업장에서는 급히 뛰지 말 것
② 불필요한 행동을 삼가 할 것
③ 공구를 전달할 경우 시간절약을 위해 가볍게 던질 것
④ 대기 중인 차량엔 고임목을 고여 둘 것

> 공구를 전달할 때 던져주면 위험하기도 하며 손상되기 쉽다.

22 안전관리상 인력운반으로 중량물을 들어 올리거나 운반 시 발생할 수 있는 재해와 가장 거리가 먼 것은?

① 낙하   ② 협착(압상)
③ 단전(정전)   ④ 충돌

23 산업재해의 분류에서 사람이 평면상으로 넘어졌을 때(미끄러짐 포함)를 말하는 것은?

① 낙하   ② 충돌
③ 전도   ④ 추락

> 산업재해에서 미끄러짐을 포함하여 넘어지는 것을 전도(顚倒)라고 한다.

24 체인이나 벨트, 풀리 등에서 일어나는 사고로 기계의 운동 부분 사이에 신체가 끼는 사고는?

① 협착   ② 접촉
③ 충격   ④ 얽힘

> 협착(狹窄)은 기계의 움직이는 부분 사이 또는 움직이는 부분과 고정부분 사이에 신체 또는 신체의 일부분이 끼거나, 물리는 것을 말한다.

25 재해의 원인 중 생리적인 원인에 해당되는 것은?

① 안전장치의 불량
② 작업자의 피로
③ 작업복의 부적당
④ 안전수칙의 미준수

> 작업자의 피로는 재해의 원인 중 생리적 원인에 해당한다.

04 안전표지

[출제문항수 : 1~2문제] 안전표지를 구별하는 문제와 안전표지가 금지, 경고, 지시, 안내표지 중 어디에 속하는지를 묻는 문제가 많이 출제됩니다. 안전표지는 꼭 구분하실 수 있으실 정도로 학습하시기 바랍니다.

01 안전표지

1 금지표지 (8종)

출입금지	보행금지	차량통행금지	사용금지
탑승금지	금연	화기금지	물체이동금지

• 바탕 – 흰색 • 기본 모형 – 빨간색 • 관련 부호 및 그림 – 검은색

2 경고표지 (15종)

인화성 물질 경고	산화성 물질 경고	폭발성 물질 경고	급성독성 물질 경고
부식성 물질 경고	방사성 물질 경고	고압전기 경고	매달린 물체 경고
낙하물 경고	고온 경고	저온 경고	몸균형 상실 경고
레이저광선 경고	발암성 · 변이원성 · 생식독성 · 전신독성 · 호흡기 과민성 물질 경고		위험장소 경고

• 바탕 – 노란색, 기본모형, 관련 부호 및 그림 – 검은색
 (또는 바탕 – 무색, 기본모형 – 빨간색(검은색도 가능))

 ▶ 산업안전표지는 위험대상에 대한 금지, 경고, 지시, 안내사항 등을 표상한 모양, 색채, 내용으로 구성된다.

3 지시표지 (9종)

보안경 착용	방독마스크 착용	방진마스크 착용	보안면 착용	안전모 착용
귀마개 착용	안전화 착용	안전장갑 착용	안전복 착용	

• 바탕 – 파란색 • 관련 그림 – 흰색

4 안내표지 (8종)

녹십자표지	응급구호표지	들것	세안장치
비상용기구 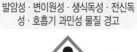	비상구	좌측비상구	우측비상구

• 바탕 – 녹색 • 관련 부호 및 그림 – 흰색

5 안전·보건 표지의 색채

색상 및 용도		사용 예
빨간색	금지	정지신호, 소화설비 및 그 장소, 유해행위의 금지
	경고	화학물질 취급 장소에서의 유해·위험 경고
노란색	경고	화학물질 취급 장소에서의 유해·위험경고 이외의 위험경고, 주의표지 또는 기계 방호물
파란색	지시	특정 행위의 지시 및 사실의 고지
녹색	안내	비상구 및 피난소, 사람 또는 차량의 통행표지
흰색		파란색 또는 녹색에 대한 보조색
검은색		문자 및 빨간색 또는 노란색에 대한 보조색
보라색		방사능 등의 표시에 사용

1 산업안전보건에서 안전표지의 종류가 아닌 것은?

① 위험표지 ② 경고표지
③ 지시표지 ④ 금지표지

> 산업안전 · 보건표지의 종류 : 금지, 경고, 지시, 안내

2 안전표지 중 안내 표지의 바탕색으로 맞는 것은?

① 백색 ② 흑색
③ 적색 ④ 녹색

3 안전표지의 종류 중 안내표지에 속하지 않는 것은?

① 녹십자 표지 ② 응급구호표지
③ 비상구 ④ 출입금지

> 출입금지는 금지 표시이다.

4 적색 원형으로 만들어지는 안전 표지판은?

① 경고표시 ② 안내표시
③ 지시표시 ④ 금지표시

> • 경고표지 : 노랑 삼각형   • 안내표지 : 사각형 및 원형
> • 지시표지 : 파랑 원형   • 금지표지 : 적색 원형

5 작업현장에서 사용되는 안전표지 색으로 잘못 짝지어진 것은?

① 빨강색 – 방화표시
② 노란색 – 충돌 · 추락 주의 표시
③ 녹색 – 비상구 표시
④ 보라색 – 안전지도 표시

> 보라색은 방사능 위험 표시이다.

6 다음 그림과 같은 안전 표지판이 나타내는 것은?

① 비상구
② 출입금지
③ 인화성 물질경고
④ 보안경 착용

7 안전 · 보건표지의 종류와 형태에서 그림의 안전표지판이 나타내는 것은?

① 응급구호 표지
② 비상구 표지
③ 위험장소경고 표지
④ 환경지역 표지

8 다음 그림의 안전표지판이 나타내는 것은?

① 안전제일
② 출입금지
③ 인화성물질경고
④ 보안경착용

> 녹십자 표지이며, 안전제일을 나타낸다.

9 산업안전보건표지에서 그림이 표시하는 것으로 맞는 것은?

① 독극물 경고
② 폭발물 경고
③ 고압전기 경고
④ 낙하물 경고

10 다음 그림은 안전표지의 어떠한 내용을 나타내는가?

① 지시표지
② 금지표지
③ 경고표지
④ 안내표지

> 보안경 착용은 지시표지에 해당된다.

11 그림의 안전표지판이 나타내는 것은?

① 사용금지
② 탑승금지
③ 보행금지
④ 물체이동금지

 정답   1 ① 2 ④ 3 ④ 4 ④ 5 ④ 6 ② 7 ① 8 ① 9 ③ 10 ① 11 ④

12 산업안전보건 표지에서 그림이 나타내는것은?

① 비상구없음 표지
② 방사선위험 표지
③ 탑승금지 표지
④ 보행금지 표지

13 안전보건 표지의 종류와 형태에서 그림의 안전표지판이 나타내는 것은?

① 보행금지
② 작업금지
③ 출입금지
④ 사용금지

14 다음 그림과 같은 안전 표지판이 나타내는 것은?

① 비상구
② 출입금지
③ 보안경 착용
④ 인화성물질 경고

15 안전보건표지의 종류와 형태에서 그림의 표지로 맞는 것은?

① 안전복 착용
② 안전모 착용
③ 보안경 착용
④ 출입금지

16 안전보건표지의 종류와 형태에서 그림의 표지로 맞는 것은?

① 보행금지
② 몸균형상실경고
③ 안전복착용
④ 방독마스크착용

17 다음 그림과 같은 안전 표지판이 나타내는 것은?

① 인화성물질 경고
② 폭발물 경고
③ 구급용구
④ 낙하물 경고

18 산업안전에서 안전표지의 종류가 아닌 것은?

① 금지표지
② 허가표지
③ 경고표지
④ 지시표지

19 안전 · 보건표지의 종류별 용도 · 사용장소 · 형태 및 색채에서 바탕은 흰색, 기본모형은 빨간색, 관련부호 및 그림은 검정색으로 된 표지는?

① 보조표지
② 지시표지
③ 주의표지
④ 금지표지

금지표지의 종류 : 출입금지, 보행금지, 차량통행금지, 사용금지, 탑승금지, 금연, 화기엄금, 물체이동금지

20 안전·보건표지의 종류와 형태에서 그림의 표지로 맞는 것은?

① 차량통행금지
② 사용금지
③ 탑승금지
④ 물체이동금지

21 안전 보건표지의 종류와 형태에서 그림의 안전표지판이 뜻하는 것은?

① 보안경착용금지
② 보안경착용
③ 귀마개 착용
④ 인화성물질경고

22 안전, 보건표지의 종류와 형태에서 그림의 안전 표지판이 나타내는 것은?

① 병원 표시
② 비상구 표지
③ 녹십자 표지
④ 안전지대 표지

23 다음 그림과 같은 안전 표지판이 나타내는 것은?

① 인화성물질 경고
② 금연
③ 화기금지
④ 산화성물질 경고

정답 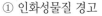 12 ④ 13 ④ 14 ① 15 ② 16 ③ 17 ① 18 ② 19 ④ 20 ① 21 ② 22 ③ 23 ③

05 안전운반 작업

[출제문항수 : 0~1문제] 최근에는 거의 출제되지 않는 부분입니다. 상식적인 부분이니 가볍게 읽고 넘어가시기 바랍니다.

01 운반·이동 안전

1 운반 작업 시의 안전수칙

① 무거운 물건을 이동할 때 체인블록이나 호이스트 등을 활용한다.
② 어깨보다 높이 들어 올리지 않는다.
③ 무거운 물건을 상승시킨 채 오랫동안 방치하지 않는다.
④ 화물을 운반할 경우에는 운전반경 내를 확인한다.
⑤ 크레인은 규정용량을 초과하지 않는다.
⑥ 중량물 운반 시 어떤 경우라도 사람을 승차시켜 화물을 붙잡도록 할 수 없다.
⑦ 정밀한 물품을 쌓을 때는 상자에 넣도록 한다.
⑧ 약하고 가벼운 것을 위에 무거운 것을 밑에 쌓는다.
⑨ 긴 물건을 쌓을 때에는 끝에 표시를 한다.
⑩ 체인블록 사용 시 체인이 느슨한 상태에서 급격히 잡아당기지 않는다.

2 작업장에서 공동 작업으로 물건을 들어 이동할 때

① 명령과 지시는 한 사람이 한다.
② 힘의 균형을 유지하여 이동한다.
③ 불안전한 물건은 드는 방법에 주의한다.
④ 보조를 맞추어 들도록 한다.
⑤ 최소한 한 손으로는 물건을 받친다.
⑥ 긴 화물은 같은 쪽의 어깨에 올려서 운반한다.

3 인력으로 운반작업을 할 때 유의사항

① LPG 봄베(저장 용기)는 굴려서 운반하면 안된다.
② 공동운반에서는 서로 협조를 하여 작업한다.
③ 긴 물건은 앞쪽을 위로 올린다.
④ 무리한 몸가짐으로 물건을 들지 않는다.

4 인력운반에 대한 기계운반의 특징

① 단순하고 반복적인 작업에 적합하다.
② 취급물의 크기, 형상 성질 등이 일정한 작업에 적합하다.
③ 표준화되어 있어 지속적이고 운반량이 많은 작업에 적합하다.
④ 취급물이 중량물인 작업에 적합하다.

5 이동식 기계 운전자의 유의사항

① 항상 주변의 작업자나 장애물에 주의하여 안전 여부를 확인한다.
② 급선회는 피한다.
③ 물체를 높이 올린 채 주행이나 선회하는 것을 피한다.

60° 이하

 ▶ 운반하는 물건에 2줄걸이 로프를 매달 때 로프에 걸리는 하중은 인양각도가 클수록 증가하므로 60° 이상을 넘지 않도록 한다.
▶ 안전관리상 인력운반으로 중량물을 들어 올리거나 운반 시 발생할 수 있는 재해는 낙하, 협착(압상), 충돌 등이다.

02 크레인 안전

1 크레인 인양 작업 시 안전사항

① 신호자는 크레인 운전자가 잘 볼 수 있는 안전한 위치에서 행한다.
② 신호자는 원칙적으로 1인이다.
③ 신호자의 신호에 따라 작업한다.
④ 2인 이상의 고리걸이 작업 시 상호 간에 소리를 내면서 행한다.
⑤ 화물이 훅(hook)에 잘 걸렸는지 확인 후 작업한다.
⑥ 달아올릴 화물의 무게를 파악하여 제한하중 이하에서 작업한다.
⑦ 매달린 화물이 불안전하다고 생각될 때는 작업을 중지한다.
⑧ 크레인으로 인양 시 물체의 중심을 측정하여 인양해야 한다.
  • 형상이 복잡한 물체의 무게 중심을 확인한다.
  • 인양 물체를 서서히 올려 지상 약 30cm 지점에서 정지하여 확인한다.
  • 인양 물체의 중심이 높으면 물체가 기울 수 있다.
⑨ 원목처럼 길이가 긴 화물을 달아 올릴 때는 수직으로 달아 올린다.

 ▶ 옥외에 있는 주행 크레인은 폭풍(30m/s)을 대비하여 이탈 방지조치를 해야 한다.
▶ 중진 이상의 지진이 발생한 후에 크레인을 사용 시 각 부위의 이상 유무를 점검한다.

2 크레인으로 물건을 운반할 때 주의사항

① 적재물이 떨어지지 않도록 한다.

② 로프 등 안전 여부를 항상 점검한다.

③ 선회 작업 시 사람이 다치지 않도록 한다.

④ 규정 무게보다 초과하여 적재하지 않는다.

⑤ 화물이 흔들리지 않게 유의한다.

3 훅(Hook, 화물을 걸어 운반하는 장치)의 점검과 관리

① 입구의 벌어짐이 5% 이상 된 것은 교환해야 한다.

② 훅의 안전계수는 5 이상이다.

③ 훅은 마모, 균열 및 변형 등을 점검해야 한다.

체인블록

훅(hook)

④ 훅의 마모는 와이어로프가 걸리는 곳에 2mm의 홈이 생기면 그라인딩한다.

⑤ 단면 지름의 감소가 원래 지름의 5% 이내로 제한한다.

⑥ 두부 및 만곡의 내측에 홈 없는 것을 사용해야 한다.

⑦ 훅의 점검은 작업 개시 전에 실시해야 한다.

▶ 기중기의 안전한 작업방법
• 제한 하중 이상의 것은 달아 올리지 말 것
• 지정된 신호수의 신호에 따라 작업을 할 것
• 화물의 훅 위치는 무게 중심에 걸리도록 할 것
• 경우에 따라서는 수직 방향으로 달아 올릴 수도 있음

chapter 01

기출문제 ★ 숫자는 빈출 정도 및 중요도를 나타냅니다.

1 ★★★★★ 중량물 운반에 대한 설명으로 맞지 않는 것은?

① 무거운 물건을 운반할 경우 주위사람에게 인지하게 한다.

② 무거운 물건을 상승시킨 채 오랫동안 방치하지 않는다.

③ 규성 용량을 초과해서 운반하지 않는다.

④ 흔들리는 화물은 사람이 붙잡아서 이동한다.

> 화물 운반 시 어떠한 경우라도 사람이 승차하여 화물을 붙잡는 행위는 하면 안된다.

2 ★★★ 물품을 운반할 때 주의할 사항으로 틀린 것은?

① 가벼운 화물은 규정보다 많이 적재하여도 된다.

② 안전사고 예방에 가장 유의한다.

③ 정밀한 물품을 쌓을 때는 상자에 넣도록 한다.

④ 약하고 가벼운 것을 위에 무거운 것을 밑에 쌓는다

> 화물 운반 시 규정 용량을 초과해서 운반하지 않는다.

3 ★★★ 작업장에서 공동 작업으로 물건을 들어 이동할 때 잘못된 것은?

① 힘의 균형을 유지하여 이동할 것

② 불안전한 물건은 드는 방법에 주의할 것

③ 보조를 맞추어 들도록 할 것

④ 운반 도중 상대방에게 무리하게 힘을 가할 것

4 ★★★★ 인력으로 운반작업을 할 때 틀린 것은?

① 드럼통과 LPG 봄베는 굴려서 운반한다.

② 공동운반에서는 서로 협조를 하여 작업한다.

③ 긴 물건은 앞쪽을 위로 올린다.

④ 무리한 몸가짐으로 물건을 들지 않는다.

> LPG 봄베(일종의 가스통)는 굴려서 운반하면 안된다.

5 ★★★ 중량물을 들어 올리는 방법 중 안전상 가장 올바른 것은?

① 최대한 힘을 모아 들어 올린다.

② 지렛대를 이용한다.

③ 로프로 묶고 잡아당긴다.

④ 체인블록을 이용하여 들어 올린다.

> 체인블록이나 호이스트를 이용하는 것이 가장 좋다.

6 ★★★ 무거운 물체를 인양하기 위하여 체인블록 사용 시 안전상 가장 적절한 것은?

① 체인이 느슨한 상태에서 급격히 잡아당기면 재해가 발생할 수 있으므로 안전을 확인할 수 있는 시간적 여유를 가지고 작업한다.

② 무조건 굵은 체인을 사용해야 한다.

③ 내릴 때는 하중 부담을 줄이기 위해 최대한 빠른 속도로 실시한다.

④ 이동시는 무조건 최단거리 코스로 빠른 시간 내에 이동시켜야 한다.

정답 1 ④ 2 ① 3 ④ 4 ① 5 ④ 6 ①

7 공장에서 엔진 등 중량물을 이동하려고 한다. 가장 좋은 방법은?

① 여러 사람이 들고 조용히 움직인다.
② 체인 블록이나 호이스트를 사용한다.
③ 로프로 묶어 인력으로 당긴다.
④ 지렛대를 이용하여 움직인다.

8 크레인으로 물건을 운반할 때 주의사항으로 틀린 것은?

① 규정 무게보다 약간 초과 할 수 있다.
② 적재물이 떨어지지 않도록 한다.
③ 로프 등 안전 여부를 항상 점검한다.
④ 선회 작업 시 사람이 다치지 않도록 한다.

9 무거운 물건을 들어 올릴 때 주의사항 설명으로 가장 적합하지 않은 것은?

① 힘센 사람과 약한 사람과의 균형을 잡는다.
② 장갑에 기름을 묻히고 든다.
③ 가능한 이동식 크레인을 이용한다.
④ 약간씩 이동하는 것은 지렛대를 이용할 수도 있다.

장갑에 기름이 묻으면 미끄러질 수 있다.

10 굴착기 등 건설기계 운전 작업장에서 이동 및 선회 시 안전을 위해서 행하는 적절한 조치로 맞는 것은?

① 경적을 울려서 작업장 주변 사람에게 알린다.
② 버킷을 내려서 점검하고 작업한다.
③ 급방향 전환을 하여 위험 시간을 최대한 줄인다.
④ 굴착작업으로 안전을 확보한다.

11 크레인으로 인양 시 물체의 중심을 측정하여 인양해야 한다. 다음 중 잘못된 것은?

① 형상이 복잡한 물체의 무게 중심을 확인한다.
② 인양 물체를 서서히 올려 지상 약 30cm 지점에서 정지하여 확인한다.
③ 인양 물체의 중심이 높으면 물체가 기울 수 있다.
④ 와이어로프나 매달기용 체인이 벗겨질 우려가 있으면 되도록 높이 인양한다.

12 운반하는 물건에 2줄 걸이 로프를 매달 때 로프에 하중이 가장 크게 걸리는 2줄 사이의 각도는?

① 30°　　② 45°　　③ 60°　　④ 75°

하중이 크게 걸리는 각도를 묻는 문제이므로 보기에서 가장 큰 각도가 정답이다. (※안전을 위해서는 60° 이상을 넘지 않아야 한다.)

13 크레인으로 무거운 물건을 위로 달아 올릴 때 주의할 점이 아닌 것은?

① 달아 올릴 화물의 무게를 파악하여 제한하중 이하에서 작업한다.
② 매달린 화물이 불안전하다고 생각될 때는 작업을 중지한다.
③ 신호의 규정이 없으므로 작업자가 적절히 한다.
④ 신호자의 신호에 따라 작업한다.

14 크레인 작업 방법 중 적합하지 않은 것은?

① 경우에 따라서는 수직방향으로 달아 올린다.
② 신호수의 신호에 따라 작업한다.
③ 제한하중 이상의 것은 달아 올리지 않는다.
④ 항상 수평으로 달아 올려야 한다.

15 크레인 인양 작업 시 줄걸이의 안전사항으로 적합하지 않는 것은?

① 신호자는 크레인 운전자가 잘 볼 수 있는 안전한 위치에서 행한다.
② 2인 이상의 고리 걸이 작업 시에는 상호 간에 소리를 내면서 행한다.
③ 신호자는 원칙적으로 1인이다.
④ 권상 작업이 지면에 있는 보조자는 와이어로프를 손으로 꼭 잡아 화물이 흔들리지 않게 해야 한다.

16 크레인으로 인양 시 줄걸이 작업으로 올바른 것은?

① 와이어로프 등은 크레인 훅(hook)을 편심시켜 걸어야 한다.
② 화물이 훅에 잘 걸렸는지 확인 후 작업한다.
③ 밑에 있는 물체를 인양할 때 위에 물체가 있는 상태로 행한다.
④ 매다는 각도는 60도 이상으로 크게 해야 한다.

정답　7 ②　8 ①　9 ②　10 ①　11 ④　12 ④　13 ③　14 ④　15 ④　16 ②

SECTION 06 장비 안전관리 및 기계·기구·공구

Craftsman Fork Lift Truck Operator

[출제문항수 : 2~3문제] 수공구 취급 및 사용법, 벨트 안전, 화재 안전 부분에서 출제가 집중됩니다. 가스용접 및 전기용접 부분은 거의 출제되지 않고 있으니 가볍게 읽고 넘어가시기 바랍니다.

01 장비 안전관리

1 안전작업 매뉴얼 준수
① 작업계획서 작성
② 지게차 작업 장소의 안전한 운행경로 확보
③ 안전수칙 준수

2 작업계획서 작성
작업의 내용, 개시 및 작업시간, 종료시간 등을 세우는 계획서로 운반할 화물의 품명, 중량, 운반수량, 운반거리 및 장비제원 등이 포함된다.

① 작업계획서 확인 : 작업 내용과 관련된 준비사항에 대하여 파악
② 작업 개요 확인 : 작업명, 작업 장소, 작업일, 작업 시작시간 등을 확인
③ 신호수의 배치 확인 : 작업 동선에 대한 신호수의 위치와 인원이 적절하게 배치되었는지 확인
④ 운반할 화물 확인 : 운반할 화물의 물품명, 규격, 단위중량, 운반량 등에 대한 확인
⑤ 장비 제원 확인 : 작업에 적합한 지게차의 기종, 운전자, 차체 중량 및 부대작업 장치에 대하여 확인
⑥ 보험가입 확인 : 운반할 위험화물이 보험에 가입되었는지 확인
⑦ 운전자의 안전장비 확인
⑧ 지게차 작업 시 준수사항 확인

02 기계 및 기구의 안전

1 기계 및 기계장치의 안전
① 안전장치 및 보호장치가 있어야 한다.
② 너무 좁은 장소에 설치되어 있지 않아야 한다.
③ 정리정돈 및 조명장치가 잘 되어 있어야 한다.
④ 적합한 공구를 사용하여야 한다.

2 기계에 사용되는 방호 덮개 장치의 구비 조건
① 마모나 외부로부터 충격에 쉽게 손상되지 않을 것
② 검사나 급유조정 등 정비가 용이할 것
③ 최소의 손질로 장시간 사용할 수 있을 것

▶ 기계장치의 세척제 : 솔벤트 또는 경유
▶ 정밀한 부속품은 에어건(압축공기)으로 청소하는 것이 가장 안전하다.

03 수공구의 취급

1 수공구 사용 시 안전사항
① 작업과 규격에 맞는 공구를 선택 사용해야 한다.
② 사용할 때는 무리한 힘이나 충격을 가하지 말아야 한다.
③ 공구는 목적 이외의 용도로 사용하지 않는다.
④ 사용 전에 이상 유무를 반드시 확인하며 사용법을 충분히 숙지한다.
⑤ 수공구는 작업 시 손에서 놓치지 않도록 주의한다.
⑥ 손이나 공구에 묻은 기름, 물 등을 닦아낸다.
⑦ 공구는 기계나 재료 등의 위에 올려놓지 않는다.
⑧ 끝부분이 예리한 공구 등을 주머니에 넣고 작업하지 않는다.

2 수공구의 관리와 보관
① 공구함을 준비하거나 소정의 장소에 잘 정돈하여 보관한다.
② 공구는 종류와 크기별로 구분하고 종류와 수량을 정확히 파악해 둔다.
③ 날이 있거나 뾰족한 물건은 위험하므로 뚜껑을 씌워 둔다.
④ 공구는 항상 완벽한 상태로 보관하며 공구의 필요 수량을 확보하며, 파손공구는 즉시 교환한다.
⑤ 사용한 공구는 면 걸레로 깨끗이 닦아서 지정된 장소에 보관한다.

▶ 공구를 사용한 후 오일을 바르지 않는다.

04 스패너, 렌치 작업

① 스패너, 렌치 작업 시 유의할 사항

① 볼트, 너트에 맞는 것을 사용하며 쐐기를 넣어서 사용하면 안된다.
② 자루에 파이프를 이어서 사용해서는 안된다.
③ 작업 시 몸의 균형을 잡는다.
④ 볼트·너트에 잘 결합하고 앞으로 잡아당길 때 힘이 걸리도록 한다.
⑤ 해머 대신에 사용하거나 해머로 두드리면 안된다.
⑥ 미끄러지지 않도록 공구핸들에 묻은 기름은 잘 닦아서 사용한다.
⑦ 녹이 생긴 볼트나 너트는 오일을 넣어 스며들게 한 다음 돌린다.
⑧ 조정 렌치는 고정 죠(jaw)가 있는 부분으로 힘이 가해지게 하여 사용한다.
⑨ 장시간 보관할 때에는 방청제를 바르고 건조한 곳에 보관한다.
⑩ 지렛대용으로 사용하지 않는다.
⑪ 렌치를 잡아당길 수 있는 위치에서 작업하도록 한다.
⑫ 좁은 장소에서는 몸의 일부를 충분히 기대고 작업한다.
⑬ 파이프렌치는 한쪽 방향으로만 힘을 가하여 사용한다.

② 복스 렌치

① 여러 방향에서 사용이 가능하다.
② 오픈 렌치와 규격이 동일하다.
③ 볼트, 너트 주위를 완전히 감싸게 되어 사용 중에 미끄러지지 않는다.

③ 토크 렌치

① 볼트 등을 조일 때 조이는 힘을 측정하기 위하여 사용하는 렌치이다.
② 볼트나 너트를 조일 때 조임력을 규정값에 정확히 맞도록 하기 위해 사용한다.
③ 오른손은 렌치 끝을 잡고 돌리며 왼손은 지지점을 누르고 눈은 게이지 눈금을 확인한다.

④ 오픈 엔드 렌치

① 연료 파이프 피팅을 풀고 조일 때 사용한다.
② 입(Jaw)이 변형된 것은 사용하지 않는다.
③ 자루에 파이프를 끼워 사용하지 않는다.

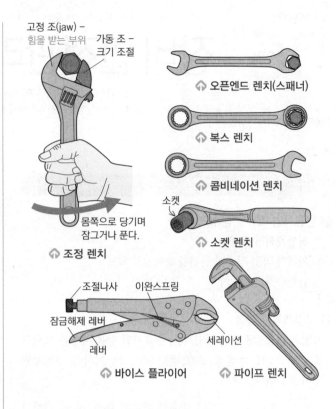

↑ 오픈엔드 렌치(스패너)
↑ 복스 렌치
↑ 콤비네이션 렌치
↑ 소켓 렌치
↑ 조정 렌치
↑ 바이스 플라이어   ↑ 파이프 렌치

⑤ 소켓 렌치

① 큰 힘으로 조일 때 사용한다.
② 오픈엔드 렌치나 복스렌치의 규격과 동일하다.
③ 사용 중 잘 미끄러지지 않는다.

05 해머 작업 안전

① 해머 작업 시는 장갑을 사용해서는 안된다.
② 처음에는 작게 휘두르고, 차차 크게 휘두른다.
③ 작업에 알맞은 무게의 해머를 사용한다.
④ 쐐기를 박아서 자루가 단단한 것을 사용한다.
⑤ 공동으로 해머 작업 시는 호흡을 맞출 것
⑥ 해머를 사용할 때 자루 부분을 확인할 것
⑦ 해머 작업 중에는 수시로 해머 상태를 확인할 것
⑧ 해머 작업 시 타격 면을 주시할 것
⑨ 열처리된 재료는 해머로 때리지 않도록 주의한다.
⑩ 녹이 있는 재료를 작업할 때는 보호안경을 착용해야 한다.
⑪ 해머 작업 시 몸의 자세를 안정되게 한다.
⑫ 타격 면이 닳아 경사진 것은 사용하지 않는다.
⑬ 기름 묻은 손으로 자루를 잡지 않는다.
⑭ 물건에 해머를 대고 몸의 위치를 정한다.
⑮ 타격범위에 장해물을 없도록 한다.

06 드라이버 작업 안전

① 드라이버에 충격, 압력을 가하지 말아야 한다.
② 자루가 쪼개졌거나 또한 허술한 드라이버는 사용하지 않는다.
③ 드라이버의 날 끝은 항상 양호하게 관리해야 한다.
④ 드라이버 날 끝이 나사홈의 너비와 길이에 맞는 것을 사용한다.
⑤ (-) 드라이버 날 끝은 평평한 것(수평)이어야 한다.
⑥ 이가 빠지거나 둥글게 된 것은 사용하지 않는다.
⑦ 정 대용으로 사용해서는 안된다.
⑧ 부품의 크기가 작을 경우 바이스(vise)에 고정시키고 작업하는 것이 좋다.
⑨ 전기 작업 시 절연된 손잡이를 사용한다.

 ▶ 스크루 드라이버의 길이는 손잡이 부분을 제외한 날부분(샤프트)의 길이를 말한다.

07 벨트작업 안전

1 벨트 취급에 대한 안전사항
① 벨트 교환 시 회전을 완전히 멈춘 상태에서 한다.
② 벨트에는 적당한 장력(유격)을 유지하도록 한다.
③ 고무벨트에는 기름이 묻지 않도록 한다.
④ 벨트의 이음쇠는 돌기가 없는 구조로 한다.
⑤ 벨트가 풀리에 감겨 돌아가는 부분은 커버나 덮개를 설치한다.

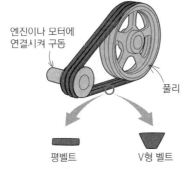

엔진이나 모터에 연결시켜 구동

풀리

평벨트　　　V형 벨트

⬆ 벨트와 풀리

2 각종 기계장치 및 동력전달장치 계통에서의 안전수칙
① 벨트를 빨리 걸기 위해서 회전하는 풀리에 걸어서는 안된다.
② 기어가 회전하고 있는 곳은 커버를 잘 덮어서 위험을 방지한다.

③ 동력 전단기를 사용할 때는 안전방호장치를 장착하고 작업을 수행해야 한다.
④ 볼트·너트 풀림 상태를 육안 또는 운전 중 감각으로 확인한다.
⑤ 소음상태를 점검한다.
⑥ 힘이 작용하는 부분의 손상 유무를 확인해야 한다.

 ▶ 벨트와 풀리는 회전 부위에서 노출되어 있어 사고로 인한 재해가 가장 많이 발생한다. 따라서 벨트의 교환이나 장력측정 시 언제나 회전이 완전히 멈춘 상태에서 해야 한다.

08 가스용접 안전

1 산소-아세틸렌 용접
① 용기와 도관의 색

구분	산소	아세틸렌
용기 색	녹색	황색
호스(도관) 색		적색

※ 기타 가스의 용기색 : 수소(적색), 이산화탄소(청색)

② 토치의 아세틸렌 밸브를 먼저 열고 점화한 후 산소 밸브를 연다.
③ 아세틸렌 용접장치를 사용하여 용접 또는 절단할 때에는 아세틸렌 발생기로부터 5m 이내, 발생기 실로부터 3m 이내의 장소에서는 흡연 등의 불꽃이 발생하는 행위를 금지해야 한다.

 ▶ 아세틸렌 가스 용접의 특징
• 이동성이 좋고 설비비가 저렴하다.
• 유해광선이 전기(아크) 용접보다 적게 발생한다.
• 불꽃의 온도와 열효율이 낮다.

2 산소·아세틸렌 용기의 취급
① 용기의 온도는 40℃ 이하로 유지시켜야 한다.
② 용기는 반드시 세워서 보관해야 한다.
③ 봄베 주둥이 쇠나 몸통에 녹 방지를 위해 오일이나 그리스를 바르지 않는다. → 폭발 우려
④ 전도, 전락 방지 조치를 해야 한다.
⑤ 충전용기와 빈 용기는 명확히 구분하여 각각 보관해야 한다.
⑥ 산소병(봄베)을 운반할 때에는 충격을 주어서는 안된다.

③ 가스용접의 안전작업

① 산소 및 아세틸렌 가스 누설 시험은 비눗물을 사용한다.

② 토치 팁(끝)으로 용접물의 위치를 바꾸거나 재를 제거하면 안 된다. → 팁 손상에 따른 폭발 우려

③ 산소 봄베와 아세틸렌 봄베 가까이에서 불꽃 조정을 피한다.

④ 용접 가스를 흡입하지 않도록 한다.

⑤ 토치에 점화할 때는 전용 점화기로 한다.

⑥ 반드시 소화기를 준비하고 작업한다.

④ 가연성 가스 저장실에 안전사항

① 휴대용 전등을 사용한다.

② 실내에 전기 스위치를 두지 않는다.

③ 담뱃불을 가지고 출입하지 않는다.

⑤ 카바이드의 취급

① 인화성이 없고 환기가 잘 되는 곳에 보관한다.

② 저장소의 전등 스위치는 저장소 내에 있으면 위험하다.

▶ 카바이드를 습기가 있는 곳에 보관하면 수분과 카바이드가 작용하여 아세틸렌 가스가 발생된다. (아세틸렌 가스는 극인화성 가스로써 열, 불꽃, 스파크, 정전기, 화염이 발생하면 폭발할 수 있으며, 공기 또는 산소가 2.0~85%로 혼합되면 폭발로 이어져 화재 우려가 크다)

---

09 전기용접 안전

① 전기용접 작업 시 용접기에 감전이 될 경우
- 발밑에 물이 있을 때
- 몸에 땀이 배어 있을 때
- 옷이 비에 젖어 있을 때 등 몸이 물에 젖을 때 위험하다.

② 전기 용접 아크 광선
- 전기 용접 아크에는 다량의 자외선이 포함되어 있다.
- 전기 용접 아크를 볼 때에는 헬멧이나 실드를 사용해야 한다.
- 전기 용접 아크 빛이 직접 눈으로 들어오면 전광성 안염 등의 눈병이 발생한다.

▶ 용접 작업 시 유해 광선으로 눈에 이상이 생겼을 때 응급처치
- 냉수로 씻어낸 다음 치료한다.
- 냉수로 씻어낸 냉수포를 얹거나 병원에서 치료한다.

---

10 전기 작업 안전

① 전기장치 및 작업의 안전사항

① 전선의 연결부는 되도록 저항을 적게 해야 한다.

② 전기장치는 반드시 접지해야 한다.

③ 퓨즈 교체 시에는 규정 용량의 것을 사용해야 한다.

④ 계측기는 최대 측정범위를 초과하지 않도록 해야 한다.

⑤ 전류계는 부하에 직렬로 접속해야 한다.

⑥ 축전지 전원 결선 시 합선되지 않도록 유의해야 한다.

⑦ 절연된 전극이 접지되지 않도록 해야 한다.

⑧ 전선이나 코드의 접속부는 절연물로서 완전히 피복하여 둔다.

⑨ 전기장치는 사용 후 스위치를 OFF로 해야 한다.

⑩ 전기를 차단하여 수리점검 시 통전 금지기간에 관한 사항을 필요한 곳에 게시한다.

⑪ 전기기기에 의한 감전사고를 막기 위하여 가장 필요한 설비는 접지설비이다.

⑫ 전기장치의 배선작업 시작 전 제일 먼저 축전지 접지선을 제거한다.

▶ 퓨즈가 끊어져서 교체하였으나 또 끊어졌다면 전기장치의 고장개소를 찾아 수리한다.
▶ 전기시설에 접지공사가 되어 있는 경우 접지선의 표지색은 녹색으로 표시한다.

② 감전 재해의 대표적인 발생 형태

① 누전상태의 전기기기에 인체가 접촉되는 경우

② 전기기기의 충전부와 대지 사이에 인체가 접촉되는 경우

③ 전선이나 전기기기의 노출된 충전부의 양단간에 인체가 접촉되는 경우

④ 충전부에 직접 접촉될 경우나 안전거리 이내로 접근하였을 때

⑤ 전기 기계, 기구의 절연변화, 손상, 파손 등에 의한 표면누설로 인하여 누전되어 있는 것에 접촉하여 인체가 통로로 되었을 경우

⑥ 콘덴서나 고압케이블 등의 잔류전하에 의할 경우

⑦ 절연 열화·손상·파손 등에 의해 누전된 전기기기 등에 접촉 시

⑧ 전기기기 등의 외함과 대지 간의 정전용량에 의한 전압발생부분 접촉 시

▶ 송전선로의 철탑은 전선과 절연되어 있고 대지와 접지되어 있어 감전사고로부터 안전하다.
▶ 건설기계가 고압전선에 접촉되면 우선 감전사고 발생과 화재, 화상 순으로 재해를 가져온다.

③ 감전사고 예방요령

① 젖은 손으로는 전기기기를 만지지 않는다.

② 코드를 뺄 때에는 반드시 플러그의 몸체를 잡고 뺀다.

③ 전력선에 물체를 접촉하지 않는다.

④ 감전 재해 사고발생 시 취해야 할 행동순서

① 피해자가 지닌 금속체가 전선 등에 접촉되었는가를 확인한다.

② 설비의 전기 공급원 스위치를 내린다.

③ 전원을 끄지 못했을 때는 고무장갑이나 고무장화를 착용하고 피해자를 구출한다.

④ 인공호흡 등의 응급조치를 하지 않고 긴급히 병원으로 이송하도록 한다.

▶ 인체에 전류가 흐를 시 위험 정도의 결정요인
  • 인체에 흐른 전류 크기
  • 인체에 전류가 흐른 시간
  • 전류가 인체에 통과한 경로

11 화재안전

① A급 화재

① 일반가연성 물질의 화재로서 물질이 연소된 후에 재를 남기는 일반적인 화재를 말한다.

② 보통 종이나 목재 등의 화재 시 포말소화기를 사용한다.

③ A급 화재에는 산 또는 알칼리 소화기가 적합하다.

▶ 연소의 3요소 : 공기(산소), 점화원, 가연성 물질
▶ 방화 대책의 구비사항 : 소화기구, 방화벽, 스프링클러, 방화사 등

② B급 화재

① 휘발유(액상 또는 기체상의 연료성 화재)로 인해 발생한 화재를 말한다.

② 가연성 액체, 유류 등의 연소 후 재가 거의 없다.

③ 유류화재 진화 시 분말 소화기, 탄산가스 소화기가 적합하다.

④ 유류화재 시 물을 뿌리면 더 위험해진다.

⑤ 소화기 이외에는 모래나 흙을 뿌리는 것이 좋다.

⑥ 방화커튼을 이용하여 화재를 진압할 수 있다.

▶ 유류화재에 사용되는 소화기
  ABC 소화기, 이산화탄소 소화기, B급 화재 소화기

③ C급 화재

① 화재의 분류 중 전기 화재를 말한다.

② 전기화재 시에는 이산화탄소 소화기가 적합하다.

③ 일반화재나 유류화재 시 유용한 포말소화기는 전기화재에는 적합하지 아니하다.

▶ 이산화탄소 소화기의 특징
  • 전기 절연성이 크다.
  • 저장에 따른 변질이 없다.
  • 소화 시 부식성이 없다.

④ D급 화재

① 금속 나트륨이나 금속칼륨 등의 금속화재를 말한다.

② 금속화재는 물이나 공기 중의 산소와 반응하여 폭발성 가스를 생성하므로 물에 의한 소화는 금지된다.

③ 소화에는 건조사(마른 모래), 흑연, 장석분 등을 뿌리는 것이 유효하다.

1 지게차 작업 시 작성하는 작업계획서에 들어가야 할 사항과 가장 거리가 먼 것은? ★

① 작업의 내용에 관한 사항
② 화물의 종류 및 특성에 관한 사항
③ 작업의 동선 및 신호수의 배치에 관한 사항
④ 작업에 소요되는 비용에 관한 사항

> 작업계획서에는 작업의 내용, 작업시간, 화물의 종류 및 수량, 운반거리, 장비제원, 화물의 보험가입 여부 등을 작성한다. 비용에 관한 사항은 포함되지 않는다.

2 기계 및 기계장치를 불안전하게 취급할 때 사고가 발생하는 원인 중 거리가 가장 먼 것은? ★

① 적합한 공구를 사용하지 않을 때
② 안전장치 및 보호장치가 잘 되어 있지 않을 때
③ 기계장치가 너무 넓은 장소에 설치되어 있을 때
④ 정리정돈 및 조명장치가 잘 되어있지 않을 때

> 기계 또는 기계장치가 너무 좁은 곳에 설치되어 있을 때 사고의 위험이 높다.

3 기계에 사용되는 방호 덮개 장치의 구비조건이 아닌 것은? ★

① 마모나 외부로부터 충격에 쉽게 손상되지 않을 것
② 검사나 급유조정 등 정비가 용이할 것
③ 최소의 손질로 장시간 사용할 수 있을 것
④ 안전한 작업을 위하여 절대 제거되지 않을 것

> 방호장치는 쉽게 제거할 수 없도록 설치하여야 하나, 정비 및 교체를 위하여 제거할 수 있어야 한다

4 수공구 사용상의 재해의 원인이 아닌 것은? ★★★★

① 잘못된 공구 선택
② 사용법의 미숙지
③ 공구의 점검 소홀
④ 규격에 맞는 공구 사용

> 수공구는 항상 규격에 맞는 공구를 사용해야 한다.

5 수공구 보관 및 사용방법으로 틀린 것은? ★★★★★

① 해머작업 시 몸의 자세를 안정되게 한다.
② 담금질 한 것은 함부로 두들겨서는 안된다.
③ 공구는 적당한 습기가 있는 곳에 보관한다.
④ 파손, 마모된 것은 사용하지 않는다.

6 일반 수공구 사용 시 주의사항으로 틀린 것은? ★★★

① 용도 이외에는 사용하지 않는다.
② 사용 후에는 정해진 장소에 보관한다.
③ 수공구는 손에 잘 잡고 떨어지지 않게 작업한다.
④ 볼트 및 너트의 조임에 파이프렌치를 사용한다.

7 수공구 취급에 대한 안전에 관한 사항으로 틀린 것은? ★★★

① 해머 자루의 해머고정 부분 끝에 쐐기를 박는다.
② 렌치 사용 시 자기 쪽으로 당기지 않는다.
③ 스크류 드라이버 사용 시 공작물을 손으로 잡지 않는다.
④ 스크레이퍼 사용 시 한 손은 공작물, 다른 손은 스크레이퍼를 잡는 법은 위험한 공작법이다.

> 렌치 사용 시 몸의 균형을 잡은 상태로 볼트 · 너트에 잘 결합하고 앞으로 잡아당길 때 힘이 걸리도록 한다.

8 수공구 취급 시 지켜야 할 안전수칙으로 옳은 것은? ★★★★

① 줄질 후 쇳가루는 입으로 불어낸다.
② 해머 작업 시 손에 장갑을 끼고 한다.
③ 사용 전에 충분한 사용법을 숙지하고 익히도록 한다.
④ 큰 회전력이 필요한 경우 스패너에 파이프를 끼워서 사용한다.

9 스패너 사용 시 올바른 것은? ★★★★★

① 스패너 입이 너트의 치수보다 큰 것을 사용한다.
② 스패너를 해머로 대용하여 사용한다.
③ 너트에 스패너를 깊이 물리고 조금씩 앞으로 당기는 식으로 풀고 조인다.
④ 너트에 스패너를 깊이 물리고 조금씩 밀면서 풀고 조인다.

> 스패너나 렌치 작업은 항상 몸 쪽으로 잡아당길때 힘이 걸리도록 한다.

정답 **1**④ **2**③ **3**④ **4**④ **5**③ **6**④ **7**② **8**③ **9**③

10 스패너 작업 시 유의할 사항으로 틀린 것은?

① 스패너의 입이 너트의 치수에 맞는 것을 사용해야 한다.
② 스패너의 자루에 파이프를 이어서 사용해서는 안된다.
③ 스패너와 너트 사이에는 쐐기를 넣고 사용하는 것이 편리하다.
④ 너트에 스패너를 깊이 물리도록 하여 조금씩 앞으로 당기는 식으로 풀고 조인다.

스패너나 렌치는 볼트나 너트의 치수에 맞는 것으로 사용해야 하며 쐐기를 넣어서는 안된다.

11 복스 렌치가 오픈 렌치보다 많이 사용되는 이유는?

① 값이 싸며 적은 힘으로 작업할 수 있다.
② 가볍고 사용하는데 양손으로도 사용할 수 있다.
③ 여러 가지 크기의 볼트, 너트에 사용할 수 있다.
④ 볼트, 너트 주위를 완전히 감싸게 되어 사용 중에 미끄러지지 않는다.

복스 렌치는 끝 부분이 막혀 있어 사용 중에 미끄러지는 것을 방지해 준다.

12 연료 파이프의 피팅을 풀 때 가장 알맞은 렌치는?

① 소켓 렌치
② 복스 렌치
③ 오픈 엔드 렌치
④ 탭 렌치

연료 파이프를 풀고 조일 때는 끝이 열린 오픈 엔드 렌치를 사용한다.

13 해머 작업 시 틀린 것은?

① 장갑을 끼지 않는다.
② 작업에 알맞은 무게의 해머를 사용한다.
③ 해머는 처음부터 힘차게 때린다.
④ 자루가 단단한 것을 사용한다.

해머작업 시 미끄럼 방지를 위해 장갑을 착용하지 않아야 하며, 처음부터 힘차게 때리면 타격점을 정확히 맞히기 어렵고, 마지막에도 타격력을 강하게 하면 부속품에 손상을 줄 수 있으므로 처음과 끝에서는 타격감을 줄이는 것이 좋다.

14 해머작업 시 안전수칙 설명으로 틀린 것은?

① 열처리된 재료는 해머로 때리지 않도록 주의한다.
② 녹이 있는 재료를 작업할 때는 보호안경을 착용해야 한다.
③ 자루가 불안정한 것(쐐기가 없는 것 등)은 사용하지 않는다.
④ 장갑을 끼고 시작은 강하게, 점차 약하게 타격한다.

15 일반 작업환경에서 지켜야 할 안전사항으로 맞지 않는 것은?

① 안전모를 착용한다.
② 해머는 반드시 장갑을 끼고 작업한다.
③ 주유 시는 시동을 끈다.
④ 고압 전기에는 적색 표지판을 부착한다.

16 연삭기 사용 작업 시 발생할 수 있는 사고와 가장 거리가 먼 것은?

① 회전하는 연삭숫돌의 파손
② 비산하는 입자
③ 작업자 발의 협착
④ 작업자의 손이 말려 들어감

17 연삭기의 안전한 사용방법이 아닌 것은?

① 숫돌 측면 사용제한
② 보안경과 방진마스크 착용
③ 숫돌덮개 설치 후 작업
④ 숫돌과 받침대 간격 가능한 넓게 유지

18 일반 드라이버 사용 시 안전수칙으로 틀린 것은?

① 정을 대신할 때 (-) 드라이버를 이용한다.
② 드라이버에 충격압력을 가하지 말아야 한다.
③ 자루가 쪼개졌거나 또한 허술한 드라이버는 사용하지 않는다.
④ 드라이버의 날 끝은 항상 양호하게 관리해야 한다.

정답 **10** ③ **11** ④ **12** ③ **13** ③ **14** ④ **15** ② **16** ③ **17** ④ **18** ①

19 수공구 사용에서 드라이버 사용방법으로 틀린 것은?

① 날 끝이 홈의 폭과 길이에 맞는 것을 사용한다.
② 날 끝이 수평이어야 한다.
③ 전기 작업 시에는 절연된 자루를 사용한다.
④ 단단하게 고정된 작은 공작물은 가능한 손으로 잡고 작업한다.

드라이버 작업 시 작은 공작물이라도 바이스에 고정시키고 작업해야 하며 손으로 잡고 작업하면 안된다.

20 드릴(drill)기기를 사용하여 작업할 때 착용을 금지하는 것은?

① 안전화   ② 장갑
③ 작업모   ④ 작업복

드릴 작업 시 드릴의 회전력에 장갑이 끼어 사고가 날 위험성이 크기 때문에 장갑을 끼지 않아야 한다.

21 드릴머신으로 구멍을 뚫을 때 일감 자체가 가장 회전하기 쉬운 때는 어느 때 인가?

① 구멍을 처음 뚫기 시작할 때
② 구멍을 중간 쯤 뚫었을 때
③ 구멍을 처음 뚫기 시작할 때와 거의 뚫었을 때
④ 구멍을 거의 뚫었을 때

드릴의 구멍 뚫기 작업 시 구멍이 거의 뚫렸을 때 일감이 회전할 위험성이 크므로 알맞은 힘으로 작업해야 한다.

22 금속 표면에 거칠거나 각진 부분에 다칠 우려가 있어 매끄럽게 다듬질하고자 한다. 적합한 수공구는?

① 끌   ② 줄
③ 대패   ④ 쇠톱

23 벨트 취급에 대한 안전사항 중 틀린 것은?

① 벨트 교환 시 회전을 완전히 멈춘 상태에서 한다.
② 벨트의 회전을 정지시킬 때 손으로 잡는다.
③ 벨트에는 적당한 장력을 유지하도록 한다.
④ 고무벨트에는 기름이 묻지 않도록 한다.

24 벨트를 풀리에 걸 때 가장 올바른 방법은?

① 회전을 정지시킨 후
② 저속으로 회전할 때
③ 중속으로 회전할 때
④ 고속으로 회전할 때

벨트를 풀리에 걸 때는 반드시 회전을 정지시킨 후 걸어야 한다.

25 사고로 인한 재해가 가장 많이 발생할 수 있는 것은?

① 종감속 기어   ② 변속기
③ 벨트, 풀리   ④ 차동장치

벨트는 대부분 회전 부위가 노출되어 있어 사고로 인한 재해가 가장 많이 발생하는 장치이다.

26 동력 전동장치에서 가장 재해가 많이 발생할 수 있는 것은?

① 기어   ② 커플링
③ 벨트   ④ 차축

27 작업장에서 용접작업의 유해광선으로 눈에 이상이 생겼을 때 적절한 조치로 맞는 것은?

① 손으로 비빈 후 과산화수소로 치료한다.
② 냉수로 씻어낸 냉수포를 얹거나 병원에서 치료한다.
③ 알코올로 씻는다.
④ 뜨거운 물로 씻는다.

28 장비점검 및 정비작업에 대한 안전수칙과 가장 거리가 먼 것은?

① 알맞은 공구를 사용해야 한다.
② 기관을 시동할 때 소화기를 비치해야 한다.
③ 차체 용접 시 배터리가 접지된 상태에서 한다.
④ 평탄한 위치에서 한다.

29 가스 용접장치에서 산소 용기의 색은?

① 청색   ② 황색   ③ 적색   ④ 녹색

가스 용기의 색은 아세틸렌은 황색, 산소는 녹색이다.

정답 **19** ④ **20** ② **21** ④ **22** ② **23** ② **24** ① **25** ③ **26** ③ **27** ② **28** ③ **29** ④

30 보기에서 가스 용접기에 사용되는 용기의 도색이 옳게 연결된 것을 모두 고른 것은?

【보기】
> ㉠ 산소–녹색   ㉡ 수소–흰색   ㉢ 아세틸렌–황색

① ㉠, ㉡   ② ㉡, ㉢
③ ㉠, ㉢   ④ ㉠, ㉡, ㉢

31 산소 아세틸렌 가스용접에서 토치의 점화 시 작업의 우선순위 설명으로 올바른 것은?

① 토치의 아세틸렌 밸브를 먼저 연다.
② 토치의 산소 밸브를 먼저 연다.
③ 산소 밸브와 아세틸렌 밸브를 동시에 연다.
④ 혼합가스밸브를 먼저 연 다음 아세틸렌 밸브를 연다.

> 산소 아세틸렌 용접에서는 아세틸렌 밸브를 먼저 열고 산소밸브를 연다.

32 가스용접의 안전작업으로 적합하지 않은 것은?

① 산소누설 시험은 비눗물을 사용한다.
② 토치 끝으로 용접물의 위치를 바꾸거나 재를 제거하면 안된다.
③ 토치에 점화할 때 성냥불과 담뱃불로 사용하여도 된다.
④ 산소 봄베와 아세틸렌 봄베 가까이에서 불꽃 조정을 피한다.

33 아세틸렌 용접기에서 가스가 누설되는가를 검사하는 방법으로 가장 좋은 것은?

① 비눗물 검사   ② 기름 검사
③ 촛불 검사   ④ 물 검사

> 가스의 누설여부를 확인하는 방법은 비눗물로 하는 것이 가장 좋다.

34 인화성 물질이 아닌 것은?

① 아세틸렌가스   ② 가솔린
③ 프로판가스   ④ 산소

> 산소는 다른 물질이 타는 것을 도와주는 조연성 가스이다.

35 가연성 가스 저장실에 안전사항으로 옳은 것은?

① 기름걸레를 이용하여 통과 통 사이에 끼워 충격을 적게 한다.
② 휴대용 전등을 사용한다.
③ 담배 불을 가지고 출입한다.
④ 조명은 백열등으로 하고 실내에 스위치를 설치한다.

> 가연성 가스저장실에서 흡연을 하거나 실내에 스위치를 설치하면 폭발의 위험성이 크다.

36 전등 스위치가 옥내에 있으면 안되는 경우는?

① 건설기계 장비 차고
② 절삭유 저장소
③ 카바이드 저장소
④ 기계류 저장소

> 카바이드는 수분과 반응하여 아세틸렌 가스를 발생시키므로 스위치의 접촉 시 일어나는 스파크로 폭발할 위험이 크다.

37 작업장에서 전기가 예고 없이 정전 되었을 경우 전기로 작동하던 기계기구의 조치방법으로 틀린 것은?

① 즉시 스위치를 끈다.
② 안전을 위해 작업장을 정리해 놓는다.
③ 퓨즈의 단선 유무를 검사한다.
④ 전기가 들어오는 것을 알기 위해 스위치를 켜둔다.

> 작업장에 정전이 되면 기계기구의 스위치를 끄고 퓨즈의 단선 유무를 확인해야 한다.

38 전기기기에 의한 감전 사고를 막기 위하여 필요한 설비로 다음 중 가장 중요한 것은?

① 고압계 설비
② 접지 설비
③ 방폭등 설비
④ 대지 전위 상승장치

chapter 01

39 다음 중 감전재해의 요인이 아닌 것은?

① 충전부에 직접 접촉하거나 안전거리 이내 접근 시
② 절연, 열화, 손상, 파손 등에 의해 누전된 전기기기 등에 접촉 시
③ 작업 시 절연장비 및 안전장구 착용
④ 전기기기 등의 외함과 대지 간의 정전용량에 의한 전압 발생부분 접촉 시

작업 시 감전재해를 예방하기 위하여 절연장비 및 안전장구를 착용한다.

40 전기 작업에서 안전작업상 적합하지 않은 것은?

① 저압전력선에는 감전우려가 없으므로 안심하고 작업할 것
② 퓨즈는 규정된 알맞은 것을 끼울 것
③ 전선이나 코드의 접속부는 절연물로서 완전히 피복하여 둘 것
④ 전기장치는 사용 후 스위치를 OFF 할 것

41 안전관리상 감전의 위험이 있는 곳의 전기를 차단하여 수리점검을 할 때의 조치와 관계가 없는 것은?

① 스위치에 통전 장치를 한다.
② 기타 위험에 대한 방지장치를 한다.
③ 스위치에 안전장치를 한다.
④ 통전 금지기간에 관한 사항이 있을 때 필요한 곳에 게시한다.

42 감전 재해 사고발생 시 취해야 할 행동순서가 아닌 것은?

① 피해자가 지닌 금속체가 전선 등에 접촉되었는가를 확인한다.
② 설비의 전기 공급원 스위치를 내린다.
③ 전원을 끄지 못했을 때는 고무장갑이나 고무장화를 착용하고 피해자를 구출한다.
④ 피해자 구출 후 상태가 심할 경우 인공호흡 등 응급조치를 한 후 작업에 임하도록 한다.

감전 재해 발생 시 인공호흡 등의 응급조치를 하지 않고 긴급히 병원으로 이송해야 한다.

43 연소의 3요소에 해당되지 않는 것은?

① 물　　② 공기　　③ 점화원　　④ 가연물

연소의 3요소 : 점화원, 가연성 물질, 공기(산소)

44 다음 중 화재의 분류가 옳게 된 것은?

① A급 화재 : 일반 가연물 화재
② B급 화재 : 금속 화재
③ C급 화재 : 유류 화재
④ D급 화재 : 전기 화재

45 방화 대책의 구비사항으로 가장 거리가 먼 것은?

① 소화기구　　　　② 스위치 표시
③ 방화벽, 스프링클러　④ 방화사

방화 대책은 화재 시 소화시설 및 방화시설을 갖추는 것이다.

46 목재, 종이, 석탄 등 일반 가연물의 화재는 어떤 화재로 분류하는가?

① A급 화재　　　② B급 화재
③ C급 화재　　　④ D급 화재

47 유류 화재 시 소화방법으로 가장 부적절한 것은?

① B급 화재 소화기를 사용한다.
② 다량의 물을 부어 끈다.
③ 모래를 뿌린다.
④ ABC소화기를 사용한다.

물에 의해 화염면이 확산되므로 물을 사용해서는 안된다.

48 전기화재 소화 시 가장 좋은 소화기는?

① 모래　　　　　② 분말소화기
③ 이산화탄소　　④ 포말소화기

화재별 사용 소화기
• A급 화재 : 산, 알칼리 소화기, 포말소화기
• B급 화재 : 분말소화기,이산화탄소 소화기, 모래
• C급 화재 : 이산화탄소 소화기 (포말소화기는 사용하지 않는다)
• D급 화재 : 마른모래, 흑연, 장석 등

정답　39 ③　40 ①　41 ①　42 ④　43 ①　44 ①　45 ②　46 ①　47 ②　48 ③

CHAPTER

02

작업 전·후 점검

 Study Point 출제비율이 높지 않은 부분이나 엔진, 전기, 유압, 주행 및 작업장치 등과 연결되어 있는 부분으로 그 중요성은 낮다고 할 수는 없습니다.
교재 내용과 기출문제 위주로 꼼꼼하게 학습하시기 바랍니다.

01 작업 전 점검

[출제문항수 : 1~2문제] 교재에 있는 내용과 수록된 기출문제의 범위를 크게 벗어나는 문제는 출제되지 않으니 교재내용을 충실하게 학습하시기 바랍니다.

01 일일점검

■ 일일점검 실시 (장비사용설명서에 따른다)

구분	점검사항
작업 전 점검	• 외관 및 각부 누유·누수 점검 • 연료, 엔진오일, 유압유 및 냉각수의 양 • 팬벨트 장력 점검, 타이어 외관 상태 • 공기청정기 엘리먼트 청소 • 축전지 점검 등
작업 중 점검	• 지게차에서 발생하는 이상한 소리 • 이상한 냄새, 배기색 등
작업 후 점검	• 지게차 외관의 변형 및 균열 점검 • 각부 누유, 누수 점검, 연료 보충 등

02 작업 전 점검

■ 지게차의 외관 점검

지게차 외관에 대한 각부 장치의 휨, 변형, 균열, 손상 등 작업 전 점검으로 지게차 외관의 이상 여부를 확인한다.
① 지게차가 안전하게 주기(주차)되었는지 확인한다.
② 오버 헤드가드의 균열 및 변형을 점검한다.
③ 백레스트의 균열 및 변형을 점검한다.
④ 포크의 휨, 균열, 이상 마모 및 핑거보드와의 정상 연결 상태를 확인한다.
⑤ 핑거보드의 균열 및 변형을 점검한다.

② 타이어의 손상 및 공기압 점검

1) 타이어의 역할
① 지게차의 하중을 지지한다.
② 지게차의 동력과 제동력을 전달한다.
③ 노면에서의 충격을 흡수한다.
2) 타이어 마모 한계를 초과하여 사용 시 발생되는 현상
① 제동력이 저하되어 브레이크를 밟아도 타이어가 미끄러져 제동거리가 길어진다.

② 우천에서 주행 시 도로와 타이어 사이의 물이 배수가 잘 되지 않아 타이어가 물에 떠 있는 것과 같은 수막현상이 발생한다.
③ 도로 주행 시 도로의 작은 이물질에 의해서도 타이어 트레드에 상처가 발생하여 사고의 원인이 된다.
④ 타이어의 교체 시기는 '▲' 형이 표시된 부분을 보면 홈(패턴) 속에 돌출된 부분이 마모 한계 표시이다.

 ⬆ 수막현상

❸ 작업 전 장비 점검

① 팬벨트 장력 점검
• 오른손 엄지손가락으로 팬벨트 중앙을 약 10kgf의 힘으로 눌러 벨트의 처짐량이 13~20mm이면 정상이다.
• 벨트 장력이 느슨하면 엔진 시동 시 벨트의 미끄럼 현상이 발생하여 이상음이 발생한다.

처짐량 13~20mm

② 공기청정기 점검
③ 그리스 주입 상태를 점검하고 부족 시 그리스를 주입한다.
④ 후진 경보장치 점검
⑤ 룸 미러 점검
⑥ 전조등 및 후미등 점등 여부 점검

 ▶ 건식 공기청정기
공기청정기 케이스와 여과 엘리먼트로 구성되며 지게차에 주로 사용된다.

❹ 제동장치 점검

1) 브레이크 제동 불량 원인
① 브레이크 회로 내의 오일 누설 및 공기 혼입
② 라이닝에 기름, 물 등이 묻어 있을 때

③ 라이닝 또는 드럼의 과도한 편 마모

④ 라이닝과 드럼의 간극이 너무 큰 경우

⑤ 브레이크 페달의 자유간극이 너무 클 경우

2) 브레이크 라이닝과 드럼과의 간극이 클 때

① 브레이크 작동이 늦어진다.

② 브레이크 페달의 행정이 길어진다.

③ 브레이크 페달이 발판에 닿아 제동 작용이 불량해진다.

3) 브레이크 라이닝과 드럼과의 간극이 적을 때

① 라이닝과 드럼의 마모가 촉진된다.

② 베이퍼 록의 원인이 된다.

4) 브레이크 오일의 조건

① 점도가 알맞고 점도지수가 커야 한다.

② 윤활성이 있어야 한다.

③ 빙점이 낮고 비등점이 높아야 한다.

④ 화학적 안정성이 높아야 한다.

⑤ 고무 또는 금속을 부식시키지 않아야 한다.

⑥ 침전물 발생이 없어야 한다.

 ▶ 브레이크 오일(유압 오일)은 제작사에서 권장하는 브레이크 오일을 사용하며, 혼용하지 않도록 한다.

⑤ 조향장치 점검

1) 조향핸들이 무거운 원인

① 타이어의 공기압이 부족할 때

② 조향기어의 백래시(기어 사이의 틈새)가 작을 때

③ 조향기어 박스의 오일 양이 부족할 때

④ 앞바퀴 정렬이 불량할 때

⑤ 타이어의 마멸이 과대할 때

2) 핸들 조작 상태 점검

핸들을 왼쪽 및 오른쪽으로 끝까지 돌렸을 때 양쪽 바퀴의 돌아가는 위치의 각도가 같으면 정상이다.

 ▶ 지게차에서 주행 중 핸들이 떨리는 원인
타이어 밸런스가 맞지 않거나 휠이 휘었을 때 또는 노면에 요철이 있는 경우이다

⑥ 엔진 시동 후 소음 상태

① 흡배기 밸브 간극 및 밸브 기구 불량으로 인한 소음

② 엔진 내·외부 각종 베어링의 불량으로 인한 소음

③ 발전기 및 물 펌프 구동벨트의 불량으로 인한 소음

④ 배기계통 불량으로 인한 소음

주기된 지게차의 지면을 확인하여 엔진오일, 냉각수, 유압유 등의 누유·누수를 확인한다.

① 엔진오일의 누유 점검

① 엔진에서 누유된 부분이 있는지 육안으로 확인한다.

② 엔진오일 양을 점검하고, 부족하면 보충한다.

② 냉각수의 누수 점검

① 냉각장치에서 누수된 부분이 있는지 육안으로 확인

② 냉각수 양을 점검하고, 부족하면 보충한다.

③ 유압오일의 누유 점검

① 유압오일이 유압장치에서 누유된 부분이 있는지 육안으로 확인한다.

② 실린더, 유압호스, 배관, 컨트롤 밸브 등 유압장치의 누유 상태를 점검한다.

③ 유압오일 양을 확인하여 부족 시 유압오일을 보충한다.

 ▶ 유압오일 유면표시기
• 오일탱크 내의 유압오일 양을 점검할 때 사용되는 표시기
• 아래쪽에 L(low), 위쪽에 F(full)의 눈금이 표시되어 있으며, 유압오일의 양이 L과 F 중간에 위치하고 있으면 정상이다.
(보충을 할 경우 F 눈금에 가깝게 급유한다.)

④ 제동장치의 누유 점검

마스터 실린더 및 제동계통 파이프 연결부위의 누유를 점검한다.

⑤ 조향장치의 누유 점검

조향계통 파이프 연결부위에서의 누유를 점검한다.

 ▶ 지게차의 유압탱크 유량을 점검하기 전 포크는 지면에 내려놓고 점검하여야 한다.
▶ 지게차에서 리프트실린더의 상승력이 부족하다면 오일필터의 막힘이나 유압펌프의 불량, 리프트 실린더의 누출 등을 점검하여야 한다.

chapter **02**

1 기관을 시동하기 전에 점검할 사항과 가장 관계가 먼 것은?

① 연료의 량
② 유압유의 량
③ 냉각수의 온도
④ 축전지의 충전상태

> 냉각수의 온도는 기관 작동 중에 점검한다.

2 지게차의 일상점검 사항이 아닌 것은?

① 작동유의 양 점검
② 틸트 실린더 오일 누유 점검
③ 타이어 손상 및 공기압 점검
④ 토크 컨버터의 오일 점검

> 토크 컨버터의 오일은 일상적으로 점검하기 어렵다.

3 지게차의 일일점검 사항이 아닌 것은?

① 엔진 오일 점검
② 배터리 전해액 점검
③ 연료량 점검
④ 냉각수 점검

> 배터리 전해액의 점검은 주간정비(매 50시간마다) 사항이다.

4 엔진의 시동 전에 해야 할 가장 일반적인 점검사항은?

① 실린더의 오염도
② 충전장치
③ 유압계의 지침
④ 엔진 오일량과 냉각수량

5 다음 중 기관에서 팬벨트 장력 점검 방법으로 맞는 것은?

① 벨트길이 측정게이지로 측정 점검
② 정지된 상태에서 벨트의 중심을 엄지손가락으로 눌러서 점검
③ 엔진을 가동한 후 텐셔너를 이용하여 점검
④ 발전기의 고정 볼트를 느슨하게 하여 점검

> 팬벨트는 엄지손가락으로 눌러(약 10kgf) 13~20mm 정도로 하며 발전기를 움직이면서 조정한다.

6 기관이 과열되는 원인이 아닌 것은?

① 물재킷 내의 물 때 형성
② 팬벨트의 장력 과다
③ 냉각수 부족
④ 무리한 부하 운전

> 팬벨트의 장력이 과다하면 과냉의 원인이 되고, 발전기의 베어링이 손상될 수 있다.

7 건설기계 기관에 있는 팬벨트의 장력이 약할 때 생기는 현상으로 맞는 것은?

① 발전기 출력이 저하될 수 있다.
② 물 펌프 베어링이 조기에 손상된다.
③ 엔진이 과냉된다.
④ 엔진이 부조를 일으킨다.

> 팬벨트 장력이 약하면 발전기 출력이 저하되고 엔진이 과열된다.

8 디젤기관에서 사용되는 공기청정기에 관한 설명으로 틀린 것은?

① 공기청정기는 실린더 마멸과 관계없다.
② 공기청정기가 막히면 배기색은 흑색이 된다.
③ 공기청정기가 막히면 출력이 감소한다.
④ 공기청정기가 막히면 연비가 나빠진다.

> 공기청정기는 흡입 공기 중 이물질 제거를 위한 장치이므로 모래나 작은 쇳가루와 같은 이물질 투입으로 인한 실린더 마멸 등을 방지한다. 또한, 공기청정기가 막히면 연소에 필요한 공기 흡입이 부족하여 혼합기가 농후해져 출력 및 연비가 나빠지고 배기색이 흑색이 된다.

9 타이어 림에 대한 설명 중 틀린 것은?

① 경미한 균열은 용접하여 재사용한다.
② 변형 시 교환한다.
③ 경미한 균열도 교환한다.
④ 손상 또는 마모 시 교환한다.

휠 디스크 / 림 / 휠 허브

> 림은 휠의 일부로, 수리가 아닌 교체 대상이다.

10 타이어의 마모 한계를 초과하여 사용하였을 때 발생하는 현상과 거리가 먼 것은?

① 제동력이 저하되어 제동거리가 길어진다.
② 우천에서 주행 시 수막현상이 일어난다.
③ 작은 이물질에도 타이어 트레드에 상처가 발생하여 사고의 원인이 된다.
④ 브레이크가 잘 듣지 않는 페이드 현상의 원인이 된다.

페이드는 여름철과 같은 고온에서 잦은 브레이크 사용으로 제동장치에 과열이 발생한다. 이로 인해 마찰력이 떨어져 브레이크가 잘 듣지 않는 현상으로, 타이어와는 직접적인 관련이 없다.

11 다음 중 브레이크의 제동이 불량한 원인이 아닌 것은?

① 브레이크 회로 내의 오일 누설 및 공기 혼입
② 라이닝에 기름, 물 등이 묻어 있을 때
③ 라이닝과 드럼의 간극이 너무 큰 경우
④ 브레이크에 베이퍼록이 발생하지 않을 때

베이퍼록 현상이 발생할 때 브레이크의 제동이 잘 되지 않는다.

12 브레이크 라이닝과 드럼과의 간극이 클 때 발생하는 현상이 아닌 것은?

① 브레이크 작동이 늦어진다.
② 브레이크 페달의 행정이 길어진다.
③ 브레이크 페달이 발판에 닿아 제동 작용이 불량해진다.
④ 라이닝과 드럼의 마모가 촉진된다.

라이닝과 드럼의 마모가 촉진되는 경우는 라이닝과 드럼과의 간극이 적을 때 발생하는 현상이다.

13 지게차의 작업 전 유압오일을 점검하려 한다. 다음 중 가장 거리가 먼 것은?

① 유압오일이 유압장치에서 누유된 곳이 없는지 육안으로 확인한다.
② 실린더, 유압호스, 배관, 밸브 등의 누유상태를 확인한다.
③ 유압오일의 양을 확인하고 부족하면 작업 후에 보충한다.
④ 유압오일 유면표시기에서 유압오일의 양이 L(Low)과 F(Full)의 중간에 표시되면 정상이다.

유압오일의 양이 부족하면 즉시 보충하여야 한다.

14 다음은 브레이크 오일의 구비조건이다. 잘못된 것은?

① 점도가 알맞고 점도지수가 커야 한다,
② 브레이크에 사용되므로 마찰력이 좋아야 한다.
③ 빙점이 낮고 비등점이 높아야 한다.
④ 고무 또는 금속을 부식시키지 않아야 한다.

브레이크 오일은 윤활력이 좋아야 한다.
②는 제동장치의 조건이다.

15 지게차에서 주행 중 핸들이 떨리는 원인으로 틀린 것은?

① 노면에 요철이 있을 때
② 포크가 휘었을 때
③ 휠이 휘었을 때
④ 타이어 밸런스가 맞지 않을 때

지게차의 주행 중 핸들이 떨리는 원인과 포크의 휨과는 관련이 없다.

16 지게차에서 리프트 실린더의 상승력이 부족한 원인과 거리가 먼 것은?

① 유압펌프의 불량
② 오일 필터의 막힘
③ 리프트 실린더에서 유압유 누출
④ 틸트 로크 밸브의 밀착 불량

리프트 실린더의 상승력이 부족하다면 유압계통의 고장이나 누설 등을 점검하여야 한다.

17 지게차의 유압탱크 유량을 점검하기 전 포크의 적절한 위치는?

① 포크를 지면에 내려놓고 점검한다.
② 최대적재량의 하중으로 포크는 지상에서 떨어진 높이에서 점검한다.
③ 포크를 최대로 높여 점검한다.
④ 포크를 중간 높이에서 점검한다.

지게차의 유압탱크 유량을 점검하기 전 포크는 지면에 내려놓고 점검한다.

04 계기판 점검

1 육안 확인
작업 전 점검을 위해 지게차 주기 상태를 육안으로 확인한다.

2 엔진오일 윤활압력 게이지 경고등 점검
① 엔진오일의 정상 순환 여부를 확인한다.
② 엔진오일 경고등 점등 시 평탄한 지면에 지게차를 주기한 후 엔진오일 양을 확인하고 부족 시 엔진오일을 보충한다.
③ 엔진오일 양 점검 시 엔진오일의 점도와 색을 점검한다.

▶ 엔진오일의 오염에 따른 색깔 상태
• 불순물 유입 등 심한 오염 : 검정색
• 가솔린 유입 : 붉은색
• 냉각수 유입 : 우유색(회색)

3 냉각수 온도 게이지 작동 상태 점검
① 냉각수 온도게이지의 작동 상태를 점검하여 냉각계통의 정상 순환 작동 여부를 확인한다.
② 냉각수 온도 게이지는 저온에서 고온으로 점진적인 증가를 보이도록 작동된다.
③ 냉각수 온도를 확인하여 냉각수 양 및 물펌프 정상 순환상태를 점검한다.
④ 팬벨트 장력을 점검한다.

4 연료게이지 작동 상태 확인
① 연료게이지 경고등 점등 시 연료를 보충 할 때는 지정된 장소에서 양질의 연료를 주유한다.
② 연료 주입 시에는 반드시 엔진을 정지한다.

5 충전경고등 점등 시 축전지 충전 상태 점검
① 팬벨트의 장력을 점검한다.
 • 팬벨트가 느슨하면 발전능력이 저하 – 발전기는 기관의 회전에 의해 작동되므로
 • 팬벨트의 장력이 너무 크면 발전기 베어링이 손상
② 축전지 단자의 조임 상태를 확인한다.
③ MF 축전지는 충전 상태를 점검창을 통하여 확인한다.

6 전류계
① 발전기의 출력전압을 측정하는 계기이다.
② 지침에 따른 충전 상태
 • 전류계 지침이 정상에서 ⊕ 방향 지시 : 정상 충전
 • 전류계 지침이 정상에서 ⊖ 방향 지시 : 비정상 충전

▶ 전류계의 지침이 ⊖ 방향 지시할 때
• 전조등 스위치가 점등위치에 있을 때
• 배선에서 누전되고 있을 때
• 시동스위치가 엔진 예열장치를 동작시키고 있을 때

7 기타
① 방향지시등 및 전조등을 점검한다.
② 아워미터를 점검하여 지게차 가동시간을 확인한다.

05 마스트·체인 점검

1 마스트와 체인의 점검
① 포크와 체인의 연결 부위 균열 상태 점검 : 포크와 리프트 체인 연결부의 균열 여부를 확인하며 포크의 휨, 이상 마모, 균열 및 핑거보드와의 연결 상태를 점검한다.
② 마스트 상하 작동 상태 점검 : 마스트의 휨, 이상 마모, 균열 여부 및 변형을 확인하며 리프트 실린더를 조작하여 마스트의 정상 작동 상태를 점검한다.
③ 리프트 체인 및 마스트 베어링 상태 점검 : 리프트 레버를 조작, 리프트 실린더를 작동하여 리프트 체인 고정핀의 마모 및 헐거움을 점검하고 마스트 롤러 베어링의 정상 작동 상태를 점검한다.
④ 좌우 리프트 체인 점검 : 좌우 리프트 체인의 유격 상태를 확인한다.

2 지게차 체인장력 조정법
① 좌·우 체인이 동시에 평행한가를 확인한다.
② 포크를 지상에서 10~15cm 올린 후 조정한다.
③ 손으로 체인을 눌러보아 양쪽이 다르면 조정 너트로 조정한다.
④ 체인 장력을 조정 후 록크 너트를 고정시켜야 한다.

▶ 지게차 작업 장치의 포크가 한쪽이 기울어지는 가장 큰 원인 한쪽 체인(chain)이 늘어짐
▶ 리프트 체인의 길이는 핑거보드 롤러의 위치로 조정할 수 있다.

[참고] 지게차 계기판

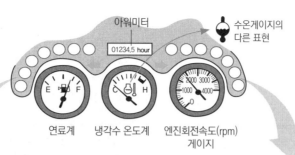

▶ 아워미터(Hours meter)는 장비의 총 운행시간을 의미한다. 일반 자동차의 경우 총주행거리(거리적산계)로 차량의 상태점검 또는 서비스 주기를 판단하는 것과 달리 지게차는 아워미터를 통해 정기 정비를 위한 모든 서비스 주기를 판단한다.

▶ 기종에 따라 속도계, 트랜스미션 온도게이지, 배터리 전압 게이지가 있을 수 있다.

▶ 일반적으로 계기판의 이미지 중 온도계 퓨시가 있으면 온도를 나타낸다.

※출처 : 두산지게차의 계기판

 기출문제 ★ 숫자는 빈출 정도 및 중요도를 나타냅니다.

★★★★
1 지게차 조종석 계기판에 없는 것은?

① 연료계
② 냉각수 온도계
③ 운행거리 적산계
④ 엔진회전속도(rpm) 게이지

건설기계는 운행거리 적산계가 아닌 아워미터(hours meter)를 통해 지게차 관리·점검이나 오일교환 등에 이용된다.

★★★
2 지게차로 작업을 하던 중 계기판에서 오일 경고등이 점등되었다. 우선 조치해야 할 사항은?

① 엔진을 분해한다.
② 즉시 시동을 끄고 오일계통을 점검한다.
③ 엔진오일을 교환하고 운전한다.
④ 냉각수를 보충하고 운전한다.

★★
3 계기판을 통하여 엔진오일의 순환상태를 알 수 있는 것은?

① 연료 잔량계
② 오일 압력계
③ 전류계
④ 진공계

★★
4 지게차에 대한 설명으로 틀린 것은?

① 연료탱크에 연료가 비어 있으면 연료게이지는 ⓔ를 가리킨다.
② 오일 압력 경고등은 시동 후 워밍업 되기 전에 점등되어야 한다.
③ 암페어 메타의 지침은 방전되면 (-)쪽을 가리킨다.
④ 히터 시그널은 연소실 글로우 플러그의 가열상태를 표시한다.

오일 압력 경고등은 엔진이 가동 중에 엔진 오일이 순환되지 않을 때 계기판이 점등되는 것으로, 충분한 워밍업 후에도 오일 압력이 낮으면 점등된다.

정답 1 ③ 2 ② 3 ② 4 ②

5 운전 중 엔진오일 경고등이 점등되었을 때의 원인으로 볼 수 없는 것은?

① 드레인 플러그가 열렸을 때
② 윤활계통이 막혔을 때
③ 오일필터가 막혔을 때
④ 연료필터가 막혔을 때

> 엔진오일 경고등은 엔진오일이 정상적으로 순환되지 않을 때 점등되며, 점등 시 즉시 시동을 끄고 오일계통을 점검해야 한다.

6 지게차 운전 중에 갑자기 계기판에 충전 경고등이 점등되는 이유로 적당한 것은?

① 주기적으로 점등되었다가 소등되는 것이다.
② 충전이 되지 않고 있음을 나타낸다.
③ 충전계통에 이상이 없음을 나타낸다.
④ 정상적으로 충전이 되고 있음을 나타낸다.

> 충전 경고등이 점등되었다는 것은 충전계통에 이상이 있거나 정상적인 충전이 되지 않고 있음을 나타내는 것이다.

7 운전 중 운전석 계기판에 그림과 같은 등이 갑자기 점등되었다. 무슨 표시인가?

① 배터리 완전충전 표시등
② 전원차단 경고등
③ 전기계통 작동 표시등
④ 충전 경고등

8 엔진을 정지하고 계기판 전류계의 지침을 살펴보니 정상에서 (-)방향을 지시하고 있다. 그 원인이 아닌 것은?

① 전조등 스위치가 점등위치에 있다.
② 배선에서 누전되고 있다.
③ 시동스위치가 엔진 예열장치를 동작시키고 있다.
④ 축전지 본선(Main Line)이 단선되어 있다.

> 계기판의 전류계의 지침이 정상에서 (-)방향을 지시한다는 것은 정상적인 충전이 이루어지지 않고 있다는 것이다.

9 기관을 회전하여도 전류계가 움직이지 않는 원인으로 틀린 것은?

① 전류계 불량
② 스테이터 코일 단선
③ 레귤레이터 고장
④ 축전지 방전

> 전류계는 발전기의 충전전압을 측정하는 계기로, 전류계가 움직이지 않는다면 발전기 불량이 주원인이며 따라서 축전지 방전으로 이어진다.
> ※ 스테이터 코일과 레귤레이터는 발전기의 구성품이다.

10 기관 온도계의 눈금은 무엇의 온도를 표시하는가?

① 배기가스의 온도
② 기관오일의 온도
③ 연소실내의 온도
④ 냉각수의 온도

11 지게차의 체인장력 조정법이 아닌 것은?

① 좌우체인이 동시에 평행한가를 확인한다.
② 포크를 지상에서 10~15cm 올린 후 확인한다.
③ 조정 후 록크 너트를 록크시키지 않는다.
④ 손으로 체인을 눌러보아 양쪽이 다르면 조정 너트로 조정한다.

> 록크 너트는 지게차의 체인 고정용 너트 풀림방지장치로 체인 조정 후 고정시켜야 한다.

12 지게차 작업 장치의 포크가 한쪽이 기울어지는 가장 큰 원인은?

① 한쪽 체인(chain)이 늘어짐
② 한쪽 로울러(side roller)가 마모
③ 한쪽 실린더(cylinder)의 작동유가 부족
④ 한쪽 리프트 실린더(lift cylinder)가 마모

> 지게차의 포크가 한쪽으로 기울어지는 가장 큰 원인은 한쪽의 리프트 체인이 늘어지는 경우이다.

06 엔진시동 상태 점검

1 축전지 점검

1) 축전지 단자 및 결선 상태를 점검
① 축전지 단자의 파손 상태를 점검하고, 단자를 보호하기 위하여 고무커버를 씌운다.
② 축전지 배선의 결선 상태를 점검한다.

2) 축전지 충전 상태 점검
축전지 충전 상태를 점검창(인디케이터)을 통하여 확인하고 방전 시 충전한다.

▶ MF(maintenance free) 축전지
무보수 배터리, 즉 정비(보수) 또는 전해액을 보충할 필요가 없는 배터리를 말한다.

▶ MF 축전지의 점검창을 통한 점검방법
  • ◐ 초록색 : 충전된 상태
  • ◯ 검정색 : 방전된 상태(충전 필요)
  • ◎ 흰색 : 축전지 점검(축전지 교환)

점검창

3) 축전지의 구비조건
① 소형, 경량이고 수명이 길어야 한다.
② 심한 진동에 잘 견디어야 한다.
③ 취급이 쉬워야 한다.
④ 용량이 크고 가격이 저렴해야 한다.

4) 축전지 관리방법
① 지게차가 시동이 걸리지 않은 상태에서 전기장치를 사용하지 않는다.
② 전기장치 스위치가 켜진 상태로 방치하지 않는다.
③ 시동을 위해 과도하게 엔진을 회전시키지 않는다.
④ 지게차를 장기간 방치하지 않는다.

5) 축전지 충전 방법
① 정전류 충전법 : 일반적인 충전법으로 완충될 때까지 일정한 전류로 충전하는 방법이다.
  • 표준 충전전류 : 축전지 용량의 10%
  • 최소 충전전류 : 축전지 용량의 5%
  • 최대 충전전류 : 축전지 용량의 20%
② 정전압 충전법 : 일정 전압으로 충전하며 충전 효율이 높고 가스 발생이 거의 없다.
③ 단별전류 충전법 : 충전 전류를 단계적으로 줄여 충전 효율을 높이고 온도 상승을 완만히 한다.
④ 급속충전 : 용량의 1/3~1/2 전류로 짧은 시간에 충전하는 방법이다.

2 예열장치 점검
예열플러그 작동여부 및 예열시간을 점검한다.

▶ 예열플러그의 단선 원인
  • 엔진이 과열되었을 때
  • 엔진 가동 중에 예열시킬 때
  • 예열플러그에 규정 이상의 과대전류가 흐를 때
  • 예열시간이 너무 길 때
  • 예열플러그 설치 시 조임 불량일 때

3 시동전동기 점검

1) 엔진 시동 시 주의
① 시동전동기 기동 시간은 1회 10초 정도이고, 기동되지 않으면 다른 부분을 점검하고 다시 기동한다.
② 시동전동기 최대 연속 사용시간은 30초 이내로 한다.
③ 엔진이 시동되면 재기동하지 않는다.
④ 시동전동기의 회전속도가 규정 이하이면 장시간 연속 기동해도 엔진이 시동되지 않으므로 회전속도에 유의한다.

4 난기운전 (워밍업, Warming-Up)

1) 개념
동절기 또는 한랭 시에 지게차 시동 후 바로 작업을 시작하면 유압기기의 갑작스러운 동작으로 인해 유압장치의 고장을 유발하게 되므로 작업 전에 유압오일 온도를 상승시키는 것을 말한다.

→ 추운 날씨에는 유압유의 점도가 높으므로 유압기기(유압펌프 및 실린더 등)의 갑작스러운 동작으로 인한 기기의 마찰이 증대될 수 있다.

① 엔진의 난기운전 : 시동 후 기관이 정상 작동온도에 도달할 때까지의 시간을 의미한다.
② 작업장치의 난기운전 : 작업 전 유압오일 온도를 최소 20~27℃ 이상이 되도록 상승시키는 운전이다.

2) 지게차 난기운전 방법
① 엔진 온도를 정상온도까지 상승시킨다.
② 틸트 레버를 사용하여 전 행정으로 전후 경사운동 2~3회 실시(동절기 횟수 증가)
③ 리프트 레버를 사용하여 상승, 하강 운동을 전 행정으로 2~3회 실시(동절기 횟수 증가)
④ 시동 후 작동유의 유온을 정상 범위 내에 도달하도록 엔진 작동 후 5분간 저속 운전 실시

1 지게차 엔진의 시동상태를 점검하고자 한다. 가장 거리가 먼 것은?

① 축전지의 상태를 점검한다.
② 예열플러그의 작동이 정상인지 점검한다.
③ 시동 전동기를 점검한다.
④ 동절기에는 가급적 난기운전은 하지 않는다.

> 지게차의 고장예방 및 수명연장을 위하여 난기운전이 필요하며, 동절기에는 필수적으로 난기운전을 하여야 한다.

2 건설기계 기관에 사용되는 축전지의 가장 중요한 역할은?

① 주행 중 점화장치에 전류를 공급한다.
② 주행 중 등화장치에 전류를 공급한다.
③ 주행 중 발생하는 전기부하를 담당한다.
④ 기동장치의 전기적 부하를 담당한다.

3 축전지를 충전기에 의해 충전 시 정전류 충전범위로 틀린 것은?

① 표준충전전류 : 축전지 용량의 10%
② 최소충전전류 : 축전지 용량의 5%
③ 최대충전전류 : 축전지 용량의 50%
④ 최대충전전류 : 축전지 용량의 20%

> 정전류 충전은 충전 시작부터 끝까지 일정한 전류로 충전을 하는 방법으로 충전전류는 다음과 같다.
> • 표준 충전전류 : 축전지 용량의 10%
> • 최소 충전전류 : 축전지 용량의 5%
> • 최대 충전전류 : 축전지 용량의 20%

4 다음은 지게차에 사용되는 축전지를 관리하는 방법이다. 가장 거리가 먼 것은?

① 지게차가 시동이 걸리지 않은 상태에서 전기장치를 사용하지 않는다.
② 전기장치 스위치가 켜진 상태로 방치하지 않는다.
③ 시동을 위해 과도하게 엔진을 회전시키지 않는다.
④ 지게차를 장기간 사용하지 않으면 충전하지 않아도 좋다.

> 축전지는 사용하지 않아도 자기 방전되므로 지게차를 장시간 방치하지 않고, 장기간 방치 시 충전 및 점검을 하여야 한다.

5 예열플러그의 고장 원인으로 잘못된 것은?

① 엔진이 과열되었을 때
② 엔진 가동 중에 예열시켰을 때
③ 예열시간이 15~20초를 넘기지 않을 때
④ 예열플러그에 규정 이상의 과대전류가 흐를 때

> 예열플러그는 한랭 시에 기관의 온도를 올려 시동을 쉽게 하기 위한역할을 한다. 예열플러그가 15~20초에서 완전히 가열되면 정상이고, 그 이상의 긴 시간을 예열할 때 고장이 발생한다.

6 시동전동기 취급 시 주의사항으로 틀린 것은?

① 시동 전동기의 연속 사용기간은 60초 정도로 한다.
② 시동전동기 기동 시간은 1회 10초 정도이고, 기동되지 않으면 다른 부분을 점검하고 재기동한다.
③ 시동전동기의 회전속도가 규정 이하이면 오랜 시간 연속 회전시켜도 시동이 되지 않으므로 회전속도에 유의해야 한다.
④ 엔진이 시동되면 재기동하지 않는다.

> 시동전동기의 최대 연속 사용시간은 30초 이내이다.

7 동절기에 지게차 시동 후 바로 작업을 시작하면 유압기기의 갑작스러운 동작으로 인해 유압장치의 고장을 유발하게 된다. 따라서 작업 전에 유압오일 온도를 상승시키는 작업이 필요한데 이를 무엇이라 하는가?

① 공회전　　　　　② 난기운전
③ 예비운전　　　　④ 정상운전

8 작업 전 지게차의 워밍업 운전 및 점검 사항으로 틀린 것은?

① 틸트 레버를 사용하여 전 행정으로 전후 경사운동 2~3회 실시
② 리프트 레버를 사용하여 상승, 하강 운동을 전 행정으로 2~3회 실시
③ 시동 후 작동유의 유온을 정상 범위 내에 도달하도록 고속으로 전 후진 주행을 2~3회 실시
④ 엔진 작동 후 5분간 저속 운전 실시

> 워밍업은 차가운 엔진을 정상범위의 온도에 도달하도록 시동하는 것으로, 차가운 엔진을 고속으로 회전시키거나 부하를 크게 주면 엔진이 손상을 입게 된다.

02 작업 후 점검

[출제문항수 : 1~2문제] 안전주차에 관한 내용과 연료 보충에 관한 내용에서 대부분 출제되고 있습니다. 이론과 기출문제 위주로 가볍게 학습하시기 바랍니다.

01 안전주차 (안전주기)

1 안전주차 방법

① 운행이 종료되면 반드시 지정된 곳(주기장)에 안전하게 주차한다.

② 기관을 정지한 후(기동스위치 OFF위치) 시동키는 빼내어 안전하게 열쇠함에 보관한다.

③ 지게차의 전·후진 레버를 중립에 위치하고, 자동변속기가 장착된 경우 변속기를 "P"위치로 놓는다.

④ 주차 브레이크를 체결 후 안전하게 주차한다.

⑤ 주차 시 보행자의 안전을 위하여 지게차의 포크는 반드시 지면에 완전히 밀착하여 주차한다.

→ 포크의 끝이 지면에 닿도록 마스트를 앞으로 적당하게 기울인다.

⑥ 경사지에 주차할 경우 안전을 위하여 바퀴에 고임대나 굄목을 사용하여 주차한다.

▶ 주기장(駐機場)의 조건
• 바닥이 평탄하여 건설기계를 주차하기에 적합하여야 한다.
• 진입로는 건설기계 및 수송용 트레일러가 통행할 수 있어야 한다.
※ 주차장은 일반 자동차, 주기장은 건설기계의 주차장소이다.

02 연료상태 점검

1 연료량 점검 및 보충 시 주의사항

① 연료를 완전히 소진시키거나 연료레벨이 너무 낮게내려가지 않도록 한다.

→ 연료탱크 내의 침전물이나 불순물이 연료계통으로 들어가 부품이 손상을 입을 수 있다.

② 연료 보충은 지정된 안전한 장소(폭발성 가스 또는 인화성 물질 존재 여부 등)에서 행하며, 옥내보다는 옥외가 좋다.

③ 급유 중에는 엔진을 정지하고 차량에서 하차한다.

④ 결로현상을 방지한다.

• 동절기에는 수분이 응축되어 연료계통에 녹이 발생할 수 있다.

• 응축된 수분이 동결되어 시동이 어려워질 수 있다.

• 매일 운전이 끝난 후에는 연료를 보충하고 습기를 함유한 공기를 탱크에서 제거하여 응축이 안 되게 한다.

▶ 연료 주입 시 주의사항
탱크를 완전히 채워서도 안 된다. → 기온이 올라가면 연료의 온도 상승 및 연료의 팽창(연료압력 상승)으로 인해 연료탱크 및 탱크 내에 설치된 연료펌프의 손상을 초래할 수 있다.

※ 저자의 변) 기출문제에서는 '작업 후 연료를 가득 채운다'가 정답이지만 "연료를 가득 채우되 넘칠 정도로 완전히 채우는 것은 아니다."라는 개념으로 이해한다.

03 작업 후 점검

장비사용 설명서를 기준으로 운행 후 장비의 외관 상태를 파악하여 타이어 손상 상태, 휠 볼트와 너트의 풀림상태, 각종 오일류 및 냉각수의 누유·누수 상태를 점검한다.

1 휠 볼트, 너트 풀림 상태 점검

① 휠의 볼 시트 또는 휠 너트의 볼 면에는 윤활유를 주입하지 않고 허브의 설치면, 휠 너트 및 평 설치면들이 깨끗한지 확인한 후 24시간 운전한 후에 휠 너트들을 다시 조인다.

② 이중 휠로 되어있는 경우 두 휠에 대해서 동일한 조임 순서를 따른다.

③ 휠 장착방법 : 휠을 밀착하여 장착하기 위해 연속적으로 너트를 조이지 않도록 한다. 즉, 그림과 같이 맞은 편(180°)의 너트를 끼워 조이고, 나머지 너트들도 서로 맞은편(180°)끼리 순차로 조인다.

→ 또한 밀착력을 위해 너트를 처음부터 꽉 조이지 않도록 한다.

② 타이어 공기압 및 손상 유무 점검

1) 타이어 외관 점검

① 타이어에 마모, 베인 자국, 홈, 이물질 등을 검사한다.

② 림이 굽었는지 그리고 록킹 링의 자리잡기가 잘되었는지 점검한다.

③ 타이어의 팽창이 적절한지 점검한다.

2) 타이어와 림의 정비

① 타이어의 림의 정비와 교환 작업은 숙련공이 적절한 공구와 절차를 이용하여 수행한다.

→ 폭발력에 의해 어셈블리의 파열 위험

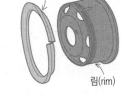

록킹 링(타이어가 림에서 빠져나오지 못하게 하는 역할)

림(rim)

② 항상 타이어의 접지면 뒤에 선다. 림 앞에 있어서는 안 된다.

→ 타이어 장착대에서 타이어의 이탈로 인한 사고 위험방지

③ 타이어 또는 림 정비원이나 판매 대리인이 제공하는 특정 정보를 소홀히 해서는 안 된다.

④ 지게차의 휠 너트를 풀기 전에 반드시 타이어의 공기를 뺀다.

⑤ 바람이 완전히 빠졌거나 팽창이 덜된 채 주행하였던 타이어는 먼저 림의 록킹 링이 손상되지 않고 정확한 위치에 있는지 확인·점검한다.

→ 타이어 팽창 전에 반드시 이 점검을 행한다.

⑥ 타이어를 팽창시킬 때는 항상 클립 온 척과 인라인밸브 및 게이지가 딸린 60cm(24인치) 이상 길이의 호스를 사용한다.

▶ 타이어 교환 전 림 상태 점검
• 림 부품의 세척 청소
• 필요에 따라 페인트를 다시 칠해서 부식 방지
• 녹 제거 – 샌드 블라스팅

③ 그리스 주입개소에 그리스 주입 (조향 및 작업장치)

1) 그리스 주입

솔이나 헝겊으로 깨끗이 닦은 후 그리스를 주입한다.

① 마스트 서포트 – 2개소

② 틸트 실린더 핀 – 4개소

③ 킹 핀 – 4개소

④ 조향 실린더 링크 – 4개소

2) 각 부의 그리스 급유

급유할 부분을 깨끗이 닦고 급유한다.

① 리프트 체인 : SAE 30~40 정도의 오일로 닦은 후 그리스를 바른다.

② 마스트 가이드 레일 롤러의 작동 부위 : 그리스를 주입한다.

③ 슬라이드 가이드 및 슬라이드 레일 : 전체적으로 고르게 그리스를 바른다.

④ 내, 외측 마스트 사이의 미끄럼부 : 전체적으로 고르게 그리스를 바른다.

⑤ 포크와 핑거바 사이의 미끄럼부 : 그리스를 바른다.

04 작업 및 관리일지 작성

① 운전 중 발생하는 특이사항을 관찰하여 작업일지에 기록할 수 있다.

② 장비의 효율적인 관리를 위하여 사용자의 성명과 작업의 종류, 가동시간 등을 작업일지에 기록할 수 있다.

③ 연료 게이지를 확인하여 연료를 주입하고 작업일지에 기록할 수 있다.

④ 장비 안전관리를 위하여 정비 개소 및 사용부품 등을 장비관리일지에 기록할 수 있다.

▶ 장비관리대장와 작업일지
• 장비관리대장 : 장비 안전관리를 위한 정비 개소 및 사용부품 등을 장비관리대장에 기록
• 작업일지 : 운전 중 발생하는 특이사항을 관찰하여 작업일지에 기록

1 자동변속기가 장착된 건설기계의 주차 시 관련사항으로 틀린 것은? ★★

① 평탄한 장소에 주차시킨다.
② 시동 스위치의 키를 "ON"에 놓는다.
③ 변속레버를 "P"위치로 한다.
④ 주차 브레이크를 작동하여 장비가 움직이지 않게 한다.

지게차를 주차할 때는 평탄한 장소에서 포크를 지면에 완전히 내리고 기관을 정지(시동스위치 OFF)시킨 후 주차 브레이크를 작동하여야 하며, 자동변속기인 경우 변속레버는 "P" 위치에 놓는다.

2 자동변속기가 장착된 지게차를 주차할 때 주의할 점이 아닌 것은? ★★

① 핸드 브레이크 레버를 당긴다.
② 자동변속기의 경우 P위치에 놓는다.
③ 포크를 바닥에 내려놓는다.
④ 주 브레이크를 제동시켜 놓는다.

지게차의 주차 시 주차 브레이크(핸드 브레이크)를 고정시키면 된다.

3 지게차 주차에 대한 설명으로 옳은 것은? ★★★

① 포크를 지면에서 약 20cm 정도 되게 놓는다.
② 포크의 끝이 지면에 접촉하도록 마스트를 전방으로 약간 기울여 놓는다.
③ 마스트를 후방으로 기울여 놓는다.
④ 경사지에 정지시키고 레버는 전진 위치에 놓는다.

지게차는 평탄한 위치에 주차시켜야 하며, 포크는 완전히 지면에 내리고 포크 선단이 지면에 닿도록 마스트를 전방으로 적절히 기울여 놓는다.

4 지게차를 주차할 때 취급사항으로 틀린 것은? ★★★

① 포크를 지면에 완전히 내린다.
② 기관을 정지한 후 주차 브레이크를 작동시킨다.
③ 시동을 끈 후 시동스위치의 키는 그대로 둔다.
④ 포크의 선단이 지면에 닿도록 마스트를 전방으로 적절히 경사시킨다.

지게차의 키는 시동을 끈 후 시동 스위치에서 빼내어 보관한다.

5 지게차를 주차시킬 때 포크의 위치로 가장 적합한 것은? ★★★★★

① 지면에서 약간 올려놓는다.
② 지면에 완전히 내린다.
③ 지면에서 약 20~30cm 정도 올린다.
④ 지면에서 약 40~50cm 정도 올린다.

지게차를 주차시킬 때 포크는 지면에 완전히 내려놓는다.

6 지게차의 운전을 종료했을 때 취해야 할 안전사항이 아닌 것은? ★★★

① 각종 레버는 중립에 둔다.
② 연료를 빼낸다.
③ 주차브레이크를 작동시킨다.
④ 전원 스위치를 차단시킨다.

지게차의 운전을 종료했을 때 연료를 빼낼 필요는 없다.

7 건설기계운전 작업 후 탱크에 연료를 가득 채워주는 이유와 가장 관련이 적은 것은? ★★

① 다음의 작업을 준비하기 위해서
② 연료의 기포방지를 위해서
③ 연료탱크에 수분이 생기는 것을 방지하기 위해서
④ 연료의 압력을 높이기 위해서

연료를 가득 채워주는 이유는 연료의 기포방지와 기온차로 인한 연료계통에 응축수가 생기는 것을 막기 위해서이다.

8 지게차 작업 후 연료를 보충할 때 주의해야 할 사항이 아닌 것은? ★

① 급유 중에는 엔진을 정지하고 차량에서 하차한다.
② 연료를 보충하는 장소에는 폭발성 가스가 존재할 수 있으므로 흡연을 하지 않아야 한다.
③ 연료레벨은 너무 낮게 내려가지 않도록 주의한다.
④ 연료보충은 실외보다는 안전한 실내에서 하는 것이 좋다.

연료보충 시 폭발성 가스가 생길 수 있으므로 실내보다는 실외에서 하는 것이 더 좋다.

9 건설기계장비에 연료를 주입할 때 주의 사항으로 가장 거리가 먼 것은?

① 화기를 가까이 하지 않는다.
② 불순물이 있는 것을 주입하지 않는다.
③ 연료탱크의 3/4까지 주입한다.
④ 탱크의 여과망을 통해 주입한다.

10 다음은 지게차 작업 후 점검해야 하는 사항이다. 내용이 올바르지 않은 것은?

① 장비의 외관 상태를 파악하고, 적정한 공구를 사용하여 정비한다.
② 휠의 볼트나 너트를 조일 때는 왼쪽에서 오른쪽(시계방향)의 순서로 조인다.
③ 지게차의 휠 너트를 풀기 전에 반드시 타이어 공기를 뺀다.
④ 그리스를 주입해야 할 부분은 깨끗이 닦고 급유한다.

> 휠 너트를 조일 때는 맞은편(180도 방향)의 두 너트를 끼워 조이고, 나머지도 마찬가지로 서로 맞은편끼리 순차로 조인다.

11 타이어와 림을 정비하는 방법이다. 가장 거리가 먼 것은?

① 타이어의 림의 정비와 교환 작업은 숙련공이 적절한 공구와 절차를 이용하여 수행한다.
② 항상 타이어의 접지면 옆, 즉 림의 앞에 서야한다.
③ 지게차의 휠 너트를 풀기 전에 반드시 타이어의 공기를 뺀다.
④ 타이어를 교환할 때는 모든 림 부품을 잊지 말고 청소해야 하며, 필요하면 페인트를 다시 칠해서 부식을 방지한다.

> 타이어의 폭발력에 의해 어셈블리가 파열되어 날아갈 수 있으므로, 항상 타이어 접지면의 뒤에 선다. 즉 림 앞에 있으면 안 된다.

12 지게차 작업 중 발생하는 특이사항을 작업일지에 기록한다. 다음 중 작업일지에 기록해야 하는 사항이 아닌 것은?

① 사용자의 성명
② 작업의 종류와 시간
③ 가동시간 및 연료주입
④ 정비개소 및 사용부품

> 정비개소 및 사용부품 등은 장비관리대장에 기록한다.

05 정비 개소 및 정비 주기

1 유지 관리 및 수리의 자격

① 매 10 사용시간 또는 일일점검을 제외한 모든 유지관리 및 수리는 허가된 자격자에 의해서만 수행되어야 한다.

② 폐유는 환경오염 및 인체에 해로울 수 있으므로 항상 허가된 자격자에 의해서만 처리되어야 한다.

2 정비 개소 및 주기의 숙지

1) 수분 분리기 - 배수

① 디젤연료에서 물을 분리하는 포수기 작용을 한다.

→ 연료 내 수분으로 인한 영향 : 수분 결빙으로 인한 연료라인의 유동성 불량, 부식, 연비 감소, 시동 불량 등

② 엔진 시동이 걸리지 않거나 동력의 손실이 있을 경우 수분 분리기를 배수시켜야 할 경우도 있다.

③ 분리기 그릇의 바닥에 있는 플러그를 풀고 물을 빼낸 후 플러그를 조립한다.

2) 연료계통의 프라이밍(디젤엔진에만 해당)

연료필터 카트리지 어셈블리를 교체한 뒤나 연료계통의 어떤 부분을 정비한 뒤에 계통의 공기가 추출되었는지 확인한다.

3) 퓨즈, 전구 및 전원차단기 - 교환

① 퓨즈나 전구의 필라멘트가 끊어지면 반드시 같은 종류와 치수 및 암페어 정격의 퓨즈로 교체한다.

② 교체한 퓨즈의 필라멘트가 끊어질 경우 회로와 계기를 점검한다.

▶ 퓨즈(Fuse)
- 역할 : 전기회로에 직렬로 연결시켜 단락 등에 의해 과전류가 흐르는 것을 방지
- 퓨즈는 회로에 흐르는 전류의 크기에 따라 적정한 용량(A, 암페어)의 것을 사용한다.
- 스타터 모터의 회로에는 쓰이지 않는다.
- 퓨스의 재실 : 납, 수석합금 (표면이 산화되면 끊어지기 쉽다.)
- ※ 주의사항 : 퓨즈는 철사나 다른 용품으로 대용하면 안 된다.

3 매 10 사용시간 또는 일간 정비

① 엔진오일, 냉각수 등의 누유·누수 및 레벨 점검

② 냉각수 레벨 점검, 청소 시 주의사항
- 냉각수의 양 점검 시 엔진을 정지하고 충분히 냉각된 후에 라디에이터 캡(필러 캡)을 열어 점검한다. → 화상 위험
- 냉각수 첨가제에는 알칼리 성분이 있으므로 피부나 눈에 닿지 않도록 주의한다.
- 냉각수 레벨을 냉각수통의 적정선 또는 라디에이터 주입구 윗부분까지 채운다.
- 라디에이터 캡을 검사하고 손상되었으면 교체한다.

- 냉각계통에 누설, 호스 균열 또는 연결부 이완이 있나 검사한다.
- 라디에이터 코어 핀에 먼지와 이물질 따위가 붙었으면 압축공기로 불어낸다.

③ 에어클리너 지시기 점검 : 먼지나 이물질이 심한 환경에서는 엘리먼트를 필요에 따라 더 자주 정비한다.

4 최초 50~100 사용시간 또는 일주일 후 정비

① 엔진오일 및 오일 필터 교환

② 변속기유, 오일필터 및 스트레이너 청소, 교환

③ 드라이브 액셀 오일 점검, 청소, 교환

④ 주차 브레이크 시험, 조정

5 매 250 사용시간 또는 매월 주기 정비

① 필터 엘리먼트 정비

② 유압오일 레벨 점검

③ 흡기계통 점검, 청소

④ 드라이브 액셀 오일 레벨 점검

⑤ 마스트, 캐리지, 리프트 체인 및 어태치먼트(작업장치) 검사, 주유

⑥ 조향장치 점검, 주유

⑦ 배터리 단자 청소, 검사

⑧ 엔진오일 및 필터 교환

6 매 500 사용시간 또는 3개월 주기 정비

① 벨트 점검, 조정

② 마스트 힌지 핀 주유

③ 틸트 실린더 점검, 조정, 주유

④ 크로스헤드 롤러 검사

⑤ 구동자축 오일 및 스트레이너 점검, 청소, 교환

⑥ 혼과 지시등 (설치되었을 경우) 점검

⑦ 오버헤드 가드 검사

⑧ 조향 현가장치 검사

7 매 1,000 사용시간 또는 6개월 주기 정비

① 연료 필터 교환

② 흡기계통 교환

③ 연료관 및 피팅 점검

④ 유압리턴 필터 교환

→ 교체시기 : 최초 250시간 후, 매 1000시간 마다

⑤ 에어 브리더 교환

⑥ 리프트 체인 시험, 점검, 조정

→ 체인 마모율이 2% 이상이면 리프트 체인을 교체한다.

⑦ 유니버셜 조인트 검사

8 매 2,000 사용시간 또는 연간 정비

조향륜 베어링 재조립 및 냉각계통 청소, 교환

9 매 2,500 사용시간 또는 15개월 간 정비

① 유압유 점검, 청소, 교환
② 배터리 계통 검사

 기출문제 ★ 숫자는 빈출 정도 및 중요도를 나타냅니다.

1 건설기계 장비의 운전 중에도 안전을 위하여 점검하여야 하는 것은?

① 계기판 점검
② 냉각수량 점검
③ 타이어 압력 측정 및 점검
④ 팬벨트 장력 점검

②~④ 항은 운전 전 점검에 해당한다.

2 다음 설명에서 올바르지 않은 것은?

① 장비의 그리스 주입은 정기적으로 한다.
② 엔진오일 교환 시 여과기도 같이 교환한다.
③ 최근의 부동액은 4계절 모두 사용하여도 무방하다.
④ 장비운전, 작업 시 기관회전수를 낮추어 운전한다.

3 전기장치 회로에 사용하는 퓨즈의 재질로 적합한 것은?

① 스틸 합금
② 구리 합금
③ 알루미늄 합금
④ 납과 주석 합금

4 퓨즈에 대한 설명 중 틀린 것은?

① 퓨즈는 정격용량을 사용한다.
② 퓨즈 용량은 A로 표시한다.
③ 퓨즈는 철사로 대용하여도 된다.
④ 퓨즈는 표면이 산화되면 끊어지기 쉽다.

퓨즈는 전기회로에서 단락에 의해 과대전류가 흐르는 것을 방지하기 위한 것으로 철사와 같은 다른 용품으로 대용하면 안 된다.

5 건설기계에서 10시간 또는 매일 점검해야 하는 사항이 아닌 것으로 가장 적당한 것은?

① 연료탱크 연료량
② 엔진 오일량
③ 종감속 기어 오일량
④ 냉각수 수준 점검

6 지게차 작업 후 냉각수 레벨을 점검하는 방법이다. 옳지 않은 것은?

① 엔진이 충분히 냉각된 후에 점검한다.
② 라디에이터 캡을 검사하고 손상되었으면 교체한다.
③ 냉각수 첨가제에는 알칼리 성분이 들어있어 피부나 눈에 닿지 않도록 주의한다.
④ 냉각수로 사용하는 부동액은 물과 섞이지 않는 것을 사용해야 한다.

냉각수로 사용되는 부동액은 물과 쉽게 혼합되고, 부식성이나 휘발성이 없고, 물보다 비등점(끓는점)은 높고 응고점은 낮아야 한다.

7 지게차의 정비에 관한 사항이다. 옳지 않은 것은?

① 운전자는 장비에 대한 사항을 숙지하여야 하므로 모든 정비를 직접 해야 한다.
② 폐유는 환경오염 및 인체에 해를 줄 수 있으므로 허가된 자격자만 처리할 수 있다.
③ 운전자는 일상점검에 관한 유지 관리 및 수리를 할 수 있다.
④ 운전자는 모든 정비에 관한 사항은 허가된 정비사에게 맡겨야 한다.

지게차의 운전자는 매 10 사용시간 또는 일상점검에 관한 사항을 제외하고, 허가된 자격자에게 수행하도록 해야한다.

정답 1① 2④ 3④ 4③ 5③ 6④ 7①

CHAPTER

03

화물적재, 운반, 하역작업

 Study Point   출제비율이 높지 않은 부분이며, 상식으로 풀 수 있는 문제가 출제됩니다. 이론은 가볍게 보시고 기출문제로 정리하시면 쉽게 점수를 확보할 수 있습니다.

01 화물 적재 및 하역작업

[출제문항수 : 1~2문제] 화물의 적재와 하역 시 주의사항에서 출제가 많이 됩니다. 앞부분에 까다로운 부분은 거의 출제되지 않으니 참고만 하시기 바랍니다.

01 화물 적재작업

1 화물의 종류에 대한 지식

① 화물은 컨테이너 또는 팔레트에 적재된 상태, 박스로 포장된 상태, 화물별 또는 단위별로 포장되거나 묶인 상태 등으로 구분된다.

② 화물은 종류에 따라 무게가 다르므로 작업 시 화물중량을 예측한다.

③ 액체 화물의 경우 내용물의 이동으로 동하중이 발생하므로 내용물의 점성 및 유동성을 참고한다.

▶ 비중
• 표준 물질(물을 1로 기준)에 대한 어떤 물질의 비율을 뜻한다.
  예 석유는 0.8로 물에 뜨고, 철은 8.0으로 물에 가라앉는다.
• 화물은 내용물에 따라 외형 체적당 무게가 다르므로 무게를 확인하여야 한다.

▶ 동하중(動荷重)
내용물의 유동성에 따라 동적으로 작용하는 하중으로, 크기, 방향이 일정하지 않은 하중이다.

2 포크의 깊이와 각도로 적재상태를 확인

1) 포크 깊이에 따른 무게중심 판단

① 지게차는 운반물을 포크에 적재하고 주행하므로 차량 앞뒤의 안정도가 매우 중요하다.

② 안정도는 마스트를 수직으로 한 상태에서 앞 차축에 생기는 적재화물과 차체의 무게에 의한 중심점 균형을 잘 판단하여야 한다.

③ 화물 종류별 중량 및 밀도에 따라 인양 화물의 무게 중심점이 확인되어야 한다.

④ 화물의 무게(W)는 차체무게(G)를 초과할 수 없다.
  → 지게차로 하물 인양 시 지게차 뒷바퀴가 들려서는 안 된다.

$M_1 \leq M_2$
• 화물의 모멘트 $M_1 = W \times A$
• 지게차의 모멘트 $M_2 = G \times B$

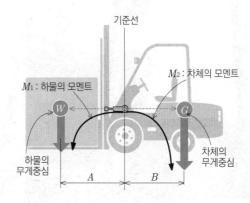

• W : 포크 중심에서의 하물의 중량(kg)
• G : 지게차 중심에서의 지게차 중량(kg)
• A : 앞바퀴에서 하물 중심까지의 거리(cm)
• B : 앞바퀴에서 지게차 뒷바퀴 중심까지의 거리(cm)

▶ 모멘트(moment)
어떤 축 주위에 힘이 작용할 때 그 힘의 크기와 축으로부터 작용선까지 거리의 곱을 말한다.

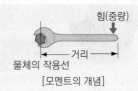

[모멘트의 개념]

2) 화물의 무게 중심점 판단하기

① 지게차 전용 컨테이너 또는 팔레트 화물은 포크로 지면에서 인양 시 무게 중심이 맞는지 서서히 인양하여 균형을 확인한다.

② 포장화물이 액체일 경우 유체 이동으로 주행 시 흔들림이 발생될 수 있으므로 적재 후 약간의 전·후진 주행 동작으로 유체 이동 여부를 감지하고 작업 시 대처한다.

③ 무게가 가볍고 부피가 큰 화물의 경우 외부 동하중(바람) 및 장애물에 대처한다.

④ 길이가 긴 철근, 파이프, 목재 등은 주행 시 발생되는 동하중으로 인한 안정성을 감안하여 인양한다.

⑤ 개별 포장이거나 단위별 묶음 포장일 경우 포크의 폭 및 좌우 이동으로 화물의 무게 중심을 정확히 맞추어 인양되도록 한다.

⑥ 수출입 화물이거나 업체 간 화물의 경우는 패킹리스트나 컨테이너의 표시가 부착되어 있으므로 적재 시 참고해야 한다.

- 패킹리스트 : 제품명, 수량, 순중량(제품중량), 총중량(순중량
  +용기, 포장 등의 무게), 용적(부피) 등을 표시
- 컨테이너 표시 : 최대중량(자체중량+적재중량), 자체중량(컨테
  이너 무게), 적재중량, 체적 등을 표시

❸ 화물의 적재상태 확인
① 적재 화물이 무너질 우려가 있는 경우에는 밧줄로 묶거나 그
  밖의 안전조치를 한 후에 적재한다.
② 단위 화물의 바닥이 불균형인 형태 시 포크와 화물의 사이에
  고임목을 사용하여 안정시킬 수 있다.
③ 팔레트는 적재하는 화물의 중량에 따른 충분한 강도를 가
  지고 심한 손상이나 변형이 없는 것을 확인하고 적재한다.
④ 팔레트에 실려 있는 화물은 안전하고 확실하게 적재되어 있
  는지를 확인하며 불안정한 상태는 결착하여 안정시킬 수 있
  다.
⑤ 인양물이 불안정할 경우 스링(sling) 와이
  어, 로프, 체인블록(chain block) 등 결착도
  구(보조도구)를 사용하여 지게차와 결착
  할 수 있다.

⬆ 스링 와이어

❹ 화물 적재 시 주의사항
① 포크는 화물의 받침대 속에 정확히 들어갈 수 있도록 조작
  한다.
② 포크의 끝단으로 화물을 들어 올리지 않는다.
③ 포크를 이용하여 사람을 싣거나 들어 올리지 말아야 한다.
④ 포크 밑으로 사람을 출입하게 하여서는 안 된다.
⑤ 허용하중을 초과한 화물을 적재하여서는 안 된다.
⑥ 무게중심을 유지하기 위하여 지게차 뒷부분에 중량물이나
  사람을 태우고 작업하면 안 된다.
⑦ 포크의 간격(폭)은 컨테이너 및 팔레트 폭의 1/2 이상 3/4 이
  하 정도로 유지하여 적재한다.

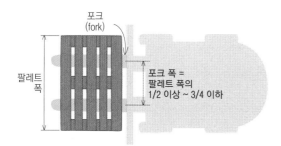

포크
(fork)

팔레트
폭

포크 폭 =
팔레트 폭의
1/2 이상 ~ 3/4 이하

❺ 적재 작업
① 적재하고자 하는 화물의 바로 앞에 도달하면 안전한 속도
  로 감속한다.
② 화물 앞에서 일단 정지하여 마스트를 수직으로 한다.
③ 화물이 무너지거나 파손 등의 위험성 여부를 확인한다.
④ 짐을 싣기 위해 마스트를 약간 전경시키고 포크를 끼워 물
  건을 싣는다.
⑤ 화물을 올리거나 내릴 때 포크가 수평이 되도록 한다.
⑥ 포크를 지면에서 5~10cm 들어올린 후 화물의 안정상태와 포
  크에 대한 편하중이 없는지 등을 확인한다.
⑦ 이상이 없음을 확인한 후에 마스트를 충분히 뒤로 기울이고,
  포크를 바닥면으로부터 약 10~30cm의 높이를 유지한 상태
  에서 약간의 후진 시 브레이크 작동으로 화물의 내용물에 동
  하중이 발생되는지를 확인한다.
⑧ 적재 후 포크를 지면에 내려놓은 후 필히 화물의 적재상태의
  이상 유무를 확인한 후 주행한다.

▶ 무거운 물건의 중심 위치는 하부에 둔다.
▶ 화물을 올릴 때에는 가속 페달을 밟는 동시에 레버를 조작한다.

02 화물 하역작업

❶ 화물 하역작업 시 주의사항
① 지정된 장소로 이동 후 낙하에 주의하여 하역한다.
② 하역장소를 답사하여 하역장소의 지반 및 주변 여건을 확인
  하여야 한다.
③ 일반 비포장인 경우 야적장의 지반이 견고한지 확인하고 불
  안정 시 작업관리자에게 통보하여 수정 후 하역장에서 하역
  할 수 있다.
④ 지게차가 경사된 상태에서 직하작업을 하지 않는다.
⑤ 적재되어 있는 화물의 붕괴, 파손 등의 위험을 확인한다.
⑥ 리프트 레버를 사용할 때 시선은 포크를 주시한다.

❷ 화물을 하역하는 순서
① 하역하는 장소의 바로 앞에 오면 안전한 속도로 감속한다.
② 하역하는 장소의 앞에 접근하였을 때에는 일단 정지한다.
③ 하역하는 장소에 화물의 붕괴, 파손 등의 위험이 없는지 확
  인한다.
④ 마스트를 수직으로 하고 포크를 수평으로 한 후, 내려놓을 위
  치보다 약간 높은 위치까지 올린다.

▶ 참고) 기존의 기출문제에서는 「마스트를 4° 정도 앞으로 기울인다.」 였습니다. 기존의 문제로 출제될 수도 있습니다.

⑤ 내려놓을 위치를 잘 확인한 후, 천천히 전진하여 예정된 위치에 내린다.

⑥ 천천히 후진하여 포크를 10~20cm 정도 빼내고, 다시 약간 들어 올려 안전하고 올바른 하역 위치까지 밀어 넣고 내려야 한다.

⑦ 팔레트 또는 스키드로부터 포크를 뺄 때에도 넣을 때와 마찬가지로 접촉 또는 비틀리지 않도록 조작한다.

⑧ 하역하는 경우에 포크를 완전히 올린 상태에서는 마스트 전후 작동을 거칠게 조작하지 않는다.

⑨ 하역하는 상태에서는 절대로 차에서 내리거나 이탈하여서는 안 된다.

⑩ 하역 시 전후 안정도는 4%, 좌우 안정도는 6% 이내이며, 마스트는 전후 작동이 5~12%로써 마스트 작동 시에 변동 하중이 가산됨을 숙지하여야 한다.

 ▶ 짐을 내릴 때 가속패달은 사용할 필요가 없다.
▶ 용어 비교) 화물과 하물
• 화물(貨物) : 운반할 수 있는 유형(有形)의 재화나 물품을 통틀어 이르는 말
• 하물(荷物) : 다른 곳으로 옮기기 위하여 챙기거나 꾸려 놓은 물건으로 짐과 같은 말
※ 화물, 하물은 의미는 유사하여 혼용해서 쓰기도 한다.

 기출문제 ★ 숫자는 빈출 정도 및 중요도를 나타냅니다.

1 ★ 지게차로 화물을 운반할 때 주의사항이다. 옳지 않은 것은?

① 화물의 종류 및 포장상태를 사전에 파악하여 안전하게 인양한다.
② 화물은 종류에 따라 무게가 다르므로 화물중량을 잘 파악하고 있어야 한다.
③ 지게차로 하물을 인양할 때 화물의 무게는 차체무게보다 무거워야 한다.
④ 내용물에 유동성이 있을 때는 동하중이 발생하므로 내용물의 점성 및 유동성을 참고하고 주의하여야 한다.

지게차로 운반하려는 화물의 무게는 지게차의 차체무게를 초과하면 안 된다.

2 ★★★ 지게차의 적재방법으로 틀린 것은?

① 화물을 올릴 때는 포크를 수평으로 한다.
② 화물을 올릴 때는 가속페달을 밟는 동시에 레버를 조작한다.
③ 포크로 물건을 찌르거나 물건을 끌어서 올리지 않는다.
④ 화물이 무거우면 사람이나 중량물로 밸런스 웨이트를 삼는다.

지게차 작업 시 카운터 밸런스에 사람이 타거나 중량물을 올리면 안 된다.

3 ★★ 지게차로 적재작업을 할 때 유의사항으로 틀린 것은?

① 운반하려고 하는 화물 가까이 가면 속도를 줄인다.
② 화물 앞에서 일단 정지한다.
③ 화물이 무너지거나 파손 등의 위험성 여부를 확인한다.
④ 화물을 높이 들어 올려 아랫부분을 확인하며 천천히 출발한다.

화물이 낙하할 위험성이 높으므로 화물의 아랫부분에 사람이 있으면 안 되며, 또한 확인하기 위해 화물을 높이 들어 올리는 행위도 위험한 동작이다.

4 ★★ 지게차에 물건을 실을 때 무거운 물건의 중심 위치는 어느 곳에 두는 것이 안전한가?

① 상부
② 중부
③ 하부
④ 좌 또는 우측

물건을 적재할 때 적재물의 무게중심은 하부에 두는 것이 안전하다.

정답 **1** ③ **2** ④ **3** ④ **4** ③

5 지게차의 적재작업 시 주의해야 할 사항이다. 가장 거리가 먼 것은?

① 포크를 이용하여 사람을 싣거나 들어올리면 안 된다.
② 허용하중을 초과한 화물을 적재해서는 안 된다.
③ 화물이 안전하게 적재되었는지 포크 밑에서 화물을 확인한다.
④ 포크의 끝단으로 화물을 들어 올리지 않는다.

포크 밑으로 사람이 들어가거나 출입하여서는 안 된다.

6 지게차로 적재작업을 하고 있다. 다음 중 적절하지 못한 사항은?

① 적재하고자 하는 화물의 앞에 도달하면 안전하게 감속한다.
② 화물 앞에서 일단 정지하여 마스트를 수직으로 한다.
③ 화물을 싣기 위하여 마스트를 약간 전경시키고 포크를 끼워 넣는다.
④ 포크를 지면에서 30cm이상 충분히 들어올려 화물의 안정상태와 포크에 대한 편하중을 확인한다.

화물을 처음 들어 올릴 때 5~10cm정도만 살짝 들어 올려 화물의 안정상태나 포크의 편하중의 유무를 확인한다.

7 지게차로 화물을 적재 및 운반하려 한다. 주의해야 할 사항으로 옳은 것은?

① 화물의 무게가 지게차의 중량을 초과하는 경우 사람을 뒤에 태워 밸런스 웨이트의 역할을 하도록 한다.
② 적재화물이 무너질 우려가 있을 경우에는 사람이 무너지지 않도록 잡고 이동하여야 한다.
③ 포크의 간격은 팔레트 폭의 1/2 이상 3/4 이하 정도로 유지하여 적재한다.
④ 적재 및 운반 시 시야확보를 위하여 신호수가 동승하여 안내를 하도록 한다.

지게차에는 운전자 이외에 탑승자가 있으면 안 되며, 적재화물을 사람이 지탱하거나 잡으면 안 된다.

8 지게차로 운반하려고 하는 화물에 대한 주의사항이다. 잘 못된 것은?

① 액체화물은 주행 시 동하중이 발생할 수 있으므로 적재 후 약간의 전·후진 동작으로 유체이동 여부를 감지하고 작업한다.
② 길이가 긴 철근, 파이프, 목재 등은 주행 시 동하중이 발생하므로 안정성을 감안하여 인양한다.
③ 무게가 가볍고 부피가 큰 화물은 바람 등의 외부요인을 감안하여야 한다.
④ 수출입 화물 등에 붙어있는 패킹리스트까지 참고할 필요는 없다.

수출입 화물이나 업체 간 화물에 붙어있는 패킹리스트나 컨테이너 표시에는 제품의 종류, 중량, 용적 등 중요사항이 적혀있으므로 적재 시 참고하여야 한다.

9 지게차 하역 작업 시 안전한 방법이 아닌 것은?

① 무너질 위험이 있는 경우 화물위에 사람이 올라간다.
② 가벼운 것은 위로, 무거운 것은 밑으로 적재한다.
③ 허용 적재하중을 초과하는 화물의 적재는 금한다.
④ 굴러갈 위험이 있는 물체는 고임목으로 고인다.

지게차의 운행 및 작업 시 포크 위나 화물 위로 사람이 올라가면 안 된다.

10 평탄한 노면에서의 지게차 하역 시 올바른 방법이 아닌 것은?

① 팔레트에 실은 짐이 안정되고 확실하게 실려 있는가를 확인한다.
② 포크는 상황에 따라 안전한 위치로 이동한다.
③ 불안정한 적재의 경우에는 빠르게 작업을 진행시킨다.
④ 팔레트를 사용하지 않고 밧줄로 짐을 걸어 올릴 때에는 포크에 잘 맞는 고리를 사용한다.

지게차 작업 시 불안정한 적재를 하지 않는 것이 우선이며, 불가피하게 불안정한 적재가 되었을 경우 천천히 작업을 해야 한다.

정답 5 ③ 6 ④ 7 ③ 8 ④ 9 ① 10 ③

11 지게차의 하역작업에 대한 설명이다. 가장 거리가 먼 것은?

① 짐을 내릴 때는 마스트를 앞으로 약 4° 정도 경사시킨다.

② 리프트 레버를 사용할 때 시선은 포크를 주시한다.

③ 팔레트에 실은 짐이 안정되고 확실하게 실려 있는가를 확인한다.

④ 짐을 내릴 때 가속페달을 사용하여 신속하게 짐을 내린다.

짐을 내릴 때(리프트 하강)에는 가속페달을 사용하지 않는다.

12 지게차의 하역작업 시 주의해야 할 사항이 아닌 것은?

① 지게차가 경사된 상태에서는 하역작업을 하지 않는다.

② 적재되어 있는 하물의 붕괴, 파손 등의 위험을 확인한다.

③ 하역장소를 답사하여 하역장소의 지반 및 주변 여건을 확인한다.

④ 야적장의 지반이 견고하지 않으면 작업이 불가능하다.

야적장의 지반이 견고한지 확인하여야 하며, 불안정할 때에는 작업관리자에게 통보하여 수정한 후 작업할 수 있다.

13 지게차로 화물을 하역할 때 필요한 전·후 안정도 및 좌우 안정도로 적당한 것은?

① 전후 4% 이내, 좌우 6% 이내

② 전후 6% 이내, 좌우 8% 이내

③ 전후 8% 이내, 좌우 10% 이내

④ 전후 10% 이내, 좌우 12% 이내

지게차의 하역작업 시 전후 안정도는 4% 이내, 좌우 안정도는 6% 이내이다.

화물 운반 작업

[출제문항수 : 1~2문제] 전체적으로 고르게 출제되고 있으며, 특별히 어려운 부분은 없으니 가볍게 학습하시기 바랍니다.

01 안전운전 작업

1 장비사용설명서
① 지계차의 주요 기능을 안내하고, 안전하게 사용하는 방법 및 유지·관리하는 방법 등에 관한 사항을 상세하게 설명한 책이다.
② 종류 : 운전자매뉴얼, 장비사용매뉴얼, 정비지침서

2 효율적인 운반경로
① 지계차 작업 시 운반거리가 짧아야 한다.
② 지계차 작업 시 통행이 편리해야 한다.
③ 지계차 작업이 용이해야 한다.

3 지계차의 안전운전 작업
① 적재중량을 준수하여 적재한다.
  • 화물 적재 상태를 확인하고, 불안정한 상태, 편하중 상태로 적재하지 않는다.
  • 화물 적재 후 후륜이 뜬 상태가 되게 적재하지 않는다.
  • 화물 적재 시 운전 시야를 확보한다.
  • 연약한 지반에서 작업 시 받침판을 사용한다.
② 전·후진 주행장치와 인칭 및 제동장치를 점검한다.
③ 포크를 수평으로 유지하고 안전높이로 조정한다.
  • 포크를 지면으로부터 10cm 들어 올려 화물의 안정 상태와 포크에 대한 편하중을 확인한다.
  • 마스트를 뒤로 충분히 기울이고 포크를 지면으로부터 20cm 들어 올린다.
④ 포크 간격을 조절하고 서행 운전한다.
⑤ 창고 출입 시 차폭 및 장애물을 확인한다.
  • 창고 출입 시 천장, 상부장애물, 출입문 폭 등을 확인한다.
  • 얼굴, 손, 발 등을 지계차 밖으로 내밀지 않는다.
  • 주위의 안전상태를 확인하고 출입한다.
  • 부득이 포크를 올려서 출입하는 경우 출입구 높이에 주의한다.
  • 옥내 주행 시는 전조등을 켜고 작업한다.

⑥ 기타 지계차 운전 시 안전수칙
  • 후진 시 반드시 뒤를 살필 것
  • 전·후진 변속 시는 장비가 정지된 상태에서 행할 것
  • 주·정차 시 반드시 주차브레이크를 고정시킬 것
  • 급발진, 급선회, 급제동을 하지 않을 것

4 지계차의 안전장치
산업안전보건법에 따라 지계차는 다음의 안전장치를 부착하여 사용하여야 한다.

① 전조등 및 후조등
② 헤드가드
③ 백 레스트
④ 경보장치
⑤ 방향지시기
⑥ 백미러
⑦ 사이드미러(대형 후사경)
⑧ 안전벨트
⑨ 후방접근 경보장치

▶ 지계차의 작업은 전진과 후진이 거의 1 : 1의 비율로 이루어지기 때문에 후사경은 넓은 시야 타입을 사용하고, 추가 장착하여 사각을 없애는 것이 효율적이다.
▶ 소음이 심한 작업장에서는 후진경고음 장치를 장착하여 사고를 예방한다.

02 주행하기

1 지계차 운행 시 주의사항
① 짐을 싣고 주행할 때는 절대로 속도를 내서는 안 된다.
  → 지계차 주행속도는 10km/h를 초과할 수 없다.
② 급출발, 급정지, 급선회를 하지 않는다.
③ 화물 운반 시 포크의 높이는 지면으로부터 20~30cm를 유지한다.
  → 화물적재 상태에서 지상에서부터 30cm 이상 들어 올리지 않아야 한다.
④ 운반 중 마스트를 뒤로 4~6° 가량 경사시킨다.
  → 마스트가 수직이거나 앞으로 기울인 상태에서 주행하지 않는다.

⑤ 틸트는 적재물이 백레스트에 완전히 닿도록 한 후 운행한다.

⑥ 적재하중이 무거워 지게차의 뒤쪽이 들리는 듯한 상태로 주행해서는 안 된다.

⑦ 주행 중 노면상태에 주의하고, 노면이 고르지 않은 곳에서 천천히 운행한다.

⑧ 내리막길에서는 기어의 변속을 저속상태로 놓고 서서히 주행한다.

⑨ 주행방향을 바꿀 때에는 완전 정지 또는 저속에서 운행한다.

⑩ 운전 중 좁은 장소에서 방향 전환할 때에는 뒷바퀴회전에 주의하여야 한다.

⑪ 후진 시에는 경광등, 후진경고음, 경적 등을 사용한다.

⑫ 주행 및 작업 중에는 운전자 한 사람만 승차하여야 한다.

⑬ 부득이하게 탑승할 경우 추락 등에 대한 위험이 없도록 조치하여야 한다.

⑭ 건물 내부에서 장비를 가동시킬 때에는 적절한 환기조치를 한다.

⑮ 운행 조작은 시동을 걸고 약 5분 후에 시행한다.

2 지게차의 안전한 운행 경로

① 작업 장소의 지면이 충분한 강도를 유지하는지 확인한다.

② 노견의 붕괴에 의한 전복, 전락의 위험 요소를 확인한다.

③ 운행경로상의 운행을 방해하는 장애물을 제거한다.

④ 필요 시 유도자를 배치한다.

⑤ 지게차가 지나는 통로 폭의 여유를 확보한다.
 • 지게차 1대 : 지게차 1대의 최대폭에 60cm 이상의 여유를 확보한다.
 • 지게차 2대 : 지게차 2대의 최대폭에 90cm 이상의 여유를 확보한다.

 ▶ 지게차 운행을 위한 통로의 여유 폭
 • 지게차의 최대 폭(W) + 60cm 이상
 • 지게차 2대의 최대 폭(W1+W2) + 90cm 이상

⑥ 경사지에서 화물운반을 할 때 내리막 시는 후진으로, 오르막 시는 전진으로 운행한다.

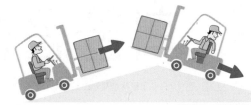

 • 오르막 : 전진방향
  (충돌방지를 위해 서행할 것)

 • 내리막 : 후진방향
  (화물의 낙하 방지)

[화물 적재 시]

 • 오르막 : 후진방향
  (오르막 시야가 좁으므로 경사 끝지점의 갑작스런 장애물과의 충돌방지)

 • 내리막 : 전진방향

[공차 시]

⬆ 화물 적재 및 공차 시 경사지 주행방법

3 운전위치 이탈 시의 조치

① 포크를 가장 낮은 위치(지면)에 둔다.

② 엔진을 가동시킨 상태로 장비에서 내려서는 안 된다.

③ 갑작스러운 주행을 방지하기 위하여 엔진을 정지시키고 주차 브레이크를 거는 등의 조치를 한다.

1 건설기계장비 운전 시 작업자가 안전을 위해 지켜야 할 사항
으로 맞지 않는 것은? **★★**

① 건물 내부에서 장비를 가동 시는 적절한 환기조치를 한
다.

② 작업 중에는 운전자 한 사람만 승차하도록 한다.

③ 시동 된 장비에서 잠시 내릴 때에는 변속기 선택레버를
중립으로 하지 않는다.

④ 엔진을 가동시킨 상태로 장비에서 내려서는 안 된다.

> 지게차의 안전사항 중 시동된 장비에서 내려서는 안 되며, 부득이한 경우
> 라면 변속기 레버를 중립으로 하고 주차 브레이크를 확실히 잠그고 내려
> 야 한다.

2 화물을 적재하고 주행할 때 포크와 지면과의 간격으로 가장
적합한 것은? **★★★★★**

① 지면에 밀착　　　　② 20~30cm

③ 50~55cm　　　　　④ 80~85cm

3 지게차에서 화물취급 방법으로 틀린 것은? **★★★★**

① 포크는 화물의 받침대 속에 정확히 들어갈 수 있도록 조
작한다.

② 운반물을 적재하여 경사지를 주행할 때는 짐이 언덕 위
로 향하도록 한다.

③ 포크를 지면에서 약 800mm 정도 올려서 주행해야 한다.

④ 운반 중 마스트를 뒤로 약 6° 정도 경사시킨다.

> 지게차로 화물을 운반할 때 포크는 지면으로부터 20~30cm 정도 높이
> 를 유지한다.

4 장애물이 없는 일반적인 장소에서 지게차로 화물을 운반할
때 가장 적합한 포크의 높이는? **★★★★**

① 가능한 포크를 높이 유지한다.

② 지면과 가볍게 접촉할 정도의 높이를 유지한다.

③ 지면으로부터 70~80cm 정도 높이를 유지한다.

④ 지면으로부터 20~30cm 정도 높이를 유지한다.

5 지게차의 화물 운반 작업 중 가장 적당한 것은? **★★★★**

① 댐퍼를 뒤로 13° 정도 경사시켜서 운반한다.

② 마스트를 뒤로 4° 정도 경사시켜서 운반한다.

③ 샤퍼를 뒤로 6° 정도 경사시켜서 운반한다.

④ 바이브레이터를 뒤로 8° 정도 경사시켜서 운반한다.

> 지게차에 화물을 싣고 주행할 때 마스트를 4~6° 뒤로 경사시켜 운반한다.

6 지게차로 가파른 경사지에서 적재물을 운반할 때에는 어떤
방법이 좋겠는가? **★★★**

① 적재물을 앞으로 하여 천천히 내려온다.

② 기어의 변속을 중립에 놓고 내려온다.

③ 기어의 변속을 저속상태로 놓고 후진으로 내려온다.

④ 지그재그로 회전하여 내려온다.

7 지게차에 화물을 적재하고 주행할 때의 주의사항으로 틀린
것은? **★★★★**

① 급한 고갯길을 내려갈 때는 변속레버를 중립에 두거나 엔
진을 끄고 타력으로 내려간다.

② 전방시야가 확보되지 않을 때는 후진으로 진행하면서 경
적을 울리며 천천히 주행한다.

③ 포크나 카운터 웨이트 등에 사람을 태우고 주행해서는
안 된다.

④ 험한 길, 좁은 통로, 고갯길 등에서는 급발진, 급제동, 급
선회하지 않는다.

> 내리막길에서는 저속기어로 엔진브레이크를 사용하여 내려가야 하며, 엔진
> 을 끄거나 기어 중립상태로 타력을 이용하여 내려가면 안 된다.

8 지게차로 화물을 싣고 경사지에서 주행할 때 안전상 올바른
운전방법은? **★★★★**

① 포크를 높이 들고 주행한다.

② 내려갈 때에는 저속 후진한다.

③ 내려갈 때에는 변속 레버를 중립에 놓고 주행한다.

④ 내려갈 때에는 시동을 끄고 타력으로 주행한다.

> 화물을 실은 지게차를 운전할 때 짐이 언덕 위쪽을 향하도록 후진으로 내
> 려가며, 이 때 기어는 저속상태로 한다.

정답　1 ③　2 ②　3 ③　4 ④　5 ②　6 ③　7 ①　8 ②

9 지게차를 경사면에서 운전할 때 안전운전 측면에서 짐의 방향으로 가장 적절한 것은?

① 짐이 언덕 위쪽으로 가도록 한다.
② 짐이 언덕 아래쪽으로 가도록 한다.
③ 운전에 편리하도록 짐의 방향을 정한다.
④ 짐의 크기에 따라 방향이 정해진다.

지게차를 경사면에서 운전할 때는 항상 짐이 언덕 위쪽을 향하도록 하여야 한다. 따라서 내려갈 때는 후진으로 내려가야 한다.

10 운전 중 좁은 장소에서 지게차를 방향 전환시킬 때 가장 주의할 점으로 맞는 것은?

① 뒷바퀴 회전에 주의하여 방향 전환한다.
② 포크 높이를 높게 하여 방향 전환한다.
③ 앞바퀴 회전에 주의하여 방향 전환한다.
④ 포크가 땅에 닿게 내리고 방향 전환한다.

지게차는 뒷바퀴 조향방식을 사용하므로 방향전환 시 뒷바퀴의 회전에 주의하여 방향 전환한다.

11 지게차 주행 시 주의해야 할 사항으로 틀린 것은?

① 짐을 싣고 주행할 때는 절대로 속도를 내서는 안 된다.
② 노면의 상태에 충분한 주의를 하여야 한다.
③ 적하 장치에 사람을 태워서는 안 된다.
④ 포크의 끝을 밖으로 경사지게 한다.

포크의 끝이 바깥쪽으로 나가도록 하면 안 된다.

12 지게차의 작업에서 적재물을 싣고 안전한 운반을 위해 해야 할 행동 중 맞는 것은?

① 적재물을 포크로 찍어 운반한다.
② 틸트레버를 사용 10° 정도 후경하여 운반한다.
③ 적재물을 최대한 높이 들고 운행한다.
④ 마스트를 5~6° 전경하여 운반한다.

지게차로 적재물을 싣고 운반을 할 때에는 틸트레버를 이용하여 마스트를 4~6°(이 문제에서는 10°) 정도 후경하여 운반한다.

13 지게차 주행 시 안전사항으로 적합한 것은?

① 비포장, 좁은 장소 등에서 급회전한다.
② 지게차의 최고속도로 운행한다.
③ 후진 시에는 경광등, 후진경고음, 경적 등을 사용한다.
④ 탑재한 화물에 사람을 태우고 운행한다.

지게차 주행 시 후진할 때는 경광등, 후진 경고음 등을 사용한다. 급회전이나 과속을 하면 안 되며, 탑재한 화물에 사람을 태우면 안 된다.

14 지게차 작업 시 안전 수칙으로 틀린 것은?

① 주차 시에는 포크를 완전히 지면에 내려야 한다.
② 화물을 적재하고 경사지를 내려갈 때는 운전 시야 확보를 위해 전진으로 운행해야 한다.
③ 포크를 이용하여 사람을 싣거나 들어 올리지 않아야 한다.
④ 경사지를 오르거나 내려올 때는 급회전을 금해야 한다.

화물을 적재하고 경사지를 내려갈 때는 반드시 화물을 앞으로 하고 지게차가 후진으로 내려가야 한다.

15 지게차에 관한 설명으로 틀린 것은?

① 짐을 싣기 위해 마스트를 약간 전경시키고 포크를 끼워 물건을 싣는다.
② 틸트 레버는 앞으로 밀면 마스트가 앞으로 기울고 따라서 포크가 앞으로 기운다.
③ 포크를 상승시킬 때는 리프트 레버를 뒤쪽으로, 하강시킬 때는 앞쪽으로 민다.
④ 목적지에 도착 후 물건을 내리기 위해 틸트 실린더를 후경시켜 전진한다.

화물을 내릴 때는 마스트를 수직으로 하거나 4° 정도 앞으로 경사시킨다.

16 지게차의 작업방법 중 틀린 것은?

① 경사 길에서 내려올 때는 후진으로 진행한다.
② 주행방향을 바꿀 때에는 완전 정지 또는 저속에서 운행한다.
③ 틸트는 적재물이 백레스트에 완전히 닿도록 하고 운행한다.
④ 조향륜이 지면에서 5cm 이하로 떨어졌을 때에는 밸런스 카운터 중량을 높인다.

03 안전운전 및 장비의 확인

[출제문항수 : 0~1문제] 특별히 중요하지 않은 부분으로 가볍게 읽고 넘어가시기 바랍니다.

01 운전시야 확보

1 위험 요소에 대한 지식

1) 야간작업 시 주의사항

① 야간에는 원근감이나 지면의 고저가 불명확하고, 착각을 일으키기 쉬우므로 작업장에는 충분한 조명시설을 한다.
② 전조등, 후미등 그 밖의 조명시설이 고장난 상태에서 작업해서는 안 된다.

2) 안전경고 표시

① 운행통로를 확인하여 장애물을 제거하고 주행동선을 확인
② 작업장 내 안전 표지판은 목적에 맞는 표지판을 정위치에 설치 확인
③ 화물 적재 후 이동 시 통로의 확인 및 하역 시 하역 장소에 대한 사전답사가 필요
④ 필히 신호수 지시에 따라 작업이 진행되는 방법을 사전 숙지

3) 매뉴얼에 명시된 안전 경고 라벨 확인

① 장비 사용 중 발생될 수 있는 사고 관련 사항을 경고하기 위해 매뉴얼에 제시한 안전 경고 라벨의 표시와 내용이 정위치에 판독이 가능하도록 정확히 부착되었는지 확인해야 한다.
② 지게차의 통행로, 출입구 등에는 도로교통표지 또는 안전보건표지와 같이 일반적으로 잘 알려진 기호를 사용하는 표지를 부착한다.
③ 건물 뒤편, 시각지대 등에 대한 경고 표지는 운전자 및 보행자가 커브를 돌기 전에 사전 표지하여 미리 알도록 하여야 한다.

4) 제한속도 준수 규칙

① 화물의 종류와 지면의 상태에 따라서 운전자가 필히 속도에 따른 제동거리를 준수하여야 한다.
→ 제한속도는 현장 여건에 맞추어 시행하며, 운전자는 필히 준수한다.
② 일반차도 주행 시는 관련 법규를 준수하여야 이동이 가능하므로 목적지까지 이동 가능 여부를 사전 확인한다.
→ 예외 규정 : 통행허가를 받은 장비는 통행제한 대상에서 제외된다.
③ 도로상을 주행할 때에는 포크의 선단에 포식을 부착하는 등 보행자와 작업자가 식별할 수 있도록 한다.
④ 주행 속도에 비례한 안전거리를 확보한 방어운전을 하여야 한다.

2 보조자의 도움으로 동선 확보

① 보조 신호수와는 서로의 맞대면으로 항시 통하여야 한다.
② 운반용 차량의 적재 시는 차량 운전원 입회 하에 작업을 진행하여야 한다.
③ 지게차 화물은 전방작업이므로 시야가 확보되지 않은 작업 상태에서는 보조 신호수를 요구하여 충돌과 낙하의 사고를 예방하여야 한다.
④ 보조자의 배치 시는 항상 신호수의 위치를 확인하고 수신호에 따라 작업한다.

3 지게차 운행통로 등의 확보

1) 지게차 운행통로 등의 확보

① 지게차 운행통로의 폭은 지게차의 최대폭 이상이어야 한다.
② 지게차 운행통로 선은 황색 실선으로 표시하고, 선의 폭은 12cm로 한다.
③ 화물의 적재, 기계설비의 설치, 출구의 신설 등을 할 때에는 지게차 운전자 및 보행자의 조망 상태를 충분히 고려한다.

2) 주행동선 확인

① 적재화물의 폭을 측정하여 주행동선을 확인하고 통행 가능 여부를 확인하여야 한다.
② 출입구 진입 시 높이와 폭을 확인하여 진입 가능 여부를 판단하도록 한다.

02 장비 및 주변상태 확인

1 이상음 판단에 대한 이해

① 동력전달장치 소음상태 : 클러치, 클러치 페달, 변속기, 파워 트랜스미션 등의 소음발생 여부 확인
② 핸들의 허용 유격이 정상인지 상하좌우 및 앞뒤로 덜컹거림의 발생 여부 확인
③ 브레이크의 작동상태 및 소음 이상유무 확인
④ 브레이크 페달의 여유 및 페달을 밟았을 때 페달과 바닥판의 간격 유무 확인
⑤ 작업장치의 소음상태 : 마스트, 리프트 실린더, 리프트 체인, 포크 이송장치 등 작업장치의 소음확인

② 후각에 의한 판단
① 주행 중 냄새로 이상 유무 확인 방법
② 엔진 과열로 엔진오일의 타는 냄새 구분
③ 클러치 디스크 및 브레이크 라이닝 타는 냄새 구분
④ 작동유의 과열로 인한 냄새 구분
⑤ 각종 구동부위의 베어링 타는 냄새 구분
⑥ 누유, 누수 상태 확인 및 촉감에 의한 이상 유무의 확인

③ 운전 중 돌발 상황 시 대처
① 가동 중 장비에서 냄새가 감지되었을 시는 과열에 의한 이상 상태로 화재 발생의 소지가 있으므로 항상 소화기 위치 및 정상 충전상태를 확인하여 초기 진화에 대처한다.
② 비포장 도로, 좁은 통로, 경사지에서는 급출발, 급제동, 급선회 등을 하지 않는다.
③ 주행 중 노면상태에 따라 차체의 덜컹거림이나 화물의 동하중이 발생하여 화물이 낙하할 수 있으므로 주의한다.

④ 이동경로의 장애물을 확인하고 대처
① 이동경로는 필히 사전 답사로 적재화물 주행 시 장애물로 인한 작업 중단이 발생될 소지를 제거하고 조치 후 작업한다.
② 이동 시야가 현저하게 방해될 경우 유도자를 배치해야 한다.
③ 포크는 화물적재 상태에서 지상에서부터 30cm 이상 들어 올리거나 마스트를 수직이나 앞으로 기울인 상태에서 주행하여서는 아니된다.
④ 선회 시에는 감속하고, 적재물의 충돌 확인 및 안전과 차체 뒷부분이 주변에 접촉되지 않도록 주의한다.
⑤ 도로상을 주행할 때에는 포크의 선단에 표식을 부착하는 등 보행자와 작업자가 식별할 수 있도록 하여야 하며 "도로교통법"을 준수한다.

03 작업장치 및 장비상태 확인

① 작업장치의 성능 확인
① 마스트 작동상태 : 마스트, 리프트 체인, 유압호스 등의 상태 및 누유여부 확인
② 포크 작동상태 : 포크의 상태 및 포크 폭 이동장치의 작동상태 등을 점검
③ 주행장치 이상 유무 점검
  • 동력전달장치 및 트랜스미션 등 주행장치의 이상유무를 확인한다.
  • 윤활 오일의 공급이나 오일의 교환 시기를 준수한다.

④ 기어오일과 변속기오일
  • 기어오일 교환의 주기 및 선택은 제작사의 매뉴얼에 따라 수행한다.
  • 지게차의 자동 트랜스미션은 자동습식 다판 미션으로 유압유를 사용하고 기계식 미션은 기어오일을 사용한다.

▶ 형광탐색검사(dye panetration)
포크의 절곡 부위에 하중을 가장 많이 받기 때문에 수시로 육안으로 검사하고, 균열이 의심되면 형광탐색 검사를 시행하여 확인

형광액

검사부위

※ 참고) 검사방법 : 검사부위에 형광액을 뿌리고 표면의 형광액을 제거한 후 현상액을 뿌리면 균열부위의 형광액이 표면으로 빨려나오면서 결함 부위가 표시된다.

② 엔진 정상작동 여부 및 이상 유무 점검
① 엔진 시동 시 오일의 흐름을 원활하게 하기 위하여 저속에서 워밍업을 하여야 한다.
② 제한 경사각 : 경사지 35° 이상에서 작업 시 엔진오일 순환이 안 되어 엔진에 치명적인 고장이 발생되므로 35° 이하의 경사지에서 작업을 해야 한다.
③ 엔진오일 누유는 윤활계통 전체를 점검하며, 특히 회전 부위 리테이너실(retainer seal)과 기밀을 유지시켜 주는 패킹실(packing seal) 부분에서 누유가 많이 발생한다.
④ 터보차저의 누유는 배기가스와 함께 외부로 배출되기 때문에, 배기구 쪽 연결부에 오일이 관찰되면 누유를 확인하여야 한다.
⑤ 엔진 냉각계통 및 냉각수를 점검한다.
⑥ 헤드 개스킷 부위 및 엔진 크랭크축에서 누유 시 운전원은 정비사에게 정비를 요청하여야 한다.

③ 유압 계통 누유상태를 확인
① 작업 중 유압호스나 파이프에서 작동유가 누유될 경우 반드시 엔진을 끄고 계통 내에 있는 작업 부하를 해제하고 해당 공구로 수리 또는 교체하여야 한다.
② 진동이 심한 파이프나 호스는 클램프(clamp - 이음부분을 결속시키는 부품)로 단단히 결착시켜 진동으로 인한 누유를 방지한다.
③ 밸브 중에서 가장 많이 누유가 의심되는 곳은 고압력으로 사용되는 밸브의 스풀이다.

▶ 밸브의 스풀
유압의 방향을 제어(유압의 유로를 변경)하는 밸브의 부속품이다. - 작업장치에 주로 사용됨

1 지게차의 적재화물이 너무 커서 시계를 방해할 때 대처법으로 옳지 않은 것은?

① 후진으로 주행한다.
② 필요 시 경적을 울리면서 서행을 한다.
③ 유도자를 붙여 차를 유도한다.
④ 적재물을 높이 올려 시계를 확보한다.

지게차로 화물을 이동시킬 때 포크는 30cm 이상 들어 올리지 않아야 한다.

2 지게차 작업을 위하여 운전시야를 확보하고자 한다. 적당하지 못한 내용은?

① 지게차 운행통로의 폭은 지게차의 최대폭 이상이어야 한다.
② 적재화물의 폭을 측정하여 운행동선을 확인하고 통행 가능 여부를 확인하여야 한다.
③ 출입구 진입 시 높이와 폭을 확인하여 진입 가능 여부를 판단하도록 한다.
④ 항상 전방 및 주변을 주시하고, 신호수의 신호보다는 내 판단을 우선하여야 한다.

운전자는 집중을 하여도 보이지 않는 사각지대가 만들어지므로 운전자의 판단보다는 신호수의 판단을 우선하여 작업하여야 한다.

3 지게차로 야간작업을 하려고 한다. 야간작업의 특징이나 유의사항이 아닌 것은?

① 야간에는 원근감이나 지면의 고저가 불명확하여 착각을 일으키기 쉽다.
② 작업장에는 충분한 조명시설이 되어 있어야 한다.
③ 작업장의 조명이 충분하면 전조등이나 후미등은 사용하지 않아도 된다.
④ 주변의 작업원이나 장애물에 주의하며 안전한 속도로 작업한다.

야간작업 시 전조등, 후미등, 기타 조명시설 등이 고장난 상태로 작업해서는 안된다.

4 지게차의 운전시야를 확보하기 위하여 지게차의 운행통로를 선으로 표시한다. 다음 중 맞는 것은?

① 백색 실선으로 표시하고, 선의 폭은 12cm이다.
② 황색 실선으로 표시하고, 선의 폭은 12cm이다.
③ 백색 점선으로 표시하고, 선의 폭은 24cm이다.
④ 황색 점선으로 표시하고, 선의 폭은 24cm이다.

지게차의 운행통로는 황색실선으로 표시하고 선의 폭은 12cm로 한다.

5 다음은 안전한 지게차 작업을 위하여 필요한 사항이다. 옳지 않은 것은?

① 작업장 내 안전표지판은 목적에 맞는 표지판을 정위치에 설치하여야 한다.
② 지게차의 통행로, 출입구 등에는 도로교통표지 또는 안전보건표지 등의 잘 알려진 기호를 사용하는 표지를 설치한다.
③ 제한속도는 지면의 상태 등 현장 조건에 따라 달라지므로 상황에 따라 적당하게 준수하면 된다.
④ 도로상을 주행할 때 포크의 선단에 표식을 부착하여 보행자 및 작업자가 식별할 수 있도록 한다.

제한속도는 지면의 상태, 현장 조건 등에 따라 정해지며, 운전자는 제한속도를 준수하여야 한다.

6 지게차를 운행하기 위하여 필요한 사항이다. 가장 거리가 먼 것은?

① 적재화물의 폭을 측정하여 운행동선을 확인하고 통행 가능 여부를 확인하여야 한다.
② 출입구 진입 시 높이와 폭을 확인하여 진입 가능 여부를 판단하도록 한다.
③ 주행 시 적재화물의 낙하에 주의하며 사전에 통행로에 문제점이 있는지를 확인하여야 한다.
④ 주행 시 시야확보 및 적재화물의 낙하를 방지하기 위하여 보조 신호수를 상시 탑승시켜야 한다.

지게차에는 조종사 이외의 사람이 탑승하여서는 안 된다.

정 답 1 ④ 2 ④ 3 ③ 4 ② 5 ③ 6 ④

chapter **03**

7 지게차 작업 중 장비의 이상상태를 판단하는 방법이다. 가장 거리가 먼 것은?

① 주행레버 작동 시 덜컹거림이나 이상 소음의 발생 여부를 확인한다.

② 주행 브레이크의 페달과 바닥판의 간격 유무를 확인한다.

③ 마스트, 리프트 체인 등의 작업장치에서 이상 소음이 없는지 확인한다.

④ 지게차는 연료의 연소로 인하여 항상 냄새가 나므로 후각을 이용한 점검은 할 수가 없다.

> 장비의 점검을 위해서 후각은 중요한 판단요소이다.
> 엔진오일, 작동유, 클러치 및 각종 베어링 등의 타는 냄새로 장비의 이상 유무를 확인할 수 있다.

8 운전 중 돌발 상황 시 대처방법이다. 옳지 않은 것은?

① 작업 중 이상 냄새가 감지되었을 때는 즉시 작업을 멈추고 장비를 점검하여야 한다.

② 항상 소화기의 위치 및 정상 충전상태를 확인하여 화재발생 시 초기진화를 하여야 한다.

③ 작업 중 이상 소음이 발생할 경우에는 일단 정비사에게 알리고 작업 후에 점검받는다.

④ 비포장 도로, 좁은 통로, 경사지 등에서는 급출발, 급제동, 급선회 등은 하지 않아야 한다.

> 작업 중 이상 소음이나 이상한 냄새가 감지되었을 때는 즉시 작업을 멈추고 장비를 점검해야 한다.

9 지게차 작업 시 갑자기 유압상승이 되지 않을 경우 점검 내용으로 적절하지 않는 것은?

① 펌프로부터 유압발생이 되는지 점검

② 오일탱크의 오일량 점검

③ 릴리프 밸브의 고장인지 점검

④ 작업장치의 자기탐상법에 의한 균열 점검

> 지게차 작업에서 유압이 상승하지 않는 원인은 유압유가 부족하거나 유압장치부분의 누유 및 고장이다.
> ※ 릴리프 밸브 : 유압을 조절하는 밸브로 열린채로 고장나면 유압상승이 되지 않으며, 닫힌 채로 고장나면 과도한 유압상승을 가져온다.

10 유압유에 점도가 서로 다른 2종류의 오일을 혼합하였을 경우에 대한 설명으로 맞는 것은?

① 오일 첨가제의 좋은 부분만 작동하므로 오히려 더욱 좋다.

② 점도가 달리지나 사용에는 전혀 지장이 없다.

③ 혼합은 권장 사항이며, 사용에는 전혀 지장이 없다.

④ 열화 현상을 촉진시킨다.

> 서로 점도가 다른 2종류의 오일을 혼합하게 되면 오일의 열화현상이 촉진되기 때문에 혼합하여 사용하지 않는다.
> ※ 점도는 유압유에 가장 큰 영향을 미치는 요소로, 점도가 달라지면 열화현상, 마찰 증가, 실린더의 응답성 저하 등이 발생된다.
> ※ 열화 현상 : 열이나 공기, 물 등에 의해 오일 성능이 저하되는 현상으로, 점도가 다르면 오일의 작동온도가 서로 달라 열에 대한 저항성이 급격히 떨어져 열화 현상을 촉진시킨다.
> ※ 유압유 교체 보충 작업 : 동일한 제조사의 동일한 성분으로 교체·보충해야 하며, 정비주기에 따라 오일 교체 시 플러싱 작업(유압라인 내부의 오일을 완전히 제거하는 작업) 후 동일한 성분의 새로운 오일로 교체해야 한다.

11 건설기계장비에서 유압 구성품을 분해하기 전에 내부 압력을 제거하려면 어떻게 하는 것이 좋은가?

① 압력밸브를 밀어 준다.

② 고정너트를 서서히 푼다.

③ 엔진 정지 후 조정 레버를 모든 방향으로 작동하여 압력을 제거한다.

④ 엔진 정지 후 개방하면 된다.

> 유압계통을 수리하기 위하여 분해할 때는 반드시 엔진을 끄고 계통 내에 있는 작업 부하(압력)를 제거하고 해당공구로 수리 및 교체하여야 한다.

12 포크 절곡 부위의 균열이 의심되었을 때 실시하는 검사는?

① 육안검사

② 형광탐색검사

③ 자기공명검사

④ X-레이 투사검사

> 포크의 절곡 부위에 하중이 가장 많으므로 육안으로 수시로 점검하고, 균열이 의심되면 발생부위에 형광탐색 검사(dye panetration)를 시행하여 확인한다.

7 ④ **8** ③ **9** ④ **10** ④ **11** ③ **12** ②

예상문항수
10/60

CHAPTER

04

건설기계관리법 및 도로교통법

Study Point 수험생들이 가장 어려워 하는 법규에 관한 과목입니다. 일반적으로 건설기계관리법에서 6문제, 도로교통법에서 3문제, 도로명주소에서 1문제가 출제됩니다. 핵심적인 부분 위주로 잘 정리하였으니 꼼꼼하게 학습하시면 쉽게 점수를 확보하실 수 있습니다.

01 건설기계 관리법

[출제문항수 : 6문제] 법규 부분에서 꽤 많은 출제비율을 가진 부분입니다. 전체적으로 모든 부분에서 출제가 가능한 부분이기 때문에 기출문제 위주로 이론을 확인하는 식으로 학습하시면 보다 쉽게 점수를 확보할 수 있습니다.

01 건설기계 관리법의 목적

건설기계의 등록·검사·형식 승인 및 건설기계 사업과 건설기계 조종사 면허 등에 관한 사항을 정하여 건설기계의 효율적인 관리, 건설기계의 안전도를 확보하여 건설공사의 기계화를 촉진함을 목적으로 한다.

1 용어

용어	정의
건설기계	건설공사에 사용할 수 있는 기계로서 대통령령이 정하는 것
건설기계사업	건설기계대여업·건설기계정비업·건설기계매매업 및 건설기계폐기업
건설기계대여업	건설기계를 대여를 업(業)으로 하는 것
건설기계정비업	건설기계를 분해·조립 또는 수리하고 그 부분품을 가공제작·교체하는 등 건설기계를 원활하게 사용하기 위한 모든 행위를 업으로 하는 것
건설기계매매업	중고건설기계의 매매 또는 그 매매의 알선과 그에 따른 등록사항에 관한 변경신고의 대행을 업으로 하는 것
건설기계폐기업	국토교통부령으로 정하는 건설기계 장치를 그 성능을 유지할 수 없도록 해체하거나 압축·파쇄·절단 또는 용해(폐기)를 업으로 하는 것
중고건설기계	건설기계를 제작·조립 또는 수입한 자로부터 법률행위 또는 법률의 규정에 따라 건설기계를 취득한 때부터 사실상 그 성능을 유지할 수 없을 때까지의 건설기계
건설기계형식	건설기계의 구조·규격 및 성능 등에 관하여 일정하게 정한 것

02 건설기계 등록

1 등록
① 건설기계의 소유자는 대통령령으로 정하는 바에 따라 건설기계를 등록하여야 한다.
② 건설기계 소유자의 주소지 또는 건설기계의 사용 본거지를 관할하는 특별시장·광역시장 또는 시·도지사에게 신청한다.
③ 건설기계 취득일로부터 2월(전시, 사변, 기타 이에 준하는 국가비상사태하에서는 5일) 이내에 등록신청을 하여야 한다.

2 건설기계를 등록 신청할 때 제출하여야 할 서류
① 건설기계의 출처를 증명하는 서류
  • 건설기계 제작증(국내에서 제작한 건설기계의 경우에 한함)
  • 수입면장 기타 수입사실을 증명하는 서류(수입한 건설기계의 경우에 한함)
  • 매수증서(관청으로부터 매수한 건설기계의 경우에 한함)
② 건설기계의 소유자임을 증명하는 서류
③ 건설기계 제원표
④ 보험 또는 공제의 가입을 증명하는 서류

03 등록사항의 변경

1 건설기계의 등록사항 중 변경사항이 있는 경우
① 소유자 또는 점유자는 대통령령으로 정하는 바에 따라 이를 시·도지사에게 신고하여야 한다.
② 변경이 있는 날부터 30일 (상속의 경우 상속개시일부터 6개월이며, 전시·사변 기타 이에 준하는 국가비상사태 하에 있어서는 5일 이내)
③ 변경신고 시 제출하여야 하는 서류
  • 건설기계등록사항변경신고서
  • 변경내용을 증명하는 서류
  • 건설기계등록증
  • 건설기계검사증

 ▶ 건설기계를 산(매수 한) 사람이 등록사항변경(소유권 이전) 신고를 하지 않아 등록사항 변경신고를 독촉하였으나 이를 이행하지 않을 경우 매도한 사람이 직접 소유권 이전 신고를 할 수 있다.

1 건설기계 관리법의 목적으로 가장 적합한 것은?

① 건설기계의 동산 신용증진
② 건설기계 사업의 질서 확립
③ 공로 운행상의 원활기여
④ 건설기계의 효율적인 관리

건설기계 관리법의 목적 : 건설기계를 효율적으로 관리하고 건설기계의 안전도를 확보함

2 건설기계의 소유자는 다음 어느 령이 정하는 바에 의하여 건설기계의 등록을 하여야 하는가?

① 대통령령
② 고용노동부령
③ 총리령
④ 행정안전부령

건설기계의 소유자는 대통령령으로 정하는 바에 따라 건설기계를 등록하여야 한다.

3 건설기계관리법에서 정의한 건설기계 형식을 가장 잘 나타낸 것은?

① 엔진구조 및 성능을 말한다.
② 형식 및 규격을 말한다.
③ 성능 및 용량을 말한다.
④ 구조/규격 및 성능 등에 관하여 일정하게 정한 것을 말한다.

건설기계형식이란 건설기계의 구조·규격 및 성능 등에 관하여 일정하게 정한 것을 말한다.

4 건설기계관련법상 건설기계 대여를 업으로 하는 것은?

① 건설기계대여업
② 건설기계정비업
③ 건설기계매매업
④ 건설기계폐기업

5 건설기계관리법에 의한 건설기계사업이 아닌 것은?

① 건설기계 대여업
② 건설기계 매매업
③ 건설기계 수입업
④ 건설기계 폐기업

건설기계사업은 대여업, 매매업, 폐기업, 정비업 등으로 구분된다.

6 건설기계 등록신청 시 첨부하지 않아도 되는 서류는?

① 호적등본
② 건설기계 소유자임을 증명하는 서류
③ 건설기계 제작증
④ 건설기계 제원표

7 건설기계등록신청은 관련법상 건설기계를 취득한 날로부터 얼마의 기간 이내에 해야 되는가?

① 5일
② 15일
③ 1월
④ 2월

8 건설기계의 등록신청은 누구에게 하는가?

① 건설기계 작업현장 관할 시·도지사
② 국토해양부장관
③ 건설기계 소유자의 주소지 또는 사용본거지 관할 시·도지사
④ 국무총리실

건설기계등록신청은 소유자의 주소지 또는 건설기계 사용본거지를 관할하는 시·도지사에게 한다.

9 건설기계 소유자는 건설기계 등록사항에 변경이 있을 때(전시사변 기타 이에 준하는 비상사태 하의 경우는 제외)에는 등록사항의 변경신고를 변경이 있는 날부터 며칠 이내에 하는가?

① 10일
② 15일
③ 20일
④ 30일

10 건설기계를 산(매수한) 사람이 등록사항변경(소유권 이전) 신고를 하지 않아 등록사항 변경신고를 독촉하였으나 이를 이행하지 않을 경우 판(매도한) 사람이 할 수 있는 조치로서 가장 적합한 것은?

① 소유권 이전 신고를 조속히 하도록 매수 한 사람에게 재차 독촉한다.
② 매도한 사람이 직접 소유권 이전 신고를 한다.
③ 소유권 이전 신고를 조속히 하도록 소송을 제기한다.
④ 아무런 조치도 할 수 없다.

정답 **1** ④ **2** ① **3** ④ **4** ① **5** ③ **6** ① **7** ④ **8** ③ **9** ④ **10** ②

04 등록이전 신고

① 등록한 주소지 또는 사용본거지가 변경된 경우(시·도 간의 변경이 있는 경우에 한한다)
② 변경이 있은 날부터 30일(상속의 경우에는 상속개시일부터 6개월) 이내에 신청해야 한다.
③ 새로운 등록지를 관할하는 시·도지사에게 제출한다.

▶ 등록이전 신고 시 제출서류
 • 건설기계등록이전신고서
 • 소유자의 주소 또는 건설기계의 사용본거지의 변경사실을 증명하는 서류
 • 건설기계등록증
 • 건설기계검사증

05 등록의 말소

시·도지사는 등록된 건설기계가 다음 각 호의 어느 하나에 해당하는 경우에는 그 소유자의 신청(30일 이내, 단 도난 시는 2개월 이내)이나 시·도지사의 직권으로 등록을 말소할 수 있다.

① 거짓 그 밖의 부정한 방법으로 등록을 한 경우
② 건설기계가 천재지변 또는 이에 준하는 사고 등으로 사용할 수 없게 되거나 멸실된 경우
③ 건설기계의 차대가 등록 시의 차대와 다른 경우
④ 건설기계가 법 규정에 따른 건설기계안전기준에 적합하지 아니하게 된 경우
⑤ 정기검사 유효기간이 만료된 날부터 3월 이내에 시·도지사의 최고를 받고 지정된 기한까지 정기검사를 받지 아니한 경우
⑥ 건설기계를 수출하는 경우
⑦ 건설기계를 도난당한 경우
⑧ 건설기계를 폐기한 때
⑨ 구조적 제작결함 등으로 건설기계를 제작·판매자에게 반품한 경우
⑩ 건설기계를 교육·연구목적으로 사용하는 경우

▶ **건설기계를 도난당한 때 등록말소사유 확인서류**
 경찰서장이 발행한 도난신고 접수 확인원
▶ 등록원부의 보관
 시·도지사는 건설기계등록원부를 건설기계의 등록을 말소한 날부터 10년간 보존하여야 한다.
▶ 등록이 말소된 건설기계를 다시 등록하려는 경우에는 대통령령에서 정하는 바에 따라 신규로 등록을 신청하여야 한다.

06 등록번호표

1 등록번호표

① 등록된 건설기계에는 국토교통부령으로 정하는 바에 따라 등록번호표를 부착 및 봉인하고, 등록번호를 새겨야 한다.
② 건설기계 소유자는 등록번호표 또는 그 봉인이 떨어지거나 알아보기 어렵게 된 경우에는 시·도지사에게 등록번호표의 부착 및 봉인을 신청하여야 한다.
③ 등록번호표를 부착 및 봉인하지 아니한 건설기계를 운행하여서는 안된다.
④ 등록번호표 제작자는 시·도지사의 지정을 받아야 한다.
⑤ 시·도지사로부터 등록번호표 제작통지를 받은 건설기계 소유자는 3일 이내에 등록번호표제작을 신청하여야 한다.
⑥ 등록번호표제작자는 등록번호표 제작 등의 신청을 받은 때에는 7일 이내에 등록번호표 제작 등을 하여야 한다.

▶ 건설기계소유자에게 등록번호표 제작명령을 할 수 있는 기관의 장은? 시·도지사

2 등록번호표의 재질 및 표시방법

① 등록관청·용도·기종 및 등록번호를 표시한다.
② 등록번호표는 압형으로 제작한다.
③ 재질은 철판 또는 알루미늄 판이 사용된다.
④ 외곽선은 1.5mm 튀어나와야 한다.
⑤ 등록번호와 식별 색상
 • 비사업용(관용 또는 자가용) : 흰색 바탕에 검은색 문자
 • 대여사업용 : 주황색 바탕에 검은색 문자

▶ 임시번호표는 흰색 페인트 목판에 검은색 문자이다.
 참고) 자동차 등록번호판 등의 기준에 관한 고시에 따라 고가의 법인차량에 연두색 바탕에 검은색 글자의 번호판이 추가된다. 건설기계관리법에서는 비사업용과 대여사업용으로만 구분하여 등록번호표를 표시하고 있다.

3 기종별 기호표시

구분	색상	구분	색상
01	불도저	06	덤프트럭
02	굴착기	07	기중기
03	로더	08	모터 그레이더
04	지게차	09	롤러
05	스크레이퍼	10	노상 안정기

1 건설기계 등록자가 다른 시·도로 변경되었을 경우 해야 할 사항은?

① 등록사항 변경 신고를 하여야 한다.
② 등록이전 신고를 하여야 한다.
③ 등록증을 당해 등록처에 제출한다.
④ 등록증과 검사증을 등록처에 제출한다.

등록이전 신고는 시·도 간의 변동이 있을 경우에 한다.

2 등록사항의 변경 또는 등록이전신고 대상이 아닌 것은?

① 소유자 변경
② 소유자의 주소지 변경
③ 건설기계의 소재지 변동
④ 건설기계의 사용본거지 변경

3 건설기계 등록의 말소사유에 해당하지 않는 것은?

① 건설기계를 폐기한 때
② 건설기계의 구조 변경을 했을 때
③ 건설기계가 멸실 되었을 때
④ 건설기계의 차대가 등록 시의 차대와 다른 때

건설기계의 구조 변경 시는 구조변경검사를 받아야 한다.

4 시·도지사가 직권으로 등록 말소할 수 있는 사유가 아닌 것은?

① 건설기계가 멸실된 때
② 사위(詐僞) 기타 부정한 방법으로 등록을 한 때
③ 방치된 건설기계를 시·도지사가 강제로 폐기한 때
④ 건설기계를 산 사람이 소유권 이전등록을 하지 아니한 때

④항의 경우는 매도한 사람이 직접 소유권 이전신고를 한다.

5 건설기계의 등록원부는 등록을 말소한 후 얼마의 기한 동안 보존하여야 하는가?

① 5년
② 10년
③ 15년
④ 20년

6 건설기계 등록번호표에 대한 사항 중 틀린 것은?

① 모든 번호표의 규격은 동일하다.
② 재질은 철판 또는 알루미늄 판이 사용된다.
③ 굴착기일 경우 기종별 기호표시는 02로 한다.
④ 외곽선은 1.5mm 튀어나와야 한다.

7 건설기계 등록번호표 제작 등을 할 것을 통지하거나 명령하여야 하는 것에 해당되지 않는 것은?

① 신규 등록을 하였을 때
② 등록한 시·도를 달리하여 등록이전 신고를 받은 때
③ 등록번호표의 재 부착 신청이 없을 때
④ 등록번호의 식별이 곤란한 때

8 건설기계 등록번호표에 표시되지 않는 것은?

① 기종
② 등록관청
③ 용도
④ 연식

건설기계 등록번호표에는 등록관청, 용도, 기종 및 등록번호를 표시하여야 한다.

9 등록번호표제작자는 등록번호표 제작 등의 신청을 받은 날로 부터 며칠 이내에 제작하여야 하는가?

① 3일
② 5일
③ 7일
④ 10일

10 건설기계관리법령상 건설기계등록번호표의 번호표 색상이 흰색 바탕에 검은색 문자인 경우는?

① 장기 대여사업용
② 영업용
③ 단기 대여사업용
④ 자가용

• 비사업용(관용 또는 자가용) : 흰색 바탕에 검은색 문자
• 대여사업용 : 주황색 바탕에 검은색 문자

11 등록건설기계의 기종별 표시방법으로 옳은 것은?

① 01 : 불도저
② 02 : 모터그레이더
③ 03 : 지게차
④ 04 : 덤프트럭

 정답 1 ② 2 ③ 3 ② 4 ④ 5 ② 6 ① 7 ③ 8 ④ 9 ③ 10 ④ 11 ①

chapter 04

07 등록번호표의 반납

등록된 건설기계의 소유자는 다음 중 어느 하나에 해당하는 경우, 10일 이내에 등록번호표의 봉인을 떼어낸 후 시·도지사(국토교통부령으로 정함)에게 반납해야 한다.

① 건설기계의 등록이 말소된 경우
② 등록된 건설기계의 소유자의 주소지(또는 사용본거지) 및 등록번호의 변경(시·도간의 변경 시에 한함)
③ 등록번호표 또는 그 봉인이 떨어지거나 식별이 어려운 때 등록번호표의 부착 및 봉인을 신청하는 경우

08 건설기계의 특별표지

1 대형 건설기계의 특별표지
다음에 해당되는 대형 건설기계는 특별표지를 등록번호가 표시되어 있는 면에 부착하여야 한다.

① 길이가 16.7미터를 초과하는 건설기계
② 너비가 2.5미터를 초과하는 건설기계
③ 높이가 4.0미터를 초과하는 건설기계
④ 최소회전반경이 12미터를 초과하는 건설기계
⑤ 총중량이 40톤을 초과하는 건설기계
⑥ 총중량 상태에서 축하중이 10톤을 초과하는 건설기계

2 경고표지판
대형건설기계의 경우 조종실 내부의 조종사가 보기 쉬운 곳에 경고 표지판을 부착해야 한다.

3 특별도색
당해 건설기계의 식별이 쉽도록 전후 범퍼에 특별도색을 해야 한다 (예외 : 최고속도가 35km/h 미만인 경우)

4 적재물 위험 표지
안전기준을 초과하는 화물의 적재허가를 받은 자는 그 길이 또는 폭의 양 끝에 너비 30cm, 길이 50cm 이상의 빨간 헝겊으로 된 표지를 달아야 한다.

09 임시 운행

건설기계는 미등록 시 사용 또는 운행하지 못한다. 다만, 등록 전에 다음과 같은 사유로 일시적으로 운행할 수 있으며 이때 에는 국토교통부령으로 정하는 바에 따라 임시번호표를 부착한다.(임시운행기간 : 15일 이내, 신개발 건설기계의 시험 연구 목적인 경우 : 3년 이내)

① 등록신청을 하기 위하여 건설기계를 등록지로 운행
② 신규등록검사 및 확인검사를 받기 위하여 건설기계를 검사장소로 운행
③ 수출을 하기 위하여 건설기계를 선적지로 운행
④ 수출을 하기 위하여 등록말소한 건설기계를 정비, 점검하기 위하여 운행
⑤ 신개발 건설기계를 시험·연구 목적으로 운행
⑥ 판매 또는 전시를 위해 건설기계를 일시적 운행

▶ 벌칙 : 미등록 건설기계를 사용하거나 운행한 자는 2년 이하의 징역이나 2천만원 이하의 벌금을 내야 한다.

10 건설기계의 범위

① 불도저 (무한궤도 또는 타이어식)
② 굴착기 (굴착장치를 가진 자체중량 1톤 이상)
③ 로더 (적재장치를 가진 자체중량 2톤 이상)
④ 지게차 (타이어식으로 들어올림장치와 조종석 포함)
⑤ 스크레이퍼 (굴착 및 운반장치 포함한 자주식)
⑥ 덤프트럭 (적재용량 12톤 이상)
⑦ 기중기 (강재의 지주 및 선회장치 포함, 단 궤도(레일)식 제외)
⑧ 모터그레이더 (정지장치를 가진 자주식)
⑨ 롤러 (자주식인 것과 피견인 진동식)
⑩ 노상안정기 (노상안정장치를 가진 자주식)
⑪ 콘크리트뱃칭플랜트 ⑫ 콘크리트피니셔 ⑬ 콘크리트살포기
⑭ 콘크리트믹서트럭 (혼합장치를 가진 자주식)
⑮ 콘크리트펌프 (콘크리트배송능력이 매시간당 5m³ 이상으로 원동기를 가진 이동식과 트럭적재식)
⑯ 아스팔트믹싱플랜트 ⑰ 아스팔트피니셔 ⑱ 아스팔트살포기
⑲ 골재살포기 ⑳ 쇄석기 (20kW 이상의 원동기를 가진 이동식)
㉑ 공기압축기 ㉒ 천공기 ㉓ 항타 및 항발기 ㉔ 자갈채취기
㉕ 준설선 (펌프식·바켓식·딧퍼식 또는 그래브식으로 비자항식)
㉖ 국토교통부장관이 따로 정하는 특수건설기계
㉗ 타워크레인

▶ 건설기계관리법령상 건설기계는 특수건설기계를 포함하여 27종 (26종 및 특수건설기계)으로 분류되어 있다.
▶ 건설기계 높이는 지면에서 가장 윗부분까지의 수직 높이이다.
▶ 건설기계적재중량을 측정할 때 측정인원은 1인당 65kg을 기준으로 한다.

1 등록번호표의 반납사유가 발생하였을 경우에는 며칠이내에 반납하여야 하는가?

① 5 　　② 10 　　③ 15 　　④ 30

2 건설기계소유자가 관련법에 의하여 등록 번호표를 반납하고자 하는 때에는 누구에게 하여야 하는가?

① 국토해양부장관 　　② 구청장
③ 시 · 도지사 　　④ 동장

> 시 · 도지사에게 10일 이내에 반납해야 한다.

3 특별 표지판을 부착하여야 할 건설기계의 범위에 해당하지 않는 것은?

① 높이가 5미터인 건설기계
② 총중량이 50톤인 건설기계
③ 길이가 16미터인 건설기계
④ 최소회전반경이 13미터인 건설기계

4 다음 중 특별 또는 경고표지 부착대상 건설기계에 관한 설명이 아닌 것은?

① 대형건설기계에는 조종실 내부의 조종사가 보기 쉬운 곳에 경고 표지판을 부착하여야 한다.
② 길이가 16.7미터를 초과하는 건설기계는 특별표지 부착 대상이다.
③ 특별표지판은 등록번호가 표시되어 있는 면에 부착해야 한다.
④ 최소 회전반경 12미터를 초과하는 건설기계는 특별표지 부착 대상이 아니다.

5 안전기준을 초과하는 화물의 적재허가를 받은 자는 그 길이 또는 폭의 양 끝에 몇 cm 이상의 빨간 헝겊으로 된 표지를 달아야 하는가?

① 너비 15cm 길이 30cm
② 너비 20cm 길이 40cm
③ 너비 30cm 길이 50cm
④ 너비 60cm 길이 90cm

6 신개발 시험 · 연구목적 운행을 제외한 건설기계의 임시 운행기간은 며칠 이내인가?

① 5일 　　② 10일 　　③ 15일 　　④ 20일

7 임시운행 사유에 해당 되지 않는 것은?

① 등록신청을 하기 위하여 건설기계를 등록지로 운행하고자 할 때
② 등록신청 전에 건설기계 공사를 하기 위하여 임시로 사용하고자 할 때
③ 수출을 하기 위해 건설기계를 선적지로 운행할 때
④ 신개발 건설기계를 시험 운행하고자 할 때

> **임시운행 사유**
> • 등록신청을 위해 등록지로 운행
> • 신규 등록검사 및 확인검사를 위해 검사장소로 운행
> • 수출목적으로 선적지로 운행
> • 수출을 하기 위하여 등록말소한 건설기계를 정비, 점검하기 위하여 운행
> • 신개발 건설기계의 시험목적의 운행
> • 판매 및 전시를 위하여 일시적인 운행

8 건설기계관리법령상 건설기계의 총 종류 수는?

① 16종(15종 및 특수건설기계)
② 21종(20종 및 특수건설기계)
③ 27종(26종 및 특수건설기계)
④ 30종(27종 및 특수건설기계)

9 건설기계 범위에 해당되지 않는 것은?

① 아스팔트 믹싱 플랜트 　　② 아스팔트 살포기
③ 아스팔트 피니셔 　　④ 아스팔트 커터

10 다음 중 건설기계의 범위에 속하지 않는 것은?

① 노상 안정 장치를 가진 자주식인 노상안정기
② 정지장치를 갖고 자주식인 모터그레이더
③ 공기 토출량이 2.83세제곱미터 이상의 이동식인 공기압축기(매제곱 센티미터당 7킬로그램 기준)
④ 펌프식, 포크식, 디퍼식 또는 그래브식으로 자항식인 준설선

> 준설선은 비자항식이어야 한다.

정답 1 ② 2 ③ 3 ③ 4 ④ 5 ③ 6 ③ 7 ② 8 ③ 9 ④ 10 ④

chapter **04**

11　건설기계의 검사

건설기계의 소유자는 그 건설기계에 대하여 국토교통부령으로 정하는 바에 따라 국토교통부장관이 실시하는 검사를 받아야 한다. → 신규등록검사, 정기검사, 구조변경검사, 수시검사

 ▶ 건설기계 신규등록검사는 검사대행자가 한다.

12　정기검사

건설공사용 건설기계로서 3년의 범위에서 국토교통부령으로 정하는 검사유효기간이 끝난 후에 계속하여 운행하려는 경우에 실시하는 검사를 말한다.

1 정기검사의 신청
① 검사 유효기간의 만료일 전후 각각 30일 이내에 신청한다.
② 건설기계 검사증 사본과 보험가입을 증명하는 서류를 시·도지사에게 제출해야 한다.(다만, 규정에 의해검사 대행을 한 경우 검사 대행자에게 제출해야 한다.)
③ 검사신청을 받은 시·도지사 또는 검사대행자는 신청을 받은 날부터 5일 이내에 검사일시와 검사장소를 지정하여 신청인에게 통지하여야 한다.

2 정기검사 대상 건설기계 및 유효기간

검사유효기간	기종	구분	비고
6개월	타워크레인	–	–
	굴착기	타이어식	–
1년	기중기, 천공기 아스팔트살포기, 항타항발기	–	–
	덤프트럭, 콘크리트 믹서트럭, 콘크리트 펌프	–	20년을 초과한 연식이면 6개월
2년	로더	타이어식	20년을 초과한 연식이면 1년
	지게차	1톤 이상	
	모터그레이더	–	
1~3년	특수건설기계		–
3년	그 밖의 건설기계		20년을 초과한 연식이면 1년

*특수건설기계는 도로보수트럭, 노면파쇄기, 노면측정장비, 수목이식기, 터널용 고소작업차, 트럭지게차 및 그 밖의 특수건설기계이다.

13　정기검사의 일부 면제

① 규정에 따라 정비업소에서 제동장치에 대하여 정기검사에 상당하는 분해정비를 받은 경우 정기검사에서 그 부분의 검사를 면제받을 수 있다.
② 건설기계의 제동장치에 대한 정기검사를 면제받고자 하는 자는 건설기계제동장치정비확인서를 시·도지사 또는 검사대행자에게 제출하여야 한다.

 ▶ 건설기계 정기검사 시 제동장치에 대한 검사를 면제받기 위한 제동장치 정비확인서를 발행하는 곳은? 건설기계정비업자

14　정기검사의 연기

1 정기검사의 연기
천재지변, 건설기계의 도난, 사고발생, 압류, 1월 이상에 걸친 정비 그 밖의 부득이 한 사유로 검사신청기간 내에 검사를 신청할 수 없는 경우에 정기검사를 연기할 수 있다.

① 검사 유효기간 만료일까지 정기검사 연기 신청서를 제출한다.
② 연기 신청은 시·도지사 또는 검사 대행자에게 한다.
③ 검사를 연기를 하는 경우 그 연기 기간을 6월 이내로 한다.

2 건설기계의 검사를 연장 받을 수 있는 기간
① 해외임대를 위하여 일시 반출된 경우 : 반출기간 이내
② 압류된 건설기계의 경우 : 압류기간 이내
③ 건설기계 대여업을 휴지하는 경우 : 휴지기간 이내
④ 타워크레인 또는 천공기가 해체된 경우 : 해체되어 있는 기간 이내

3 검사연기신청
① 검사연기신청을 받은 시·도지사 또는 검사대행자는 그 신청일로부터 5일 이내에 검사연기여부를 결정하여 신청인에게 통지하여야 한다.
② 불허통지를 받은 자는 검사신청기간 만료일부터 10일 이내에 검사신청을 해야 한다.

 ▶ 검사에 불합격된 건설기계에 대해서는 해당 건설기계의 소유자에게 검사를 완료한 날(검사를 대행하게 한 경우에는 검사결과를 보고받은 날)부터 10일 이내에 정비명령을 해야 한다.

1 건설기계 신규등록검사를 실시할 수 있는 자는?

① 군수
② 검사대행자
③ 시 · 도지사
④ 행정자치부장관

2 건설기계를 검사유효기간 만료 후에 계속 운행하고자 할 때에는 어느 검사를 받아야 하는가?

① 신규등록검사
② 계속검사
③ 수시검사
④ 정기검사

3 정기검사대상 건설기계의 정기검사 신청기간으로 맞는 것은?

① 건설기계의 정기검사 유효기간 만료일 전후 45일 이내에 신청한다.
② 건설기계의 정기검사 유효기간 만료일 전 90일 이내에 신청한다.
③ 건설기계의 정기검사 유효기간 만료일 전후 30일 이내에 신청한다.
④ 건설기계의 정기검사 유효기간 만료일 후 60일 이내에 신청한다.

> 건설기계관리법 시행규칙에 의하여 정기검사 유효기간 만료일 전 · 후 30일 이내에 신청하여야 한다.

4 1톤 지게차의 정기검사 유효기간은?

① 6개월　② 2년　③ 1년　④ 3년

5 덤프트럭을 신규 능록한 후 최초 정기검사를 받아야 하는 시기는?

① 1년　② 1년 6월　③ 2년　④ 2년 6월

6 정기검사유효기간이 3년인 건설기계는?

① 덤프트럭
② 콘크리트믹서트럭
③ 트럭적재식 콘크리트펌프
④ 무한궤도식 굴착기

7 건설기계장비의 제동장치에 대한 정기검사를 면제 받고자 하는 경우 첨부하여야 하는 서류는?

① 건설기계매매업 신고서
② 건설기계대여업 신고서
③ 건설기계제동장치정비확인서
④ 건설기계폐기업 신고서

> 규정에 따라 정비업소에서 작업 실시 후 제동장치 정비확인을 받은 경우 정기검사에서 그 부분의 검사를 면제받을 수 있다.

8 건설기계 정기검사 시 제동장치 검사를 면제받기 위한 제동장치 정비확인서를 발행하는 곳은?

① 건설기계대여회사
② 건설기계정비업자
③ 건설기계부품업자
④ 건설기계매매업자

9 정기검사의 연기 사유가 아닌 것은?

① 건설기계를 도난당한 때
② 건설기계를 압류당한 때
③ 소유자가 국내에서 여행 중인 때
④ 건설기계대여사업을 휴지한 때

10 건설기계의 검사를 연장받을 수 있는 기간을 잘못 설명한 것은?

① 해외임대를 위하여 일시 반출된 경우 : 반출기간 이내
② 압류된 건설기계의 경우 : 압류기간 이내
③ 건설기계 대여업을 휴지하는 경우 : 휴지기간 이내
④ 사고발생으로 장기간 수리가 필요한 경우 : 소유자가 원하는 기간

> 검사를 연기를 하는 경우 그 연기 기간을 6월 이내로 한다.

11 검사연기신청을 하였으나 불허통지를 받은 자는 언제까지 검사를 신청하여야 하는가?

① 불허통지를 받은 날부터 5일 이내
② 불허통지를 받은 날부터 10일 이내
③ 검사신청기간 만료일부터 5일 이내
④ 검사신청기간 만료일부터 10일 이내

정답 ▶ **1** ② **2** ④ **3** ③ **4** ② **5** ① **6** ④ **7** ③ **8** ② **9** ③ **10** ④ **11** ④

15 정기검사의 최고

시·도지사는 정기검사를 받지 아니한 건설기계의 소유자에게 정기검사의 유효기간이 끝난 날부터 3개월 이내에 국토교통부령으로 정하는 바에 따라 10일 이내의 기한을 정하여 정기검사를 받을 것을 최고하여야 한다.

16 구조변경검사

건설기계의 주요 구조를 변경하거나 개조한 경우 실시하는 검사를 말한다.

1 건설기계의 구조변경 및 개조의 범위
① 건설기계의 기종 변경, 육상 작업용 건설기계의 규격의 증가 또는 적재함의 용량 증가를 위한 구조 변경은 할 수 없다.
② 주요 구조의 변경 및 개조의 범위
  • 원동기의 형식 변경
  • 동력전달 장치의 형식 변경
  • 제동 장치의 형식 변경
  • 주행 장치의 형식 변경
  • 유압 장치의 형식 변경
  • 조종 장치의 형식 변경
  • 조향 장치의 형식 변경
  • 작업 장치의 형식 변경
  • 건설기계의 길이 · 너비 · 높이 등의 변경
  • 수상작업용 건설기계의 선체의 형식 변경

▶ 가공작업을 수반하지 아니하고 작업장치를 선택 부착하는 경우에는 작업장치의 형식변경으로 보지 아니한다.

2 건설기계의 구조 또는 장치를 변경하는 사항
① 건설기계정비업소에서 구조변경 범위 내에서 구조 또는 장치의 변경작업을 한다.
② 구조변경검사를 받아야 한다.
③ 구조변경검사는 주요 구조를 변경 또는 개조한 날부터 20일 이내에 신청하여야 한다.

▶ 건설기계의 구조변경검사는 시 · 도지사 또는 건설기계 검사대행자에게 신청한다.

17 수시검사

① 성능이 불량하거나 사고가 자주 발생하는 건설기계의 안전성 등을 점검하기 위하여 수시로 실시하는 검사와 건설기계 소유자의 신청을 받아 실시하는 검사이다.
② 시·도지사는 안전성 등을 점검하기 위하여 수시검사를 명령할 수 있다.
③ 수시검사를 받아야 할 날로부터 10일 이전에 건설기계 소유자에게 명령서를 교부하여야 한다.

18 출장검사

1 검사장에서 검사를 받아야 하는 건설기계
① 덤프트럭
② 콘크리트 믹서 트럭
③ 트럭적재식 콘크리트 펌프
④ 아스팔트 살포기

2 출장검사를 받을 수 있는 경우
① 도서 지역에 있는 경우
② 자체중량이 40톤을 초과하는 경우
③ 축중이 10톤을 초과하는 경우
④ 너비가 2.5m를 초과하는 경우
⑤ 최고속도가 시간당 35km 미만인 경우

19 검사 대행

1 검사대행
국토교통부 장관은 필요하다고 인정하면 건설기계의 검사에 관한 시설 및 기술능력을 갖춘 자를 지정하여 검사의 전부 또는 일부를 대행하게 할 수 있다.

▶ 검사대행자 지정 시 첨부서류
검사 업무 규정안/시설 보유 증명서/기술자 보유 증명서

2 검사대행자 지정의 취소 또는 정지
① 거짓이나 그 밖의 부정한 방법으로 지정을 받은 경우
② 국토교통부령으로 정하는 기준에 적합하지 않은 경우
③ 부정한 방법으로 건설기계를 검사한 경우
④ 경영 부실 등의 사유로 업무 이행에 적합하지 않은 경우
⑤ 이 법을 위반하여 벌금 이상의 형을 선고받은 경우

1 ^{★★} 검사 유효기간이 만료된 건설기계는 유효기간이 만료된 날로부터 몇 개월 이내에 건설기계 소유자에게 최고하여야 하는가?

① 1개월   ② 2개월
③ 3개월   ④ 4개월

2 ^{★★★★★} 건설기계의 구조 변경 범위에 속하지 않는 것은?

① 건설기계의 길이, 너비, 높이 변경
② 적재함의 용량 증가를 위한 변경
③ 조종장치의 형식 변경
④ 수상작업용 건설기계 선체의 형식변경

> 건설기계의 기종 변경, 육상 작업용 건설기계 규격의 증가 또는 적재함의 용량 증가를 위한 구조변경은 할 수 없다.

3 ^{★★★} 건설기계의 구조 또는 장치를 변경하는 사항으로 적합하지 않은 것은?

① 관할 시 · 도지사에게 구조변경 승인을 받아야 한다.
② 건설기계정비업소에서 구조 또는 장치의 변경작업을 한다.
③ 구조변경검사를 받아야 한다.
④ 구조변경검사는 주요 구조를 변경 또는 개조한 날부터 20일 이내에 신청하여야 한다.

> 구조변경은 승인의 대상이 아니며 개조한 날부터 20일 이내 구조변경검사를 신청하면 된다.

4 ^{★★★★} 성능이 불량하거나 사고가 빈발하는 건설기계의 성능을 점검하기 위하여 건설교통부장관 또는 시·도지사의 명령에 따라 수시로 실시하는 검사는?

① 신규등록검사   ② 정기검사
③ 수시검사   ④ 구조변경검사

5 ^{★★} 건설기계 구조변경 검사신청은 변경한 날로부터 며칠 이내에 하여야 하는가?

① 30일 이내   ② 20일 이내
③ 10일 이내   ④ 7일 이내

6 ^{★★★} 덤프트럭이 건설기계 검사소 검사가 아닌 출장검사를 받을 수 있는 경우는?

① 너비가 3m인 경우
② 최고 속도가 40km/h인 경우
③ 자체중량이 25톤인 경우
④ 축중이 5톤인 경우

7 ^{★★★} 건설기계의 구조변경검사는 누구에게 신청하여야 하는가?

① 건설기계정비업소
② 자동차검사소
③ 검사대행자(건설기계검사소)
④ 건설기계폐기업소

8 ^{★★★} 시·도지사는 수시검사를 명령하고자 하는 때에는 수시검사를 받아야 할 날로부터 며칠 이전에 건설기계 소유자에게 명령서를 교부하여야 하는가?

① 7일   ② 10일
③ 15일   ④ 1월

9 ^{★★★} 검사소 이외의 장소에서 출장검사를 받을 수 있는 건설기계에 해당되는 것은?

① 덤프트럭   ② 콘크리트믹서트럭
③ 아스팔트 살포기   ④ 지게차

10 ^{★★} 검사대행자 지정을 받고자 할 때 신청서에 첨부할 사항이 아닌 것은?

① 검사 업무 규정안
② 시설 보유 증명서
③ 기술자 보유 증명서
④ 장비 보유 증명서

11 ^{★★} 우리나라에서 건설기계에 대한 정기검사를 실시하는 검사업무 대행기관은?

① 건설기계정비업자
② 건설기계안전관리원
③ 자동차정비업자
④ 건설기계폐기업자

 정답 **1** ③ **2** ② **3** ① **4** ③ **5** ② **6** ① **7** ③ **8** ② **9** ④ **10** ④ **11** ②

chapter **04**

20 건설기계 검사기준

1 건설기계 검사기준에서 원동기성능 검사항목
① 작동 상태에서 심한 진동 및 이상음이 없을 것
② 배출가스 허용기준에 적합할 것
③ 원동기의 설치 상태가 확실할 것

2 건설기계 검사기준 중 제동장치의 제동력
① 모든 축의 제동력의 합이 당해 축중(빈차)의 50% 이상일 것
② 동일 차축 좌·우 바퀴의 제동력의 편차는 당해 축중의 8% 이내 일 것
③ 주차 제동력의 합의 건설기계 빈차 중량의 20% 이상일 것

21 건설기계 사업

건설기계사업을 하려는 자는 대통령령으로 정하는 바에 따라 사업의 종류별로 시장·군수 또는 구청장에게 등록하여야 한다. (2013.3.23.개정)

1 건설기계 대여업
건설기계 대여를 업으로 하는 것을 말한다.

2 건설기계 정비업
건설기계를 분해, 조립하고 수리하는 등 건설기계의 원활한 사용을 위한 일체의 행위를 업으로 하는 것을 말한다.

3 건설기계 매매업
중고 건설기계의 매매 또는 매매의 알선과 그에 따른 등록사항에 관한 변경신고의 대행을 업으로 하는 것을 말한다.

▶ 건설기계 매매업의 등록을 하고자 하는 자의 구비서류
• 사무실의 소유권 또는 사용권이 있음을 증명하는 서류
• 주기장 소재지를 관할하는 시장·군수·구청장이 발급한 주기장시설보유서
• 5천만원 이상의 하자보증금예치증서 또는 보증보험증서

4 건설기계 폐기업
건설기계관련법상 건설기계 폐기를 업으로 하는 것을 말한다.

22 건설기계 정비업

1 건설기계 정비업의 종류
① 종합건설기계 정비업
② 부분건설기계 정비업
③ 전문건설기계 정비업

정비항목		종합건설기계 정비업	부분건설기계 정비업	전문건설기계정비업	
				원동기	유압
1. 원동기	가. 실린더헤드의 탈착정비	○		○	
	나. 실린더·피스톤의 분해·정비	○		○	
	다. 크랭크축·캠축의 분해·정비	○		○	
	라. 연료펌프의 분해·정비	○		○	
	마. 기타 정비	○	○	○	
2. 유압장치의 탈부착 및 분해정비		○	○		○
3.변속기	가. 탈부착	○	○		
	나. 변속기의 분해정비	○			
4. 전후차축 및 제동장치정비 (타이어식으로 된 것)		○	○		
5. 차체 부분	가. 프레임 조정	○			
	나. 롤러·링크·트랙슈의 재생	○			
	다. 기타 정비	○	○		
6. 이동 정비	가. 응급조치	○	○	○	○
	나. 원동기의 탈부착	○	○	○	
	다. 유압장치의 탈부착	○	○		○
	라. 나목 및 다목 외의 부분의 탈·부착	○	○		

▶ 원동기 정비업은 유압장치를 정비할 수 없다.

23 건설기계의 사후관리

건설기계관리법상 제작자로부터 건설기계를 구입한 자가 별도로 계약하지 않는 경우에 무상으로 사후관리를 받을 수 있는 법정기간은 12개월이다.

1 건설기계 검사기준 중 제동장치의 제동력으로 맞지 않는 것은?

① 모든 축의 제동력의 합이 당해 축중(빈차)의 50% 이상일 것
② 동일 차축 좌우 바퀴의 제동력의 편차는 당해 축중의 8% 이내 일 것
③ 뒤차축 좌우 바퀴의 제동력의 편차는 당해 축중의 15% 이내 일 것
④ 주차제동력의 합의 건설기계 빈차 중량의 20% 이상일 것

2 건설기계 검사기준에서 원동기성능 검사항목이 아닌 것은?

① 토크 컨버터는 기름량이 적정하고 누출이 없을 것
② 작동 상태에서 심한 진동 및 이상음이 없을 것
③ 배출가스 허용기준에 적합할 것
④ 원동기의 설치 상태가 확실할 것

3 건설기계관리법상 제작자로부터 건설기계를 구입한 자가 별도로 계약하지 않는 경우에 무상으로 사후관리를 받을 수 있는 법정기간은?

① 6개월　　　　② 12개월
③ 18개월　　　　④ 24개월

4 건설기계사업을 영위하고자 하는 자는 누구에서 신고하여야 하는가?

① 시장 · 군수 또는 구청장
② 전문건설기계정비업자
③ 건설교통부장관
④ 건설기계폐기업자

5 건설기계 매매업의 등록을 하고자 하는 자의 구비서류로 맞는 것은?

① 건설기계 매매업등록필증
② 건설기계 보험증서
③ 건설기계 등록증
④ 하자보증금예치증서 또는 보증보험증서

6 건설기계정비업의 업무구분에 해당하지 않은 것은?

① 종합건설기계정비업
② 부분건설기계정비업
③ 전문건설기계정비업
④ 특수건설기계정비업

7 건설기계 장비시설을 갖춘 정비사업자만이 정비할 수 있는 사항은?

① 오일의 보충
② 배터리 교환
③ 유압장치의 호스 교환
④ 제동등 전구의 교환

8 건설기계 정비업의 사업범위에서 유압장치를 정비할 수 없는 정비업은?

① 종합 건설기계 정비업　② 부분 건설기계 정비업
③ 원동기 정비업　　　　④ 유압 정비업

> 원동기 정비업체는 기관의 해체정비 수리 등을 할 수 있다.

9 부분 건설기계정비업의 사업범위로 적당한 것은?

① 프레임 조정, 롤러, 링크, 트랙슈의 재생을 제외한 차체
② 원동기부의 완전분해정비
③ 차체부의 완전분해정비
④ 실린더헤드의 탈착정비

10 반드시 건설기계정비업체에서 정비하여야 하는 것은?

① 오일의 보충　　　② 배터리의 교환
③ 창유리의 교환　　④ 엔진 탈 · 부착 및 정비

11 종합 건설기계 정비업자만이 할 수 있는 사업이 아닌 것은?

① 롤러, 링크, 트랙슈의 재생
② 유압장치 정비
③ 변속기의 분해정비
④ 프레임 조정

> 유압장치의 정비는 전문정비업체에서도 할 수 있다.

chapter **04**

24 조종사 면허

건설기계를 조종하려는 사람은 시장·군수 또는 구청장에게 건설기계조종사면허 또는 자동차 운전면허를 받아야 한다.

1 건설기계 조종사 면허의 종류

면허 종류	조종할 수 있는 건설기계
불도저	불도저
5톤 미만의 불도저	5톤 미만의 불도저
굴착기	굴착기, 무한궤도식 천공기(굴착기의 몸체에 천공장치를 부착하여 제작한 천공기)
3톤 미만의 굴착기	3톤 미만의 굴착기
로더	로더
3톤 미만의 로더	3톤 미만의 로더
5톤 미만의 로더	5톤 미만의 로더
지게차	지게차
3톤 미만의 지게차	3톤 미만의 지게차
기중기	기중기
롤러	롤러, 모터그레이더, 스크레이퍼, 아스팔트피니셔, 콘크리트피니셔, 콘크리트살포기 및 골재살포기
이동식 콘크리트펌프	이동식 콘크리트 펌프
쇄석기	쇄석기, 아스팔트믹싱플랜트 및 콘크리트뱃칭플랜트
공기 압축기	공기 압축기
천공기	천공기(타이어식, 무한궤도식 및 굴진식을 포함한다. 다만, 트럭적재식은 제외한다), 항타 및 항발기
5톤 미만의 천공기	5톤 미만의 천공기(트럭적재식은 제외한다)
준설선	준설선 및 자갈채취기
타워크레인	타워크레인
3톤 미만의 타워크레인	3톤 미만의 타워크레인

2 운전면허로 조종하는 건설기계 (1종 대형면허)

- 덤프트럭, 아스팔트 살포기, 노상 안정기
- 콘크리트 믹서 트럭, 콘크리트 펌프, 천공기(트럭적재식)
- 특수 건설기계 중 국토교통부장관이 지정하는 건설기계

3 소형건설기계

시·도지사가 지정한 교육기관에서 그 건설기계의 조종에 관한 교육과정을 마친 경우에는 국토교통부령으로 정하는 바에 따라 건설기계조종사면허를 받은 것으로 본다.

- ▶ 소형건설기계 조종 교육시간
  - 3톤 미만의 굴착기, 로더, 지게차 : 이론 6시간, 실습 6시간
  - 3톤이상 5톤 미만 로더, 5톤 미만의 불도저
    이론 6시간, 실습 12시간 (총 18시간)
- ▶ 3톤 미만의 지게차를 조종하려는 자는 반드시 자동차 운전면허를 소지해야 한다.

25 조종사 면허의 결격사유

① 18세 미만인 사람
② 정신질환자 또는 뇌전증 환자
③ 앞을 보지 못하는 사람, 듣지 못하는 사람, 그 밖에 국토교통부령으로 정하는 장애인
④ 마약·대마·향정신성의약품 또는 알코올중독자
⑤ 건설기계조종사면허가 취소된 날부터 1년이 지나지 아니하였거나 건설기계조종사면허의 효력정지처분 기간 중에 있는 사람

26 조종사 면허의 적성검사 기준

면허를 받고자 하는 자는 국·공립병원, 시장·군수 또는 구청장이 지정하는 의료기관의 적성검사에 합격하여야 한다.

① 두 눈을 동시에 뜨고 잰 시력(교정시력을 포함)이 0.7 이상이고, 두 눈의 시력이 각각 0.3 이상일 것
② 55데시벨(보청기를 사용하는 사람은 40데시벨)의 소리를 들을 수 있고, 언어분별력이 80% 이상일 것
③ 시각은 150도 이상일 것
④ 정신질환자 또는 뇌전증 환자가 아닐 것
⑤ 마약·대마·향정신성의약품 또는 알코올중독자가 아닐 것

- ▶ 정기적성검사 및 수시적성검사
  - 정기적성검사 : 10년마다(65세 이상인 경우는 5년)
  - 수시적성검사 : 안전한 조종에 장애가 되는 후천적 신체장애 등의 법률이 정한 사유가 발생했을 시

1 건설기계 조종사가 시장·군수, 구청장에게 신상 변경신고를 하여야 하는 경우는?

① 근무처의 변경
② 서울특별시 구역 안에서의 주소의 변경
③ 부산광역시 구역 안에서의 주소의 변경
④ 성명의 변경

2 다음 중 항발기를 조종할 수 있는 건설기계 조종사 면허는?

① 천공기　　　② 공기압축기
③ 지게차　　　④ 스크레이퍼

> 천공기 조종면허는 천공기와 항타 및 항발기를 조종할 수 있다.

3 자동차 제1종 대형면허로 조종할 수 있는 건설기계는?

① 굴착기　　　② 불도저
③ 지게차　　　④ 덤프트럭

4 도로교통법에 의한 1종 대형면허를 가진 자가 조종할 수 없는 건설기계는?

① 콘크리트펌프　　　② 콘크리트살포기
③ 아스팔트살포기　　　④ 노상안정기

5 5톤 미만의 불도저의 소형건설기계 조종교육시간은?

① 6시간　　　② 10시간
③ 12시간　　　④ 18시간

6 3톤 미만 지게차의 소형건설기계 조종교육시간은?

① 이론 6시간, 실습 6시간
② 이론 4시간, 실습 8시간
③ 이론 12시간, 실습 12시간
④ 이론 10시간, 실습 14시간

> 소형건설기계 불도저와 로더는 18시간, 3톤 미만의 굴착기와 지게차는 12시간을 이수해야 한다.

7 건설기계관리법상 건설기계 조종사의 면허를 받을 수 있는 자는?

① 심신 장애자
② 마약 또는 알코올 중독자
③ 사지의 활동이 정상적이 아닌 자
④ 파산자로서 복권되지 아니한 자

8 건설기계를 운전해서는 안 되는 사람은?

① 국제운전면허증을 가진 사람
② 범칙금 납부 통고서를 교부받은 사람
③ 면허시험에 합격하고 면허증 교부 전에 있는 사람
④ 운전면허증을 분실하여 재교부 신청 중인 사람

9 건설기계 조종사의 적성검사 기준 중 틀린 것은?

① 보청기를 사용하는 사람은 40데시벨의 소리를 들을 수 있을 것
② 시각은 150도 이상일 것
③ 두 눈을 동시에 뜨고 잰 시력은 0.7 이상일 것
④ 두 눈 중 한쪽 눈의 시력은 0.6 이상일 것

10 건설기계조종사 면허 적성검사기준으로 틀린 것은?

① 두 눈의 시력이 각각 0.3 이상
② 시각은 150도 이상
③ 청력은 10m의 거리에서 60데시벨을 들을 수 있을 것
④ 두 눈을 동시에 뜨고 잰 시력이 0.7 이상

11 건설기계 조종사 면허에 관한 사항으로 틀린 것은?

① 자동차운전면허로 운전할 수 있는 건설기계도 있다.
② 면허를 받고자 하는 자는 국·공립병원, 시장·군수·구청장이 지정하는 의료기관의 적성검사에 합격하여야 한다.
③ 특수건설기계 조종은 국토교통부장관이 지정하는 면허를 소지하여야 한다.
④ 특수건설기계 조종은 특수조종면허를 받아야 한다.

> 특수건설기계 중 국토교통부장관이 지정하는 건설기계는 도로교통법의 규정에 따른 운전면허를 받아 조종할 수 있다.

정답 1 ④　2 ①　3 ④　4 ②　5 ④　6 ①　7 ④　8 ③　9 ④　10 ③　11 ④

27 조종사 면허의 취소 · 정지 처분

시장·군수 또는 구청장은 규정에 따라 건설기계조종사면허를 취소하거나 1년 이내의 기간을 정하여 건설기계조종사면허의 효력을 정지시킬 수 있다.

1 건설기계 조종 중 고의 또는 과실로 중대한 사고를 일으킨 때

위반사항	처분기준
가. 인명피해	
① 고의로 인명피해(사망, 중상, 경상 등을 말한다)를 입힌 때	취소
② 기타 인명 피해를 입힌 때	
• 사망 1명마다	면허효력정지 45일
• 중상 1명마다	면허효력정지 15일
• 경상 1명마다	면허효력정지 5일
나. 재산피해	
① 피해금액 50만원마다	면허효력정지 1일 (90일을 넘지 못함)
다. 건설기계 조종 중 고의 또는 과실로 가스 공급시설을 손괴하거나 가스공급시설의 기능에 장애를 입혀 가스공급을 방해한 때	면허효력정지 180일

> ▶ 교통사고시 중상의 기준은 3주 이상의 치료를 요하는 부상을 말한다.
> ▶ 도로교통법상 음주 기준
> 　1. 술에 취한 상태의 혈중알코올농도 기준 : 0.03% 이상
> 　2. 술에 만취한 상태의 혈중알코올농도 기준 : 0.08% 이상

2 법 제28조제1호 또는 제3호에 해당된 때

위반사항	처분기준
가. 거짓이나 기타 부정한 방법으로 건설기계 조종사 면허를 받은 경우	취소
나. 조종사 면허 결격사유중 정신미약자 및 조종에 심각한 장애를 가진 장애인,마약 이나 알콜중독자등에 해당되었을 때	취소

3 도로교통법에 해당된 때

위반사항	처분기준
가. 술에 취한 상태(혈중 알콜농도 0.03% 이상 0.08% 미만)에서 건설기계를 조종한 때	면허효력정지 60일
나. 술에 취한 상태에서 건설기계를 조종하다가 사고로 사람을 죽게 하거나 다치게 한 때	취소
다. 술에 만취한 상태(혈중 알콜 농도 0.08% 이상)에서 건설기계를 조종한 때	취소
라. 술에 취한 상태의 기준을 넘어 운전하거나 술에 취한 상태의 측정에 불응한 사람이 다시 술에 취한 상태(혈중알코올농도 0.03퍼센트 이상)에서 운전한 때	취소
마. 약물(마약, 대마, 향정신성 의약품 및 유해화학물질관리법 시행령 제26조에 따른 환각물질)을 투여한 상태에서 건설기계를 조종한 때	취소

4 기타 면허 취소에 해당하는 사유

위반사항	처분기준
가. 건설기계조종사면허의 효력정지 기간 중 건설기계를 조종한 경우	취소
나. 면허증을 타인에게 대여한 때	취소
다. "국가기술자격법"에 따른 해당 분야의 기술자격이 취소되거나 정지된 경우	취소
라. 정기적성검사를 받지 아니하거나 적성검사에 불합격한 경우	취소

1 ★★★ 건설기계운전 면허의 효력정지 사유가 발생한 경우 관련법상 효력 정지 기간으로 맞는 것은?

① 1년 이내   ② 6월 이내
③ 5년 이내   ④ 3년 이내

건설기계 운전면허 효력정지사유가 발생한 경우 관련법상 효력정지 기간은 1년 이내이다.

2 ★★ 건설기계관리법상 건설기계조종사 면허취소 또는 효력정지를 시킬 수 있는 자는?

① 건설교통부장관   ② 시장 · 군수 · 구청장
③ 경찰서장   ④ 대통령

3 ★★★★ 건설기계 조종사 면허의 취소사유에 해당되지 않는 것은?

① 면허정지 처분을 받은 자가 그 정지 기간 중에 건설기계를 조종한 때
② 술에 취한 상태로 건설기계를 조종하다가 사고로 사람을 상하게 한 때
③ 고의로 2명 이상을 사망하게 한 때
④ 등록이 말소된 건설기계를 조종한 때

등록이 말소된 건설기계를 사용하거나 운행한 자는 2년 이하의 징역 또는 2000만원 이하의 벌금에 처한다.

4 ★★ 건설기계조종사의 면허취소사유 설명으로 맞는 것은?

① 혈중알코올농도 0.03%에서 건설기계를 조종하였을 때
② 면허정지 처분을 받은 자가 그 기간 중에 건설기계를 조종한 때
③ 과실로 인하여 9명에게 경상을 입힌 때
④ 건설기계로 1천만원 이상의 재산피해를 냈을 때

5 ★★★★★ 고의로 경상 1명의 인명피해를 입힌 건설기계 조종사에 대한 면허의 취소, 정지처분 기준으로 맞는 것은?

① 면허효력정지 45일
② 면허효력정지 30일
③ 면허효력정지 90일
④ 면허취소

고의로 인명피해를 입힌 경우에는 면허가 취소된다.

6 ★★ 교통사고로 중상의 기준에 해당하는 것은?

① 2주 이상의 치료를 요하는 부상
② 1주 이상의 치료를 요하는 부상
③ 3주 이상의 치료를 요하는 부상
④ 4주 이상의 치료를 요하는 부상

7 ★★★ 건설기계의 조종 중 과실로 100만원의 재산피해를 입힌 때 면허 처분 기준은?

① 면허효력정지 7일   ② 면허효력정지 2일
③ 면허효력정지 15일   ④ 면허효력정지 20일

재산피해액 50만원당 면허효력정지 1일씩이다.

8 ★★ 과실로 경상 6명의 인명피해를 입힌 건설기계를 조종한자의 처분기준은?

① 면허효력정지 10일   ② 면허효력정지 20일
③ 면허효력정지 30일   ④ 면허효력정지 60일

면허효력정지의 기준에서 과실로 인한 사망사고시 1명당 45일, 중상 15일, 경상 5일씩이다.

9 ★★★ 건설기계의 조종 중 고의 또는 과실로 가스공급시설을 손괴할 경우 조종사면허의 처분기준은?

① 면허효력정지 10일   ② 면허효력정지 15일
③ 면허효력정지 180일   ④ 면허효력정지 25일

10 ★★★ 건설기계 조종사 면허의 취소·정지처분 기준 중 면허취소에 해당되지 않는 것은?

① 고의로 인명 피해를 입힌 때
② 면허증을 타인에게 대여한 때
③ 마약 등의 약물을 투여한 상태에서 건설기계를 조종한 때
④ 일천만원 이상 재산 피해를 입힌 때

①,②,③ 항은 면허 취소에 해당하며 재산피해는 50만원마다 면허효력정지 1일이며, 단 90일을 넘지 못한다.

chapter **04**

정답 ▶ **1**① **2**② **3**④ **4**② **5**④ **6**③ **7**② **8**③ **9**③ **10**④

28 면허의 반납

1 건설기계 조종사 면허증의 반납

① 건설기계조종사면허를 받은 자가 다음의 사유에 해당하는 때에는 그 사유가 발생한 날부터 10일 이내에 주소지를 관할하는 시장·군수 또는 구청장에게 그 면허증을 반납하여야 한다.

② 면허증의 반납 사유
- 면허가 취소된 때
- 면허의 효력이 정지된 때
- 면허증의 재교부를 받은 후 잃어버린 면허증을 발견한 때

29 벌칙

1 1년 이하의 징역 또는 1천만원 이하의 벌금

① 거짓이나 그 밖의 부정한 방법으로 등록을 한 자
② 등록번호를 지워 없애거나 그 식별을 곤란하게 한 자
③ 구조변경검사 또는 수시검사를 받지 아니한 자
④ 정비명령을 이행하지 아니한 자
⑤ 형식승인, 형식변경승인 또는 확인검사를 받지 아니하고 건설기계의 제작등을 한 자
⑥ 사후관리에 관한 명령을 이행하지 아니한 자
⑦ 내구연한을 초과한 건설기계 또는 건설기계 장치 및 부품을 운행하거나 사용한 자 및 이를 알고도 말리지 아니하거나 운행 또는 사용을 지시한 고용주
⑧ 부품인증을 받지 아니한 건설기계 장치 및 부품을 사용한 자 및 이를 알고도 말리지 아니하거나 운행 또는 사용을 지시한 고용주
⑨ 매매용 건설기계를 운행하거나 사용한 자
⑩ 폐기인수 사실을 증명하는 서류의 발급을 거부하거나 거짓으로 발급한 자
⑪ 폐기요청을 받은 건설기계를 폐기하지 아니하거나 등록번호표를 폐기하지 아니한 자
⑫ 건설기계조종사면허를 받지 아니하고 건설기계를 조종한 자
⑬ 건설기계조종사면허를 거짓이나 그 밖의 부정한 방법으로 받은 자
⑭ 소형 건설기계의 조종에 관한 교육과정의 이수에 관한 증빙서류를 거짓으로 발급한 자
⑮ 술에 취하거나 마약 등 약물을 투여한 상태에서 건설기계를 조종한 자와 그러한 자가 건설기계를 조종하는 것을 알고도 말리지 아니하거나 건설기계를 조종하도록 지시한 고용주

⑯ 건설기계조종사면허가 취소되거나 건설기계조종사면허의 효력정지처분을 받은 후에도 건설기계를 계속하여 조종한 자
⑰ 건설기계를 도로나 타인의 토지에 버려둔 자

2 2년 이하의 징역 또는 2천만원 이하의 벌금

① 등록되지 않은 건설기계를 사용하거나 운행한 자
② 등록이 말소된 건설기계를 사용하거나 운행한 자
③ 시·도지사의 지정을 받지 않고 등록번호표를 제작하거나 등록번호를 새긴 자
④ 법규를 위반하여 건설기계의 주요구조 및 주요장치를 변경 또는 개조한 자
⑤ 등록을 하지 아니하고 건설기계사업을 하거나 거짓으로 등록을 한 자
⑥ 등록이 취소되거나 사업의 전부/일부가 정지된 건설기계사업자로서 계속하여 건설기계사업을 한 자

3 과태료

① 300만원 이하의 과태료
- 등록번호표를 부착 또는 봉인하지 아니한 건설기계를 운행한 자 등

② 100만원 이하의 과태료
- 등록번호표를 부착·봉인하지 아니하거나 등록번호를 새기지 아니한 자 등

③ 50만원 이하의 과태료
- 임시번호표를 부착해야 하는 대상이나 그러지 아니하고 운행한 자
- 등록번호표의 반납사유에 따른 등록번호표를 반납하지 아니한 자 등

④ 과태료 10만원
- 정기검사를 받지 않은 경우(신청기간 만료일부터 30일을 초과하는 경우 3일 초과 시마다 10만원을 가산)

⑤ 과태료 5만원
- 정기적성검사를 받지 않은 경우(검사기간 만료일부터 30일을 초과하는 경우 3일 초과 시마다 5만원을 가산)

▶ 과태료처분에 대하여 불복이 있는 경우 처분의 고지를 받은 날부터 60일 이내에 이의를 제기하여야 한다.
▶ 통고처분의 수령을 거부하거나 범칙금을 기간 안에 납부하지 못한 자는 즉결 심판에 회부된다.

★★★★★★
1 건설기계조종사 면허증을 반납하지 않아도 되는 경우는?

① 면허가 취소된 때
② 면허의 효력이 정지된 때
③ 분실로 인하여 면허증의 재교부를 받은 후 분실된 면허증을 발견할 때
④ 일시적인 부상 등으로 건설기계 조종을 할 수 없게 된 때

★★★
2 건설기계조종사 면허가 취소되었을 경우 그 사유가 발생한 날로부터 며칠 이내에 면허증을 반납해야 하는가?

① 7일 이내
② 10일 이내
③ 14일 이내
④ 30일 이내

> 면허가 취소되었을 경우 그 사유가 발생한 날부터 10일 이내에 주소지를 관할하는 시장·군수·구청장에게 면허증을 반납하여야 한다.

★★★★★
3 건설기계조종사 면허를 받지 아니하고 건설기계를 조종한 자에 대한 벌칙은?

① 1년 이하의 징역 또는 1천만원 이하의 벌금
② 100만원 이하의 벌금
③ 50만원 이하의 벌금
④ 30만원 이하의 과태료

★★
4 정기검사를 받지 아니하고, 정기검사 신청기간만료일로부터 30일 이내인 때의 과태료는?

① 20만원   ② 10만원
③ 5만원   ④ 2만원

★★★
5 정비 명령을 이행하지 아니한 자에 대한 벌칙은?

① 100만원 이하의 벌금
② 1000만원 이하의 벌금
③ 50만원 이하의 벌금
④ 30만원 이하의 과태료

> 정비명령을 이행하지 아니한 자에 대한 벌칙은 1년 이하의 징역 또는 1천만원 이하의 벌금이다.

★★
6 1000만원 이하의 벌금에 해당되지 않는 것은?

① 건설기계를 도로나 타인의 토지에 방치한 자
② 임시번호표를 부착해야 하는 대상이나 그러지 아니하고 운행한 자
③ 조종사면허를 받지 않고 건설기계를 계속해서 조종한 자
④ 조종사면허 취소 후에도 건설기계를 계속해서 조종한 자

> 건설기계 등록을 하기 전 일시적으로 운행하는 경우 임시번호표를 부착하여야 하나 그러지 아니하고 운전한 경우 50만원 이하의 과태료 처분 대상이다.

★★
7 건설기계조종사면허가 취소된 후에도 건설기계를 계속하여 조종한 자의 벌칙은?

① 2년 이하의 징역 또는 2천만원 이하의 벌금
② 1년 이하의 징역 또는 1천만원 이하의 벌금
③ 500만원 이하의 벌금
④ 300만원 이하의 벌금

★★
8 폐기요청을 받은 건설기계를 폐기하지 아니하거나 등록번호표를 폐기하지 아니한 자에 대한 벌칙은?

① 2년 이하의 징역 또는 2천만원 이하의 벌금
② 1년 이하의 징역 또는 1천만원 이하의 벌금
③ 2백만원 이하의 벌금
④ 1백만원 이하의 벌금

★★★
9 통고처분의 수령을 거부하거나 범칙금을 기간 안에 납부치 못한 자는 어떻게 처리되는가?

① 면허의 효력이 정지된다.
② 면허승이 취소된다.
③ 연기신청을 한다.
④ 즉결 심판에 회부된다.

★★
10 과태료처분에 대하여 불복이 있는 경우 며칠 이내 에 이의를 제기하여야 하는가?

① 처분이 있는 날부터 30일 이내
② 처분이 있는 날부터 60일 이내
③ 처분의 고지를 받은 날부터 60일 이내
④ 처분의 고지를 받은 날부터 30일 이내

 정답   **1** ④   **2** ②   **3** ①   **4** ②   **5** ②   **6** ②   **7** ②   **8** ②   **9** ④   **10** ③

chapter **04**

02 도로교통법

[출제문항수 : 3문제] 도로교통법은 상식적인 부분이 꽤 많은 부분으로 생각보다 많이 어렵지 않은 부분입니다. 특히 운전면허 소지자는 좀 더 쉽게 접근하실 수 있습니다. 기출문제 위주로 학습하시면 어렵지 않게 점수를 확보하실 수 있습니다.

01 도로교통법의 목적과 용어

도로에서 일어나는 교통상의 모든 위험과 장해를 방지하고 제거하여 안전하고 원활한 교통을 확보함을 목적으로 한다.

용어	정의
도로	도로교통법상 도로 • 차마의 통행을 위한 도로 • 유료도로법에 의한 유료도로 • 도로법에 의한 도로
자동차 전용도로	자동차만이 다닐 수 있도록 설치된 도로
고속도로	자동차의 고속교통에만 사용하기 위하여 지정된 도로
안전지대	도로를 횡단하는 보행자나 통행하는 차마의 안전을 위하여 안전표지 등으로 표시된 도로의 부분
횡단보도	보행자가 도로를 횡단할 수 있도록 안전표시한 도로의 부분
어린이	도로교통법상 어린이는 13세 미만으로 정의하고 있다.
교통사고	도로에서 발생한 사고를 말한다.
정차	운전자가 5분을 초과하지 아니하고 차를 정지시키는 것으로서 주차 외의 정지상태를 말한다.
승차정원	자동차등록증에 기재된 인원
서행	위험을 느끼고 즉시 정지할 수 있는 느린 속도로 운행하는 것
안전거리	앞차가 갑자기 정지하게 되는 경우에 그 앞차와의 충돌을 피할 수 있는 필요한 거리를 확보하도록 되어있는 거리

02 차로의 통행

1 차로의 설치
① 횡단보도, 교차로 및 철길건널목 부분에는 차로를 설치하지 못한다.

② 차로를 설치하는 때에는 중앙선을 표시하여야 한다.

③ 차로의 너비는 3m 이상으로 하여야 하며, 부득이한 경우는 275cm 이상으로 할 수 있다.

④ 도로의 양쪽에 보행자 통행의 안전을 위하여 길가장자리 구역을 설치하여야 한다.

2 차로에 따른 통행차의 기준

도로		차로구분	통행할 수 있는 차종
고속도로 외의 도로		왼쪽차로	승용자동차 및 경형·소형중형 승합자동차
		오른쪽차로	건설기계·특수·대형승합·화물·이륜자동차 및 원동기장치자전거
고 속 도 로	편도 2차로	1차로	• 앞지르기를 하려는 모든 자동차 • 도로상황이 시속80km 미만으로 통행할 수 밖에 없는 경우에는 주행가능
		2차로	건설기계를 포함한 모든 자동차
	편도 3차로 이상	1차로	• 앞지르기를 하려는 승용·경형·소형·중형 승합자동차 • 도로상황이 시속80km 미만으로 통행할 수밖에 없는 경우에는 주행가능
		왼쪽차로	승용자동차 및 경형소형중형 승합자동차
		오른쪽차로	건설기계 및 대형승합, 화물, 특수자동차

▶ 왼쪽 차로와 오른쪽 차로의 구분

고속도로 외의 도로	왼쪽차로	차로를 반으로 나누어 1차로에 가까운 부분
	오른쪽차로	왼쪽차로를 제외한 나머지 차로
고속도로	왼쪽차로	1차로를 제외한 차로를 반으로 나누어 그 중 1차로에 가까운 부분의 차로
	오른쪽차로	1차로와 왼쪽 차로를 제외한 나머지 차로

▶차로수가 홀수인 경우 가운데 차로는 제외한다.

3 차로별 통행구분에 따른 위반사항
① 여러 차로를 연속적으로 가로 지르는 행위

② 갑자기 차로를 바꾸어 옆 차선에 끼어드는 행위

③ 두 개의 차로를 걸쳐서 운행하는 행위

▶ 일방통행 도로에서 중앙 좌측부분의 통행은 위반이 아니다.

1 도로상의 안전지대를 옳게 설명한 것은? ★★★★

① 버스정류장 표지가 있는 장소
② 자동차가 주차할 수 있도록 설치된 장소
③ 도로를 횡단하는 보행자나 통행하는 차마의 안전을 위하여 안전표지 등으로 표시된 도로의 부분
④ 사고가 잦은 장소에 보행자의 안전을 위하여 설치한 장소

2 자동차의 승차정원에 대한 내용으로 맞는 것은? ★★★

① 등록증에 기재된 인원
② 화물자동차 4명
③ 승용자동차 4명
④ 운전자를 제외한 나머지 인원

3 자동차 전용도로의 정의로 가장 적합한 것은? ★★

① 자동차만 다닐 수 있도록 설치된 도로
② 보도와 차도의 구분이 없는 도로
③ 보도와 차도의 구분이 있는 도로
④ 자동차 고속 주행의 교통에만 이용되는 도로

4 도로교통법상 모든 차의 운전자는 같은 방향으로 가고 있는 앞차의 뒤를 따를 때에는 앞차가 갑자기 정지하게 되는 경우에 그 앞차와의 충돌을 피할 수 있는 필요한 거리 확보하도록 되어있는 거리는? ★★★

① 급제동 금지거리
② 안전거리
③ 제동거리
④ 진로양보 거리

5 도로교통법상 도로에 해당되지 않는 것은? ★★★

① 해상 도로법에 의한 항로
② 차마의 통행을 위한 도로
③ 유료도로법에 의한 유료도로
④ 도로법에 의한 도로

6 보행자가 도로를 횡단할 수 있도록 안전표시한 도로의 부분은? ★★

① 교차로
② 횡단보도
③ 안전지대
④ 규제표시

7 차로의 설치에 관한 설명 중 틀린 것은? ★★

① 횡단보도, 교차로 및 철길건널목부분에는 차로를 설치하지 못한다.
② 차로를 설치하는 때에는 중앙선을 표시하여야 한다.
③ 차도가 보도보다 넓을 때에는 길 가장자리 구역을 설치하여야 한다.
④ 차로의 너비는 3m 이상으로 하여야 하며, 부득이한 경우는 275cm 이상으로 할 수 있다.

8 자동차전용 편도 4차로 도로에서 굴착기와 지게차의 주행 차로는? ★★★★★

① 모든 차로
② 1, 2차로
③ 2, 3차로
④ 3, 4차로

> 고속도로외의 편도 4차선 도로에서 건설기계는 오른쪽 차로(3차로와 4차로)로 운행할 수 있다.

9 편도 4차로 일반도로의 경우 교차로 30m 전방에서 우회전을 하려면 몇 차로로 진입 통행해야 하는가? ★★★★

① 1차로로 통행한다.
② 2차로와 1차로로 통행한다.
③ 4차로로 통행한다.
④ 3차로만 통행 가능하다.

10 보도와 차도가 구분된 도로에서 중앙선이 설치되어 있는 경우 차마의 통행방법으로 맞는 것은? ★★

① 중앙선 좌측
② 중앙선 우측
③ 좌 · 우측 모두
④ 보도의 좌측

> 우리나라는 도로의 중앙선을 기준으로 우측으로 통행한다.

11 도로에서는 차로별 통행구분에 따라 통행하여야 한다. 위반이 아닌 경우는? ★★★★

① 여러 차로를 연속적으로 가로 지르는 행위
② 갑자기 차로를 바꾸어 옆 차선에 끼어드는 행위
③ 두 개의 차로를 걸쳐서 운행하는 행위
④ 일방통행 도로에서 중앙 좌측부분을 통행하는 행위

정답 **1** ③ **2** ① **3** ① **4** ② **5** ① **6** ② **7** ③ **8** ④ **9** ③ **10** ② **11** ④

03 차마의 통행방법

① 도로주행에 대한 설명
① 차마는 안전표지로서 특별히 진로변경이 금지된 곳에서는 진로를 변경해서는 안된다.
② 진로변경이 금지된 곳에서 도로파손으로 인한 장애물이 있을 때에는 진로변경을 할 수도 있다.
③ 차마의 교통을 원활하게 하기 위한 가변차로가 설치된 곳도 있다.

② 도로의 중앙이나 좌측부분을 통행할 수 있는 경우
① 도로가 일방통행인 경우
② 도로의 파손, 도로공사나 그 밖의 장애 등으로 도로의 우측부분을 통행할 수 없는 경우
③ 도로 우측부분의 폭이 6m가 되지 아니하는 도로에서 다른 차를 앞지르려는 경우. (단, 도로의 좌측부분을 확인할 수 없거나 반대방향의 교통에 방해가 될 경우는 그러하지 아니하다.)
④ 도로 우측 부분의 폭이 차마의 통행에 충분하지 않은 경우

③ 동일방향으로 주행하고 있는 전·후 차간의 안전운전 방법
① 뒤차는 앞차가 급정지할 때 충돌을 피할 수 있는 필요한 안전거리를 유지한다.
② 뒤에서 따라오는 차량의 속도보다 느린 속도로 진행하려고 할 때에는 진로를 양보한다.
③ 앞차는 부득이 한 경우를 제외하고는 급정지, 급감속을 하여서는 안된다.

④ 장비로 교량을 주행할 때 안전 사항
① 장비의 무게 및 중량을 고려한다.
② 교량의 폭을 확인한다.
③ 교량의 통과 하중을 고려한다.

04 통행의 우선순위

① 차마 서로간의 통행의 우선순위

1. 긴급자동차
   ↓
2. 긴급자동차 외의 자동차
   ↓
3. 원동기장치자전거
   ↓
4. 자동차 및 원동기장치자전거 이외의 차마

② 긴급자동차 외의 자동차 서로간의 통행의 우선순위는 최고속도 순서에 따른다.
③ 비탈진 좁은 도로에서는 올라가는 자동차가 내려가는 자동차에게 도로의 우측 가장자리로 피하여 진로를 양보하여야 한다. (내려가는 차 우선)
④ 좁은 도로 또는 비탈진 좁은 도로에서는 빈 자동차가 도로의 우측 가장자리로 진로를 양보하여야 한다. (화물적재차량이나 승객이 탑승한차 우선)

05 긴급자동차

긴급자동차란 소방자동차, 구급자동차, 혈액공급차량 및 그 밖에 대통령령이 정하는 자동차로서 그 본래의 긴급한 용도로 사용되고 있는 자동차를 말한다.

① 국군이나 국제연합군 긴급차에 유도되고 있는 차
② 경찰 긴급자동차에 유도되고 있는 자동차
③ 생명이 위급한 환자를 태우고 가는 승용자동차
④ 긴급 용무 중일 때에만 우선권과 특례의 적용을 받는다.
⑤ 우선권과 특례의 적용을 받으려면 경광등을 켜고 경음기를 울려야 한다.
⑥ 긴급 용무임을 표시할 때는 제한속도 준수 및 앞지르기 금지 일시정지 의무 등의 적용은 받지 않는다.

1 도로주행에 대한 설명으로 가장 거리가 먼 것은?

① 진로변경이 금지된 곳에서 도로파손으로 인한 장애물이 있을 때 진로변경을 해도 된다.
② 차로에 도로공사 등으로 인하여 장애물이 있을 때 진로변경이 금지된 곳은 진로변경을 할 수 없다.
③ 차마는 안전표지로서 특별히 진로변경이 금지된 곳에서는 진로를 변경해서는 안된다.
④ 차마의 교통을 원활하게 하기위한 가변차로가 설치된 곳도 있다.

> 진로변경이 금지된 곳에서 도로파손으로 인한 장애물이 있을 때에는 진로변경을 할 수도 있다.

2 차마의 통행방법으로 도로의 중앙이나 좌측부분을 통행할 수 있는 경우로 가장 적합한 것은?

① 교통 신호가 자주 바뀌어 통행에 불편을 느낄 때
② 과속 방지턱이 있어 통행에 불편할 때
③ 차량의 혼잡으로 교통소통이 원활 하지 않을 때
④ 도로의 파손, 도로공사 또는 우측 부분을 통행할 수 없을 때

3 차로가 설치된 도로에서 통행방법 중 위반이 되는 것은?

① 택시가 건설기계를 앞지르기를 하였다.
② 차로를 따라 통행하였다.
③ 경찰관의 지시에 따라 중앙 좌측으로 진행하였다.
④ 두 개의 차로에 걸쳐 운행하였다.

> 두 개의 차로에 걸쳐서 운행하면 차로위반이다.

4 다음 중 장비로 교량을 주행할 때 안전 사항으로 가장 거리가 먼 것은?

① 신속히 통과한다.
② 장비의 무게 및 중량을 고려한다.
③ 교량의 폭을 확인한다.
④ 교량의 통과 하중을 고려한다.

5 다음 중 통행의 우선순위가 맞는 것은?

① 긴급자동차→일반자동차→원동기장치 자전거
② 긴급자동차→원동기장치 자전거→승용자동차
③ 건설기계→원동기장치 자전거→승합자동차
④ 승합자동차→원동기장치 자전거→긴급자동차

> 긴급자동차 이외의 일반 자동차 사이에서의 우선순위는 최고속도의 순서에 따른다.

6 긴급 자동차의 우선통행에 관한 설명이 잘못된 것은?

① 소방자동차, 구급 자동차는 항상 우선권과 특례의 적용을 받는다.
② 긴급 용무중일 때에만 우선통행 특례의 적용을 받는다.
③ 우선특례의 적용을 받으려면 경광등을 켜고 경음기를 울려야 한다.
④ 긴급 용무임을 표시할 때는 제한속도 준수 및 앞지르기 금지, 끼어들기 금지 의무 등의 적용은 받지 않는다.

> 긴급 자동차라고 하더라도 그 본래의 긴급한 용도로 사용되고 있을 때만 우선권과 특례의 적용을 받는다.

7 교차로 또는 그 부근에서 긴급자동차가 접근하였을 때 피양 방법으로서 옳은 것은?

① 교차로의 우측단에 일시 정지하여 진로를 피양한다.
② 교차로를 피하여 도로의 우측 가장자리에 일시 정지한다.
③ 서행하면서 앞지르기를 하라는 신호를 한다.
④ 그대로 진행방향으로 진행을 계속한다.

8 다음 중 긴급 자동차로 볼 수 없는 차는?

① 국군이나 국제연합군 긴급차에 유도되고 있는 차
② 경찰 긴급자동차에 유도되고 있는 자동차
③ 생명이 위급한 환자를 태우고 가는 승용자동차
④ 긴급배달 우편물 운송차에 유도되고 있는 차

> 긴급자동차란 그 본래의 긴급한 용도로 사용되고 있는 자동차를 말한다.(소방자동차, 구급자동차, 혈액공급차량 등)

 정답 1② 2④ 3④ 4① 5① 6① 7② 8④

운행 속도	이상기후 상태
최고속도의 20/100을 줄인 속도	• 비가 내려 노면이 젖어 있는 때 • 눈이 20mm 미만 쌓인 때
최고속도의 50/100을 줄인 속도	• 노면이 얼어붙은 경우 • 폭우·폭설·안개 등으로 가시거리가 100m 이내일 때 • 눈이 20mm 이상 쌓인 때

07 앞지르기 금지

1 앞지르기 금지 장소
① 교차로, 터널 안, 다리 위
② 경사로의 정상부근
③ 급경사의 내리막
④ 도로의 구부러진 곳(도로의 모퉁이)
⑤ 앞지르기 금지표지 설치장소

2 앞지르기가 금지되는 경우
① 앞차의 좌측에 다른 차가 나란히 진행하고 있을 때
② 앞차가 다른 차를 앞지르고 있을 때
③ 앞차가 좌측으로 진로를 바꾸려고 할 때
④ 대향차의 진행을 방해하게 될 염려가 있을 때
⑤ 경찰공무원의 지시를 따르거나 위험을 방지하기 위하여 정지 또는 서행하고 있을 때

3 도로 주행에서 앞지르기
① 앞지르기를 하는 때에는 안전한 속도와 방법으로 하여야 한다.
② 앞지르기를 하는 때에는 교통상황에 따라 경음기를 울릴 수 있다.
③ 앞지르기 당하는 차는 속도를 높여 경쟁하거나 가로막는 등 방해해서는 안된다.

08 일시 정지 및 서행

1 일시 정지할 장소
① 교통정리를 하고 있지 아니하고 좌우를 확인할 수 없거나 교통이 빈번한 교차로
② 지방경찰청장이 필요하다고 인정하여 안전표지로 지정한 곳
③ 보행자의 통행을 방해할 우려가 있거나 교통사고의 위험이 있는 곳에서는 일시 정지하여 안전한지 확인한 후에 통과하여야 한다.

2 서행할 장소
① 교통정리를 하고 있지 아니하는 교차로
② 도로가 구부러진 부근
③ 비탈길의 고갯마루 부근
④ 가파른 비탈길의 내리막
⑤ 지방경찰청장이 필요하다고 인정하여 안전표지로 지정한 곳

09 교차로 통행방법

1 교차로 통행방법
① 교차로에서 우회전을 하려는 경우에는 30m 전방에서 미리 도로의 우측 가장자리를 서행하면서 우회전하여야 한다.
② 좌회전을 하려는 경우에는 미리 도로의 중앙선을 따라 서행하면서 교차로의 중심 안쪽을 이용하여 좌회전하여야 한다.
③ 교차로에서 진로를 변경하고자 할 때에 교차로의 가장자리에 이르기 전 30m 이상의 지점으로부터 방향지시등을 켜야 한다.
④ 교차로에서 직진하려는 차는 이미 교차로에 진입하여 좌회전하고 있는 차의 진로를 방해할 수 없다.
⑤ 교차로에서는 정차하지 못한다.
⑥ 교차로에서는 다른 차를 앞지르지 못한다.
⑦ 교통정리가 행하여지고 있지 않은 교차로에서 우선순위가 같은 차량이 동시에 교차로에 진입한 때 우측도로의 차가 우선한다.
⑧ 교차로 또는 그 부근에서 긴급자동차가 접근하였을 때는 교차로를 피하여 도로의 우측 가장자리에 일시 정지한다.
⑨ 비보호 좌회전 교차로에서는 녹색 신호시 반대방향의 교통에 방해되지 않게 좌회전 할 수 있다.
⑩ 녹색신호에서 교차로 내를 직진 중에 황색신호로 바뀌었을 때는 계속 진행하여 신속히 교차로를 통과한다.

1 노면이 얼어붙은 경우 또는 폭설로 가시거리가 100미터 이내인 경우 최고속도의 얼마나 감속 운행하여야 하는가?

① $\frac{50}{100}$　② $\frac{30}{100}$　③ $\frac{40}{100}$　④ $\frac{20}{100}$

2 최고 속도의 100분의 20을 줄인 속도로 운행하여야 할 경우는?

① 노면이 얼어붙은 때
② 폭우, 폭설, 안개 등으로 가시거리가 100미터 이내 일 때
③ 눈이 20밀리미터 이상 쌓인 때
④ 비가 내려 노면이 젖어 있을 때

최고속도의 20/100 감속운행
• 비가 내려 노면이 젖어 있는 때
• 눈이 20mm 미만 쌓인 때

3 앞지르기 금지장소가 아닌 것은?

① 터널 안, 앞지르기 금지표지 설치장소
② 버스 정류장 부근, 주차금지 구역
③ 경사로의 정상부근, 급경사로의 내리막
④ 교차로, 도로의 구부러진 곳

버스정류장 부근과 주차금지구역은 앞지르기 금지장소가 아니다.

4 앞지르기를 할 수 없는 경우에 해당 되는 것은?

① 앞차의 좌측에 다른 차가 나란히 진행하고 있을 때
② 앞차가 우측으로 진로를 변경하고 있을 때
③ 앞차가 그 앞차와의 안전거리를 확보하고 있을 때
④ 앞차가 양보 신호를 할 때

5 도로교통법상 서행 또는 일시 정지할 장소로 지정된 곳은?

① 안전지대 우측
② 가파른 비탈길의 내리막
③ 좌우를 확인할 수 있는 교차로
④ 교량 위를 통행할 때

6 교통정리가 행하여지고 있지 않은 교차로에서 우선순위가 같은 차량이 동시에 교차로에 진입한 때의 우선순위로 맞는 것은?

① 소형 차량이 우선한다.
② 우측도로의 차가 우선한다.
③ 좌측도로의 차가 우선한다.
④ 중량이 큰 차량이 우선한다.

교통정리가 행하여지고 있지 않은 교차로에서 우선순위가 같은 차량간에는 우측도로의 차가 우선한다.

7 신호등이 없는 교차로에 좌회전 하려는 버스와 그 교차로에 진입하여 직진하고 있는 건설기계가 있을 때 어느 차가 우선권이 있는가?

① 건설기계
② 그때의 형편에 따라서 우선순위가 정해짐
③ 사람이 많이 탄 차 우선
④ 좌회전 차 우선

교차로에서는 교차로에 먼저 진입하여 진행하고 있는 차가 우선권이 있다.

8 건설기계를 운전하여 교차로에서 녹색신호로 우회전을 하려고 할 때 지켜야 할 사항은?

① 우회전 신호를 행하면서 빠르게 우회전한다.
② 신호를 하고 우회전하며, 속도를 빨리하여 진행한다.
③ 신호를 행하면서 서행으로 주행하여야 하며, 보행자가 있을 때는 보행자의 통행을 방해하지 않도록 하여 우회전한다.
④ 우회전은 언제 어느 곳에서나 할 수 있다.

9 교차로에서 진로를 변경하고자 할 때에 교차로의 가장자리에 이르기 전 몇 미터 이상의 지점으로부터 방향지시등을 켜야 하는가?

① 10m　② 20m
③ 30m　④ 40m

chapter **04**

정답　**1** ①　**2** ④　**3** ②　**4** ①　**5** ②　**6** ②　**7** ①　**8** ③　**9** ③

10　철길 건널목 통행방법

🔟 철길 건널목의 통과방법

① 철길 건널목에서는 일시 정지 후 안전함을 확인한 후에 통과한다.

② 신호기 등이 표시하는 신호에 따르는 경우에는 정지하지 아니하고 통과할 수 있다.

③ 경보기가 울리고 있는 동안에 통과해서는 안된다.

④ 차단기가 내려지려고 할 때에는 통과해서는 안된다.

⑤ 철길 건널목에서는 앞지르기해서는 안된다.

⑥ 철길 건널목 부근에서는 주·정차해서는 안된다.

> ▶ 건널목을 통과하다가 고장 등의 사유로 건널목 안에서 차를 운행할 수 없게 된 경우
> • 즉시 승객을 대피시키고 비상 신호기 등을 사용하여 알린다.
> • 철도 공무 중인 직원이나 경찰 공무원에게 즉시 알려 차를 이동하기 위한 필요한 조치를 한다.
> • 차를 즉시 건널목 밖으로 이동시킨다.

11　보행자 보호

🔟 보행자 보호를 위한 통행방법

① 보행자가 횡단보도를 통행하고 있는 때에는 그 횡단보도 앞에서 일시정지 하여 보행자의 횡단을 방해하거나 위험을 주어서는 안된다.

② 도로 이외의 장소에 출입하기 위하여 보도를 횡단하려고 할 때 보도 직전에서 일시 정지하여 보행자의 통행을 방해하지 말아야 한다.

③ 보도와 차도의 구분이 없는 도로에서 아동이 있는 곳을 통행할 때에 서행 또는 일시 정지하여 안전 확인 후 진행한다.

④ 보행자 옆을 통과할 때는 안전거리를 두고 서행한다.

> ▶ 도로교통법상 어린이보호와 관련하여 위험성이 큰 놀이기구로 지정한 것
> • 킥보드　　　　• 롤러스케이트
> • 인라인스케이트　• 스케이트보드

12　주·정차금지

🔟 주·정차금지 장소

① 교차로·횡단보도·건널목이나 보도와 차도가 구분된 도로의 보도(노상주차장은 제외)

② 교차로의 가장자리나 도로의 모퉁이로부터 5미터 이내인 곳

③ 안전지대의 사방으로부터 각각 10미터 이내인 곳

④ 버스의 정류지임을 표시하는 기둥이나 표지판 또는 선이 설치된 곳으로부터 10미터 이내인 곳

⑤ 건널목의 가장자리 또는 횡단보도로부터 10미터 이내인 곳

⑥ 지방경찰청장이 필요하다고 인정하여 지정한 곳

🔟 주차금지 장소

① 터널 안 및 다리 위

② 다음 항목의 곳으로부터 5미터 이내인 곳

> • 도로공사를 하고 있는 경우에는 그 공사 구역의 양쪽 가장자리

> • 「다중이용업소의 안전관리에 관한 특별법」에 따라 소방본부장의 요청에 의하여 지방경찰청장이 지정한 곳

③ 지방경찰청장이 필요하다고 인정하여 지정한 곳

> ▶ 다중이용업소의 안전관리에 관한 특별법에 따른 안전시설
> 1) 소방시설
> 　① 소화설비 : 소화기, 스프링 클러 등
> 　② 경보설비 : 비상벨, 자동화재탐지설비, 가스누설경보기 등
> 　③ 피난설비 : 피난기구, 피난유도선, 유도등, 유도표지, 비상조명등 등
> 2) 비상구
> 3) 영업장 내부 피난통로
> 4) 그 밖의 안전시설

🔟 도로교통법상 올바른 정차 방법

① 도로의 우측 가장자리에

② 진행방향과 평행하게

③ 타 교통에 방해가 되지 않도록 정차할 수 있다.

1 자동차의 철길 건널목 통과 방법에 대한 설명으로 틀린 것은?

① 철길 건널목에서는 앞지르기를 하여서는 안된다.

② 철길 건널목 부근에서는 주·정차를 하여서는 안된다.

③ 철길 건널목에 일시 정지 표지가 없을 때에는 서행하면서 통과한다.

④ 철길 건널목에서는 반드시 일시 정지 후 안전함을 확인한 후에 통과한다.

모든 차의 운전자는 철길건널목을 통과하고자 하는 때에는 건널목 앞에서 일시 정지하여 안전한지의 여부를 확인한 후에 통과하여야 한다. 다만, 신호기 등이 표시하는 신호에 따르는 경우에는 정지하지 아니하고 통과할 수 있다.

2 건널목 안에서 차가 고장이 나서 운행할 수 없게 되었다. 운전자의 조치 사항으로 가장 적절하지 못한 것은?

① 철도 공무 중인 직원이나 경찰 공무원에게 즉시 알려 차를 이동하기 위한 필요한 조치를 한다.

② 차를 즉시 건널목 밖으로 이동시킨다.

③ 승객을 하차시켜 즉시 대피시킨다.

④ 현장을 그대로 보존하고 경찰관서로 가서 고장 신고를 한다.

3 일시정지 안전표지판이 설치된 횡단보도에서 위반되는 것은?

① 경찰공무원이 진행신호를 하여 일시정지하지 않고 통과하였다.

② 횡단보도 직전에 일시정지하여 안전을 확인한 후 통과하였다.

③ 보행자가 없으므로 그대로 통과하였다.

④ 연속적으로 진행 중인 앞차의 뒤를 따라 진행할 때 일시정지하였다.

4 정차 및 주차가 금지되어 있지 않은 장소는?

① 횡단보도   ② 교차로

③ 경사로의 정상부근   ④ 건널목

경사로의 정상 부근은 앞지르기 금지 장소에 해당된다.

5 차마가 도로 이외의 장소에 출입하기 위하여 보도를 횡단하려고 할 때 가장 적절한 통행방법은?

① 보행자 유무에 구애받지 않는다.

② 보행자가 없으면 빨리 주행한다.

③ 보행자가 있어도 차마가 우선 출입한다.

④ 보도 직전에서 일시 정지하여 보행자의 통행을 방해하지 말아야 한다.

6 보행자가 통행하고 있는 도로를 운전 중 보행자 옆을 통과할 때 가장 올바른 방법은?

① 보행자의 앞을 속도 감소없이 빨리 주행한다.

② 경음기를 울리면서 주행한다.

③ 안전거리를 두고 서행한다.

④ 보행자가 멈춰 있을 때는 서행하지 않아도 된다.

7 도로에서 정차를 하고자 할 때의 방법으로 옳은 것은?

① 차체의 전단부를 도로 중앙을 향하도록 비스듬히 정차한다.

② 진행방향의 반대방향으로 정차한다.

③ 차도의 우측 가장 자리에 정차한다.

④ 일방통행로에서 좌측 가장 자리에 정차한다.

8 교차로의 가장자리 또는 도로의 모퉁이로부터 관련법상 몇 m 이내의 장소에 정차 및 주차를 해서는 안 되는가?

① 4m   ② 5m

③ 6m   ④ 10m

도로 교통법상 교차로 가장자리나 도로 모퉁이로부터 5m 이내는 주·정차 금지 장소이다.

9 도로교통법상 정차 및 주차의 금지장소가 아닌 것은?

① 건널목의 가장자리

② 교차로의 가장자리

③ 횡단보도로부터 10m 이내의 곳

④ 버스정류장 표시판으로부터 20m 이내의 장소

chapter **04**

13 　신호등화와 통행방법

1 신호등화의 종류 및 통행방법
① 녹색등화시 차마의 통행방법
- 차마는 직진 할 수 있으며, 다른 교통에 방해되지 않을 때에 천천히 우회전 할 수 있다.
- 차마는 좌회전을 하여서는 안된다.
- 비보호 좌회전 표시에서는 반대방향에서 오는 교통에 방해되지 않게 조심스럽게 좌회전을 할 수 있다.

② 황색등화시 차마의 통행방법
- 우회전 시 보행자의 횡단을 방해해서는 안된다.
- 이미 교차로에 진입하였을 시 지체 없이 신속히 통과한다.

③ 적색등화 시 차마의 통행방법
- 직진하는 측면 교통을 방해하지 않는 한 우회전 할 수 있으며, 차마나 보행자는 정지해야 한다.

④ 황색점멸 시 차마의 통행방법 : 주의하며 서행 진행한다.

⑤ 적색점멸 시 차마의 통행방법 : 일시 정지해야 한다.

2 신호등의 신호 순서
① 3색 등화 신호 순서 🔴🟡🟢

　　녹색(적색 및 녹색화살표)→황색→적색

② 4색 등화 신호 순서 🟢🟡⬅🔴

　　녹색→황색→적색 및 녹색화살표→적색 및 황색→적색

14 　신호 또는 지시에 따를 의무

① 도로를 통행하는 보행자와 차마의 운전자는 교통안전시설이 표시하는 신호 또는 지시와 교통정리를 하는 경찰공무원(전투경찰순경을 포함)·자치경찰공무원 및 대통령령이 정하는 경찰보조자의 신호 또는 지시를 따라야 한다.

② 도로를 통행하는 보행자와 모든 차마의 운전자는 교통안전시설이 표시하는 신호 또는 지시와 교통정리를 하는 경찰공무원 등의 신호 또는 지시가 서로 다른 경우에는 경찰공무원 등의 신호 또는 지시에 따라야 한다.

▶ 신호 중 경찰공무원의 신호가 가장 우선한다.

15 　차의 진로변경과 신호

① 후사경 등으로 주위의 교통상황을 확인한다.

② 방향전환, 횡단, 유턴, 서행, 정지 또는 후진 시 신호를 하여야 한다.

③ 신호는 그 행위가 끝날 때까지 하여야 한다.

④ 진로 변경 시에는 손이나 등화로서 할 수 있다.

⑤ 운전자가 진행방향을 변경하려고 할 때 회전하려고 하는 지점의 30m 이상의 지점에서 회전신호를 하여야 한다.

⑥ 뒤차와 충돌을 피할 수 있는 거리를 확보할 수 없을 때는 진로를 변경하지 않는다.

⑦ 정상적인 통행에 장애를 줄 우려가 있는 때에는 진로를 변경해서는 안된다.

⑧ 진로변경 제한선이 표시되어 있을 때 진로를 변경해서는 안된다.

▶ 자동차에서 팔을 차체의 밖으로 내어 45° 밑으로 펴서 상하로 흔들고 있을 때의 신호는? 서행신호

16 　자동차의 등화

1 자동차의 등화
① 야간운행 시, 터널 안 운행 시, 안개가 끼거나 비 또는 눈이 올 때 운행 시에는 전조등, 차폭등, 미등과 그 밖의 등화를 켜야 한다.

② 밤에 차가 서로 마주보고 진행하거나 앞차의 바로 뒤를 따라가는 경우에는 등화의 밝기를 줄이거나 잠시 등화를 끄는 등의 필요한 조작을 하여야 한다.

2 도로를 통행할 때의 등화(야간)
① 자동차 : 전조등, 차폭등, 미등, 번호등, 실내조명등
② 견인되는 차 : 미등, 차폭등 및 번호등
③ 야간 주차 또는 정차할 때 : 미등, 차폭등
④ 안개 등 장애로 100m 이내의 장애물을 확인할 수 없을 때 : 야간에 준하는 등화

▶ 최고속도 15km/h 미만의 타이어식 건설기계가 필히 갖추어야 할 조명장치는? 후부반사기

1 ***
도로교통법상 3색 등화로 표시되는 신호등의 신호 순서로 맞는 것은?

① 녹색(적색 및 녹색 화살표)등화, 황색등화, 적색등화의 순서
② 적색(적색 및 녹색 화살표)등화, 황색등화, 녹색등화의 순서
③ 녹색(적색 및 녹색 화살표)등화, 적색등화, 황색등화의 순서
④ 적색점멸등화, 황색등화, 녹색(적색 및 녹색 화살표)등화의 순서

신호등의 신호순서	
신호등	**신호순서**
적색·황색·녹색화살표·녹색의 4색 등화 신호등	녹색→황색→적색 및 녹색화살표→적색 및 황색→적색등화
적색·황색·녹색(녹색화살표)의 3색 등화신호등	녹색(적색 및 녹색화살표)→황색→적색등화

2 *****
다음 신호 중 가장 우선하는 신호는?

① 신호기의 신호
② 경찰관의 수신호
③ 안전표시의 지시
④ 신호등의 신호

3 ****
건설기계를 운전하여 교차로 전방 20m 지점에 이르렀을 때 황색 등화로 바뀌었을 경우 운전자의 조치방법은?

① 일시 정지하여 안전을 확인하고 진행한다.
② 정지할 조치를 취하여 정지선에 정지한다.
③ 그대로 계속 진행한다.
④ 주위의 교통에 주의하면서 진행한다.

4 ****
신호등에 녹색 등화 시 차마의 통행방법으로 틀린 것은?

① 차마는 다른 교통에 방해되지 않을 때에 천천히 우회전할 수 있다.
② 차마는 직진할 수 있다.
③ 차마는 비보호 좌회전 표시가 있는 곳에서는 언제든지 좌회전을 할 수 있다.
④ 차마는 좌회전을 하여서는 안된다.

비보호 좌회전 표시에서는 반대방향에서 오는 교통에 방해되지 않게 조심스럽게 좌회전을 할 수 있다.

5 ****
운전자가 진행방향을 변경하려고 할 때 회전신호를 하여야 할 시기로 맞는 것은?

① 회전하려고 하는 지점의 30m 전에서
② 특별히 정하여져 있지 않고 운전자 임의대로
③ 회전하려고 하는 지점 3m 전에서
④ 회전하려고 하는 지점 10m 전에서

6 ***
자동차에서 팔을 차체의 밖으로 내어 45° 밑으로 펴서 상하로 흔들고 있을 때의 신호는?

① 서행신호
② 정지신호
③ 주의신호
④ 앞지르기 신호

7 ***
도로를 통행하는 자동차가 야간에 켜야 하는 등화의 구분 중 견인되는 자동차가 켜야 할 등화는?

① 전조등, 차폭등, 미등
② 차폭등, 미등, 번호등
③ 전조등, 미등, 번호등
④ 전조등, 미등

8 **
야간에 자동차를 도로에 정차 또는 주차하였을 때 등화조작으로 가장 적절한 것은?

① 전조등을 켜야 한다.
② 방향 지시등을 켜야 한다.
③ 실내등을 켜야 한다.
④ 미등 및 차폭등을 켜야 한다.

야간에 주차 및 정차 시에는 미등 및 차폭등을 켜야 한다.

9 **
야간에 차가 서로 마주보고 진행하는 경우의 등화조작 중 맞는 것은?

① 전조등, 보호등, 실내조명등을 조작한다.
② 전조등을 켜고 보조등을 끈다.
③ 전조등 변환빔을 하향으로 한다.
④ 전조등을 상향으로 한다.

야간에 자동차가 서로 마주보고 지날 때는 전조등 변환빔을 하향으로 조정하여 상대방 운전자의 눈부심을 막아야 한다.

정답 ▶ 1① 2② 3② 4③ 5① 6① 7② 8④ 9③

17 교통사고 조치

① 운전자나 그 밖의 승무원은 즉시 정차하여 사상자를 구호하는 등 필요한 조치를 취해야 한다.
② 경찰공무원이나 가장 가까운 경찰관서에 지체 없이 신고해야 한다.

▶ 교통사고가 발생하였을 때 승무원으로 하여금 신고하게 하고 계속 운전할 수 있는 경우
• 긴급자동차
• 위급한 환자를 운반중인 구급차
• 긴급을 요하는 우편물 자동차

18 운전자의 준수사항

1 도로교통법상 운전자의 준수사항

① 화물의 적재를 확실히 하여 떨어지는 것을 방지해야 한다.
② 운행 시 고인 물을 튀게 하여 다른 사람에게 피해를 주지 않아야 한다.
③ 안전띠를 착용해야 한다.
④ 과로, 질병, 약물의 중독 상태에서 운전하여서는 안된다.
⑤ 보행자가 안전지대에 있는 때에는 서행해야 한다.

2 술에 취한 상태에서의 운전금지

① 누구든지 술에 취한 상태에서 자동차 등(건설기계를 포함)을 운전하여서는 안된다.
② 운전이 금지되는 술에 취한 상태
• 혈중 알콜농도 0.03% 이상으로 한다.
• 혈중 알콜농도 0.08% 이상이면 만취상태로 면허가 취소된다.

3 벌점 및 즉결심판

① 1년 간 벌점에 대한 누산점수가 최소 121점 이상이면 운전면허가 취소된다.
② 도로교통법에 의한 통고처분의 수령을 거부하거나 범칙금을 기간 안에 납부하지 못한 자는 즉결 심판에 회부된다.

▶ 교통사고를 야기한 도주차량 신고로 인한 벌점상계에 대한 특혜점수는 40점이다.

19 기타 도로교통법상의 법규

1 교통사고 처리특례법상 12개 항목

현행 교통사고처리특례법상 12대 중과실사고는 보험 가입 여부와 관계없이 형사 처벌된다.

▶ 교통사고 처리특례법상 12개 항목
① 신호 위반
② 중앙선 침범
③ 제한속도보다 20km 이상 과속
④ 앞지르기 방법 위반
⑤ 철길건널목 통과방법 위반
⑥ 횡단보도사고
⑦ 무면허운전
⑧ 음주운전
⑨ 보도를 침범
⑩ 승객추락방지의무 위반
⑪ 어린이보호구역 안전운전 의무 위반
⑫ 화물고정조치 위반

2 타이어식 건설기계의 좌석 안전띠

① 30km/h 이상의 속도를 낼 수 있는 타이어식 건설기계에는 좌석안전띠를 설치해야 한다.
② 안전띠는 사용자가 쉽게 잠그고 풀 수 있는 구조이어야 한다.
③ 안전띠는 '산업표준화법' 제 15조에 따라 인증을 받은 제품이어야 한다.

▶ 고속도로를 운행 중일 때 모든 승차자는 좌석 안전띠를 착용하여야 한다.

3 자동차를 견인할 때의 속도

구분	규정속도
총중량 2천킬로그램 미만인 자동차를 총중량이 그의 3배 이상인 자동차로 견인하는 경우	30km/h 이내
그 외의 경우 및 이륜자동차가 견인하는 경우	25km/h 이내

▶ 피견인 차는 자동차의 일부로 본다.

4 안전기준을 초과하여 운행할 때의 허가사항

출발지 관할 경찰서장이 안전기준을 초과하여 운행할 수 있도록 허가하는 사항 : 적재중량, 승차인원, 적재용량

▶ 지방경찰청장은 도로에서 위험을 방지하고 교통의 안전과 원활한 소통을 확보하기 위하여 필요하다고 인정하는 때에는 구역 또는 구간을 지정하여 자동차의 속도를 제한할 수 있다.

1 ★★★★★ 현장에 경찰공무원이 없는 장소에서 인명피해와 물건의 손괴를 입힌 교통사고가 발생하였을 때 가장 먼저 취할 조치는?

① 손괴한 물건 및 손괴 정도를 파악한다.
② 즉시 피해자 가족에게 알리고 합의한다.
③ 즉시 사상자를 구호하고 경찰공무원에게 신고한다.
④ 승무원에게 사상자를 알리게 하고 회사에 알린다.

> 교통사고 발생 시 가장 중요한 것은 인명의 구조이다.

2 ★★★ 교통사고가 발생하였을 때 승무원으로 하여금 신고하게 하고 계속 운전할 수 있는 경우가 아닌 것은?

① 긴급자동차
② 위급한 환자를 운반중인 구급차
③ 긴급을 요하는 우편물 자동차
④ 특수자동차

3 ★★★ 도로교통법상 운전자의 준수사항이 아닌 것은?

① 출석지시서를 받은 때 운전하지 않을 의무
② 화물의 적재를 확실히 하여 떨어지는 것을 방지할 의무
③ 운행 시 고인 물을 튀게 하여 다른 사람에게 피해를 주지 않을 의무
④ 안전띠를 착용할 의무

4 ★★★★★ 술에 취한 상태의 기준은 혈중 알콜 농도가 최소 몇 퍼센트 이상인 경우인가?

① 0.25
② 0.03
③ 1.25
④ 1.50

5 ★★★★★ 승차인원·적재중량에 관하여 안전기준을 넘어서 운행하고자 하는 경우 누구에게 허가를 받아야 하는가?

① 출발지를 관할하는 경찰서장
② 시·도지사
③ 절대 운행 불가
④ 국토해양부장관

6 ★★★★ 1년 간 벌점에 대한 누산점수가 최소 몇 점 이상이면 운전면허가 취소되는가?

① 190
② 271
③ 121
④ 201

7 ★★★★ 교통사고를 야기한 도주차량 신고로 인한 벌점상계에 대한 특혜점수는?

① 40점
② 특혜점수 없음
③ 30점
④ 120점

8 ★★★ 교통사고 처리특례법상 12개 항목에 해당되지 않는 것은?

① 중앙선 침범
② 무면허 운전
③ 신호위반
④ 통행 우선순위 위반

9 ★★★ 타이어식 건설기계의 좌석 안전띠는 속도가 최소 몇 km/h 이상일 때 설치하여야 하는가?

① 10km/h
② 30km/h
③ 40km/h
④ 50km/h

> 타이어식 건설기계의 좌석 안전띠는 속도가 최소 30km/h 이상일 때 설치하여야 한다.

10 ★★★ 고속도로를 운행 중일 때 안전운전상 준수사항으로 가장 적합한 것은?

① 정기점검을 실시 후 운행하여야 한다.
② 연료량을 점검하여야 한다.
③ 월간 정비점검을 하여야 한다.
④ 모든 승차자는 좌석 안전띠를 매도록 한다.

11 ★★★ 출발지 관할 경찰서장이 안전기준을 초과하여 운행할 수 있도록 허가하는 사항에 해당되지 않는 것은?

① 적재중량
② 운행속도
③ 승차인원
④ 적재용량

> 안전기준을 초과하여 승차, 적재를 할 경우에는 출발지를 관할하는 경찰서장의 허가를 받아야 한다.

정답 ▶ 1 ③ 2 ④ 3 ① 4 ② 5 ① 6 ③ 7 ① 8 ④ 9 ② 10 ④ 11 ②

20 운전면허의 종류와 운전 가능 차량

운전면허 종류	구분	운전할 수 있는 차량
제 1 종	대형 면허	• 승용 · 승합 · 화물 · 긴급자동차 • 건설기계 -덤프트럭, 아스팔트살포기, 노상안정기 -콘크리트믹서트럭, 콘크리트펌프, 천공기(트럭적재식) -콘크리트믹서트레일러, 아스팔트콘크리트재생기 -도로보수트럭, 3톤 미만의 지게차 • 특수자동차(트레일러 및 레커는 제외) • 원동기장치자전거
	보통 면허	• 승용자동차 • 15인 이하의 승합자동차 • 12인 이하의 긴급자동차(승용 및 승합자동차에 한함) • 적재중량 12톤 미만의 화물자동차 • 건설기계 (도로를 운행하는 3톤 미만의 지게차에 한함) • 총중량 10톤 미만의 특수자동차 (트레일러 및 레커제외) • 원동기장치자전거
	소형 면허	• 3륜화물자동차 / 3륜승용자동차 • 원동기장치자전거
	특수 면허	• 트레일러 / 레커 • 제2종 보통면허로 운전할 수 있는 차량
제 2 종	보통 면허	• 승용자동차 • 승차정원 10인 이하의 승합자동차 • 적재중량 4톤 이하의 화물자동차 • 총중량 3.5톤 이하의 특수자동차 (트레일러, 레커 제외) • 원동기장치자전거
	소형 면허	• 이륜자동차(측차부 포함) • 원동기장치자전거
		• 원동기장치자전거 면허

21 교통안전표지

1 교통안전표지의 종류

표지	설명
주의 표지	도로상태가 위험하거나 도로 또는 그 부근에 위험물이 있는 경우에 필요한 안전조치를 할 수 있도록 이를 도로사용자에게 알리는 표지
규제 표지	도로교통의 안전을 위하여 각종 제한·금지 등의 규제를 하는 경우에 이를 도로사용자에게 알리는 표지
지시 표지	도로의 통행방법·통행구분 등 도로교통의 안전을 위하여 필요한 지시를 하는 경우에 도로사용자가 이를 따르도록 알리는 표지
보조 표지	주의표지·규제표지 또는 지시표지의 주 기능을 보충하여 도로사용자에게 알리는 표지
노면 표지	• 도로교통의 안전을 위하여 각종 주의 · 규제 · 지시 등의 내용을 노면에 기호 · 문자 또는 선으로 도로 사용자에게 알리는 표지 • 노면표시 중 점선은 허용, 실선은 제한, 복선은 의미의 강조이다.

2 교통안전표지의 예

표지	설명
	진입 금지 표지
	회전형 교차로 표지
	좌/우회전 표지
	최고속도 제한표지
	좌우로 이중 굽은 도로
	차 중량 제한 표지
	최저 시속 30km 속도 제한표지

1 제1종 운전면허를 받을 수 없는 사람은?

① 한쪽 눈을 보지 못하고 색채 식별이 불가능한 사람
② 양쪽 눈의 시력이 각각 0.5 이상인 사람
③ 두 눈을 동시에 뜨고 잰 시력이 0.8 이상인 사람
④ 적색, 황색, 녹색의 색채 식별이 가능한 사람

2 제2종 보통면허로 운전할 수 없는 자동차는?

① 9인승 승합차
② 원동기장치 수신차
③ 자가용 승용자동차
④ 사업용 화물자동차

> 제2종 보통면허로 운전할 수 있는 차
> • 승용자동차
> • 승차정원이 10인 이하의 승합자동차
> • 적재중량 4톤 이하의 화물자동차
> • 총중량 3.5톤 이하의 특수자동차(트레일러 및 레커는 제외한다)
> • 원동기 장치 자전거

3 제1종 보통면허로 운전할 수 없는 것은?

① 승차정원 15인승의 승합자동차
② 적재중량 11톤급의 화물자동차
③ 특수 자동차(트레일러 및 래커를 제외)
④ 원동기 장치 자전거

4 제1종 보통면허로 운전할 수 없는 것은?

① 승차정원 15인승의 승합자동차
② 11톤급의 화물자동차
③ 승차정원 12인 이하를 제외한 긴급자동차
④ 원동기장치 자전거

5 트럭적재식 천공기를 조종할 수 있는 면허는?

① 공기압축기 면허
② 기중기 면허
③ 모터그레이더 면허
④ 자동차 제1종 대형운전면허

> 1종 대형면허 : 덤프트럭, 아스팔트 살포기, 노상안정기, 콘크리트 펌프, 콘크리트믹서트럭, 트럭적재식 천공기 등을 조정할 수 있다.

6 1종 대형 운전면허로 건설기계를 운전할 수 없는 것은?

① 덤프트럭
② 노상안정기
③ 트럭적재식천공기
④ 특수건설기계

> 특수건설기계는 국토교통부령에서 정해진 해당 면허에 포함된다.

7 다음 건설기계 중 도로교통법에 의한 1종 대형면허로 조종할 수 없는 것은?

① 아스팔트 살포기
② 노상 안정기
③ 트럭 적재식 천공기
④ 골재 살포기

8 1종 대형면허 소지자가 조종할 수 없는 건설기계는?

① 지게차
② 콘크리트펌프
③ 아스팔트살포기
④ 노상안정기

9 도로교통법상에서 교통 안전표지의 구분이 맞는 것은?

① 주의표지, 통행표지, 규제표지, 지시표지, 차선표지
② 주의표지, 규제표지, 지시표지, 보조표지, 노면표지
③ 도로표지, 주의표지, 규제표지, 지시표지, 노면표지
④ 주의표지, 규제표지, 지시표지, 차선표지, 도로표지

10 도로의 중앙선이 황색 실선과 황색 점선인 복선으로 설치된 때의 설명으로 맞는 것은?

① 어느 쪽에서나 중앙선을 넘어서 앞지르기를 할 수 있다.
② 점선 쪽에서만 중앙선을 넘어서 앞지르기를 할 수 있다.
③ 어느 쪽에서나 중앙선을 넘어서 앞지르기를 할 수 없다.
④ 실선 쪽에서만 중앙선을 넘어서 앞지르기를 할 수 있다.

> 중앙선이 점선일 때는 앞지르기가 가능하지만, 실선일 때는 할 수 없다.

정답 **1**① **2**④ **3**③ **4**③ **5**④ **6**④ **7**④ **8**① **9**② **10**②

11 도로교통 관련법상 차마의 통행을 구분하기 위한 중앙선에 대한 설명으로 옳은 것은?

① 백색 및 회색의 실선 및 점선으로 되어있다.
② 백색의 실선 및 점선으로 되어있다.
③ 황색의 실선 또는 황색 점선으로 되어있다.
④ 황색 및 백색의 실선 및 점선으로 되어있다.

12 노면표시 중 진로변경 제한선으로 맞는 것은?

① 황색 점선은 진로 변경을 할 수 없다.
② 백색 점선은 진로 변경을 할 수 없다.
③ 황색 실선은 진로 변경을 할 수 있다.
④ 백색 실선은 진로 변경을 할 수 없다.

13 도로교통법상 안전표지의 종류가 아닌 것은?

① 주의표지　　　　② 규제표지
③ 안심표지　　　　④ 보조표지

14 다음 그림과 같은 교통표지의 설명으로 맞는 것은?

① 좌로 일방통행 표지이다.
② 우로 일방통행 표지이다.
③ 일단 정지 표지이다.
④ 진입 금지 표지이다.

15 그림과 같은 교통안전표지의 설명으로 맞는 것은?

① 삼거리 표지
② 우회로 표지
③ 회전형 교차로 표지
④ 좌로 계속 굽은 도로표지

16 그림의 교통안전 표지는?

① 좌/우회전 금지표지이다.
② 양측방 일방 통행표지이다.
③ 좌/우회전 표지이다.
④ 양측방 통행 금지표지이다.

17 다음 그림의 교통안전표지는 무엇인가?

① 차간거리 최저 50m이다.
② 차간거리 최고 50m이다.
③ 최저속도 제한표지이다.
④ 최고속도 제한표지이다.

18 그림의 교통안전표지는?

① 우로 이중 굽은 도로
② 좌우로 이중 굽은 도로
③ 좌로 굽은 도로
④ 회전형 교차로

19 다음 교통안전 표지에 대한 설명으로 맞는 것은?

① 최고 중량 제한표지
② 최고 시속 30km 속도 제한표지
③ 최저 시속 30km 속도 제한표지
④ 차간거리 최저 30m 제한표지

20 다음의 교통안전 표지는 무엇을 의미하는가?

① 차 중량 제한 표지
② 차 폭 제한 표지
③ 차 적재량 제한 표지
④ 차 높이 제한 표지

03 고장 시 응급처치

[출제문항수 : 0~1문제] 특별히 중요하지 않은 부분으로 가볍게 읽고 넘어가시기 바랍니다.

01 고장 시 응급처치

1 고장 유형별 응급조치 지식

① 어떤 경우라도 이상이 발견되었을 때는 즉시 조치를 해야 한다.

② 원인을 확인하고, 정비 조정하여 고장을 미연에 방지하여야 한다.

③ 고장은 여러 가지의 원인이 중복되는 경우도 있으므로 반드시 원리에 의거하여 계통적으로 조정하는 것이 필요하다.

④ 원인이 불명확한 경우에는 가까이에 있는 서비스 센터와 상담한 후 대처한다.

⑤ 특히 유압기기와 전기전자 부품의 조정, 분해, 수리는 절대로 행하지 아니하고 가까운 서비스 센터로 연락하여야 한다.

⑥ 고장 시 다음의 항목에 대해서 원인을 조사하여 조정·수리 등의 대책을 실시하여야 한다.

문제점	원인	조치방법
브레이크 성능 불량	브레이크액 부족	수리, 보충
	브레이크 연결 호스 및 라인 파손	수리, 교환
	디스크 패드 마모	교환
	휠 실린더 누유	수리, 교환
	베이퍼 록, 페이드 현상	수리
타이어 펑크	타이어 과팽창 (타이어 압력보다 149kPa 이상 높지 않게 맞춘다.)	
	타이어 노화	교환
동력전달장치 불량	변속기 불량	
	앞구동축 불량 수리	
	액슬장치 불량	수리, 교환
	최종감속장치 불량	
조향장치 불량	조향장치 불량	

문제점	원인	조치방법
유압라인 고장	리프트 실린더 불량	
	유압호스 불량	
	피스톤 실 파손	
	틸트 실린더 불량	수리, 교환
	방향전환 밸브 불량	
	유압펌프 불량	
	압력조정 밸브 불량	
	유압필터 불량	

2 지게차 응급 견인

① 견인은 단거리 이동을 위한 비상 응급 견인이다.

→ 장거리 이동 시는 항상 수송트럭으로 운반하여야 한다.
(지게차는 자동차전용도로 및 고속도로 운행 금지)

② 견인되는 지게차에는 운전자가 핸들과 제동장치를 조작할 수 없으며 탑승자를 허용해서는 안 된다.

③ 견인하는 지게차는 고장난 지게차 보다 커야 한다.

④ 고장 난 지게차를 경사로 아래로 이동할 때는 더 큰 견인 지게차로 견인하거나 또는 몇 대의 지게차를 뒤에 연결하여 예기치 못한 구름(롤링)을 방지한다.

3 마스트 유압라인 고장 시 응급운행

리프트 실린더, 틸트실린더, 유압펌프, 유압호스 등 마스트 유압라인의 고장 시 응급처치 방법을 말한다.

① 안전주차 후 후면의 고장표시판 설치 후 포크를 마스트에 고정한다.

② 주차 브레이크를 푼다.

③ 상용브레이크 페달을 놓는다.

④ 키 스위치는 OFF로 한다.

⑤ 방향조정 레버를 중립에 위치한다.

⑥ 지게차에 견인봉을 연결한다.

⑦ 바퀴 굄목을 들어내고 지게차를 서서히 견인한다.

⑧ 속도는 2km/h 이하로 유지한다.

chapter 04

1 지게차 운행 중에 고장이 발생하였다. 응급조치의 내용과 거리가 가장 먼 것은?

① 원인을 확인하고, 정비 조정하여 고장을 미연에 방지하여야 한다.
② 고장은 여러 가지 원인이 중복되는 경우가 있으므로 원리에 따라 계통적으로 점검한다.
③ 유압기기와 전기전자 부품의 조정, 분해, 수리는 직접 수리하는 것이 좋다.
④ 운행 중 작은 이상이라도 발견되면 즉시 조치를 해야한다.

유압기기와 전기전자 부분의 수리는 전문 서비스 센타로 연락하여 전문가가 수리하도록 해야 한다.

2 타이어식 건설기계를 길고 급한 경사길을 운전할 때 반 브레이크를 사용하면 어떤 현상이 생기는가?

① 라이닝은 페이드, 파이프는 스팀록
② 라이닝은 페이드, 파이프는 베이퍼록
③ 파이프는 스팀록, 라이닝은 베이퍼록
④ 파이프는 증기패쇄, 라이닝은 스팀록

브레이크의 이상 현상
• 페이드 현상 : 브레이크 드럼과 라이닝 사이의 마찰열로 인하여 브레이크가 잘 듣지 않는 현상
• 베이퍼록 : 마찰열에 의해서 브레이크 오일이 비등하여 브레이크 라인(파이프 등) 내에 공기가 유입된 것처럼 기포가 형성되어 브레이크가 잘 듣지 않는 현상

3 클러치 라이닝의 구비조건 중 틀린 것은?

① 내마멸성, 내열성이 적을 것
② 알맞은 마찰계수를 갖출 것
③ 온도에 의한 변화가 적을 것
④ 내식성이 클 것

클러치 디스크의 라이닝은 마멸과 마찰열에 견딜 수 있어야 하므로 내마멸성, 내열성이 커야 한다.

4 타이어 림에 대한 설명 중 틀린 것은?

① 경미한 균열은 용접하여 재사용한다.
② 변형 시 교환한다.
③ 경미한 균열도 교환한다.
④ 손상 또는 마모 시 교환한다.

타이어 림은 휠의 일부로 타이어가 부착된 부분을 말하며, 경미한 균열도 교환하여 사용한다.

5 다음은 지게차의 응급견인에 대한 사항이다. 내용이 옳지 않은 것은?

① 견인되는 지게차에는 운전자를 탑승시켜 핸들 조작 및 브레이크 조작을 하도록 한다.
② 견인하는 지게차는 고장난 지게차 보다 커야 한다.
③ 견인은 단거리 이동방법이며, 장거리 이동 시는 수송트럭으로 운반하여야 한다.
④ 경사로 아래로 견인할 때는 몇 대의 지게차를 뒤에 연결하여 예기치 못한 구름을 방지한다.

견인되는 지게차에는 운전자가 핸들과 제동장치를 조작할 수 없으며, 탑승자를 허용해서는 안 된다.

6 마스트 유압라인의 고장으로 견인하려한다. 조치사항으로 적당하지 않은 것은?

① 안전주차 후 후면 안전거리에 고장표시판을 설치한다.
② 포크를 마스트에 고정하고 주차브레이크를 푼다.
③ 시동은 컨 상태로 상용브레이크의 페달을 놓는다.
④ 지게차에 견인봉을 연결하고 속도는 2km/h 이하로 운행한다.

마스트 유압라인 고장 시 시동스위치는 off로 해야한다.

예상문항수
6/60

CHAPTER

05

엔진구조 익히기

 Study Point   학습해야 할 양에 비해 출제비율이 높지 않은 부분입니다. 다른 과목에 대한 학습이 충분하지 않다면 버릴 수도 없는 과목입니다. 각 섹션별로 1~2문제가 출제됩니다. 기출문제 위주로 정리하시기 바랍니다.

01 | 기관(엔진) 주요부

[출제문항수 : 1~2문제] 이 섹션은 전체에서 골고루 출제되므로 꼼꼼한 학습이 필요한 부분입니다.

01 기관의 정의

열에너지를 기계적 에너지로 바꾸는 장치를 기관(엔진)이라 한다.

 ▶ 기관에서 열효율이 높다는 것은 일정한 연료로써 큰 출력을 얻는 것을 말한다.

02 기관의 분류

1 내연기관과 외연기관

① 내연기관 : 기관의 내부에서 연소물질을 연소시켜 직접적인 동력을 얻는 기관이다.(가솔린기관, 디젤기관, 제트기관 등)

② 외연기관 : 기관의 외부에서 연소물질을 연소시켜 발생한 증기의 힘으로 간접적인 동력을 얻는 기관이다.(증기기관 등)

2 사용 연료에 따른 분류

가스기관, 가솔린기관, 디젤기관 등으로 구분되며 국내 건설기계는 주로 디젤기관을 사용한다.

3 점화방법에 따른 분류

① 전기점화 기관 : 점화플러그에 의한 전기 점화 (가솔린 기관)

② 압축착화 기관 : 압축열(고열)을 이용한 자연착화 (디젤 기관)

③ 소구기관 : 소구에 의한 표면 점화 (세미 디젤기관)

4 기계학적 사이클에 의한 분류

① 4행정 사이클 기관 : 크랭크축 2회전(피스톤 4행정)으로 1사이클이 완료되는 기관

② 2행정 사이클 기관 : 크랭크축 1회전(피스톤 2행정)으로 1사이클이 완료되는 기관

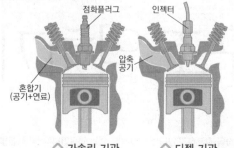

△ 가솔린 기관   △ 디젤 기관

5 냉각 방법에 의한 분류

① 공랭식 기관 : 냉각핀에 의한 공기냉각

② 수냉식 기관 : 액체(물)로 기관을 식히는 냉각

③ 증발 냉각식 기관

 ▶ 동력의 단위 – 마력(PS)
마력(馬力) : 75kg의 물체를 1초 간에 1m의 높이로 들어올리는데 소요되는 에너지

※ 단위환산 : 1 PS = 735W, 1 kW = 1,000W, 1 kW = 1.36 PS
▲ 참고 HP는 영마력(英馬力, Horse Power)을 뜻함

▶ RPM(Revolution Per Minute) : 엔진의 분당 회전수를 말한다.

03 디젤 기관

1 디젤기관의 특성

① 디젤기관의 점화(착화) 방법 : 압축착화한다. (압축시켜 발생된 고온의 공기에 연료를 분사시킴)

→ 가솔린 기관은 공기와 연료를 혼합하여 점화플러그를 통해 인화하며, 디젤 기관은 공기만을 실린더 내로 흡입하여 고압축비로 압축한 후, 압축열에 연료를 분사시켜 자연 착화시킨다.

→ 그러므로 디젤기관에는 점화장치(점화플러그, 배전기 등)가 없다.

② 경유를 연료로 사용한다.

③ 압축비가 가솔린 기관보다 높고 출력효율이 좋다.

2 디젤기관의 장·단점

장점	단점
• 열효율이 높다. • 인화점이 높아 화재의 위험이 적다. • 연료소비율이 낮다.	• 소음 및 진동이 크다. • 마력당 무게가 무겁다. • 제작비가 비싸다.

 ▶ 가솔린 기관의 장점 : 디젤기관에 비해 회전수가 빠르고, 가속성이 좋으며 운전이 정숙하다.

★★★
1 열에너지를 기계적 에너지로 변환시켜 주는 장치는?

① 펌프 ② 모터
③ 엔진 ④ 밸브

★★★
2 기관에서 열효율이 높다는 것은?

① 일정한 연료 소비로서 큰 출력을 얻는 것이다.
② 연료가 완전 연소하지 않는 것이다.
③ 기관의 온도가 표준 보다 높은 것이다.
④ 부조가 없고 진동이 적은 것이다.

★★
3 디젤기관의 점화(착화) 방법은?

① 전기 착화 ② 마그넷 점화
③ 압축 착화 ④ 전기 점화

가솔린기관 : 전기 점화, 디젤기관 : 압축 착화

★★
4 엔진의 회전수를 나타낼 때 rpm이란?

① 시간당 엔진회전수
② 분당 엔진회전수
③ 초당 엔진회전수
④ 10분간 엔진회전수

rpm이란 분당 엔진 회전수를 말한다.

★
5 공기만을 실린더 내로 흡입하여 고압축비로 압축한 다음 압축열에 연료를 분사하는 작동원리의 디젤기관은?

① 압축착화 기관
② 전기점화 기관
③ 외연기관
④ 제트기관

★★
6 1kW는 몇 PS인가?

① 0.75 ② 1.36
③ 75 ④ 735

1kW는 1,000W이며 1PS는 735W이므로 1.36 PS가 된다.

★★★★
7 디젤기관과 관계없는 것은?

① 경유를 연료로 사용한다.
② 점화장치 내에 배전기가 있다.
③ 압축 착화한다.
④ 압축비가 가솔린기관보다 높다.

점화장치는 가솔린 기관에서 사용한다.

★★
8 디젤기관의 구성품이 아닌 것은?

① 분사 펌프
② 공기 청정기
③ 점화 플러그
④ 흡기 다기관

디젤기관에는 착화방식이므로 점화장치가 필요없다.

★★★
9 고속 디젤기관의 장점으로 틀린 것은?

① 열효율이 가솔린 기관보다 높다.
② 인화점이 높은 경유를 사용하므로 취급이 용이하다.
③ 가솔린 기관보다 최고 회전수가 빠르다.
④ 연료 소비량이 가솔린 기관보다 적다.

디젤기관은 열효율이 높고 취급이 용이하며 연료소비율이 좋지만 최고 회전수는 가솔린 기관이 빠르다.

★★
10 가솔린기관과 비교한 디젤기관의 단점이 아닌 것은?

① 소음이 크다.
② RPM이 높다.
③ 진동이 크다.
④ 마력당 무게가 무겁다.

기관의 회전수(rpm)는 가솔린 기관이 더 높다.

★★★
11 오토기관에 비해 디젤기관의 장점이 아닌 것은?

① 화재의 위험이 적다.
② 열효율이 높다.
③ 가속성이 좋고 운전이 정숙하다.
④ 연료소비율이 낮다.

가속성이 좋고 운전이 정숙한 것은 가솔린 기관의 장점이다.

chapter **05**

 정답 ▶ **1** ③ **2** ① **3** ③ **4** ② **5** ① **6** ② **7** ② **8** ③ **9** ③ **10** ② **11** ③

04 4행정 사이클 기관

1 4행정 사이클 기관의 행정 순서

① 1 사이클 : 흡입 → 압축 → 동력(폭발) → 배기
② 동력(폭발)행정은 압축행정 말에 노즐로부터 실린더 내로 연료를 분사하여 연소시켜 동력을 얻는 행정이다.

2 디젤기관 각 행정시 밸브 열림상태

구분	흡입	압축	폭발	배기
흡입밸브	○	×	×	×
배기밸브	×	×	×	○

○ : 열림, × : 닫힘

3 크랭크축 기어와 캠축 기어와의 지름의 비 및 회전비

크랭크축 2회전에 캠축이 1회전하므로 직경비 1 : 2, 회전비 2 : 1 이다.

4 기관의 실린더 수가 많을 때의 특징

① 기관 진동이 적다.
② 가속이 원활하고 신속하다.
③ 저속회전이 용이하고 출력이 높다.
④ 단점 : 구조가 복잡하고 제작비가 비싸다.

5 기관의 출력을 저하시키는 직접적인 원인

① 실린더 내 압력이 낮을 때
② 연료분사량이 적을 때
③ 노킹이 일어날 때

▶ 회전력의 단위 : kgf-m
▶ 기관의 총배기량 : 각 실린더 행정체적의 합
▶ 기관에서 실화(Miss Fire)가 일어났을 때 현상 : 엔진회전 불량

05 2행정 사이클 기관

① 크랭크축 1회전으로 1사이클을 완료하는 기관으로 흡입 및 배기를 위한 독립된 행정이 없고 연소실에 유입되는 혼합기로 배기가스를 배출시키는 소기행정이 있다.
② 구조가 간단하여 소형으로 제작이 가능하다.
③ 같은 배기량, 같은 회전수에서 4행정 기관에 비해 출력이 더 크다(약 1.7배)
④ 연료와 윤활유가 혼합하여 사용되므로 환경오염이 심하고 엔진마모가 크다.
⑤ 효율이 낮고 연료소비가 많다.

06 실린더

1 기본 구조

특수 주철합금제로 내부에는 냉각수 통로(워터재킷)와 실린더로 되어 있으며 상부에는 실린더 헤드, 하부에는 오일 팬이 부착되어 있고 외부에는 각종 부속 장치와 코어 플러그가 있다.

실린더 헤드 커버
실린더 헤드
실린더 개스킷
실린더 블록
오일 개스킷
오일 팬

▶ 실린더 블록에 설치되는 부품 : 실린더, 크랭크 케이스, 물재킷, 크랭크축 지지부
▶ 엔진블록의 찌든 기름때를 세척할 때는 솔벤트나 경유를 사용한다.

2 실린더

실린더 블록 내부에 원통형으로 설치되어 있다. 피스톤이 왕복운동을 하며 기밀을 유지해야 하므로 정밀한 다듬질이 필요하고 고온·고압시 변형이 적어야 한다.

▶ 피스톤의 행정 : 상사점과 하사점과의 길이

3 실린더 라이너

① 습식 라이너 : 디젤기관에 사용
  • 장점 : 냉각수가 라이너의 바깥 둘레에 직접 접촉하고 정비시 라이너 교환이 쉬우며 냉각효과가 좋다.
  • 단점 : 크랭크케이스에 냉각수가 들어갈 수 있다.
② 건식 라이너 : 가솔린기관에 사용

4 실린더 헤드 개스킷(Head Gasket)

실린더 블록과 실린더 헤드를 조립하는 부분에 개스킷을 설치하여 실린더 블록 및 실린더 헤드의 접합부에서 냉각수와 압축가스, 오일 등이 새지 않도록 밀봉 작용을 한다.

▶ 실린더 헤드 개스킷의 구비조건
  • 내열성, 내압성, 복원성이 좋아야 한다.
  • 기밀유지가 좋아야 한다.
  • 강도가 적당해야 한다.

▶ 실린더헤드 개스킷의 손상 결과
  • 압축압력과 폭발압력이 떨어져 출력 감소, 연비 감소
  • 오일 누설 및 화재 발생 원인

1 압축말 연료분사노즐로부터 실린더내로 연료를 분사하여 연소시켜 동력을 얻는 행정은?

① 흡입행정　　　　② 압축행정
③ 폭발행정　　　　④ 배기행정

2 4행정 사이클 기관에서 엔진이 4000rpm일 때 분사펌프의 회전수는?

① 4,000rpm　　　　② 2,000rpm
③ 8,000rpm　　　　④ 1,000rpm

> 4행정 기관은 크랭크축 2회전에 캠축이 1회전하므로 분사펌프 회전수는 2000rpm이다.

3 디젤기관에서 압축 행정 시 밸브는 어떤 상태가 되는가?

① 흡입밸브만 닫힌다.
② 배기 밸브만 닫힌다.
③ 흡입과 배기밸브 모두 열린다.
④ 흡입과 배기밸브 모두 닫힌다.

4 기관의 총배기량을 적절하게 나타낸 것은?

① 1번 연소실 체적과 실린더 체적의 합이다.
② 각 실린더 행정 체적의 합이다.
③ 행정 체적과 실린더 체적의 합이다.
④ 실린더 행정 체적과 연소실 체적의 곱이다.

5 기관에서 실화(Miss Fire)가 일어났을 때 현상으로 맞는 것은?

① 엔진출력이 증가한다.
② 연료소비가 적다.
③ 엔진이 과냉한다.
④ 엔진회전이 불량하다.

6 4행정 사이클 기관의 행정 순서로 맞는 것은?

① 압축 → 동력 → 흡입 → 배기
② 흡입 → 동력 → 압축 → 배기
③ 압축 → 흡입 → 동력 → 배기
④ 흡입 → 압축 → 동력 → 배기

7 다음 중 기관정비 작업 시 엔진블록의 찌든 기름때를 깨끗이 세척하고자 할 때 가장 좋은 용해액은?

① 냉각수　　　　② 절삭유
③ 솔벤트　　　　④ 엔진오일

8 기관에서 피스톤의 행정이란?

① 피스톤의 길이
② 실린더 벽의 상하 길이
③ 상사점과 하사점과의 총 면적
④ 상사점과 하사점과의 거리

9 기관 과열 시 일어날 수 있는 현상으로 가장 적합한 것은?

① 연료가 응결될 수 있다.
② 실린더 헤드의 변형이 발생할 수 있다.
③ 흡배기 밸브의 열림량이 많아진다.
④ 밸브 개폐시기가 빨라진다.

> 기관 과열 시 실린더 헤드의 변형이나 헤드 개스킷이 손상된다.

10 냉각수가 라이너의 바깥 둘레에 직접 접촉하고 정비시 라이너 교환이 쉬우며 냉각효과가 좋으나, 크랭크케이스에 냉각수가 들어갈 수 있는 단점을 가진 것은?

① 진공식 라이너　　　　② 건식 라이너
③ 유압 라이너　　　　④ 습식 라이너

11 실린더 헤드 개스킷이 손상되었을 때 일어나는 현상으로 가장 적합한 것은?

① 엔진 오일의 압력이 높아진다.
② 피스톤링의 작동이 느려진다.
③ 압축압력과 폭발압력이 낮아진다.
④ 피스톤이 가벼워진다.

12 실린더 블록에 설치되지 않는 부품은?

① 크랭크 케이스　　　　② 워터재킷
③ 플런저 배럴　　　　④ 크랭크축 지지부

 정답　**1** ③　**2** ②　**3** ④　**4** ②　**5** ④　**6** ④　**7** ③　**8** ④　**9** ②　**10** ④　**11** ③　**12** ③

07 연소실과 실린더의 마모

▣ 연소실 개요

기관 블록 상면과 헤드 개스킷을 사이에 두고 연소실을 형성하며, 재질은 주철제와 알루미늄 합금제를 사용한다.

② 연소실의 구비조건

① 압축 행정시 혼합가스의 와류가 잘 되어야 한다.
② 화염 전파시간이 가능한 짧아야 한다.
③ 연소실 내의 표면적은 최소가 되어야 한다.
④ 가열되기 쉬운 돌출부를 두지 말아야 한다.

③ 실린더 마모의 원인

① 연소 생성물(카본)에 의한 마모
② 흡입공기 중의 먼지,이물질 등에 의한 마모
③ 실린더 벽과 피스톤 및 피스톤 링의 접촉에 의한 마모

 ▶ 기관 실린더 벽에서 마멸이 가장 크게 발생하는 부위는 상사점 부근(실린더 윗부분)이다.

④ 실린더에 마모가 생겼을 때 나타나는 현상

① 압축효율 저하
② 크랭크실 내의 윤활유 오염 및 소모
③ 출력 저하

 ▶ 디젤기관에서 압축압력이 저하되는 가장 큰 원인 : 피스톤링의 마모, 실린더벽의 마모

08 피스톤 어셈블리

▣ 피스톤

실린더 내를 왕복 운동하여 동력 행정시 크랭크 축을 회전운동시키며 흡입, 압축, 배기 행정에서는 크랭크 축으로부터 동력을 전달받아 작동된다.

① 피스톤의 구비조건
 • 고온고압에 견딜 것
 • 열전도가 잘될 것
 • 열팽창율이 적을 것
 • 관성력을 방지하기 위해 무게가 가벼울 것
 • 가스 및 오일누출이 없어야 할 것
② 실린더와 피스톤 간극이 클 때의 영향
 • 블로바이(Blow By)에 의한 압축 압력이 저하된다.
 • 피스톤링의 기능 저하로 인하여 오일이 연소실에 유입되어 오일 소비가 많아진다.
 • 피스톤 슬랩 현상이 발생되어 기관출력이 저하된다.

 ▶ 피스톤 슬랩(Slap) 현상 : 피스톤의 운동 방향이 바뀔 때 실린더 벽에 충격을 주는 현상

③ 피스톤 간극이 작을 때의 영향
 • 마찰열에 의해 소결이 된다.
 • 마찰에 따라 마멸이 증대된다.

② 커넥팅 로드

① 피스톤에서 받은 압력을 크랭크 축에 전달한다.
② 갖추어야 할 조건
 • 충분한 강성을 가지고 있어야 한다.
 • 내마멸성이 우수하고 가벼워야 한다.

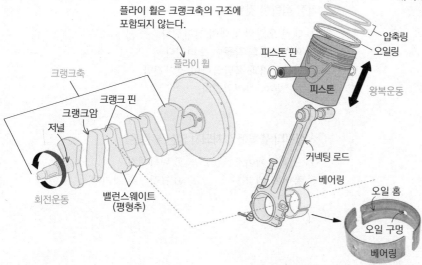

플라이 휠은 크랭크축의 구조에 포함되지 않는다.

1 기관에서 실린더 마모 원인이 아닌 것은?

① 희박한 혼합기에 의한 마모
② 연소 생성물(카본)에 의한 마모
③ 흡입공기 중의 먼지, 이물질 등에 의한 마모
④ 실린더 벽과 피스톤 및 피스톤 링의 접촉에 의한 마모

기관의 실린더는 실린더 벽과 피스톤 및 피스톤링의 마찰 또는 흡입공기중의 이물질이나 연소 생성물(카본)에 의하여 마모된다.

2 실린더에 마모가 생겼을 때 나타나는 현상이 아닌 것은?

① 압축효율 저하
② 크랭크실내의 윤활유 오염 및 소모
③ 출력 저하
④ 조속기의 작동 불량

조속기는 디젤기관에서 분사량을 조절하여 속도를 제어하는 장치이다.

3 실린더 벽이 마멸되었을 때 발생되는 현상은?

① 기관의 회전수가 증가한다.
② 오일 소모량이 증가한다.
③ 열효율이 증가한다.
④ 폭발압력이 증가한다.

실린더 벽이 마멸되면 오일이 연소실로 올라가서 연소된다.

4 디젤기관의 압축압력이 규정보다 저하되는 이유는?

① 실린더 벽이 규정보다 많이 마모 되었다.
② 냉각수가 규정보다 작다.
③ 엔진 오일량이 규정보다 많다.
④ 점화시기가 규정보다 다소 느리다.

압축압력이 저하되는 원인은 실린더나 피스톤의 마멸, 피스톤 링의 절손 등이 원인이다.

5 피스톤의 구비 조건으로 틀린 것은?

① 고온고압에 견딜 것
② 열전도가 잘 될 것
③ 열팽창율이 적을 것
④ 피스톤 중량이 클 것

6 기관 실린더(Cylinder) 벽에서 마멸이 가장 크게 발생하는 부위는?

① 상사점 부근
② 하사점 부근
③ 중간 부분
④ 하사점 이하

7 피스톤의 운동 방향이 바뀔 때 실린더 벽에 충격을 주는 현상을 무엇이라고 하는가?

① 피스톤 스틱(Stick) 현상
② 피스톤 슬랩(Slap) 현상
③ 블로바이(Blow By) 현상
④ 슬라이드(Slide) 현상

피스톤 슬랩은 실린더 벽에 충격을 주는 것이고 피스톤 스틱은 실린더에 늘어 붙는 것이다.

8 피스톤과 실린더 사이의 간극이 너무 클 때 일어나는 현상은?

① 엔진의 출력 증대
② 압축압력 증가
③ 실린더 소결
④ 엔진 오일의 소비증가

실린더와 피스톤간극이 크면 블로 바이로 인한 압축 압력의 저하, 오일의 연소실 유입에 따른 오일 소비량 증가, 피스톤 슬랩 현상 등이 일어난다.

9 기관의 커넥팅 로드가 부러질 경우 직접 영향을 받는 곳은?

① 실린더 헤드
② 오일 팬
③ 실린더
④ 밸브

커넥팅 로드는 기관의 실린더에서 받은 힘을 크랭크 축으로 전달하는 역할을 한다.

10 기관의 피스톤 벽이 마멸되었을 때 발생되는 현상은?

① 압축압력의 저하
② 폭발압력의 증가
③ 기관회전수 증가
④ 열효율의 높아짐

실린더 벽이나 피스톤이 마멸되면 압축효율의 저하, 오일의 연소, 출력저하 등이 나타난다.

chapter 05

정답 **1**① **2**④ **3**② **4**① **5**④ **6**① **7**② **8**④ **9**③ **10**①

09 피스톤 링

1 피스톤링의 작용

① 기밀작용 : 압축가스가 새는 것을 막아준다.

② 오일제어작용 : 엔진오일을 실린더 벽에서 긁어 내린다.

③ 열전도 작용

 ▶ 기관에서 엔진오일이 연소실로 올라오는 이유 : 피스톤링 마모

2 피스톤 링의 구성

① 피스톤에는 3~5개 압축링과 오일링이 있다.

- 압축링 : 압축가스가 새는 것을 방지한다. 실린더 헤드 쪽에 있는 것이 압축링이다.
- 오일링 : 엔진오일을 실린더 벽에서 긁어 내리는 작용을 한다.

② 피스톤 링의 재질이 실린더 벽보다 너무 강하면 실린더 벽의 마모가 쉽게 일어난다.

③ 절개구 쪽으로 압축가스가 새는 것을 방지하기 위해서 피스톤 링의 절개부를 서로 120° 방향으로 끼운다.

④ 피스톤 링의 절개부 간극이 가장 큰 것은 1번 링이다.

3 피스톤 링의 구비 조건

① 내열성 및 내마멸성이 양호해야 한다.

② 제작이 용이해야 한다.

③ 실린더에 일정한 면압을 줄 수 있어야 한다.

④ 실린더 벽보다 약한 재질이어야 한다.

4 기관의 피스톤이 고착되는 원인

① 냉각수의 양이 부족할 때

② 기관오일이 부족하였을 때

③ 기관이 과열되었을 때

④ 피스톤과 벽의 간극이 적을 때

10 크랭크축과 베어링

1 크랭크축

실린더 블록에 지지되어 캠 축을 구동시켜 주며, 피스톤의 직선운동을 회전운동으로 변환시킨다.

① 기관의 폭발 순서

- 4기통 기관의 폭발순서 : 1-3-4-2, 1-2-4-3
- 6기통 기관의 폭발순서 : 1-5-3-6-2-4(우수식)
  1-4-2-6-3-5(좌수식)

② 크랭크 축의 구성부품

- 크랭크 암(Crank Arm), 크랭크 핀(Crank Pin), 저널(Journal)

 ▶ 크랭크 축의 회전에 따라 작동되는 기구
발전기, 캠 샤프트, 워터 펌프, 오일 펌프

2 크랭크축의 베어링

피스톤에 의해 직선운동을 하는 커넥터 로드와 회전운동으로 하는 크랭크 축 사이의 마찰 감소를 목적으로 사용되며, 윤활이 필요하다.

① 오일 간극

- 오일 간극이 크면 유압이 저하되고 윤활유 소비가 증가한다.
- 오일 간극이 작으면 마모가 촉진되고 소결된다.

② 베어링의 필요조건

- 하중 부담 능력이 좋을 것
- 내피로성, 내마멸성, 내식성이 있을 것

3 플라이 휠(Fly Wheel)

① 기관의 맥동적인 회전 관성력을 원활한 회전으로 바꾸어 주는 역할을 한다.

② 클러치 압력판 및 디스크와 커버 등이 부착되는 마찰면과 기동전동기를 구동시키기 위한 링기어로 구성된다.(기동전동기에는 피니언기어가 있어 링기어와 맞물려 기동전동기를 구동시킨다.)

 ▶ 플라이 휠과 같이 회전하는 부품 : 클러치의 압력판

1 엔진 압축압력이 낮을 경우의 원인으로 맞는 것은? ★★★★

① 압축 링이 절손 또는 과마모 되었다.
② 배터리의 출력이 높다.
③ 연료계통의 프라이밍 펌프가 손상되었다.
④ 연료의 세탄가가 높다.

실린더, 피스톤 및 피스톤 링의 마멸이 있으면 압축압력이 낮아진다.

2 기관에서 피스톤링의 작용으로 틀린 것은? ★★★

① 기밀 작용
② 완전 연소 억제작용
③ 오일제어 작용
④ 열전도 작용

피스톤링은 기밀작용, 오일제어 작용, 열전도 작용을 한다.

3 기관에서 엔진오일이 연소실로 올라오는 이유는? ★★★★

① 피스톤 링 마모
② 피스톤 핀 마모
③ 커넥팅로드 마모
④ 크랭크축 마모

실린더, 피스톤 및 피스톤 링의 마모로 실린더와 피스톤의 간극이 넓어지면 그 사이로 오일이 올라온다.

4 다음 중 피스톤 링에 대한 설명으로 틀린 것은? ★★★

① 압축가스가 새는 것을 막아준다.
② 엔진오일을 실린더 벽에서 긁어내린다.
③ 압축 링과 인상 링이 있다.
④ 실린더 헤드 쪽에 있는 것이 압축 링이다.

피스톤 링의 종류에는 압축 링과 오일 링이 있다.

5 기관의 피스톤이 고착되는 원인으로 틀린 것은? ★★

① 냉각수 양이 부족할 때
② 기관오일이 부족하였을 때
③ 기관이 과열되었을 때
④ 압축 압력이 너무 높았을 때

냉각수량의 부족, 기관 오일의 부족, 기관의 과열, 피스톤과 실린더 벽의 간극이 적을 때 피스톤이 고착된다.

6 기관에서 크랭크축의 회전과 관계없이 작동되는 기구는? ★

① 발전기
② 캠 샤프트
③ 워터 펌프
④ 스타트 모터

캠 샤프트, 발전기, 워터 펌프는 크랭크축에 의해 회전하는 기구이다.
※ 스타트 모터는 크랭크축을 회전시켜 엔진을 시동시키는 역할을 한다.

7 기관에서 크랭크축의 역할은? ★★★

① 원활한 직선운동을 하는 장치이다.
② 기관의 진동을 줄이는 장치이다.
③ 직선운동을 회전운동으로 변환시키는 장치이다.
④ 원운동을 직선운동으로 변환시키는 장치이다.

커넥팅로드에 의해 피스톤의 직선왕복운동을 회전운동으로 변환시킨다.

8 건설기계기관에서 크랭크 축(Crank Shaft)의 구성부품이 아닌 것은? ★★★

① 크랭크 암(Crank Arm)
② 크랭크 핀(Crank Pin)
③ 저널(Journal)
④ 플라이 휠(Fly Wheel)

플라이 휠은 크랭크축 끝에 연결되며 크랭크축의 구성부품이 아니다.

9 기관의 맥동적인 회전 관성력을 원활한 회전으로 바꾸어 주는 역할을 하는 것은? ★★

① 크랭크축
② 피스톤
③ 플라이휠
④ 커넥팅로드

엔진의 피스톤들의 행정이 서로 다르므로 크랭크축의 회전속도가 달라지므로 플라이휠의 관성력을 이용하여 크랭크축의 회전을 균일하게 한다.

정답 **1** ① **2** ② **3** ① **4** ③ **5** ④ **6** ④ **7** ③ **8** ④ **9** ③

chapter **05**

11 캠축과 밸브

1 캠축과 밸브 리프터

① 캠축

• 캠은 밸브 리프터를 밀어
주는 역할을 하여 실린더
의 흡·배기 밸브를 작동시
키며, 보통 캠축과 밸브 리
프터는 함께 하나의 장치를
이룬다.
• 캠축은 기어나 체인, 또는
벨트를 사용하여 크랭크축
에 의해 구동된다.

 ▶ 텐셔너(Tensioner) : 기관에서 캠축을 구동시키는 체인의 헐거움
을 자동 조정하는 장치

② 유압식 밸브 리프터

유압식 리프터는 엔진오일의 압력을 이용하여 온도 변화에 관
계없이 밸브 간극을 항상 영(0)이 되도록 하여 밸브 개폐 시기
가 정확하게 유지되도록 한다.

 ▶ 유압식 밸브 리프터의 장점
• 밸브 간극이 자동으로 조절
• 밸브 개폐시기의 정확
• 밸브 기구의 내구성 우수
• 작동이 정숙

2 밸브

① 실린더 헤드에는 혼합가스를 흡입하는 흡입밸브와 연소된
가스를 배출하는 배기밸브가 한 개의 연소실당 2~4개 설
치되어 흡·배기 작용을 한다.
② 밸브 스프링은 밸브와 시트의 밀착을 도와 블로바이(Blow
By)를 방지하면서 밸브를 닫아주는 역할을 한다.
③ 밸브의 구비 조건
• 열전도율이 좋을 것
• 열에 대한 팽창력이 적을 것
• 가스에 견디고 고온에 견딜 것
• 충격과 부식에 견딜 것

▶ 로커암 : 기관에서 푸시로드나 캠의 작동으로 밸브를 개폐시킨다.

▶ 밸브 스프링의 서징(surging) 현상 : 캠 회전수와 밸브 스프링의
고유 진동수가 같아질 때 강한 진동이 수반되는 공진 현상

3 밸브 간극

① 밸브 간극(태핏 간극) : 밸브스템엔드
와 로커암(태핏) 사이의 간극

• 정상온도 운전 시 열팽창될 것을
고려하여 흡·배기 밸브에 간극
을 둔 것을 말한다.
• 규정보다 좁거나 넓으면 실화 및
흡·배기가 불충분해진다.

밸브간극이 클 때	• 정상온도에서 밸브가 완전히 개방되지 않는다. • 소음이 발생된다. • 출력이 저하되며, 스템 엔드부의 찌그러짐이 발생 한다.
밸브간극이 작을 때	• 정상온도에서 밸브가 확실하게 닫히지 않는다. • 역화 및 후화 등 이상연소가 발생한다. • 출력이 저하된다.

12 건설기계기관 일상점검 -1

1 기관을 시동하기 전에 점검할 사항

① 연료의 양　　　　② 냉각수 및 엔진오일의 양
③ 유압유의 양　　　④ 기관의 팬벨트 장력

2 시동을 걸 때 점검해야 할 사항

① 라디에이터 캡을 열고 냉각수가 채워져 있는가?
② 오일레벨게이지로 윤활유의 양과 색깔이 정상인가?
③ 배터리 충전이 정상((녹색)인가?

3 기관을 시동하여 공전 시에 점검할 사항

① 오일의 누출 여부를 점검
② 냉각수의 누출 여부를 점검
③ 배기가스의 색깔을 점검

4 기관이 작동되는 상태에서 점검 가능한 사항

① 냉각수의 온도
② 충전상태
③ 기관오일의 온도/압력

5 기관의 예방정비 시 운전자가 해야 할 정비

① 냉각수 보충
② 연료 여과기의 엘리먼트 점검
③ 연료 파이프의 풀림 상태 조임

1 [*] 기관에서 캠축을 구동시키는 체인의 헐거움을 자동 조정하는 장치는?

① 댐퍼(Damper) ② 텐셔너(Tensioner)
③ 서포트(Support) ④ 부시(Bush)

텐셔너는 유압이나 스프링의 장력을 이용하여 캠축을 구동시키는 체인의 헐거움을 자동으로 조정해 준다.

2 ^{*****} 유압식 밸브 리프터의 장점이 아닌 것은?

① 밸브 간극은 자동으로 조절된다.
② 밸브 개폐시기가 정확하다.
③ 밸브 구조가 간단하다.
④ 밸브 기구의 내구성이 좋다.

유압식 밸브 리프터는 오일 회로 또는 오일펌프의 고장이 발생되면 작동이 불량하고 구조가 복잡한 단점이 있다.

3 ^{***} 기관의 밸브 간극이 너무 클 때 발생하는 현상에 관한 설명으로 올바른 것은?

① 정상온도에서 밸브가 확실하게 닫히지 않는다.
② 밸브 스프링의 장력이 약해진다.
③ 푸시로드가 변형된다.
④ 정상온도에서 밸브가 완전히 개방되지 않는다.

기관의 밸브 간극이 너무 크면 정상온도에서 밸브가 완전히 개방되지 않고 소음이 발생한다.

4 ^{***} 흡·배기 밸브의 구비조건이 아닌 것은?

① 열전도율이 좋을 것
② 열에 대한 팽창율이 적을 것
③ 열에 대한 저항력이 작을 것
④ 가스에 견디고, 고온에 잘 견딜 것

열에 대한 저항력이 작으면 흡·배기 밸브가 쉽게 손상된다.

5 ^{***} 기관에서 밸브의 개폐를 돕는 것은?

① 너클 암 ② 스티어링 암
③ 로커 암 ④ 피트먼 암

로커 암은 캠의 작동으로 밸브의 개폐를 돕는다.

6 ^{**} 밸브스템엔드와 로커암(태핏) 사이의 간극은?

① 스템 간극 ② 로커암 간극
③ 캠 간극 ④ 밸브 간극

밸브 간극 또는 태핏 간극이라고도 부른다.

7 ^{***} 기관을 시동하기 전에 점검할 사항과 가장 관계가 먼 것은?

① 연료의 량 ② 냉각수 및 엔진오일의 량
③ 기관 오일의 온도 ④ 유압유의 량

기관오일의 온도는 엔진 가동 중 점검한다.

8 [*] 작업 중 운전자가 확인해야 할 것으로 틀린 것은?

① 온도계기 ② 전류계기
③ 오일압력계기 ④ 실린더 압력

9 ^{***} 기관을 시동하여 공전시에 점검할 사항이 아닌 것은?

① 기관의 팬벨트 장력을 점검
② 오일의 누출 여부를 점검
③ 냉각수의 누출 여부를 점검
④ 배기가스의 색깔을 점검

기관의 팬벨트 장력 점검은 기관의 시동 전에 점검할 사항이다.

10 ^{***} 디젤기관을 예방정비 시 고압파이프 연결부에서 연료가 샐(누유) 때 조임 공구로 가장 적합한 것은?

① 복스렌치 ② 오픈렌치
③ 파이프렌치 ④ 옵셋렌치

연료파이프 피팅을 풀고 조일 때는 오픈렌치가 적합하다.

11 ^{****} 실린더 헤드 등 면적이 넓은 부분에서 볼트를 조이는 방법으로 가장 적합한 것은?

① 규정 토크로 한 번에 조인다.
② 중심에서 외측을 향하여 대각선으로 조인다.
③ 외측에서 중심을 향하여 대각선으로 조인다.
④ 조이기 쉬운 곳부터 조인다.

chapter 05

1 운전석 계기판으로 확인해야 할 사항
① 연료량 게이지
② 냉각수 온도 게이지
③ 충전 경고등

2 건설기계 일상점검 정비사항
① 볼트 너트 등의 이완탈락상태
② 유압장치, 엔진, 롤러 등의 누유상태
③ 각 계기류, 스위치, 등화장치 작동상태

3 디젤기관에서 시동이 되지 않는 원인
① 연료 부족
② 연료공급 펌프 불량
③ 연료계통에 공기 유입
④ 크랭크축 회전속도가 너무 느릴 때

▶ 디젤기관의 시동을 용이하게 하기 위한 방법
　• 압축비를 높인다.
　• 예열플러그를 충분히 가열한다.
　• 흡기온도를 상승시킨다.

4 디젤기관의 진동원인
① 분사시기, 분사간격이 다르다.
② 각 피스톤의 중량차가 크다.
③ 각 실린더의 분사압력과 분사량이 다르다.
④ 인젝터에 불균율이 크다.

▶ 불균율 : 각 실린더의 분사량 차이의 평균값을 말한다.
▶ 기관 운전 중에 진동이 심해질 경우 점검해야 할 사항
　• 타이밍 라이트로 기관 타이밍이 정확한지 점검한다.
　• 기관과 차체 연결 마운틴 레버를 점검해본다.
　• 연료계통에 공기가 들어 있는지 점검한다.

5 기관출력을 저하시키는 원인
① 연료분사량이 적을 때
② 분사시기가 맞지 않을 때
③ 실린더 내의 압축압력이 낮을 때
④ 흡·배기 계통이 막혔을 때
⑤ 밸브 간격이 맞지 않을 때
⑥ 노킹이 일어날 때

6 디젤기관에서 고속회전이 원활하지 못한 원인
① 연료의 압송 불량
② 거버너 작용 불량
③ 분사시기 조정 불량

7 건설기계 관리 일반
① 기관이 과열됐을 때는 기관을 정지시킨 후 냉각수를 조금씩 보충한다.
② 윤활 계통에 이상이 생기면 운전 중에 오일압력 경고등이 켜진다.
③ 연료탱크는 주기적으로 청소를 하여 물과 찌꺼기를 제거시킨다.

▶ 기관 과열시 일어날 수 있는 현상
　• 실린더 헤드 개스킷 손상
　• 실린더 헤드의 변형 또는 균열
　• 실린더 헤드 개스킷 손상이나 헤드의 변형 또는 균열이 생기면 압축이나 배기 행정시 가스가 스며들어 냉각수로 연소가스가 누출될 수 있다.
▶ 디젤기관을 정지시키는 가장 좋은 방법
　• 연료공급 차단

1 운전 중 운전석 계기판에서 확인해야 하는 것이 아닌 것은?

① 실린더 압력계　　② 연료량 게이지
③ 냉각수 온도게이지　　④ 충전경고등

실린더 압력계는 정비사가 압축압력게이지를 사용하여 점검해야 한다.

2 일상 점검정비 작업 내용에 속하지 않는 것은?

① 엔진 오일량
② 브레이크액 수준 점검
③ 라디에이터 냉각수량
④ 연료 분사노즐 압력

분사노즐의 압력은 특수 장비를 사용해야 함으로 일상적으로 점검할 수 없다.

3 디젤기관에서 시동이 되지 않는 원인과 가장 거리가 먼 것은?

① 연료가 부족하다.
② 기관의 압축압력이 높다.
③ 연료 공급펌프가 불량이다.
④ 연료계통에 공기가 혼입되어 있다.

4 디젤기관의 시동을 용이하게 하기 위한 방법이 아닌 것은?

① 압축비를 높인다.
② 흡기온도를 상승시킨다.
③ 겨울철에 예열장치를 사용한다.
④ 시동시 회전속도를 낮춘다.

5 디젤기관의 진동 원인과 가장 거리가 먼 것은?

① 각 실린더의 분사압력과 분사량이 다르다.
② 분사시기, 분사간격이 다르다.
③ 윤활 펌프의 유압이 높다.
④ 각 피스톤의 중량차가 크다.

윤활 펌프는 윤활유를 각 부분으로 압송하는 장치이다.

6 기관에서 출력저하의 원인이 아닌 것은?

① 분사시기 늦음　　② 배기계통 막힘
③ 흡기계통 막힘　　④ 압력계 작동 이상

연료분사량이 적을 때, 분사시기가 맞지 않을 때, 실린더의 압축압력이 낮을 때, 흡·배기 계통이 막힐 때 등이다.

7 디젤기관에서 고속회전이 원활하지 못한 원인을 나열한 것이다. 틀린 것은?

① 연료의 압송 불량　　② 축전지의 불량
③ 거버너 작용 불량　　④ 분사시기 조정 불량

8 일반적인 건설기계에 대한 설명 중 틀린 것은?

① 기관이 과열됐을 때는 기관을 정지시킨 후 냉각수를 조금씩 보충한다.
② 운전 중 팬벨트가 끊어지면 충전 경고등이 꺼진다.
③ 윤활 계통에 이상이 생기면 운전 중에 오일압력경고등이 켜진다.
④ 연료탱크는 주기적으로 청소를 하여 물과 찌꺼기를 제거시킨다.

9 디젤기관을 정지시키는 방법으로 가장 적합한 것은?

① 연료공급을 차단한다.
② 초크밸브를 닫는다.
③ 기어를 넣어 기관을 정지한다.
④ 축전지에 연결된 전선을 끊는다.

연료공급을 차단하거나 배기밸브를 열어 연소실 입력을 없애 정지시킨다.

10 기관의 예방 정비 시에 운전자가 해야 할 정비와 관계가 먼 것은?

① 딜리버리 밸브 교환
② 냉각수 보충
③ 연료 여과기의 엘리먼트 점검
④ 연료 파이프의 풀림 상태 조임

딜리버리 밸브 고장시에는 전문 정비업체에서 정비하여야 한다.

정답　1 ①　2 ④　3 ②　4 ④　5 ③　6 ④　7 ②　8 ②　9 ①　10 ①

02 냉각장치

[출제문항수 : 1~2문제] 이 섹션도 전체에서 골고루 출제되므로 꼼꼼하게 학습하시기 바랍니다.

01 냉각장치 일반

냉각장치는 기관에서 발생하는 열의 일부를 냉각하여 기관 과열을 방지하고, 적당한 온도로 유지하기 위한 장치이다.

1 공랭식 냉각장치
실린더 벽의 바깥 둘레에 냉각 팬을 설치하여 공기의 접촉 면적을 크게 하여 냉각시킨다.

① 자연 통풍식 : 냉각 팬이 없어 주행 중에 받는 공기로 냉각하며 오토바이에 사용된다.
② 강제 통풍식 : 냉각 팬과 시라우드를 설치하여 강제로 냉각하는 방식으로 자동차 및 건설기계 등에 사용된다.

2 수냉식 냉각장치
냉각수를 사용하여 엔진을 냉각시키는 방식으로 냉각수로는 정수나 연수를 사용한다.

① 자연 순환식 : 물의 대류작용으로 순환
② 강제 순환식 : 물 펌프로 강제 순환
③ 압력 순환식 : 냉각수를 가압하여 비등점을 높임
④ 밀봉 압력식 : 냉각수 팽창의 크기와 유사한 저장 탱크를 설치

 ▶ 밀봉 압력식 라디에이터 캡은 냉각수의 비등점을 높이기 위해서 사용

02 라디에이터(Radiator)

라디에이터는 실린더 헤드 및 블록에서 뜨거워진 냉각수가 라디에이터로 들어와 수관을 통하여 흐르는 동안 자동차의 주행속도와 냉각팬에 의하여 유입되는 대기와의 열 교환이 냉각핀에서 이루어져 냉각된다.

1 라디에이터의 구비 조건
① 냉각수 흐름에 대한 저항이 적어야 한다.
② 공기 흐름에 대한 저항이 적어야 한다.
③ 강도가 크고, 가볍고 작아야 한다.
④ 단위 면적당 방열량이 커야 한다.

 ▶ 라디에이터의 구성 요소 : 코어, 냉각핀, 냉각수 주입구

2 라디에이터 코어
① 냉각수를 냉각시키는 부분으로, 냉각수를 통과시키는 물 통로(튜브)와 냉각 효과를 크게 하기 위해 튜브와 튜브 사이에 설치되는 냉각핀으로 구성된다.
② 막힘률이 20% 이상이면 교환한다.

3 라디에이터 냉각수 온도
① 실린더 헤드를 통하여 더워진 물이 라디에이터 상부로 들어와 수관을 통하여 하부로 내려가며 열을 발산한다. 따라서 방열기 속의 냉각수 온도는 5~10℃ 정도 윗부분이 더 높다.
② 냉각수 수온의 측정 : 온도 측정 유닛을 실린더 헤드 물재킷부에 끼워 측정한다.
③ 실린더 헤드 물 재킷부의 냉각수 온도는 75~95℃ 정도이다.

 ▶ 가압식 라디에이터의 장점
• 방열기를 작게 할 수 있다.
• 냉각수 손실이 적다.
• 냉각수의 비등점(끓는점)을 높일 수 있다.

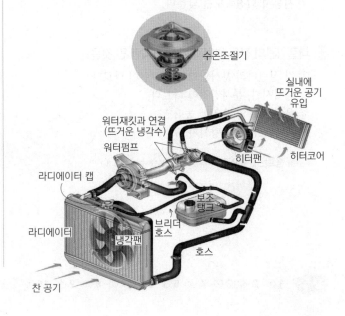

1 기관의 냉각장치 방식이 아닌 것은?

① 강제순환식 ② 압력순환식
③ 진공순환식 ④ 자연순환식

2 기관의 냉각장치에 해당하지 않은 부품은?

① 수온 조절기 ② 릴리프밸브
③ 방열기 ④ 팬 및 벨트

릴리프 밸브는 압력조절밸브로서 유압장치이다.

3 냉각장치에서 밀봉 압력식 라디에이터 캡을 사용하는 것으로 가장 적합한 것은?

① 엔진온도를 높일 때
② 엔진온도를 낮게 할 때
③ 압력밸브가 고장일 때
④ 냉각수의 비점을 높일 때

밀봉압력식 라디에이터 캡의 압력밸브는 냉각수의 비점을 높여준다.
※ 비점 : '비등점', '끓는점'을 말하며, 비점을 올리면 끓는점을 높여 냉각 범위가 넓어진다.

4 냉각장치에 사용되는 라디에이터의 구성품이 아닌 것은?

① 냉각수 주입구
② 냉각핀
③ 코어
④ 물재킷

물재킷은 실린더 블록에서 냉각수가 지나가는 통로로 실린더와 열교환을 하는 역할을 한다

5 방열기에 물이 가득 차 있는데도 기관이 과열되는 원인으로 맞는 것은?

① 팬벨트의 장력이 세기 때문
② 사계절용 부동액을 사용했기 때문
③ 정온기가 열린 상태로 고장 났기 때문
④ 라디에이터의 팬이 고장이 났기 때문

라디에이터의 냉각팬이 고장나면 방열기 속의 냉각수를 식혀주지 못하기 때문에 과열이 된다.

6 가압식 라디에이터의 장점으로 틀린 것은?

① 방열기를 작게 할 수 있다.
② 냉각수의 비등점을 높일 수 있다.
③ 냉각수의 순환속도가 빠르다.
④ 냉각수 손실이 적다.

냉각수의 순환속도는 냉각수 펌프 회전과 온도에 따라 좌우된다.

7 각 장치에서 냉각수의 비등점을 올리기 위한 것으로 맞는 것은?

① 진공식 캡 ② 압력식 캡
③ 라디에이터 ④ 물재킷

라디에이터의 압력식 캡은 냉각수의 비등점(비점)을 올려준다.

8 기관의 온도를 측정하기 위해 냉각수의 수온을 측정하는 곳으로 가장 적절한 곳은?

① 실린디 헤드 물재킷 부
② 엔진 크랭크케이스 내부
③ 라디에이터 하부
④ 수온조절기 내부

기관 냉각수의 온도는 실린더 헤드 물재킷부에서 측정한다.

9 냉각계통에 대한 설명으로 틀린 것은?

① 실린더 물재킷에 물때가 끼면 과열의 원인이 된다.
② 방열기 속의 냉각수 온도는 아래 부분이 높다.
③ 팬벨트의 장력이 약하면 엔진 과열의 원인이 된다.
④ 냉각수 펌프의 실(Seal)에 이상이 생기면 누수의 원인이 된다.

※ 실(seal) : 부품 사이에 연결부의 누수·누유 등을 방지하기 위해 끼우는 부속품

10 기관의 정상적인 냉각수 온도에 해당되는 것으로 가장 적절한 것은?

① 20~35℃ ② 35~60℃
③ 75~95℃ ④ 110~120℃

엔진의 정상 온도는 약 75~95℃이다.

정답 1③ 2② 3④ 4④ 5④ 6③ 7② 8① 9② 10③

03 라디에이터 캡

1 라디에이터 캡

냉각수 주입구의 마개를 말하며 압력 밸브와 진공밸브가 설치되어 있다.

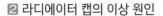

① 압력 밸브 : 물의 비등점을 올려서 물이 쉽게 오버히트(Overheat)되는 것을 방지한다.

→ 비등점(끓는점) : 끓기 시작하는 온도를 올려 냉각범위를 넓게 함

② 진공 밸브 : 과냉 시 라디에이터 내의 진공(부압)이 발생되면 코어의 파손을 방지하기 위해 진공 밸브가 열려 보조탱크의 냉각수가 라디에이터에 유입된다.

2 라디에이터 캡의 이상 원인

① 라디에이터 캡의 스프링이 파손되면 냉각수의 비등점이 낮아진다.

② 캡을 열어보았을 때 기름이 떠 있거나 기름기가 생겼으면 헤드 개스킷의 파손 또는 헤드 볼트가 풀렸거나 이완된 상태이다.

③ 기관이 작동 중 라디에이터 캡 쪽으로 물이 상승하면서 연소가스가 누출될 때도 실린더 헤드의 균열이나 개스킷의 파손이다.

④ 캡을 열어보았을 때 냉각수에 오일이 섞여있는 경우는 수냉식 오일 쿨러가 파손되었을 때이다.

3 기관 방열기에 연결된 보조탱크의 역할

① 냉각수의 체적팽창을 흡수한다.

② 장기간 냉각수 보충이 필요 없다.

③ 오버플로(Overflow)되어도 증기만 방출된다.

04 수온조절기 (서모스탯, 정온기)

① 실린더 헤드와 라디에이터 상부 사이에 설치된다.

② 냉각수의 온도를 일정하게 유지할 수 있도록 하는 온도조절 장치로, 65℃에서 열리기 시작하여 85℃가 되면 완전히 열린다.

③ 냉각장치의 수온조절기가 열리는 온도가 낮을 경우는 워밍업 시간이 길어지기 쉽다.

▶ 수온조절기의 고장
• 열린 채 고장 : 과냉의 원인이 된다.
• 닫힌 채 고장 : 과열의 원인이 된다.

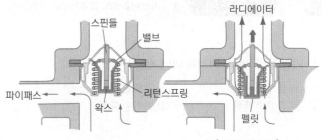

[서모스탯 닫힘]

설정 온도 이하 : 왁스가 수축되어 밸브가 닫힘

[서모스탯 열림]

설정 온도 이상 : 왁스 팽창 → 니들 밸브(케이스에 고정됨)를 밀어냄 → 펠릿이 아래로 내려감 → 밸브가 열림 → 냉각수가 라디에이터로 흐름

⬆ 펠릿형 수온조절기

05 냉각기기

1 워터 펌프

라디에이터 하부 탱크에 냉각된 물을 실린더의 워터재킷에 보내기 위해 강제 순환시킨다. (종류 : 기어 펌프, 원심 펌프)

▶ 워터 재킷이란 기관의 온도를 일정하게 유지하기 위해 설치된 물 통로를 말한다.

2 냉각 팬

기관을 거쳐 라디에이터에 유입된 뜨거운 냉각수를 냉각하기 위해 라디에이터의 방열판 방향으로 외기공기를 끌어들이는 장치이다.

→ 자동차가 빠른 속도로 달릴 때는 자연적 바람에 의해서도 냉각이 이루어질 수 있지만, 느린 속도로 달릴 때나 멈춰 있을 때는 자연적으로 냉각되는 것이 어렵기 때문에 냉각 팬이 필요하다.

① 벨트 구동 방식 : 크랭크 축의 동력을 벨트를 통해 발전기, 워터펌프 등을 구동시킨다.

② 전동팬
• 팬벨트는 필요없다.(모터로 직접 구동)
• 냉각수의 온도(약 85~100℃)에서 간헐적으로 작동한다.
• 전동팬의 작동과 관계없이 물 펌프는 항상 회전한다.

③ 유체 커플링식
냉각수의 온도에 따라서 작동된다.

▶ 기관의 냉각팬이 회전할 때 공기는 방열기 방향으로 분다.
▶ 기관의 전동식 냉각팬은 냉각수 온도에 따라 ON/OFF된다.

★★★★★

1 압력식 라디에이터 캡에 대한 설명으로 옳은 것은?

① 냉각장치 내부압력이 규정보다 낮을 때 공기밸브는 열린다.

② 냉각장치 내부압력이 규정보다 높을 때 진공밸브는 열린다.

③ 냉각장치 내부압력이 부압이 되면 진공밸브는 열린다.

④ 냉각장치 내부압력이 부압이 되면 공기밸브는 열린다.

★★★★

2 기관이 작동 중 라디에이터 캡 쪽으로 물이 상승하면서 연소가스가 누출될 때의 원인은?

① 실린더 헤드에 균열이 생겼다.

② 분사노즐의 동 와셔가 불량하다.

③ 물 펌프에 누설이 생겼다.

④ 라디에이터 캡이 불량하다.

★★★★

3 냉각장치의 수온조절기가 열리는 온도가 낮을 경우 나타나는 현상 설명으로 가장 적합한 것은?

① 엔진의 회전속도가 빨라진다.

② 엔진이 과열되기 쉽다.

③ 워밍업 시간이 길어지기 쉽다.

④ 물 펌프에 부하가 걸리기 쉽다.

> 수온조절기 열림 온도가 정상보다 낮으면 기관이 과냉되어 워밍업 시간이 길어진다. (※ 워밍업 시간 : 시동 후 엔진이 정상 온도까지 걸리는 시간)

★★

4 기관에서 워터펌프의 역할로 맞는 것은?

① 정온기 고장 시 자동으로 작동하는 펌프이다.

② 기관의 냉각수 온도를 일정하게 유지한다.

③ 기관의 냉각수를 순환시킨다.

④ 냉각수 수온을 자동으로 조절한다.

★★★★★

5 냉각수 순환용 물 펌프가 고장났을 때 기관에 나타날 수 있는 현상으로 가장 적합한 것은?

① 기관 과열

② 시동 불능

③ 축전지의 비중 저하

④ 발전기 작동 불능

> 워터펌프가 고장나면 냉각수 순환이 안되므로 기관이 과열된다.

★★★★★

6 디젤기관을 시동시킨 후 충분한 시간이 지났는데도 냉각수 온도가 정상적으로 상승하지 않을 경우 그 고장의 원인이 될 수 있는 것은?

① 냉각팬 벨트의 헐거움

② 수온조절기가 열린 채 고장

③ 물 펌프의 고장

④ 라디에이터 코어 막힘

> 수온조절기(정온기)가 열린 채로 고장이 나면 과냉의 원인이 되고, 닫힌 채로 고장이 나면 과열의 원인이 된다.

★★★

7 냉각장치에 사용되는 전동팬에 대한 설명 중 틀린 것은?

① 냉각수 온도에 따라 작동한다.

② 엔진이 시동되면 회전한다.

③ 팬벨트는 필요 없다.

④ 형식에 따라 차이가 있을 수 있으나, 약 85~100℃에서 간헐적으로 작동한다.

> 전동 팬은 냉각수의 온도에 따라 모터로 직접 구동되므로 엔진의 시동과는 상관없이 작동된다.

★★★

8 기관의 냉각팬에 대한 설명 중 틀린 것은?

① 유체 커플링식은 냉각수의 온도에 따라서 작동된다.

② 전동팬은 냉각수의 온도에 따라 작동된다.

③ 전동팬이 작동되지 않을 때는 물 펌프도 회전하지 않는다.

④ 전동팬의 작동과 관계없이 물 펌프는 항상 회전한다.

> 전동팬은 냉각수 온도에 따라 작동되며, 물펌프는 엔진이 회전하면 전동팬에 관계없이 작동된다.

★★★

9 기관의 냉각팬이 회전할 때 공기가 불어가는 방향은?

① 방열기 방향

② 엔진 방향

③ 상부 방향

④ 하부 방향

> 기관의 냉각팬이 회전할 때 공기는 방열기 방향으로 분다.

정답 ▶ **1** ③ **2** ① **3** ③ **4** ③ **5** ① **6** ② **7** ② **8** ③ **9** ①

chapter **05**

③ 팬벨트의 점검

① 정지된 상태에서 벨트의 중심을 엄지 손가락으로 눌러서 점검한다.
② 팬벨트는 약 10kgf로 눌러서 처짐이 13~20mm 정도로 한다.
③ 팬벨트의 조정은 발전기를 움직이면서 조정한다.
④ 팬벨트가 너무 헐거우면 기관 과열의 원인이 된다.

팬벨트 장력	증상
너무 강할 때	• 기관의 과냉 • 발전기 베어링의 손상 유발
너무 약할 때	• 기관의 과열(오버히팅) • 발전기 출력 저하 유발

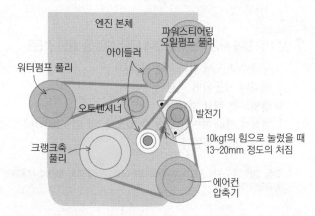

▶ 참고 : 풀리(pully)는 '도르래'를 의미하며, 각 장치 축 끝에 장착되어 벨트(운동전달 매개체)를 끼워 크랭크축의 엔진 동력이 각 장치에 전달되게 한다.

06   냉각수와 부동액

① 주성분 : 냉각수(50%)+부동액(50%)
　→ 냉각수(물)는 0℃에서 빙결되므로 냉각수의 체적이 늘어나 엔진 동파의 원인이 된다. 따라서 부동액을 혼합하여 냉각수를 얼지 않도록 함으로 기관의 수명을 연장할 수 있다.
② 사용 지역의 최저 기온보다 5~10℃ 낮은 온도를 기준으로 혼합한다.

① 부동액의 구비조건

① 물과 쉽게 혼합될 것
② 침전물의 발생이 없을 것
③ 부식성이 없을 것
④ 물보다 비등점은 높고, 응고점은 낮을 것
⑤ 순환성이 좋을 것
⑥ 휘발성이 없을 것
⑦ 팽창계수가 작을 것

② 부동액의 주요 성분

글리세린, 메탄올, 에틸렌 글리콜

▶ 최근의 부동액은 4계절 모두 사용하여도 무방하다.

③ 에틸렌 글리콜의 성질

① 무취성으로 도료를 침식하지 않는다.
② 응고점이 낮다.(-50℃)
③ 불연성이다.
④ 비점이 높아 증발성이 없다.

07   냉각장치 점검

① 과열로 인한 결과

① 윤활유의 점도 저하로 유막이 파괴될 수 있다.
② 열로 인해 부품들의 변형이 발생할 수 있다.
③ 각 작동부분이 열팽창으로 고착될 수 있다.
④ 조기 점화나 노킹으로 인해 출력이 저하된다.
⑤ 금속이 빨리 산화되고 변형되기 쉽다.
⑥ 윤활유의 부족현상이 나타난다.

② 과냉으로 인한 결과

① 혼합기의 기화 불충분으로 출력이 저하된다.
② 연료 소비율이 증대된다.
③ 오일이 희석되어 베어링부의 마멸이 커진다.
④ 엔진오일의 점도가 높아져 엔진 기동 시 회전저항이 커진다.

③ 디젤기관 작동시 과열되는 원인

① 냉각수 양이 적을 때
② 물 재킷 내의 물때가 많을 때
③ 물 펌프 회전이 느릴 때
④ 무리한 부하의 운전을 할 때
⑤ 냉각장치가 고장났을 때
　→ 냉각수 순환용 물펌프의 고장, 라디에이터 코어 막힘 등
⑥ 팬벨트의 유격이 클 때(느슨할 때)
⑦ 수온조절기(정온기)가 닫힌 채로 고장 났을 때
　→ 열린 채 고장일 때는 과냉의 원인

④ 건설기계장비 운전 시 계기판에서 냉각수 경고등이 점등될 때 원인

① 냉각수량이 부족할 때
② 냉각 계통의 물 호스가 파손되었을 때
③ 라디에이터 캡이 열린 채 운행하였을 때
④ 운전자는 작업을 중지하고 점검·정비를 받아야 한다.

1 냉각팬의 벨트 유격이 너무 클 때 일어나는 현상으로 옳은 것은?

① 베어링의 마모가 심하다.
② 강한 텐션으로 벨트가 절단된다.
③ 기관 과열의 원인이 된다.
④ 점화시기가 빨라진다.

> 냉각팬 벨트의 유격이 너무 크다는 것은 느슨하다는 것이고, 냉각효과가 떨어지기 때문에 기관 과열의 원인이 된다.

2 팬벨트의 점검과정으로 가장 적합하지 않은 것은?

① 팬벨트는 눌러(약 10kgf) 처짐이 13~20mm 정도로 한다.
② 팬벨트는 풀리의 밑 부분에 접촉되어야 한다.
③ 팬벨트의 조정은 발전기를 움직이면서 조정한다.
④ 팬벨트가 너무 헐거우면 기관 과열의 원인이 된다.

> 팬벨트가 풀리의 밑 부분이 접촉되면 미끄러지게 된다.

3 작업 중 엔진 온도가 급상승하였을 때 먼저 점검하여야 할 것은?

① 윤활유 수준 점검   ② 과부하 작업
③ 장기간 작업   ④ 냉각수의 양 점검

4 부동액이 구비하여야 할 조건이 아닌 것은?

① 물과 쉽게 혼합될 것
② 침전물의 발생이 없을 것
③ 부식성이 없을 것
④ 비등점이 물보다 낮을 것

> 부동액은 비등점이 물보다 높아야 기관 과열을 방지할 수 있다.

5 부동액의 주요 성분이 될 수 없는 것은?

① 그리스   ② 글리세린
③ 메탄올   ④ 에틸렌글리콜

6 동절기에 기관이 동파되는 원인으로 맞는 것은?

① 냉각수가 얼어서   ② 기동전동기가 얼어서
③ 발전장치가 얼어서   ④ 엔진오일이 얼어서

> 냉각수가 얼면 체적이 늘어나기 때문에 기관이 동파될 수 있다.

7 디젤엔진 과열 원인이 아닌 것은?

① 경유에 공기가 혼입되어 있을 때
② 라디에이터 코어가 막혔을 때
③ 물 펌프의 벨트가 느슨해졌을 때
④ 정온기가 닫힌 채 고장이 났을 때

8 기관 과열의 직접적인 원인이 아닌 것은?

① 팬벨트의 느슨함   ② 라디에이터의 코어 막힘
③ 냉각수 부족   ④ 타이밍 체인의 헐거움

> 타이밍 체인의 헐거움은 밸브개폐시기와 관련이 있다.

9 기관 과열의 주요 원인이 아닌 것은?

① 라디에이터 코어의 막힘
② 냉각장치 내부의 물때 과다
③ 냉각수의 부족
④ 엔진 오일량 과다

> **기관 과열의 원인**
> • 라디에이터 코어 막힘   • 수온조절기가 닫힌채로 고장
> • 냉각장치에 물때가 끼었을 때   • 팬 벨트가 느슨할 때
> • 냉각수의 부족 등

10 기관 과열의 원인과 가장 거리가 먼 것은?

① 팬벨트가 헐거울 때
② 물 펌프 작동이 불량할 때
③ 크랭크축 타이밍기어가 마모되었을 때
④ 방열기 코어가 규정 이상으로 막혔을 때

> 기관 과열의 원인으로는 ①, ②, ④ 이외에도 라디에이터 캡의 고장, 냉각수가 부족, 정온기가 닫힌 채로 고장 등이 있다.

11 건설기계장비 작업시 계기판에서 냉각수 경고등이 점등되었을 때 운전자로서 가장 적합한 조치는?

① 오일량을 점검한다.
② 작업이 모두 끝나면 곧 바로 냉각수를 보충한다.
③ 작업을 중지하고 점검 및 정비를 받는다.
④ 라디에이터를 교환한다.

정답 **1** ③ **2** ② **3** ④ **4** ④ **5** ① **6** ① **7** ① **8** ④ **9** ④ **10** ③ **11** ③

03 | 윤활장치

[출제문항수 : 1~2문제] 이 섹션도 전체에서 골고루 출제되나 그 중 윤활유의 작용, 조건, 점도지수 등에서 출제가 좀 더 되는 편입니다.

01 윤활 작용

엔진에는 마찰 부분과 회전 베어링이 많아서 마모를 막는 장치가 필요한데 이것을 윤활 장치라고 하며, 윤활제로 엔진 오일을 사용한다.

1 윤활유의 작용

① 마찰감소 및 마멸방지 작용 : 기관의 마찰 및 섭동부에 유막을 형성하여 윤활작용을 함으로써 마찰을 방지하고 마모를 감소시킨다.

② 냉각 작용 : 기관 각부의 운동 및 마찰로 인해 생긴 열을 흡수하여 방열하는 작용을 한다.

③ 세척 작용 : 기관 내를 순환하며 먼지, 오물 등을 흡수하여 여과기로 보내는 작용을 한다.

④ 밀봉(기밀) 작용 : 피스톤과 실린더 사이에 유막을 형성하여 가스의 누설을 차단한다.

⑤ 방청 작용 : 기관의 금속 부분이 산화 및 부식되는 것을 방지하는 작용을 한다.

⑥ 충격완화 및 소음 방지작용 : 기관의 운동부에서 발생하는 충격을 흡수하고 마찰음 등의 소음을 방지하는 작용을 한다.

⑦ 응력 분산 : 기관의 국부적인 압력을 분산시키는 작용을 한다.

2 윤활유의 구비조건

① 인화점, 발화점이 높아야 한다.

② 응고점이 낮아야 한다.

③ 온도에 의하여 점도가 변하지 않아야 한다.

④ 열전도가 양호해야 한다.

⑤ 산화에 대한 저항이 커야 한다.

⑥ 카본 생성이 적어야 한다.

⑦ 강인한 유막을 형성해야 한다.

⑧ 비중이 적당해야 한다.

3 윤활유 첨가제

① 산화 방지제   ② 부식 방지제

③ 청정 분산제   ④ 점도지수 향상제

⑤ 기포 방지제   ⑥ 유성 향상제

02 윤활유의 종류와 특성

1 윤활유의 종류

윤활제에는 광물성 윤활유와 식물성 윤활유가 있으며 형태에 따라 액체, 고체, 반고체로 크게 나눌 수 있다.

① 윤활제

• 액체상태(윤활유) : 광유, 지방유, 혼성유(광유+지방유)

• 반고체(그리스) : 건설기계의 작업장치 연결부(작동부) 니플에 주유 → 장비의 그리스 주입은 정기적으로 하는 것이 좋다.

• 고체 윤활제

– 고체자체 (MoS_2, PbO, 흑연)

– 반고체와 혼합된 것 (그리스+고체물질)

– 액체와 혼합된 것 (광유+고체물질)

② 점도에 의한 분류 : SAE 분류를 일반적으로 사용

계절	겨울	봄·가을	여름
SAE 번호	10~20	30	40~50

2 점도 및 점도지수

① 점도 : 오일의 끈적끈적한 정도를 나타내는 것으로 윤활유 흐름의 저항을 나타낸다.

• 점도가 높으면 : 유동성이 저하된다.

• 점도가 낮으면 : 유동성이 좋아진다.

▶ 윤활유의 점도가 너무 높으면 엔진 시동시 필요 이상의 동력이 소모된다.

▶ 기관오일 압력이 높아지는 이유 : 오일의 점도가 높을 때

② 점도지수 : 온도변화에 따른 점도 변화

• 점도지수가 크면 : 점도 변화가 적다.

• 점도지수가 작으면 : 점도 변화가 크다.

③ 점도가 다른 두 종류를 혼합하거나 제작사가 다른 오일을 혼합하여 사용하면 안된다.

▶ 계절별 점도지수 : 여름 > 겨울

겨울철에 사용하는 엔진오일은 여름철에 사용하는 오일보다 점도가 낮아야 한다.

1 다음 중 윤활유의 기능으로 모두 맞는 것은?

① 마찰감소, 스러스트작용, 밀봉작용, 냉각작용
② 마멸방지, 수분흡수, 밀봉작용, 마찰증대
③ 마찰감소, 마멸방지, 밀봉작용, 냉각작용
④ 마찰증대, 냉각작용, 스러스트작용, 응력분산

> 윤활유의 기능은 마찰감소 및 마멸방지, 냉각작용, 밀봉작용, 방청작용, 세척작용, 충격완화 및 소음방지, 응력분산이다.

2 엔진오일을 사용하는 곳이 아닌 것은?

① 피스톤 ② 크랭크축
③ 습식 공기청정기 ④ 차동기어장치

3 기관에서 윤활유 사용목적으로 틀린 것은?

① 발화성을 좋게 한다.
② 마찰을 적게 한다.
③ 냉각작용을 한다.
④ 실린더 내의 밀봉작용을 한다.

4 건설기계 기관에서 사용하는 윤활유의 주요 기능이 아닌 것은?

① 기밀작용 ② 방청작용
③ 냉각작용 ④ 산화작용

5 엔진 윤활유의 기능이 아닌 것은?

① 윤활작용 ② 냉각작용
③ 연소작용 ④ 방청작용

6 엔진 윤활유에 대하여 설명한 것 중 틀린 것은?

① 온도에 의하여 점도가 변하지 않아야 한다.
② 유막이 끊어지지 않아야 한다.
③ 인화점이 낮은 것이 좋다.
④ 응고점이 낮은 것이 좋다.

> 윤활유는 인화점과 발화점이 높고 응고점이 낮아야 한다.

7 굴착기의 작업장치 연결부(작동부) 니플에 주유하는 것은?

① G.A.A(그리스)
② SAE #30(엔진오일)
③ G.O(기어오일)
④ H.O(유압유)

> 작업장치의 연결부위 등에서는 그리스가 사용된다.

8 기관에 사용되는 윤활유 사용방법으로 옳은 것은?

① 계절과 윤활유 SAE 번호는 관계가 없다.
② 겨울은 여름보다 SAE 번호가 큰 윤활유를 사용한다.
③ SAE 번호는 일정하다.
④ 여름용은 겨울용보다 SAE 번호가 크다.

> 여름에는 점도가 높은 것(SAE 번호가 큰 것)을 사용하고, 겨울에는 점도가 낮은(SAE 번호가 작은 것) 오일을 사용하여야 한다.

9 엔진오일에 대한 설명으로 맞는 것은?

① 엔진을 시동 후 유압경고등이 꺼지면 엔진을 멈추고 점검한다.
② 겨울보다 여름에는 점도가 높은 오일을 사용한다.
③ 엔진오일에는 거품이 많이 들어있는 것이 좋다.
④ 엔진오일 순환상태는 오일 레벨게이지로 확인한다.

10 점도지수가 큰 오일의 온도변화에 따른 점도변화는?

① 크다. ② 작다.
③ 불변이다. ④ 온도와는 무관하다.

> 점도지수는 온도에 따른 점도 변화를 나타내는 수치로, 점도지수가 높을수록 온도 변화에 따른 점도 변화는 작아진다.

11 엔진오일 교환 후 압력이 높아졌다. 그 원인으로 가장 적절한 것은?

① 엔진오일 교환시 냉각수가 혼입되었다.
② 오일의 점도가 낮은 것으로 교환하였다.
③ 오일회로 내 누설이 발생하였다.
④ 오일 점도가 높은 것으로 교환하였다.

> 오일 점도가 높으면 압력이 높아질 수 있다.

chapter 05

1 4행정 사이클 기관의 윤활 방식

① 비산식 : 오일펌프가 없고 커넥팅 로드 대단부 끝에 오일디퍼가 오일을 퍼올려 비산시킴으로 윤활유를 급유하는 방식이다. 소형기관에서 사용된다.

② 압송식 : 오일펌프로 오일 팬 내에 있는 오일을 각 윤활 부분에 압송시켜 공급하는 방식으로 가장 일반적으로 사용된다.

③ 비산 압송식 : 압송식과 비산식을 혼합한 방식으로 오일 펌프와 디퍼를 모두 가지고 있다.

- 크랭크 축 베어링, 캠 축 베어링, 밸브기구 등은 오일 펌프를 사용한 압송식으로 윤활된다.
- 실린더, 피스톤 핀 등은 비산식으로 윤활된다.

2 오일의 여과 방식

① 전류식 : 오일펌프에서 나온 오일 전부를 오일 여과기에서 여과한 다음 윤활 부분으로 보낸다.

② 분류식 : 오일펌프에서 나온 오일을 일부는 윤활부분으로 직접 공급하고 일부는 여과기를 통해 여과한 후 오일 팬으로 되돌아간다.

③ 샨트식 : 전류식과 분류식을 합친 방식으로, 여과된 오일이 크랭크 케이스로 돌아가지 않고 각 윤활부로 공급되는 방식이다.

▶ **바이패스 밸브**
여과기(필터)가 막힐 경우 여과기를 통하지 않고 직접 윤활부로 윤활유를 공급하는 밸브이다.

▶ **2행정 사이클의 윤활 방식**
① 혼기식(혼합식) : 기관 오일과 가솔린을 15~25:1의 비율로 미리 혼합하여 크랭크 케이스 안에 흡입할 때와 실린더의 소기를 할 때 마찰부분을 윤활한다.
② 분리 윤활식 : 주요 윤활 부분에 오일 펌프로 오일을 압송하는 형식으로 4행정 기관의 압송식과 같은 방식이다.

▶ 점도가 다른 두 종류를 혼합하거나 제작사가 다른 오일을 혼합하여 사용하면 안된다.

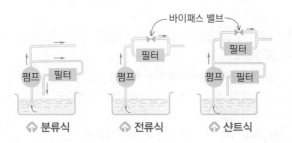

⇧ 분류식   ⇧ 전류식   ⇧ 샨트식

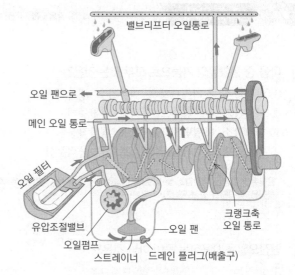

⇧ 압송식 윤활장치

1 오일 팬과 스트레이너

① 오일 팬
- 엔진오일 저장용기로 오일의 방열작용을 한다.
- 내부에 격리판(배플)이 설치되어 있다.
- 경사지에서도 오일이 충분히 송급하기 위한 섬프(Sump)와 오일 배출을 위한 드레인 플러그가 있다.

② 오일 스트레이너(Oil Strainer) : 오일 펌프의 흡입구에 설치되어 큰 입자의 불순물을 제거한다.

2 오일 여과기(오일 필터)

기관의 마찰 부분이나 섭동 부분에서 발생한 금속 분말과 연소에 의한 카본 등을 여과하여 오일을 깨끗한 상태로 유지하는 장치이다. 엘리먼트 교환식과 일체식으로 구분된다.

① 여과기가 막히면 유압이 높아진다.
② 여과능력이 불량하면 부품의 마모가 빠르다.
③ 작업 조건이 나쁘면 교환시기를 빨리한다.
④ 엘리먼트 교환식은 엘리먼트 청소 시 세척하여 사용한다.
⑤ 일체식은 엔진오일 교환 시 여과기도 같이 교환한다.

▶ 엔진오일 여과기가 막히는 것을 대비해서 바이패스 밸브를 설치한다.
▶ 건설기계 기관에서 사용되는 여과장치 : 공기청정기, 오일필터, 오일 스트레이너

③ 오일 펌프

① 오일 팬에 있는 오일을 빨아올려 기관의 각 운동 부분에 압송하는 펌프로서, 보통 오일 팬 안에 설치된다.

② 크랭크축 또는 캠축에 의해 기어나 체인으로 구동되는데, 구조에 따라 기어 펌프, 로터 펌프, 플런저 펌프, 베인 펌프 등이 있다.

→ 4행정기관은 주로 기어식을 사용하며, 2행정기관은 플런저(Plunger)식이 사용되고 있다.

④ 유압 조절 밸브(유압 조정기)

① 과도한 압력 상승과 유압 저하를 방지한다.

② 오일펌프의 압력조절 밸브를 조정하여 스프링 장력을 높게 하면 유압이 높아지고, 낮게 하면 유압이 낮아진다.

③ 압력조절 밸브가 불량이면 기관의 윤활유 압력이 규정보다 높게 표시될 수 있다.

⑤ 오일 압력계 (유압계)

① 계기판을 통해 엔진오일의 순환상태를 확인

② 유압경고등 : 시동시 점등된 후 꺼지면 유압이 정상이다.

③ 기관의 오일 압력계 수치가 낮은 경우
- 크랭크축 오일 틈새가 크다.
- 크랭크 케이스에 오일이 적다.
- 오일펌프가 불량하다.

 ▶ 건설기계 정비에서 기관을 시동한 후 정상운전 가능 상태를 확인하기 위해 운전자가 가장 먼저 점검해야 할 것 : 오일 압력계

⑥ 오일의 교환 및 점검

① 엔진오일의 교환
- 엔진에 알맞은 오일을 선택한다.
- 주유할 때 사용지침서 및 주유표에 의한다.
- 오일교환 시기를 맞춘다.

② 엔진오일의 오염 상태
- 검정색에 가까울 때 : 심하게 오염 (불순물 오염)
- 붉은색을 띄고 있을 때 : 가솔린이 유입되었다.
- 우유색을 띄고 있을 때 : 냉각수가 섞여있다.

③ 오일의 양 점검 : 평탄하고 안전한 곳에서 엔진을 정지시킨 다음 약 5분 후 점검하며, 오일 게이지의 Full 선과 Low 선 사이에 있으면 정상이나, Full 선에 가까이 있는 것이 좋다.

 ▶ 사용 중인 엔진 오일량이 처음보다 증가하였을 때 주 원인은 오일에 냉각수가 혼입되었을 때이다.

① 엔진의 윤활유 압력이 낮은 원인

① 윤활유 펌프의 성능이 좋지 않다.

② 윤활유의 양이 부족하다.

③ 오일의 점도가 낮다.

④ 기관의 각 부(오일펌프 등)의 마모가 심하다.

⑤ 윤활유 압력 릴리프 밸브가 열린 채 고착되어 있다.

⑥ 크랭크축 오일 틈새가 크다.

⑦ 크랭크 케이스에 오일이 적다.

 ▶ 엔진오일의 점도가 지나치게 높을 경우는 엔진오일 압력이 규정 이상으로 높아질 수 있다.

② 엔진오일 압력 경고등이 켜지는 경우

① 오일이 부족할 때

② 오일 필터가 막혔을 때

③ 윤활계통이 막혔을 때

④ 오일 드레인 플러그가 열렸을 때

③ 엔진오일이 많이 소비되는 원인

① 피스톤, 피스톤링의 마모가 심할 때

② 실린더의 마모가 심할 때

③ 밸브가이드의 마모가 심할 때

④ 계통에서 오일의 누설이 발생할 때

④ 엔진에서 오일의 온도가 상승되는 원인

① 과부하 상태에서 연속작업할 때

② 오일 냉각기가 불량할 때

③ 오일의 점도가 너무 높을 때

④ 오일이 부족할 때

⑤ 동절기에 대비한 기관의 예방 정비사항

① 윤활유 점도는 하절기에 비해 낮은 것을 사용한다.

② 작업 후 연료는 탱크에 가득 채워둔다.

③ 부동액은 사계절용 부동액을 사용한다.

 ▶ **냉각수에 엔진오일이 혼합되는 원인**
실린더 헤드 개스킷이 파손되면 손상된 틈 사이로 엔진오일이 새어 나와 냉각수 통로로 유입되어 냉각수와 혼합될 수 있다.

chapter 05

1 오일의 여과방식이 아닌 것은? ★★★★

① 자력식 ② 분류식
③ 전류식 ④ 샨트식

> 오일여과방식은 분류식, 전류식, 샨트식이 있다.

2 윤활방식 중 오일펌프로 급유하는 방식은? ★★★★★

① 비산식 ② 압송식
③ 분사식 ④ 비산분무식

> 4행정 기관의 주된 윤활방식은 오일펌프로 공급하는 압송식이다. 참고로 비산식은 주걱모양의 디퍼를 이용하여 공급한다.

3 윤활유 공급펌프에서 공급된 윤활유 전부가 엔진오일 필터를 거쳐 윤활부로 가는 방식은? ★★★★

① 분류식 ② 자력식
③ 전류식 ④ 샨트식

> 윤활오일 전부를 여과하여 윤활부로 보내는 것이 전류식이며, 일부만 여과기를 거쳐 윤활부로 가는 것은 분류식이다.

4 기관의 엔진오일 여과기가 막히는 것을 대비해서 설치하는 것은? ★★

① 체크 밸브(Check Valve)
② 바이패스 밸브(Bypass Valve)
③ 오일 디퍼(Oil Dipper)
④ 오일 팬(Oil Pan)

> 오일 여과기(필터)가 막히면 윤활부분에 오일이 공급되지 않으므로 바이패스 밸브를 두어 여과기가 막힐 경우 여과기를 거치지 않고 각 윤활부에 윤활유를 공급한다.

5 오일팬(Oil Pan)에 대한 설명으로 틀린 것은? ★★

① 엔진오일 저장용기다.
② 오일의 온도를 높인다.
③ 내부에 격리판이 설치되어 있다.
④ 오일 드레인 플러그가 있다.

6 오일펌프의 압력조절 밸브를 조정하여 스프링 장력을 높게 하면 어떻게 되는가? ★★

① 유압이 높아짐
② 윤활유 점도가 증가
③ 유압이 낮아짐
④ 유량의 송출량 증가

7 기관에서 사용되는 여과장치가 아닌 것은? ★★

① 공기청정기 ② 오일필터
③ 오일 스트레이너 ④ 인젝션 타이머

> 인젝션 타이머는 연료의 분사시기를 조정한다.

8 오일 여과기에 대한 사항으로 틀린 것은? ★★★★★

① 여과기가 막히면 유압이 높아진다.
② 엘리먼트 청소는 압축공기를 사용한다.
③ 여과 능력이 불량하면 부품의 마모가 빠르다.
④ 작업 조건이 나쁘면 교환 시기를 빨리한다.

> 엘리먼트 청소는 세척하여 사용한다.

9 윤활장치에서 오일여과기의 역할은? ★★★

① 오일의 역순환 방지 작용
② 오일에 필요한 방청 작용
③ 오일에 포함된 불순물 제거 작용
④ 오일 계통에 압송 작용

> 기관의 마찰부분에서 발생한 오일속의 오물이나 불순물 등을 제거하는 작용을 한다.

10 오일량은 정상이나 오일압력계의 압력이 규정치보다 높을 경우 조치사항으로 맞는 것은? ★★★★

① 오일을 보충한다.
② 오일을 배출한다.
③ 유압조절밸브를 조인다.
④ 유압조절밸브를 푼다.

> 오일펌프의 압력조절밸브를 조정하여 스프링 장력을 높게 하면 유압이 상승되고 풀어주면 유압이 낮아진다.

정답 ▶ **1** ① **2** ② **3** ③ **4** ② **5** ② **6** ① **7** ④ **8** ② **9** ③ **10** ④

11 기관의 윤활유 압력이 규정보다 높게 표시될 수 있는 원인으로 옳은 것은?

① 엔진오일 실(Seal) 파손　② 오일 게이지 휨
③ 압력조절 밸브 불량　④ 윤활유 부족

압력조절밸브가 작동되지 않으면 압력이 높게 표시될 수 있다.

12 엔진 오일량 점검에서 오일게이지에 상한선(Full)과 하한선(Low) 표시가 되어 있을 때 가장 적합한 것은?

① Low 표시에 있어야 한다.
② Low와 Full 표시 사이에서 Low에 가까이 있으면 좋다.
③ Low와 Full 표시 사이에서 Full에 가까이 있으면 좋다.
④ Full 표시 이상이 되어야 한다.

엔진오일은 기관정지 상태에서 오일 게이지의 Low와 Full선 사이에 있으면 정상이고 Full선 가까이 있으면 좋다.

13 엔진오일이 우유색을 띄고 있을 때의 주된 원인은?

① 가솔린이 유입되었다.　② 연소가스가 섞여 있다.
③ 경유가 유입되었다.　④ 냉각수가 섞여 있다.

• 검정색 : 심하게 오염된 상태　• 붉은색 : 가솔린의 유입
• 우유색 : 냉각수의 유입

14 기관의 오일레벨 게이지에 대한 설명으로 틀린 것은?

① 윤활유 레벨을 점검할 때 사용한다.
② 윤활유 점도 확인 시에도 활용된다.
③ 기관의 오일 팬에 있는 오일을 점검하는 것이다.
④ 기관 가동 상태에서 게이지를 뽑아서 점검한다.

엔진오일은 평탄한 장소에서 기관을 정지시킨 후 5~10분이 경과한 다음 점검한다.

15 엔진오일 압력 경고등이 켜지는 경우가 아닌 것은?

① 오일이 부족할 때
② 오일 필터가 막혔을 때
③ 오일 회로가 막혔을 때
④ 엔진을 급가속시켰을 때

엔진오일 압력경고등은 ①~③ 등의 이유로 오일 압력이 낮아질 때 켜진다.

16 기관에 사용되는 윤활유의 소비가 증대될 수 있는 두 가지 원인은?

① 연소와 누설　② 비산과 압력
③ 희석과 혼합　④ 비산과 희석

윤활유는 실린더 내에서의 연소 및 누설에 의해 소모가 증대된다.

17 엔진오일이 많이 소비되는 원인이 아닌 것은?

① 피스톤링의 마모가 심할 때
② 실린더의 마모가 심할 때
③ 기관의 압축 압력이 높을 때
④ 밸브가이드의 마모가 심할 때

피스톤이나 실린더, 피스톤링 등의 마멸이 생기면 오일이 연소실로 올라가 연소되므로 오일 소비량이 많아진다.

18 엔진에서 오일의 온도가 상승되는 원인이 아닌 것은?

① 과부하 상태에서 연속작업
② 오일 냉각기의 불량
③ 오일의 점도가 부적당할 때
④ 유량의 과다

19 기관의 오일 압력이 낮은 경우와 관계없는 것은?

① 아래 크랭크 케이스에 오일이 적다.
② 크랭크축 오일 틈새가 크다.
③ 오일펌프가 불량하다.
④ 오일 릴리프밸브가 막혔다.

오일 릴리프밸브가 막혔을 경우는 오일의 압력이 과도하게 높아질 수 있다.

20 디젤기관의 윤활유 압력이 낮은 원인이 아닌 것은?

① 점도지수가 높은 오일을 사용하였다.
② 윤활유의 양이 부족하다.
③ 오일펌프가 과대 마모되었다.
④ 윤활유 압력 릴리프밸브가 열린 채 고착되어 있다.

오일의 점도(끈끈한 정도)가 높으면 오일의 압력이 높아진다.

04 디젤 연료장치

[출제문항수 : 1~2문제] 전체적을 학습하여야 합니다만, 연소실의 종류 및 특징, 노킹 및 엔진 부조, 연료의 성질(세탄가), 분사펌프 및 분사노즐, 기타 연료기기 등에서 출제가 많이 됩니다.

01 연소실의 종류

1 직접 분사식

실린더 헤드와 피스톤 헤드로 만들어진 단일 연소실 내에 직접 연료를 분사하는 방법이다.
① 보조연소실이 없으므로 예열플러그를 두지 않는다.
② 직접분사식에 가장 적합한 노즐 : 구멍형(홀형) 노즐

장점	• 구조 간단, 실린더 헤드 구조가 간단 • 냉각에 의한 열손실이 적음, 열효율이 높음 • 연료소비율이 낮음
단점	• 분사 압력이 높아 분사 펌프와 노즐 등의 수명이 짧다. • 분사 노즐의 상태와 연료의 질에 민감하다. • 연료계통의 연료누출의 염려가 크다. • 노크가 일어나기 쉽다.

2 예연소실식

① 피스톤과 실린더 헤드 사이에 주연소실 이외에 별도의 부실을 갖춘 것으로, 분사 압력이 비교적 낮다.
② 시동 보조장치인 예열플러그가 필요하다.
③ 예연소실은 주연소실보다 작다.

장점	• 분사 압력이 낮아 연료장치의 고장이 적다. • 연료 성질 변화에 둔하고 선택범위가 넓다. • 착화지연이 짧아 노크가 적다.
단점	• 연소실 표면이 커서 냉각 손실이 많다. • 연료 소비율이 약간 많고 구조가 복잡하다.

3 와류실식

노즐 가까이에서 많은 공기 와류를 얻을 수 있도록 설계한 것이다.

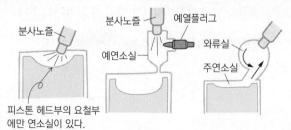

피스톤 헤드부의 요철부에만 연소실이 있다.

⬆ 직접 분사식　　⬆ 예연소실식　　⬆ 와류실식

4 공기실식

예연소실식과 와류실식의 경우 부실에 분사 노즐이 설치되어 있음에 비해서, 이 형식은 부실의 대칭되는 위치에 노즐이 설치되어 있다.

▶ 직접분사식은 구멍형 노즐을 사용하며 예연소실식, 와류실식, 공기실식은 핀틀형 노즐을 사용한다.

02 디젤 노킹 (Knocking)

디젤 노킹은 착화 지연 기간 중 분사된 다량의 연료가 화염 전파 기간 중 일시적으로 이상 연소가 되어 급격한 압력 상승이나 부조 현상이 되는 상태를 말한다.

1 노킹의 원인

① 착화기간 중 분사량이 많다.
② 노즐의 분무상태가 불량하다.
③ 기관이 과냉되어 있다.
④ 연료의 세탄가가 너무 낮다.
⑤ 연료의 분사 압력이 낮다.
⑥ 착화지연 시간이 길다.

2 노킹이 발생되었을 때 디젤 기관에 미치는 영향

① 연소실 온도가 상승되며, 기관이 과열된다.
② 엔진에 손상이 발생할 수 있다.
③ 기관의 출력 및 흡기 효율이 저하된다.

3 기관의 노크 방지방법

① 착화지연시간을 짧게 한다.
② 착화성이 좋은 연료(세탄가가 높은 연료)를 사용한다.
③ 압축비를 높여 실린더 내의 압력·온도를 상승시킨다.
④ 연소실 내에서 공기 와류가 일어나도록 한다.
⑤ 냉각수의 온도를 높여서 연소실 벽의 온도를 높게 유지한다.
⑥ 착화기간 중의 분사량을 적게 한다.

기출문제

1 디젤엔진의 연소실에는 연료가 어떤 상태로 공급되는가?

① 기화기와 같은 기구를 사용하여 연료를 공급한다.
② 노즐로 연료를 안개와 같이 분사한다.
③ 가솔린 엔진과 동일한 연료 공급펌프로 공급한다.
④ 액체 상태로 공급한다.

2 기관의 연소실 방식에서 흡기 가열식 예열장치를 사용하는 것은?

① 직접분사식   ② 예연소실식
③ 와류실식   ④ 공기실식

직접 분사실식은 흡기가열의 방법을 사용한다. 예연소실식, 와류실식, 공기실식은 보조연소실이 있어 예열플러그가 필요하다.

3 직접분사식 엔진의 장점 중 틀린 것은?

① 구조가 간단하므로 열효율이 높다.
② 연료의 분사압력이 낮다.
③ 실린더 헤드의 구조가 간단하다.
④ 냉각에 의한 열 손실이 적다.

직접 분사실식은 분사압력이 높아 펌프와 노즐의 수명이 짧다.

4 예연소실식 연소실에 대한 설명으로 거리가 먼 것은?

① 예열플러그가 필요하다.
② 사용 연료의 변화에 민감하다.
③ 예연소실은 주연소실 보다 작다.
④ 분사압력이 낮다.

5 다음 [보기]에 나타낸 것은 어느 구성품을 형태에 따라 구분한 것인가?

—[보기]—
직접분사식, 예연소실식, 와류실식, 공기실식

① 연료분사장치
② 연소실
③ 기관구성
④ 동력전달장치

6 디젤기관에서 노킹을 일으키는 원인으로 맞는 것은?

① 흡입공기의 온도가 높을 때
② 착화지연기간이 짧을 때
③ 연료에 공기가 혼입되었을 때
④ 연소실에 누적된 연료가 많이 일시에 연소할 때

노킹이란 연소실에 누적된 연료가 많아 일시에 연소하기 때문에 발생하며 급격한 압력상승이나 엔진부조현상 등을 일으킨다.

7 디젤기관의 노킹 발생 원인과 가장 거리가 먼 것은?

① 착화기간 중 분사량이 많다.
② 노즐의 분무상태가 불량하다.
③ 고세탄가 연료를 사용하였다.
④ 기관이 과냉되어 있다.

8 디젤기관에서 노킹의 원인이 아닌 것은?

① 연료의 세탄가가 높다.
② 연료의 분사압력이 낮다.
③ 연소실의 온도가 낮다.
④ 착화지연 시간이 길다.

9 작업 중인 건설기계 기관에서 노킹이 발생하였을 때 기관에 미치게 되는 영향으로 틀린 것은?

① 기관의 출력이 낮아진다.
② 기관의 회전수가 높아진다.
③ 기관이 과열된다.
④ 기관의 흡기 효율이 저하된다.

10 디젤기관의 노킹발생 방지대책에 해당되지 않는 것은?

① 착화성이 좋은 연료를 사용한다.
② 분사 시 공기온도를 높게 유지한다.
③ 연소실 벽 온도를 높게 유지한다.
④ 압축비를 낮게 유지한다.

디젤기관의 노킹 발생을 방지하기 위해서는 압축비를 높여야 한다.

chapter 05

정답 1② 2① 3② 4② 5② 6④ 7③ 8① 9② 10④

03 엔진 부조(떨림)

① 엔진부조 발생의 원인
　① 거버너 작용 불량
　② 분사량, 분사시기 조정불량
　③ 연료의 압송불량
　④ 연료 라인의 공기 혼입

② 디젤기관의 실화(Miss Fire)
　① 정상연소가 되지 못하고 폭발되지 않은 상태로 부조현상이 생긴다.
　② 기관 회전이 불량해지는 원인이 된다.

③ 작업중 엔진부조를 하다가 시동이 꺼졌을 때의 원인
　① 연료필터의 막힘
　② 연료탱크 내에 물이나 오물의 과다
　③ 연료연결 파이프의 손상으로 인한 누설
　④ 분사노즐의 막힘
　⑤ 연료 공급펌프의 고장

04 연료의 성질

① 착화성 (디젤연료에 필요)
압축행정에 의해 흡입공기에 압력을 가하여 뜨거워진 공기에 연료를 분사시켜 연소되는 것

② 인화성 (가솔린 연료에 필요)
스스로 발화하는 것이 아니라 다른 발화인자에 의해 연소되는 것 → 경유는 가솔린에 비하여 인화성은 떨어지나 착화성이 좋다.

③ 세탄가
디젤 연료의 착화성을 나타내는 척도를 말한다.

 ▶ 옥탄가는 휘발유의 특성을 나타내는 수치 중 하나로, 노킹에 대한 저항성을 의미한다.

④ 디젤 연료의 구비조건
　① 착화성이 좋고, 인화점이 높아야 한다.
　② 연소 후 카본 생성이 적어야 한다.
　③ 불순물과 유황성분이 없어야 한다.

 ▶ 경유의 중요한 성질 : 비중, 착화성, 세탄가

⑤ 연료 취급시 주의사항
　① 연료 주입시 불순물(물이나 먼지 등)이 혼합되지 않도록 한다.
　② 정기적으로 드레인 콕을 열어 연료 탱크 내의 수분을 제거한다.
　③ 연료 취급 시 화기에 주의한다.
　④ 드럼통으로 연료를 운반했을 경우 불순물을 침전시킨 후 침전물이 혼합되지 않도록 주입한다.

 ▶ 작업 후 탱크에 연료를 가득 채워주는 이유
　• 연료의 기포방지를 위해서
　• 다음의 작업을 위해서
　• 공기 중의 수분이 응축되어 물이 생기기 때문에

▶ 기관의 노크 방지법 비교

조건	디젤 노크	가솔린 노크
압축비	높인다	낮춘다
흡기온도	높인다	낮춘다
실린더 벽 온도	높인다	낮춘다
흡기압력	높인다	낮춘다
연료 착화 지연	짧게 한다	길게 한다

05 연료 공급 펌프와 연료 여과기

① 연료 공급 펌프
　① 연료 탱크의 연료를 분사 펌프 저압부까지 공급하는 펌프로 연료 분사 펌프에 부착되어서 캠축에 의하여 구동된다.
　② 종류 : 플런저식(피스톤식), 기어식, 베인식 등

② 연료 여과기
　① 연료 공급펌프와 연료 분사펌프 사이에 설치되어 연료 속의 불순물, 수분, 먼지 등을 제거한다.
　② 내부에는 연료 과잉량을 탱크로 되돌려 보내는 오버플로우 밸브가 있다.

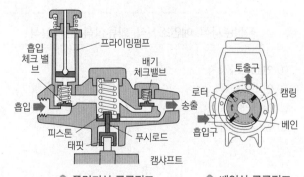

⬆ 플런저식 공급펌프　　⬆ 베인식 공급펌프

1 디젤 노크의 방지방법으로 가장 적합한 것은? ★★

① 착화지연시간을 길게 한다.
② 압축비를 높게 한다.
③ 흡기압력을 낮게 한다.
④ 연소실 벽의 온도를 낮게 한다.

2 건설기계장비로 현장에서 작업시 온도계기는 정상인데 엔진부조가 발생하기 시작했다. 다음 중 점검사항으로 가장 적합한 것은? ★

① 연료계통을 점검 ② 충전계통을 점검
③ 윤활계통을 점검 ④ 냉각계통을 점검

3 디젤 기관에서 연료 라인에 공기가 혼입되었을 때 현상으로 맞는 것은? ★★★★★

① 분사압력이 높아짐
② 디젤 노크가 일어남
③ 연료 분사량이 많아짐
④ 기관 부조 현상이 발생

> 연료라인에 공기가 유입되면 연료 공급이 불량하여 연소가 나빠져 부조현상이 발생할 수 있다.

4 일반적으로 디젤기관에서 흡입공기 압축 시 압축온도는 약 얼마인가? ★

① 200~300℃ ② 500~550℃
③ 1100~1150℃ ④ 1500~1600℃

5 디젤기관에서 부조 발생의 원인이 아닌 것은? ★★

① 발전기 고장 ② 거버너 작용 불량
③ 분사시기 조정 불량 ④ 연료의 압송 불량

> 기관의 부조는 연료계통의 불량에서 생긴다.

6 기관에서 실화(Miss Fire)가 일어났을 때의 현상으로 맞는 것은? ★★★★★

① 엔진의 출력이 증가 ② 연료소비가 적다.
③ 엔진이 과냉한다. ④ 엔진회전이 불량

7 디젤기관에서 연료가 정상적으로 공급되지 않아 시동이 꺼지는 현상이 발생되었다. 그 원인으로 적합하지 않은 것은? ★★★★

① 연료파이프 손상
② 프라이밍 펌프 고장
③ 연료 필터 막힘
④ 연료탱크 내 오물 과다

8 연료의 세탄가와 가장 밀접한 관련이 있는 것은? ★★★★

① 열효율 ② 폭발압력
③ 착화성 ④ 인화성

9 건설기계에서 사용하는 경유의 중요한 성질이 아닌 것은? ★★

① 옥탄가 ② 비중
③ 착화성 ④ 세탄가

10 작업현장에서 드럼 통으로 연료를 운반했을 경우 올바른 주유 방법은? ★★★

① 연료가 도착하면 즉시 주입한다.
② 수분이 있는가를 확인 후 즉시 주입한다.
③ 불순물을 침전시킨 후 침전물이 혼합되지 않도록 주입한다.
④ 불순물을 침전시켜서 모두 주입한다.

11 연료 취급에 관한 설명으로 가장 거리가 먼 것은? ★★

① 연료 주입은 운전 중에 하는 것이 효과적이다.
② 연료 주입 시 물이나 먼지 등의 불순물이 혼합되지 않도록 주의한다.
③ 정기적으로 드레인콕을 열어 연료탱크 내의 수분을 제거한다.
④ 연료를 취급할 때에는 화기에 주의한다.

12 겨울철에 연료탱크를 가득 채우는 주된 이유는? ★★★★★

① 연료가 적으면 증발하여 손실되므로
② 연료가 적으면 출렁거리기 때문에
③ 공기 중의 수분이 응축되어 물이 생기기 때문에
④ 연료 게이지에 고장이 발생하기 때문에

정답 1 ② 2 ① 3 ④ 4 ② 5 ① 6 ④ 7 ② 8 ③ 9 ① 10 ③ 11 ① 12 ③

chapter **05**

▶ 인젝터 간 연료 분사량이 일정하지 않을 때 나타나는 현상
연소 폭발음의 차이로 인해 엔진이 떨리며(부조) 진동이 발생한다.

06 분사펌프 (Injection Pump)

기관에서 연료를 압축하여 분사순서에 맞추어 노즐로 압송시키는 장치로 조속기와 타이머가 설치되어 있다.

1 분사시기 조정기(타이머, Timer)

연료 분사 시기를 조정한다. 즉, 엔진의 속도가 빨라지면 분사시기를 빨리 하고, 속도가 늦어지면 분사 시기를 늦추는 작용을 한다.

2 조속기(거버너, Governor)

① 연료의 분사량을 조절하여 기관의 회전속도를 제어하는 역할을 한다.
② 엔진의 회전 속도나 부하의 변동에 따라 제어 슬리브와 피니언의 관계 위치를 변화시켜 조정한다.

3 딜리버리 밸브(delivery valve)

연료의 역류방지, 연료라인의 잔압유지, 분사노즐의 후적방지

▶ • 분사펌프(인젝션 펌프)는 디젤기관에만 사용된다.
• 분사펌프의 플런저와 배럴 사이의 윤활은 경유로 한다.
• 연료 분사펌프의 기능이 불량하면 엔진이 잘 시동되지 않거나 시동이 되더라도 출력이 약하게 된다.
▶ 디젤엔진이 잘 시동되지 않거나 시동이 되더라도 출력이 약한 원인 → 연료 분사펌프의 기능이 불량할 때

07 분사노즐 (Injector)

실린더 헤드에 설치되어 있고, 분사 펌프에서 고압의 연료를 받아들여 실린더 내에 고압으로 분사한다.

1 연료분사의 3대 요소

① 무화(霧化) : 액체를 미립자화하는 것
② 관통력 : 분사된 연료 입자가 압축된 공기층을 통과하여 먼 곳까지 도달할 수 있는 힘
③ 분포 : 연료의 입자가 연소실 전체에 균일하게 분포

2 분사노즐의 요구조건

① 가혹한 조건(고온, 고압)에서 장기간 사용할 수 있을 것
② 분무를 연소실의 구석구석까지 뿌려지게 할 것
③ 연료를 미세한 안개 모양으로 분사하여 쉽게 착화하게 할 것
④ 후적이 없을 것
└→ 분사노즐에서 연료 분사가 완료 후 노즐 팁에 연료 방울이 생기는 현상으로 엔진 출력 저하, 엔진 과열의 원인이 된다.

3 분사 노즐의 종류

① 개방형 : 구조가 간단하나 분사의 시작과 끝에서 연료의 무화가 나쁘고 후적이 많다.
② 밀폐형 : 연료의 무화가 좋고 후적도 없어서 디젤기관에서 많이 사용되나 구조가 복잡하고 가공이 어렵다. 핀틀(Pintle)형, 스로틀(Throttle)형, 홀(Hole)형이 있다.

▶ 디젤기관의 연료 분사노즐에서 섭동 면의 윤활은 경유로 한다.

4 연료분사노즐 테스터기

연료의 분포상태, 연료 후적 유무, 연료분사 개시압력 등을 테스트한다.(연료분사시간은 테스트하지 않는다.)

08 커먼레일(common rail) 연료분사장치

커먼레일은 연료를 고압으로 연소실에 분사하기 위하여 고압 연료펌프로부터 이송된 연료가 고압으로 저장되는 커먼레일(연료분배관)을 통해 인젝터에 분사한다.

저압부	• 연료를 공급하는 부품들로 구성 • 연료탱크, 연료 스트레이너, 1차 연료펌프, 연료필터, 저압 연료라인
고압부	• 고압펌프, 커먼레일, 인젝터, 고압연료펌프(압력제어밸브가 부착), 커먼레일 압력센서,연료리턴라인 등
전자제어 시스템	• ECU(컴퓨터 제어), 각종 센서 등의 전자제어 시스템

▶ 커먼레일 연료압력센서(RPS)
• 반도체 피에조 소자 방식이다.
• RPS의 신호를 받아 연료 분사량과 분사시기를 조정하는 신호로 사용한다.
▶ 압력제한밸브
• 고압연료펌프에 부착되어 연료압력이 높으면 연료의 일부분이 연료탱크로 되돌아간다.
• 커먼레일과 같은 라인에 설치되어 있다.

09 기타 연료 기기

① 벤트 플러그(Vent Plug)

디젤기관 연료장치에서 연료필터의 공기를 배출하기 위해 설치되어 있는 것

② 오버플로우 밸브(Overflow Valve)

① 디젤기관의 연료 여과기에 장착되어 있다.
② 연료계통의 공기를 배출한다.
③ 연료공급 펌프의 소음 발생을 방지한다.
④ 연료필터 엘리먼트를 보호한다.

③ 프라이밍 펌프(Priming Pump)

기관의 연료분사펌프에 연료를 보내거나 연료계통에 공기를 배출할 때 사용하는 장치이다.

④ 연료계통의 공기빼기

공급펌프 → 연료여과기 → 분사펌프

 ▶ 디젤기관 연료계통의 공기 배출 작업 순서
연료만 배출되면 작동하고 있던 프라이밍 펌프를 누른 상태에서 벤트 플러그를 막는다.

⑤ 연료의 순환 순서

연료탱크→연료공급펌프→연료필터→분사펌프→분사노즐

 기출문제 ★ 숫자는 빈출 정도 및 중요도를 나타냅니다.

1 ★★★
디젤기관에 공급하는 연료의 압력을 높이는 것으로 조속기와 분사시기를 조절하는 장치가 설치되어 있는 것은?
① 유압 펌프　　　　② 프라이밍 펌프
③ 연료 분사 펌프　　④ 플런져 펌프

분사펌프는 연료를 고압으로 하여 노즐로 보내는 장치로 조속기와 타이머 등이 설치되어 있다.

2 ★★
디젤기관에서 연료가 정상적으로 공급되지 않아 시동이 꺼지는 현상이 발생되었다. 그 원인으로 적합하지 않는 것은?
① 프라이밍 펌프 고장　② 연료파이프 손상
③ 연료 필터 막힘　　　④ 연료탱크 내 오물 과다

프라이밍 펌프는 공급펌프와 함께 부착되어 수동으로 연료를 분사펌프까지 공급하거나, 연료계통으로 공기를 배출할 때 사용된다.

3 ★★★★★
디젤기관에서 조속기의 기능으로 맞는 것은?
① 연료 분사량 조절
② 연료 분사시기 조정
③ 엔진 부하량 조정
④ 엔진 부하시기 조정

조속기(거버너)는 연료분사량을 조정한다.

4 ★★★★
디젤기관에서 인젝터 간 연료 분사량이 일정하지 않을 때 나타나는 현상은?
① 연료 분사량에 관계없이 기관은 일정하게 회전한다.
② 연료소비에는 관계가 있으나 기관 회전에 영향은 미치지 않는다.
③ 연소 폭발음의 차이가 있으며 기관은 부조를 하게 된다.
④ 출력은 일정하나 기관은 부조를 하게 된다.

5 ★★★★
분사펌프의 플런저와 배럴 사이의 윤활은?
① 유압유　　　　② 경유
③ 그리스　　　　④ 기관 오일

6 ★★★
디젤기관에서 타이머의 역할로 가장 적합한 것은?
① 분사량 조절
② 자동변속단 조절
③ 연료 분사시기 조절
④ 기관속도 조절

타이머는 연료의 분사시기를 조절한다.

 정답 1 ③　2 ①　3 ①　4 ③　5 ②　6 ③

chapter **05**

7 디젤엔진의 연료 분사량 조정은?

① 프라이밍 펌프를 조정
② 리미트 슬리브를 조정
③ 플런저 스프링의 장력 조정
④ 컨트롤 슬리브와 피니언의 관계 위치를 변화하여 조정

연료 분사량의 조정은 엔진의 회전 속도나 부하의 변동에 따라 제어 슬리브와 피니언의 관계 위치를 변화시켜 조정한다.

8 디젤엔진에서 연료를 고압으로 연소실에 분사하는 것은?

① 프라이밍 펌프
② 인젝션 펌프
③ 분사노즐(인젝터)
④ 조속기

분사노즐은 분사펌프에서 보내온 고압의 연료를 연소실에 분사한다.

9 건설기계에서 엔진부조가 발생되고 있다. 그 원인으로 맞는 것은?

① 인젝터 공급파이프의 연료 누설
② 인젝터 연료 리턴 파이프의 연료 누설
③ 가속페달 케이블의 조정 불량
④ 자동변속기의 고장 발생

10 디젤기관에서 연료장치 공기빼기 순서가 바른 것은?

① 공급펌프 → 연료여과기 → 분사펌프
② 공급펌프 → 분사펌프 → 연료여과기
③ 연료여과기 → 공급펌프 → 분사펌프
④ 연료여과기 → 분사펌프 → 공급펌프

연료장치의 공기빼기는 공급펌프, 연료여과기, 분사펌프의 순으로 한다.

11 디젤기관의 연료분사 노즐에서 섭동 면의 윤활은 무엇으로 하는가?

① 윤활유
② 연료
③ 그리스
④ 기어오일

연료 분사노즐에서 섭동(미끄럼 운동)면의 윤활은 연료로 한다.

12 다음 중 디젤기관의 연료공급 펌프를 구동시키는 것은?

① 분사 펌프 내의 캠축
② 배전기 연결축
③ 딜리버리 밸브
④ 타이밍라이트

연료공급 펌프는 연료분사 펌프에 부착되어서 캠축에 의해 구동된다.

13 디젤기관 연료장치에서 연료필터의 공기를 배출하기 위해 설치되어 있는 것은?

① 벤트 플러그
② 드레인 플러그
③ 코어 플러그
④ 글로우 플러그

14 기관의 연료분사펌프에 연료를 보내거나 공기빼기 작업을 할 때 필요한 장치는?

① 체크 밸브
② 프라이밍 펌프
③ 오버플로 펌프
④ 드레인 펌프

프라이밍 펌프는 기관의 연료분사펌프에 연료를 보내거나 연료계통에 공기를 배출할 때 사용하는 장치이다.

15 디젤기관 연료장치의 분사펌프에서 프라이밍 펌프는 어느 때 사용되는가?

① 출력을 증가시키고자 할 때
② 연료계통에 공기를 배출할 때
③ 연료의 양을 가감할 때
④ 연료의 분사압력을 측정할 때

16 디젤엔진의 연료탱크에서 분사노즐까지 연료의 순환 순서로 맞는 것은?

① 연료탱크 → 연료공급펌프 → 분사펌프 → 연료필터 → 분사노즐
② 연료탱크 → 연료필터 → 분사펌프 → 연료공급펌프 → 분사노즐
③ 연료탱크 → 연료공급펌프 → 연료필터 → 분사펌프 → 분사노즐
④ 연료탱크 → 분사펌프 → 연료필터 → 연료공급펌프 → 분사노즐

17 건설기계에 사용되는 디젤기관 연료계통의 공기 배출 작업으로 가장 잘 설명된 것은?

① 여과기의 벤트 플러그를 풀어준다.
② 프라이밍 펌프를 작동시킨 후 공기 배출을 한다.
③ 공기 섞인 연료가 배출되면 프라이밍 펌프의 작동을 멈추고 벤트 플러그를 막는다.
④ 연료만 배출되면 작동하고 있던 프라이밍 펌프를 누른 상태에서 벤트 플러그를 막는다.

18 다음 중 디젤 기관에만 있는 부품은?

① 워터펌프
② 오일펌프
③ 발전기
④ 분사펌프

분사펌프(인젝션펌프)는 디젤기관에만 사용된다.

19 연료분사의 3대 요소에 속하지 않는 것은?

① 무화
② 관통력
③ 발화
④ 분포

20 분사노즐의 요구조건으로 틀린 것은?

① 고온, 고압의 가혹한 조건에서 장기간 사용할 수 있을 것
② 분무를 연소실의 구석구석까지 뿌려지게 할 것
③ 연료의 분사 끝에서 후적이 일어나게 할 것
④ 연료를 미세한 안개 모양으로 분사하여 쉽게 착화하게 할 것

21 기관 각 실린더에 공급되는 연료 분사량의 차이가 있을 때 발생하는 현상으로 가장 적합한 것은?

① 진동이 발생한다.
② 기관이 정지한다.
③ 회전속도가 급증한다.
④ 회전속도가 급감한다.

각 실린더의 분사량이 다르면 폭발과 연소상태가 달라지므로 진동이 발생된다.

22 디젤기관의 연료 여과기에 장착되어 있는 오버플로우 밸브의 역할이 아닌 것은?

① 연료계통의 공기를 배출한다.
② 연료공급 펌프의 소음 발생을 방지한다.
③ 연료필터 엘리먼트를 보호한다.
④ 분사펌프의 압송 압력을 높인다.

오버플로우 밸브는 연료 여과기 내부에 설치되어 연료 과잉량을 탱크로 되돌려 보내는 역할을 한다.

23 작업 중 기관의 시동이 꺼지는 원인에 해당될 수 있는 가장 적절한 것은?

① 연료 공급펌프의 고장
② 가속페달 연결 로드가 해체되어 작동불능

③ 프라이밍 펌프의 고장
④ 기동 모터 고장

24 기관출력을 저하시키는 원인이 아닌 것은?

① 연료 분사량이 적을 때
② 노킹이 일어날 때
③ 기관오일을 교환하였을 때
④ 실린더 내의 압축압력이 낮을 때

기관오일의 교환은 윤활작용을 원활히 하기 위한 것이다.

25 커먼레일 디젤기관에서 부하에 따른 주된 연료 분사량 조절방법으로 옳은 것은?

① 저압펌프 압력 조절
② 인젝터 작동 전압 조절
③ 인젝터 작동 전류 조절
④ 고압라인의 연료압력 조절

커먼레일 디젤기관은 고압라인의 연료압력을 조절하여 부하에 따른 연료 분사량을 조절한다.

26 다음 중 커먼레일 디젤기관의 연료장치 구성품이 아닌 것은?

① 고압펌프
② 커먼레일
③ 인젝터
④ 공급펌프

커먼레일의 주요 구성품 : 고압펌프, 커먼레일, 압력조정밸브, 압력센서, 인젝터, 전자제어유닛(ECU) 등

27 커먼레일 디젤기관의 연료압력센서(RPS)에 대한 설명 중 옳지 않은 것은?

① 이 센서가 고장이면 시동이 꺼진다.
② 반도체 피에조 소자 방식이다.
③ RPS의 신호를 받아 연료 분사량을 조정하는 신호로 사용한다.
④ RPS의 신호를 받아 연료 분사시기를 조정하는 신호로 사용한다.

연료압력센서(RPS)가 연료압력을 측정하여 ECU로 보내면, ECU는 이 신호를 계산하여 연료량과 분사시기를 조정한다. 연료압력센서는 압전 소자인 피에조 소자 방식이다.

정답 **18** ④ **19** ③ **20** ③ **21** ① **22** ④ **23** ① **24** ③ **25** ④ **26** ④ **27** ①

chapter **05**

05 | 흡·배기 장치

[출제문항수 : 1~2문제] 블로바이 가스, 에어클리너 부분, 과급기 일반 및 특징, 감압장치 및 예열기구 등에서 주로 출제됩니다.

01 배출가스

⑴ 블로바이(Blow By) 가스
① 피스톤과 실린더의 간격이 클 때 실린더와 피스톤 사이의 틈새를 지나 크랭크 케이스를 통하여 대기로 방출되는 가스로 기관의 출력저하 및 오일의 희석을 가져온다.
② 오일의 슬러지 형성을 막기 위하여 크랭크 케이스를 환기시켜야 한다. 환기하지 않으면 압축행정 시 생기는 블로바이 가스로 인하여 오일에 슬러지가 생기기 때문이다.
③ 현재는 유해물질인 HC의 배출 비율이 크기 때문에 이것을 다시 연소시켜 방출하는 장치를 부착하도록 되어 있다.

 ▶ 블로 다운(Blow Down)
폭발행정 끝 부분에서 실린더 내의 압력에 의해 배기가스가 배기밸브를 통해 배출되는 것

⑵ 배기가스
① 엔진의 내부에서 연소된 가스가 배기관을 통해 외부로 배출되는 가스를 말한다.
② 무해가스 : 수증기(H_2O), 질소(N_2), 이산화탄소(CO_2)
③ 유해가스 : 탄화수소(HC), 질소산화물(NO_x), 일산화탄소(CO)
④ 질소산화물(NO_x)은 고온에서 주로 배출량이 크다.

 ▶ 국내 디젤기관에서 규제하는 배출가스 : 매연

⑶ 디젤 기관의 가스 발생 대책
① 흑연, 탄화수소(HC), 일산화탄소(CO) 등은 연소가 잘 되도록 하면 감소시킬 수 있다.
② 질소산화물(NO_x) 감소 방법
 • NO_x는 연소 온도를 낮추지 않으면 감소할 수 없다.
 • 분사시기를 늦추고 연소가 완만하게 되어야 한다.
 • 디젤기관의 연소실에서 공기의 와류가 잘 발생하도록 하면 연소 온도를 낮출 수 있다.

02 연소상태에 따른 배출가스의 색

⑴ 배출가스의 색깔
① 무색 또는 담청색 : 정상 연소 시
② 백색 : 윤활유 연소 시
 → 피스톤링의 마모, 실린더 벽의 마모, 피스톤과 실린더의 간극을 점검
③ 검은색 : 농후한 혼합비, 공기청정기 막힘
 → 공기청정기 막힘 점검, 분사시기 점검, 분사펌프의 점검
④ 볏짚색 : 희박한 혼합비

 ▶ 비정상적인 연소가 발생할 경우 출력이 저하된다.

03 공기청정기(에어 클리너)

⑴ 건식 공기 청정기와 습식 공기청정기
연소에 필요한 공기를 실린더로 흡입할 때, 먼지 등의 불순물을 여과하여 피스톤 등의 마모를 방지하고 흡기 계통에서 발행하는 흡기 소음을 없애는 역할을 한다.

① 건식 공기청정기 : 여과망으로 여과지 또는 여과포를 사용하며 방사선 모양으로 되어 있다.
 → 건식공기청정기의 여과기 세척방법 : 압축공기로 안에서 밖으로 불어낸다.
② 습식 공기청정기 : 케이스 밑에 오일이 들어있어 공기가 오일에 접촉할 때 먼지 또는 오물이 여과된다.
③ 원심식 공기청정기 : 흡입 공기의 원심력을 이용하여 먼지를 분리하고 정제된 공기를 건식 공기청정기에 공급한다.

⑵ 공기청정기의 통기저항
통기저항이 적어야 하며 통기저항이 크면 기관출력과 연료 소비에 영향을 준다.

⑶ 공기청정기가 막힐 경우
① 배기색은 흑색이 된다.
② 출력이 감소하고 연소가 나빠진다.
③ 실린더 벽, 피스톤링, 피스톤 및 흡배기밸브 등의 마멸과 윤활부분의 마멸을 촉진시킨다.

1 피스톤과 실린더 간격이 클 때 일어나는 현상으로 맞는 것은?

① 기관의 회전속도가 빨라진다.
② 블로바이 가스가 생긴다.
③ 기관의 출력이 증가한다.
④ 엔진이 과열한다.

블로바이 가스가 생기면 출력저하와 오일의 희석을 가져온다.

2 크랭크 케이스를 환기하는 목적으로 가장 적합한 것은?

① 크랭크 케이스의 청소를 쉽게 하기 위하여
② 출력의 손실을 막기 위하여
③ 오일의 증발을 막으려고
④ 오일의 슬러지 형성을 막으려고

크랭크 케이스를 환기하지 않으면 압축행정 시 생기는 블로바이 가스에 의해 오일에 슬러지가 생긴다.

3 폭발행정 끝 부분에서 실린더 내의 압력에 의해 배기가스가 배기밸브를 통해 배출되는 현상은?

① 블로 바이(Blow By)
② 블로 백(Blow Back)
③ 블로 다운
④ 블로 업(Blow Up)

블로 다운(Blow Down)이란 실린더 내의 배기가스가 폭발행정의 끝에 배기밸브를 통해 뿜어져 나오는 현상을 말한다.

4 다음 배출가스 중에서 인체에 가장 해가 없는 가스는?

① CO
② CO_2
③ HC
④ NOx

5 다음 중 연소 시 발생하는 질소산화물(NOx)의 발생 원인과 가장 밀접한 관계가 있는 것은?

① 높은 연소 온도
② 가속 불량
③ 흡입 공기 부족
④ 소염 경계층

질소산화물은 연소시 온도가 높을 때 발생하는 가스로 연소 온도를 낮추어야 감소시킬 수 있다.

6 국내에서 디젤기관에 규제하는 배출 가스는?

① 탄화수소
② 매연
③ 일산화탄소
④ 공기과잉률

7 기관의 배기가스 색이 회백색이라면 고장 예측으로 가장 적절한 것은?

① 소음기의 막힘
② 노즐의 막힘
③ 흡기 필터의 막힘
④ 피스톤 링의 마모

배기가스의 색이 회백색이라면 윤활유가 연소되는 경우이므로 피스톤이나 실린더, 피스톤링의 마멸등이 원인이 된다.

8 운전 중인 기관의 에어클리너가 막혔을 때 나타나는 현상으로 맞는 것은?

① 배출가스 색은 검고, 출력은 저하한다.
② 배출가스 색은 희고, 출력은 정상이다.
③ 배출가스 색은 청백색이고, 출력은 증가된다.
④ 배출가스 색은 무색이고, 출력은 무관하다.

에어클리너가 막히면 공기가 부족하게 되어 불완전 연소가 되므로 배기색은 검고 출력이 저하된다.

9 배기가스의 색과 기관의 상태를 표시한 것으로 가장 거리가 먼 것은?

① 무색 – 정상
② 검은색 – 농후힌 혼합비
③ 황색 – 공기 청정기의 막힘
④ 백색 또는 회색 – 윤활유의 연소

공기청정기가 막히면 배기가스는 검은색이 나온다.

10 연소에 필요한 공기를 실린더로 흡입할 때, 먼지 등의 불순물을 여과하여 피스톤 등의 마모를 방지하는 역할을 하는 장치는?

① 과급기(Super Charger)
② 에어 클리너(Air Cleaner)
③ 플라이휠(Fly Wheel)
④ 냉각장치(Cooling System)

정답 ▶ 1 ② 2 ④ 3 ③ 4 ② 5 ① 6 ② 7 ④ 8 ① 9 ③ 10 ②

chapter 05

04 과급기(Supercharger)

▮ 터보차저(과급기)

기관의 흡입공기량을 증가시키기 위한 일종의 공기펌프이다.

① 흡기관과 배기관 사이에 설치되어 실린더 내의 흡입 공기량을 증가시켜 출력을 증가시키는 역할을 한다.
② 과급기를 설치하면 10~15% 무거워지지만, 출력은 35~45% 증대된다.
③ 배기가스 압력에 의해 작동된다.
④ 4행정 사이클 디젤기관은 배기가스에 의해 회전하는 원심식 과급기가 주로 사용된다.

▮ 터보차저의 특징

① 기관이 고출력일 때 배기가스의 온도를 낮출 수 있다.
② 고지대 작업 시에도 엔진의 출력 저하를 방지한다.
③ 과급 작용의 저하를 막기 위해 터빈실과 과급실에 각각 물재킷을 두고 있다.

 ▶ 배기터빈 과급기에서 터빈축의 베어링에는 기관오일로 급유한다.

▮ 터보차저 장착의 장점

① 흡입공기의 밀도를 크게하여 기관출력이 향상시킨다.
② 회전력이 증가한다.
③ 고지대에서도 출력의 감소가 적다.

▮ 디퓨저(Diffuser)

과급기 케이스 내부에 설치되며, 공기의 속도에너지를 압력에너지로 바꾸는 장치이다.

▮ 블로어(Blower)

과급기에 설치되어 실린더에 공기를 불어넣는 송풍기이다.

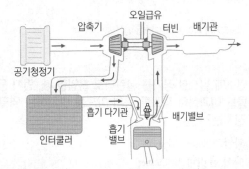

과급기의 기본 원리
고온·고압의 배기가스를 이용하여 터빈을 회전 → 압축기 구동(압축) → 단열 압축된 공기 냉각 → 실린더 내 다량 공기유입

05 흡·배기 다기관

▮ 흡기 다기관(Intake Manifold)

공기 또는 혼합가스를 흡입하는 통로로서 저항을 적게 하여 균일한 혼합기를 각 실린더에 분배할 수 있도록 한다.

 ▶ 밸브 오버랩
흡입밸브와 배기밸브가 동시에 열려 있는 것으로, 흡입과 배기의 효율을 높이기 위해서이다.

▮ 배기 다기관(Exhaust Manifold)

배기 다기관은 배기구에 연결되는 구성품으로 각 실린더에서 배출되는 배기가스를 모아서 소음기로 방출시키는 관을 말한다.

▮ 소음기

기관에서 배출되는 배기 가스의 온도와 압력을 낮추어 배기소음을 감소시키는 역할을 한다.

 ▶ 소음기(머플러)의 특성
① 카본이 많이 끼면 엔진이 과열되고 출력이 떨어진다.
② 머플러가 손상되어 구멍이 나면 배기음이 커진다.
  → 배기관이 불량하여 배압이 높을 때
③ 기관이 과열되고 출력이 감소된다.
④ 피스톤의 운동을 방해한다.
⑤ 기관이 과열되기 때문에 냉각수의 온도가 올라간다.

06 디젤엔진의 시동 보조장치

▮ 감압장치(De-comp) De-compressor의 약자

디젤 엔진을 시동할 때 흡기 및 배기 밸브를 강제적으로 열어 실린더 내 압력을 감압시켜 엔진의 회전이 원활하게 이루어지도록 한다.

① 한랭 시 시동할 때 원활한 회전으로 시동이 잘 될 수 있도록 하는 역할을 하는 장치이다.
② 기동 전동기에 무리가 가는 것을 예방한다.
③ 기관의 시동을 정지할 때 사용될 수 있다.
④ 시동 시 밸브를 열어주므로 압축 압력을 없애 크랭크축을 가볍게 회전시킨다.

▮ 예열기구

기통 내의 공기를 가열시켜 겨울철에 시동을 쉽게 하기 위하여 설치한다.

① 예열방식

흡기 가열식	흡입 통로인 다기관에서 흡입공기를 가열하여 흡입시킨다.
예열플러그식 (Glow Plug)	실린더 헤드에 있는 예연소실에 부착된 예열 플러그가 공기를 직접 예열하는 방식 • 실드형 : 금속 튜브속에 히트코일이 들어 있으며 열선이 병렬로 연결되어 있다. • 코일형 : 히트코일이 노출되어 있으며 열선은 직렬로 연결되어 있다.
히트레인지	직접 분사식 디젤기관의 흡기 다기관에 설치되는 것으로 예연소실식의 예열 플러그의 역할을 한다.

② 예열 장치의 고장 원인
• 엔진이 과열되었을 때
• 예열시간이 길었을 때
• 정격이 아닌 예열플러그를 사용했을 때
• 규정 이상의 전류가 흐를 때
• 접지가 불량할 때

▶ 예열 플러그
• 예열 플러그의 오염원인 : 불완전 연소 또는 노킹
• 예열 플러그는 정상상태에서 15~20초에 완전 가열된다.

 **기출문제** ★ 숫자는 빈출 정도 및 중요도를 나타냅니다.

1 ★★★★
디젤기관 장치 중에서 터보차저의 기능으로 맞는 것은?

① 실린더 내에 공기를 압축 공급하는 장치이다.
② 냉각수 유량을 조절하는 장치이다.
③ 기관 회전수를 조절하는 장치이다.
④ 윤활유 온도를 조절하는 장치이다.

터보차저는 실린더에 공기를 압축 공급하는 장치이다. 기관의 출력을 증가시켜 준다.

2 ★★★★
배기터빈 과급기에서 터빈축의 베어링에 급유로 맞는 것은?

① 그리스로 윤활
② 기관오일로 급유
③ 오일리스 베어링 사용
④ 기어오일을 급유

3 ★★★★
터보차저에 대한 설명 중 틀린 것은?

① 흡기관과 배기관 사이에 설치된다.
② 과급기라고도 한다.
③ 배기가스 배출을 위한 일종의 블로워(Blower)이다.
④ 기관 출력을 증가시킨다.

터보차저(과급기)는 배기가스를 흡기 쪽으로 보내 흡입공기량을 증가시켜 출력 증대를 목적으로 한다.
※ 블로워 : 공조장치(에어컨장치)의 구성품으로 찬/더운 공기를 실내로 보내는 것

4 ★★★★★
디젤엔진에 사용되는 과급기의 주된 역할 설명으로 가장 적합한 것은?

① 출력의 증대   ② 윤활성의 증대
③ 냉각효율의 증대   ④ 배기의 정화

5 ★★★
[보기]에서 머플러(소음기)와 관련된 설명이 모두 올바르게 조합된 것은?

[보기]
a. 카본이 많이 끼면 엔진이 과열되는 원인이 될 수 있다.
b. 머플러가 손상되어 구멍이 나면 배기음이 커진다.
c. 카본이 쌓이면 엔진 출력이 떨어진다.
d. 배기가스의 압력을 높여서 열효율을 증가시킨다.

① a, b, d   ② b, c, d
③ a, c, d   ④ a, b, c

머플러에 카본이 많이 끼면 엔진이 과열되고 출력이 떨어진다. 머플러가 손상되면 배기음이 커지게 된다.

6 ★★
과급기 케이스 내부에 설치되며, 공기의 속도에너지를 압력에너지로 바꾸는 장치는?

① 임펠러   ② 디퓨저
③ 터빈   ④ 디플렉터

디퓨저는 공기의 속도에너지를 압력에너지로 변화시킨다.

정답 1 ① 2 ② 3 ③ 4 ① 5 ④ 6 ②

7 기관에서 배기상태가 불량하여 배압이 높을 때 생기는 현상과 관련없는 것은?

① 기관이 과열된다.
② 냉각수 온도가 내려간다.
③ 기관의 출력이 감소한다.
④ 피스톤의 운동을 방해한다.

배기가스가 제대로 배출되지 못하여 배압이 높아지면 기관이 과열됨으로 냉각수의 온도는 올라간다.

8 디젤기관 시동보조장치에 사용되는 디콤프(De-comp)의 기능 설명으로 틀린 것은?

① 기관의 출력을 증대하는 장치이다.
② 한랭 시 시동할 때 원활한 회전으로 시동이 잘 될 수 있도록 하는 역할을 하는 장치이다.
③ 기관의 시동을 정지할 때 사용될 수 있다.
④ 기동 전동기에 무리가 가는 것을 예방하는 효과가 있다.

디콤프(감압장치)는 실린더 내의 압력을 감압시켜 시동시 엔진의 회전을 원활히 하기 위한 장치이다.

9 기관에서 예열플러그의 사용시기는?

① 축전지가 방전되었을 때
② 축전지가 과다 충전되었을 때
③ 기온이 낮을 때
④ 냉각수의 양이 많을 때

예열플러그는 겨울철에 시동을 쉽게 하기 위하여 기통 내의 공기를 가열시키는 역할을 한다.

10 예연소실식 디젤기관에서 연소실 내의 공기를 직접 예열하는 방식은?

① 맵 센서식   ② 예열플러그식
③ 공기량계측기식   ④ 흡기가열식

11 감압장치에 대한 설명 중 옳은 것은?

① 출력을 증가하는 장치
② 연료 손실을 감소시키는 장치
③ 화염 전파속도를 빨리해 주는 장치
④ 시동을 도와주는 장치

12 디젤기관에서 시동을 돕기 위해 설치된 부품으로 맞는 것은?

① 과급 장치   ② 발전기
③ 디퓨저   ④ 히트레인지

히트레인지는 직접 분사식 디젤 기관의 흡기 다기관에 설치되는 것으로 예연소실식의 예열 플러그의 역할을 한다.

13 예열플러그가 15~20초에서 완전히 가열되었을 경우의 설명으로 옳은 것은?

① 정상상태이다.
② 접지되었다.
③ 단락되었다.
④ 다른 플러그가 모두 단선되었다.

예열플러그는 15~20초간 가열된다.

14 예열플러그를 빼서 보았더니 심하게 오염되었다. 그 원인으로 가장 적합한 것은?

① 불완전 연소 또는 노킹
② 엔진 과열
③ 플러그의 용량 과다
④ 냉각수 부족

카본 등으로 오염된 것은 불완전 연소 또는 노킹이 주원인이다.

15 6기통 디젤기관에서 병렬로 연결된 예열(grow) 플러그가 있다. 3번 기통의 예열 플러그가 단락되면 어떤 현상이 발생되는가?

① 전체가 작동이 안된다.
② 3번 실린더만 작동이 안된다.
③ 3번 옆에 있는 2번과 4번도 작동이 안된다.
④ 축전지 용량의 배가 방전된다.

병렬로 연결되어 있으므로 해당 플러그에만 문제가 발생한다.

16 디젤기관에만 해당되는 회로는?

① 예열플러그 회로   ② 시동회로
③ 충전회로   ④ 등화회로

정답 **7** ② **8** ① **9** ③ **10** ② **11** ④ **12** ④ **13** ① **14** ① **15** ② **16** ①

예상문항수
4/60

CHAPTER

06

전기장치 익히기

Study Point 학습해야 할 양에 비해서는 출제비율이 높지 않은 부분이므로 어렵게 느껴진다면 다른 과목에 집중해도 좋습니다. 전략적으로 학습 시간 분배를 잘하시고, 기출문제 위주로 학습하시기 바랍니다.

01 전기의 기초

Craftsman Fork Lift Truck Operator

[출제문항수 : 0~1문제] 전기의 구성에 대한 기본 내용을 학습하시고, 옴의 법칙은 꼭 숙지하시기 바랍니다.

01 전기의 구성

1 전류 (Current, 약호 I)

전자의 이동에 의해 도체에 전기가 흐르는 것을 말한다.

① 전류의 단위 : 암페어(Ampere)라는 단위를 사용, [A]로 표시
② 단위의 종류(기호)
   • 1 A = 1,000 mA
   • 1 mA = 1,000 μA(마이크로 암페어)
③ 전류의 3대 작용
   • 발열작용 : 전구, 예열 플러그(Glow Plug), 전열기 등
   • 화학작용 : 축전지, 전기 도금 등
   • 자기작용 : 전동기, 발전기, 경음기 등

2 전압 (Voltage, 약호 V)

① 도체에 전류가 흐를 수 있게 하는 압력
② 1V는 1Ω의 저항을 갖는 도체에 1A의 전류가 흐르는 것을 말한다.
   • 1 kV = 1,000 V, 1 V = 1,000 mV

3 저항 (Resistance, 약호 Ω)

도체에 전기가 흐른다는 것은 전자의 움직임을 뜻한다. 이때 전자의 움직임을 방해하는 요소이다. 이를 전기 저항이라 하며 전기 저항의 크기를 나타내는 단위는 옴(Ohm)을 사용하며, 1옴은 1A가 흐를 때 1V의 전압을 필요로 하는 도체의 저항을 말한다.

단위 : 1 MΩ (메가 옴) = 1,000,000 Ω = 10^6 Ω
1 kΩ (킬로 옴) = 1,000 Ω = 10^3 Ω

▶ 전기 단위 정리
• A : 전류 • V : 전압 • W : 전력 • Ω : 저항

4 전기장치에서 접촉저항이 발생하는 개소

접촉저항은 스위치 접점, 축전지 터미널, 배선 커넥터 등 전기장치의 연결부분에서 생긴다.

▶ 경음기 스위치를 작동하지 않았는데 경음기가 계속 울린다면 릴레이 접점이 용착되어 있는 경우이다.

02 전기의 기초 법칙

1 옴(Ohm)의 법칙

전류는 전압크기에 비례하고 저항크기에 반비례한다.

$$I = \frac{E}{R} \quad (I : 전류, E : 전압, R : 저항)$$

2 저항의 접속

① 직렬 접속 : 여러 개의 저항을 직렬로 접속하면 합성저항은 각각의 저항을 합친 것과 같다.

$$R = R_1 + R_2 + \cdots + R_n$$

② 병렬 접속 : 저항 R_1, R_2, R_3를 병렬로 접속하면 합성저항은 다음과 같다.

$$R = \left[\frac{1}{\frac{1}{R_1} + \frac{1}{R_2} + \frac{1}{R_3}} \right]$$

3 주울(Joule)의 법칙

전력은 저항에 전류가 흐를 때 단위시간에 하는 일의 양을 말하며 기호는 P이고, 기본 단위는 Watt(약호 W)이다.

$$전력\ P\ [\text{W}] = E_{전압} \times I_{전류} = R \cdot I^2 \rightarrow R = \frac{E^2}{R}$$

옴의 법칙($E = RI$) 대입

4 플레밍의 법칙

구분	정의	적용
플레밍의 왼손 법칙	도선이 받는 힘의 방향을 결정하는 규칙	전동기의 원리
플레밍의 오른손 법칙	유도 기전력 또는 유도 전류의 방향을 결정하는 규칙	발전기의 원리

▶ 왼손의 검지를 자기장의 방향, 중지를 전류의 방향으로 했을 때, 엄지가 가리키는 방향이 도선이 받는 힘의 방향이 된다.
▶ 오른손 엄지를 도선의 운동 방향, 검지를 자기장의 방향으로 했을 때, 중지가 가리키는 방향이 유도 기전력 또는 유도 전류의 방향이 된다.

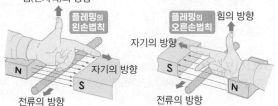

힘(전자력)의 방향 / 플레밍의 왼손법칙 / 자기의 방향 / 전류의 방향

플레밍의 오른손법칙 / 힘의 방향 / 자기의 방향 / 전류의 방향

1 반도체

반도체는 양도체와 부도체의 중간 범위의 것으로 ⊕ 성질을 띠고 있는 P형 반도체와 ⊖ 성질을 띠고 있는 N형 반도체가 있다.

▶ 반도체의 특징
  • 내부의 전력 손실이 적다.
  • 소형이고 가볍다.
  • 예열 시간을 요구하지 않고 곧바로 작동한다.
  • 고온, 고전압에 약하다.

2 다이오드

① P 타입과 N 타입의 반도체를 맞대어 결합한 것이다.
② 종류 : 포토 다이오드, 발광 다이오드, 제너 다이오드 등

▶ 포토 다이오드 : 빛을 받으면 전류가 흐르는 전기 소자
  발광 다이오드 : 전류가 흐르면 빛을 방출하는 전기 소자

3 트랜지스터

트랜지스터는 PN 접합에 또 하나의 P형, 또는 N형 반도체를 결합한 것으로 PNP형과 NPN형의 2가지가 있다.

① 전류 흐름
  • NPN형 : 베이스에서 이미터로 흐를 때 컬렉터 → 이미터
  • PNP형 : 이미터에서 베이스로 흐를 때 이미터 → 컬렉터
② 트랜지스터에 대한 일반적인 특성
  • 내부전압 강하가 적다.
  • 수명이 길고 소형 경량이다.
③ 트랜지스터의 회로 작용
  • 증폭 작용 : 베이스에 적은 전류를 넣어 컬렉터로 큰 출력 신호를 얻을 수 있다.
  • 스위칭 작용 : 베이스 전류를 ON/OFF 시키면 이미터와 컬렉터에 흐르는 전류를 ON/OFF 할 수 있다.

▶ 전기회로의 안전사항
  • 전기장치는 반드시 접지하여야 한다.
  • 전선의 접속은 접촉저항이 작게 하는 것이 좋다.
  • 퓨즈는 용량이 맞는 것을 끼워야 한다.
  • 계기 사용 시 최대 측정 범위를 초과하지 않도록 해야 한다.

 기출문제 ★ 숫자는 빈출 정도 및 중요도를 나타냅니다.

1 ★★
도체에 전기가 흐른다는 것은 전자의 움직임을 뜻한다. 다음 중 전자의 움직임을 방해하는 요소는 무엇인가?
① 전압   ② 저항
③ 전력   ④ 전류

2 ★★★
전기관련 단위로 틀린 것은?
① A – 전류   ② V – 주파수
③ W – 전력   ④ Ω – 저항

V(voltage)는 전압을 나타낸다.

3 ★★★
전류의 3대작용이 아닌 것은?
① 발열작용   ② 자기작용
③ 물리작용   ④ 화학작용

4 ★★★★★
축전지의 충·방전 작용으로 맞는 것은?
① 화학 작용   ② 전기 작용
③ 물리 작용   ④ 환원 작용

축전지의 충·방전 작용은 화학작용에 의한 것이다.

5 ★★★
전기장치에서 접촉저항이 발생하는 개소 중 가장 거리가 먼 것은?
① 배선 중간 지점
② 스위치 접점
③ 축전지 터미널
④ 배선 커넥터

접촉저항은 전기장치의 연결부분에서 생긴다.

 정 답 1② 2② 3③ 4① 5①

chapter 06

6 경음기 스위치를 작동하지 않았는데 경음기가 계속 울리는 고장이 발생하였다면 그 원인에 해당될 수 있는 것은?

① 경음기 릴레이의 접점이 용착
② 배터리의 과충전
③ 경음기 접지선이 단선
④ 경음기 전원 공급선이 단선

> 단선일 경우에는 경음기가 울리지 않는다.

7 전류에 관한 설명이다. 틀린 것은?

① 전류는 전압, 저항과 무관하다.
② 전류는 전압크기에 비례한다.
③ V = IR (V 전압, I 전류, R 저항)이다.
④ 전류는 저항크기에 반비례한다.

> 전류는 전압크기에 비례하고 저항크기에 반비례한다.

8 전압이 24V, 저항이 2Ω일 때 전류는 얼마인가?

① 24A   ② 3A
③ 6A   ④ 12A

> 옴의 법칙에 의해 전류 $= \dfrac{전압}{저항}$ 이므로 $\dfrac{24}{2} = 12A$

9 다음 회로에서 퓨즈는 몇 A가 흐르는가?

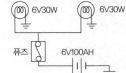

① 5 A
② 10 A
③ 50 A
④ 100 A

> $P = VI$이므로, 전류 $= \dfrac{전력}{전압} = \dfrac{30+30}{6} = 10\ A$

10 기동 전동기의 전압이 24V이고 출력이 5kW 일 경우 최대 전류는 몇 A 인가?

① 50 A   ② 100 A
③ 208 A   ④ 416 A

> 전류 $= \dfrac{전력}{전압} = \dfrac{5,000W}{24V} = 208\ A$

11 전기장치에서 접촉저항이 발생하는 개소 중 가장 거리가 먼 것은?

① 기동전동기 전기자 코일
② 스위치 접점
③ 축전지 터미널
④ 배선 컨넥터

12 다이오드는 P 타입과 N 타입의 반도체를 맞대어 결합한 것이다. 장점이 아닌 것은?

① 내부의 전력 손실이 적다.
② 소형이고 가볍다.
③ 예열 시간을 요구하지 않고 곧바로 작동한다.
④ 200℃ 이상의 고온에서도 사용이 가능하다.

13 빛을 받으면 전류가 흐르지만 빛이 없으면 전류가 흐르지 않는 전기 소자는?

① 발광 다이오드   ② 포토 다이오드
③ 제너 다이오드   ④ PN 접합 다이오드

14 NPN형 트랜지스터에서 접지되는 단자는?

① 베이스   ② 이미터
③ 켈렉터   ④ 트랜지스터 몸체

15 트랜지스터에 대한 일반적인 특성으로 틀린 것은?

① 고온, 고전압에 강하다.   ② 내부전압 강하가 적다.
③ 수명이 길다.   ④ 소형 경량이다.

16 트랜지스터의 회로작용이 아닌 것은?

① 지연 회로   ② 증폭 회로
③ 발열 회로   ④ 스위칭 회로

> 트랜지스터의 주요 기능으로는 증폭, 스위칭, 지연 작용이 있다.

17 전기회로의 안전사항으로 설명이 잘못된 것은?

① 전기장치는 반드시 접지하여야 한다.
② 전선의 접속은 접촉저항이 크게 하는 것이 좋다.
③ 퓨즈는 용량이 맞는 것을 끼워야 한다.
④ 모든 계기 사용시는 최대 측정 범위를 초과하지 않도록 해야 한다.

정답 6 ① 7 ① 8 ④ 9 ② 10 ③ 11 ① 12 ④ 13 ② 14 ② 15 ① 16 ③ 17 ②

02 축전지

[출제문항수 : 1~2문제] 전체적으로 중요하며 축전지의 구조 및 연결법, 충전의 종류, 충전 시 주의사항 등에서 자주 출제됩니다.

01 축전지 일반

축전지는 기동 전동기의 전기적 부하 및 점등장치, 그 외 장치 등에 전원을 공급해주기 위해 사용된다.

① 엔진 시동시 시동장치 전원을 공급한다.
② 발전기가 고장일 때 일시적인 전원을 공급한다.
③ 발전기의 출력 및 부하의 언밸런스를 조정한다.
④ 화학에너지를 전기에너지로 변환하고 필요에 따라 전기에너지를 화학에너지로 저장한다.

02 축전지의 종류

1 납산 축전지

① 가장 많이 사용하는 배터리로, 양극판은 과산화납, 음극판은 해면상납을 사용하며, 전해액은 묽은 황산을 사용한다.
② 극판의 작용물질이 떨어지기 쉬우며 수명이 짧고 무겁다.
③ 전압은 셀의 수에 의해 결정된다.
④ 전해액 면이 낮아지면 증류수를 보충하여야 한다.

2 MF(Maintenance Free) 축전지 = 무보수용 배터리

① 전해액의 보충이 필요없다.
② 비중계가 설치되어 있으므로 색상으로 충전상태를 알 수 있다.
③ 자기방전이 적고 보존성이 우수하다.
④ 격자의 재질은 납과 칼슘합금이다.
⑤ 밀봉 촉매 마개를 사용한다.

 ▶ 알칼리 축전지
 • 전해액으로 알칼리용액을 사용하는 축전지이다.
 • 충격에 강하고 자기방전이 적다.
 • 열악한 환경에서도 오래 사용할 수 있으나 비싸다.

03 축전지의 구조와 전해액

1 축전지의 구성

① 케이스 : 극판과 전해액을 수용하는 용기
② 극판 : 양극판은 과산화납, 음극판은 해면상납을 쓴다.
③ 격리판과 유리매트 : 극판 사이에서 단락을 방지한다.
④ 벤트플러그
 • 전해액 및 증류수 보충을 위한 구멍 마개이다.
 • 중앙부에 구멍이 뚫어져 있어 축전지 내부에서 발생한 산소가스를 배출한다.
⑤ 셀 커넥터 : 축전지 내의 각각의 단전지(Cell)를 직렬로 접속하기 위한 것이다.
⑥ 터미널 : 연결 단자

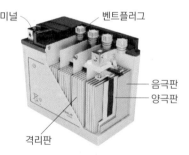

터미널   벤트플러그
음극판
양극판
격리판

 ▶ 축전지 터미널에 부식이 발생되면 전압강하가 발생되어 기동전동기 회전력이 약해지므로 엔진 크랭킹이 잘 되지 않게 된다.
 ▶ 음극판이 양극판보다 1장 더 많다 : 화학적 활성이 양극판이 더 좋기 때문에 화학적 평형을 위하여 음극판을 1장 더 둔다.

2 일반적인 축전지 터미널의 식별법

① ⊕ 터미널 : 적색의 굵은 선, 또는 문자 P(+)
② ⊖ 터미널 : 흑색의 가는 선, 또는 문자 N(-)

3 전해액 비중

① 20℃에서 전해액의 비중이 1.280 : 완전충전 상태
② 20℃에서 전해액의 비중이 1.186 이하 : 반충전 상태

 ▶ 비중계 : 납산 배터리의 전해액을 측정하여 충전상태를 알 수 있는 게이지

4 축전지 전해액의 비중과 온도와의 관계

① 온도가 내려가면 비중은 올라간다.

② 온도가 올라가면 비중은 내려간다.

③ 축전지 전해액의 비중은 1℃ 마다 0.0007이 변화된다.

5 전해액을 만들 때 황산과 증류수의 혼합방법

① 황산을 증류수에 부어야 한다.(반대는 위험하다.)

② 20℃일 때 1.280이 되도록 비중을 측정하면서 작업을 한다.

③ 용기는 질그릇이나 플라스틱 그릇을 사용한다.

▶ 납산축전지의 전해액은 묽은 황산($2H_2SO_4$)을 사용한다.
▶ 축전기 전해액이 자연 감소되었을 때 보충수 : 증류수

---

04   납산 축전지 전압과 용량

1 12V 납산 축전지의 셀

① 1개의 셀의 전압 : 2~2.2V

② 12V용 축전지는 6개의 셀이 직렬로 연결되어 있다.

2 12V용 납산축전지의 방전종지 전압

① 1개의 셀당 방전종지 전압 : 1.75V

② 12V용 축전지는 6개의 셀이 있으므로 → 1.75×6 = 10.5V

▶ **방전 종지 전압** : 전지의 방전을 중지하는 전압으로서, 방전 말기 전압이라고도 한다.

3 납산 축전지의 용량

① 완전 충전한 축전지를 방전했을 때 방전 종지 전압으로 내려갈 때까지 낼 수 있는 전기량으로, 보통 암페어시(Ah)로 나타낸다

② 납산 축전지 용량의 결정

축전지 용량은 극판의 크기, 극판의 수, 전해액의 양(묽은 황산의 양)에 의해 결정된다.

▶ 셀의 수는 전압과 관련이 있다.

▶ **설페이션(Sulphation) 현상**
납축전지를 방전상태로 오래 방치하면 극판상에 황산납의 미립자가 응집하여 비교적 큰 결정의 백색 황산납으로 된다. (즉, 충전해도 극판이 납 상태로 돌아가지 못함) 백색 황산납은 부도체이므로 작용물질의 면적이 감소하고 전지의 용량이 감소한다.

4 충전 및 방전 시의 화학작용

〈완전 방전 시〉				〈완전 충전 시〉		
(양극판)	(전해액)	(음극판)	충전⇄방전	(양극판)	(전해액)	(음극판)
$PbSO_4$ +	$2H_2O$ +	$PbSO_4$		PbO_2 +	$2H_2SO_4$ +	Pb
황산납	물	황산납		과산화납	황산	납

---

05   축전지의 자기방전

1 자기방전의 원인

① 전해액 내에 포함된 불순물에 의해 방전

② 탈락한 극판 작용물질이 축전지 내부에 퇴적되어 방전

③ 음극판의 작용물질이 황산과의 화학작용으로 황산납이 되기 때문에 방전

④ 양극판의 작용물질 입자가 축전지 내부에 단락으로 인한 방전

2 축전지의 자기 방전량

① 전해액의 온도가 높을수록 자기 방전량은 커진다.

② 전해액의 비중이 높을수록 자기 방전량은 크다.

③ 시간이 경과할수록 자기 방전량은 많아진다.

④ 충전 후 시간의 경과에 따라 자기 방전량의 비율은 점차 낮아진다.

⑤ 축전지의 방전이 거듭될수록 전압이 낮아지고 전해액의 비중도 낮아진다.

▶ 납산축전지는 사용하지 않고 있어도 15일마다 정기적으로 보충 충전한다
▶ 축전지 액이 거의 없는 상태로 장기간 사용할 경우 축전지가 내부 방전하여 못쓰게 된다.

---

06   축전지의 연결

1 직렬연결법

① 용량은 한 개일 때와 동일, 전압은 2배로 된다.(전압 증가)

② 2개 이상의 축전지를 연결 시 서로 다른 극과 연결한다.

2 병렬연결법

① 용량은 2배이고, 전압은 한 개일 때와 동일하다.(전류 증가)

② 2개 이상의 축전지를 연결시 서로 같은 극과 연결한다.

07 축전지의 충전

1 충전의 종류

① 정전류 충전법 : 일정한 전류로 충전하는 방법으로 일반적인 충전 방법이다.

② 정전압 충전법 : 일정한 전압으로 충전하는 방법으로 초기에 많은 전류가 충전되므로 충전기 수명이 짧아진다.

③ 단별전류 충전법 : 충전 초기에 큰 전류로 충전하고 시간이 경과함에 따라 전류를 2~3단계 낮추어 충전하는 방식이다.

2 충전시 주의사항

① 충전시 전해액의 온도를 45℃ 이하로 유지할 것

② 충전시 가스가 발생되므로 화기에 주의할 것

③ 통풍이 잘 되는 곳에서 충전할 것

④ 과충전, 급속 충전을 피할 것

⑤ 충전 시 벤트플러그(주입구 마개)를 모두 열 것

⑥ 축전지가 단락하여 불꽃이 발생하지 않게 할 것

⑦ 지게차에서 축전지를 떼어내지 않고 충전 시 축전지와 시동 전동기 연결 배선을 분리할 것

 ▶ 건설기계 운전 중 완전 충전된 축전지에 낮은 충전율로 충전이 되고 있을 경우는 충전장치가 정상이다.

3 납산 축전지의 충전 시 발생하는 가스

① ⊕ 극에서는 산소, ⊖ 극에서는 수소가 발생

② 발생하는 수소가스는 가연성 가스이므로 화기를 가까이 하거나 충전상태를 점검하기 위하여 드라이버 등으로 스파크를 시키면 폭발의 위험성이 있다.

4 축전지의 급속 충전

① 축전지가 방전되어 충전할 시간적 여유가 없을 시에 하는 충전을 말한다. (긴급 시에만 사용)

② 충전 중 전해액의 온도가 45℃ 이상 되지 않도록 한다.

③ 충전 전류는 축전지 용량의 1/2 정도가 좋다.

④ 충전 중 가스가 많이 발생되면 충전을 중단한다.

⑤ 충전시간은 가능한 짧게 한다.

⑥ 통풍이 잘되는 곳에서 한다.

⑦ 충전 중인 축전지에 충격을 가하지 않도록 한다.

 ▶ 건설기계에 장착된 축전지를 급속 충전할 때는 발전기의 다이오드를 보호하기 위해 축전지의 접지 케이블을 분리한다.

08 축전지의 취급

1 축전지 취급시 주의사항

① 축전지는 사용하지 않아도 2주에 1회 정도 보충전한다.

② 축전지가 단락하여 불꽃이 발생하지 않게 한다.

③ 축전지를 보관할 때는 가급적 충전시켜서 하는 것이 좋다.

④ 전해액이 자연 감소된 축전지의 경우 증류수를 보충한다.

⑤ 과충전, 과방전은 피하는 것이 좋다.

 ▶ 납산축전지를 오랫동안 방전상태로 두면 극판이 영구 황산납이 되어 사용하지 못하게 된다.
▶ 축전지가 과충전되고 있을 경우 기관을 회전시키고 있을 때 축전지의 전해액이 넘친다.

2 축전지를 교환 및 장착할 때 연결 순서

① 탈거시 : 접지선 → ⊖ 케이블 → ⊕ 케이블

② 장착시 : ⊕ 케이블 → ⊖ 케이블 → 접지선

09 축전지의 고장과 원인

1 축전지의 전해액이 빨리 줄어들 때 원인

① 축전지 케이스가 손상된 경우

② 과충전이 되는 경우

③ 전압조정기가 불량인 경우

2 축전지가 과충전일 경우 발생되는 현상

① 전해액이 갈색을 띠고 있다.

② 양극판 격자가 산화된다.

③ 양극 단자 쪽의 셀커버가 불룩하게 부풀어 있다.

④ 축전지의 전해액이 빨리 줄어든다.

3 동절기 축전지 관리요령

① 동절기에 자기방전이 더 잘 되므로 자주 충전시켜 준다.

② 시동을 쉽게 하기 위하여 축전지를 보온시킨다.

③ 전해액 수준이 낮으면 운전 시작 전 아침에 증류수를 보충한다.

 ▶ 전해액은 비중이 내려갈수록 쉽게 언다. 따라서 빙점은 높아지는 것이다.
▶ 축전지의 온도가 내려가면 전압과 용량이 저하되고 비중은 상승한다.

1 납산축전지의 작용을 열거한 것 중 틀린 것은?

① 엔진 시동 시 시동장치 전원을 공급한다.
② 양극판은 해면상납, 음극판은 과산화납을 사용하며 전해액은 묽은 황산을 이용한다.
③ 발전기가 고장일 때 일시적인 전원을 공급한다.
④ 발전기의 출력 및 부하의 언밸런스를 조정한다.

2 건설기계에 가장 많이 쓰이는 축전지는?

① 알칼리 축전지 ② 니켈 카드뮴 축전지
③ 아연산 축전지 ④ 납산 축전지

3 건설기계 기관에서 축전지를 사용하는 주된 목적은?

① 기동전동기의 작동 ② 연료펌프의 작동
③ 워터펌프의 작동 ④ 오일펌프의 작동

> 축전지는 기동 전동기의 작동을 주 목적으로 하며, 그 외 점등장치를 비롯한 건설기계의 전기장치 등에 전원을 공급해주기 위해 사용된다.

4 축전지 전해액이 자연 감소되었을 때 보충에 가장 적합한 것은?

① 증류수 ② 황산
③ 경수 ④ 수도물

> 증류수(연수)를 보충한다. ※ 경수 : 시냇물, 지하수

5 MF(Maintenance Free) 축전지에 대한 설명으로 적합하지 않는 것은?

① 격자의 재질은 납과 칼슘합금이다.
② 무보수용 배터리이다.
③ 밀봉 촉매 마개를 사용한다.
④ 증류수는 매 15일마다 보충한다.

6 축전지 케이스와 커버 세척에 가장 알맞은 것은?

① 솔벤트와 물 ② 소금과 물
③ 가솔린과 물 ④ 소다와 물

> 전해액이 묽은 황산이므로 소다로 중화시키고 물로 씻어낸다.

7 일반적으로 축전지 터미널의 식별법으로 적합하지 않은 것은?

① [+], [-]의 표시로 구분한다.
② 터미널의 요철로 구분한다.
③ 굵고 가는 것으로 구분한다.
④ 적색과 흑색으로 구분한다.

8 축전지 터미널에 부식이 발생하였을 때 나타나는 현상과 가장 거리가 먼 것은?

① 기동 전동기의 회전력이 작아진다.
② 엔진 크랭킹이 잘 되지 않는다.
③ 전압강하가 발생된다.
④ 시동 스위치가 손상된다.

9 황산과 증류수를 이용하여 전해액을 만들 때의 설명으로 옳은 것은?

① 황산을 증류수에 부어야 한다.
② 증류수를 황산에 부어야 한다.
③ 황산과 증류수를 동시에 부어야 한다.
④ 철제용기를 사용한다.

> 전해액은 황산을 증류수에 부어야 하며, 반대로 하면 폭발의 위험성이 있다.

10 12V 납축전지 셀에 대한 설명으로 맞는 것은?

① 6개의 셀이 직렬로 접속되어 있다.
② 6개의 셀이 병렬로 접속되어 있다.
③ 6개의 셀이 직렬과 병렬로 혼용하여 접속되어 있다.
④ 3개의 셀이 직렬과 병렬로 혼용하여 접속되어 있다.

> 12V용 축전지는 6개의 셀이 직렬로 연결되어 있다.

11 20℃에서 전해액의 비중이 1.280이면 어떤 상태인가?

① 완전 충전 ② 반 충전
③ 완전 방전 ④ 2/3 방전

> 축전지 비중이 20℃에서 1.280이면 완전 충전상태이다.

정답 ▶ 1 ② 2 ④ 3 ① 4 ① 5 ④ 6 ④ 7 ② 8 ④ 9 ① 10 ① 11 ①

12 축전지 전해액의 온도가 상승하면 비중은?

① 일정하다.   ② 올라간다.

③ 내려간다.   ④ 무관하다.

축전지 전해액의 비중과 온도는 반비례한다. 따라서, 축전지 전해액의 온도가 상승하면 비중은 내려간다.

13 12V용 납산축전지의 방전종지 전압은?

① 12V   ② 10.5V

③ 7.5V   ④ 1.75V

1개의 셀당 방전종지 전압은 1.75V이고 6개의 셀이 직렬로 연결되어 있으므로 1.75×6 = 10.5V가 된다.

14 납산 축전지의 용량은 어떻게 결정되는가?

① 극판의 크기, 극판의 수, 황산의 양에 의해 결정된다.

② 극판의 크기, 극판의 수, 단자의 수에 따라 결정된다.

③ 극판의 수, 셀의 수, 발전기의 충전능력에 따라 결정된다.

④ 극판의 수와 발전기의 충전능력에 따라 결정된다.

납산 축전지 용량은 극판의 크기와 수, 황산의 양에 의해 결정되며 셀의 수는 전압과 관련이 있다.

15 납산 축전지를 방전하면 양극판과 음극판은 어떻게 변하는가?

① 해면상납으로 바뀐다.

② 일산화납으로 바뀐다.

③ 과산화납으로 바뀐다.

④ 황산납으로 바뀐다.

납산 축전지가 완전 방전되면 양극판과 음극판은 황산납으로 바뀐다. 완전 충전시에는 양극판은 과산화납, 음극판은 순납으로 바뀐다.

16 충전된 축전지를 방치 시 자기방전(Self-Discharge)의 원인과 가장 거리가 먼 것은?

① 음극판의 작용물질이 황산과 화학작용으로 방전

② 전해액 내에 포함된 불순물에 의해 방전

③ 전해액의 온도가 올라가서 방전

④ 양극판의 작용물질 입자가 축전지 내부에 단락으로 인한 방전

17 축전지의 자기 방전량 설명으로 적합하지 않은 것은?

① 전해액의 온도가 높을수록 자기 방전량은 작아진다.

② 전해액의 비중이 높을수록 자기 방전량은 크다.

③ 날짜가 경과할수록 자기 방전량은 많아진다.

④ 충전 후 시간의 경과에 따라 자기 방전량의 비율은 점차 낮아진다.

전해액의 온도가 높을수록, 비중이 높을수록, 날짜가 경과할수록 자기 방전량은 커지며 시간의 경과에 따라 자기 방전량의 비율은 점차 낮아진다.

18 다음 중 축전지가 내부 방전하여 못쓰게 된 이유로 가장 적절한 것은?

① 축전지 액이 규정보다 약간 높은 상태로 계속 사용했다.

② 발전기의 출력이 저하되었다.

③ 축전지 비중을 1.280으로 하여 계속 사용했다.

④ 축전지 액이 거의 없는 상태로 장기간 사용했다.

19 축전지를 병렬로 연결하였을 때 맞는 것은?

① 전압이 증가한다.

② 전압이 감소한다.

③ 전류가 증가한다.

④ 전류가 감소한다.

축전지를 병렬로 연결하면 전류가 증가하고 직렬로 연결하면 전압이 증가한다.

20 같은 축전지 2개를 직렬로 접속하면?

① 전압은 2배가 되고, 용량은 같다.

② 전압은 같고, 용량은 2배가 된다.

③ 전압과 용량은 변화가 없다.

④ 전압과 용량 모두 2배가 된다.

21 납산축전지의 일반적인 충전 방법으로 가장 많이 사용되는 것은?

① 정전류 충전

② 정전압 충전

③ 단별전류 충전

④ 급속 충전

충전의 종류에는 정전류 충전과 정전압 충전이 있으며, 이 중 정전류 충전이 가장 많이 사용된다.

chapter **06**

22 납산용 일반축전지가 방전되었을 때 보충전 시 주의하여야 할 사항으로 가장 거리가 먼 것은?

① 충전 시 전해액 온도를 45℃ 이하로 유지할 것
② 충전 시 가스발생이 되므로 화기에 주의할 것
③ 충전 시 벤트플러그를 모두 열 것
④ 충전 시 배터리 용량보다 높은 전압으로 충전할 것

23 축전지 충전 중에 화기를 가까이 하거나 충전상태를 점검하기 위하여 드라이버 등으로 스파크를 시키면 위험한 이유는?

① 축전지 케이스가 타기 때문이다.
② 전해액이 폭발하기 때문이다.
③ 축전지 터미널이 손상되기 때문이다.
④ 발생하는 가스가 폭발하기 때문이다.

24 축전지를 충전할 때 주의사항으로 맞지 않는 것은?

① 충전 시 전해액 주입구 마개는 모두 닫는다.
② 축전지는 사용하지 않아도 1개월 1회 보충전을 한다.
③ 축전지가 단락하여 불꽃이 발생하지 않게 한다.
④ 과충전하지 않는다.

> 충전 시 전해액 주입구 마개는 모두 열어두어야 한다.

25 축전지 급속 충전시 주의사항으로 잘못된 것은?

① 통풍이 잘 되는 곳에서 한다.
② 충전 중인 축전지에 충격을 가하지 않도록 한다.
③ 전해액 온도가 45℃를 넘지 않도록 특별히 유의한다.
④ 충전시간은 길게 하고, 가능한 2주에 한 번씩 하도록 한다.

> 급속충전 시간은 짧게 해야 하고, 비상시에만 실시한다.

26 건설기계에서 사용하는 납산 배터리 취급상 적절하지 않은 것은?

① 자연 소모된 전해액은 증류수로 보충한다.
② 과방전은 축전지의 충전을 위해 필요하다.
③ 사용하지 않은 축전지도 2주에 1회 정도 보충전한다.
④ 필요시 급속 충전시켜 사용할 수 있다.

27 납산축전지를 오랫동안 방전상태로 두면 사용하지 못하게 되는 원인은?

① 극판이 영구 황산납이 되기 때문이다.
② 극판에 산화납이 형성되기 때문이다.
③ 극판에 수소가 형성되기 때문이다.
④ 극판에 녹이 슬기 때문이다.

> 납산 축전지는 오랫동안 방전상태로 두면 극판이 영구 황산납이 되어 사용하지 못하게 된다.

28 축전지의 교환·장착 시 연결 순서로 맞는 것은?

① (+)나 (−)선 중 편리한 것부터 연결하면 된다.
② 축전기의 (−)선을 먼저 부착하고, (+)선을 나중에 부착한다.
③ 축전지의 (+), (−)선을 동시에 부착한다.
④ 축전기의 (+)선을 먼저 부착하고, (−)선을 나중에 부착한다.

> 축전지 장착시는 (+)선을 먼저 부착한 후 (−)선을 장착한다. 탈거는 그 반대로 한다.

29 기관을 회전시키고 있을 때 축전지의 전해액이 넘쳐흐른다. 그 원인에 해당되는 것은?

① 전해액량이 규정보다 5mm 낮게 들어있다.
② 기관의 회전이 너무 빠르다.
③ 팬벨트의 장력이 너무 팽팽하다.
④ 축전지가 과충전되고 있다.

30 축전지의 전해액이 빨리 줄어든다. 그 원인과 가장 거리가 먼 것은?

① 축전지 케이스가 손상된 경우
② 과충전이 되는 경우
③ 비중이 낮은 경우
④ 전압조정기가 불량인 경우

> 비중이 낮은 경우 극판은 황산납이 되어 전해액은 황산이 줄고 증류수가 많아지게 된다.

31 충전장치에서 축전지 전압이 낮을 때 원인으로 틀린 것은?

① 조정전압이 낮을 때
② 다이오드가 단락되었을 때
③ 축전지 케이블 접속이 불량할 때
④ 충전회로에 부하가 적을 때

32 축전지가 과충전일 경우 발생되는 현상으로 틀린 것은?

① 전해액이 갈색을 띠고 있다.
② 양극판 격자가 산화된다.
③ 양극 단자 쪽의 셀커버가 불룩하게 부풀어 있다.
④ 축전지에 지나치게 많은 물이 생성된다.

> 축전지가 방전될 경우 전해액은 물이 되고, 극판은 황산납이 된다.

33 납산축전지에 증류수를 자주 보충시켜야 한다면 그 원인에 해당될 수 있는 것은?

① 충전 부족이다.
② 극판이 황산화되었다.
③ 과충전되고 있다.
④ 과방전되고 있다.

34 축전지의 취급에 대한 설명 중 옳은 것은?

① 2개 이상의 축전지를 직렬로 배선할 경우 (+)와 (+), (−)와 (−)를 연결한다.
② 축전지의 용량을 크게 하기 위해서는 다른 축전지와 직렬로 연결하면 된다.
③ 축전지의 방전이 거듭될수록 전압이 낮아지고 전해액의 비중도 낮아진다.
④ 축전지를 보관할 때는 될수록 방전시키는 편이 좋다.

> ①, ②은 병렬에 해당, ④ 보관 시 가급적 충전시킨다.

35 장비에 장착된 축전지를 급속 충전할 때 축전지의 접지 케이블을 분리시키는 이유로 맞는 것은?

① 과충전을 방지하기 위해
② 발전기의 다이오드를 보호하기 위해
③ 시동스위치를 보호하기 위해
④ 기동 전동기를 보호하기 위해

> 발전기의 다이오드를 보호하기 위해 축전지의 접지 케이블을 분리시킨다.

36 전해액의 온도가 내려가면 비중은?

① 내려간다.
② 올라간다.
③ 변함없다.
④ 보충이 요구된다.

37 축전지의 온도가 내려갈 때 발생 현상이 아닌 것은?

① 비중이 상승한다.
② 전류가 커진다.
③ 용량이 저하한다.
④ 전압이 저하된다.

> 축전지의 온도와 비중은 반비례 관계이다. 따라서 온도가 내려가면 비중은 상승하며 전압과 용량은 저하된다.

38 축전지가 완전충전이 잘 되지 않는 원인이다. 적절하지 않은 것은?

① 전기장치 합선
② 배터리 어스선 접속 이완
③ 본선(B+) 연결부 접속 이완
④ 발전기 브러시 스프링 장력 과다

> 브러시는 정류자는 스프링에 의해 접촉되며, 스프링 장력이 과소할 때 접촉불량으로 충전이 불량해진다.

39 납산축전지를 충전할 때 화기를 가까이 하면 위험한 이유로 옳은 것은?

① 수소가스가 폭발성 가스이기 때문에
② 산소가스가 폭발성 가스이기 때문에
③ 수소가스가 조연성 가스이기 때문에
④ 산소가스가 인화성 가스이기 때문에

40 배터리의 완전 충전된 상태의 화학반응식으로 맞는 것은?

① $PbSO_4$(황산납) + $2H_2O$(물) + $PbSO_4$(황산납)
② $PbSO_4$(황산납) + $2H_2SO_4$(묽은황산) + Pb(순납)
③ PbO_2(과산화납) + $2H_2SO_4$(묽은황산) + Pb(순납)
④ PbO_2(과산화납) + $2H_2SO_4$(묽은황산) + $PbSO_4$(황산납)

정답 ▶ 31 ④ 32 ④ 33 ③ 34 ③ 35 ② 36 ② 37 ② 38 ④ 39 ① 40 ③

03 시동장치

[출제문항수 : 1문제] 시동전동기의 필요성 및 취급과 고장 부분에서 출제가 자주 되고 있습니다. 그 외 전동기 구성이나 동력전달에 관한 내용도 가끔 출제됩니다.

01 기동전동기 개요

① 정지된 엔진은 크랭크축이 회전해야 연속적인 행정이 이루어지므로 구동 초기에 외력의 힘, 즉 기동전동기로 크랭크축을 회전시킨다. 이를 기동장치가 담당한다.
② 전동기는 플레밍의 왼손법칙의 원리를 이용한 것이다.
③ 대부분의 건설기계에는 토크(회전력)가 큰 직류 직권 전동기가 사용된다.

02 기동전동기의 종류

기동전동기는 직류전동기를 사용하며 직권식, 분권식, 복권식이 있으나 초기 회전력(토크)이 큰 주로 직권식을 사용한다.

구분	장점	단점
직권식	기동 회전력이 크고, 부하 증가 시 회전속도가 낮아짐	회전 속도가 일정하지 않음
분권식	회전속도가 일정	회전력이 약함
복권식	• 기동시에는 직권식과 같은 큰 회전력을 얻고, 시동 후에는 분권식과 같은 일정한 회전속도를 가짐 • 와이퍼 모터 등에 주로 사용	

↑ 직권 전동기　　↑ 분권 전동기　　↑ 복권 전동기

03 기동전동기의 시험 항목

무부하 시험, 회전력(부하) 시험, 저항 시험
솔레노이드 풀인 시험, 홀드인 시험, 크랭킹전류 시험 등

 ▶ 기동 전동기의 회전력 시험은 정지 시의 회전력을 측정한다.

04 전동기 구성 및 작용

1 전기자(Amature)

전기자 코일로 감긴 권선과 철심 및 정류자로 구성되는 회전 부분 전체를 말한다.

① 전기자 코일 : 브러시와 정류자를 통하여 전기자 전류가 흐른다.
② 전기자 철심 : 전기자 권선을 감는 철심
③ 정류자(Commutator) : 기동 전동기의 전기자 코일에 항상 일정한 방향으로 전류가 흐르도록 하기 위해 설치한 것이다.

 ▶ 그로울러 시험기
전기자 코일을 시험하는데 사용되는 시험기

2 계자코일(Field coil)과 계자철심

계자 철심에 계자코일를 감겨져 있어 전류가 흐르면 자력을 일으킨다. 결선방법은 일반적으로 시동에 적합한 직류 직권식을 사용한다.

3 기동전동기의 브러시

① 배터리의 전기를 정류자에 전달하는 구성품이다.
② 브러시는 본래의 길이에서 1/3 정도 마모되면 새 것으로 교환하도록 한다.

4 솔레노이드

시동스위치를 ON하면 배터리에서 기동전동기까지 흐르는 전류를 단속하는 스위치 작용과 기동전동기 끝에 달린 피니언을 링기어에 물려 기동전동기의 회전력을 플라이휠에 전달하는 역할을 한다.

 ▶ 마그넷(마그네틱) 스위치 : 기동전동기의 전자석 스위치이다.

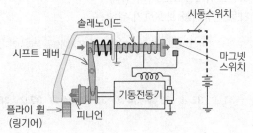

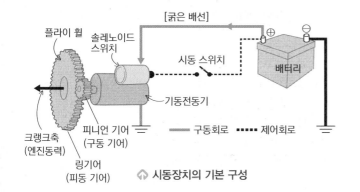

플라이 휠
솔레노이드 스위치
[굵은 배선]
시동 스위치
배터리
기동전동기
구동회로 ▬▬ 제어회로 ▬▬▬
크랭크축
(엔진동력)
피니언 기어
(구동 기어)
링기어
(피동 기어)

⬆ 시동장치의 기본 구성

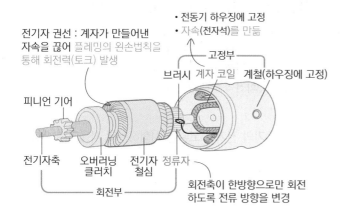

전기자 권선 : 계자가 만들어낸
자속을 끊어 플레밍의 왼손법칙을
통해 회전력(토크) 발생

· 전동기 하우징에 고정
· 자속(전자석)를 만듦

고정부
브러시 계자 코일 계철(하우징에 고정)

피니언 기어

전기자축
오버러닝
클러치
전기자
철심
정류자

회전부

회전축이 한방향으로만 회전
하도록 전류 방향을 변경

┌─ 계자(자속 발생) ─┐
배터리 전원 – 브러시 – 정류자 – 전기자 회전 – 링기어 회전

⬆ 기동전동기의 기본 구조 및 흐름

05 기동전동기의 동력전달기구

① 기동 모터의 회전력을 피니언 기어-링기어를 통해 엔진의
플라이휠로 전달해 주는 기구를 말한다.
② 구성 : 클러치와 시프트 레버 빛 피니언 기어 등
③ 종류 : 벤딕스 식, 전기자 섭동식, 피니언 섭동식
④ 오버러닝 클러치(Over-Running Clutch) : 기관이 시동된 후 피
니언이 링기어에 물려 있어도 기관의 회전력이 기동전동기
로 전달되지 않도록 하기 위하여 설치된 클러치를 말한다

▶ 기관 시동장치에서 링 기어를 회전시키는 구동 피니언은 기동전
동기에 부착되어 있다.
▶ 플라이휠 링기어가 소손되면 기동전동기는 회전되나 엔진은 크랭
킹이 되지 않는다.

▶ 기관의 시동을 보조하는 장치
실린더의 감압장치, 히트레인지, 공기 예열장치
▶ 스타트 릴레이
기동 전동기로 많은 전류를 보내어 충분한 크랭킹 속도를 유지
하여 엔진 시동을 용이하게 해 주므로 키 스위치(시동스위치)를 보
호한다.

06 기동전동기의 취급

① 예열 경고등이 소등되면 시동한다.
② 기관 시동은 레버가 중립위치에 시행한다.
③ 기관 시동 후 시동 스위치를 켜지 않는다.
→ 시동 스위치를 계속 누르고 있으면 피니언 기어가 소손되어 기동전동기
의 수명이 단축된다.
④ 기동 전동기의 회전속도가 규정 이하이면 오랜 시간 연속회
전 시켜도 시동이 되지 않으므로 회전속도에 유의해야 한다.
⑤ 전선 굵기는 규정 이하의 것을 사용하면 안 된다.
⑥ 건설기계 차량에서 시동모터에 가장 큰 전류가 흐르므로 스
타트 릴레이를 설치하여 시동을 보조한다.

07 시동장치의 고장

1 기동전동기가 작동하지 않거나 회전력이 약한 원인
① 배터리 전압이 낮음
② 배터리 단자와 터미널의 접촉 불량
③ 배선과 시동스위치가 손상 또는 접촉불량
④ 기동전동기의 고장(불량) : 기동전동기가 소손, 계자 코일이
단락, 브러시와 정류자의 밀착불량 등
⑤ 엔진 내부 피스톤 고착

▶ 기관 시동이 잘 안될 경우 점검할 사항
· 배터리 충전상태
· 연료량
· 시동모터
· ST 회로(스타트 회로) 연결 상태

2 겨울철에 기동전동기 크랭킹 회전수가 낮아지는 원인
① 엔진오일의 점도가 상승
② 온도에 의한 축전지의 용량감소
③ 기온저하로 기동부하 증가

1 건설기계에 주로 사용되는 기동전동기로 맞는 것은?

① 직류분권 전동기
② 직류직권 전동기
③ 직류복권 전동기
④ 교류 전동기

2 직류직권 전동기에 대한 설명 중 틀린 것은?

① 기동 회전력이 분권전동기에 비해 크다.
② 회전 속도의 변화가 크다.
③ 부하가 걸렸을 때, 회전속도가 낮아진다.
④ 회전속도가 거의 일정하다.

3 전동기의 종류와 특성 설명으로 틀린 것은?

① 직권전동기는 계자 코일과 전기자 코일이 직렬로 연결된 것이다.
② 분권전동기는 계자 코일과 전기자 코일이 병렬로 연결된 것이다.
③ 복권전동기는 직권 전동기와 분권전동기 특성을 합한 것이다.
④ 내연 기관에서는 순간적으로 강한 토크가 요구되는 복권 전동기가 주로 사용된다.

> 직권식은 계자 코일과 전기자 코일이 직렬로 연결된 형태로, 토크가 큰 장점이 있어 대부분의 차량에 사용된다.

4 기동 전동기의 시험 항목으로 맞지 않은 것은?

① 무부하 시험
② 회전력 시험
③ 저항 시험
④ 중부하 시험

> 기동전동기 시험항목으로는 ①, ②, ③ 이외에도 솔레노이드 풀인 시험, 홀드인 시험, 부하 시험, 크랭킹전류 시험 등이 있다.

5 건설기계 차량에서 가장 큰 전류가 흐르는 것은?

① 콘덴서
② 발전기 로터
③ 배전기
④ 시동 모터

6 기동 전동기의 전기자 코일에 항상 일정한 방향으로 전류가 흐르도록 하기 위해 설치한 것은?

① 다이오드
② 로터
③ 정류자
④ 슬립링

7 기동 전동기의 마그넷 스위치는?

① 기동 전동기의 전자석 스위치이다.
② 기동 전동기의 전류 조절기이다.
③ 기동 전동기의 전압 조절기이다.
④ 기동 전동기의 저항 조절기이다.

8 기동 전동기의 회전력 시험은 어떻게 측정하는가?

① 공전시 회전력을 측정한다.
② 중속시 회전력을 측정한다.
③ 고속시 회전력을 측정한다.
④ 정지시 회전력을 측정한다.

9 기동전동기의 전기자 코일을 시험하는데 사용되는 시험기는?

① 전류계 시험기
② 전압계 시험기
③ 그로울러 시험기
④ 저항 시험기

10 기동 전동기의 브러시는 본래 길이의 얼마 정도 마모되면 교환하는가?

① 1/2 이상 마모 시
② 1/3 이상 마모 시
③ 2/3 이상 마모 시
④ 3/4 이상 마모 시

11 디젤기관의 전기장치에 없는 것은?

① 스파크 플러그
② 글로우 플러그
③ 축전지
④ 솔레노이드 스위치

> 디젤기관은 압축착화방식으로 스파크 플러그가 필요없다.

12 기동전동기가 회전하지 않는 원인과 관계없는 것은?

① 배터리의 출력이 낮다.
② 기동전동기가 소손되었다.
③ 연료 압력이 낮다.
④ 배선과 스위치가 손상되었다.

13 기관 시동장치에서 링 기어를 회전시키는 구동 피니언은 어느 곳에 부착되어 있는가?

① 클러치
② 변속기
③ 기동전동기
④ 뒷차축

기동전동기에 부착된 구동 피니언을 회전시켜 플라이휠의 링기어를 회전시켜 최종적으로 크랭크축을 회전시킨다.

14 기동전동기는 회전되나 엔진은 크랭킹이 되지 않는 원인으로 옳은 것은?

① 축전지 방전
② 기동전동기의 전기자 코일 단선
③ 플라이휠 링기어의 소손
④ 발전기 브러시 장력 과다

15 엔진이 기동되었는데도 시동스위치를 계속 ON 위치로 할 때 미치는 영향으로 맞는 것은?

① 시동전동기의 수명이 단축된다.
② 클러치 디스크가 마멸된다.
③ 크랭크축 저널이 마멸된다.
④ 엔진의 수명이 단축된다.

16 시동전동기를 취급 시 주의사항으로 틀린 것은?

① 시동 전동기의 연속 사용기간은 60초 정도로 한다.
② 기관이 시동된 상태에서 시동 스위치를 켜서는 안 된다.
③ 시동전동기의 회전속도가 규정 이하이면 오랜 시간 연속 회전시켜도 시동이 되지 않으므로 회전속도에 유의해야 한다.
④ 전선 굵기는 규정 이하의 것을 사용하면 안된다.

17 기관의 시동을 보조하는 장치가 아닌 것은?

① 실린더의 감압장치
② 히트레인지
③ 과급장치
④ 공기 예열장치

18 건설기계에서 시동전동기의 회전이 안 될 경우 점검할 사항이 아닌 것은?

① 축전지의 방전 여부
② 배터리 단자의 접촉 여부
③ 팬벨트의 이완 여부
④ 배선의 단선 여부

팬벨트 이완여부는 냉각계통과 관련이 있다.

19 건설기계 엔진에 사용되는 시동모터가 회전이 안 되거나 회전력이 약한 원인이 아닌 것은?

① 시동스위치 접촉 불량이다.
② 배터리 단자와 터미널의 접촉이 나쁘다.
③ 브러시가 정류자에 잘 밀착되어 있다.
④ 배터리 전압이 낮다.

브러시가 정류자에 잘 밀착되어야 전류의 전달이 잘 되기 때문에 시동모터회전도 원활하게 이루어진다.

20 기관을 시동하기 위해 시동키를 작동했지만 기동모터가 회전하지 않아 점검하려고 한다. 점검 내용으로 틀린 것은?

① 배터리 방전상태 확인
② 인젝션 펌프 솔레노이드 점검
③ 배터리 터미널 접촉 상태 확인
④ ST 회로 연결 상태 확인

21 겨울철에 기동전동기 크랭킹 회전수가 낮아지는 원인이 아닌 것은?

① 엔진오일의 점도가 상승
② 온도에 의한 축전지의 용량 감소
③ 점화스위치의 저항 증가
④ 기온저하로 기동부하 증가

22 시동스위치를 시동(ST) 위치로 했을 때 솔레노이드 스위치는 작동되나 기동 전동기는 작동되지 않는 원인과 관계없는 것은?

① 축전지 방전
② 시동 스위치 불량
③ 엔진 내부 피스톤 고착
④ 기동전동기 브러시 손상

정답 **13** ③ **14** ③ **15** ① **16** ① **17** ③ **18** ③ **19** ③ **20** ② **21** ③ **22** ②

04 충전장치

[출제문항수 : 1~2문제] 충전장치 부분에서는 대부분 교류발전기에서 출제됩니다. 구조 및 특징과 직류발전기와의 차이에 대하여 학습하시기 바랍니다.

01 충전장치 개요

① 운행 중 여러 가지 전기 장치에 전력을 공급한다.
② 축전지에 충전전류를 공급한다.
③ 발전기와 레귤레이터 등으로 구성된다.
④ 발전기는 기관과 항상 같이 회전하며 발전한다.
⑤ 발전기는 플레밍의 오른손 법칙의 원리가 이용된다.

02 직류 발전기 (제너레이터)

1 기본 작동

전기자를 크랭크축 풀리와 팬벨트로 회전시키면 코일 안에 교류의 기전력이 생기며, 이 교류를 정류자와 브러시에 의해 직류로 만들어 끌어낸다. 계자 코일과 전기자 코일의 연결에 따라 직권식, 분권식, 복권식이 있다.

2 직류(DC) 발전기의 구조

① 전기자(아마추어) : 전류가 발생되는 부분이며 전기자 철심, 전기자 코일, 정류자, 전기자축 등으로 구성되어 있다.
② 계자 철심과 계자 코일 : 계자 철심에 계자 코일이 감겨져 있는 형태로 계자 코일에 전류가 흐르면 철심이 전자석이 되어 자속을 발생한다.
③ 정류자와 브러시 : 전기자에서 발생한 교류를 정류하여 직류로 변환시켜 준다.

03 교류 발전기 (알터네이터)

1 기본 작동과 발전

교류 발전기는 회전 계자형의 3상 교류 발전기에 정류용 실리콘 다이오드를 조립하여 직류 출력을 얻는 발전기로서 고속 내구성이 우수하고, 저속 충전 성능이 좋기 때문에 차량용 충전 장치로 널리 사용되고 있다.

▶ 건설기계장비의 충전장치는 주로 3상 교류발전기를 사용하고 있다.

2 교류(AC) 발전기의 구조

① 스테이터 : 직류 발전기의 전기자에 해당되며 교류(AC) 발전기에서 전류가 발생되는 부분이다. 교류 발전기에서 스테이터는 외부에 고정되며 내부에는 로터가 회전한다.

▶ 직류발전기는 전기자에서 전류가 발생한다.

② 로터 : 팬벨트에 의해서 엔진 동력으로 회전하며 브러시를 통해 들어온 전류에 의해 전자석이 된다.
(직류발전기의 계자철심과 계자코일의 역할)

▶ 전류가 흐를 때 AC 발전기의 로터가 전자석이 되어 회전하면, 스테이터에서 전류가 발생된다
▶ AC 발전기의 출력은 로터 전류를 변화시켜 조정한다.

③ 슬립 링과 브러시 : 브러시는 스프링 장력으로 슬립링에 접촉되어 축전기 전류를 로터 코일에 공급한다.
④ 다이오드(정류기) : 스테이터 코일에 발생된 교류 전기를 정류하여 직류로 변환시키는 역할을 하며 축전지로부터 발전기로 전류가 역류하는 것을 방지한다.

▶ 발전기의 전기자에서 발생되는 전류는 교류 상태이고 다이오드를 거쳐 AC 발전기의 B단자에서 발생되는 전기는 3상 전파 직류전압이다.
▶ 직류발전기에서는 정류자와 브러시로 정류한다.

3 교류발전기의 특징

① 소형, 경량이고 속도 변동에 따른 적응 범위가 넓다.
② 가동이 안정되어 있어서 브러시의 수명이 길다.
③ 브러시에는 계자 전류만 흐르기 때문에 불꽃 발생이 없고 점검, 정비가 쉽다.
④ 역류가 없어서 컷아웃 릴레이가 필요없으며, 저속시에도 충전이 가능하다.
⑤ 정류자 소손에 의한 고장이 적으며, 카본 브러시에 의한 마찰음이 없다.
⑥ 다이오드를 사용하기 때문에 정류 특성이 좋다.

1 전류의 자기작용을 응용한 것은? ★★★★

① 전구　　　　　　② 축전지
③ 예열플러그　　　　④ 발전기

전류의 자기작용을 이용한 것은 발전기이며, 플레밍의 오른손 법칙의 원리가 이용된다.

2 다음 중 충전장치의 발전기는 어떤 축에 의하여 구동되는가? ★★★

① 크랭크축　　　　　② 캠축
③ 추진축　　　　　　④ 변속기 입력축

전기자를 크랭크축 풀리와 팬벨트로 구동시킨다.

3 발전기의 전기자에서 발생되는 전류는? ★★★

① 직류 상태이다.　　② 맥류 상태이다.
③ 교류 상태이다.　　④ 정전기 상태이다.

전기자는 직류 발전기에서 전기가 발생하는 부분이며 전기자에서 발생된 전기는 교류이며 정류자와 브러시로 정류하여 직류로 만든다.

4 다음 중 교류 발전기의 부품이 아닌 것은? ★★★

① 다이오드　　　　　② 슬립링
③ 스테이터 코일　　　④ 전류 조정기

전류조정기는 직류발전기용 레귤레이터에 사용된다.

5 건설기계장비의 충전장치는 어떤 발전기를 주로 사용하고 있는가? ★★

① 직류발전기　　　　② 단상 교류발전기
③ 3상 교류발전기　　④ 와전류 발전기

6 AC발전기에서 다이오드의 역할로 가장 적합한 것은? ★★★★★

① 교류를 정류하고 역류를 방지한다.
② 전압을 조정한다.
③ 여자 전류를 조정하고 역류를 방지한다.
④ 전류를 조정한다.

AC 발전기에서 다이오드는 교류를 정류하고 역류를 방지하며, DC 발전기에서는 정류자가 정류하고 컷아웃 릴레이가 역류를 방지한다.

7 AC 발전기에서 전류가 흐를 때 전자석이 되는 것은? ★★★★

① 계자 철심　　　　　② 로터
③ 스테이터 철심　　　④ 아마추어

아마추어와 계자 철심은 DC발전기용이다.

8 AC 발전기에서 전류가 발생되는 곳은? ★★★★★

① 로터 코일　　　　　② 레귤레이터
③ 스테이터 코일　　　④ 전기자 코일

AC 발전기의 로터가 전자석이 되어 회전하면 스테이터에서 전류(교류)가 발생하고 다이오드로 정류한다.

9 다음 중 AC 발전기의 출력을 조정하는 것은? ★★★★★

① 축전지 전압　　　　② 발전기의 회전속도
③ 로터 전류　　　　　④ 스테이터 전류

10 건설기계에 사용하는 교류발전기의 구조에 해당하지 않는 것은? ★★

① 스테이터 코일　　　② 로터
③ 마그네틱 스위치　　④ 다이오드

교류 발전기 구조로는 ①, ②, ④ 이외에도 슬립링 등이 있다.

11 직류 발전기와 비교한 교류 발전기의 특징으로 틀린 것은? ★★★★

① 전류 조정기만 있으면 된다.
② 브러시의 수명이 길다.
③ 소형이며 경량이다.
④ 저속 시에도 충전이 가능하다.

교류발전기는 전류조정기와 컷아웃 릴레이가 필요없이 전압 조정기만 필요하다.

12 교류 발전기(Alternator)의 특징으로 틀린 것은? ★★★

① 소형 경량이다.
② 출력이 크고 고속 회전에 잘 견딘다.
③ 불꽃 발생으로 충전량이 일정하다.
④ 컷아웃 릴레이 및 전류제한기가 필요없다.

 정답 1 ④　2 ①　3 ③　4 ④　5 ③　6 ①　7 ②　8 ③　9 ③　10 ③　11 ①　12 ③

chapter 06

04 레귤레이터 (Regulator, 조정기)

1 직류(DC) 발전기 레귤레이터

① 전압 조정기 : 발전기의 발생 전압을 일정하게 제어
② 컷 아웃 릴레이 : 축전지로부터 전류의 역류를 방지
③ 전류 제한기 : 발전기 출력 전류가 규정 이상의 전류가 되는 것을 방지

 ▶ 전압 조정기는 AC와 DC 발전기의 조정기에서 공통으로 가지고 있다.

2 교류(AC) 발전기 레귤레이터

① 컷 아웃 릴레이와 전류 조정기가 필요없고 전압 조정기만 필요하다.(다이오드가 그 역할을 대신함)
② 전압 조정기의 종류 : 접점식, 카본파일식, 트랜지스터식

 ▶ 레귤레이터가 고장나면 발전기에서 발전이 되어도 축전지에 충전되지 않는다.

05 교류 발전기의 고장원인

1 발전기가 고상났을 때 발생할 수 있는 현상

① 충전 경고등에 불이 들어온다.
② 헤드램프를 켜면 불빛이 어두워진다.
③ 전류계의 지침이 ⊖ 쪽을 가리킨다.

2 AC 발전기 작동 중 소음발생의 원인

① 베어링이 손상되었다.
② 벨트 장력이 약하다.
③ 고정 볼트가 풀렸다.

3 발전기 출력 및 축전지 전압이 낮을 때의 원인

① 조정 전압이 낮을 때
② 다이오드 단락
③ 축전지 케이블 접속 불량

기출문제 ★ 숫자는 빈출 정도 및 중요도를 나타냅니다.

1 ★★
축전지가 충전되지 않는 원인으로 가장 옳은 것은?

① 레귤레이터가 고장일 때
② 발전기의 용량이 클 때
③ 팬벨트 장력이 셀 때
④ 전해액의 온도가 낮을 때

> 레귤레이터가 고장이면 발전기에서 축전지로 충전을 시켜주지 못한다.

2 ★★
전압 조정기의 종류에 해당하지 않는 것은?

① 접점식   ② 카본파일식
③ 트랜지스터식   ④ 저항식

3 ★★
디젤기관 가동 중에 발전기가 고장이 났을 때 발생할 수 있는 현상으로 틀린 것은?

① 충전 경고등에 불이 들어온다.
② 배터리가 방전되어 시동이 꺼지게 된다.
③ 헤드램프를 켜면 불빛이 어두워진다.
④ 전류계의 지침이 (-)쪽을 가리킨다.

> 배터리가 방전되어 시동이 꺼지는 것은 가솔린 기관에 해당된다.

4 ★★★
다음 중 AC와 DC 발전기의 조정기에서 공통으로 가지고 있는 것은?

① 전압 조정기   ② 전류 조정기
③ 컷 아웃 릴레이   ④ 전력 조정기

> 교류발전기는 다이오드로 정류하므로 컷 아웃 릴레이 및 전류조정기가 필요 없다.

5 ★★★★
AC 발전기 작동 중 소음발생의 원인과 가장 거리가 먼 것은?

① 베어링이 손상되었다.
② 벨트 장력이 약하다.
③ 고정 볼트가 풀렸다.
④ 축전지가 방전되었다.

6 ★★
발전기 출력 및 축전지 전압이 낮을 때의 원인이 아닌 것은?

① 조정 전압이 낮을 때
② 다이오드 단락
③ 축전지 케이블 접속 불량
④ 충전회로에 부하가 적을 때

 정답 1 ① 2 ④ 3 ② 4 ① 5 ④ 6 ④

05 등화 및 냉난방장치

[출제문항수 : 1~2문제] 전조등의 연결 방법(병렬로 연결된 복선식), 전조등의 종류에 따른 특징과 각종 계기류 부분에서 대부분 출제됩니다.

01 광도와 조도

① 광도 : 어떤 방향의 빛의 세기
(단위 : cd, 칸델라)

② 조도 : 피조면의 밝기의 정도
(단위 : lx, Lux)

③ 광속 : 광원에서 나와 어떠한 공간에 비추어지는 빛의 양(단위 : lm, 루멘)

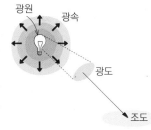

02 전조등

전조등은 야간에 전방을 확인하기 위한 등화이며 램프 유닛 (Lamp Unit)은 전구, 반사경, 렌즈 등으로 구성되어 있다. 전조등은 병렬로 연결된 복선식으로 구성한다.

1 세미 실드빔형 전조등

① 렌즈와 반사경은 일체이고 전구만 따로 교환할 수 있다.

② 반사경에 습기, 먼지 등이 들어가 조명 효율을 떨어뜨릴 수 있다.

③ 자주 사용되는 할로겐 램프는 세미 실드빔형이다.

2 실드빔형 전조등

전조등의 필라멘트가 끊어진 경우 렌즈나 반사경에 이상이 없어도 전조등 전부를 교환하여야 하는 형식이다.

① 반사경과 필라멘트가 일체로 되어 있다.

② 내부는 진공 상태로 되어 있어 그 속에 아르곤이나 질소가스 등 불활성 가스를 봉입한다.

③ 대기 조건에 따라 반사경이 흐려지지 않는다.

④ 사용에 따른 광도의 변화가 적다.

⑤ 필라멘트가 끊어지면 램프 전체를 교환하여야 한다.

 ▶ 헤드라이트가 한쪽만 점등되었을 때 고장 원인
  • 전구 접지불량
  • 한 쪽 회로의 퓨즈 단선
  • 전구 불량

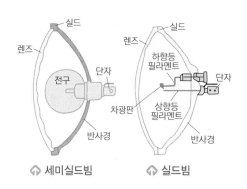

⬆ 세미실드빔   ⬆ 실드빔

03 보안등

1 방향지시등

① 방향 지시등은 차량의 진행 방향을 다른 차량이나 보행자에게 알리는 등으로 보안상 중요하다.

  • 방향 지시를 운전석에서 확인할 수 있어야 한다.

  • 작동에 이상이 있을 경우, 운전석에서 확인할 수 있어야 한다.

  • 점멸의 주기에 변화가 없어야 한다.

② 좌·우의 점멸 횟수가 다르거나 한 쪽이 작동되지 않는 원인

  • 규정 용량의 전구를 사용하지 않았다.

  • 접지가 불량하다.

  • 전구 1개가 단선되었다.

  • 플래셔 스위치에서 지시등 사이에 단선이 있다.

  • 한쪽 전구 소켓에 녹이 발생하여 전압강하가 있다.

 ▶ 방향지시등의 한쪽이 접촉 불량이나 전구가 불량하면 다른 쪽으로 많은 전류가 흘러 점멸이 빠르게 된다.

2 기타 보안등

① 비상점면 경고등   ② 후진등

③ 미등   ④ 제동등

⑤ 번호판등

 ▶ 방향지시등이나 제동등의 작동 확인은 운행전에 해야 한다.

04 냉방장치

1 냉매(R-134a)

① R-134a : R-12 냉매(프레온 가스)의 염소(Cl)로 인한 오존층 파괴 및 온난화 유발의 대체 물질로 현재 대부분 사용된다.
② R-134a의 액화·증발작용은 R-12 냉매와 동일한 성능이 있으며 무미, 무취이며 화학적으로 안정되고 내열성이 좋다.

05 계기

1 충전경고등

① 작업 중 충전경고등에 빨간불이 들어오는 경우 충전이 잘 되지 않고 있음을 나타낸다.
② 충전경고등이 점등되면 충전계통을 점검해야 한다.
③ 충전 경고등 점검은 기관 가동 전/가동 중에 한다.

2 전류계

① 발전기에서 축전지로 충전되고 있을 때는 전류계 지침이 정상에서 (+) 방향을 지시한다.
② 전류계 지침이 정상에서 (−) 방향을 지시하고 있을 때는 정상적인 충전이 되고 있지 않은 것이다.
 • 전조등 스위치가 점등위치에 있을 때

 • 배선에서 누전되고 있을 때
 • 시동스위치가 엔진 예열장치를 동작시키고 있을 때
③ 기관을 회전하여도 전류계가 움직이지 않는 원인
 • 전류계 불량, 스테이터코일 단선, 레귤레이터 고장

3 오일 경고등

① 운전 중 엔진오일 경고등이 점등되었을 때의 원인
 • 드레인 플러그가 열렸을 때
 • 윤활계통이 막혔을 때
 • 오일필터가 막혔을 때
② 건설기계 장비 작업시 계기판에서 오일 경고등이 점등되었을 때 즉시 시동을 끄고 오일계통을 점검한다.

4 기관 온도계

냉각수의 온도를 나타내준다.

▶ 자기진단 기능
고장진단 및 테스트용 출력단자를 갖추고 있으며, 항상 시스템을 감시하고, 필요하면 운전자에게 경고 신호를 보내주거나 고장점검 테스트용 단자가 있다.

▶ 제어유닛(ECU)
전자제어 디젤 분사장치에서 연료를 제어하기 위해 센서로부터 각종 정보(가속페달의 위치, 기관속도, 분사시기, 흡기, 냉각수, 연료온도 등)를 입력받아 전기적 출력신호로 변환한다.

 기출문제 ★ 숫자는 빈출 정도 및 중요도를 나타냅니다.

1 조명에 관련된 용어의 설명으로 틀린 것은? ★★★★
 ① 조도의 단위는 루멘이다.
 ② 피조면의 밝기는 조도로 나타낸다.
 ③ 광도의 단위는 cd이다.
 ④ 빛의 밝기를 광도라 한다.

2 전조등의 좌·우 램프 간 회로에 대한 설명으로 맞는 것은? ★★★★★
 ① 직렬 또는 병렬로 되어 있다.
 ② 병렬과 직렬로 되어 있다.
 ③ 병렬로 되어 있다.
 ④ 직렬로 되어 있다.

3 실드빔식 전조등에 대한 설명으로 맞지 않는 것은? ★★
 ① 대기조건에 따라 반사경이 흐려지지 않는다.
 ② 내부에 불활성 가스가 들어있다.
 ③ 사용에 따른 광도의 변화가 적다.
 ④ 필라멘트를 갈아 끼울 수 있다.

4 세미 실드빔 형식의 전조등을 사용하는 건설기계장비에서 전조등이 점등되지 않을 때 가장 올바른 조치 방법은? ★★★
 ① 렌즈를 교환한다. ② 전조등을 교환한다.
 ③ 반사경을 교환한다. ④ 전구를 교환한다.

세미 실드빔형은 전구만 교환하면 되지만, 실드빔식 전조등은 일체형으로 전체를 교환하여야 한다.

 정답 ▶ 1 ① 2 ③ 3 ④ 4 ④

5 현재 널리 사용되는 할로겐 램프에 대하여 운전자 두 사람 (A, B)이 아래와 같이 서로 주장하고 있다. 어느 운전자의 말이 옳은가?

┌─【보기】─────────────────────┐
│ • 운전자 A : 실드빔 형이다.   │
│ • 운전자 B : 세미실드빔 형이다.   │
└───────────────────────────┘

① A가 맞다.　　　　② B가 맞다.
③ A, B 모두 맞다.　④ A, B 모두 틀리다.

> 할로겐 램프는 세미 실드빔 형이다.

6 방향지시등의 한쪽 등 점멸이 빠르게 작동하고 있을 때, 운전자가 가장 먼저 점검하여야 할 곳은?

① 전구(램프)　　　② 플래셔 유닛
③ 콤비네이션 스위치　④ 배터리

7 방향지시등 스위치를 작동할 때 한쪽은 정상이고 다른 한쪽은 점멸 작용이 정상과 다르게(빠르게 또는 느리게)작용한다. 고장 원인이 아닌 것은?

① 전구 1개가 단선되었을 때
② 플래셔 유닛 고장
③ 좌측 전구를 교체할 때 규정 용량의 전구를 사용하지 않았을 때
④ 한쪽 전구 소켓에 녹이 발생하여 전압강하가 있을 때

> 플래셔 유닛은 비상등 또는 방향지시등이 깜빡임(점멸)을 제어하는 장치이며, 플래셔 유닛이 고장나면 점멸되지 않는다.

8 야간작업 시 헤드라이트가 한쪽만 점등되었다. 고장 원인으로 가장 거리가 먼 것은?

① 헤드라이트 스위치 불량
② 전구 접지불량
③ 한 쪽 회로의 퓨즈 단선
④ 전구 불량

> 헤드라이트 스위치가 불량이면 모든 헤드라이트가 점등되지 못한다.

9 방향지시등이나 제동등의 작동 확인은 언제하는가?

① 운행 전　　　　② 운행 중
③ 운행 후　　　　④ 일몰 직전

10 운전 중 갑자기 계기판에 충전 경고등이 점등되었다. 그 현상으로 맞는 것은?

① 정상적으로 충전이 되고 있음을 나타낸다.
② 충전이 되지 않고 있음을 나타낸다.
③ 충전계통에 이상이 없음을 나타낸다.
④ 주기적으로 점등되었다가 소등되는 것이다.

> 충전 경고등이 점등되었다는 것은 충전계통에 이상이 있거나 정상적인 충전이 되지 않고 있음을 나타낸다.

11 건설기계의 전조등 성능을 유지하기 위한 가장 좋은 방법은?

① 단선으로 한다.
② 복선식으로 한다.
③ 축전지와 직결시킨다.
④ 굵은선으로 갈아 끼운다.

> 전조등은 복선식으로 연결되어 있으며 병렬로 연결되어 있다.
>
> ※ 단선식과 복선식
>
> | 단선식 | • 부하가 배터리의 ⊕만 사용하고, 차체나 프레임에 접지하는 방식
• 주로 저전류 장치에 이용 |
> |---|---|
> | 복선식 | • 장치를 배터리의 ⊕, ⊖ 단자에 모두 연결
• 전조등, 기동 전동기와 같이 고전류를 필요로 하는 장치에 이용 |
>
>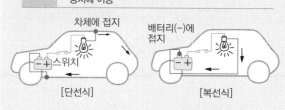

12 에어컨 장치에서 환경보존을 위한 대체물질로 신 냉매가스에 해당되는 것은?

① R-12　　　　　② R-22
③ R-12a　　　　④ R-134a

정답　5 ②　6 ①　7 ②　8 ①　9 ①　10 ②　11 ②　12 ④

13 운전 중 배터리 충전 표시등이 점등되면 무엇을 점검하여야 하는가? (단, 정상인 경우 작동 중에는 점등 되지 않는 형식임)

① 에어클리너 점검
② 엔진오일 점검
③ 연료수준 표시등 점검
④ 충전계통 점검

14 엔진 정지 상태에서 계기판 진류계의 지침이 정상에서 (–) 방향을 지시하고 있다. 그 원인이 아닌 것은?

① 전조등 스위치가 점등위치에서 방전되고 있다.
② 배선에서 누전되고 있다.
③ 시동시 엔진 예열장치를 동작시키고 있다.
④ 발전기에서 축전지로 충전되고 있다.

> 발전기에서 축전지로 충전이 되고 있다면 전류계 지침은 정상에서 (+) 방향을 지시한다.

15 건설기계 장비 작업시 계기판에서 오일 경고등이 점등되었을 때 우선 조치사항으로 적합한 것은?

① 엔진을 분해한다.
② 즉시 시동을 끄고 오일계통을 점검한다.
③ 엔진오일을 교환하고 운전한다.
④ 냉각수를 보충하고 운전한다.

16 고장진단 및 테스트용 출력단자를 갖추고 있으며, 항상 시스템을 감시하고, 필요하면 운전자에게 경고 신호를 보내주거나 고장점검 테스트용 단자가 있는 것은?

① 제어유닛 기능
② 피드백 기능
③ 주파수 신호처리 기능
④ 자기진단 기능

> 자기진단 기능은 자동차의 각각 장치를 제어하는 컴퓨터에서 시스템을 감시하고, 필요에 따라 계기판을 통해 경고 신호를 보낸다. 또한 고장점검 테스트용 단자를 통해 외부에서 고장진단 결과를 출력하여 고장 파악을 용이하게 하는 기능이 있다.

예상문항수
4/60

CHAPTER
07

01 | 동력전달장치
02 | 조향장치
03 | 제동장치

전·후진 주행장치

Study
Point   출제비율이 그리 높지 않은 편이나 학습해야 할 양은 많은 부분입니다. 동력전달장치 부분에서 2~3문제, 그 외 조향장치와 제동장치에서 각
1문제 정도 출제됩니다. 시간이 부족하신 분은 중요 기출문제만 보시고 전략적으로 패스하는 것도 방법입니다.

01 동력전달장치

[출제문항수 : 2~3문제] 클러치, 변속기, 타이어 부분은 좀 더 집중해서 보시고, 드라이브 라인에서 자재이음과 슬립이음은 꼭 알고 가시기 바랍니다.

01 동력전달장치 일반

① 개념 : 건설기계를 주행시키기 위해 기관에서 발생되는 동력을 구동 바퀴에 전달하는 모든 장치

② 동력전달장치의 동력 전달 순서

피스톤 → 커넥팅로드 → 크랭크축 → 플라이휠 → 마찰 클러치 (또는 토크컨버터) → 변속기 → 추진축 → 최종감속장치 → 차동장치 → 구동축 → 바퀴

02 클러치 (Clutch)

클러치는 수동식 변속기에 사용되는 것으로 변속기와 기관 사이에 설치되어 동력의 단속한다.

1 클러치의 필요성

① 기관을 무부하 상태로 만든다.

② 발진 또는 변속 시 필요한 미끄럼(Slip)을 준다.

③ 기어 변속 시 동력을 차단하거나 연결시켜 준다.

2 클러치의 구비조건

① 기관과 변속기 사이에 연결과 분리가 용이할 것

② 동력전달 및 절단이 원활, 신속하고 확실할 것

③ 동력전달 용량이 저하되지 않을 것

④ 구조가 간단하고 정비가 용이할 것

⑤ 고장과 진동, 소음이 적고 수명이 길 것

⑥ 고속 회전 시 불균형이 발생하지 않을 것

⑦ 회전관성이 적고, 회전부분의 평형이 좋을 것

⑧ 방열성과 내열성이 좋을 것

3 클러치의 용량

① 엔진 회전력보다 1.5~2.5배 정도 커야 한다.

② 클러치 용량이 너무 크면 엔진이 정지하거나 동력전달 시 충격이 일어나기 쉽다.

③ 클러치 용량이 너무 적으면 클러치가 미끄러진다.

03 마찰 클러치의 구조

1 클러치판(Clutch Plate)

① 플라이 휠과 압력판 사이에 설치되어 기관의 동력을 변속기 입력축을 통하여 회전력을 전달시킬 수 있는 마찰판이다.

② 구성 요소 : 토션 스프링, 쿠션 스프링, 페이싱

- 클러치판을 포함하는 클러치 본체(Assembly)는 변속기 입력축의 스플라인에 끼워져 있다.
  - 토션스프링(비틀림 코일 스프링) : 클러치 작동시의 충격을 흡수한다.
  - 쿠션스프링 : 동력전달 · 차단시 충격을 흡수하여 클러치판의 변형을 방지한다.

2 압력판

클러치 스프링의 장력으로 클러치판을 밀어서 플라이휠에 압착시키는 역할을 하며, 플라이휠과 항상 같이 회전한다.

3 릴리스 베어링

① 릴리스 베어링은 릴리스 포크에 의해 클러치 축 방향으로 움직여 회전 중인 릴리스 레버를 눌러 동력을 차단하는 작용을 한다.

② 릴리스 베어링은 솔벤트 등의 세척제로 닦아서는 안된다.

4 릴리스 레버

릴리스 베어링에 의해 한쪽 끝 부분이 눌리면 반대쪽은 클러치판을 누르고 있는 압력판을 분리시키는 레버를 말한다.

▶ 클러치에서 릴리스 베어링과 릴리스 레버가 분리되어 있으면 클러치 페달을 밟지 않은 상태이므로 클러치가 연결되어 있다.

5 클러치 스프링

클러치 커버와 압력판 사이에 설치되어 압력판에 압력을 가하는 스프링이다. 클러치 스프링의 장력이 약하면 클러치가 미끄러진다.

- 클러치판 댐퍼 스프링은 접속시 회전충격을 흡수해 준다.
  - 클러치 부스터 : 클러치 페달의 밟는 힘을 경감시켜 주는 장치

※ 마찰 클러치에 관련 이미지는 188페이지를 참조할 것

1 타이어식 건설기계장비에서 동력전달 장치에 속하지 않는 것은?

① 클러치　　　　　② 종감속 장치
③ 과급기　　　　　④ 타이어

> 과급기는 실린더에 압축공기를 공급하는 장치로 엔진의 구성품이다.

2 동력을 전달하는 계통의 순서를 바르게 나타낸 것은?

① 피스톤 → 커넥팅로드→ 클러치 → 크랭크축
② 피스톤 → 클러치 → 크랭크축 → 커넥팅로드
③ 피스톤 → 크랭크축→ 커넥팅로드 → 클러치
④ 피스톤 → 커넥팅로드→ 크랭크축 → 클러치

3 클러치에 대한 설명으로 틀린 것은?

① 클러치는 수동식 변속기에 사용된다.
② 클러치 용량이 너무 크면 엔진이 정지하거나 동력전달 시 충격이 일어나기 쉽다.
③ 엔진 회전력보다 클러치 용량이 적어야 한다.
④ 클러치 용량이 너무 적으면 클러치가 미끄러진다.

> 엔진의 회전력보다 클러치 용량이 1.5~2.5배 정도 커야 한다.

4 기계식 변속기가 장착된 건설기계장비에서 클러치 사용 방법으로 가장 올바른 것은?

① 클러치 페달에 항상 발을 올려놓는다.
② 저속 운전시에만 발을 올려놓는다.
③ 클러치 페달은 변속시에만 밟는다.
④ 클러치 페달은 커브길에서만 밟는다.

> 엔진의 동력을 연결하고 끊어주는 장치가 클러치이다.

5 기계식 변속기가 부착된 건설기계에서 작업장 이동을 위한 주행방법으로 잘못된 것은?

① 주차 브레이크를 해제한다.
② 브레이크를 서서히 밟고 변속레버를 4단에 넣는다.
③ 클러치 페달을 밟고 변속레버를 1단에 넣는다.
④ 클러치 페달에서 발을 천천히 떼면서 가속페달을 밟는다.

6 수동변속기가 장착된 건설기계의 동력전달장치에서 클러치 판은 어떤 축의 스플라인에 끼워져 있는가?

① 추진축
② 차동기어 장치
③ 크랭크축
④ 변속기 입력축

> 클러치 어셈블리는 변속기 입력축의 스플라인에 끼워져 있다.

7 기계식 변속기가 설치된 건설기계에서 클러치판의 비틀림 코일스프링의 역할은?

① 클러치판이 더욱 세게 부착되게 한다.
② 클러치 작동시 충격을 흡수한다.
③ 클러치의 회전력을 증가시킨다.
④ 클러치 압력판의 마멸을 방지한다.

> 비틀림 코일 스프링(토션 스프링)은 클러치 작동시 충격을 흡수한다.

8 클러치판의 변형을 방지하는 것은?

① 압력판
② 쿠션 스프링
③ 토션 스프링
④ 릴리스레버 스프링

> 쿠션 스프링은 동력의 전달과 차단시 충격을 흡수하여 클러치판의 변형을 방지한다.

9 클러치에서 압력판의 역할로 맞는 것은?

① 클러치판을 밀어 플라이휠에 압착시킨다.
② 제동역할을 위해 설치한다.
③ 릴리스베어링의 회전을 용이하게 한다.
④ 엔진의 동력을 받아 속도를 조절한다.

10 기관의 플라이휠과 항상 같이 회전하는 부품은?

① 압력판　　　　　② 릴리스 베어링
③ 클러치축　　　　④ 디스크

> 압력판은 클러치판을 밀어서 플라이 휠에 압착시켜 플라이 휠과 항상 같이 회전한다.

정답 **1** ③ **2** ④ **3** ③ **4** ③ **5** ② **6** ④ **7** ② **8** ② **9** ① **10** ①

chapter 07

04 토크 컨버터 (Torque Converter)

유세 글러치

① 마찰클러치와 달리 오일을 이용하여 엔진의 회전력을 변속기에 전달하는 클러치이며, 토크 전달율이 1:1이다.

② 구성품 : 펌프(임펠러), 터빈, 가이드링

> ▶ 가이드링 : 유체클러치의 와류를 감소시킨다.

2 토크 컨버터

유체 클러치에서 펌프, 터빈 사이에 스테이터를 설치하여 전달 토크를 크게 한 것이다.

① 구성 : 펌프(임펠러), 터빈, 스테이터, 가이드링
- 펌프 : 크랭크축에 연결되어 엔진과 같은 회전수로 회전한다.
- 스테이터 : 오일의 방향을 바꾸어 회전력을 증대시킨다.
- 터빈 : 변속기 입력축의 스플라인에 결합

② 유체 클러치의 동력전달 효율이 1:1이라면, 토크 컨버터는 2:1~3:1로 토크력을 증가시킨다.

③ 오일을 이용하여 자동 변속하므로 조작이 용이하고 기계적인 충격을 흡수하여 엔진의 수명을 연장한다.

> ▶ 토크 컨버터의 유체 흐름 : 펌프(임펠러) → 터빈 → 스테이터
> ▶ 토크 컨버터는 스테이터가 토크를 전달한다.
> ▶ 장비에 부하가 걸릴 때 토크 컨버터의 터빈 속도는 느려진다.

3 토크 컨버터 오일의 구비 조건

① 착화점이 높을 것
② 비점이 높고 빙점이 낮을 것
③ 화학변화를 잘 일으키지 않을 것
④ 고무나 금속을 변질시키지 않을 것
⑤ 점도가 적당할 것

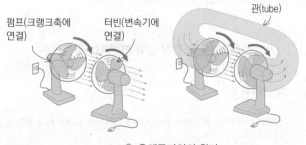

⬆ 유체클러치의 원리

05 클러치의 고장원인과 점검

동력진달장치에서 클러치의 고장원인

① 클러치 압력판 스프링 손상
② 클러치 면의 마멸
③ 릴리스 레버의 조정불량

2 클러치가 미끄러지는 원인

① 클러치 페달 자유간극 과소
② 클러치 압력판 스프링이 약해짐
③ 클러치판의 오일 부착
④ 클러치판이나 압력판의 마멸

> ▶ 운전 중 클러치가 미끄러질 때의 영향
>   속도 감소, 견인력 감소, 연료소비량 증가
> ▶ 클러치의 미끄러짐은 가속시 가장 현저하게 나타난다.

3 클러치 페달에 유격을 주는 이유

① 클러치의 미끄러짐을 방지한다.
② 클러치가 잘 끊기도록 해서 변속시 물림을 쉽게 한다.
③ 클러치 페이싱의 마멸을 작게 한다.

> ▶ 수동변속기 클러치 페달의 자유간극은 클러치 링키지 로드로 조정한다.

4 클러치 유격이 작을 때의 영향

① 클러치 미끄럼이 발생하여 동력 전달이 불량하다.
② 클러치판이 소손된다.
③ 릴리스 베어링이 빨리 마모된다.
④ 클러치 소음이 발생한다.

> ▶ 클러치 페달의 유격이 클 때
>   • 클러치가 잘 끊어지지 않는다.
>   • 변속할 때 기어가 끌리는 소음이 발생한다.

※ 유체클러치, 토크컨버터에 관련 이미지는 188페이지를 참조할 것

1 유체 클러치에서 가이드 링의 역할은? ★★★★

① 유체 클러치의 와류를 증가시킨다.
② 유체 클러치의 유격을 조정한다.
③ 유체 클러치의 와류를 감소시킨다.
④ 유체 클러치의 마찰을 증대시킨다.

가이드 링은 유체클러치의 와류를 감소시킨다.

2 토크 컨버터의 3대 구성요소가 아닌 것은? ★★★★★

① 오버런닝 클러치   ② 스테이터
③ 펌프   ④ 터빈

토크 컨버터는 펌프 임펠러, 터빈, 스테이터로 구성되어 전달 토크를 변환시킨다.

3 엔진과 직결되어 같은 회전수로 회전하는 토크 컨버터의 구성품은? ★★★

① 터빈   ② 펌프
③ 스테이터   ④ 변속기 출력축

토크 컨버터의 펌프는 크랭크축에 연결되어 엔진의 회전수와 같다.

4 토크 컨버터의 오일의 흐름 방향을 바꾸어 주는 것은? ★★★

① 펌프   ② 터빈
③ 변속기축   ④ 스테이터

5 토크 컨버터 오일의 구비 조건이 아닌 것은? ★★★

① 점도가 높을 것   ② 착화점이 높을 것
③ 빙점이 낮을 것   ④ 비점이 높을 것

토크 컨버터 오일의 구비조건 : 높은 비점(끓는점), 높은 착화점, 낮은 빙점, 적당한 점도

6 수동식 변속기가 장착된 장비에서 클러치 페달에 유격을 두는 이유는? ★★

① 클러치 용량을 크게 하기 위해
② 클러치의 미끄럼을 방지하기 위해
③ 엔진 출력을 증가시키기 위해
④ 제동 성능을 증가시키기 위해

7 수동 변속기가 설치된 건설기계에서 클러치가 미끄러지는 원인과 가장 거리가 먼 것은? ★★★

① 클러치 페달 자유간극 과소
② 압력판의 마멸
③ 클러치판의 오일 부착
④ 클러치판의 런아웃 과다

8 기계식 변속기가 장착된 건설기계에서 클러치 스프링의 장력이 약하면 어떤 현상이 발생되는가? ★★★★★

① 주행속도가 빨라진다.
② 기관의 회전속도가 빨라진다.
③ 기관이 정지한다.
④ 클러치가 미끄러진다.

9 운전 중 클러치가 미끄러질 때의 영향이 아닌 것은? ★★★

① 속도 감소   ② 견인력 감소
③ 연료소비량 증가   ④ 엔진의 과냉

클러치가 미끄러지면 엔진의 힘이 동력전달장치로 제대로 연결되지 않아 힘의 손실이 일어나고 엔진이 과열된다.

10 수동식 변속기 건설기계를 운행 중 급가속시켰더니 기관의 회전은 상승하는데 차속이 증속되지 않았다. 그 원인에 해당하는 것은? ★★

① 클러치 파일럿 베어링의 파손
② 릴리스 포크의 마모
③ 클러치 페달의 유격 과대
④ 클러치 디스크 과대 마모

클러치 디스크가 마모되면 클러치가 미끄러지므로 차를 가속시켜도 차속이 증가하지 못한다.

11 수동식 변속기가 장착된 건설장비에서 클러치가 끊어지지 않는 원인으로 맞는 것은? ★★★

① 클러치 페달의 유격이 너무 크다.
② 클러치 페달의 유격이 작다.
③ 클러치 디스크의 마모가 많다.
④ 압력판의 마모가 많다.

클러치 페달의 유격이 너무 작으면 클러치가 미끄러진다.

 정 답   **1** ③ **2** ① **3** ② **4** ④ **5** ① **6** ② **7** ④ **8** ④ **9** ④ **10** ④ **11** ①

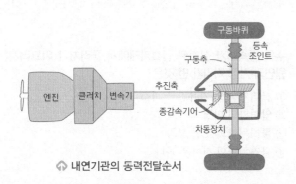

⬆ **내연기관의 동력전달순서**

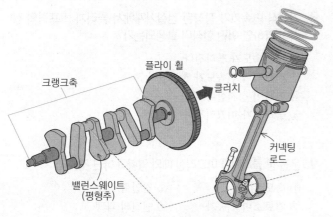

⬆ **엔진의 동력 전달 순서**

⬆ **클러치의 기본 원리**

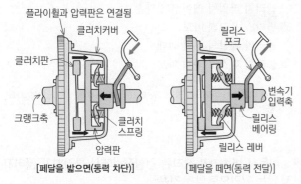

[페달을 밟으면(동력 차단)]　　[페달을 떼면(동력 전달)]

페달을 밟으면 → 릴리스 포크 → 릴리스 베어링 → 클러치 레버 누름 → 압력판이 클러치판에서 떨어짐 → 클러치판이 플라이휠과 떨어져 동력이 차단됨

페달을 놓으면 → 릴리스 베어링이 우측으로 이동 → 클러치 레버 해제 → 스프링의 힘에 의해 압력판이 밀려 → 클러치판이 플라이휠에 밀착되어 동력이 연결됨

※ 클러치 스프링은 클러치판을 밀어 플라이휠에 밀착시켜 동력을 전달하는 역할을 하므로 스프링 장력이 약하면 밀착력이 떨어져 소음이 발생하고 미끄러진다.

⬆ **마찰클러치의 작동원리**

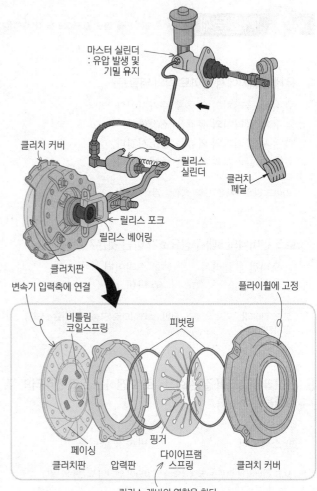

릴리스 레버의 역할을 한다.

⬆ **마찰클러치의 구조**

클러치 페달의 자유 간극(유격)

= 클러치 페달을 밟았을 때 저항없이 눌려지는 거리
= 클러치 페달을 밟지 않았을 때 릴리스 베어링과 릴리스 레버까지의 거리

※ 유격을 두는 이유 : 클러치의 미끄럼을 방지

• 유격이 크면 : 클러치가 끊어지지 않아 기어변속이 나쁘게 된다. 그래서 클러치 페달을 약간만 떼어도 출발이 이루어지므로 안전운전에 방해가 된다.
• 유격이 작으면 : 클러치 압력판과 클러치 릴리스 베어링과의 간극이 작아 조금만 밟아도 동력 차단은 확실하지만 클러치 페달을 살짝 밟고 있는 상태와 같아져 클러치 디스크 마모를 촉진한다.

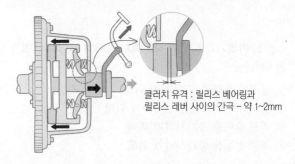

클러치 유격 : 릴리스 베어링과
릴리스 레버 사이의 간극 - 약 1~2mm

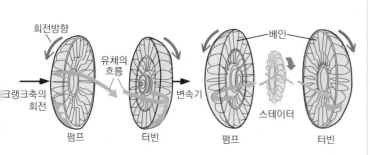

◈ 유체클러치와 토크컨버터의 오일 흐름 비교

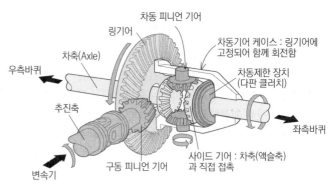

※ 피니언 기어과 링기어를 통해 감속됨

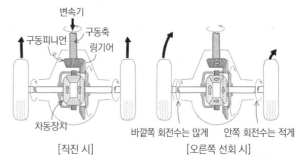

※ 좌우 구동회전수를 다르게 하여 불규칙한 노면 및 선회 시 원활하게 회전시킴

◈ 차동장치의 원리

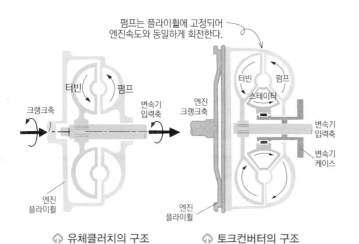

◈ 유체클러치의 구조   ◈ 토크컨버터의 구조

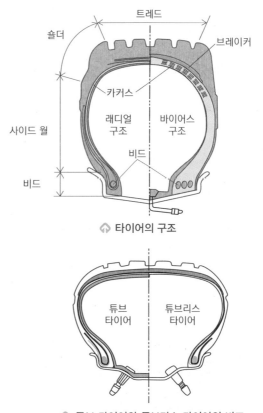

◈ 타이어의 구조

◈ 드라이브 라인의 구조

◈ 십자형 자재이음

◈ 슬립 이음

◈ 튜브 타이어와 튜브리스 타이어의 비교

06 변속기

① 건설기계의 주행시 노면 상태, 속도, 차량 중량 및 노면의 경사도 등의 주행 저항에 따라 기관과 구동 바퀴 사이에서 기관 회전 속도에 대한 구동 바퀴의 회전 속도를 알맞게 변경시켜서 기관의 회전력을 바퀴로 전달하는 장치이다.

② 변속기는 클러치와 추진축 사이에 설치되어 있으며 장비를 후진시키는 역전장치도 갖추고 있다.

1 변속기의 필요성

① 주행 저항에 따라 기관 회전 속도에 대한 구동 바퀴의 회전 속도를 알맞게 변경한다.

② 장비의 후진 시 필요하다.

③ 기관의 회전력을 증대시킨다.

④ 시동시 장비를 무부하 상태로 만든다.

2 변속기의 구비조건

① 변속조작이 용이하고 신속, 정확, 정숙할 것

② 회전속도와 회전력의 변환이 빠르고 연속적으로 이루어 질 것

③ 동력전달효율이 우수하고 경제적, 능률적일 것

④ 강도와 내구성, 신뢰성이 우수하고 수명이 길 것

⑤ 고장이 적고 소음, 진동이 없으며 점검·정비가 용이할 것

⑥ 소형 및 경량이고 취급이 용이할 것

3 기어식 변속기 (수동변속기)

① 섭동물림식 변속기

② 상시물림식 변속기

③ 동기물림식 변속기

▶ 인터록 볼(인터록 장치) : 기어가 이중으로 물리는 것을 방지
▶ 록킹볼 : 기어가 중립 또는 물림 위치에서 쉽게 빠지지 않도록 하는 기구

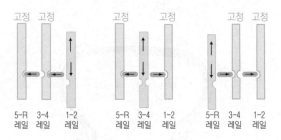

5-R 레일 3-4 레일 1-2 레일   5-R 레일 3-4 레일 1-2 레일   5-R 레일 3-4 레일 1-2 레일

1, 2, 3, 4, 5, R은 변속단을 의미한다. 만약 1-2 레일을 작동시키면 5-R, 3-4 레일을 고정시킨다.

⬆ 인터록 장치

4 유성기어식 변속기 (자동변속기)

① 중심에 선 기어가 고정되어 있고, 선 기어와 링 기어 중간에 유성기어가 실지되어 있다.

② 유성기어를 동일한 간격으로 지지하는 유성기어 캐리어와 외주에 있는 큰 내면기어의 링기어로 구성되어 동력을 전달한다.

③ 유성기어 장치의 구성
• 선기어
• 유성기어
• 링기어
• 유성캐리어

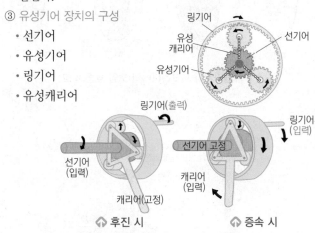

⬆ 후진 시   ⬆ 증속 시

07 변속기의 고장원인과 점검

1 변속기어의 소음 원인

① 변속기 오일의 부족

② 변속기 기어, 변속기 베어링의 마모

③ 클러치의 유격이 너무 클 때

④ 조작기구의 불량으로 치합이 나쁠 때

⑤ 기어 백래시가 과다

▶ 변속기에서 잡음이 심할 경우 운전자는 변속기 오일의 양을 가장 먼저 확인해야 한다.
▶ 백래시(Backlash) : 두 개의 기어가 맞물렸을 때 두 톱니 사이의 틈을 말한다.

2 기어가 빠지는 원인

백래시

① 기어가 충분히 물리지 않을 때

② 기어의 마모가 심할 때

③ 변속기 록 장치가 불량할 때

④ 로크 스프링의 장력이 약할 때

3 클러치가 연결된 상태에서의 기어변속

기어에서 소음이 나거나 손상될 수 있으므로 클러치의 연결을 끊고 기어를 변속해야 한다.

1 변속기의 필요성과 관계가 먼 것은?

① 기관의 회전력을 증대시킨다.
② 시동시 장비를 무부하 상태로 한다.
③ 장비의 후진시 필요하다.
④ 환향을 빠르게 한다.

2 건설기계에서 변속기의 구비조건으로 가장 적합한 것은?

① 대형이고 고장이 없어야 한다.
② 조작이 쉬우므로 신속할 필요는 없다.
③ 연속적 변속에는 단계가 있어야 한다.
④ 전달 효율이 좋아야 한다.

> 변속기는 소형이고 고장이 없어야 하며 조작이 쉽고 신속, 정확해야 하며, 단계가 없이 연속적인 변속이 가능해야 한다.

3 수동변속기가 장착된 건설기계에서 기어의 이중 물림을 방지하는 장치는?

① 인젝션 장치 ② 인터쿨러 장치
③ 인터록 장치 ④ 인터널 기어 장치

> 기어가 이중으로 물리는 것을 방지하는 장치는 인터록 장치이다.

4 휠로더의 휠허브에 있는 유성기어 장치에서 유성기어가 핀과 용착되었을 때 일어날 수 있는 현상은?

① 바퀴의 회전속도가 빨라진다.
② 바퀴의 회전속도가 늦어진다.
③ 바퀴가 돌지 않는다.
④ 관계없다.

5 유성기어 장치의 주요 부품으로 맞는 것은?

① 유성기어, 베벨기어, 선기어
② 선기어, 클러치기어, 헬리컬기어
③ 유성기어, 베벨기어, 클러치기어
④ 선기어, 유성기어, 링기어, 유성캐리어

> 선기어, 유성기어, 링기어, 유성캐리어로 구성되며 베벨기어는 사용되지 않는다. 헬리컬 기어는 기어의 형식을 말한다.

6 정상 작동 되었던 변속기에서 심한 소음이 난다. 그 원인과 가장 거리가 먼 것은?

① 점도지수가 높은 오일 사용
② 변속기 오일의 부족
③ 변속기 베어링의 마모
④ 변속기 기어의 마모

7 트랜스미션에서 잡음이 심할 경우 운전자가 가장 먼저 확인해야 할 사항은?

① 치합 상태 ② 기어오일의 질
③ 기어 잇면의 마모 ④ 기어오일의 양

8 장비의 운행 중 변속 레버가 빠질 수 있는 원인에 해당되는 것은?

① 기어가 충분히 물리지 않을 때
② 클러치 조정이 불량할 때
③ 릴리스 베어링이 파손되었을 때
④ 클러치 연결이 분리되었을 때

> 기어가 충분히 물리지 못하면 변속 레버가 빠질 수 있으며 그 외의 보기들은 동력의 전달 및 차단 작용과 관계있다.

9 수동변속기가 장착된 건설기계장비에서 주행 중 기어가 빠지는 원인이 아닌 것은?

① 기어의 물림이 덜 물렸을 때
② 기어의 마모가 심할 때
③ 클러치의 마모가 심할 때
④ 변속기 록 장치가 불량할 때

> 클러치 마모는 클러치의 미끄러짐 현상의 원인이다.

10 수동변속기가 장착된 건설기계장비에서 클러치가 연결된 상태에서 기어변속을 하였을 때 발생할 수 있는 현상으로 맞는 것은?

① 클러치 디스크가 마멸된다.
② 변속 레버가 마모된다.
③ 기어에서 소리가 나고 기어가 손상될 수 있다.
④ 종감속기어가 손상된다.

> 클러치가 연결된 상태에서 기어변속을 하면 기어가 손상된다.

 정답 **1** ④ **2** ④ **3** ③ **4** ③ **5** ④ **6** ① **7** ④ **8** ① **9** ③ **10** ③

chapter **07**

08 드라이브 라인 (Driver Line)

변속기에서 나오는 동력을 바퀴에 전달하는 추진축이다. 드라이브 라인에는 각도와 길이 변화에 대응하기 위한 유니버셜 조인트나 슬립조인트가 설계되어 있다.

1 프로펠라 샤프트(Propeller Shaft)

변속기로부터 구동축(차축)에 동력을 전달하는 추진축을 말하며, 밸런스가 맞지 않으면 차체 진동의 원인이 된다.

 ▶ 추진축의 회전 시 진동을 방지하기 위해서 동력전달장치에서 추진축에 밸런스웨이트(무게추 역할)를 둔다.

2 유니버셜 조인트(Universal Joint) : 자재이음

두 개의 축이 어느 각도를 이루어 교차할 때 자유로이 동력을 전달하기 위한 이음매이며 변화되는 축의 각도에 유연성을 준다.

① 변속 조인트
- 어느 각도를 이루어 교차할 때 구동축과 피동축의 각 속도가 변화하는 형식(설치 각도 : 30° 이하)
  → 구동축 : 동력을 발생시키는 축, 피동축 : 동력을 전달받는 축
② 등속 조인트
- 전륜구동차의 앞차축으로 사용되는 조인트이다.
- 일반 자재 이음은 각도 때문에 피동축의 회전 각속도가 일정하지 않아 진동이 수반되는데, 이것을 방지하기 위해 제작된 것이 등속 자재 이음이다.
- 꺾임각이 큰 자재 이음을 축의 양 끝에 부착하여 회전 각속도의 변화를 상쇄시키는 것이다.

3 슬립 이음

슬립 이음은 차량의 하중이 증가하거나 험로를 주행할 때 변속기의 중심과 후차축의 중심 길이가 변하는 것을 신축시켜 추진축 길이의 변동을 흡수한다.

 ▶ 드라이브 라인에 슬립이음을 사용하는 이유 : 추진축의 길이 방향에 변화를 주기 위해
▶ 슬립 이음이나 유니버셜 조인트 등 연결부위에서 가장 적합한 윤활유는 그리스이다.

09 종감속장치 및 차동장치

1 송감속 기어 (파이널 드라이버 기어)

기관의 동력을 변속 기어에 의해 변속한 후 구동력을 증가시키기 위해 최종적으로 감속시키는 기어이다.

자동차의 추진축에서 받은 동력을 직각에 가까운 각도로 바꾸어 뒷바퀴에 전달하고, 기관의 출력이나 바퀴의 무게, 지름 등에 따라 알맞은 감속비로 감속해 회전력을 높이는 역할을 한다.

2 종감속비와 구동력

$$종감속비 = \frac{링기어\ 잇수}{구동기어\ 잇수}$$

① 종감속비는 나누어서 떨어지지 않는 값으로 한다.
② 종감속비가 크면 가속 성능과 등판능력이 향상된다.
③ 종감속비가 크면 고속 성능은 저하된다.

3 종감속기어의 종류

웜과 웜기어, 스파이럴 베벨 기어, 하이포이드기어, 스퍼 베벨 기어

 ▶ 종감속 장치에서 열이 발생하고 있을 때 원인
윤활유의 부족, 오일의 오염, 종감속 기어의 접촉상태 불량

4 차동기어 장치

하부 추진체가 휠로 되어 있는 건설기계장비로 커브를 돌 때 선회를 원활하게 해주는 장치이다.

① 험로의 주행이나 선회시에 좌·우 구동바퀴의 회전속도를 다르게 하여 무리한 동력전달을 방지한다.
② 선회할 때 바깥쪽 바퀴의 회전속도를 증대시킨다.
③ 보통 차동 기어장치는 노면의 저항을 작게 받는 구동바퀴의 회전속도가 빠르게 될 수 있다.
④ 빙판이나 수렁을 지날 때 구동력이 한쪽 바퀴에만 전달되어 진행을 방해할 수 있기 때문에 4륜구동형식을 채택하거나 차동제한 장치를 두기도 한다.

※ 종감속장치, 차동장치, 타이어에 관련 이미지는 188페이지를 참조할 것

10 휠과 타이어

바퀴는 차량의 모든 중량을 분담해서 지지하며 제동력, 구동력, 노면으로부터의 충격 등에 대한 충분한 내구력을 가져야 한다.

1 타이어의 구조

① 카커스(Carcass) : 타이어에서 고무로 피복된 코드를 여러 겹으로 겹친 층에 해당하며 타이어 골격을 이루는 부분

② 비드 : 림과 접촉하는 부분

③ 브레이커 : 트레드와 카커스 사이에 몇 겹의 코드 층을 내열성 고무로 감싼 구조이다.

④ 트레드(Tread) : 직접 노면과 접촉되어 마모에 견디고 직은 슬립으로 견인력을 증대시키며 미끄럼 방지·열 발산의 효과가 있다.

2 타이어의 표시

① 고압 타이어 : 타이어의 외경 – 타이어의 폭 – 플라이 수

② 저압 타이어 : 타이어의 폭 – 타이어의 내경 – 플라이 수

 ▶ 플라이 수 : 카커스를 구성하는 코드층의 수로 플라이 수가 많을수록 큰 하중을 견딘다.

3 타이어 트레드 패턴

① 타이어의 마찰력을 증가시켜 미끄러짐 방지

② 타이어 내부의 열 발산

③ 트레드 부에 생긴 절상 등의 확대 방지

④ 구동력, 견인력, 조향성, 안정성의 성능 향상

⑤ 타이어의 배수 성능 향상

 ▶ 타이어의 공기압이 높으면 트레드의 양단부보다 중앙부의 마모가 크다.

4 타이어 림(Tire Rim)

휠의 일부로 타이어가 부착된 부분을 말하며, 경미한 균열 및 손상이라도 교환해야 한다.

5 튜브리스(Tubeless) 타이어

① 펑크 발생 시 급격한 공기누설이 없으므로 안정성이 좋고, 고속 주행하여도 발열이 적다.

② 튜브가 없으므로 방열이 좋고 수리가 간편하다.

 ▶ 타이어식 건설기계장비에서 타이어 접지압 공차상태의 무게(kgf) / 접지면적(cm^2)

 기출문제 ★ 숫자는 빈출 정도 및 중요도를 나타냅니다.

1 동력전달장치에서 추진축의 밸런스 웨이트에 대한 설명으로 맞는 것은?

① 추진축의 비틀림을 방지한다.
② 변속조작 시 변속을 용이하게 한다.
③ 추진축의 회전수를 높인다.
④ 추진축의 회전 시 진동을 방지한다.

2 십자축 자재이음을 추진축 앞뒤에 둔 이유를 가장 적합하게 설명한 것은?

① 추진축의 진동을 방지하기 위하여
② 회전 각속도의 변화를 상쇄하기 위하여
③ 추진축의 굽음을 방지하기 위하여
④ 길이의 변화를 다소 가능케 하기 위하여

자재이음은 추진축의 회전각에 변화를 주는 역할을 한다.

3 동력전달 장치에서 두 축 간의 충격완화와 각도변화를 융통성 있게 동력 전달하는 기구는?

① 슬립 이음
② 유니버셜 조인트
③ 파워 시프트
④ 크로스 멤버

4 드라이브 라인에 슬립이음을 사용하는 이유는?

① 회전력을 직각으로 전달하기 위해
② 출발을 원활하기 위해
③ 추진축의 길이 방향에 변화를 주기 위해
④ 진동을 흡수하기 위해

슬립이음은 추진축 길이 방향에 변화를 주는 역할을 한다.

 정답 1 ④ 2 ② 3 ② 4 ③

5 종감속비에 대한 설명으로 맞지 않는 것은?

① 종감속비는 링기어 잇수를 구동피니언 잇수로 나눈 값이다.

② 종감속비가 크면 가속 성능이 향상된다.

③ 종감속비가 적으면 등판능력이 향상된다.

④ 종감속비는 나누어서 떨어지지 않는 값으로 한다.

종감속비가 크면 가속성능과 등판능력이 향상되지만 고속성능은 떨어진다.

6 슬립 이음이나 유니버설 조인트에 주입하기에 가장 적합한 윤활유는?

① 유압유 　　　　② 기어오일

③ 그리스 　　　　④ 엔진오일

유니버설 조인트, 휠 베어링, 볼 조인트, 연결부위 등에서는 누설 방지를 위해 그리스(젤 형태 윤활유)가 사용된다.

7 엔진에서 발생한 회전동력을 바퀴까지 전달할 때 마지막으로 감속작용을 하는 것은?

① 클러치 　　　　② 트랜스미션

③ 프로펠러샤프트 　　④ 종감속기어

8 타이어식 건설기계의 종감속 장치에서 열이 발생하고 있을 때 원인으로 틀린 것은?

① 윤활유의 부족

② 오일의 오염

③ 종감속 기어의 접촉상태 불량

④ 종감속기 하우징 볼트의 과도한 조임

9 동력전달장치에 사용되는 차동기어장치에 대한 설명으로 틀린 것은?

① 선회할 때 좌 · 우 구동바퀴의 회전속도를 다르게 한다.

② 선회할 때 바깥쪽 바퀴의 회전속도를 증대시킨다.

③ 보통 차동 기어장치는 노면의 저항을 작게 받는 구동바퀴의 회전속도가 빠르게 될 수 있다.

④ 기관의 회전력을 크게 하여 구동 바퀴에 전달한다.

차동기어는 선회 시 좌 · 우 구동바퀴의 회전속도를 달리 하여 선회를 원활하게 하기 위한 장치이다.

10 타이어에서 트레드 패턴과 관련없는 것은?

① 제동력, 구동력 및 견인력

② 조향성, 안정성

③ 편평율

④ 타이어의 배수효과

11 하부 추진체가 휠로 되어있는 건설기계장비로 커브를 돌 때 선회를 원활하게 해주는 장치는?

① 변속기 　　　　② 차동 장치

③ 최종 구동장치 　　④ 트랜스퍼케이스

12 타이어의 구조에서 직접 노면과 접촉되어 마모에 견디고 적은 슬립으로 견인력을 증대시키는 것의 명칭은?

① 트레드(tread) 　　② 브레이커(breaker)

③ 카커스(carcass) 　　④ 비이드(bead)

13 타이어의 트레드에 대한 설명으로 틀린 것은?

① 트레드가 마모되면 구동력과 선회능력이 저하된다.

② 트레드가 마모되면 지면과 접촉 면적이 크게 됨으로써 마찰력이 증대되어 제동성능은 좋아진다.

③ 타이어의 공기압이 높으면 트레드의 양단부보다 중앙부의 마모가 크다.

④ 트레드가 마모되면 열의 발산이 불량하게 된다.

트레드가 마모되면 마찰력과 견인력이 감소하고 열의 발산도 불량하게 된다.

14 타이어에서 고무로 피복된 코드를 여러 겹으로 겹친 층으로 타이어 골격을 이루는 부분은?

① 카커스(carcass)부 　② 트레드(tread)부

③ 숄더(shoulder)부 　④ 비드(bead)부

15 지게차 저압 타이어에 [9.00 − 20 − 14PR]로 표시된 경우 "20"이 의미하는 것은?

① 외경 　　　　② 내경

③ 폭 　　　　④ 높이

저압타이어 표시 : 타이어의 폭−타이어의 내경− 플라이수

02 조향장치

[출제문항수 : 1문제] 전체적으로 출제되며, 지게차의 조향방식과 앞바퀴 정렬에 대한 내용에서 조금 더 많이 출제됩니다.

01 조향장치 일반

1 조향원리

① 조향장치는 운전자가 조향 휠의 각도를 변화시켜 건설기계의 주행방향을 바꾸기 위한 역할을 한다.

② 일반적으로 조향핸들을 회전시켜 앞바퀴를 조향하는 구조로 되어 있으나 지게차는 뒷바퀴를 움직여 조향하는 방식을 사용한다.

③ 조향장치의 원리는 전차대식, 애커먼식, 애커먼 장토식이 있다. 이 중 애커먼 장토식은 애커먼식을 개량한 것으로 현재 사용되는 형식이다.

2 조향 장치가 갖추어야 할 조건

① 주행 중 노면의 충격에 영향을 받지 않아야 한다.

② 조작하기 쉽고 최소 회전반경이 적어야 한다.

③ 조향 작용 시 차체에 무리한 힘이 작용되지 않아야 한다.

④ 조향 휠의 회전과 바퀴의 회전수의 차이가 크지 않아야 한다.

⑤ 수명이 길고 취급 및 정비하기 쉬워야 한다.

⑥ 고속으로 선회 시 조향 핸들이 안정되어야 한다.

02 조향기구

1 조향 휠(핸들)과 조향 축

① 조향 휠은 차량의 크기에 따라 휠의 지름이 다르며 작용을 쉽게 하기 위하여 유격을 준다.

② 조향축은 핸들의 조작력을 조향 기어에 전달하는 축으로 조향축의 윗부분에는 핸들이 결합되어 있고, 아랫부분에는 조향 기어가 결합되어 있다.

2 조향기어

① 핸들의 회전을 감속함과 동시에 운동 방향을 바꾸어 링크 기구에 전달하는 장치이다.

② 종류 : 랙 피니언식, 웜 섹터식, 볼 너트식 등

③ 조향 기어가 마모되는 경우 백래시가 커지며 핸들의 유격이 커진다.

한 쌍의 기어를 맞물렸을 때 기어의 원활한 회전 위해 치면(齒面) 사이에 약간의 틈새

 ▶ 조향기어의 구성품 : 웜 기어, 섹터 기어, 조정 스크류

3 조향 링키지

① 피트먼 암 : 조향 기어의 섹터축에 세레이션에 의해 고정되어 조향 휠의 움직임을 드래그 링크나 릴레이 로드에 전달한다.

② 드래그 링크 : 피트먼 암과 너클 암을 연결하는 로드로, 양쪽 끝은 볼 이음으로 되어 있다. 볼 속에는 스프링이 들어 있어 섭동부의 마모를 적게 하고 노면 충격을 흡수한다.

③ 너클 암 : 너클과 타이로드의 연결대를 말한다.

④ 타이로드와 타이로드 엔드 : 타이로드는 그 끝부분에 타이로드 엔드가 설치되어 좌우에 하나씩 있으며 토인 교정을 위해 길이를 조절할 수 있게 되어 있다.

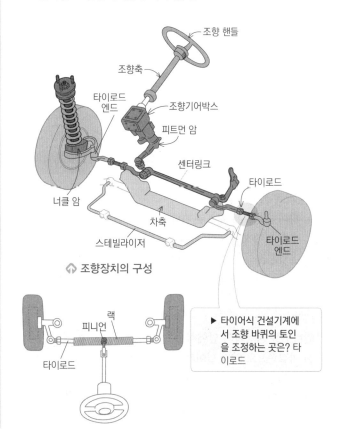

⚡ 조향장치의 구성

⚡ 랙&피니언 형

▶ 타이어식 건설기계에서 조향 바퀴의 토인을 조정하는 곳은? 타이로드

4 조향 핸들의 유격이 커지는 원인

① 피트먼암의 헐거움
② 조향기어, 링기지 조정불량
③ 앞바퀴 베어링 과대 마모
④ 타이로드 엔드 볼 조인트 마모
⑤ 조향바퀴 베어링 마모

03 동력식 조향기구

1 동력조향장치의 장점

① 작은 조작력으로 조향조작이 가능하다.
② 설계·제작 시 조향 기어비를 조작력에 관계없이 선정할 수 있다.
③ 굴곡 노면에서의 충격을 흡수하여 조향핸들에 전달되는 것을 방지한다.
④ 조향 핸들의 시미현상을 줄일 수 있다.

▶ 시미(Shimmy) 현상
자동차의 진행 중 어떤 속도에 이르면 핸들에 진동을 느끼는 것으로, 일반적으로 자동차의 조향장치 전체의 진동을 말한다.

2 유압식 조향장치의 핸들의 조작이 무거운 원인

① 유압이 낮을 때
② 타이어의 공기압력이 너무 낮을 때
③ 유압계통 내에 공기가 유입되었을 때
④ 조향 펌프에 오일이 부족할 때

04 앞바퀴 정렬

1 앞바퀴 정렬의 역할

① 타이어 마모를 최소로 한다.
② 방향 안정성을 준다.
③ 조향핸들의 조작을 작은 힘으로 쉽게 할 수 있다.
④ 직진성과 조향 복원력을 향상시킬 수 있다.

2 캠버(Camber)

앞바퀴를 자동차의 앞에서 보면 윗부분이 바깥쪽으로 약간 벌어져 상부가 하부보다 넓게 되어 있다. 이때 바퀴의 중심선과 노면에 대한 수직선이 이루는 각도를 말한다.

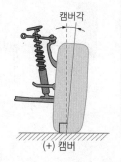
(+) 캠버

① 조향휠의 조작을 가볍게 한다.
② 앞차축의 휨을 적게 한다.
③ 타이어의 이상 마멸을 방지한다.
④ 토(Toe)와 관련성이 있다.

3 캐스터(Caster)

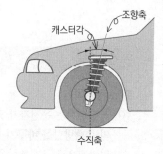

앞바퀴를 옆에서 보았을 때 수직선에 대해 조향축이 앞으로 또는 뒤로 기울여 설치되어 있는 것을 말한다.

① 주행시 방향성을 증대시켜준다.
② 조향 핸들의 복원력을 향상시켜 준다.

4 토인(Toe In)

토인은 좌·우 앞바퀴의 간격이 뒤보다 앞이 좁은 것(2~6mm)이다.

① 직진성을 좋게 하고 조향을 가볍도록 한다.
② 앞바퀴를 주행중에 평행하게 회전시킨다.
③ 토인 조정이 잘못되었을 때 타이어가 편마모된다.
④ 타이어의 마멸을 방지한다.
⑤ 토인 측정은 반드시 직진 상태에서 측정해야 한다.

A－B＝토(toe)
B＞A＝토인
B＜A＝토아웃

[토인]　　　[토아웃]

5 킹핀 경사각

앞바퀴를 앞에서 볼 때 킹핀 중심이 수직선에 대하여 경사각을 이루고 있는 것을 말한다.(6~9°)

① 주행 및 제동시의 충격 감소
② 핸들의 조작력 경감
③ 핸들의 복원력 증대

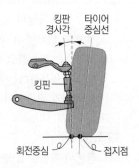

1 지게차의 조향장치 원리는 무슨 형식인가?

① 애커먼 장토식　　② 포토래스 형
③ 전부동식　　　　④ 빌드업 형

> 지게차의 조향원리는 애커먼 장토식이 사용된다.

2 지게차의 일반적인 조향방식은?

① 앞바퀴 조향방식이다.
② 뒷바퀴 조향방식이다.
③ 허리꺾기 조향방식이다.
④ 작업조건에 따라 바꿀 수 있다.

> 지게차는 앞바퀴 구동 뒷바퀴 조향방식이다.

3 기계식 조향 장치에서 조향 기어의 구성품이 아닌 것은?

① 웜 기어　　　　② 섹터 기어
③ 조정 스크류　　④ 하이포이드 기어

4 타이어식 건설기계에서 조향 바퀴의 토인을 조정하는 곳은?

① 핸들　　　　② 타이로드
③ 웜 기어　　　④ 드래그 링크

5 조향 기어의 백래시가 클 때 현상으로 맞는 것은?

① 핸들 유격이 커진다.
② 조향 각도가 커진다.
③ 조향 핸들이 한쪽으로 쏠린다.
④ 조향 핸들 축방향의 유격이 커진다.

> 조향 기어의 백 래시가 크면 핸들의 유격이 커진다.

6 조향 핸들의 유격이 커지는 원인이 아닌 것은?

① 피트먼 암의 헐거움
② 타이로드 엔드 볼 조인트 마모
③ 조향바퀴 베어링 마모
④ 타이어 마모

> 타이어의 마모는 조향핸들의 유격과는 상관 없다.

7 타이어식 건설기계 장비에서 평소에 비하여 조작력이 더 요구될 때(핸들이 무거울 때) 점검해야 할 사항으로 가장 거리가 먼 것은?

① 기어박스 내의 오일
② 타이어 공기압
③ 타이어 트레드 모양
④ 앞바퀴 정렬

> 타이어 트레드는 타이어의 접지 부분을 말하며 조작력과는 무관하다.

8 동력조향장치의 장점과 거리가 먼 것은?

① 작은 조작력으로 조향조작이 가능하다.
② 조향 핸들의 시미현상을 줄일 수 있다.
③ 설계·제작 시 조향 기어비를 조작력에 관계없이 선정할 수 있다.
④ 조향핸들이 유격조정이 자동으로 되어 볼 조인트 수명이 반영구적이다.

9 파워스티어링에서 핸들이 매우 무거워 조작하기 힘든 상태일 때의 원인으로 맞는 것은?

① 바퀴가 습지에 있다.
② 조향 펌프에 오일이 부족하다.
③ 볼 조인트의 교환시기가 되었다.
④ 핸들 유격이 크다.

> 동력조향장치(파워스티어링)는 조향펌프의 오일이 부족하면 유압이 약해 핸들의 작동이 무거워진다.

10 유압식 조향장치의 핸들의 조작이 무거운 원인과 가장 거리가 먼 것은?

① 유압이 낮다.
② 오일이 부족하다.
③ 유압계통 내에 공기가 혼입되었다.
④ 펌프의 회전이 빠르다.

> 조향펌프의 오일이 부족하여 유압이 낮거나 유압계통에 공기가 혼입되면 핸들이 무거워진다.

chapter 07

정답 1① 2② 3④ 4② 5① 6④ 7③ 8④ 9② 10④

11 타이어식 건설장비에서 조향 바퀴의 얼라인먼트 요소와 관련없는 것은?

① 캠버(Camber)
② 토인(Toe In)
③ 캐스터(Caster)
④ 부스터(Booster)

조향바퀴 얼라인먼트는 토인, 캠버, 캐스터, 킹핀 경사각이다.

12 타이어식 건설기계장비에서 조향 핸들의 조작을 가볍고 원활하게 하는 방법과 가장 거리가 먼 것은?

① 동력조향을 사용한다.
② 바퀴의 정렬을 정확히 한다.
③ 타이어의 공기압을 적정 압으로 한다.
④ 종감속 장치를 사용한다.

종감속 장치는동력전달계통에서 최종감속을 하는 장치이다.

13 타이어식 건설기계에서 앞바퀴 정렬의 역할과 거리가 먼 것은?

① 브레이크의 수명을 길게 한다.
② 타이어 마모를 최소로 한다.
③ 방향 안정성을 준다.
④ 조향핸들의 조작을 작은 힘으로 쉽게 할 수 있다.

앞바퀴 정렬은 브레이크의 수명과는 관련이 없다.

14 타이어식 장비에서 캠버가 틀어졌을 때 가장 거리가 먼 것은?

① 핸들의 쏠림 발생
② 로어 암 휨 발생
③ 타이어 트레드의 편마모 발생
④ 휠얼라인먼트 점검 필요

캠버가 틀어졌을 때는 휠얼라인먼트의 점검이 필요하며 핸들의 쏠림, 타이어 트레드의 편마모, 주행시 직진성 저하, 급제동시 편제동 현상등이 발생한다.

15 앞바퀴 정렬 중 캠버의 필요성에서 가장 거리가 먼 것은?

① 앞차축의 휨을 적게 한다.
② 조향휠의 조작을 가볍게 한다.
③ 조향시 바퀴의 복원력이 발생한다.
④ 토(Toe)와 관련성이 있다.

바퀴의 복원력에 관한 장치는 캐스터이다.

16 타이어식 건설기계 정비에서 토인에 대한 설명으로 틀린 것은?

① 토인은 반드시 직진 상태에서 측정해야 한다.
② 토인은 직진성을 좋게 하고 조향을 가볍도록 한다.
③ 토인은 좌 · 우 앞바퀴의 간격이 앞보다 뒤가 좁은 것이다.
④ 토인 조정이 잘못되었을 때 타이어가 편 마모 된다.

토인은 앞바퀴의 간격이 앞보다 뒤가 넓다.

SECTION
03 | 제동장치

Craftsman Fork Lift Truck Operator

[출제문항수 : 1문제] 전체적으로 출제되며, 제동장치의 구비조건, 베이퍼록과 페이드 현상이 많이 출제되는 부분입니다.

01 제동장치의 구비 조건

① 작동이 확실하고 제동 효과가 우수해야 한다.
② 신뢰성과 내구성이 뛰어나야 한다.
③ 마찰력이 좋아야 한다.
④ 점검 및 정비가 용이해야 한다.

02 베이퍼록과 페이드 현상

1 베이퍼록(Vapor lock)

브레이크를 지나치게 사용하면 차륜 부분의 마찰열 때문에 브레이크 오일이 비등하여 브레이크 회로 내에 공기가 유입된 것처럼 기포가 형성되어 브레이크 작용이 원활하게 되지 않는 현상이다.

2 베이퍼록의 발생원인

① 긴 내리막길에서 과도한 브레이크 사용
② 드럼과 라이닝의 간극이 좁을 때 드럼과 라이닝의 끌림에 의한 가열
③ 불량 오일의 사용이나 오일에 수분함유 과다
④ 오일의 변질에 의한 비등점 저하

 긴 내리막길을 내려갈 때는 베이퍼록을 방지하기 위하여 엔진 브레이크를 사용한다.

3 페이드(Fade) 현상

브레이크 드럼과 라이닝 사이에 과도한 마찰열이 발생하여 마찰계수가 떨어지고 브레이크가 잘 듣지 않는 현상이다. 브레이크를 연속하여 자주 사용하면 발생한다.

→ 페이드 현상 대책 : 작동을 멈추고 열을 식힌다.

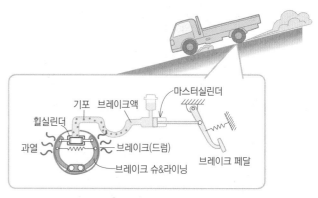

⇧ 베이퍼 록 현상

03 유압식 브레이크

1 브레이크 오일

① 성분 : 피마자 기름과 알코올로 된 식물성 오일
② 비등점(끓는점)이 높고, 응고점(빙점)이 낮아야 함
③ 제조회사가 다른 것을 혼용하지 말 것
④ 제동장치 관련 부속품은 브레이크 오일로 세척한다.

2 유압식 브레이크의 특징

① 파스칼의 원리를 이용한다.
② 모든 바퀴에 균등한 제동력을 발생시킨다.
③ 유압 계통의 파손이나 누설이 있으면 기능이 급격히 저하된다.
④ 드럼식과 디스크식이 있다.

3 유압식 브레이크의 조작기구

① 마스터 실린더(Master Cylinder) : 브레이크 페달을 밟아서 필요한 유압을 발생하는 부분으로 오일 리저버탱크, 실린더 보디, 피스톤으로 크게 분류된다.
② 브레이크 페달 : 지렛대의 작용을 이용하여 밟는 힘의 3~6배 정도의 힘을 마스터 실린더에 가한다.
③ 체크밸브 : 브레이크 파이프 라인에는 항상 잔압을 둔다.

chapter 07

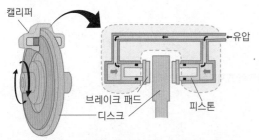

캘리퍼

브레이크 패드

디스크

유압

피스톤

캘리퍼의 실린더에 유압을 보내 피스톤을 압착시켜 패드와 디스크의 마찰력에 의해 제동된다.

⚙ 디스크식 브레이크의 구조

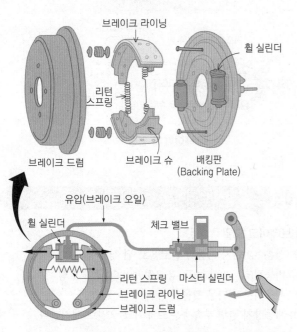

브레이크 라이닝

휠 실린더

리턴 스프링

브레이크 드럼

브레이크 슈

배킹판 (Backing Plate)

유압(브레이크 오일)

휠 실린더

체크 밸브

리턴 스프링

브레이크 라이닝

브레이크 드럼

마스터 실린더

마스터실린더의 유압이 휠 실린더에 전달되어 피스톤에 의해 브레이크 라이닝이 브레이크 드럼에 밀착되어 제동된다.

⚙ 드럼식 브레이크의 구조

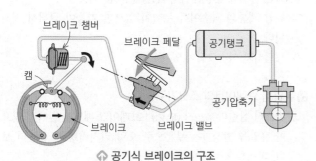

브레이크 챔버

브레이크 페달

공기탱크

캠

공기압축기

브레이크

브레이크 밸브

⚙ 공기식 브레이크의 구조

④ 휠 실린더 : 마스터 실린더에서 유압을 전달받아 브레이크 드럼의 회전을 제어하는 역할을 한다.

 ▶ 유압식 브레이크 장치에서 마스터 실린더의 리턴구멍이 막히면 제동이 잘 풀리지 않는다. (→ 리턴 구멍은 휠 실린더의 오일이 리저버에 복귀해야 하므로 막히면 제동이 풀리지 않음)

⑤ 유압식 브레이크의 종류

① 드럼식 : 바퀴와 함께 회전하는 브레이크 드럼 안쪽으로 라이닝을 붙인 브레이크슈를 압착하여 제동력을 얻는다. 브레이크슈, 휠 실린더와 이들이 설치된 백 플레이트 및 브레이크 드럼 등으로 이루어진다.

② 디스크식 : 바퀴에 디스크가 부착되어 브레이크 패드가 디스크에 마찰을 가하여 제동력을 얻는 방식
  • 안정된 제동력을 얻을 수 있다.
  • 건조성, 방열성이 좋아 페이드 현상 발생률이 적다.
  • 패드의 마찰 면적이 작으므로 제동 배력장치를 필요로 한다.
  • 패드의 재질은 강도가 높아야 한다.
  • 자기배력작용이 없으므로 큰 조작력을 필요로 한다.

제동력을 배가시킴

04 배력식 브레이크

차량의 대형화에 따른 제동력의 부족을 해결하기 위하여 유압식 제동장치에 제동 보조 장치인 제동 배력 장치를 설치해서 큰 제동력을 발생시키는 방식이다.

① 배력 장치의 분류
  • 진공식 배력장치 : 분리형, 일체형
  • 공기식 배력장치

 ▶ 진공식 제동 배력장치는 고장으로 인해 진공에 의한 브레이크가 들지 않아도 유압에 의한 브레이크는 약간 듣는다.

② 하이드로 백 : 유압 브레이크에 진공식 배력 장치를 병용하고 있어 가볍게 밟아도 브레이크가 잘 듣는 것이 특징이다.
  • 대기압과 흡기 다기관 부압과의 차를 이용한다.
  • 브레이크 작동이 나빠지는 것은 하이드로백 고장일 수도 있다.
  • 하이드로백은 브레이크 계통에 설치되어 있다.
  • 하이드로백에 고장나도 유압에 의한 브레이크는 어느 정도 작동한다.

05 공기식 브레이크

압축공기의 압력을 이용하여 브레이크 슈를 드럼에 압착시켜 제동하는 장치로 건설 기계, 대형 트럭, 버스나 트레일러 등에 사용된다.

① 페달은 공기 유량을 조절하는 밸브만 개폐시키므로 답력이 적게 든다.
② 큰 제동력을 얻을 수 있어 대형이나 고속차량에 적합하다

③ 브레이크 장치 구조가 복잡하다.
④ 공기가 누설되어도 압축공기가 계속 발생하므로 제동 압력이 떨어지는 위험성이 적다.

▶ 공기 브레이크에서 브레이크 슈는 캠에 의해서 확장되고 리턴 스프링에 의해서 수축된다.
▶ 브레이크 회로의 잔압 : 마스터 실린더 내의 체크밸브가 밸브시트에 밀착되면서 형성되는 회로에 남아서 유지되는 압력을 말하며, 잔압은 다음 제동 시 신속한 제동작용을 위하여 필요하다.

 기출문제 ★ 숫자는 빈출 정도 및 중요도를 나타냅니다.

1 제동장치의 구비조건 중 틀린 것은?

① 작동이 확실하고 잘 되어야 한다.
② 신뢰성과 내구성이 뛰어나야 한다.
③ 점검 및 조정이 용이해야 한다.
④ 마찰력이 작아야 한다.

2 브레이크 장치의 베이퍼록 발생 원인이 아닌 것은?

① 긴 내리막길에서 과도한 브레이크 사용
② 엔진브레이크를 장시간 사용할 때
③ 드럼과 라이닝의 끌림에 의한 가열
④ 오일의 변질에 의한 비등점 저하

브레이크 장치의 베이퍼록을 방지하기 위해서 긴 내리막에서는 엔진브레이크를 이용한다.

3 긴 내리막길을 내려갈 때 베이퍼록을 방지하는 좋은 운전 방법은?

① 변속레버를 중립으로 놓고 브레이크 페달을 밟고 내려간다.
② 시동을 끄고 브레이크 페달을 밟고 내려간다.
③ 엔진 브레이크를 사용한다.
④ 클러치를 끊고 브레이크 페달을 계속 밟고 속도를 조정하며 내려간다.

긴 내리막에서 베이퍼록을 방지하는 가장 좋은 방법은 엔진 브레이크를 사용하는 것이다.

4 유압브레이크에서 잔압을 유지시키는 역할을 하는 것과 관계있는 것은?

① 피스톤 핀   ② 실린더
③ 체크 밸브   ④ 부스터

5 브레이크 오일이 비등하여 송유 압력의 전달 작용이 불가능하게 되는 현상은?

① 페이드 현상
② 베이퍼록 현상
③ 사이클링 현상
④ 브레이크록 현상

베이퍼록 현상은 브레이크의 마찰열로 오일이 비등하여 회로 내에 공기가 유입된 것처럼 기포가 발생하여 브레이크 작동이 잘 되지 않는 현상이다.

6 브레이크 파이프 내에 베이퍼록이 발생하는 원인과 가장 거리가 먼 것은?

① 드럼의 과열
② 지나친 브레이크 조작
③ 잔압의 저하
④ 라이닝과 드럼의 간극 과대

라이닝과 드럼의 간극이 작을 때 베이퍼록이 발생한다.

정답 ▶ 1 ④ 2 ② 3 ③ 4 ③ 5 ② 6 ④

chapter 07

7 타이어식 건설기계에서 브레이크를 연속하여 자주 사용 하면 브레이크 드럼이 과열되어, 마찰계수가 떨어지며 브레이크가 잘 듣지 않는 것으로서 짧은 시간 내에 반복 조작이나 내리막길을 내려갈 때 브레이크 효과가 나빠지는 현상은?

① 노킹 현상
② 페이드 현상
③ 하이드로 플레이닝 현상
④ 채팅 현상

8 브레이크에 페이드 현상이 일어났을 때의 조치 방법으로 적절한 것은?

① 브레이크를 자주 밟아 열을 발생시킨다.
② 속도를 조금 올려준다.
③ 작동을 멈추고 열이 식도록 한다.
④ 주차 브레이크를 대신 사용한다.

9 공기 브레이크에서 브레이크 슈를 직접 작동시키는 것은?

① 릴레이 밸브
② 브레이크 페달
③ 캠
④ 유압

> 캠의 작용으로 브레이크 슈를 확장하고 리턴 스프링으로 수축시킨다.

10 진공식 제동배력장치의 설명 중에서 옳은 것은?

① 진공 밸브가 새면 브레이크가 전혀 듣지 않는다.
② 릴레이 밸브의 다이어프램이 파손되면 브레이크가 듣지 않는다.
③ 릴레이 밸브 피스톤 컵이 파손되어도 브레이크는 듣는다.
④ 하이드로릭 피스톤의 체크볼이 밀착 불량이면 브레이크가 듣지 않는다.

> 릴레이 밸브는 주로 뒷바퀴의 제동지연을 방지하기 위해 뒷바퀴 근처에 장착하여 신속한 제동을 돕는 장치로 릴레이 밸브가 불량이어도 브레이크 밸브에서 오는 압축공기로 제동이 걸린다.

11 브레이크에서 하이드로백에 관한 설명으로 틀린 것은?

① 대기압과 흡기다기관 부압과의 차를 이용하였다.
② 하이드로백에 고장이 나면 브레이크가 전혀 작동이 안된다.
③ 외부에 누출이 없는데도 브레이크 작동이 나빠지는 것은 하이드로백 고장일 수도 있다.
④ 하이드로백은 브레이크 계통에 설치되어 있다.

12 브레이크를 밟았을 때 차가 한쪽방향으로 쏠리는 원인으로 가장 거리가 먼 것은?

① 브레이크 오일회로에 공기혼입
② 타이어의 좌·우 공기압이 틀릴 때
③ 드럼슈에 그리스나 오일이 붙었을 때
④ 드럼의 변형

13 유압식 브레이크 장치에서 제동이 잘 풀리지 않는 원인에 해당되는 것은?

① 브레이크 오일 점도가 낮기 때문
② 파이프 내의 공기의 침입
③ 체크 밸브의 접촉 불량
④ 마스터 실린더의 리턴구멍 막힘

> 마스터 실린더의 리턴구멍이 막히면 브레이크 오일이 되돌아오지 못하므로 제동상태가 풀리지 않는다.

예상문항수
10/60

CHAPTER

08

작업장치 익히기

Study
Point

지게차의 작업장치 부분은 지게차의 핵심이라고 할 수 있습니다. 지게차의 구조, 제원, 작업장치 등 지게차에 대한 필수적인 내용이 담겨있습니다. 출제비율도 높으니 꼼꼼하게 학습하셔서 점수를 확보하시기 바랍니다.

01 지게차의 작업장치

[출제문항수 : 3~4문제] 전체적으로 중요한 부분이니 꼼꼼하게 공부하시기 바랍니다.

01 작업장치의 구성

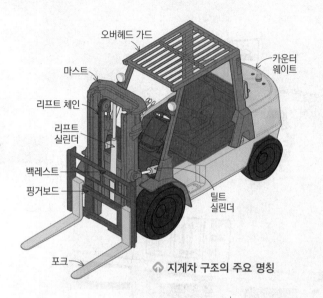

⬆ 지게차 구조의 주요 명칭

1 마스트 (Mast)

작업장치의 기둥으로 리프트 실린더, 리프트 체인, 롤러, 틸트 실린더, 핑거보드, 백레스트, 캐리어, 포크 등이 장착되어 있다.

2 리프트 실린더 (Lift cylinder)

① 포크를 상승 또는 하강시킨다.
② 단동 실린더로 되어있다.
③ 포크의 상승 시(리프트 레버를 운전자쪽으로 당길 때) 실린더에 유압유가 공급된다.
④ 포크의 하강 시(리프트 레버를 바깥쪽으로 밀 때)에는 실린더에 유압유가 공급되지 않는다.

3 틸트 실린더 (Tilt cylinder)

① 마스트를 전경 또는 후경으로 작동시킨다.
② 마스트와 프레임 사이에 설치된 2개의 복동식 유압실린더이다.
③ 리프트 실린더의 작동 틸트 레버를 작동하면 마스트의 전·후경 모두 실린더에 유압유가 공급된다.

4 포크 (Fork, 쇠스랑)

① L자형으로 2개이며, 핑거 보드에 체결되어 화물을 떠받쳐 운반하는 역할을 한다.
② 적재하는 화물의 크기에 따라 간격을 조정할 수 있도록 되어 있다.

5 리프트 체인 (Lift chain)

① 마스트를 따라 캐리지(포크 암을 지지하는 부분)를 올리고 내리는 체인
② 한쪽 체인이 늘어지는 경우 지게차의 좌우 포크 높이가 달라지므로 체인 조정을 한다.
③ 리프트 체인의 길이는 핑거보드 롤러의 위치로 조정할 수 있다.
④ 리프트 체인에는 엔진오일을 주유한다.

 ▶ 지게차의 마스트용 체인의 최소파단 하중비는 5 이상이어야 한다.

6 백레스트 (Back rest)

① 포크 위에 올려진 화물이 마스트 후방으로 낙하하는 것을 방지하기 위한 짐받이 틀을 말한다.
② 최대하중을 적재한 상태에서 마스트를 뒤쪽으로 기울여도 변형 또는 파손이 없어야 한다.

7 핑거보드 (Finger board)

① 백 레스트에 지지되어 포크를 설치하는 수평판을 말한다.
② 리프트 체인이 연결되어 있다.

8 카운터 웨이트 (밸런스 웨이트, 평형추)

작업할 때 안정성 및 균형을 잡아주기 위해 지게차 장비 뒤쪽에 설치되어 있다.

▶ 플로우 레귤레이터(슬로우 리턴) 밸브
지게차의 리프트 실린더(Lift Cylinder) 작동회로에 사용되며 포크를 천천히 하강하도록 작용한다.
▶ 틸트록 밸브(Tilt lock Valve)
지게차의 마스트를 기울일 때 갑자기 시동이 정지되면 작업하던 그 상태를 유지시켜 주는 밸브
▶ 지게차 작업장치의 동력전달 기구
리프트 실린더, 틸트 실린더, 리프트 체인

02 작업장치의 조종레버

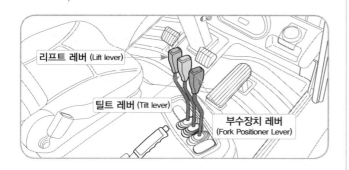

리프트 레버 (Lift lever)
틸트 레버 (Tilt lever)
부수장치 레버 (Fork Positioner Lever)

1 리프트 레버

① 리프트 실린더를 작동하여 포크를 상승(Lifting) 또는 하강(Lowering) 시키는데 사용한다.
② 리프트 레버의 작동
- 리프트 레버를 뒤로(운전자 쪽으로) 당기면 포크가 상승한다.
- 리프트 레버를 앞으로(운전자 바깥쪽으로) 밀면 포크가 하강한다.
③ 포크를 상승 또는 하강시키고 레버를 중립 위치로 하면 포크는 그대로 그 위치에 정지한다.

2 틸트 레버

① 팔레트에 적재된 화물을 포크에 탑재하거나, 포크에서 떨어짐을 방지하기 위해 포크를 지지하는 마스트를 전후로 기울이는 작업(틸팅, Tilting)을 한다.
② 틸트 레버의 작동
- 틸트 레버를 뒤로(운전자 쪽으로) 당기면 마스트는 뒤로 기운다.
- 틸트 레버를 앞으로(운전자 바깥쪽으로) 밀면 마스트는 앞쪽으로 기운다.

 ▶ 포크 상승(리프팅) 시와 마스트 경사(틸팅) 시에는 가속페달을 살짝 밟아주고 하강 시에는 가속페달을 밟지 않는다.

3 부수장치 레버

리프트 레버와 틸트 레버를 제외한 부수장치를 설치한 경우 설치되는 레버이다.(포크 포지셔너 레버 : 포크 사이의 간격을 조정하는 레버)

▶ 지게차 마스트 작업 시 조종레버가 3개 이상일 경우 좌측으로부터 리프트 레버, 틸트 레버, 부수장치 레버의 순서로 설치되어 있다.

4 주행 레버

① 전·후진 레버 : 지게차를 전진 또는 후진시키는 레버이다.
→ 전·후진 레버를 밀면 전진, 뒤로 당기면 후진이 된다.
② 변속 레버 : 기어의 변속을 위한 레버

03 포크(Fork)의 조작

① 포크의 상승 또는 마스트를 전후로 기울일 때 엑셀레이터를 가볍게 밟는다.
→ 필요 이상으로 엔진의 회전수를 올리는 것은 고장의 원인이 된다.
② 포크의 상승속도와 마스트를 기울이는 속도는 엑셀레이터와 조절 레버의 가감으로 조절한다.
③ 포크의 하강속도는 레버를 바깥쪽으로 미는 가감으로 조절한다.
④ 포크 조절 레버를 조작할 때 기어 시프트 레버는 중앙의 위치로 하며, 기어가 넣어져 있을 경우에는 브레이크 페달에서 발을 떼지 않도록 해야 한다.
⑤ 포크의 승강 또는 마스트의 전후경의 행정이 다 작동되었을 경우 레버는 중립으로 놓는다.
→ 필요 이상의 레버조작은 작동유의 유온(오일 온도)을 높여 고장과 높은 소음의 원인이 된다.

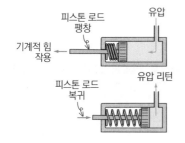
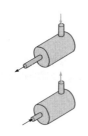

피스톤 로드 팽창
유압
기계적 힘 작용
피스톤 로드 복귀
유압 리턴

단동실린더 : 전진(상승)에만 힘이 필요하고 복귀(하강)는 힘이 필요하지 않은 경우(스프링 또는 피스톤 자체 중량으로 복귀됨) – 📷 리프트 실린더

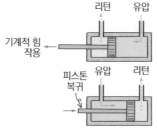
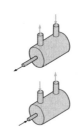

리턴
유압
기계적 힘 작용
피스톤 복귀
유압
리턴

복동실린더 : 전진(상승), 복귀(하강) 모두 힘이 필요한 경우 (📷 틸트 실린더)

1 지게차의 포크를 내리는 역할을 하는 부품은? ★★★★

① 리프트 실린더　　② 조향 실린더
③ 보울 실린더　　　④ 틸트 실린더

지게차의 포크를 올리고 내리는 역할을 하는 장치는 리프트 실린더이다.

2 지게차에서 리프트 실린더의 주된 역할은? ★★★★★

① 마스트를 틸트시킨다.
② 마스트를 이동시킨다.
③ 포크를 상승, 하강시킨다.
④ 포크를 앞뒤로 기울게 한다.

리프트 실린더는 포크를 상승 또는 하강시킨다.

3 지게차 포크를 하강시키는 방법으로 가장 적합한 것은? ★★★

① 가속페달을 밟고 리프트레버를 앞으로 민다.
② 가속페달을 밟고 리프트레버를 뒤로 당긴다.
③ 가속페달을 밟지 않고 리프트레버를 뒤로 당긴다.
④ 가속페달을 밟지 않고 리프트레버를 앞으로 민다.

지게차 포크를 상승 시킬 때에는 가속페달을 밟지만 하강 시에는 가속페달을 밟지 않는다.

4 지게차에서 틸트 실린더의 역할은? ★★★★★

① 포크의 상·하 이동
② 차체 수평유지
③ 마스트 앞·뒤 경사각 유지
④ 차체 좌·우 회전

틸트 실린더는 마스트를 앞뒤로 경사시킨다.

5 지게차의 마스트를 앞 또는 뒤로 기울도록 작동시키는 것은? ★★★★

① 포크
② 틸트 레버
③ 마스트
④ 리프트 레버

6 다음 [보기]의 내용은 지게차의 어느 부위를 설명한 것인가? ★★★

【보기】
• 마스트와 프레임 사이에 설치되고, 2개의 복동식 유압실린더이다.
• 마스트를 앞, 뒤로 경사 시키는데 쓰인다.
• 레버를 당기면 마스트가 뒤로, 밀면 앞으로 기울어진다.

① 틸트 실린더
② 마스트 실린더
③ 슬라이딩 실린더
④ 리프트 실린더

틸트 실린더는 마스트를 전·후로 경사시킬 때 사용되는 장치로 2개의 복동식 유압실린더로 되어있다.

7 지게차의 틸트 실린더에서 사용되는 유압 실린더 형식은? ★★★

① 단동식　　　② 스프링식
③ 복동식　　　④ 왕복식

지게차의 틸트 실린더는 마스트를 전경 또는 후경시키는 장치로 복동식 실린더를 사용한다.
※ 리프트 실린더(마스터 실린더)는 단동식 실린더이다.

8 지게차의 조종 레버의 설명으로 틀린 것은? ★★★★

① 로어링(lowering)　　② 덤핑(dumping)
③ 리프팅(lifting)　　　④ 틸팅(tilting)

리프팅과 로어링은 리프트 레버로 포크를 상승 또는 하강하는 동작이며 틸팅은 마스트를 전경 또는 후경 시키는 동작이다.

9 지게차의 마스트를 기울일 때 갑자기 시동이 정지되면 무슨 밸브가 작동하여 그 상태를 유지하는가? ★★

① 틸트록 밸브　　② 스로틀 밸브
③ 리프트 밸브　　④ 틸트 밸브

틸트록 밸브는 지게차의 마스트를 기울일 때 갑자기 시동이 정지되면 작업하던 그 상태를 유지시켜주는 밸브이다.

정답 ▶ 1 ① 2 ③ 3 ④ 4 ③ 5 ② 6 ① 7 ③ 8 ② 9 ①

10 지게차의 메인컨트롤 밸브 레버작동 설명 중 틀린 것은?

① 리프트 레버를 밀면 리프트 실린더에 유압유가 공급된다.

② 리프트 레버를 당기면 리프트 실린더에 유압유가 공급된다.

③ 틸트 레버를 밀면 틸트 실린더에 유압유가 공급된다.

④ 틸트 레버를 당기면 틸트 실린더에 유압유가 공급된다.

> 장치에 부하가 걸릴 때 실린더에 유압유가 공급되며, 포크의 상승(리프트 레버 당김), 마스트의 전·후경(틸트레버 밀기, 당기기) 시에 실린더에 유압유가 공급된다.

11 다음 [보기]는 무엇에 대한 설명인가?

【보기】
L자형으로 2개이며, 핑거 보드에 체결되어 화물을 떠받쳐 운반한다. 또 적재하는 화물의 크기에 따라 간격을 조정할 수 있도록 되어 있다.

① 포크   ② 리프트 체인
③ 틸트 실린더   ④ 마스트

12 지게차 장비 뒤쪽에 설치되어 작업할 때 지게차가 한쪽으로 기울어지는 것을 방지하는 것은?

① 백 레스트
② 핑거 보드
③ 틸트 장치
④ 카운터 웨이트

> 카운터 웨이트는 '밸런스 웨이트'라고도 하며, 작업 시 화물 무게로 인한 차체의 불균형을 바로잡아 전복의 위험을 미연에 방지한다.

13 작업할 때 안전성 및 균형을 잡아주기 위해 지게차 뒤쪽에 부착되어 있는 것은?

① 아웃트리거
② 마스트
③ 카운터 웨이트
④ 포크

> 카운터 웨이트는 밸런스 웨이트 또는 평형추라고도 하며, 작업 시 안정성 및 균형을 잡아주기 위해 지게차 뒤쪽에 설치되어 있다.

14 지게차의 좌우 포크 높이가 다를 경우에 조정하는 부위는?

① 리프트 밸브 조정
② 체인 조정
③ 틸트 레버 조정
④ 틸트 실린더 조정

> 지게차 작업 장치의 포크가 한쪽이 기울어지는 가장 큰 원인은 한쪽 체인(chain)이 늘어지는 것으로 체인을 조정해 주어야 한다.

15 지게차의 리프트 체인에 주유하는 가장 적합한 오일은?

① 자동변속기 오일
② 작동유
③ 엔진 오일
④ 솔벤트

> 지게차의 리프트 체인에는 엔진오일을 주유한다.

16 지게차 작업장치의 동력전달 기구가 아닌 것은?

① 리프트 체인
② 틸트 실린더
③ 리프트 실린더
④ 트랜치호

> 트랜치호는 기중기의 작업장치이다.

17 조종사를 보호하기 위해 설치한 지게차의 안전장치가 아닌 것은?

① 아웃트리거
② 백 레스트
③ 안전벨트
④ 헤드 가드

> 리치형 지게차(입식형)는 차체 전방으로 튀어나온 아웃트리거(앞바퀴)에 의해 차체의 안정을 유지하고 그 아웃트리거 안을 포크가 전후방으로 움직이며 작업을 하도록 되어 있다. 조종사의 보호와 가장 거리가 멀다.

chapter **08**

18 지게차의 틸트 레버를 운전자 쪽으로 당기면 마스트는 어떻게 되는가?

① 운전자 쪽에서 반대방향으로 기운다.
② 지면방향 아래쪽으로 내려온다.
③ 지면에서 위쪽으로 올라간다.
④ 운전자 쪽으로 기운다.

틸트 레버를 운전자 쪽으로 당기면 마스트는 운전자 쪽으로 기운다.

19 지게차 마스트 작업 시 조종레버가 3개 이상일 경우 좌측으로부터 그 설치 순서가 바르게 나열 된 것은?

① 틸트 레버, 부수장치 레버, 리프트 레버
② 리프트 레버, 부수장치 레버, 틸트 레버
③ 리프트 레버, 틸트 레버, 부수장치 레버
④ 틸트 레버, 리프트 레버, 부수장치 레버

지게차의 조종레버는 3개 이상인 경우 좌측으로부터 리프트 레버, 틸트 레버, 부수장치 레버의 순서로 설치되어 있다.

20 지게차의 운전 장치를 조작하는 동작의 설명으로 틀린 것은?

① 전 · 후진 레버를 앞으로 밀면 후진이 된다.
② 틸트레버를 뒤로 당기면 마스트는 뒤로 기운다.
③ 리프트 레버를 앞으로 밀면 포크가 내려간다.
④ 전후진 레버를 뒤로 당기면 후진이 된다.

지게차의 전 · 후진 레버를 앞으로 밀면 전진이 된다.

21 지게차의 리프트 실린더(lift cylinder) 작동회로에 사용되는 플로우 레귤레이터(슬로우 리턴) 밸브의 주된 사용 이유는?

① 포크를 천천히 하강하도록 작용한다.
② 포크를 상승 시 압력을 높이는 작용을 한다.
③ 짐을 하강할 때 신속하게 내려오도록 작용한다.
④ 리프트 실린더에서 포크 상승 중 중간 정지 시 내부 누유를 방지한다.

플로우 레귤레이터 밸브는 포크를 천천히 하강하도록 작용한다.

정답 **18** ④ **19** ③ **20** ① **21** ①

02 지게차의 제원 및 관련 용어

[출제문항수 : 2~3문제] 조금 까다로울 수 있는 부분입니다. 교재의 그림과 기출문제를 확인하면서 필요한 용어를 익히시기 바랍니다. 마스트 경사각과 최소회전반 지름은 많이 출제되는 부분입니다.

01 지게차의 제원 용어

1 기본 제원

전장 (길이)	• 포크의 앞부분에서부터 지게차의 끝부분까지의 길이(후사경 및 고정장치는 포함하지 않음)
축간거리	• 지게차의 앞축의 중심부로부터 뒤축의 중심부까지의 거리(앞바퀴의 중심에서 뒷바퀴의 중심까지 거리) • 축간거리가 커질수록 지게차의 안정도는 향상되나 회전반경이 커지기 때문에 안정도에 지장이 없는 한도에서 최소의 길이로 한다.
전고 (높이)	• 지게차의 가장 위쪽 끝이 만드는 수평면에서 지면까지의 최단거리
전폭 (너비)	• 지게차의 양쪽 끝이 만드는 두 개의 총단방향의 수직평면 사이의 최단거리
윤거	• 타이어식 건설기계의 마주보는 바퀴 폭의 중심에서 다른 바퀴의 중심까지의 최단거리
최저 지상고	• 포크와 타이어를 제외하고 지면으로부터 지게차의 가장 낮은 부위까지의 높이
자유인상 높이	• 포크를 들어 올렸을 때 내측 마스트가 외측마스트 위로 돌출되는 시점에 있어서 지면으로부터 포크 윗면까지의 높이
최대인상 높이 (최대 들어올림 높이)	• 지게차의 기준무부하상태에서 지면과 수평상태로 쇠스랑(포크)을 가장 높이 올렸을 때 지면에서 쇠스랑 윗면까지의 높이를 말한다. • 최대올림높이는 원칙적으로 3,000mm로 한다. • 프리 리프트 높이 : 마스트의 높이를 변화시키지 않은 상태에서 포크의 높이를 최저 위치에서 최고 위치로 올릴 수 있는 경우의 높이
최대 들어올림용량	• 지게차의 기준부하상태에서 지면과 수평상태로 쇠스랑을 지면에서 3,000mm 높이로 올렸을 때 기준하중 중심에 최대로 적재할 수 있는 하중을 말한다. • 올림높이가 3,000mm 이하인 경우에는 최대로 올린 높이로 한다.

2 하중(중량) 제원

최대하중	안정도를 확보한 상태에서 쇠스랑을 최대올림높이로 올렸을 때 기준하중의 중심에 최대로 적재할 수 있는 하중
하중중심	지게차 포크의 수직면으로부터 포크 위에 놓인 화물의 무게중심까지의 거리
기준하중의 중심	지게차의 포크(쇠스랑) 윗면에 최대하중이 고르게 가해지는 상태에서 하중의 중심
기준 무부하 상태	지면으로부터의 높이가 300mm인 수평상태 (주행 시에는 마스트를 가장 안쪽으로 기울인 상태)의 지게차의 포크의 윗면에 하중이 가해지지 아니한 상태

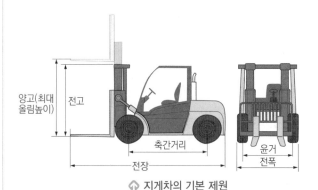

⬆ 지게차의 기본 제원

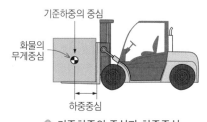

⬆ 기준하중의 중심과 하중중심

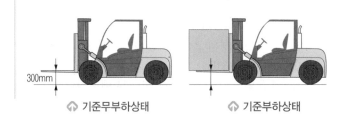

⬆ 기준무부하상태　　　⬆ 기준부하상태

자체 중량	연료, 냉각수 및 윤활유 등을 가득 채우고 휴대공구, 작업용구 및 예비 타이어를 포함한 상태에 있는 건설기계의 중량 (조종사의 중량 제외)
운전 중량	자체중량에 건설기계의 조종에 필요한 최소의 조종사가 탑승한 상태의 중량 (조종사 1명의 체중 : 65kg)
적재 능력	• 마스트를 90도로 세운 상태로 하중중심의 범위 내에서 포크로 들어 올릴 수 있는 하물의 최대 무게 • 표준하중 몇 mm에서 몇 kg으로 표시

02 마스트 경사각

마스트 경사각이란 기준 무부하 상태에서 마스트를 앞과 뒤로 기울일 때 수직면에 대하여 이루는 각을 말한다.

1 전경각과 후경각

전경각	지게차의 마스트를 쇠스랑(포크) 쪽으로 기울인 최대경사각 (보통 5~6°의 범위)
후경각	지게차의 마스트를 조종실 쪽으로 기울인 최대경사각 (약 10~12°의 범위)

법령상 지게차 마스트 경사각 기준

종류	전경각	후경각
카운터밸런스 지게차	6도 이하	12도 이하
사이드포크형 지게차	5도 이하	5도 이하

2 마스트 기울기의 변화량 및 안전기준

① 지게차 유압유의 온도가 50℃인 상태에서 지게차가 최대하중을 싣고 엔진을 정지한 경우

마스트가 수직면에 대하여 이루는 기울기의 변화량	정지한 후 최초 10분 동안 5° 이하 (마스트의 전경각이 5° 이하일 경우는 최초 5분 동안 2.5° 이하)
쇠스랑(포크)이 자중 및 하중에 의해 내려가는 거리	10분당 100mm 이하

② 지게차의 기준부하상태에서 쇠스랑을 들어 올린 경우 하강작업 또는 유압 계통의 고장에 의한 쇠스랑의 하강속도는 초당 0.6m 이하여야 한다.

③ 쇠스랑의 급강하방지장치를 부착하는 경우에는 실린더에 부착하여야 한다.

03 최소 회전반지름 및 최소 선회반지름

1 최소 회전 반지름(최소 회전 반경)

① 바퀴가 그리는 반지름을 말한다.

② 무부하 상태에서 최대 조향각으로 서행한 경우, 가장 바깥쪽 바퀴의 접지자국 중심점이 그리는 원의 반지름(R_o)이다.

2 최소 선회 반지름

① 차체가 그리는 반지름을 말한다.

② 무부하 상태에서 최대 조향각으로 서행한 경우 차체의 가장 바깥부분이 그리는 궤적의 반지름(R_s)을 말한다.

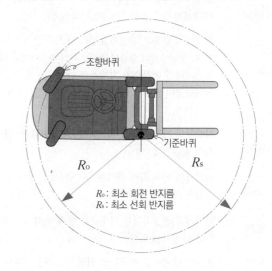

R_o : 최소 회전 반지름
R_s : 최소 선회 반지름

1 ★★★★
지게차 포크의 수직면으로부터 포크 위에 놓인 화물의 무게 중심까지의 거리를 무엇이라고 하는가?

① 자유인상높이
② 하중중심
③ 전장
④ 마스트 최대 높이

지게차에서 하중중심은 포크의 수직면으로부터 포크위에 놓인 화물의 무게 중심까지의 거리를 말한다.

2 ★★★★
지게차의 축간거리에 대한 설명으로 옳지 않은 것은?

① 일반적으로 mm로 표기한다.
② 축간거리가 커질수록 지게차의 회전반경은 작아진다.
③ 지게차의 앞축의 중심부로부터 뒤축의 중심부까지의 수평거리를 말한다.
④ 축간거리가 커질수록 지게차의 안정도는 향상된다.

지게차의 축간거리는 앞축의 중심에서 뒷축의 중심부까지의 수평거리를 말한다. 축간거리가 커질수록 지게차의 안정도는 향상되나, 회전반경이 커져 작업에 지장을 초래한다.

3 ★★★★
일반적으로 지게차의 장비 중량에 포함되지 않는 것은?

① 운전자
② 그리스
③ 냉각수
④ 연료

지게차의 장비 중량은 연료, 냉각수, 그리스 등이 모두 포함된 상태에서의 총 중량을 말하며, 운전자의 무게는 통상적으로 포함시키지 않는다.

4 ★★★★
지게차가 최대하중을 싣고 엔진을 정지한 경우, 포크가 차중 및 하중에 의하여 내려가는 거리는 10분당 몇 mm 이하여야 하는가? (단, 유압유의 온도가 50℃일 때)

① 200
② 100
③ 10
④ 50

지게차의 유압펌프의 오일온도가 50℃인 상태에서 지게차가 최대하중을 싣고 엔진을 정지한 경우 쇠스랑이 자중 및 하중에 의하여 내려가는 거리는 10분당 100밀리미터 이하이어야 한다.

5 ★★★★
기준부하상태의 지게차가 포크(쇠스랑)를 들어 올린 경우 하강작업 또는 유압 계통의 고장에 의한 쇠스랑의 하강속도는 초당 몇 m 이하이어야 하는가?

① 0.2
② 0.8
③ 0.4
④ 0.6

지게차의 기준부하상태에서 쇠스랑을 들어 올린 경우 하강작업 또는 유압 계통의 고장에 의한 쇠스랑의 하강속도는 초당 0.6 미터 이하이어야 한다.

6 ★★★★
지게차가 무부하상태에서 최대 조향각으로 운행 시 가장 바깥쪽바퀴의 접지자국 중심점이 그리는 원의 반경을 무엇이라고 하는가?

① 최대 선회 반지름
② 최소 직각 통로폭
③ 최소 회전 반지름
④ 윤간거리

최소 회전 반지름은 무부하 상태에서 최대 조향각으로 운행한 경우, 가장 바깥바퀴 접지자국의 중심점이 그리는 궤적의 반지름(원의 반경)을 말한다.

7 ★★★★
다음 그림에서 지게차의 축간거리를 표시한 것은?

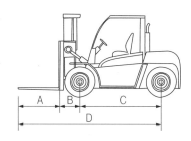

① A
② B
③ C
④ D

지게차의 축간거리는 앞축(드라이브 엑슬)의 중심부에서 뒤축(스티어링 엑슬)의 중심부까지의 수평거리이다. 즉, 앞타이어의 중심에서 뒷타이어의 중심까지의 거리이다.

chapter 08

03 지게차의 구조와 분류

[출제문항수 : 3~4문제] 작업 용도에 따른 지게차의 종류에서 많이 출제됩니다. 이론과 기출문제 확인하면서 꼼꼼하게 확인하시기 바랍니다.

01 동력 전달 순서 및 구성품

지게차는 앞바퀴 쪽에 적재장치가 있어 급선회 시 낙하위험 및 적재물의 중량에 의한 조향의 어려움을 방지하기 위하여 앞바퀴 구동, 뒷바퀴 조향방식을 사용한다.

1 동력 전달 순서

마찰 클러치형	토크 컨버터형	전동식
엔진(구동력)		축전지
클러치	토크컨버터	조정기 및 구동 모터
변속기 & 추진축		
종감속기어 및 차동장치		
앞구동축 및 최종감속기		앞구동축
차륜(구동륜)		

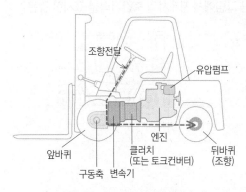

↑ 디젤기관 지게차의 동력 전달 순서

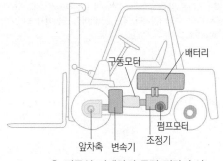

↑ 전동식 지게차의 동력 전달 순서

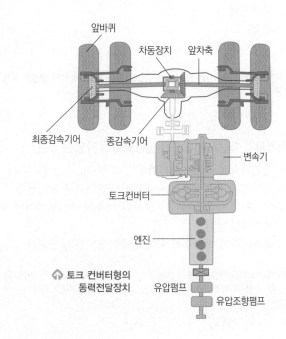

↑ 토크 컨버터형의 동력전달장치

2 동력 전달장치의 주요 구성 부품

① 마찰 클러치 및 토크 컨버터 : 엔진의 동력을 변속기에 전달하거나 차단시키는 역할을 한다.

② 종감속기어 : 엔진(변속기)에서 전달받은 동력을 피니언과 링기어에 의해 최종적으로 속도비를 줄이고 감속비를 증가시켜 주는 장치이다.

③ 차동장치 : 지게차의 선회 시 좌우바퀴의 회전수에 차이를 두어 회전을 원활히 하기 위한 장치이다.

④ 앞차축 : 지게차의 화물을 적재하였을 때 하중을 지지하고 엔진의 회전력을 앞바퀴에 전달하는 구동축이다.

→ 지게차의 앞바퀴는 엔진동력을 전달받는 구동축이므로 직접 프레임에 설치된다.

02 조향·제동· 인칭조절장치

1 조향장치

① 지게차의 진로방향을 조정하는 장치이며, 뒷바퀴 조향방식을 사용한다.

② 뒷바퀴 조향방식은 주행 중 충격의 영향을 받지 않고 방향 조작도 원활하다.

③ 지게차의 조향장치 원리는 애커먼 장토식*이 사용된다.

④ 지게차의 동력조향장치에 사용하는 유압실린더는 복동실린더 더블로드(양로드)형이 사용된다.

⑤ 지게차의 토인 조정은 타이로드로 한다.

⑥ 지게차 조향핸들에서 바퀴까지의 조작력 전달순서

> 핸들 → 조향기어 → 피트먼 암 → 드래그링크 → 타이로드
> → 조향암 → 바퀴

⬆ 지게차 조향장치의 개략도

⑦ 벨 크랭크 : 지게차의 유압식 조향장치에서 조향실린더의 직선운동을 축의 중심으로 한 회전운동으로 바꾸어줌과 동시에 타이로드에 직선운동을 시켜 주는 것이다.

 ▶ **애커먼 장토(Ackerman jangtaud)의 원리**
차량의 모든 바퀴는 각각 선회 반경에 따라 선회작용을 하며, 이 때 바퀴가 바깥쪽으로 미끄러지며 무리한 진행을 하게 된다. 따라서 선회 시 내측 방향으로 바퀴의 중심 방향이 일치하여 선회 중심에 맞도록 하는 방식으로, 조향장치 설계 시 기본 조건이 되고 있다.

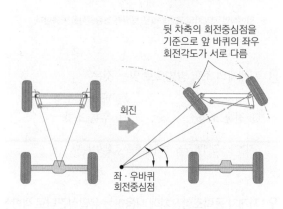

뒷 차축의 회전중심점을 기준으로 앞 바퀴의 좌우 회전각도가 서로 다름

회진

좌·우바퀴 회전중심점

② 제동장치

① 유압 브레이크의 동력전달 순시

> 페달 → 마스터 실린더 → 배관 → 휠 실린더 → 브레이크 슈

② 유압식 브레이크는 파스칼의 원리를 이용한다.

③ 브레이크 페달은 지렛대의 작용을 이용하여 밟는 힘의 3~6배를 마스터 실린더에 가한다.

④ 마스터 실린더 : 필요한 유압을 발생시키는 부분

⑤ 제동능력의 기준 : 지게차는 다음에 해당하는 평탄하고 견고한 건조지면에서 정지상태를 유지할 수 있어야 한다.
• 기준부하상태인 경우 : 구배가 100분의 15인 지면
• 기준무부하상태인 경우 : 구배(勾配)가 100분의 20인 지면
  > 비탈길 등 경사면의 기운 정도를 말함

⑥ 제동장치 마스터 실린더 조립 시 브레이크 액(브레이크 오일)으로 세척한다.

⑦ 유압 제동장치에서 마스터 실린더의 리턴구멍이 막히면 제동이 잘 풀리지 않는다.

 ▶ 지게차에서 자동차와 같이 현가장치에 스프링을 사용하지 않은 이유는 스프링의 탄성에 의해 롤링(좌우 회전)이 생기면 적하물이 떨어지기 때문이다.

> '조금씩 움직이다'의 의미

③ 인칭조절장치

① 지게차를 전·후진 방향으로 서서히 화물에 접근시키거나 빠른 유압작동으로 신속히 화물을 상승 또는 적재시킬 때 사용한다.

② 트랜스미션 내부에 있다.

③ 트랜스미션 오일의 온도가 높으면 인칭·브레이크 페달이 바르게 조정되지 않는다.

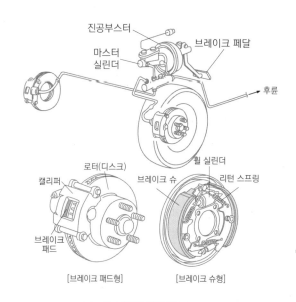

진공부스터
브레이크 페달
마스터 실린더
후륜
로터(디스크)
휠 실린더
캘리퍼
브레이크 슈
리턴 스프링
브레이크 패드

[브레이크 패드형] [브레이크 슈형]

⬆ 제동장치의 구조

chapter **08**

1 지게차의 일반적인 구동방식으로 맞는 것은? ★★★★

① 앞바퀴 구동
② 뒷바퀴 구동
③ 6륜 구동
④ 4륜 구동

> 지게차는 앞바퀴 구동, 뒷바퀴 조향방식을 사용한다.

2 클러치식 지게차 동력전달순서로 맞는 것은? ★★★★

① 엔진 → 변속기 → 클러치 → 앞구동축 → 종감속기어 및 차동장치 → 차륜
② 엔진 → 변속기 → 클러치 → 종감속기어 및 차동장치 → 앞구동축 → 차륜
③ 엔진 → 클러치 → 종감속기어 및 차동장치 → 변속기 → 앞구동축 → 차륜
④ 엔진 → 클러치 → 변속기 → 종감속기어 및 차동장치 → 앞구동축 → 차륜

> **지게차의 동력전달순서**
> • 마찰 클러치형 : 엔진 → 클러치 → 변속기 → 종감속기어 및 차동장치 → 앞구동축 → 차륜
> • 토크 컨버터형 : 엔진 → 토크컨버터 → 변속기 → 종감속 기어 및 차동장치 → 앞구동축 → 최종 감속기 → 차륜

3 지게차의 동력전달순서로 맞는 것은? ★★★

① 엔진 → 변속기 → 토크컨버터 → 종감속 기어 및 차동장치 → 최종 감속기 → 앞구동축 → 차륜
② 엔진 → 변속기 → 토크컨버터 → 종감속 기어 및 차동장치 → 앞구동축 → 최종 감속기 → 차륜
③ 엔진 → 토크컨버터 → 변속기 → 앞구동축 → 종감속 기어 및 차동장치 → 최종 감속기 → 차륜
④ 엔진 → 토크컨버터 → 변속기 → 종감속 기어 및 차동장치 → 앞구동축 → 최종 감속기 → 차륜

> 지게차의 동력전달장치 중 토크 컨버터의 동력전달순서이다.

4 지게차가 커브를 돌 때 장비의 회전을 원활히 하기 위한 장치로 맞는 것은? ★★★★

① 유니버셜 조인트
② 차동장치
③ 최종감속기어
④ 변속기

> 휠형 건설기계의 회전을 원활하게 하는 장치는 차동장치이다.

5 지게차의 스프링 장치에 대한 설명으로 맞는 것은? ★★

① 텐덤 드라이브 장치이다.
② 코일스프링 장치이다.
③ 판스프링 장치이다.
④ 스프링장치가 없다.

> 지게차에 스프링 장치를 설치하면 롤링이 생겨 하물이 떨어질 위험이 있다.

6 지게차의 앞바퀴는 어디에 설치되는가? ★★

① 섀클 핀에 설치된다.
② 직접 프레임에 설치된다.
③ 너클 암에 설치된다.
④ 등속이음에 설치된다.

> 지게차의 앞바퀴는 직접 프레임에 설치된다.

7 엔진식 지게차의 일반적인 조향방식은? ★★★★★

① 작업조건에 따른 가변방식
② 굴절(허리꺾기) 조향방식
③ 뒷바퀴 조향방식
④ 앞바퀴 조향방식

> 일반적인 지게차의 조향방식은 뒷바퀴 조향방식을 사용한다.

8 지게차의 조향 방법으로 맞는 것은? ★★★★★

① 전자 조향
② 배력식 조향
③ 전륜 조향
④ 후륜 조향

> 지게차는 앞바퀴 구동, 뒷바퀴(후륜) 조향방식이다.

9 지게차 동력조향장치에 사용하는 유압실린더로 적합한 것은? ★★★

① 다단실린더 텔레스코핑
② 복동실린더 싱글로드형
③ 단동실린더 싱글로드형
④ 복동실린더 더블로드형

> 지게차 동력조향장치의 유압실린더는 복동실린더 양로드(더블로드)형이 주로 사용된다.

 정답 1 ① 2 ④ 3 ④ 4 ② 5 ④ 6 ② 7 ③ 8 ④ 9 ④

10 지게차 조향핸들에서 바퀴까지의 조작력 전달순서로 다음 중 가장 적합한 것은?

① 핸들 → 피트먼 암 → 드래그링크 → 조향기어 → 타이로드 → 조향암 → 바퀴
② 핸들 → 드래그링크 → 조향기어 → 피트먼 암 → 타이로드 → 조향암 → 바퀴
③ 핸들 → 조향암 → 조향기어 → 드래그링크 → 피트먼 암 → 타이로드 → 바퀴
④ 핸들 → 조향기어 → 피트먼 암 → 드래그링크 → 타이로드 → 조향암 → 바퀴

11 지게차의 유압식 조향장치에서 조향실린더의 직선운동을 축의 중심으로 한 회전운동으로 바꾸어줌과 동시에 타이로드에 직선운동을 시켜 주는 것은?

① 핑거 보드
② 드래그 링크
③ 벨 크랭크
④ 스태빌라이저

벨크랭크는 'ㄱ'자 모양으로 90° 각도로 꺾여 조향실린더의 직선운동을 축의 중심으로 한 회전운동으로 바꾸어줌과 동시에 타이로드에 직선운동을 시켜주는 차량 조향 장치의 구성품이다.

12 지게차 조향장치의 유압 조향 실린더 작동기와 벨크랭크 사이에 설치되는 것은?

① 피트먼 암　　② 마스트
③ 드래그링크　　④ 기어박스

지게차 조향장치에서 유압 조향 실린더와 벨크랭크 사이에는 드래그링크가 설치되어 있다.

13 지게차의 조향 릴리프 밸브 압력에 대한 설명으로 틀린 것은?

① 압력을 규정치 이상으로 조정하면 유압라인이 파손 될 수 있다.
② 압력 측정은 조향 핸들이 한쪽 방향으로 완전히 꺾였을 때 측정한다.
③ 압력 측정은 엔진 회전수가 낮을 때 측정한다.
④ 압력 게이지는 메인 유압펌프의 게이지 포트에 설치한다.

조향 릴리프 밸브 압력은 엔진이 정상적인 속도로 회전할 때 측정한다.

14 지게차의 앞바퀴 정렬 역할과 거리가 먼 것은?

① 조향핸들의 조작을 작은 힘으로 쉽게 할 수 있다.
② 타이어 마모를 최소로 한다.
③ 브레이크의 수명을 길게 한다.
④ 방향 안정성을 준다.

앞바퀴 정렬은 브레이크와는 무관하다.

15 지게차의 유압식 브레이크와 브레이크 페달은 어떤 원리를 이용한 것인가?

① 지렛대 원리, 애커먼 장토식 원리
② 파스칼 원리, 지렛대 원리
③ 랙크 피니언 원리, 애커먼 장토식 원리
④ 랙크 피니언 원리, 파스칼 원리

유압식 브레이크는 파스칼의 원리를 이용하며, 브레이크 페달은 지렛대 원리를 이용한다.

16 지게차 제동장치의 마스터 실린더 조립 시 무엇으로 세척하는 것이 좋은가?

① 솔벤트
② 브레이크 액
③ 석유
④ 경유

제동장치의 마스터실린더 조립 시 브레이크액(브레이크 오일)로 세척한다.

17 지게차의 인칭조절장치에 대한 설명으로 맞는 것은?

① 트랜스미션 내부에 있다.
② 브레이크 드럼 내부에 있다.
③ 디셀레이터 페달이다.
④ 작업장치의 유압상승을 억제한다.

지게차의 인칭조절 장치는 트랜스미션 내부에 있으며 지게차를 전·후진 방향으로 서서히 화물에 접근시키거나 빠른 유압작동으로 신속히 화물을 상승 또는 적재시킬 때 사용한다.

1 프리 리프트 마스트 (Free lift mast)

① 프리 리프트 양이 아주 크다.

② 마스트 상승이 불가능한 장소인 선내의 하역작업, 천장이 낮은 장소 등에 적합하다.

2 하이 마스트 (High mast)

① 마스트가 2단으로 늘어나게 되어 일반 지게차로 작업이 어려운 높은 위치에 물건을 쌓거나 내리는데 적합하다.

② 높이 쌓을 수 있으므로 저장공간을 최대한 활용할 수 있고, 포크 상승도 신속하여 매우 능률적이다.

3 3단 마스트 (Triple stage mast)

① 마스트가 3단으로 늘어나게 되어 높은 곳의 작업에 용이하다.

② 천장이 낮은 장소 및 천장이 높은 장소의 작업에 적합하다.
(1단의 마스트의 높이로는 낮은 곳에서 작업하고, 3단으로는 높은 위치의 작업을 할 수 있다.)

4 로테이팅 포크 (Rotating fork)

① 포크를 좌우로 360° 회전시켜서 용기에 들어있는 액체 또는 제품을 운반하거나 붓는데 적합하다.

② 석유, 화학, 주물 및 식품 공장 등에서 유용하게 작업하며, 펠릿(pallet)작업도 가능하다.

5 로테이팅 클램프 (Rotating clamp)

① 원추형의 화물을 좌우로 조이거나 회전시켜 운반 또는 적재하는 데 적합하다.

② 고무 접착판이 클램프에 장착되어 화물의 슬립(미끄러짐)을 방지하고, 화물의 손상도 없으며, 받침대도 필요하지 않다.

6 힌지드 포크 (Hinged fork)

① 포크의 힌지 부분이 상하로 움직인다.

② 원목 및 파이프 등의 적재 작업에 적합하며, 펠릿(pallet) 작업도 가능하다.

7 힌지드 버킷 (Hinged bucket)

① 힌지드 포크에 버킷을 끼운 장치이다.

② 흘러내리기 쉬운 석탄, 소금, 비료, 모래 등을 운반하는데 적합하다.

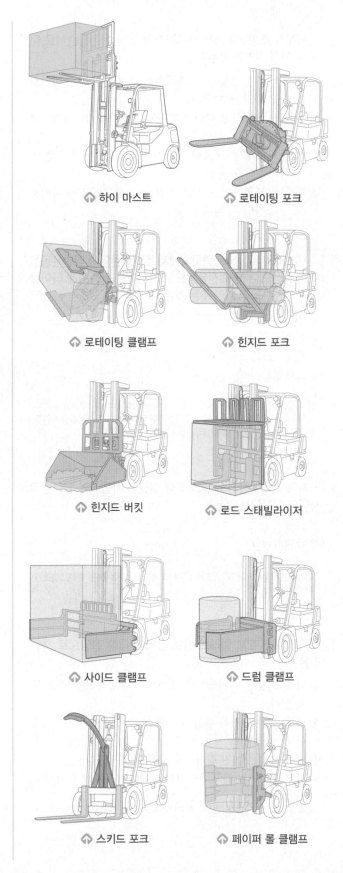

⬆ 하이 마스트　　⬆ 로테이팅 포크

⬆ 로테이팅 클램프　　⬆ 힌지드 포크

⬆ 힌지드 버킷　　⬆ 로드 스태빌라이저

⬆ 사이드 클램프　　⬆ 드럼 클램프

⬆ 스키드 포크　　⬆ 페이퍼 롤 클램프

8 로드 스태빌라이저 (Load stabilizer)

① 화물을 위에서 눌러주는 압착판을 설치한 장치

② 깨지기 쉬운 화물이나 불안전한 화물의 낙하를 방지하기에 적합하다.

③ 거치른 지면이나 경사진 곳에서 작업할 때 안정성을 확보할 수 있다.

④ 유리제품 등 깨지기 쉬운 화물의 취급에 가장 적합하다.

9 스키드 포크(Skid fork)

탑재된 화물이 운행 또는 하역 중 미끄러져 떨어지지 않도록 화물 상부를 지지할 수 있는 클램프가 있는 지게차이다.

10 사이드 시프트 (Side shift)

차체를 이동시키지 않고 포크를 좌우로 움직여 적재 및 하역할 수 있다.

11 사이드 클램프 (Side clamp)

① 좌·우 사이드에 클램프가 설치되어 받침대 없이 가벼우면서 부피가 큰 화물(솜, 양모, 펄프 등)의 운반 및 적재에 적합하다.

② 화물의 손상을 적게 하며 또한 저장 공간과 작업비용을 절감해준다.

12 드럼 클램프 (Drum clamp)

① 사이드 클램프를 반달형으로 하여 드럼통을 운반 또는 적재하는데 적합하도록 만든 장치

② 석유, 화학, 도료, 식품 운송 등을 취급하는 곳에서 많이 사용한다.

13 페이퍼 롤 클램프(Paper roll clamp)

종이 롤 등의 둥근 형태의 화물 등을 취급하는데 용이한 장치

14 포크 포지셔너 (fork positioner)

① 포크 사이의 간격을 조정할 수 있는 포크 간격 조정장치

② 레버 하나로 포크를 좌우로 움직이는 양개식, 레버 2개로 각각의 포크를 조정하는 편개식, 포크와 캐리지가 움직이는 시프트식이 있다.

실린더 2개

⬆ 포크 포지셔너

15 전동식 지게차

① 전동기와 축전지를 동력원으로 한다.

② 매연과 소음이 없어 소규모 공장, 창고 등에서 많이 사용된다.

③ 주행, 상승, 하강, 틸팅 등 지게차의 작업을 위한 장치는 조종사가 힘을 가하고 있는 동안에만 작동되는 가동유지 방식이어야 한다.

1 지게차에서 마스트가 2단으로 확장되어 높은 곳에 물건을 옮길 수 있는 장치는?

① 하이 마스트   ② 클램프
③ 프리 마스트   ④ 힌지드 포크

하이 마스트(High mast)는 마스트가 2단으로 늘어나게 되어 표준 지게차로는 작업이 불가능한 높은 위치에 물건을 쌓거나 내리는데 적합하다.

2 지게차의 작업 용도에 의한 분류 중 틀린 것은?

① 사이드 시프트   ② 하이 마스트
③ 3단 시프트   ④ 프리 리프트 마스트

3단 마스트형은 마스트가 3단으로 늘어나 출입구가 제한되어 있거나 높은 장소에 짐을 높이 쌓는데 유용한 지게차이다.

3 지게차를 작업용도에 따라 분류할 때 원추형 화물을 조이거나 회전시켜 운반 또는 적재하는 데 적합한 것은?

① 힌지드 버킷   ② 힌지드 포크
③ 로테이팅 클램프   ④ 로드 스태빌라이져

로테이팅 클램프는 원추형의 화물을 좌우로 조이거나 회전시켜 운반 또는 적재하는 것으로 고무판이 클램프에 장착되어 화물의 슬립을 방지한다.

4 지게차의 작업용도 및 효율성에 따라 작업장치를 선택하여 부착할 수 있는 장치가 아닌 것은?

① 로테이팅 장치   ② 폴더
③ 포크 포지셔너   ④ 사이드 시프트

① 로테이팅 장치 : 포크를 360° 회전시킬 수 있는 장치
③ 포크 포지셔너 : 포크 사이의 간격을 조정할 수 있는 장치
④ 사이드 시프트 : 차체를 이동시키지 않고 포크를 좌우로 움직일 수 있는 장치

5 둥근 목재나 파이프 등을 작업하는데 적합한 지게차의 작업 장치는?

① 힌지드 포크   ② 사이드 시프트
③ 로우 마스트   ④ 하이 마스트

힌지드 포크는 포크의 힌지드 부분이 상하로 움직여서 원목 및 파이프 등의 적재작업에 용이하다.

6 포크를 상하 각도로 이동시켜 원목, 전주, 파이프 등 원통형 하물을 운반하고자 하는데 적합한 장치는?

① 사이드 시프트   ② 로드 스태빌라이저
③ 로테이팅 포크   ④ 힌지드 포크

힌지드 포크는 포크의 힌지드 부분이 상하로 움직여서 원목 및 파이프 등의 적재작업에 적합하다.

7 석탄, 소금, 비료, 모래 등 흘러내리기 쉬운 화물을 운반하는 데 적합한 것은?

① 스키드 포크   ② 로테이팅 포크
③ 로드 스태빌라이저   ④ 힌지드 버킷

지게차의 작업장치 중 힌지드 버킷은 힌지드 포크에 버킷을 끼워 흘러내리기 쉬운 화물을 운반하는데 적합하다.

8 깨지기 쉬운 화물이나 불안전한 화물의 낙하를 방지하기 위하여 포크상단에 상하 작동할 수 있는 압력판을 부착한 지게차는?

① 하이 마스트   ② 사이드 시프트 마스트
③ 로드 스태빌라이저   ④ 3단 마스트

지게차의 작업장치 중 포크 상단에 압착판을 부착하여 화물의 낙하를 방지하는 작업장치는 로드 스태빌라이저이다.

9 전동 지게차와 관련이 없는 것은?

① 틸트 실린더   ② 인젝터
③ 타이어   ④ 마스트

인젝터는 디젤기관의 연료분사노즐로 배터리로 구동되는 전동 지게차에서 사용되지 않는다.

10 축전지와 전동기를 동력원으로 하는 지게차는?

① 수동 지게차   ② 유압 지게차
③ 전동 지게차   ④ 엔진 지게차

축전지를 동력원으로 사용하는 지게차는 전동지게차이다.

정답 1 ① 2 ③ 3 ③ 4 ② 5 ① 6 ④ 7 ④ 8 ③ 9 ② 10 ③

예상문항수
10/60

CHAPTER
09

유압장치 익히기

Study
Point   출제비율이 매우 높은 과목이며, 수험생들이 많이 어려워 하는 부분입니다. 핵심적인 부분 위주로 정리하였으니 꼼꼼하게 학습하시면 쉽게
점수를 확보하실 수 있습니다.

01 유압 일반

[출제문항수 : 0~1문제] 출제비율은 낮지만 유압장치를 학습하기 위한 필수적인 내용입니다. 학습하시고 넘어가시기 바랍니다.

01 유압 일반

① 비중량 : 단위 체적당 무게(kg/m³)
② 압력 : 유체내에서 단위면적당 작용하는 힘(kg/cm²)
③ 유량 : 단위시간에 이동하는 유체의 체적
④ 압력의 단위 : 건설기계에 사용되는 작동유 압력을 나타내는 단위는 kgf/cm²가 쓰인다.
　그 외 압력의 단위로는 Pa, psi, kPa, mmHg, bar, atm 등이 있다.

▶ 오일의 무게 : 부피[L]에 비중을 곱하면 kgf가 된다.
▶ 압력 = 가해진 힘(kgf) / 단면적(cm²)

02 파스칼의 원리

유압장치와 제동장치의 모든 원리는 파스칼의 원리를 기초로 하여 작용된다.

① 유체의 압력은 면에 대하여 직각으로 작용한다.
② 각 점의 압력은 모든 방향으로 같다.
③ 밀폐된 용기 내의 액체 일부에 가해진 압력은 유체 각 부분에 동시에 같은 크기로 전달된다.

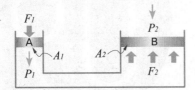

파스칼의 원리에 의하면 A에 작용하는 압력과 B에 작용하는 압력이 같다.

$$P_1 = P_2, \ \longleftarrow F = P \times A \ \text{(힘=압력×면적)에 의해}$$

$$\frac{F_1}{A_1} = \frac{F_2}{A_2} \ \longrightarrow \ F_2 = F_1 \frac{A_2}{A_1}$$

즉, 좁은 면적에서 작은 힘(F_1)을 가하면 F_2는 A_2/A_1의 면적비만큼 큰 힘을 낸다.

03 유압장치 일반

유체의 압력에너지를 이용하여 기계적인 일을 하는 장치이다.

■ 유압장치의 기본적인 구성요소

유압발생장치	유압을 발생시키는 장치로 오일 탱크, 유압 펌프 등으로 구성된다. (동력은 엔진 또는 전동기에서 얻음)
유압제어장치	유압원으로부터 공급받은 오일을 일의 크기, 방향, 속도를 조정하여 유압 구동 장치로 보내줌
유압구동장치 (액추에이터)	유체 에너지를 기계적 에너지로 변환하는 최종 작동장치(유압실린더, 유압모터, 요동모터 등)
부속 기구	회로구성에서 안전성 및 사용자의 편리함을 주기 위해 설치한 장치

■ 유압장치의 장점

① 작은 동력원으로 큰 힘을 낼 수 있다.
② 과부하에 대한 안전장치가 간단하고 정확하다.
③ 무단변속이 가능하고 정확한 위치제어를 할 수 있다.
④ 방향제어 및 속도제어가 용이하다.
⑤ 입력에 대한 출력의 응답이 빠르며 에너지 축적이 가능하다.
⑥ 힘의 전달 및 증폭이 용이하다.
⑦ 동력전달을 원활히 할 수 있다.
⑧ 전기적 조작과 조합이 간단하고 원격 조작이 가능하다.
⑨ 윤활성, 내마모성, 방청이 좋다.

■ 유압장치의 단점

① 오일은 가연성이므로 화재에 위험하다.
② 회로 구성이 어렵고 유체가 누출(누설)될 수 있다.
③ 오일 온도에 따라서 점도가 변하므로 작동속도가 변한다.
　→ 유온의 영향에 따라 정밀한 속도조절 및 제어가 곤란하다.
④ 고압 사용으로 인한 위험성 및 이물질에 민감하다.
⑤ 폐유에 의한 주변환경이 오염될 수 있다.
⑥ 공기가 혼입하기 쉽다.
⑦ 보수 관리가 어렵다.

1 ★★★★ 유압의 압력을 올바르게 나타낸 것은?

① 압력 = 단면적 × 가해진 힘
② 압력 = 가해진 힘 / 단면적
③ 압력 = 단면적 / 가해진 힘
④ 압력 = 가해진 힘 – 단면적

유압은 단위 면적당 작용하는 힘의 세기를 나타낸다.

2 ★★★★ 단위 시간에 이동하는 유체의 체적을 무엇이라 하는가?

① 토출압   ② 드레인   ③ 언더랩   ④ 유량

3 ★★★★★ 다음 중 압력의 단위가 아닌 것은?

① bar   ② kgf/cm²   ③ N · m   ④ kPa

압력의 단위로는 psi, kgf/cm², kPa, mmHg, bar, atm 등이 있다.

4 ★★★★★ 밀폐된 용기 내의 액체 일부에 가해진 압력은 어떻게 전달되는가?

① 유체 각 부분에 다르게 전달된다.
② 유체 각 부분에 동시에 같은 크기로 전달된다.
③ 유체의 압력이 돌출 부분에서 더 세게 작용된다.
④ 유체의 압력이 홈 부분에서 더 세게 작용된다.

밀폐된 용기 내의 액체 일부에 가해진 압력은 유체 각 부분에 동시에 같은 크기로 전달된다는 것이 파스칼의 원리이다.

5 ★★★★★ 건설기계에 사용되는 유압 실린더 작용은 어떠한 것을 응용한 것인가?

① 베르누이의 정리   ② 파스칼의 정리
③ 지렛대의 원리   ④ 후크의 법칙

6 ★★★ 유압장치의 기본적인 구성요소가 아닌 것은?

① 유압 발생 장치   ② 유압 재순환장치
③ 유압 제어장치   ④ 유압 구동장치

유압장치는 유압 발생장치, 유압 제어장치, 유압 구동장치 및 부속기구로 구성된다.

7 ★★ 유압장치를 가장 적절히 표현한 것은?

① 오일을 이용하여 전기를 생산하는 것
② 큰 물체를 들어올리기 위해 기계적인 이점을 이용하는 것
③ 액체로 전환시키기 위해 기체를 압축시키는 것
④ 유체의 압력에너지를 이용하여 기계적인 일을 하도록 하는 것

유압장치란 유체의 압력에너지를 이용하여 기계적인 일을 하도록 하는 것이다.

8 ★★★ 유압기계의 장점이 아닌 것은?

① 속도제어가 용이하다.
② 에너지 축적이 가능하다.
③ 유압장치는 점검이 간단하다.
④ 힘의 전달 및 증폭이 용이하다.

유압장치의 점검은 복잡한 경우가 많다.

9 ★★ 유압장치의 단점이 아닌 것은?

① 관로를 연결하는 곳에서 유체가 누출될 수 있다.
② 고압 사용으로 인한 위험성 및 이물질에 민감하다.
③ 작동유에 대한 화재의 위험이 있다.
④ 전기, 전자의 조합으로 자동제어가 곤란하다.

유압장치는 전기적 조작과 조합이 간단하고 원격조작이 가능하다.

10 ★★★ 유압기기에 대한 단점이다. 설명 중 틀린 것은?

① 오일은 가연성 있어 화재에 위험하다.
② 회로 구성에 어렵고 누설되는 경우가 있다.
③ 오일의 온도에 따라서 점도가 변하므로 기계의 속도가 변한다.
④ 에너지의 손실이 적다.

11 ★★★★ 유압장치의 구성 요소가 아닌 것은?

① 유니버설 조인트   ② 오일탱크
③ 펌프   ④ 제어밸브

유니버설 조인트는 동력전달장치이다.

정답 1 ② 2 ④ 3 ③ 4 ② 5 ② 6 ② 7 ④ 8 ③ 9 ④ 10 ④ 11 ①

02 유압기기

[출제문항수 : 5~6문제] 유압 부분에서 가장 많이 출제되는 부분으로 꼼꼼하게 학습하시기 바랍니다. 전체적으로 출제되고 있어 꼼꼼히 공부하셔야 하며, 각종 유압기기 및 각종 제어밸브 부분은 확실하게 알고 가셔야 합니다.

01 유압펌프 (Hydraulic Pump)

1 유압펌프의 특징
① 원동기의 기계적 에너지를 유압에너지로 변환한다.
② 엔진의 플라이휠에 의해 구동된다.
③ 엔진이 회전하는 동안에는 항상 회전한다.
④ 유압탱크의 오일을 흡입하여 컨트롤밸브로 송유(토출)한다.
⑤ 작업 중 큰 부하가 걸려도 토출량의 변화가 적고, 유압토출 시 맥동이 적은 성능이 요구된다.

2 토출량
① 펌프가 단위 시간당 토출하는 액체의 체적
② 계통 내에서 이동되는 유체(오일)의 양

▶ 유압기기의 작동속도를 높이기 위해서는 유압펌프의 토출유량을 증가시킨다.
▶ 펌프에서 흐름에 대해 저항이 생기면 압력 형성의 원인이 된다.
▶ 토출량의 단위
 • LPM(Liter Per Minute) : 분당 토출하는 액체의 체적(리터)
 • GPM(Gallon Per Minute) : 분당 토출하는 액체의 체적(갤론)

3 유압펌프의 종류
① 회전 펌프
 • 기어펌프 : 외접식 기어펌프, 내접식 기어펌프, 트로코이드 펌프
 • 베인펌프 : 정토출형 베인 펌프, 가변 토출형 베인 펌프
 • 나사 펌프
② 피스톤 펌프(플런저 펌프)

4 유압펌프의 비교

구분	기어 펌프	베인 펌프	피스톤 펌프
구조	간단	간단	복잡
최고압력	210 kgf/cm²	175 kgf/cm²	350 kgf/cm²
토출량의 변화	정용량형	가변용량 가능	가변용량 가능
소음	중간	작다	크다
자체 흡입 능력	좋다	보통	나쁘다
수명	중간 정도	중간 정도	길다

02 기어펌프 (Gear Pump)

1 기어펌프의 특징
① 구조가 간단하고 고장이 적다.
② 다루기 쉽고 가격이 저렴하다
③ 유압 작동유의 오염에 비교적 강한 편이다.
④ 피스톤 펌프에 비해 효율이 떨어진다.
⑤ 정용량형 펌프이다.
⑥ 흡입 능력이 가장 크다.
⑦ 소음이 비교적 크다.
⑧ 외접식과 내접식이 있다.

▶ 기어식 유압펌프에서 회전수가 변하면 오일흐름의 용량이 변한다.
▶ 기어식 유압펌프에서 소음이 나는 원인
 • 흡입 라인의 막힘
 • 펌프의 베어링 마모
 • 오일의 부족

2 폐입현상 (Trapping)
외접식 기어 펌프에서 토출된 유량 일부가 입구 쪽으로 귀환하여 토출량 감소, 축동력 증가 및 케이싱 마모 등의 원인을 유발하는 현상

3 트로코이드 펌프(Trochoid Pump)
① 특수 치형 기어펌프로, 로터리 펌프라고도 하며 2개의 로터를 조립한 형식이다.
② 안쪽 로터가 회전하면 바깥쪽 로터도 동시에 회전한다.
③ 안쪽은 내·외측 로터로 바깥쪽은 하우징으로 구성되어 있다.

03 나사 펌프 (Screw Pump)

케이싱 속에 나사가 있는 로터를 회전시켜 유체를 나사홈 사이로 밀어내는 방식이다.

① 고속회전이 가능하며 운전이 조용하다.
② 맥동이 없어 토출량이 고르다.
③ 점도가 낮은 오일이 사용 가능하며 폐입현상이 없다.

1 유압 펌프의 기능을 설명한 것으로 가장 적합한 것은?

① 유압회로 내의 압력을 측정하는 기구이다.
② 어큐뮬레이터와 동일한 기능을 한다.
③ 유압에너지를 동력으로 변환한다.
④ 원동기의 기계적 에너지를 유압에너지로 변환한다.

　유압펌프는 기계적 에너지를 유압에너지로 변환시켜준다.

2 유압 펌프 관련 용어에서 GPM이 나타내는 것은?

① 복동 실린더의 치수
② 계통 내에서 형성되는 압력의 크기
③ 흐름에 대한 저항
④ 계통 내에서 이동되는 유체(오일)의 양

　GPM이란 분당 토출하는 작동유의 양을 갤론으로 표시한 것이며 이동되는 유체의 양을 말한다. 참고로 리터로 표시한 것은 LPM이다.

3 유압 펌프의 용량을 나타내는 방법은?

① 주어진 압력과 그 때의 오일 무게로 표시
② 주어진 속도와 그 때의 토출압력 표시
③ 주어진 압력과 그 때의 토출량으로 표시
④ 주어진 속도와 그 때의 점도로 표시

4 유압기기의 작동속도를 높이기 위하여 무엇을 변화시켜야 하는가?

① 유압펌프의 토출유량을 증가시킨다.
② 유압모터의 압력을 높인다.
③ 유압펌프의 토출압력을 높인다.
④ 유압모터의 크기를 작게 한다.

　유압펌프는 유량으로 속도를 제어한다.

5 유압장치에 주로 사용되지 않는 것은?

① 베인 펌프　　② 피스톤 펌프
③ 분사 펌프　　④ 기어 펌프

　분사펌프는 연료를 분사 노즐로 압송하는 장치이다.

6 유압장치에서 기어 펌프의 특징이 아닌 것은?

① 구조가 다른 펌프에 비해 간단하다.
② 유압 작동유의 오염에 비교적 강한 편이다.
③ 피스톤 펌프에 비해 효율이 떨어진다.
④ 가변 용량형 펌프로 적당하다.

　유압펌프 중 기어펌프는 정용량형 펌프이다.

7 기어펌프의 특징이 아닌 것은?

① 외접식과 내접식이 있다.
② 베인펌프에 비해 소음이 비교적 크다.
③ 펌프의 발생압력이 가장 높다.
④ 구조가 간단하고 흡입성이 우수하다.

8 구동되는 기어펌프의 회전수가 변하였을 때 가장 적합한 설명은?

① 오일의 유량이 변한다.
② 오일의 압력이 변한다.
③ 오일의 흐름 방향이 변한다.
④ 회전 경사판의 각도가 변한다.

9 기어식 유압펌프에서 소음이 나는 원인이 아닌 것은?

① 흡입라인의 막힘　　② 오일량의 과다
③ 펌프의 베어링 마모　　④ 오일의 부족

10 다음 그림과 같이 안쪽은 내·외측 로터로 바깥쪽은 하우징으로 구성되어 있는 오일펌프는?

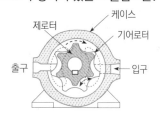

① 기어 펌프
② 베인 펌프
③ 트로코이드 펌프
④ 피스톤 펌프

　트로코이드 펌프는 특수 치형 기어펌프로 안쪽에 내·외측의 2개의 로터를 조립한 형태이다.

정답 ▶ **1** ④ **2** ④ **3** ③ **4** ① **5** ③ **6** ④ **7** ③ **8** ① **9** ② **10** ③

04 베인 펌프 (Vane Pump)

회전 펌프의 하나로 '편심 펌프'라고도 한다. 케이싱에 접하여 베인(날개)이 편심된 회전축에 끼워져 회전하면서 액체를 흡입 측에서 토출 측으로 밀어낸다. 정용량형과 가변 용량형이 있다.

■ 베인 펌프의 특징

① 맥동이 적다.
② 소형·경량이고 수명이 길다.
③ 구조가 간단하고 성능이 좋다.
④ 보수가 용이하다.
⑤ 싱글형과 더블형이 있다.
⑥ 토크(Torque)가 안정되어 소음이 적다.
⑦ 마모가 일어나는 곳은 캠링면과 베인 선단부분이다.

 ▶ 베인 펌프의 주요 구성요소
베인(Vane), 캠 링(Cam Ring), 회전자(Rotor)

05 플런저 펌프 (피스톤 펌프)

실린더 속에서 피스톤과 흡사한 플런저를 실린더 내에서 왕복운동시켜, 실린더 내의 용적을 변화시킴으로써 유체를 흡입 및 송출하는 펌프이다. 맥동적 토출을 하지만 다른 펌프에 비해 일반적으로 최고압 토출이 가능하고, 펌프효율에서도 전압력범위가 높아 최근에 많이 사용된다.

■ 플런저 펌프(Plunger Pump)의 특징

① 유압펌프 중 가장 고압, 고효율이다.
② 높은 압력에 잘 견딘다.
③ 가변용량이 가능하다.
④ 토출량의 변화 범위가 크다.
⑤ 피스톤은 왕복운동을 하며, 축은 회전 또는 왕복운동을 한다.
⑥ 최고 토출압력, 평균효율이 가장 높아 고압 대출력에 사용된다.

■ 플런저 펌프의 단점

① 구조가 복잡하고 비싸다.
② 오일의 오염에 극히 민감하다.
③ 흡입능력이 가장 낮다.
④ 베어링에 부하가 크다.

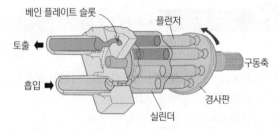

구동축에 의해 경사판이 회전하면서 실린더의 피스톤이 왕복운동으로 하며 오일을 흡입하고 압축시킨 후 토출시킨다.

⇧ 플런저 펌프

06 유압펌프의 점검

■ 펌프량이 적거나 유압이 낮은 원인

① 펌프 흡입라인(스트레이너)에 막힘이 있을 때
② 기어와 펌프 내벽 사이의 간격이 클 때
③ 기어 옆 부분과 펌프 내벽 사이의 간격이 클 때
④ 펌프 회전 방향이 반대일 때
⑤ 탱크의 유면이 너무 낮을 때

■ 소음이 발생할 수 있는 원인

① 오일의 양이 적을 때
② 오일 내에 공기나 이물질이 혼입될 때
③ 오일의 점도가 너무 높을 때
④ 필터의 여과입도수(Mesh)가 너무 높을 때
⑤ 펌프의 회전 속도가 너무 빠를 때
⑥ 스트레이너가 막혀 흡입용량이 너무 작아질 때
⑦ 펌프흡입관 접합부로부터 공기가 유입될 때
⑧ 펌프 축의 편심 오차가 너무 클 때

 ▶ 펌프의 공동현상(캐비테이션)
작동유속에 용해공기가 기포로 발생하여 유압 장치 내에 국부적인 높은 압력과 소음 및 진동이 발생하고 양정과 효율이 급격히 저하되며 날개차 등에 부식을 일으키는 등 수명을 단축시킨다.

■ 펌프가 오일을 토출 하지 않을 때의 원인

① 오일탱크의 유면이 낮다.
② 흡입관으로 공기가 유입된다.
③ 오일이 부족하다.

 ▶ 유압펌프가 오일을 토출하지 않을 경우 점검항목
• 오일탱크에 오일이 규정량으로 들어있는지 점검
• 흡입스트레이너가 막혀 있지 않은지 점검
• 흡입관로에 공기를 빨아들이지 않는지 점검

1 ★★★
베인펌프의 일반적인 특성으로 맞지 않는 것은?

① 맥동과 소음이 적다.　② 소형·경량이다.
③ 간단하고 성능이 좋다.　④ 수명이 짧다.

베인 펌프는 소형·경량이며 수명이 길고 맥동과 소음이 적으며 간단하고 성능이 좋은 특성을 가진다.

2 ★★★
플런저식 유압펌프의 특징이 아닌 것은?

① 기어펌프에 비해 최고압력이 높다.
② 피스톤이 회전운동을 한다.
③ 축은 회전 또는 왕복운동을 한다.
④ 가변용량이 가능하다.

피스톤이나 플런저는 실린더 내에서 왕복운동을 한다.

3 ★★★
플런저펌프의 장점과 가장 거리가 먼 것은?

① 효율이 양호하다.
② 높은 압력에 잘 견딘다.
③ 구조가 간단하다.
④ 토출량의 변화 범위가 크다.

플런저펌프는 가장 고압, 고효율의 펌프로 구조가 복잡하고 비싸다.

4 ★★★★
다음 유압펌프 중 가장 고압, 고효율인 것은?

① 베인 펌프　　　② 플런저 펌프
③ 2단 베인 펌프　④ 기어 펌프

유압펌프의 최고 압력은 베인형 175kgf/cm², 기어형 210kgf/cm², 플런저형 350kgf/cm² 정도이다.

5 ★★★
유압펌프에서 회전수가 같을 때 토출량이 변하는 펌프는?

① 기어펌프
② 정용량형 베인펌프
③ 프로펠러펌프
④ 가변 용량형 피스톤 펌프

토출량의 변화가 될 수 있는 것은 가변 용량형 펌프이며 가변용량이 가능한 펌프는 피스톤 펌프(플런저 펌프)나 베인 펌프이다.

6 ★★★
유압펌프에서 펌프량이 적거나 유압이 낮은 원인이 아닌 것은?

① 오일탱크에 오일이 너무 많을 때
② 펌프 흡입라인 막힘이 있을 때(여과망)
③ 기어와 펌프 내벽 사이 간격이 클 때
④ 기어 옆 부분과 펌프 내벽 사이 간격이 클 때

탱크에 오일이 너무 적으면 유압이 낮아지는 원인이 된다.

7 ★★★★
유압펌프에서 소음발생의 원인이 아닌 것은?

① 오일의 양이 적을 때
② 펌프의 속도가 느릴 때
③ 오일 속에 공기가 들어 있을 때
④ 오일의 점도가 너무 높을 때

8 ★★★
유압펌프가 오일을 토출하지 않을 경우는?

① 펌프의 회전이 너무 빠를 때
② 유압유의 점도가 낮을 때
③ 흡입관으로부터 공기가 흡입되고 있을 때
④ 릴리프 밸브의 설정압이 낮을 때

9 ★★★★
유압펌프가 오일을 토출하지 않을 경우, 점검 항목으로 틀린 것은?

① 오일 탱크에 오일이 규정량으로 들어 있는지 점검한다.
② 흡입 스트레이너가 막혀있지 않은지 점검한다.
③ 흡입 관로에서 공기가 혼입되는지 점검한다.
④ 토출 측 회로에 압력이 너무 낮은지 점검한다.

10 ★★★★
유압펌프 점검에서 작동유 유출 여부 점검사항이 아닌 것은?

① 정상 작동온도로 난기 운전을 실시하여 점검하는 것이 좋다.
② 고정 볼트가 풀린 경우에는 추가 조임을 한다.
③ 작동유 유출 점검은 운전자가 관심을 가지고 점검하여야 한다.
④ 하우징에 균열이 발생되면 패킹을 교환한다.

① 작동유의 정상 작동온도(약 40~50℃)로 실시하여 점검하는 것이 좋다.
④ 하우징에 균열이 발생되면 하우징을 수리 또는 교환해야 한다.

정답　1 ④　2 ②　3 ③　4 ②　5 ④　6 ①　7 ②　8 ③　9 ④　10 ④

07 유압 제어밸브

유압펌프에서 발생한 유압을 유압 실린더와 유압모터가 일을 하는 목적에 알맞도록 오일의 압력, 방향, 속도를 제어하는 밸브를 말한다.

1 유압의 제어방법
① 압력제어 : 일의 크기 제어
② 방향제어 : 일의 방향 제어
③ 유량제어 : 일의 속도 제어

 ▶ 유압장치에 사용되는 밸브부품은 경유로 세척한다.

08 압력 제어밸브

① 유압 장치의 과부하 방지와 유압기기의 보호를 위하여 최고 압력을 규제하고 유압 회로 내의 필요한 압력을 유지한다.
② 유압회로 내에서 유압을 일정하게 조절하여 일의 크기를 결정한다.
③ 토크 변환기에서 오일의 과다한 압력을 방지해준다.
④ 압력제어 밸브는 펌프와 방향전환 밸브 사이에 설치된다.

 ▶ 유압조정 밸브에서 조정 스프링의 장력이 클 때 유압이 높아지며 유압조정밸브의 조정 스크루를 조이면 유압은 높아지고, 풀면 유압이 낮아진다.

1 릴리프밸브 (Relief Valve)
① 펌프의 토출측에 위치하여 회로 전체의 압력을 제어한다.
② 유압이 규정치보다 높아질 때 작동하여 계통을 보호한다.
③ 유압회로의 최고압력을 제한하는 밸브로서 유압을 설정압력으로 일정하게 유지시켜 준다.
④ 릴리프밸브의 설정 압력이 불량하면 유압건설기계의 고압호스가 자주 파열된다.
⑤ 유압 계통에서 릴리프밸브 스프링의 장력이 약화될 때 채터링 현상이 발생한다.

⑥ 유압으로 작동되는 작업장치에서 작업 중 힘이 떨어진다면 메인 릴리프 밸브의 이상이 있다고 볼 수 있다.
⑦ 일반적으로 펌프와 제어밸브 사이에 설치된다.

 ▶ 채터링(Chatterling) 현상
릴리프밸브에서 볼(Ball)이 밸브 시트(Valve Seat)를 때려 소음을 발생시키는 현상
▶ 과부하(포트) 릴리프 밸브
유압장치의 방향 전환밸브(중립상태)에서 실린더가 외력에 의해 충격을 받았을 때 발생되는 고압을 릴리프시키는 밸브

2 리듀싱 밸브(감압 밸브, Reducing Valve)
① 유량이나 1차측의 압력과 관계없이 분기회로에서 2차측 압력을 설정값까지 감압하여 사용하는 제어밸브이다.
② 유압회로에서 입구 압력을 감압하여 유압실린더 출구 설정압력으로 유지하는 밸브이다.

3 무부하 밸브(언로드밸브, Unload Valve)
① 회로 내의 압력이 설정값에 도달하면 펌프의 전 유량을 탱크로 방출하여 펌프에 부하가 걸리지 않게 함으로써 동력 절감 효과가 있다.
② 유압장치에서 고압소용량, 저압대용량 펌프를 조합 운전할 때, 작동 압력이 규정 압력 이상으로 상승할 때 동력을 절감하기 위해 사용하는 밸브이다.
③ 유압장치에서 두 개의 펌프를 사용하는데 있어 펌프의 전체 송출량을 필요로 하지 않을 경우, 동력의 절감과 유온(오일 온도) 상승을 방지하는 밸브이다.

4 시퀀스 밸브(Sequence Valve)
두 개 이상의 분기회로에서 유압회로의 압력에 의해 유압 액추에이터의 작동 순서를 제어한다.

5 카운터 밸런스 밸브(Counter Balance Valve)
실린더가 중력으로 인하여 제어속도 이상으로 낙하하는 것을 방지하여 준다.

 ▶ 분기 회로에 사용되는 밸브
• 리듀싱 밸브(Reducing Valve)
• 시퀀스 밸브(Sequence Valve)

※ 유압장치 개념에 관련 이미지는 246페이지를 참조할 것

1 ★★★★
유압 장치의 과부하 방지와 유압기기의 보호를 위하여 최고 압력을 규제하고 유압 회로 내의 필요한 압력을 유지하는 밸브는?

① 압력제어 밸브 　　② 유량제어 밸브
③ 방향제어 밸브 　　④ 온도제어 밸브

2 ★★★
유압펌프의 압력 조절밸브 스프링 장력이 강하게 조절되었을 때 나타나는 현상으로 가장 적절한 것은?

① 유압이 높아진다. 　　② 유압이 낮아진다.
③ 토출량이 증가한다. 　　④ 토출량이 감소한다.

> 유압펌프의 압력조절밸브의 스프링의 장력이 클수록 유압은 높아진다.

3 ★★★★★
유압회로의 최고압력을 제한하는 밸브로서 회로의 압력을 일정하게 유지시키는 밸브는?

① 체크 밸브 　　② 감압밸브
③ 릴리프밸브 　　④ 카운터 밸런스 밸브

4 ★★★★
유압 건설기계의 고압 호스가 자주 파열되는 원인으로 가장 적합한 것은?

① 유압펌프의 고속 회전
② 오일의 점도저하
③ 릴리프 밸브의 설정 압력 불량
④ 유압모터의 고속 회전

> 릴리프 밸브의 설정압력이 너무 높으면 고압호스가 파손될 수 있다.

5 ★★★
릴리프밸브(Relief Valve)에서 볼(Ball)이 밸브의 시트(Seat)를 때려 소음을 발생시키는 현상은?

① 채터링(Chatterling) 현상
② 베이퍼록(Vapor Lock) 현상
③ 페이드(Fade) 현상
④ 노킹(Knocking) 현상

> 베이퍼록과 페이드 현상은 제동 작용에 의한 것이고, 노킹은 이상 연소를 말한다.

6 ★★★★★
압력제어 밸브는 어느 위치에서 작동하는가?

① 실린더 내부 　　② 펌프와 방향전환 밸브
③ 탱크와 펌프 　　④ 방향전환 밸브와 실린더

7 ★★★★★
2개 이상의 분기회로를 갖는 회로 내에서 작동순서를 회로의 압력 등에 의하여 제어하는 밸브는?

① 체크 밸브(Check valve)
② 시퀀스밸브(Sequence valve)
③ 한계밸브(Limit valve)
④ 서보밸브(Servo valve)

> 시퀀스 밸브는 두 개 이상의 분기회로에서 유압회로의 압력에 의해 유압 액추에이터의 작동 순서를 제어하는 밸브이다.

8 ★★
크롤러 굴착기가 경사면에서 주행 모터에 공급되는 유량과 관계없이 자중에 의해 빠르게 내려가는 것을 방지해 주는 밸브는?

① 카운터 밸런스 밸브 　　② 포트 릴리프밸브
③ 브레이크 밸브 　　④ 피스톤 모터의 피스톤

> 카운터 밸런스 밸브는 유압 실린더가 중력으로 인하여 제어속도 이상으로 낙하하는 것을 방지하는 밸브이다.

9 ★★★
유압회로에서 입구 압력을 감압하여 유압실린더 출구 설정 압력 유압으로 유지하는 밸브는?

① 릴리스 밸브 　　② 리듀싱 밸브
③ 언로딩 밸브 　　④ 카운터 밸런스 밸브

> 리듀싱밸브(감압밸브)는 유량이나 입구측의 압력에 관계없이 출구쪽 압력을 설정 값까지 감압하여 사용하는 제어밸브이다.

10 ★★★
유압장치에서 고압 소용량, 저압 대용량 펌프를 조합 운전할 때 작동 압력이 규정 압력 이상으로 상승할 때 동력을 절감하기 위해 사용하는 밸브는?

① 감압밸브 　　② 릴리프 밸브
③ 시퀀스 밸브 　　④ 무부하 밸브

> 무부하 밸브는 일정한 조건에서 펌프를 무부하로 하여 주기 위하여 사용되는 밸브이다.

정답 ▶ **1** ① **2** ① **3** ③ **4** ③ **5** ① **6** ② **7** ② **8** ① **9** ② **10** ④

chapter **09**

09 방향 제어밸브

액추에이터의 운동 방향을 제어하기 위해서 유체의 흐르는 방향을 제어하는 밸브를 말한다.

① 유체의 흐름 방향을 변환한다.
② 유체의 흐름 방향을 한쪽으로만 허용한다.
③ 유압실린더나 유압모터의 작동 방향을 바꾸는데 사용된다.

▶ 방향제어 밸브를 동작시키는 방식
수동식, 유압 파일럿식, 솔레노이드 조작식(전자식) 등
▶ 방향제어밸브 종류 : 기본 형상에 따라 포핏 형식, 로타리 형식, 스풀 형식(스풀형식이 가장 많이 사용)

1 체크 밸브(Check Valve)

① 유압회로에서 오일의 역류를 방지하고 회로 내의 잔류압력을 유지한다.
② 유압유의 흐름을 한쪽으로만 허용하고 반대방향의 흐름을 제한한다.

2 스풀 밸브(Spool Valve)

하나의 밸브 보디 외부에 여러 개의 홈이 파여 있는 밸브로서, 축 방향으로 이동하여 오일의 흐름을 변환한다. 스풀에 대한 측압이 평형을 이루기 때문에 가볍게 조작할 수 있다.

3 감속밸브(Deceleration Valve)

기계장치에 의해 스풀을 작동시켜 유로를 서서히 개폐시켜 작동체의 발진, 정지, 감속 변환 등을 충격없이 행하는 밸브이다.

4 셔틀 밸브(Shuttle Valve)

두 개 이상의 입구와 한 개의 출구가 설치되어 있으며 출구가 최고 압력의 입구를 선택하는 기능을 가진 밸브이다. 즉 저압측은 통제하고 고압측만 통과시킨다.

10 유량 제어밸브

회로에 공급되는 유량을 조절하여 액추에이터의 운동 속도를 제어하는 역할을 한다.

1 스로틀 밸브(Throttle Valve, 교축 밸브)

오일이 통과 하는 관로를 줄여 오일량을 조절하는 밸브로 오리피스(Orifice)와 쵸크(Choke)가 있다.

2 압력 보상 유량제어 밸브

부하의 변동이 있어도 스로틀 전후의 압력차를 일정하게 유지하는 압력 보상 밸브의 작용으로 항상 일정한 유량을 보내도록 한다.

3 온도 압력 보상 유량 제어밸브

점도가 변하면 일정량의 기름을 흘릴 수 없으므로 점도 변화의 영향을 적게 받을 수 있도록 한 밸브이다.

4 분류 밸브(Divider Valve)

유량을 제어하고 유량을 분배하는 밸브이다.

5 니들 밸브(Needle Valve)

내경이 작은 파이프에서 미세한 유량을 조정하는 밸브이다.

11 액추에이터 (Actuator)

① 유압펌프를 통하여 송출된 에너지를 직선운동이나 회전운동을 통하여 기계적 일을 하는 기기이다.
② 압력에너지(힘)를 기계적 에너지(일)로 바꾸는 일을 한다.
③ 직선 왕복 운동을 하는 유압 실린더와 회전운동을 하는 유압모터가 있다.

▶ 참고) 액추에이터란
입력 신호를 받아 유압·공압·전기에너지 등을 통해 최종적으로 일을 하는 장치를 말하며, 유압장치에서는 실린더, 유압모터가 해당된다. 전기장치에서는 솔레노이드가 액추에이터에 해당된다.

※ 밸브에 관련 이미지는 246페이지를 참조할 것

1 방향제어 밸브를 동작시키는 방식이 아닌 것은?

① 수동식　　　　　② 유압 파일럿식
③ 전자식　　　　　④ 스프링식

2 유압 컨트롤 밸브 내에 스풀 형식의 밸브 기능은?

① 오일의 흐름 방향을 바꾸기 위해
② 계통 내의 압력을 상승시키기 위해
③ 축압기의 압력을 바꾸기 위해
④ 펌프의 회전 방향을 바꾸기 위해

3 회로 내 유체의 흐르는 방향을 조절하는데 쓰이는 밸브는?

① 압력제어밸브　　　② 유량제어밸브
③ 방향제어밸브　　　④ 유압액추에이터

• 압력제어밸브 : 일의 크기를 결정
• 유량제어밸브 : 속도조절
• 방향제어밸브 : 방향조절

4 유압장치에서 방향제어밸브 설명으로 적합하지 않은 것은?

① 유체의 흐름 방향을 변환한다.
② 유체의 흐름 방향을 한쪽으로만 허용한다.
③ 액추에이터의 속도를 제어한다.
④ 유압실린더나 유압모터의 작동 방향을 바꾸는데 사용된다.

일의 속도를 제어하는 밸브는 유량제어밸브이다.

5 유입회로에서 역류를 방지하고 외로 내의 산류압력을 유지하는 밸브는?

① 체크 밸브　　　　② 셔틀 밸브
③ 매뉴얼 밸브　　　④ 스로틀 밸브

6 회로 내 유체의 흐름 방향을 변환하는데 사용되는 밸브는?

① 교축 밸브　　　　② 셔틀 밸브
③ 감압 밸브　　　　④ 유압 액추에이터

셔틀 밸브는 저압측은 통제하고 고압측은 통과시키는 방향제어밸브이다.

7 유압장치에서 작동체의 속도를 바꿔주는 밸브는 ?

① 압력제어 밸브　　　② 유량제어 밸브
③ 방향제어밸브　　　④ 체크 밸브

유압장치에서 속도의 제어는 유량의 조정으로 한다.

8 오리피스가 설치된 다음 그림에서 압력에 대한 설명으로 맞는 것은?

① A=B　　　　　② A〉B
③ A〈B　　　　　④ A와 B는 무관

오리피스는 스로틀밸브로 오일의 관로를 줄여 오일량을 조절한다.

9 내경이 작은 파이프에서 미세한 유량을 조정하는 밸브는?

① 압력보상 밸브　　　② 니들 밸브
③ 바이패스 밸브　　　④ 스로틀 밸브

10 유량 제어 밸브가 아닌 것은?

① 속도제어 밸브　　　② 체크 밸브
③ 교축 밸브　　　　　④ 급속배기 밸브

체크 밸브는 방향제어 밸브이다.

11 액추에이터(Actuator)의 작동속도와 가장 관계가 깊은 특성은?

① 압력　　② 온도　　③ 유량　　④ 점도

12 유압유의 압력에너지(힘)를 기계적 에너지(일)로 변환시키는 작용을 하는 것은?

① 유압펌프　　　　② 유압밸브
③ 어큐뮬레이터　　④ 액추에이터

액추에이터는 유압 에너지를 기계적 에너지로 바꿔주는 장치로 유압실린더와 유압모터가 있다.

정답 **1** ④ **2** ① **3** ③ **4** ③ **5** ① **6** ② **7** ② **8** ② **9** ② **10** ② **11** ③ **12** ④

chapter **09**

12 유압모터 (Hydraulic Motor)

1 유압모터 개요
① 유압장치에서 작동 유압 에너지에 의해 연속적으로 회전운동을 함으로서 기계적인 일을 하는 것
② 유압모터의 속도는 오일의 흐름량에 의해 결정된다.
③ 유압모터의 용량은 입구압력(kgf/cm^2)당 토크로 나타낸다.

 ▶ 펌프는 기계에너지를 유압에너지로 바꾸는 것이며, 모터는 유압에너지를 회전운동(기계에너지)으로 변화시키는 것이다.

2 유압모터의 장점
① 속도나 방향의 제어가 용이하다.
② 변속, 역전의 제어도 용이하다.
③ 소형 경량으로서 큰 출력을 낼 수 있다.
④ 비교적 넓은 범위의 무단변속이 용이하다.
⑤ 작동이 신속, 정확하다.
⑥ 전동 모터에 비하여 급속정지가 쉽다.
⑦ 토크에 대한 관성모멘트가 작으므로 고속 추종성이 좋다.

3 유압모터의 단점
① 작동유에 먼지나 공기가 침입하지 않도록 특히 보수에 주의해야 한다.
② 작동유가 누출되면 작업성능에 지장이 있다.
③ 작동유의 점도변화에 의하여 유압모터의 사용에 제약이 있다.(적정 오일 온도 : 30~60℃)
④ 인화하기 쉽다.

4 유압모터를 선택할 때 고려해야 할 사항
① 체적 및 효율이 우수할 것
② 주어진 부하에 대한 내구성이 클 것
③ 필요한 동력을 얻을 수 있을 것

13 유압모터의 종류

1 기어형(Gear Type) 모터
① 구조가 간단하고 가격이 저렴하다.
② 일반적으로 평기어를 사용하나 헬리컬 기어도 사용한다.
③ 유압유에 이물질이 혼입되어도 고장 발생이 적다.
④ 정방향의 회전이나 역방향의 회전이 자유롭다.
⑤ 전효율은 70% 이하로 그다지 좋지 않다.

2 베인형(Vane type) 모터
① 출력토크가 일정하고 역전이 가능한 무단 변속기로서 상당히 가혹한 조건에서도 사용한다.
② 정용량형 모터로 캠링에 날개가 밀착되도록 하여 작동되며, 무단 변속기로 내구력이 크다.
③ 베인모터는 항상 베인을 캠링(Cam Ring)면에 압착시켜두어야 한다. 이때 스프링 또는 록킹 빔(Locking Beam)을 사용한다.

3 피스톤형 모터(플런저형 모터)
① 구조가 복잡하고 대형이며 가격도 비싸다.
② 펌프의 최고 토출압력, 평균효율이 가장 높아 고압 대출력에 사용하는 유압 모터이다.
③ 종류 : 레이디얼형, 액시얼형(축류형)

14 유압모터의 점검

1 유압모터의 회전속도가 규정 속도보다 느릴 경우의 원인
① 유압유의 유입량 부족
② 각 작동부의 마모 또는 파손
③ 오일의 내부누설

2 유압모터의 감속기 오일 수준 점검 시 유의사항
① 오일 수준을 점검하기 전에 항상 오일 수준 점검 게이지 주변을 깨끗하게 청소한다.
② 오일 수준 점검 시는 오일의 정상적인 작업 온도에서 점검해야 한다.
③ 오일량이 너무 적으면 모터 유닛(Unit)이 올바르게 작동하지 않거나 손상될 수 있다.

 ▶ 유압모터에서 소음과 진동이 발생할 때의 원인
• 내부 부품의 파손
• 작동유 속에 공기의 혼입
• 체결 볼트의 이완

1 유압장치에서 작동 유압 에너지에 의해 연속적으로 회전운동을 함으로서 기계적인 일을 하는 것은?

① 유압모터
② 유압실린더
③ 유압제어밸브
④ 유압탱크

유압모터는 유압 에너지에 의해 회전운동을 하며 유압 실린더는 직선 왕복운동을 한다.

2 유압모터의 용량을 나타내는 것은?

① 입구압력(kgf/cm²)당 토크
② 유압작동부 압력(kgf/cm²)당 토크
③ 주입된 동력(HP)
④ 체적(cm³)

3 유압모터의 가장 큰 특징은?

① 유량 조정이 용이하다.
② 오일의 누출이 많다.
③ 간접적으로 큰 회전력을 얻는다.
④ 무단 변속이 용이하다.

4 유압모터의 단점에 해당되지 않는 것은?

① 작동유에 먼지나 공기가 침입하지 않도록 특히 보수에 주의해야 한다.
② 작동유가 누출되면 작업 성능에 지장이 있다.
③ 작동유의 점도변화에 의하여 유압모터의 사용에 제약이 있다.
④ 릴리프 밸브를 부착하여 속도나 방향제어하기가 곤란하다.

5 유압 모터의 장점이 될 수 없는 것은?

① 소형 경량으로서 큰 출력을 낼 수 있다.
② 공기와 먼지 등이 침투하여도 성능에는 영향이 없다.
③ 변속, 역전의 제어도 용이하다.
④ 속도나 방향의 제어가 용이하다.

유압모터의 작동유에 먼지나 공기등이 침투하지 않도록 보수에 주의하여야 한다.

6 유압 모터의 종류가 아닌 것은?

① 기어 모터
② 베인모터
③ 피스톤 모터
④ 직권형 모터

7 유압장치에서 기어 모터에 대한 설명 중 잘못된 것은?

① 내부 누설이 적어 효율이 높다.
② 구조가 간단하고 가격이 저렴하다.
③ 일반적으로 평기어를 사용하나 헬리컬 기어도 사용한다.
④ 유압유에 이물질이 혼입되어도 고장 발생이 적다.

8 다음 중 유압모터 종류에 속하는 것은?

① 플런저 모터
② 보올 모터
③ 터빈 모터
④ 디젤 모터

9 펌프의 최고 토출압력, 평균효율이 가장 높아 고압 대출력에 사용하는 유압 모터로 가장 적절한 것은?

① 기어 모터
② 베인 모터
③ 트로코이드 모터
④ 피스톤 모터

펌프의 최고 토출압력, 평균효율이 가장 높은 펌프는 피스톤 펌프이다.

10 유압 모터의 회전속도가 규정 속도보다 느릴 경우의 원인에 해당하지 않는 것은?

① 유압펌프의 오일 토출량 과다
② 유압유의 유인량 부족
③ 각 작동부의 마모 또는 파손
④ 오일의 내부누설

유압펌프의 토출량이 과다하면 모터의 회전이 빠르게 된다.

11 유압모터에서 소음과 진동이 발생할 때의 원인이 아닌 것은?

① 내부 부품의 파손
② 작동유 속에 공기의 혼입
③ 체결 볼트의 이완
④ 펌프의 최고 회전속도 저하

chapter 09

1 유압 실린더

유압 실린더는 유압 펌프에서 공급되는 유압을 직선 왕복 운동으로 변환시키는 역할을 한다.

① 단동식
- 유압 펌프에서 피스톤의 한쪽에만 유압이 공급되어 작동하고 리턴은 자중 또는 외력에 의해서 이루어진다.
- 단동 실린더는 피스톤형, 램형, 플런저형이 있다.

② 복동식
- 피스톤의 양쪽에 유압을 교대로 공급하여 양방향의 운동을 유압으로 작동시키는 형식이다.
- 편로드형, 양로드형이 있다.

③ 다단식
- 유압 실린더의 내부에 또 하나의 다른 실린더를 내장하거나 하나의 실린더에 몇 개의 피스톤을 삽입하는 방식으로 실린더 길이에 비해 긴 행정이 필요로 할 때 사용한다.

2 유압 실린더의 구성부품

① 실린더
② 피스톤과 피스톤 로드
③ 오일 실(Seal) - 오일 누설 방지(종류 : O링, 개스킷)
④ 더스트 실(Seal) - 실린더 내에 먼지나 이물질 유입 방지
⑤ 쿠션기구

▶ 쿠션기구 : 유압실린더에서 피스톤 행정이 끝날 때 발생하는 충격을 흡수하기 위한 장치

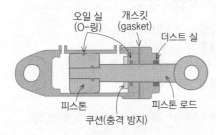

오일 실 (O-링) 개스킷 (gasket) 더스트 실
피스톤 피스톤 로드
쿠션(충격 방지)

⬆ 실린더의 구조

3 유압실린더의 작동속도

유압 장치의 속도는 회로내의 유량에 따라 달라진다. 따라서 유압회로 내에 유량이 부족하면 유압실린더의 작동속도가 느려진다. 작동속도를 빠르게 하려면 유량을 증가시켜 준다.

1 유압실린더의 정비

① 분해 조립 시 무리한 힘을 가하지 않는다.
② 도면을 보고 순서에 따라 분해 조립을 한다.
③ 유압 실린더의 O-링은 한번 사용하면 교환하도록 한다.
  → O-링 : 실린더와 같은 유압장치의 고정부와 동작부를 조립할 때 오일 누설 방지를 목적으로 끼우는 합성고무 또는 플라스틱 재질의 부품을 말하며, 부품 교체 및 정비 시 교환하는 것을 원칙으로 한다.
④ 쿠션 기구의 작은 유로는 압축공기를 불어 막힘 여부를 검사한다.

▶ 유압실린더를 교환하면 우선적으로 엔진을 저속 공회전시킨 후 공기빼기작업을 한다.

2 실린더 자연하강현상(Cylinder Drift)의 발생원인

① 컨트롤 밸브의 스풀 마모
② 릴리프 밸브의 불량
③ 실린더 내의 피스톤 실(seal)의 마모
④ 실린더 내부의 마모

3 유압실린더의 숨돌리기 현상

① 작동지연 현상이 생긴다.
② 서지(Surge)압이 발생한다. → 충격압력
③ 피스톤 작동이 불안정하게 된다.

▶ 숨돌리기 현상
기계가 작동하다가 아주 짧은 시간이지만 순간적으로 멈칫하는 현상이다. 공기의 혼입으로 힘이 완벽하게 전달되지 않기 때문에 일어난다.

4 유압 실린더의 움직임이 느리거나 불규칙할 때의 원인

① 피스톤 링이 마모되었다.
② 유압유의 점도가 너무 높다.
③ 회로 내에 공기가 혼입되고 있다.
④ 유압이 너무 낮다.

O-링

1 유압 실린더는 유체의 힘을 어떤 운동으로 바꾸는가?

① 회전 운동　　　　② 직선 운동
③ 곡선 운동　　　　④ 비틀림 운동

> 유압 실린더는 직선 왕복운동을 하며, 유압모터는 회전운동을 한다.

2 일반적인 유압 실린더의 종류에 해당하지 않는 것은?

① 단동 실린더 피스톤형
② 단동 실린더 램형
③ 단동 실린더 레이디얼형
④ 복동 실린더 양로드형

3 그림과 같은 실린더의 명칭은?

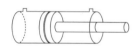

① 단동 실린더
② 단동 다단 실린더
③ 복동 실린더
④ 복동 다단 실린더

> 파이프 연결부가 두 곳이므로 복동 실린더를 나타낸다.

4 유압 실린더의 구성부품이 아닌 것은?

① 피스톤로드　　　　② 피스톤
③ 실린더　　　　　　④ 커넥팅로드

5 유압실린더에서 피스톤 행정이 끝날 때 발생하는 충격을 흡수하기 위해 설치하는 장치는?

① 쿠션기구　　　　② 압력보상 장치
③ 서보 밸브　　　　④ 스로틀 밸브

6 유압실린더의 작동속도가 느릴 경우 그 원인으로 옳은 것은?

① 엔진오일 교환시기가 경과되었을 때
② 유압회로 내에 유량이 부족할 때
③ 운전실에 있는 가속페달을 작동시켰을 때
④ 릴리프 밸브의 셋팅 압력이 높을 때

> 유압장치의 속도는 유량에 의해 달라지므로 유량을 증가시키면 작동속도가 빨라진다.

7 유압 실린더 정비 시 옳지 않는 것은?

① 사용하던 O-링은 면 걸레로 깨끗이 닦아 오일이 묻지 않게 조립한다.
② 분해 조립 시 무리한 힘을 가하지 않는다.
③ 도면을 보고 순서에 따라 분해 조립을 한다.
④ 쿠션 기구의 작은 유로는 압축 공기를 불어 막힘 여부를 검사한다.

8 유압 실린더를 교환하였을 경우 조치해야 할 작업으로 가장 거리가 먼 것은?

① 오일교환　　　　② 공기빼기 작업
③ 누유 점검　　　　④ 공회전하여 작동상태 점검

9 유압실린더에서 실린더의 과도한 자연낙하현상이 발생하는 원인으로 가장 거리가 먼 것은?

① 컨트롤밸브 스풀의 마모
② 릴리프 밸브의 조정 불량
③ 작동압력이 높을 때
④ 실린더 내의 피스톤 시일의 마모

> 유압 실린더의 과도한 낙하현상은 유압의 저하에 원인이 있다.

10 유압실린더의 숨돌리기 현상이 생겼을 때 일어나는 현상이 아닌 것은?

① 작동지연 현상이 생긴다.
② 서지압이 발생한다.
③ 오일의 공급이 과대해진다.
④ 피스톤 작동이 불안정하게 된다.

11 유압 실린더의 움직임이 느리거나 불규칙 할 때의 원인이 아닌 것은?

① 피스톤 링이 마모되었다.
② 유압유의 점도가 너무 높다.
③ 회로 내에 공기가 혼입되고 있다.
④ 체크 밸브의 방향이 반대로 설치되어 있다.

> 유압이 낮거나 회로내에 공기가 혼입되거나 유압유의 점도가 너무 높으면 유압실린더의 움직임이 느려지거나 불규칙해진다.

정답 1 ② 2 ③ 3 ③ 4 ④ 5 ① 6 ② 7 ① 8 ① 9 ③ 10 ③ 11 ④

chapter **09**

03 | 부속기기

[출제문항수 : 2~3문제] 유압탱크, 어큐뮬레이터, 여과기 등 출제되는 문항수에 비해 학습량이 많지 않으므로 꼼꼼하게 학습하시기 바랍니다.

01 유압탱크

1 유압탱크의 기능
① 계통 내의 필요한 유량을 확보한다.
② 격판에 의한 기포를 분리하고 제거한다.
③ 탱크 외벽의 방열에 의해 적정온도를 유지한다.
④ 스트레이너 설치로 회로 내 불순물 혼입 방지로 작동유 수명을 연장하는 역할을 한다.

2 유압탱크와 구비조건
① 유면은 적정범위에서 "F"에 가깝게 유지해야 한다.
② 발생한 열을 발산할 수 있어야 한다.
③ 오일에 이물질이 혼입되지 않도록 밀폐되어야 한다.
④ 드레인(배출밸브) 및 유면계를 설치한다.
⑤ 흡입관과 복귀관(리턴 파이프) 사이에 격판이 설치되어 있어야 한다.
⑥ 적당한 크기의 주유구 및 스트레이너를 설치한다.

3 오일탱크의 구성품
① 스트레이너 : 흡입구에 설치되어 회로 내의 불순물을 제거함
　→ 필터에 비해 큰 입자의 불순물을 걸러낸다.
② 배플 플레이트(칸막이) : 기포의 분리 및 제거 역할
③ 드레인 플러그(배유구) : 오일 탱크 내의 오일을 전부 배출시킬 때 사용하는 마개
④ 유면계 : 오일의 적정량을 측정

 ▶ 탱크에 수분이 혼입되었을 때의 영향
공동 현상 발생, 작동유의 열화 촉진, 유압 기기의 마모 촉진

※ 유압탱크에 관련 이미지는 246페이지를 참조할 것

02 어큐뮬레이터 (Accumulator, 축압기)

1 어큐뮬레이터의 역할
① 유압유의 압력 에너지를 저장하는 용기
② 비상용 유압원 및 보조 유압원으로 사용
③ 일정한 압력의 유지와 점진적 압력의 증대
④ 서지압력(충격 압력)의 흡수, 펌프 맥동의 흡수

2 어큐뮬레이터의 종류
① 스프링식
② 공기압축식 (가스오일식)
　• 피스톤형 : 실린더 속에 피스톤을 삽입하여 질소 가스와 유압유를 격리시켜 놓은 것이다.
　• 블래더형(고무 주머니형) : 압력용기 상부에 고무주머니(블래더)를 설치하여 기체실과 유체실을 구분한다. 블래더 내부에 질소가스가 충진되어 있다.
　• 다이어프램형 : 격판이 압력용기 사이에 고정되어 기체실과 유체실을 구분한다. 기체실에는 질소가스가 충진되어 있다.

가스 밸브
질소
다이어프램
포핏 밸브
오일

⬆ 다이어프램형

 ▶ 가스형 축압기에 가장 널리 이용되는 가스는 질소가스이다.

03 여과기 (필터, filter)

유압장치에서 금속 등 마모된 찌꺼기나 카본 덩어리 등의 이 물질을 제거하는 장치이다.

구분	종류
탱크용	흡입 스트레이너, 흡입 여과기
관로용 (라인 여과기)	흡입관 필터, 복귀관 필터, 압력관 필터 (고·저압 필터)

04 오일 냉각기 (Oil Cooler)

① 공랭식과 수랭식으로 작동유를 냉각시키며, 오일 온도를 정상 온도로 일정하게 유지한다.
② 작동유의 온도가 상승되면 점도의 저하, 윤활제의 분해 등을 초래하여 작동부가 녹아 붙고, 펌프 효율 저하와 오일 누출의 원인이 된다.
③ 오일의 온도는 60℃ 이상이면 산화가 촉진되며 70℃가 한계이다.

05 배관의 구분과 이음

① 배관

펌프와 밸브 및 실린더를 연결하고 동력을 전달한다.
① 금속관 : 가스관, 배관용 강관, 구리관, 알루미늄관등이 있으며 고압용에는 고압 배관용 탄소강관을 사용한다.
② 고무호스 : 호스벽의 구조와 강도에 따라 직물 브레이드 호스, 단일 와이어 브레이드 호스, 이중 와이어 브레이드 호스, 나선 와이어 브레이드 호스 등이 있다.

② 이음

배관이음은 관을 연결하는 부분으로 조립 후 진동이나 충격등에 의한 오일 누출에 유의해야 한다. 플레어 이음과 슬리브 이음이 있다.

 ▶ 유니온 조인트(Union Joint)
관과 관을 접속할 때 흔히 쓰이는 관 이음쇠의 일종으로 호이스트형 유압호스 연결부에 가장 많이 사용한다.

06 오일 실 (Oil Seal)

① 오일 실은 기기의 오일 누출을 방지한다.
② 유압계통을 수리할 때마다 오일 실은 항상 교환해야 한다. (재사용 금지)
③ 오일 누설 시 가장 먼저 점검해 보아야 한다.
④ 패킹(Packing) : 운동용 실(seal)로서, 운동부에 설치한다.
⑤ 개스킷(Gasket) : 고정형 실이다.

 ▶ 더스트 실(Dust Seal) : 유압장치에서 피스톤 로드에 있는 먼지 또는 오염 물질 등이 실린더 내로 혼입되는 것을 방지하는 것

 기출문제 ★ 숫자는 빈출 정도 및 중요도를 나타냅니다.

1 [보기] 중 유압 오일탱크의 기능으로 모두 맞는 것은? ★★★

【보기】
ㄱ. 계통 내의 필요한 유량 확보
ㄴ. 격판에 의한 기포 분리 및 제거
ㄷ. 계통 내의 필요한 압력 설정
ㄹ. 스트레이너 설치로 회로 내 불순물 혼입 방지

① ㄱ, ㄴ, ㄷ   ② ㄱ, ㄴ, ㄹ
③ ㄴ, ㄷ, ㄹ   ④ ㄱ, ㄷ, ㄹ

2 오일탱크 내의 오일을 전부 배출시킬 때 사용하는 것은? ★★★★★

① 리턴 라인   ② 배플
③ 어큐뮬레이터   ④ 드레인 플러그

드레인 플러그는 오일 탱크의 오일을 배출시킬 때 사용하는 마개이다.

3 유압탱크의 구비조건과 가장 거리가 먼 것은? ★★★★★

① 적당한 크기의 주유구 및 스트레이너를 설치한다.
② 드레인(배출밸브) 및 유면계를 설치한다.
③ 오일에 이물질이 혼입되지 않도록 밀폐 되어야 한다.
④ 오일 냉각을 위한 쿨러를 설치한다.

오일 쿨러는 엔진의 라디에이터나 실린더 블록에 설치한다.

4 유압장치에 부착되어 있는 오일탱크의 부속장치가 아닌 것은? ★★★★★

① 주입구 캡   ② 유면계
③ 배플   ④ 피스톤 로드

오일탱크 구성품 : 스트레이너, 배플, 드레인플러그, 주입구 캡, 유면계 등

정답 1 ② 2 ④ 3 ④ 4 ④

chapter 09

5 오일 탱크에 관련된 설명으로 가장 적합하지 않는 것은?

① 유압유 오일을 저장한다.
② 흡입구와 리턴구는 최대한 가까이 설치한다.
③ 탱크 내부에는 격판(배플 플레이트)을 설치한다.
④ 흡입 스트레이너가 설치되어 있다.

6 축압기의 용도로 적합하지 않는 것은?

① 유압 에너지의 저장
② 충격 흡수
③ 유량분배 및 제어
④ 압력 보상

> 어큐뮬레이터는 유압 에너지를 일시 저장하며, 충격 흡수 · 압력 보상 작용을 한다.

7 유압장치에 사용되는 블래더형 어큐뮬레이터(축압기)의 고무 주머니 내에 주입되는 물질로 맞는 것은?

① 압축공기
② 유압 작동유
③ 스프링
④ 질소

> 가스형 축압기에 가장 널리 사용되는 가스는 질소가스이다.

8 건설기계장비 유압계통에 사용되는 라인(Line) 필터의 종류가 아닌 것은?

① 복귀관 필터
② 누유관 필터
③ 흡입관 필터
④ 압력관 필터

9 유압유에 포함된 불순물을 제거하기 위해 유압펌프 흡입관에 설치하는 것은?

① 부스터
② 스트레이너
③ 공기 청정기
④ 어큐뮬레이터

> 스트레이너는 유압펌프의 흡입관에 설치되는 여과장치이다.

10 호이스트형 유압호스 연결부에 가장 많이 사용하는 것은?

① 엘보 조인트
② 니플 조인트
③ 소켓 조인트
④ 유니온 조인트

11 건설기계기관에 설치되는 오일 냉각기의 주 기능으로 맞는 것은?

① 오일 온도를 30℃ 이하로 유지하기 위한 기능을 한다.
② 오일 온도를 정상 온도로 일정하게 유지한다.
③ 수분, 슬러지(Sludge) 등을 제거한다.
④ 오일의 압을 일정하게 유지한다.

12 유압기기 장치에 사용하는 유압호스로 가장 큰 압력에 견딜 수 있는 것은?

① 고무호스
② 나선 와이어 브레이드
③ 와이어 레스 고무 브레이드
④ 직물 브레이드

13 일반적으로 유압계통을 수리할 때마다 항상 교환해야 하는 것은?

① 샤프트 실(Shaft Seals)
② 커플링(Couplings)
③ 밸브 스풀(Valve Spools)
④ 터미널 피팅(Terminal Fittings)

> 유압계통의 수리 시 계통 내에 공기가 혼입되므로 공기빼기를 반드시 해야 하며, 오일 실(seal)은 항상 교환해야 한다.

14 유압유 작동부에서 오일이 누출되고 있을 때 가장 먼저 점검해야 할 곳은?

① 실(Seal)
② 피스톤
③ 기어
④ 펌프

15 유압장치에서 피스톤 로드에 있는 먼지 또는 오염 물질 등이 실린더 내로 혼입되는 것을 방지하는 것은?

① 필터(Filter)
② 더스트 실(Dust Seal)
③ 밸브(Valve)
④ 실린더 커버(Cylinder Cover)

정답 **5** ② **6** ③ **7** ④ **8** ② **9** ② **10** ④ **11** ② **12** ② **13** ① **14** ① **15** ②

[출제문항수 : 1~2문제] 유압유의 역할, 점도, 적정온도 및 열화, 캐비테이션 및 유압장치 점검 내용 등에서 출제됩니다. 전체적으로 학습하시기 바랍니다.

01 유압유 개요

1 유압 작동유의 역할

① 압력에너지를 이송하여 동력을 전달한다.
② 윤활작용 및 냉각작용을 한다.
③ 부식을 방지한다.
④ 필요한 요소 사이를 밀봉한다.

2 작동유의 구비조건

① 온도에 의한 점도변화가 적을 것
② 열팽창계수가 작을 것
③ 산화 안정성, 윤활성, 방청·방식성이 좋을 것
④ 압력에 대해 비압축성일 것
⑤ 발화점이 높을 것
⑥ 적당한 유동성과 적당한 점도를 가질 것
⑦ 강인한 유막을 형성할 것
⑧ 밀도가 작고 비중이 적당할 것

02 점도와 점도지수

① 점도 : 점성의 점도를 나타내는 척도이며 온도와는 반비례 한다.
→ 온도가 상승하면 점도는 저하되고, 온도가 내려가면 점도는 높아진다.
② 점도지수 : 유압오일에서 온도에 따른 점도변화 정도를 표시

▶ 온도변화에 따라 점도변화가 크다면 점도지수가 낮은 것이다.
▶ 유압유에 점도가 서로 다른 2종류의 오일을 혼합하면 열화 현상을 촉진시키므로 혼합하지 않아야 한다.

③ 점도의 영향

점도가 높을 때	점도가 낮을 때
• 관내의 마찰 손실이 커진다.	• 오일 누설에 영향이 있다.
• 동력 손실이 커진다.	• 펌프 효율이 떨어진다.
• 열 발생의 원인이 된다.	• 회로 압력이 떨어진다.
• 유압이 높아진다.	• 실린더 및 컨트롤밸브에서 누출이 발생한다.

기출문제 ★ 숫자는 빈출 정도 및 중요도를 나타냅니다.

1 ★★★★
다음 [보기]에서 유압작동유가 갖추어야 할 조건으로 모두 맞는 것은?

┌─────────── [보기] ───────────┐
ㄱ. 압력에 대해 비압축성일 것   ㄴ. 밀도가 작을 것
ㄷ. 열팽창계수가 작을 것   ㄹ. 체적탄성계수가 작을 것
ㅁ. 점도지수가 낮을 것   ㅂ. 발화점이 높을 것
└─────────────────────────────┘

① ㄱ, ㄴ, ㄷ, ㄹ   ② ㄴ, ㄷ, ㅁ, ㅂ
③ ㄴ, ㄹ, ㅁ, ㅂ   ④ ㄱ, ㄴ, ㄷ, ㅂ

2 ★★★★
유압 작동유의 점도가 너무 높을 때 발생 되는 현상으로 맞는 것은?

① 동력손실 증가   ② 내부 누설 증가
③ 펌프효율 증가   ④ 마찰 마모 감소

3 ★★★★
유압유의 점도에 대한 설명으로 틀린 것은?

① 온도가 상승하면 점도는 저하된다.
② 점성의 점도를 나타내는 척도이다.
③ 온도가 내려가면 점도는 높아진다.
④ 점성계수를 밀도로 나눈 값이다.

4 ★★★★
유압오일의 온도가 상승할 때 나타날 수 있는 결과가 아닌 것은?

① 점도 저하
② 펌프 효율 저하
③ 오일 누설의 저하
④ 밸브류의 기능 저하

유압오일의 온도가 상승하면 점도가 저하되므로 펌프효율 및 밸브류의 기능이 저하되고 오일 누출이 증가한다.

정답 **1** ④ **2** ① **3** ④ **4** ③

03 캐비테이션 (공동연상)

1 캐비테이션(Cavitation)이란

작동유(유압유) 속에 용해 공기가 기포로 발생하여 유압 장치 내에 국부적인 높은 압력과 소음 및 진동이 발생하며 양정과 효율이 저하되는 현상이다.

① 유압회로 내에 기포가 발생하면 일어나는 현상
② 오일 필터의 여과 입도수(Mesh)가 너무 높을 때 발생할 수 있는 현상
③ 소음증가와 진동이 발생하며 효율이 저하된다.
④ 오일 탱크의 오버 플로우가 생긴다.

2 유압펌프 흡입구에서의 캐비테이션 방지 방법

① 흡입구의 양정을 1m 이하로 한다.
　→ 양정 : 펌프에서 유체를 끌어올리는 높이
② 흡입관의 굵기를 유압 본체 연결구의 크기와 같은 것을 사용한다.
③ 펌프의 운전속도를 규정 속도 이하로 유지한다.

3 유체의 관로에 공기가 침입할 때 일어나는 현상

① 공동 현상(캐비테이션)
② 유압유의 열화 촉진
③ 실린더 숨돌리기 현상

4 유압 작동유에 수분이 미치는 영향

① 작동유의 윤활성 및 방청성 저하
② 작동유의 산화와 열화를 촉진
③ 캐비테이션 현상 발생
④ 유압기기 마모 촉진

▶ 사용 중인 작동유의 수분함유 여부를 현장에서 판정하는 것으로 가장 좋은 방법은 오일을 가열한 철판 위에 떨어뜨려 보는 것이다.
▶ 유압유에 수분이 생성되는 주원인은 공기의 혼입이다.

04 유입유의 직징 온도와 열화

1 작동유의 온도

· 정상적인 오일의 온도 : 40~60℃
· 최고 허용 오일의 온도 : 80℃
· 최저 허용 오일의 온도 : 40℃

2 유압유가 과열되는 원인

① 고속 및 과부하로의 연속작업
② 오일 냉각기의 고장이나 불량 시
③ 유압유가 부족할 때
④ 오일의 점도가 부적당할 때
⑤ 유압유가 노화될 때
⑥ 펌프의 효율이 불량할 때
⑦ 릴리프 밸브가 닫힌 상태로 고장일 때

▶ 유압오일이 과열되는 경우에는 우선적으로 오일쿨러를 점검해야 한다.

3 유압유의 온도가 과도하게 상승하였을 때 나타날 수 있는 현상

① 유압유의 산화작용을 촉진한다.
② 작동 불량 현상이 발생한다.
③ 기계적인 마모가 발생할 수 있다.
④ 열화를 촉진한다.
⑤ 점도저하에 의해 누유 되기 쉽다.
⑥ 온도변화에 의해 유압기기가 열 변형되기 쉽다.
⑦ 펌프 효율이 저하된다.
⑧ 밸브류의 기능이 저하된다.

4 오일의 열화상태 확인 방법

① 색깔의 변화나 수분·침전물의 유무 확인
② 흔들었을 때 생기는 거품이 없어지는 양상을 확인
③ 자극적인 악취의 유무 확인
④ 점도 상태로 확인

▶ 유압유를 외관상 점검한 결과 투명한 색채로 처음과 변화가 없다면 정상적인 상태이다.
▶ 유압유를 외관상 점검한 결과 비정상적인 상태일 때는 암흑색채나 흰 색채를 나타내고 기포가 발생된다.

1 유압 오일 내에 기포(거품)가 형성되는 이유로 가장 적합한 것은?

① 오일 속의 수분 혼입
② 오일의 열화
③ 오일 속의 공기 혼입
④ 오일의 누설

유압 오일 내에 기포가 형성되는 이유는 오일 속에 공기가 혼입되었기 때문이다.

2 작동유(유압유) 속에 용해 공기가 기포로 발생하여 소음과 진동이 발생되는 현상은?

① 인화 현상   ② 노킹 현상
③ 조기착화 현상   ④ 캐비테이션 현상

3 필터의 여과 입도수(Mesh)가 너무 높을 때 발생할 수 있는 현상으로 가장 적절한 것은?

① 블로바이 현상   ② 맥동 현상
③ 베이퍼록 현상   ④ 캐비테이션 현상

4 작동유에 수분이 혼입 되었을 때의 영향이 아닌 것은?

① 작동유의 열화   ② 캐비테이션 현상
③ 유압기기의 마모촉진 ④ 오일탱크의 오버플로

오일 탱크의 오버플로우는 유압회로 내에 기포가 발생하면 일어나는 현상이다.

5 현장에서 오일의 오염도 판정 방법 중 가열한 철판 위에 오일을 떨어뜨리는 방법은 오일의 무엇을 판정하기 위한 방법인가?

① 산성도   ② 수분 함유
③ 오일의 열화   ④ 먼지나 이물질 함유

6 유압회로 내에 기포가 발생하면 일어나는 현상과 관련 없는 것은?

① 작동유의 누설저하   ② 소음증가
③ 공동현상   ④ 오일 탱크의 오버플로

7 건설기계에서 사용하는 작동유의 정상 작동 온도 범위로 가장 적합한 것은?

① 10~30℃   ② 40~60℃
③ 90~110℃   ④ 120~150℃

8 유압유의 과열 원인과 가장 거리가 먼 것은?

① 릴리프밸브가 닫힌 상태로 고장일 때
② 오일냉각기의 냉각핀이 오손 되었을 때
③ 유압유가 부족할 때
④ 유압유량이 규정보다 많을 때

유압유가 부족하면 과열의 원인이 되며 유량이 많다고 과열되는 것은 아니다.

9 작동유 온도 상승 시 유압계통에 미치는 영향으로 틀린 것은?

① 열화를 촉진한다.
② 점도저하에 의해 누유되기 쉽다.
③ 유압펌프의 효율은 좋아진다.
④ 온도변화에 의해 유압기기가 열 변형되기 쉽다.

유압유의 온도가 과도하게 상승되면 유압유가 산화와 열화로 수명이 짧아지며 점도저하로 인한 누유와 펌프효율의 저하 등이 생긴다.

10 작동유의 열화 및 수명을 판정하는 방법으로 적합하지 않는 것은?

① 점도 상태로 확인
② 오일을 가열 후 냉각되는 시간 확인
③ 냄새로 확인
④ 색깔이나 침전물의 유무 확인

11 유압유를 외관상 점검한 결과 정상적인 상태를 나타내는 것은?

① 투명한 색채로 처음과 변화가 없다.
② 암흑색채이다.
③ 흰 색채를 나타낸다.
④ 기포가 발생되어 있다.

유압유가 외관상 투명한 색채로 처음과 변화가 없다면 정상적인 상태이다.

chapter 09

정답 1 ③ 2 ④ 3 ④ 4 ④ 5 ② 6 ① 7 ② 8 ④ 9 ③ 10 ② 11 ①

05 유압유의 취급과 점검

1 유압유 취급
① 유량은 알맞게 하고 부족 시 보충한다.
② 오염, 노화된 오일은 교환한다.
③ 먼지, 모래, 수분에 대한 오염방지 대책을 세운다.

2 유압장치에서 오일에 거품이 생기는 원인
① 오일탱크와 펌프 사이에서 공기가 유입될 때
② 오일이 부족하여 공기가 일부 흡입되었을 때
③ 펌프 축 주위의 토출측 실(Seal)이 손상되었을 때

▶ 유압유의 노화촉진 원인
• 유온이 높을 때
• 다른 오일이 혼입되었을 때
• 수분이 혼입되었을 때

3 유압유의 첨가제
유압유 자체의 품질을 높이거나 성능을 향상시키기 위하여 첨가하는 물질 등을 말하며 소포제, 산화방지제, 유동점 강하제, 마모방지제, 점도지수 향상제 등이 있다.

▶ 산화 방지제 : 산의 생성을 억제함과 동시에 금속의 표면에 부식 억제 피막을 형성하여 산화 물질이 금속 에 직접 접촉하는 것을 방지하는 첨가제이다.

4 플러싱(Flushing)
유압계통의 오일장치 내에 슬러지 등이 생겼을 때 이것을 용해하여 장치 내를 깨끗이 하는 작업을 말한다.

① 플러싱 후의 처리
• 잔류 플러싱 오일을 반드시 제거하고, 작동유 탱크 내부를 청소한다.
• 필터 엘리먼트를 교환하고 ,작동유를 공급한다.

06 유압장치의 취급과 점검

1 유압장치의 일상점검 개소
① 오일의 양 점검
② 변질상태 점검
③ 오일의 누유 여부 점검

▶ 유압장치에서 일일 정비 점검 사항
• 유량 점검
• 호스의 손상과 접촉면의 점검
• 이음 부분과 탱크 급유구 등의 풀림 점검 등

2 유압장치의 취급
① 추운 날씨에는 충분한 난지 운전 후 작업한다.
② 종류가 다른 오일은 혼합하지 않는 것이 좋다.
③ 오일량이 부족하지 않도록 점검 보충한다.
④ 가동 중 이상음이 발생되면 즉시 작업을 중지한다.
⑤ 작동유에 이물질이 포함되지 않도록 관리·취급해야 한다.

▶ 유압장치의 수명 연장을 위한 가장 중요한 요소는 오일 필터의 점검 및 교환이다.
▶ 유압 구성부품을 분해하기 전에 내부압력을 제거하려면 엔진정지 후 조정레버를 모든 방향으로 작동하여 압력을 제거한다.

3 오일의 압력이 낮아지는 원인
① 오일펌프의 마모나 성능이 노후되었을 때
② 오일의 점도가 낮아졌을 때
③ 계통 내에서 누설이 있을 때

4 유압이 발생되지 않을 때 점검 내용
① 오일 개스킷 파손여부 점검
② 오일펌프의 고장 및 파이프나 호스의 파손 점검
③ 오일량 점검 및 유압계의 점검
④ 릴리프 밸브의 고장 점검

기출문제 ★ 숫자는 빈출 정도 및 중요도를 나타냅니다.

1 ★★★
유압장치의 고장원인과 거리가 먼 것은?
① 작동유의 과도한 온도 상승
② 작동유에 공기, 물 등의 이물질 혼입
③ 조립 및 접속 불완전
④ 윤활성이 좋은 작동유 사용

2 ★★★★
유압유의 점검사항과 관계없는 것은?
① 점도
② 윤활성
③ 소포성
④ 마멸성

정답 1 ④ 2 ④

3 유압장치에서 오일에 거품이 생기는 원인으로 가장 거리가 먼 것은?

① 오일탱크와 펌프 사이에서 공기가 유입될 때
② 오일이 부족하여 공기가 일부 흡입되었을 때
③ 펌프 축 주위의 토출측 실(seal)이 손상되었을 때
④ 유압유의 점도지수가 클 때

오일에 기포가 생기는 원인은 계통내에 공기가 혼입되었기 때문이며 점도지수와는 상관이 없다.

4 유압유의 첨가제가 아닌 것은?

① 마모 방지제
② 유동점 강하제
③ 산화 방지제
④ 점도지수 방지제

윤활유 첨가제 : 산화방지제, 부식방지제, 청정분산제, 소포제, 유동점 강하제, 극압성 향상제, 방청제, 점도지수 향상제

5 플러싱 후의 처리방법으로 틀린 것은?

① 잔류 플러싱 오일을 반드시 제거하여야 한다.
② 작동유 보충은 24시간 경과 후 하는 것이 좋다.
③ 작동유 탱크 내부를 다시 청소한다.
④ 라인필터 엘리먼트를 교환한다.

플러싱은 오일장치 내의 슬러지 등을 용해하여 장치 내를 깨끗이 하는 작업이다.

6 유압장치의 일상점검 항목이 아닌 것은?

① 오일의 양 점검
② 변질상태 점검
③ 오일의 누유 여부 점검
④ 탱크 내부 점검

유압장치에서 탱크 내부를 일상적으로 점검할 수는 없다.

7 유압장치에서 일일 정비 점검 사항이 아닌 것은?

① 유량 점검
② 이음 부분의 누유 점검
③ 필터
④ 호스의 손상과 접촉면의 점검

8 유압장치의 수명 연장을 위해 가장 중요한 요소는?

① 오일 탱크의 세척 및 교환
② 오일 필터의 점검 및 교환
③ 오일 펌프의 점검 및 교환
④ 오일 쿨러의 점검 및 세척

유압장치 내에 이물질이 혼입되면 장치의 수명이 짧아지기 때문에 오일 필터의 점검이 중요하다.

9 오일의 압력이 낮아지는 원인이 아닌 것은?

① 오일펌프의 마모
② 오일의 점도가 높아졌을 때
③ 오일의 점도가 낮아졌을 때
④ 계통 내에서 누설이 있을 때

오일의 점도가 높으면 오일의 압력이 높아진다.

10 유압장치가 작동 중 과열이 발생할 때 원인으로 가장 적절한 것은?

① 오일의 양이 부족하다.
② 오일펌프의 속도가 느리다.
③ 오일 압력이 낮다.
④ 오일의 증기압이 낮다.

11 건설기계 운전시 갑자기 유압이 발생되지 않을 때 점검 내용으로 가장 거리가 먼 것은?

① 오일 개스킷 파손 여부 점검
② 유압실린더의 피스톤 마모 점검
③ 오일파이프 및 호스가 파손되었는지 점검
④ 오일량 점검

유압이 발생되지 않는 원인으로는 유압계통의 파손이나 고장 또는 오일량의 부족 등이다.

정답 ▶ **3** ④ **4** ④ **5** ② **6** ④ **7** ③ **8** ② **9** ② **10** ① **11** ②

chapter **09**

05 유압 회로

[출제문항수 : 1문제] 유압회로에서는 1문제 정도만 출제되며, 거의 유압기호가 출제됩니다. 교재에 있는 유압기호는 꼭 암기하시기 바라며(특히, 릴리프밸브는 자주 출제됨), 속도제어회로 부분도 자주 출제되니 꼭 학습하시기 바랍니다.

01 유압 기본 회로

유압기기를 서로 연결하는 유로를 말하며 실제 모양은 매우 복잡하므로 기호화하여 도면으로 표시하고 있다. 유압 기본 회로의 종류는 다음과 같다.

① 오픈 회로 (Open Circuit)
② 클로즈 회로 (Close Circuit)
③ 탠덤 회로 (Tandem Circuit)
④ 병렬 회로 (Parallel Circuit)
⑤ 직렬 회로 (Series Circuit)

02 유압회로의 응용

1 압력제어 회로
회로의 최고압을 제어하든가 또는 회로의 일부 압력을 감압해서 작동 목적에 알맞은 압력을 얻는 회로이다.

▶ 최대 압력제한 회로 : 고압과 저압의 2종의 릴리프 밸브를 사용하며 실제로 일을 하는 하강행정에는 고압용 릴리프 밸브로 제어하고, 상승행정에서는 저압용 릴리프 밸브가 압력을 제어한다.

2 속도제어 회로
유압장치의 장점인 유압 모터나 유압 실린더의 속도를 임의로 쉽게 제어할 수 있는 회로이다. 실린더의 크기, 유량, 부하 등에 의하여 속도를 제어할 수 있다.

① 미터인 회로(Meter In Circuit) : 액추에이터의 입구 쪽 관로에 설치한 유량제어밸브로 흐름을 제어하여 속도를 제어하는 회로
② 미터아웃 회로(Meter Out Circuit) : 액추에이터 출구 쪽 관로에 설치한 회로로서 실린더에서 유출되는 유량을 제어하여 속도를 제어한다.
③ 블리드 오프 회로(Bleed Off Circuit) : 실린더 입구의 분기 회로에 유량제어 밸브를 설치하여 실린더 입구 측의 불필요한 압유를 배출시켜 작동 효율을 증진시킨 회로이다.

3 무부하 회로(언로드 회로)
작업 중에 유압펌프 유량이 필요하지 않게 되었을 때 오일을 저압으로 탱크에 귀환시켜 펌프를 무부하시키는 회로이다.

03 유압회로의 점검

1 유압 회로에서 압력에 영향을 주는 요소
① 유체의 흐름량
② 유체의 점도
③ 관로 직경의 크기

2 유압회로의 압력을 점검하는 위치
유압펌프에서 컨트롤 밸브 사이 : 유압의 측정은 압력이 발생된 다음에 측정하여야 하기 때문이다.

3 유압회로에서 소음이 나는 원인
① 회로 내 공기 혼입
② 채터링 현상
③ 캐비테이션 현상

4 기타 유압회로의 점검
① 유압회로 내에 잔압을 설정해두는 이유는 작업이 신속하게 이루어지도록 하고 유압회로 내의 공기 혼입이나 오일의 누설을 방지하는 역할을 하기 때문이다.
② 차동 회로를 설치한 유압기기에서 회로 내에 압력손실이 있으면 속도가 나지 않는다.
③ 유압조정밸브가 고착되면 유압회로 내 압력이 비정상적으로 올라가는 원인이 된다.
④ 유압회로 내에서 공동현상이 발생하면 일정한 압력을 유지하게 하여야 한다.

▶ 서지압(Surge Pressure) : 유압회로 내에서 과도하게 발생하는 이상 압력의 최대값

※ 속도제어 회로에 관련 이미지는 246페이지를 참조할 것

1 유압의 기본회로에 속하지 않는 것은?

① 오픈회로(Open Circuit)

② 클로즈 회로(Close Circuit)

③ 탠덤 회로(Tandem Circuit)

④ 서지업 회로(Surge Up Circuit)

2 유압회로의 설명으로 맞는 것은?

① 유압 회로에서 릴리프 밸브는 압력제어 밸브이다.

② 유압회로의 동력 발생부에는 공기와 믹서하는 장치가 설치되어 있다.

③ 유압 회로에서 릴리프 밸브는 닫혀 있으며, 규정압력 이하의 오일압력이 오일탱크로 회송된다.

④ 회로 내 압력이 규정 이상일 때는 공기를 혼입하여 압력을 조절한다.

3 작업 중에 유압펌프 유량이 필요하지 않게 되었을 때 오일을 저압으로 탱크에 귀환시키는 회로는?

① 시퀸스 회로

② 어큐뮬레이션 회로

③ 블리드 오프 회로

④ 언로드 회로

4 다음 중 액추에이터의 입구 쪽 관로에 설치한 유량제어밸브로 흐름을 제어하여 속도를 제어하는 회로는?

① 시스템 회로

② 블리드 오프 회로

③ 미터인 회로

④ 미터아웃 회로

- 미터아웃 회로 : 액추에이터 출구 쪽 관로에 설치한 회로. 실린더에서 유출되는 유량을 제어하여 속도를 제어한다.
- 블리드 오프 회로 : 실린더 입구 측의 불필요한 압유를 배출시켜 작동 효율을 증진시킨다.

5 유압회로에서 유량제어를 통하여 작업속도를 조절하는 방식에 속하지 않는 것은?

① 미터 인 방식

② 미터 아웃 방식

③ 블리드 오프 방식

④ 블리드 온 방식

유압회로에서 속도제어 회로는 미터 인, 미터 아웃, 블리드 오프 방식이 있다.

6 유압 라인에서 압력에 영향을 주는 요소로 가장 관계가 적은 것은?

① 유체의 흐름량

② 유체의 점도

③ 관로 직경의 크기

④ 관로의 좌·우 방향

유압 회로에서 압력에 영향을 주는 요소로 유체의 양, 유체의 점도, 관로의 크기 등이 있으며 관로의 좌·우 방향은 관련이 없다.

7 유압회로의 압력을 점검하는 위치로 가장 적합한 것은?

① 실린더에서 직접 점검

② 유압펌프에서 컨트롤밸브 사이

③ 실린더에서 유압오일탱크 사이

④ 유압오일탱크에서 직접 점검

유압은 유압이 발생한 뒤에 측정되어야 하기 때문에 유압 펌프에서 컨트롤 밸브 사이에서 한다.

8 유압회로 내에 잔압을 설정해두는 이유로 가장 적절한 것은?

① 제동 해제 방지

② 유로 파손 방지

③ 오일 산화 방지

④ 작동 지연 방지

유압회로 내에 잔압을 설정하는 이유는 작동지연 방지와 유압회로 내의 공기혼입을 방지하고 오일의 누설을 방지하기 위해서이다.

9 유압회로 내에서 서지압(Surge Pressure) 이란?

① 과도하게 발생하는 이상 압력의 최대값

② 정상적으로 발생하는 압력의 최대값

③ 정상적으로 발생하는 압력의 최소값

④ 과도하게 발생하는 이상 압력의 최소값

10 차동 회로를 설치한 유압기기에서 속도가 나지 않는 이유로 가장 적절한 것은?

① 회로 내에 감압밸브가 작동하지 않을 때

② 회로 내에 관로의 직경차가 있을 때

③ 회로 내에 바이패스 통로가 있을 때

④ 회로 내에 압력손실이 있을 때

chapter **09**

1 유압장치의 기호 회로도에 사용되는 유압 기호의 표시방법
① 기호에는 흐름의 방향을 표시한다.
② 각 기기의 기호는 정상상태 또는 중립상태를 표시한다.
③ 기호에는 각 기기의 구조나 작용압력을 표시하지 않는다.

2 시험에 자주 나오는 공유압 기호

① 표시기호의 기본

기호	명칭
	전동기
	유압동력원
	가변 조작조정

② 실린더

기호	명칭
	단동 실린더
	단동식 편로드형
	단동식 양로드형
	복동식 편로드형
	복동식 양로드형

③ 유압펌프·유압모터

기호	명칭
	정용량형 유압펌프
	가변용량형 유압펌프
	가변용량형 유압모터

④ 제어밸브

기호	명칭
	밸브
	릴리프 밸브 (Relief Valve)
	무부하 밸브 (Unloader valve)
	시퀀스 밸브 (Sequence Valve)
	체크 밸브(Check Valve)
	스톱 밸브(Stop Valve)
	가변 교축 밸브

⑤ 제어방식

기호	명칭
	단동 솔레노이드
	직접 파일럿 조작
	인력조작레버
	기계조작 누름방식
	스프링식 제어

⑥ 부속기기

기호	명칭
	드레인 배출기
	에너지 변환기
	유압 압력계
	오일탱크
	플런저
	필터
	어큐뮬레이터
	요동형 액추에이터
	압력스위치
	공기유압변환기

1 유압장치의 기호 회로도에 사용되는 유압기호의 표시방법으로 적합하지 않는 것은?

① 기호에는 흐름의 방향을 표시한다.
② 각 기기의 기호는 정상상태 또는 중립상태를 표시한다.
③ 기호는 어떠한 경우에도 회전하여서는 안된다.
④ 기호에는 각 기기의 구조나 작용압력을 표시하지 않는다.

2 가변용량 유압펌프의 기호는?

①   ②

③   ④

① 압력 스위치, ② 정용량형 유압펌프, ④ 가변 교축 밸브

3 복동 실린더 양로드형을 나타내는 유압 기호는?

①   ②

③   ④

① 단동식 편로드형, ② 단동식 양로드형, ③ 복동식 편로드형

4 방향전환 밸브이 조작 방식에서 단동 솔레노이드 기호는?

①   ②

③ ④

① 단동 솔레노이드   ② 직접 파일럿 조작
③ 인력조작레버   ④ 기계조작 누름방식

5 그림의 유압기호에서 어큐뮬레이터는?

①   ②

③   ④

① 축압기, ② 필터, ③ 압력계, ④ 유압 압력원

6 그림에서 체크 밸브를 나타낸 것은?

①   ②

③ ④

① 체크 밸브, ② 전동기, ③ 유압 압력원, ④ 오일탱크

7 유압·공기압 도면기호에서 유압(동력)원의 기호 표시는?

①   ②

③   ④

① 필터, ② 압력계, ③ 유압원, ④ 축압기

8 다음 그림과 같은 일반적으로 사용하는 유압기호에 해당하는 밸브는?

① 체크 밸브
② 시퀀스 밸브
③ 릴리프 밸브
④ 리듀싱 밸브

정답 **1** ③ **2** ③ **3** ④ **4** ① **5** ① **6** ① **7** ③ **8** ③

chapter **09**

유압장치 개론 및 유압회로

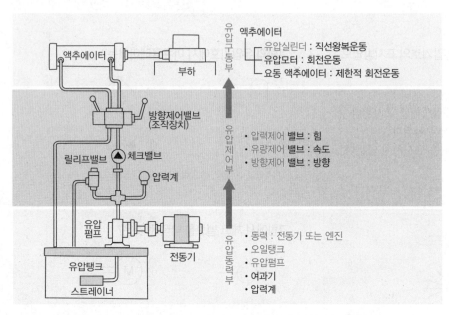

액추에이터
　유압실린더 : 직선왕복운동
　유압모터 : 회전운동
　요동 액추에이터 : 제한적 회전운동

유압구동부

• 압력제어 **밸브** : 힘
• 유량제어 **밸브** : 속도
• 방향제어 **밸브** : 방향

유압제어부

• 동력 : 전동기 또는 엔진
• 오일탱크
• 유압펌프
• 여과기
• 압력계

유압동력부

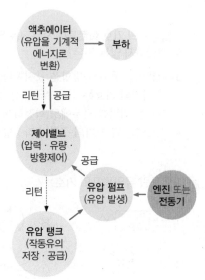

▶ 유압기기의 주요 요소 : 유압탱크, 유압펌프, 전동기, 유압제어밸브, 유압작동기(액추에이터)
▶ 유압장치의 부속 기기 : 축압기(어큐뮬레이터), 스트레이너, 오일 냉각기(쿨러) 등

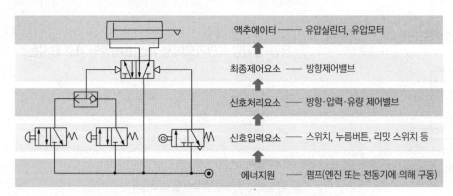

액추에이터 —— 유압실린더, 유압모터

최종제어요소 —— 방향제어밸브

신호처리요소 —— 방향·압력·유량 제어밸브

신호입력요소 —— 스위치, 누름버튼, 리밋 스위치 등

에너지원 —— 펌프(엔진 또는 전동기에 의해 구동)

⇧ 유압회로의 예

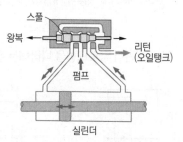

스풀(spool)의 이동으로 유로를 변화시켜 실린더에 이송되는 오일의 방향을 제어하여 피스톤의 방향을 변경한다.

⇧ 스풀밸브

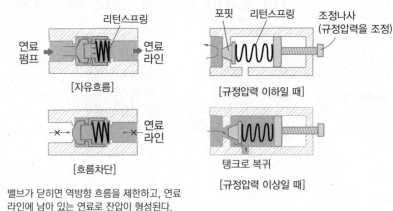

밸브가 닫히면 역방향 흐름을 제한하고, 연료라인에 남아 있는 연료로 잔압이 형성된다.

⇧ 체크밸브　　　　　⇧ 릴리프밸브

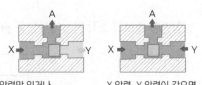

X 압력만 있거나,
X 압력이 Y 압력보다 크면
X 압력이 출구(A)쪽으로 흐름

X 압력, Y 압력이 같으면
출구(A)쪽으로 같이 흐름

⇧ 셔틀밸브

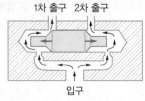

유압원에서 압력이 다른 2개의 유압 관로에 각각의 관로의 압력에 관계없이 항상 일정한 관계를 가진 유량으로 분할

⇧ 분류밸브

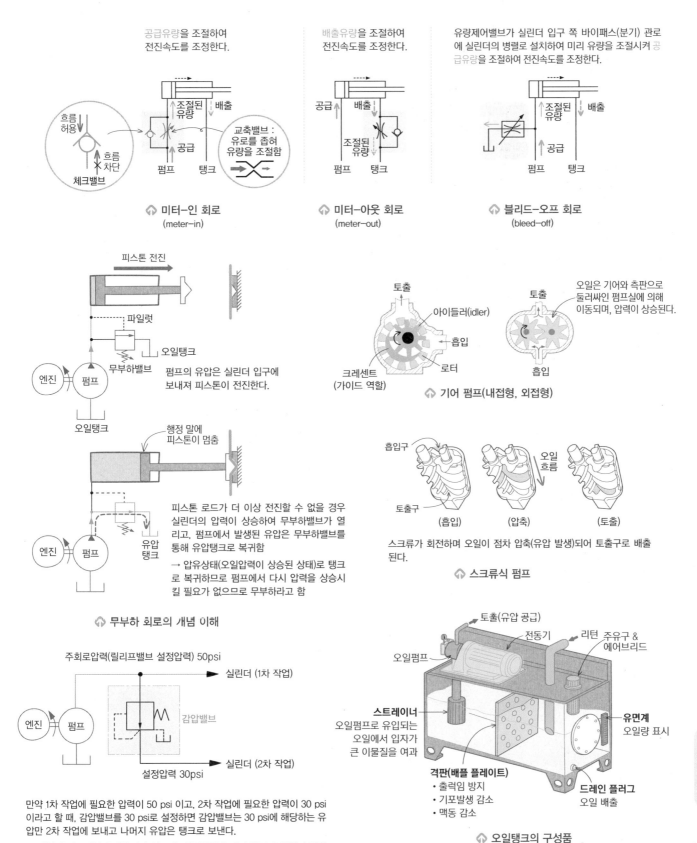

공급유량을 조절하여 전진속도를 조정한다.

흐름 허용
흐름 차단
체크밸브

조절된 유량
배출
공급
펌프   탱크

교축밸브 : 유로를 좁혀 유량을 조절함

🔺 미터-인 회로
(meter-in)

배출유량을 조절하여 전진속도를 조정한다.

공급   배출
조절된 유량
펌프   탱크

🔺 미터-아웃 회로
(meter-out)

유량제어밸브가 실린더 입구 쪽 바이패스(분기) 관로에 실린더의 병렬로 설치하여 미리 유량을 조절시켜 공급유량을 조절하여 전진속도를 조정한다.

조절된 유량
배출
공급
펌프   탱크

🔺 블리드-오프 회로
(bleed-off)

피스톤 전진

파일럿
오일탱크
무부하밸브
엔진   펌프
오일탱크

펌프의 유압은 실린더 입구에 보내져 피스톤이 전진한다.

행정 말에 피스톤이 멈춤

유압 탱크
엔진   펌프

피스톤 로드가 더 이상 전진할 수 없을 경우 실린더의 압력이 상승하여 무부하밸브가 열리고, 펌프에서 발생된 유압은 무부하밸브를 통해 유압탱크로 복귀함

→ 압유상태(오일압력이 상승된 상태)로 탱크로 복귀하므로 펌프에서 다시 압력을 상승시킬 필요가 없으므로 무부하라고 함

🔺 무부하 회로의 개념 이해

토출
아이들러(idler)
흡입
로터
크레센트 (가이드 역할)

토출
오일은 기어와 측판으로 둘러싸인 펌프실에 의해 이동되며, 압력이 상승된다.
흡입

🔺 기어 펌프(내접형, 외접형)

흡입구
토출구
오일 흐름
(흡입)   (압축)   (토출)

스크류가 회전하며 오일이 점차 압축(유압 발생)되어 토출구로 배출된다.

🔺 스크류식 펌프

주회로압력(릴리프밸브 설정압력) 50psi
실린더 (1차 작업)
감압밸브
엔진   펌프
설정압력 30psi
실린더 (2차 작업)

만약 1차 작업에 필요한 압력이 50 psi 이고, 2차 작업에 필요한 압력이 30 psi 이라고 할 때, 감압밸브를 30 psi로 설정하면 감압밸브는 30 psi에 해당하는 유압만 2차 작업에 보내고 나머지 유압은 탱크로 보낸다.

※ 감압밸브는 평상시 개방되어 있으며, 설정압력에 따라 밸브가 닫히며 압력을 감소시킨다.

🔺 감압 밸브의 개념 이해

토출(유압 공급)
전동기
리턴 주유구 & 에어브리드
오일펌프

스트레이너
오일펌프로 유입되는 오일에서 입자가 큰 이물질을 여과

유면계
오일량 표시

격판(배플 플레이트)
• 출력임 방지
• 기포발생 감소
• 맥동 감소

드레인 플러그
오일 배출

🔺 오일탱크의 구성품

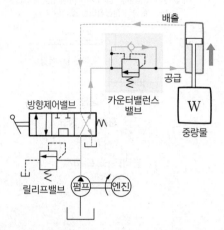

실린더 상승 시 : 방향제어밸브를 상승 모드로 했을 때 펌프에 발생된 유압은 방향제어밸브를 거쳐 카운터밸런스 밸브 안의 체크밸브를 통해 흘러 중량물을 위로 상승시킨다.

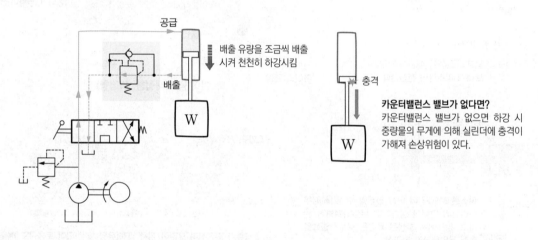

카운터밸런스 밸브가 없다면?
카운터밸런스 밸브가 없으면 하강 시 중량물의 무게에 의해 실린더에 충격이 가해져 손상위험이 있다.

실린더 하강 시 : 방향제어밸브를 하강 모드로 했을 때 카운터밸런스 밸브에서 실린더로부터 배출되는 오일 흐름에 저항을 주어 배압(배출압력)이 걸리도록 하여 피스톤의 하강 속도를 완만하게 유지시킨다.

⇧ **카운터밸런스 밸브의 개념 이해**

CHAPTER

10

CBT 적중모의고사

7회분

최신기출유형에 맞추어 새롭게 문제를 수록하였습니다.

최종점검 – 변경된 출제기준에 따라 출제빈도가 높은 기출문제와 예상문제를 엄선하다!

CBT 적중모의고사 1회

해설

▶실력테스트를 위해 문제 옆 해설란을 가리고 문제를 풀어보세요 ▶정답은 258쪽에 있습니다.

01 안전장치 선정 시 고려사항에 해당되지 않는 것은?

① 위험부분에는 안전 방호장치가 설치되어 있을 것
② 작업하기에 불편하지 않는 구조일 것
③ 안전장치 기능 제거가 용이할 것
④ 강도나 기능 면에서 신뢰도가 클 것

01 안전장치의 기능을 쉽게 제거하지 못하도록 하여야 한다.

02 안전·보건표지의 종류와 형태에서 그림의 표지로 맞는 것은?

① 고압전기 경고
② 폭발성물질 경고
③ 레이저광선 경고
④ 방사성물질 경고

02 레이저광선 경고표지이다.

03 감전사고 방지책으로 틀린 것은?

① 작업자에게 보호구를 착용시킨다.
② 전기기기에 위험표시를 한다.
③ 전기설비에 약간의 물을 뿌려 감전여부를 확인한다.
④ 작업자에게 사전 안전교육을 시킨다.

03 전기설비 및 전기장치에 물을 뿌리면 안 된다.

04 연소의 3요소가 아닌 것은?

① 점화원
② 질소
③ 산소
④ 가연성 물질

04 연소의 3요소는 가연성 물질, 점화원, 공기(산소)이다.

05 작업장의 안전사항 중 틀린 것은?

① 무거운 구조물은 인력으로 무리하게 이동하지 않는다.
② 작업이 끝나면 사용 공구를 정리정돈 한다.
③ 기름 묻은 걸레는 한쪽으로 쌓아 둔다.
④ 작업장 내 안전수칙을 부착하여 사고를 예방한다.

05 기름 묻은 걸레는 화재방지를 위해 정해진 용기에 보관한다.

06 작업장에서 작업복을 착용하는 이유로 가장 옳은 것은?

① 작업자의 복장 통일을 위해서
② 재해로부터 작업자의 몸을 보호하기 위해서
③ 작업자의 직책과 직급을 알리기 위해서
④ 작업장의 질서를 확립시키기 위해서

06 작업복은 재해로부터 작업자를 보호하기 위하여 착용한다.

07 해머작업의 안전 수칙으로 가장 거리가 먼 것은?

① 공동으로 해머 작업 시 호흡을 맞출 것
② 강한 타격력이 요구될 때에는 연결대에 끼워서 작업할 것
③ 해머를 사용할 때 자루 부분을 확인할 것
④ 면장갑을 끼고 해머작업을 하지 말 것

07 해머작업을 할 때 연결대를 연결하여 사용하지 않아야 한다.

08 무거운 짐을 옮길 때에 대한 설명으로 틀린 것은?

① 협동 작업을 할 때는 타인과의 균형에 신경을 써야한다.
② 인력으로 어려울 때는 장비를 사용한다.
③ 무거운 짐을 들고 놓을 때 척추를 올리는 자세가 안전하다.
④ 지렛대를 이용하기도 한다.

08 무거운 짐을 들고 내릴 때 척추는 낮은 자세로 하는 것이 좋다.

09 스패너의 올바른 사용법이 아닌 것은?

① 너트 크기에 알맞은 렌치를 사용한다.
② 공구에 묻은 기름은 잘 닦아서 사용한다.
③ 렌치를 몸 바깥쪽으로 밀어서 볼트·너트를 푼다.
④ 렌치를 몸 쪽으로 당기면서 볼트·너트를 조인다.

09 스패너나 렌치로 작업을 할 때는 볼트·너트에 잘 결합하여 항상 몸 쪽으로 잡아당길 때 힘이 걸리도록 해야 한다.

10 연삭기의 안전한 사용방법으로 틀린 것은?

① 보안경과 방진마스크 착용
② 숫돌 측면 사용제한
③ 숫돌덮개 설치 후 작업
④ 숫돌과 받침대 간격을 가능한 넓게 유지

10 탁상용 연삭기의 작업받침대는 연삭숫돌과의 간격을 3mm 이하로 조정할 수 있는 구조이여야 한다.

11 지게차 엔진시동 작업에 대한 설명이다. 옳은 것은?

① 전·후진 레버를 중립 위치로 한다.
② 시동이 걸린 상태에서 급가속 시킨다.
③ 시동되어도 시동 스위치를 시동위치로 유지한다.
④ 모든 지게차는 시동 스위치를 예열위치로 하여 항상 예열시킨다.

11 지게차는 시동을 켤 때 또는 시동을 끄고 주차시킬 때 전·후진 레버는 중립으로 둔다.
※ 변속기에 "P(park)" 위치가 있는 경우 "P" 위치에 둔다.

12 지게차 작업장치의 틸트 레버를 조종하는데 마스트가 작동하지 않을 때 점검할 사항은?

① 엔진 냉각수량을 점검한다.   ② 유압유량을 점검한다.
③ 엔진 오일양을 점검한다.   ④ 그리스 주입량을 점검한다.

12 마스트가 작동하지 않을 때는 작동유의 유량 및 유압라인의 누유 등을 점검한다.

13 지게차 작업 전 틸트 실린더의 점검사항이 아닌 것은?

① 틸트 실린더 형식 점검   ② 좌·우 틸트 행정 점검
③ 유압유 누유 점검   ④ 실린더 균열 점검

13 지게차의 틸트 실린더의 형식은 복동식 유압실린더를 사용하며, 틸트 실린더의 형식은 점검사항이 아니다.

14 자동변속기가 장착된 지게차를 주차할 때 주의사항으로 옳지 않은 것은?

① 전·후진 레버의 위치는 중립에 놓는다.
② 포크를 지면에 내려놓는다.
③ 주차 브레이크 레버를 당겨 놓는다.
④ 주 브레이크를 제동시켜 놓는다.

14 자동변속기가 장착된 지게차를 주차시킬 때 주차 브레이크로 제동하면 되고, 주 브레이크를 제동시키지는 않는다.

15 지게차 리프트 체인의 길이는 무엇으로 조정하는가?

① 캐리지 레일의 길이
② 리프트 실린더의 길이
③ 체인 아이 볼트의 길이
④ 틸트 실린더의 길이

15 리프트 체인의 길이는 핑거보드 롤러의 위치로 조정하며, 조정 볼트나 너트로 조정한다.

16 [보기]의 지게차 작업장치 점검사항 중 작업 전 점검사항을 모두 고른 것은?

【보기】
ⓐ 포크의 균열상태
ⓑ 리프트 체인의 장력 및 주유상태
ⓒ 리프트 체인의 연결부위 균열상태
ⓓ 마스트의 전경/후경 및 상하 작동상태

① ⓐ, ⓑ, ⓒ
② ⓐ, ⓑ, ⓓ
③ ⓐ, ⓑ, ⓒ, ⓓ
④ ⓑ, ⓒ, ⓓ

16 지게차의 작업 전 포크, 리프트, 오버헤드가드, 핑거보드, 마스트의 작동상태 등을 점검한다.

17 지게차 운전 중 브레이크 제동이 안 될 경우에 점검할 사항이 아닌 것은?

① 브레이크 페달 작동거리 점검
② 브레이크 휠 실린더 분해 점검
③ 브레이크 오일량 점검
④ 브레이크 오일 누유 점검

17 브레이크 휠 실린더의 분해 점검은 지게차 운전 중 점검할 수 있는 사항은 아니다.

18 지게차 작업 시 안전수칙으로 바르지 않은 것은?

① 경사로에서 화물을 적재하거나 방향전환을 하지 않는다.
② 정해진 장소에만 지게차를 주차하고 열쇠는 지게차에 꽂아둔다.
③ 화물이 시야를 제한할 경우에는 후진으로 지게차를 주행한다.
④ 운전석에 착석하지 않은 상태에서 지게차를 작동하지 않는다.

18 지게차를 주차시키고 열쇠는 빼내어 안전한 장소 또는 열쇠함에 보관한다.

19 지게차 운전 시 유의사항으로 적합하지 않은 것은?

① 내리막길에서는 급회전을 하지 않는다.
② 운전석에는 운전자 이외는 승차하지 않는다.
③ 면허소지자 이외는 운전하지 못하도록 한다.
④ 화물적재 후 최고 속도로 주행을 하여 작업능률을 올린다.

19 지게차는 화물을 적재하고 주행할 때는 절대로 속도를 내서는 안 된다.

20 지게차의 이동작업 중 주의사항으로 틀린 것은?

① 화물을 싣고 내릴 때는 포크를 화물 아래로 완전히 내리고 작업한다.
② 화물을 들어 올리는데 필요한 경우에는 백 레스트를 확장한다.
③ 안전보호 장치가 없어도 속도를 내어 운전해도 된다.
④ 지게차에는 오버헤드 가드나 동등한 보호장치가 구비되어야 한다.

20 지게차 작업을 할 때 안전한 속도로 작업을 해야 하며, 안전보호 장치가 없다면 더욱 속도를 내면 안 된다.

21 소유자의 신청이나 시·도지사의 직권으로 건설기계의 등록을 말소할 수 있는 사유에 해당하지 않는 것은?

① 건설기계를 장기간 운행하지 않게 된 경우
② 건설기계를 수출하는 경우
③ 건설기계를 교육·연구 목적으로 사용하는 경우
④ 건설기계를 폐기한 경우

21 등록의 말소 사유
• 거짓 그 밖의 부정한 방법으로 등록을 한 경우
• 건설기계가 사용할 수 없게 되거나 멸실된 경우
• 건설기계의 차대가 등록 시의 차대와 다른 경우
• 건설기계안전기준에 적합하지 아니하게 된 경우
• 정기검사를 받지 아니 한 경우
• 건설기계의 수출/ 도난/ 폐기 시
• 건설기계를 제작·판매자에게 반품한 경우
• 건설기계를 교육·연구목적으로 사용하는 경우

22 소형 또는 대형 건설기계조종사 면허증 발급 신청 시 첨부하는 서류의 종류가 아닌 것은?

① 소형건설기계 조종교육 이수증(소형면허 신청 시)
② 국가기술자격증 정보
③ 신체검사서
④ 주민등록등본

22 건설기계조종사 면허증 발급 신청 시 주민등록등본은 제출하지 않는다.
 ※ 첨부서류 : 신체검사서, 소형건설기계조종교육이수증(해당 자에 한함), 건설기계조종사면허증(면허의 종류 추가 시), 6개월 이내에 촬영한 탈모상반신 사진 2매

23 도로교통법상에서 운전자가 주행방향 변경 시 신호 방법에 대한 설명으로 틀린 것은?

① 신호의 시기 및 방법은 운전자가 편리한 대로 한다.
② 방향전환, 횡단. 유턴, 정지 또는 후진 시 신호를 하여야 한다.
③ 진로 변경 시에는 손이나 등화로 신호할 수 있다.
④ 진로 변경의 행위가 끝날 때까지 신호를 해야 한다.

23 신호의 시기 및 방법은 도로교통법에 명시되어 있다.

24 건설기계관리법령상 조종사면허를 받은 자가 면허의 효력이 정지된 때에는 그 사유가 발생한 날부터 며칠 이내에 주소지를 관할하는 시장·군수 또는 구청장에게 그 면허증을 반납해야 하는가?

① 100일 이내
② 10일 이내
③ 60일 이내
④ 30일 이내

24 면허가 취소된 때, 면허의 효력이 정지된 때, 면허증의 재교부를 받은 후 잃어버린 면허증을 발견한 때에는 그 사유가 발생한 날부터 10일 이내에 주소지를 관할하는 시장·군수·구청장에게 그 면허증을 반납하여야 한다.

25 도로교통법상 모든 차의 운전자가 서행하여야 하는 장소에 해당하지 않는 것은?

① 편도 2차로 이상의 다리 위
② 가파른 비탈길의 내리막
③ 비탈길의 고개 마루 부근
④ 도로가 구부러진 부근

25 서행하여야 하는 장소
• 교통정리를 하고 있지 아니하는 교차로
• 도로가 구부러진 부근
• 비탈길의 고개 마루 부근
• 가파른 비탈길의 내리막
• 지방경찰청장이 필요하다고 인정하여 안전표지로 지정한 곳

26 안전기준을 넘는 화물의 적재허가를 받은 사람은 그 길이 또는 폭의 양 끝에 몇 cm 이상의 빨간 헝겊으로 된 표지를 달아야 하는가?

① 너비 100cm, 길이 200cm

② 너비 5cm, 길이 10cm

③ 너비 10cm, 길이 20cm

④ 너비 30cm, 길이 50cm

26 안전기준을 초과하는 적재허가를 받은 사람은 너비 30cm, 길이 50cm 이상의 빨간 헝겊을 달아야 한다.

27 도로교통법에서 정하는 주차금지 장소가 아닌 곳은?

① 터널 안 및 다리 위

② 전신주로부터 20m 이내인 곳

③ 소방용수시설 또는 비상소화장치가 설치된 곳으로부터 5m 이내인 곳

④ 교차로의 가장자리나 도로의 모퉁이로부터 5m 이내인 곳

27 전신주로부터 20m 이내인 곳은 주차 또는 주·정차 금지 장소가 아니다.

28 건설기계검사의 종류에 해당되는 것은?

① 임시 검사

② 예비 검사

③ 계속 검사

④ 수시 검사

28 건설기계의 검사는 신규등록검사, 정기검사, 구조변경검사, 수시검사가 있다.

29 정기검사 신청을 받은 경우(타워크레인은 검사업무를 배정받는 날) 검사대행자는 며칠 이내에 신청인에게 검사일시와 장소를 지정하여 통지하여야 하는가?

① 14일

② 5일

③ 10일

④ 7일

29 정기검사 신청을 받은 시·도지사 또는 검사대행자는 신청을 받은 날부터 5일 이내에 검사일시와 검사장소를 지정하여 신청인에게 통지해야 한다.

30 건설기계등록번호표의 색칠 기준에서 흰색 바탕에 검은색 글자 번호판은?

① 영업용

② 장기대여 건설기계

③ 자가용

④ 단기대여 건설기계

30 등록번호표의 식별색 기준
   • 비사업용(관용 또는 자가용) : 흰색 바탕에 검은색 문자
   • 대여사업용 : 주황색 바탕에 검은색 문자

31 디젤엔진이 진동하는 경우로 틀린 것은?

① 분사압력이 실린더별로 차이가 있을 때

② 4기통 엔진에서 한 개의 분사노즐이 막혔을 때

③ 인젝터에 불균율이 있을 때

④ 하이텐션 코드가 불량할 때

31 하이텐션 코드는 점화코일에서 점화플러그까지 고압전류를 전달해주는 굵은 전선이며 가솔린 기관에서 사용된다.

32 엔진오일의 교환방법으로 틀린 것은?

① 규정된 엔진오일보다 플러싱 오일로 교체하여 사용한다.

② 가혹한 조건에서 지속적으로 운전하였을 경우 교환 시기를 조금 앞 당겨서 한다.

③ 엔진오일을 순정품으로 교환하였다.

④ 오일 레벨게이지의 "F"에 가깝게 오일량을 보충하였다.

32 플러싱 오일은 엔진계통의 카본이나 슬러지 등을 용해시켜 청소하기 위한 것으로, 엔진오일로 사용하면 안 된다.

33 디젤기관의 흡입행정에서 흡입하는 것은?

① 공기
② 등유
③ 경유
④ 가솔린

33 디젤기관은 흡입행정에서 흡기밸브를 통해 여과된 공기를 흡입하고, 고압축비로 압축한 후 압축열에 연료를 분사시켜 자연 착화시킨다.

34 건식 에어크리너의 세척 또는 청소방법으로 가장 적합한 것은?

① 압축 공기로 에어크리너 밖에서 안으로 불어낸다.
② 압축 오일로 에어크리너 안에서 밖으로 불어낸다.
③ 압축 공기로 에어크리너 안에서 밖으로 불어낸다.
④ 압축 오일로 에어크리너 밖에서 안으로 불어낸다.

34 건식 공기청정기의 청소는 압축공기로 안에서 밖으로 불어낸다.

35 라디에이터 캡에 설치되어 있는 밸브는?

① 부압 밸브와 체크 밸브
② 압력 밸브와 진공 밸브
③ 체크 밸브와 압력 밸브
④ 진공 밸브와 체크 밸브

35 라디에이터 캡은 냉각수 주입구의 마개를 말하며, 압력밸브와 진공밸브가 설치되어 있다.

36 디젤엔진의 고압펌프 구동에 사용되는 것으로 옳은 것은?

① 인젝터
② 냉각팬 벨트
③ 커먼레일
④ 캠축

36 디젤엔진의 고압펌프는 연료분사장치의 한 부분으로 엔진의 회전력이 타이밍벨트 및 캠축을 통해 전달되어 구동된다.

37 기동전동기의 구성품이 아닌 것은?

① 전자석 스위치
② 오버런닝 클러치
③ 전기자
④ 슬립링

37 기동전동기의 구성
전기자, 계철, 브러시, 정류자, 전자석 스위치, 오버런닝 클러치
※ 전자석 스위치(마그네틱 스위치) : 주전류를 단속
※ 오버런닝 클러치 : 시동 전동기의 회전을 기관에 전달하며, 반대로 기관의 회전력을 시동 전동기로 전달되지 않도록 한다.
※ 슬립링은 교류발전기의 구성품이다.

38 납산배터리의 전해액이 자연 감소되었을 때 보충에 사용되는 것은?

① 염산
② 증류수
③ 수도물
④ 소금물

38 납산축전지의 전해액이 자동 감소되면 증류수를 보충한다.

39 교류발전기의 주요 구성요소가 아닌 것은?

① 로터
② 계자코일
③ 다이오드
④ 스테이터

39 교류발전기의 주요 구성 요소는 스테이터, 로터, 슬립링, 브러시, 다이오드 등이며, 계자철심과 계자코일 등은 직류발전기의 주요 구성 요소이다.

40 전기회로에서 저항의 병렬 접속방법에 대한 설명 중 틀린 것은?

① 합성저항을 구하는 공식은 $R = R_1 + R_2 + R_3 + \cdots + R_n$이다.
② 합성저항이 감소하는 것은 전류가 나누어져 저항 속을 흐르기 때문이다.
③ 어느 저항에서나 동일한 전압이 흐른다.
④ 합성 저항은 각 저항의 어느 것보다도 적다.

40 ① 병렬접속의 합성저항을 구하는 공식
$$R = \cfrac{1}{\cfrac{1}{R_1} + \cfrac{1}{R_2} + \cdots + \cfrac{1}{R_n}}$$

41 지게차의 주행 방향을 조종하는 구성품은? ☐☐☐

① 조향 실린더　　　　② 캠축
③ 틸트 실린더　　　　④ 리프트 실린더

41 지게차의 주행 방향을 조종하는 장치는 조향장치이다.

42 지게차 클러치판의 변형을 방지하는 것은? ☐☐☐

① 토션 스프링　　　　② 압력판
③ 쿠션 스프링　　　　④ 릴리스레버 스프링

42 쿠션 스프링은 동력의 전달 및 차단 시 충격을 흡수하여 클러치판의 변형을 방지한다.

43 지게차의 일반적인 조향 방식은? ☐☐☐

① 작업조건에 따른 가변방식
② 뒷바퀴 조향방식
③ 굴절(허리꺾기) 조향방식
④ 앞바퀴 조향방식

43 지게차는 앞바퀴 구동, 뒷바퀴 조향방식을 사용한다.

44 지게차의 포크로 짐을 들어 올릴 때 한쪽으로 기울어지는 원인은? ☐☐☐

① 좌·우 체인의 장력이 다르다.
② 좌·우 틸트 실린더의 작동 압력이 다르다.
③ 좌·우 리프트 실린더의 작동 압력이 다르다.
④ 좌·우 헤드 가드의 설치 높이가 다르다.

44 지게차의 포크가 한쪽으로 기울어지는 가장 큰 원인은 한쪽의 리프트 체인이 늘어지는 경우이다.

45 지게차의 관련용어해설에 대한 설명 중 옳지 않은 것은? ☐☐☐

① 길이란 포크의 앞부분 끝단에서부터 지게차의 후부 제일 끝단까지의 길이를 말한다.
② 마스트 전경각의 범위는 5~6°이다.
③ 적재 능력의 표시방법은 표준인상높이 몇 mm에서 몇 kg으로 표시한다.
④ 하중중심이란 포크의 수직면으로부터 포크위에 놓인 화물의 무게중심까지의 거리를 말한다.

45 지게차의 적재능력은 표준하중 몇 mm에서 몇 kg으로 표시한다.

46 지게차에서 틸트 장치의 역할로 옳은 것은? ☐☐☐

① 포크의 너비 조절
② 리프트의 상승 및 하강 조절
③ 평형추 중량 조절
④ 마스트 경사각 조절

46 틸트 장치는 마스트를 전·후로 움직이는 경사각을 조절한다.

47 지게차의 포크에 버킷을 끼워 흘러내리기 쉬운 물건이나 흐트러진 물건을 운반 또는 트럭에 상차하는데 쓰는 작업장치는? ☐☐☐

① 사이드 시프트 클램프
② 힌지드 버킷
③ 로드 스태빌라이저
④ 로테이팅 포크

47 석탄, 소금, 비료, 모래 등 흘러내리기 쉬운 화물을 운반하기에 적합한 작업장치는 힌지드 버킷이다.

48 지게차에 장착되지 않는 장치는?

① 캐리지   ② 틸트 실린더
③ 백 레스트   ④ 현가 스프링

48 지게차는 롤링이 생겨 적하물이 떨어지는 것을 방지하기 위하여 현가 스프링을 장착하지 않는다.

49 지게차 리프트 체인 주유에 가장 적합한 오일은?

① 그리스   ② 브레이크 오일
③ 엔진 오일   ④ 솔벤트

49 지게차의 리프트 체인에는 엔진오일을 주유한다.

50 유압모터 종류에 속하는 것은?

① 보올 모터   ② 플런저 모터
③ 가솔린 모터   ④ 디젤 모터

50 유압모터의 종류
기어형 모터, 베인형 모터, 플런저형(피스톤형) 모터

51 유압회로 내의 유압유 점도가 너무 낮을 때 생기는 현상으로 틀린 것은?

① 시동 저항이 커진다.   ② 펌프 효율이 떨어진다.
③ 오일 누설에 영향이 있다.   ④ 회로 압력이 떨어진다.

51 유압회로 내의 유압유 점도가 너무 높을 때 시동 저항이 커진다.

52 유압장치에 사용되는 오일 실(seal)의 종류 중 O-링이 갖추어야 할 조건은?

① 작동 시 마모가 클 것
② 내압성과 내열성이 클 것
③ 오일의 입·출입이 가능할 것
④ 체결력이 작을 것

52 O-링은 기기의 오일 누출을 방지하는 기능을 하는 것으로 내압성, 내열성, 기밀성이 커야한다.

53 유압기호에서 여과기의 기호표시는?

① (다이얼 게이지 기호)
② (원형 기호)
③ (마름모 점선 기호)
④ (삼각형 화살표 기호)

53 ① 압력계
② 축압기
④ 유압 압력원

54 지게차에 사용되는 유압 제어 밸브 중 유체의 흐름을 출발, 정지시키거나 흐름의 방향을 변경시키는 밸브는?

① 유량제어 밸브   ② 압력제어 밸브
③ 방향제어 밸브   ④ 필터제어 밸브

54 유체 흐름의 방향을 변경시키는 밸브는 방향제어 밸브로 체크밸브, 스풀밸브, 감속밸브, 셔틀밸브 등이 있다.

55 유압식 작업장치의 속도가 느릴 때의 원인으로 가장 적절한 것은?

① 유량 조절이 불량하다.
② 유압탱크의 오일량이 많다.
③ 유압펌프의 토출압력이 높다.
④ 오일 쿨러의 막힘이 있다.

55 유량 조절이 불량하여 유량이 부족하면 작업장치의 속도가 느려진다.

56 유압기기의 작동속도를 높이기 위해 무엇을 변화시켜야 하는가?

① 유압 모터의 압력을 높인다.
② 유압 펌프의 토출 압력을 높인다.
③ 유압 펌프의 토출 유량을 증가시킨다.
④ 유압 모터의 크기를 작게 한다.

56 유압기기의 속도는 유량으로 제어하므로 유압 펌프의 토출 유량을 증가시킨다.

57 베인 펌프의 일반적인 특징이 아닌 것은?

① 비교적 구조가 간단하고 효율이 좋다.
② 소형, 경량이다.
③ 대용량 고속 가변형에 적합하지만 수명이 짧다.
④ 맥동과 소음이 적다.

57 대용량 고속 가변형에 적합한 펌프는 플런저 펌프이다.

58 유압회로 내의 최고압력을 제한하는 밸브로서, 회로의 압력을 일정하게 유지시키는 밸브는?

① 감압 밸브
② 체크 밸브
③ 카운터 밸런스 밸브
④ 릴리프 밸브

58 유압회로 내의 최고압력을 제한하고, 회로의 압력을 일정하게 유지시키는 밸브는 릴리프 밸브이다.

59 유압장치에서 액추에이터의 종류에 속하지 않는 것은?

① 감압밸브
② 플런저모터
③ 유압실린더
④ 유압모터

59 액추에이터는 유압펌프를 통하여 송출된 에너지를 직선운동(유압실린더)과 회전운동(유압모터)으로 바꾸는 일을 하는 유압기기이다. 플런저모터는 유압모터이다.

60 유압유의 구비조건이 아닌 것은?

① 물 분리성이 좋을 것
② 산화 안정성이 좋을 것
③ 기포 분리성이 좋을 것
④ 점도지수가 낮을 것

60 유압유의 점도는 적당해야 하고, 점도지수(온도변화에 따른 점도 변화)는 높아야 한다. 점도지수가 높다는 것은 온도변화에 따른 점도 변화가 적다는 것을 의미한다.

【 CBT 적중 모의고사 제1회 정답 】

01 ③	02 ③	03 ③	04 ②	05 ③	06 ②	07 ②	08 ③	09 ③	10 ④
11 ①	12 ②	13 ①	14 ④	15 ③	16 ③	17 ②	18 ②	19 ④	20 ③
21 ①	22 ④	23 ①	24 ②	25 ①	26 ④	27 ②	28 ④	29 ②	30 ③
31 ④	32 ①	33 ①	34 ③	35 ②	36 ④	37 ④	38 ②	39 ②	40 ①
41 ①	42 ③	43 ②	44 ①	45 ③	46 ④	47 ②	48 ④	49 ③	50 ②
51 ①	52 ②	53 ③	54 ③	55 ①	56 ③	57 ③	58 ④	59 ①	60 ④

CBT 적중모의고사 2회

해설

▶ 실력테스트를 위해 문제 옆 해설란을 가리고 문제를 풀어보세요 ▶ 정답은 267쪽에 있습니다.

□□□

01 수공구 사용 시 적절한 작업방법과 가장 거리가 먼 것은?

① 줄 작업으로 생긴 쇳가루는 브러시로 털어낸다.
② 조정 렌치는 고정 조에 힘을 받게 하여 사용한다.
③ 해머작업 시 손에서 미끄러짐을 방지하기 위해서 반드시 면장갑을 끼고 작업한다.
④ 쇠톱 작업은 밀 때 절삭되게 작업한다.

01 해머작업(미끄러짐 방지), 드릴작업(드릴에 장갑이 말려 들어가는 것을 방지), 정밀기계작업(작업의 정확성) 등은 장갑을 끼지 않고 작업해야 한다.

□□□

02 작업장에서 휘발유 화재가 일어났을 경우 가장 적합한 소화 방법은?

① 불의 확대를 막는 덮개의 사용
② 탄산가스 소화기의 사용
③ 소다 소화기의 사용
④ 물 호스의 사용

02 유류화재 (B급화재)에는 탄산가스 소화기나 분말소화기가 유용하며, 소화기가 없을 때 모래나 흙을 뿌리는 것이 좋다.

□□□

03 먼지가 많은 장소에서 착용하여야 하는 마스크는?

① 산소 마스크
② 방독 마스크
③ 일반 마스크
④ 방진 마스크

03 먼지 등 분진이 많은 곳에서는 방진 마스크를 착용한다.

□□□

04 작업장에서 공동 작업으로 물건을 들어 이동할 때 잘못된 것은?

① 이동 동선을 미리 협의하여 작업을 시작할 것
② 무게로 인한 위험성 때문에 가급적 빨리 이동하여 작업을 종료할 것
③ 손잡이가 없는 물건은 안정적으로 잡을 수 있게 주의를 기울일 것
④ 힘의 균형을 유지하여 이동할 것

04 작업장에서 공동 작업으로 물건을 들어 이동할 때 최대한 보조를 맞추어 서두르지 않게 작업해야 한다.

□□□

05 드라이버 작업 시 주의사항이 아닌 것은?

① 작업 중 드라이버가 빠지지 않도록 한다.
② 드라이버의 날이 상한 것은 쓰지 않는다.
③ 드라이버는 홈보다 약간 큰 것을 사용한다.
④ 전기작업 시에는 절연된 드라이버를 사용한다.

05 드라이버의 날 끝이 나사홈의 너비와 길이에 맞는 것을 사용한다.

□□□

06 경고표지로 사용되지 않는 것은?

① 급성독성물질 경고
② 인화성물질 경고
③ 방진마스크 경고
④ 낙하물 경고

06 방진마스크 등의 마스크 착용은 지시표지이다.

chapter 10

07 작업 중 기계장치에서 이상한 소리가 날 경우 작업자가 해야 할 조치로 가장 적합한 것은?

① 즉시 기계의 작동을 멈추고 점검한다.
② 속도를 줄이고 작업한다.
③ 장비를 멈추고 열을 식힌 후 작업한다.
④ 진행 중인 작업을 마무리 후 작업 종료하여 조치한다.

07 작업 중 기계장치에서 이상한 소리가 나면 즉시 기계의 작동을 멈추고 점검을 해야 한다.

08 일반적인 재해 조사방법으로 적절하지 않은 것은?

① 재해 조사는 사고 현장 정리 후에 실시한다.
② 목격자, 현장 책임자 등 많은 사람들에게 사고 시의 상황을 듣는다.
③ 재해 현장은 사진 등으로 촬영하여 보관하고 기록한다.
④ 현장의 물리적 흔적을 수집한다.

08 재해발생 시 재해의 원인을 정확하게 밝혀내기 위해서 현장 정리 전에 실시하여야 한다.

09 안전장치에 관한 사항으로 틀린 것은?

① 안전장치는 반드시 설치하도록 한다.
② 안전장치 점검은 작업 전에 실시한다.
③ 안전장치가 불량할 때는 즉시 수리한다.
④ 안전장치는 상황에 따라 일시 제거해도 된다.

09 안전장치는 수리나 교환을 위해 제거하는 것 이외에는 제거하면 안 된다.

10 드릴 작업 시 금지사항으로 잘못된 것은?

① 작업 중 칩 제거를 금한다.
② 균열이 있는 드릴은 사용을 금한다.
③ 작업 중 보안경 착용을 금한다.
④ 작업 중 면장갑 착용을 금한다.

10 드릴 작업 시 보안경 착용을 금해야 할 이유는 없다.

11 다음 중 기관 시동이 잘 안될 경우 점검할 사항으로 틀린 것은?

① 기관 공전회전수
② 시동모터
③ 연료량
④ 배터리 충전상태

11 기관의 시동이 잘 되지 않을 경우 배터리 충전상태, 연료량, 시동모터, 스타트회로 연결 상태 등을 점검한다.

12 리프트 체인의 점검 요소로 틀린 것은?

① 균열(크랙)
② 마모
③ 힌지균열
④ 부식

12 리프트 체인의 점검 요소는 균열(크랙), 마모, 부식 등이다.

13 가동 중인 기관에서 기계적 소음이 발생할 수 있는 사항으로 가장 적절하지 않은 것은?

① 크랭크축 베어링의 마모
② 밸브 간극이 규정치보다 커서
③ 분사노즐 끝 마모
④ 냉각팬 베어링의 마모

13 분사노즐이 마모되면 연료 분사량이 일정하지 않아 엔진이 부조를 하게 된다. 엔진에서 이상소음과 진동이 발생하나 기계적 소음과는 가장 거리가 멀다.

14 지게차의 주차 시 주의사항으로 맞지 않는 것은?

① 엔진을 정지시키고 주차브레이크를 결속시킨다.
② 포크 선단이 지면에 닿도록 마스트를 전방으로 경사시킨다.
③ 포크를 완전히 지면에 내려놓는다.
④ 잠시 자리를 비울 때는 시동키를 그대로 둔다.

15 지게차 작업장치의 리프트 레버를 조종하는데 리프트 실린더가 작동하지 않는 원인은?

① 포크로 가벼운 짐을 들었을 때
② 포크가 휘었을 때
③ 유압유가 적거나 없을 때
④ 엔진 오일이 적거나 없을 때

16 타이어식 건설기계를 조종하여 작업을 할 때 주의하여야 할 사항으로 틀린 것은?

① 노견의 붕괴방지 여부
② 지반의 침하방지 여부
③ 작업 범위 내에 물품과 사람 배치
④ 낙석의 우려가 있으면 운전실에 헤드가이드를 부착

17 지게차 타이어의 트레드에 대한 설명으로 틀린 것은?

① 트레드가 마모되면 열의 발산이 불량하게 된다.
② 트레드가 마모되면 구동력과 선회능력이 저하된다.
③ 타이어의 공기압이 높으면 트레드의 양단부보다 중앙부의 마모가 크다.
④ 트레드가 마모되면 지면과 접촉 면적이 크게 됨으로써 마찰력이 증대되어 제동성능은 좋아진다.

18 지게차 운전 시 유의사항으로 틀린 것은?

① 포크 간격은 적재물에 맞게 수시로 조정한다.
② 적재물이 높아 전방시야가 가릴 때는 후진하여 주행한다.
③ 후방 시야 확보를 위해 뒤쪽에 사람을 탑승시킨다.
④ 장비주행 시 포크 높이를 20~30cm로 조절한다.

19 지게차 운행 전 안전작업을 위한 점검사항으로 틀린 것은?

① 시동 전에 전·후진 레버를 중립 위치에 둔다.
② 방향지시등과 같은 신호장치의 작동상태를 점검한다.
③ 작업 장소의 노면 상태를 확인한다.
④ 화물 이동을 위해 마스트를 앞으로 기울여 둔다.

14 조종사가 지게차에서 내릴 때에는 항상 키는 항상 키박스에서 빼내어 보관하여야 한다.

15 리프트 실린더가 작동하지 않을 때는 유압유(작동유)가 부족하거나 유압장치가 고장이 난 경우이다.
※ 유압유는 작업장치에, 엔진오일은 차체에 사용된다.

16 작업 범위 내에 사람이나 물품이 있으면 위험하다.

17 타이어의 트레드가 마모되면 제동력이 저하되어 제동거리가 길어진다.

18 지게차에는 조종사 이외의 사람을 탑승시키면 안 된다.

19 화물 이동을 할 때 마스트는 뒤로 4~6° 기울인다.

20 지게차가 전복 될 경우 운전자는 안전장치를 사용하고 주어진 지침을 따르면 중상이나 사망 등의 큰 사고를 방지할 수 있다. 다음 중 틀린 행동은?

① 조향 핸들을 꼭 잡는다.
② 절대로 뛰어 내리지 않는다.
③ 발에 힘을 주어 버틴다.
④ 지게차에서 뛰어 내린다.

20 지게차가 전복될 때 운전자는 지게차에서 뛰어 내리면 안 된다.

21 건설기계관리법에 의한 건설기계조종사의 적성 검사 기준을 설명한 것으로 틀린 것은?

① 시각은 150도 이상일 것
② 55데시벨의 소리를 들을 수 있을 것(단, 보청기 사용자는 40데시벨)
③ 두 눈을 동시에 뜨고 잰 시력(교정시력을 포함)이 1.0 이상일 것
④ 언어분별력이 80퍼센트 이상일 것

21 두 눈을 동시에 뜨고 잰 시력(교정시력 포함)이 0.7이상 이고 두 눈의 시력이 각각 0.3 이상일 것

22 주차 및 정차 금지 장소는 건널목의 가장자리로부터 몇 미터 이내인 곳인가?

① 10m   ② 40m
③ 50m   ④ 30m

22 건널목의 가장자리 또는 횡단보도로부터 10m 이내는 주 차 및 정차 금지 장소이다.

23 그림의 「도로명판」에 대한 설명으로 틀린 것은?

사임당로 250 ↑
Saimdang-ro 92

① '사임당로'의 전체 도로구간 길이는 약 2500m 이다.
② 진행방향으로 약 2500m를 직진하면 '사임당로'라는 도로로 진입할 수 있다.
③ 도로명판이 설치된 위치는 '사임당로' 시작지점으로부터 약 920m 지점이다.
④ 앞쪽(진행) 방향을 나타내는 도로명판이다.

23 그림은 앞쪽 방향용 도로명판이며, 단위당 10m의 거리 를 둔다. 따라서 사임당로의 전체길이는 2500m 이며, 명 판이 설치된 곳이 사임당로 920m 지점이라는 의미이다.

24 건설기계를 검사유효기간이 끝난 후에 계속 운행하고자 할 때 받아야 하는 검사는?

① 계속검사   ② 신규등록검사
③ 수시검사   ④ 정기검사

24 정기검사는 건설기계의 검사유효기간이 끝난 후에 계속 하여 운행하려는 경우에 실시하는 검사이다.

25 건설기계관리법상 건설기계의 등록말소 사유에 해당하지 않은 것은?

① 건설기계를 도난당한 경우
② 건설기계의 차대가 등록 시의 차대와 다른 경우
③ 건설기계를 교육·연구목적으로 사용하는 경우
④ 건설기계의 구조변경을 목적으로 해체하는 경우

25 건설기계의 구조변경을 목적으로 해체하는 경우는 등록 말소 사유가 아니다.

26 건설기계관리법에서 정의한 "건설기계형식"에 대한 설명으로 옳은 것은?

① 구조·규격 및 성능 등에 관하여 일정하게 정한 것을 말한다.
② 유압의 성능 및 용량을 말한다.
③ 높이 및 넓이를 말한다.
④ 엔진의 구조 및 성능을 말한다.

26 "건설기계형식"이란 건설기계의 구조·규격 및 성능 등에 관하여 일정하게 정한 것을 말한다.

27 건설기계 운전자가 조종 중 고의로 인명피해를 입히는 사고를 일으켰을 때 면허처분 기준은?

① 면허효력 정지 10일
② 면허효력 정지 30일
③ 면허취소
④ 면허효력 정지 20일

27 건설기계 조종 중 고의로 인명피해(사망, 중상, 경상 등)를 입혔을 때 면허취소 처분을 받는다.

28 건설기계의 등록 전 임시운행 사유에 해당하지 않는 것은?

① 등록신청을 하기 위하여 건설기계를 등록지로 운행하는 경우
② 수출을 하기 위하여 건설기계를 선적지로 운행하는 경우
③ 장비 구입 전 이상 유무 확인을 위해 1일간 예비 운행을 하는 경우
④ 신개발 건설기계를 시험·연구의 목적으로 운행하는 경우

28 임시운행 사유
 • 등록신청을 위해 등록지로 운행
 • 신규 등록검사 및 확인검사를 위해 검사장소로 운행
 • 수출목적으로 선적지로 운행
 • 수출을 하기 위하여 등록말소한 건설기계를 정비, 점검하기 위하여 운행
 • 신개발 건설기계의 시험목적의 운행
 • 판매 및 전시를 위하여 일시적인 운행

29 도로교통법령상 주차를 금지하는 곳으로 가장 적절하지 않은 것은?

① 도로공사 구역의 양쪽 가장자리로부터 5m 이내인 곳
② 터널 안
③ 다리 위
④ 상가 앞 도로의 5m 이내인 곳

29 상가 앞 도로의 5m 이내인 곳은 도로교통법령상 주차를 금지하는 장소가 아니다.

30 교통사고 사상자가 발생하였을 때 도로교통법상 운전자가 즉시 취하여야 할 조치사항 중 가장 적절한 것은?

① 즉시 정차 − 사상자 구호 − 신고
② 증인확보 − 정차 − 사상자 구호
③ 즉시 정차 − 신고 − 위해방지
④ 즉시 정차 − 위해방지 −신고

30 교통사고 사상자 발생 시 운전자의 대응
  즉시 정차 − 사상자 구호 − 신고 및 위해방지

31 기관의 흡입공기를 선회시켜 엘리먼트 이전에서 이물질을 제거하는 에어클리너 방식은?

① 건식
② 원심 분리식
③ 비스커스식
④ 습식

31 원심 분리식(원심식) 공기청정기는 흡입공기를 원심력을 이용하여 흡입공기를 선회시켜 엘리먼트 이전에서 이물질을 제거한다.

32 실린더 헤드 개스킷에 대한 구비 조건으로 틀린 것은?

① 강도가 적당할 것
② 적중성이 적을 것
③ 기밀 유지가 좋을 것
④ 내열성과 내압성이 있을 것

32 실린더 헤드 개스킷의 구비조건
 • 내열성, 내압성, 적중성이 좋아야 한다.
 • 기밀유지가 좋아야 한다.
 • 강도가 적당해야 한다.

33 윤활유에 첨가하는 첨가제의 사용 목적으로 틀린 것은?

① 점도지수를 향상시킨다.
② 응고점을 높게 해준다.
③ 산화를 방지한다.
④ 유성을 향상시킨다.

34 왁스실에 왁스를 넣어 온도가 높아지면 팽창축을 올려 열리는 온도 조절기는?

① 바이패스 밸브형
② 펠릿형
③ 벨로즈형
④ 바이메탈형

35 착화성이 가장 좋은 연료는?

① 가솔린 　　　　　 ② 중유
③ 경유 　　　　　　 ④ 등유

36 전기장치의 배선작업 시작 전 제일 먼저 조치하여야 할 사항은?

① 배터리 접지선을 제거한다.
② 점화 스위치를 켠다.
③ 배터리 비중을 측정한다.
④ 고압케이블을 제거한다.

37 건설기계 운전 중 완전 충전된 축전지에 낮은 충전율로 충전이 되고 있는 경우는?

① 전압설정을 재조정해야 한다.
② 전류설정을 재조정해야 한다.
③ 전해액 비중을 재조정해야 한다.
④ 충전장치가 정상이다.

38 교류발전기의 특징으로 틀린 것은?

① 저속 시에도 충전이 가능하다.
② 소형 경량이다.
③ 전류조정기를 사용한다.
④ 다이오드 사용으로 정류 특성이 좋다.

39 지게차의 제동시스템에서 발생되는 베이퍼 록 현상의 원인은?

① 오일이 열을 받아서 기포가 발생하기 때문
② 라이닝 패드의 마모가 발생하기 때문
③ 오일이 냉각되어 기포가 발생하기 때문
④ 브레이크 드럼쪽에서 라이닝 패드가 달라붙기 때문

---

33 윤활유의 첨가제에는 점도지수 향상제, 산화 방지제, 유성 향상제, 부식 방지제, 기포 방지제 등이 있다.

34 수온조절기의 종류
　② 펠릿형 : 왁스실을 만들고 왁스와 합성고무를 봉입하여 온도가 높아지면 왁스가 녹아 팽창축을 올려 밸브를 여는 방식
　③ 벨로즈형 : 얇은 금속판으로 만든 벨로즈에 알코올 같은 비등점이 낮은 액체를 넣고, 온도가 올라가면 증가한 압력으로 벨로즈가 펴지면서 밸브를 여는 방식
　④ 열팽창률이 다른 두 개의 다른 금속을 덧대어 온도변화에 따라 밸브가 열리는 방식

35 착화성은 고온의 압축공기에 연료를 분사하였을 때 불이 붙는 성질을 말한다. 경유는 착화성이 가장 좋다.
　※ 가솔린은 인화성이 좋아야 한다.

36 전기장치의 배선작업을 하기 전 제일 먼저 축전지의 접지선을 제거한다.

37 건설기계 운전 중 완전 충전된 축전지의 충전율이 낮은 것은 정상이다.

38 교류발전기는 전류조정기를 사용하지 않는다.(다이오드가 그 역할을 대신함)

39 베이퍼 록 현상은 내리막길 등에서 브레이크를 지나치게 사용할 때 차륜 부분의 마찰열로 인해 브레이크 오일이 끓어(비등) 기포가 발생하여 제동력을 감소시키는 현상이다.

40 수동변속기가 장착된 지게차에서 클러치가 미끄러지는 원인으로 맞는 것은?

① 릴리스 레버가 마멸되었다.
② 클러치 페달의 유격이 크다.
③ 클러치 압력판 스프링이 약해졌다.
④ 파일럿 베어링이 마멸되었다.

41 지게차의 조향기어 백래시가 클 경우 발생할 수 있는 현상으로 가장 적절한 것은?

① 핸들이 한쪽으로 쏠린다.
② 엔진의 출력이 저하 된다.
③ 핸들의 유격이 커진다.
④ 조향 각도가 커진다.

42 지게차 포크 가이드의 기능으로 적합한 것은?

① 포크를 이용하여 다른 짐을 이동시키기 위해 필요한 것이다.
② 마스트를 따라 체인을 올리고 내리는 기능을 한다.
③ 포크 상, 하 운동을 위한 기구이다.
④ 과적을 예방하기 위한 장치이다.

43 지게차의 포크의 앞부분 끝단에서 지게차 후부의 제일 끝 부분까지의 길이를 무엇이라고 하는가?

① 전장   ② 전폭
③ 축간거리   ④ 윤간거리

44 솜, 양모, 펄프 등 가벼우면서 부피가 큰 화물의 운반에 적합한 지게차는?

① 사이드 클램프   ② 로드 스태빌라이저
③ 힌지드 포크   ④ 힌지드 버킷

45 지게차에 대한 설명 중 틀린 것은?

① 지게차의 등판능력은 경사지를 오를 수 있는 최대각도로서 %(백분율)와 °(도)로 표기한다.
② 지게차의 전폭이 작을수록 최소직각 통로폭이 커진다.
③ 포크 인상속도의 단위는 mm/s이며 부하 시와 무부하 시로 나누어 표기한다.
④ 최대 인상높이는 마스트가 수직인 상태에서의 최대 높이로 지면으로부터 포크 윗면까지의 높이를 말한다.

46 전동 지게차와 관련이 없는 것은?

① 틸트 실린더   ② 인젝터
③ 타이어   ④ 마스트

40 클러치가 미끄러지는 원인
• 클러치 페달 자유간극 과소
• 클러치 압력판 스프링이 약해짐
• 클러치판의 오일 부착
• 클러치판이나 압력판의 마멸

41 조향 기어의 백래시가 크면 핸들의 유격이 커진다.
※ 백래시(backlash) : 한 쌍의 기어를 맞물렸을 때 치면 사이에 생기는 틈새를 말한다.

백래시

42 포크 가이드는 포크를 이용하여 다른 짐을 이동할 목적으로 사용하기 위해서 필요하다.

지게차 포크 가이드

43 지게차의 앞부분 끝단에서 제일 끝부분까지의 길이를 '전장'이라고 한다.

44 사이드 클램프는 좌·우 사이드에 클램프가 설치되어 받침대 없이 가벼우면서 부피가 큰 화물(솜, 양모, 펄프 등)의 운반 및 적재에 적합하다.

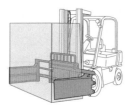

45 최소직각 통로폭은 지게차가 직각회전을 할 수 있는 최소통로의 폭을 말하며, 지게차의 전폭이 작을수록 최소직각 통로폭은 작아진다.

46 인젝터는 디젤기관의 연료분사노즐로 배터리로 구동되는 전동 지게차에서 사용되지 않는다.

47 지게차 작업장치의 부품이 아닌 것은?

① 핑거 보드   ② 배플 플레이트
③ 리프트 체인   ④ 백 레스트

47 배플 플레이트는 오일탱크 안에 설치된 격판을 말하며, 오일의 유동(출렁임)으로 인한 기포 형성을 방지하는 역할을 한다.

48 작업 용도에 따른 지게차의 작업장치가 아닌 것은?

① 로드 스테빌라이저(load stabilizer)
② 힌지드 버킷(hinged bucket)
③ 로테이팅 클램프(rotating clamp)
④ 곡면 포크(curved fork)

49 지게차 작업장치에 사용되고 있는 틸트 실린더와 리프트 실린더의 형식은?

① 틸트 실린더와 리프트 실린더 모두 복동방식이다.
② 틸트 실린더는 복동방식이고 리프트 실린더는 단동방식이다.
③ 틸트 실린더와 리프트 실린더 모두 단동방식이다.
④ 틸트 실린더는 단동방식이고 리프트 실린더는 복동방식이다.

49 지게차의 틸트 실린더는 복동식이고, 리프트 실린더는 단동식이다.

50 유압 도면기호에서 압력스위치를 나타내는 것은?

①   ②
③   ④

50 ① 유압 압력계
   ② 스톱 밸브
   ③ 축압기

51 작동유의 열화 상태를 확인하는 방법으로 적합하지 않는 것은?

① 냄새로 확인
② 점도 상태로 확인
③ 오일을 가열한 후 냉각되는 시간으로 확인
④ 침전물의 유무로 확인

51 작동유의 열화 상태는 냄새, 점도, 색깔, 침전물의 유무 등으로 판정한다.
※ 작동유의 열화 : 작동유를 장기간 고온에 노출되면서 오일 성분이 변하는 현상을 말한다.

52 지게차의 포크 하강속도의 빠름과 느림에 관여하는 밸브는?

① 유량제어 밸브   ② 압력제어 밸브
③ 마스트 체인 장력 조정 밸브   ④ 방향제어 밸브

52 유압기기의 속도는 유량으로 제어한다.

53 기어 펌프에 대한 설명으로 틀린 것은?

① 다른 펌프에 비해 흡입력이 매우 나쁘다.
② 초고압에는 사용이 곤란하다.
③ 플런저 펌프에 비해 효율이 낮다.
④ 소형이며 구조가 간단하다.

53 기어펌프는 다른 펌프에 비해 흡입력이 가장 좋다.

54 방향제어밸브의 종류에 해당하지 않는 것은?

① 교축 밸브
② 방향 변환 밸브
③ 체크 밸브
④ 셔틀 밸브

54 교축 밸브(스로틀 밸브)는 유량제어밸브이다.

55 유압 실린더의 주요 구성부품이 아닌 것은?

① 피스톤 로드
② 커넥팅 로드
③ 실린더
④ 피스톤

55 유압 실린더의 구성부품
피스톤, 피스톤 로드, 실린더, 실(seal), 쿠션기구
※ 커넥팅 로드는 피스톤의 왕복운동을 크랭크축의 회전운동으로 변환하는 장치이다.

56 유압탱크의 기능이 아닌 것은?

① 계통 내의 필요한 유량 확보
② 탱크 외벽의 방열에 의한 적정 온도 유지
③ 차폐장치에 의해 기포 발생 방지
④ 계통 내 필요한 압력 발생

56 유압탱크의 기능
• 계통 내의 필요한 유량 확보
• 격판(차폐장치)에 의한 기포 발생 방지 및 제거
• 탱크 외벽의 방열에 의한 적정온도 유지
• 스트레이너 설치로 회로 내 불순물 혼입 방지
※ 계통 내 필요한 압력을 발생시키는 기기는 유압펌프이다.

57 유압회로 내의 유압이 상승되지 않을 때의 점검사항으로 틀린 것은?

① 자기탐상법에 의한 작업장치의 균열 점검
② 펌프로부터 정상유압이 발생되는지 점검
③ 오일탱크의 오일량 점검
④ 오일이 누출되는지 점검

57 지게차 작업에서 유압이 상승하지 않는 원인은 유압유가 부족하거나 유압장치부분의 누유 및 고장이다.

58 유압장치에서 유압을 제어하는 방법이 아닌 것은?

① 밀도 제어
② 압력 제어
③ 유량 제어
④ 방향 제어

58 유압의 제어방법
• 압력 제어 : 일의 크기 제어
• 방향 제어 : 일의 방향 제어
• 유량 제어 : 일의 속도 제어

59 유압유의 압력을 제어하는 밸브가 아닌 것은?

① 시퀀스 밸브
② 릴리프 밸브
③ 교축 밸브
④ 리듀싱 밸브

59 교축 밸브(스로틀 밸브)는 유량제어밸브이다.
① 시퀀스 밸브 : 특정 압력에서만 밸브가 열리게 하는 함
② 릴리프 밸브 : 정해진 규정압력 이상의 유압을 유압탱크로 보내 압력을 제한시킴
④ 리듀싱 밸브(감압 밸브) : 주 회로가 아닌 특정 회로에 필요로 하는 압력으로 낮춤

60 유압 모터에서 소음과 진동이 발생할 때의 원인이 아닌 것은?

① 내부 부품의 파손
② 유압유 속에 공기의 혼입
③ 체결 볼트의 이완
④ 펌프의 최고 회전속도 저하

60 펌프의 회전속도 저하는 유압 모터에서 소음과 진동이 발생하는 원인이 아니다.

[CBT 적중 모의고사 제2회 정답]

01 ③	02 ②	03 ④	04 ②	05 ③	06 ③	07 ①	08 ①	09 ④	10 ③
11 ①	12 ③	13 ③	14 ④	15 ③	16 ③	17 ④	18 ③	19 ④	20 ④
21 ③	22 ①	23 ②	24 ④	25 ④	26 ①	27 ③	28 ③	29 ④	30 ①
31 ②	32 ②	33 ②	34 ②	35 ③	36 ①	37 ④	38 ③	39 ①	40 ③
41 ③	42 ①	43 ①	44 ①	45 ②	46 ②	47 ②	48 ④	49 ②	50 ④
51 ③	52 ①	53 ①	54 ①	55 ②	56 ④	57 ①	58 ①	59 ③	60 ④

최종점검 – 변경된 출제기준에 따라 출제빈도가 높은 기출문제와 예상문제를 엄선하다!

CBT 적중모의고사 3회

해설

▶ 실력테스트를 위해 문제 옆 해설란을 가리고 문제를 풀어보세요 ▶ 정답은 276쪽에 있습니다.

01 산업안전보건표지의 종류에서 지시표시에 해당하는 것은?

① 안전모 착용
② 차량통행금지
③ 고온경고
④ 출입금지

01 산업안전보건표지에는 금지표지, 경고표지, 지시표지, 안내표지가 있으며 안전모착용은 지시표지이다.

02 공구 및 장비 사용에 대한 설명으로 틀린 것은?

① 볼트와 너트는 가능한 소켓 렌치로 작업한다.
② 토크 렌치는 볼트와 너트를 푸는 데 사용한다.
③ 공구를 사용 후 공구상자에 넣어 보관한다.
④ 마이크로미터를 보관할 때는 직사광선에 노출시키지 않는다.

02 토크 렌치는 볼트나 너트를 조일 때 규정값에 정확히 맞도록 하기 위하여 사용한다.

03 사고의 직접적인 원인으로 가장 적절한 것은?

① 성격결함
② 유전적인 요소
③ 사회적 환경요인
④ 불안전한 행동 및 상태

03 불안전한 행동 및 상태는 사고의 직접적인 원인이며, 재해 발생원인 중 가장 높은 비중을 차지한다.

04 안전교육의 목적으로 맞지 않는 것은?

① 위험에 대처하는 능력을 기른다.
② 작업에 대한 주의심을 파악할 수 있게 한다.
③ 능률적인 표준작업을 숙달시킨다.
④ 소비절약 능력을 배양한다.

04 안전교육과 소비절약은 거리가 멀다.

05 에어공구 사용 시 주의사항으로 틀린 것은?

① 규정 공기압력을 유지한다.
② 압축공기 중 수분을 제거하여 준다.
③ 에어 그라인더 사용 시 회전수에 유의한다.
④ 보호구는 사용 안 해도 무방하다.

05 에어공구 작업뿐만 아니라 모든 작업에서 사용가능한 보호구는 꼭 착용해야 한다.

06 조정렌치 사용상 안전 및 주의사항으로 옳은 것은?

① 렌치를 사용 할 때는 반드시 연결대를 사용한다.
② 렌치를 사용 할 때는 규정보다 큰 공구를 사용한다.
③ 렌치를 잡아당길 때 힘을 준다.
④ 상황에 따라 망치 대용으로 렌치로 두들긴다.

06 스패너나 렌치를 사용할 때 볼트나 너트에 잘 결합하고 앞으로 잡아당길 때 힘이 걸리도록 작업한다.

07 화재 소화 작업 시 행동 요령으로 틀린 것은?

① 가스 밸브를 잠근다.
② 유류화재에는 물을 뿌린다.
③ 전기스위치를 끈다.
④ 화재가 일어나면 화재 경보를 한다.

07 유류화재를 진화할 때는 분말 소화기, 탄산가스 소화기가 적당하며, 물을 뿌리면 유증기로 인해 불길이 확산되므로 사용해서는 안 된다.

08 볼트 머리나 너트 주위를 완전히 감싸기 때문에 사용 중 미끄러질 위험성이 적은 렌치는?

① 조정 렌치
② 복스 렌치
③ 파이프 렌치
④ 오픈 엔드 렌치

08 복스 렌치는 끝 부분이 막혀 있어 사용 중에 미끄러지는 것을 방지해 준다.

09 방진마스크를 착용해야 하는 작업장은?

① 분진이 많은 작업장
② 소음이 심한 작업장
③ 산소가 결핍되기 쉬운 작업장
④ 온도가 낮은 작업장

09 방진마스크는 분진(먼지)이 많은 작업장에서 사용한다.

10 연삭기에서 연삭칩의 비산을 막기 위한 안전 방호 장치는?

① 안전 덮개
② 양수 조작식 방호장치
③ 급정지 장치
④ 광전식 안전 방호장치

10 연삭기 작업 중 연삭칩의 비산(흩뿌려짐)을 막기 위하여 안전덮개를 설치한다.

11 디젤기관의 출력이 저하되는 원인으로 틀린 것은?

① 흡입공기 압력이 높을 때
② 노킹이 일어 날 때
③ 흡기계통이 막혔을 때
④ 연료분사량이 적을 때

11 디젤기관의 출력이 저하되는 원인은 연료분사량이 적을 때, 분사시기가 맞지 않을 때, 실린더의 압축압력이 낮을 때, 흡·배기 계통이 막힐 때, 기관에 노킹이 일어 날 때 등이다.

12 지게차 조종석 계기판에 없는 것은?

① 진공계
② 냉각수 온도계
③ 엔진회전속도(rpm)
④ 연료계

12 지게차 조종석 계기판에 진공계는 없다.

13 지게차에 화물을 적재하고 주행할 때의 주의사항으로 틀린 것은?

① 포크나 카운터 웨이트 등에 사람을 태우고 주행해서는 안 된다.
② 전방시야가 확보되지 않을 때는 후진으로 진행하면서 경적을 울리며 천천히 주행한다.
③ 험한 땅, 좁은 통로, 고갯길 등에서는 급발진, 급제동, 급선회 하지 않는다.
④ 급한 고갯길을 내려갈 때는 변속레버를 중립에 두거나 엔진을 끄고 타력으로 내려간다.

13 내리막길에서는 저속기어로 엔진브레이크를 사용하여 내려가야 하며, 엔진을 끄거나 기어 중립상태로 타력을 이용하여 내려가면 안 된다.
※ 하이드로백과 같이 엔진이 작동할 때 발생되는 진공을 이용한 제동장치는 엔진이 꺼지면 제동이 걸리지 않는다.

14 작업 전 지게차의 워밍업 운전 및 점검사항으로 틀린 것은?

① 엔진 시동 후 5분간 저속운전 실시
② 시동 후 작동유의 유온을 정상 범위 내에 도달하도록 고속으로 전, 후진 주행을 2~3회 실시
③ 틸트 레버를 사용하여 전 행정으로 전, 후 경사운동 2~3회 실시
④ 리프트 레버를 사용하여 상, 하강 운동을 전 행정으로 2~3회 실시

14 워밍업은 시동 후 차가운 엔진을 정상범위의 온도(약 80~90℃)에 도달하도록 하는 것으로, 차가운 엔진을 고속으로 회전시키거나 부하를 크게 주면 연비 저하, 유해가스 증가 그리고 윤활유가 정상 작용을 못하므로 엔진 부품에 손상을 줄 수 있다.

※ 지게차 작업장치를 위한 작동유과 엔진의 워밍업과는 무관하다.

15 화물을 적재하고 주행할 때 포크와 지면과의 간격으로 가장 적당한 것은?

① 지면에 밀착
② 80~85cm
③ 50~55cm
④ 20~30cm

15 지게차로 화물을 적재하고 주행 시 포크의 높이는 지면으로부터 20~30cm를 유지한다.

16 지게차 주차 시 주의사항으로 틀린 것은?

① 전·후진 레버를 전진상태로 둔다.
② 포크의 끝, 선단이 지면에 닿도록 앞으로 틸트한다.
③ 포크를 지면에 닿게 내려놓는다.
④ 주차레버를 체결한 후 하차한다.

16 지게차 주차 시 전·후진 레버는 중립에 위치하고 주차 브레이크를 체결 후 안전하게 주차한다.

17 건설기계의 구조 변경 범위에 속하지 않는 것은?

① 조종장치의 형식 변경
② 건설기계의 길이, 너비, 높이 변경
③ 수상작업용 건설기계 선체의 형식변경
④ 작업장치 중 가공작업을 수반하지 않고 작업장치를 부착할 경우의 형식변경

17 가공작업을 수반하지 아니하고 작업장치를 선택부착하는 경우에는 작업장치의 형식변경으로 보지 아니한다.

18 건설기계를 등록신청 하기 위하여 일시적으로 등록지로 운행하는 임시운행 기간은?

① 15일 이내
② 10일 이내
③ 1개월 이내
④ 3개월 이내

18 건설기계의 등록신청을 하기 위하여 임시운행을 할 경우 그 기간은 15일 이내이다.

19 미등록 건설기계의 임시운행 사유에 해당되는 것은?

① 등록신청을 위하여 건설기계를 등록지로 운행하는 경우
② 정기검사를 받기 위하여 건설기계를 검사장소로 운행하는 경우
③ 등록말소를 위하여 건설기계를 폐기장으로 운행하는 경우
④ 작업을 위하여 건설현장에서 건설기계를 운행하는 경우

19 임시운행 사유
• 등록신청을 위해 등록지로 운행
• 신규 등록검사 및 확인검사를 위해 검사장소로 운행
• 수출목적으로 선적지로 운행
• 수출을 하기 위하여 등록말소한 건설기계를 정비, 점검하기 위하여 운행
• 신개발 건설기계의 시험목적의 운행
• 판매 및 전시를 위하여 일시적인 운행

20 건설기계관리법상 건설기계 검사의 종류가 아닌 것은?

① 신규 등록검사
② 수시검사
③ 임시검사
④ 구조변경검사

20 건설기계관리법령상 건설기계의 검사는 신규등록검사, 정기검사, 구조변경검사, 수시검사가 있다.

21 편도 2차로 고속도로에서 건설기계는 몇 차로로 통행하여야 하는가?

① 통행불가
② 갓길
③ 1차로
④ 2차로

21 편도2차로의 고속도로에서 건설기계는 오른쪽차로(2차로)로 통행하여야 한다.

22 차량이 남쪽에서부터 북쪽 방향으로 진행 중일 때, 다음과 같은 「3방향 도로명표지」에 대한 설명으로 틀린 것은?

① 차량을 우회전하는 경우 '새문안길'로 진입할 수 있다.
② 연신내역 방향으로 가려는 경우 차량을 직진한다.
③ 차량을 우회전하는 경우 '새문안길' 도로구간의 시작지점에 진입할 수 있다.
④ 차량을 좌회전하는 경우 '충정로' 도로구간의 시작지점에 진입할 수 있다.

22 도로구간의 시작지점과 끝지점은 "서쪽에서 동쪽, 남쪽에서 북쪽 방향으로 설정되므로, 차량을 좌회전하는 경우 '충정로' 도로구간의 끝지점에 진입한다.

23 교차로에 이미 진입한 상태에서 황색등화가 점멸하고 있을 때 운전자의 행동으로 가장 적합한 것은?

① 빨리 좌회전으로 전환하여야 한다.
② 일시 정지하여 녹색신호를 기다린다.
③ 그 자리에 정지하여야 한다.
④ 신속히 교차로 밖으로 진행한다.

23 교차로에 이미 진입하였을 때 황색등화가 점멸한다면 지체 없이 신속하게 교차로 밖으로 진행해야 한다.

24 건설기계의 등록번호를 부착 또는 봉인하지 아니한 건설기계를 운행한 자에게 부과되는 과태료로 옳은 것은?

① 100만원 이하의 과태료
② 30만원 이하의 과태료
③ 50만원 이하의 과태료
④ 20만원 이하의 과태료

24 100만원 이하의 과태료
• 등록번호표를 부착·봉인하지 아니하거나 등록번호를 새기지 아니한 자
• 등록번호표를 부착 및 봉인하지 아니한 건설기계를 운행한 자

25 폭설로 가시거리가 100미터 이내일 때 건설기계로 도로운행 시 최고속도의 얼마로 감속하여야 하는가?

① 100분의 50을 줄인 속도
② 100분의 20을 줄인 속도
③ 100분의 30을 줄인 속도
④ 100분의 70을 줄인 속도

25 폭설로 가시거리가 100m 이내일 경우 최고속도의 100분의 50을 줄인 속도로 운행하여야 한다.

26 건설기계의 등록번호를 가리거나 훼손하여 알아보기 곤란하게 한 자에게 부과하는 벌금으로 옳은 것은?

① 100만원 이하
② 300만원 이하
③ 500만원 이하
④ 1000만원 이하

26 등록번호를 지워 없애거나 그 식별을 곤란하게 한 자는 1년 이하의 징역 또는 1000만원 이하의 벌금에 처한다.

27 압력식 라디에이터 캡을 사용하여 얻는 이점은?

① 냉각 팬을 제거할 수 있다.
② 물 펌프의 성능을 향상시킬 수 있다.
③ 냉각수의 비등점을 올릴 수 있다.
④ 라디에이터의 구조를 간단하게 할 수 있다.

27 압력식 라디에이터 캡은 냉각수의 비등점을 올려서 물이 오버히트되는 것을 방지한다.

28 4행정 사이클 기관의 행정 순서로 맞는 것은?

① 압축 → 흡입 → 동력 → 배기
② 압축 → 동력 → 흡입 → 배기
③ 흡입 → 동력 → 압축 → 배기
④ 흡입 → 압축 → 동력 → 배기

28 4행정 기관의 행정순서는 흡입, 압축, 동력(폭발), 배기이다.

29 오일 팬에 있는 오일을 흡입하여 기관의 각 운동부분에 압송하는 오일펌프로 가장 많이 사용되는 것은?

① 로터리 펌프, 기어 펌프, 베인 펌프
② 기어 펌프, 원심 펌프, 베인 펌프
③ 나사 펌프, 원심 펌프, 기어 펌프
④ 피스톤 펌프, 나사 펌프, 원심 펌프

29 윤활장치의 오일펌프에서 주로 사용되는 펌프는 기어펌프, 로터(로터리)펌프, 베인펌프, 플런저펌프 등이다. 원심펌프는 사용되지 않는다.

30 디젤 기관 인젝션 펌프에서 딜리버리 밸브의 기능으로 틀린 것은?

① 유량 조정   ② 역류 방지
③ 후적 방지   ④ 잔압 유지

30 딜리버리 밸브는 연료의 역류 방지, 노즐에서의 후적 방지, 연료라인의 잔압 유지 기능을 한다.

31 기관의 실린더 수가 많을 때의 장점이 아닌 것은?

① 기관의 진동이 적다.
② 연료 소비가 적고 큰 동력을 얻을 수 있다.
③ 가속이 원활하고 신속하다.
④ 저속 회전이 용이하고 큰 동력을 얻을 수 있다.

31 기관의 실린더 수가 많으면 연료소비는 많아진다.

32 12V의 동일한 용량의 축전지 2개를 직렬로 접속하면?

① 전압이 높아진다.   ② 용량이 증가한다.
③ 용량이 감소한다.   ④ 저항이 감소한다.

32 동일한 용량의 축전지 2개를 직렬로 접속하면 전압이 2배가 되고, 병렬로 접속하면 용량이 2배가 된다.

33 기동 전동기의 구성품 중 전류를 받아서 자력선을 형성하는 것은?

① 계자 코일   ② 슬립링
③ 오버런닝 클러치   ④ 브러시

33 계자 코일은 계자 철심에 감겨져 전류가 흐르면 자력선을 형성한다.

34 작동 중인 교류 발전기의 소음발생 원인과 가장 거리가 먼 것은?

① 고정볼트가 풀렸다.
② 축전지가 방전되었다.
③ 베어링이 손상되었다.
④ 벨트장력이 약하다.

34 축전지의 방전은 교류 발전기의 소음발생 원인이 아니다.

35 ( )에 들어갈 알맞은 내용은?

【보기】
건설기계에 사용되는 전조등은 고장예방을 위해 대부분 ( )로 접속되어 있다.

① 직렬
② 병렬 후 직렬
③ 직렬 후 병렬
④ 병렬

35 전조등 회로는 병렬로 연결된 복선식으로 구성되어 한쪽 전조등이 고장나더라도 다른 전조등이 영향을 받지 않도록 한다.

36 지게차 클러치의 용량은 엔진 회전력의 몇 배이며 이보다 클 때 나타나는 현상은?

① 3.5~4.5배 정도이며 압력판이 엔진 플라이휠에서 분리될 때 엔진이 정지되기 쉽다.
② 3.5~4.5배 정도이며 압력판이 엔진 플라이휠에 접속될 때 엔진이 정지되기 쉽다.
③ 1.5~2.5배 정도이며 클러치가 엔진 플라이휠에서 접속될 때 엔진이 정지되기 쉽다.
④ 1.5~2.5배 정도이며 클러치가 엔진 플라이휠에서 분리될 때 충격이 오기 쉽다.

36 지게차 클러치의 용량은 일반적으로 기관의 최대 토크에 대해 1.5~2.5배 정도이며, 클러치 용량이 과도하게 크면 클러치가 엔진 플라이휠에 접속 시 엔진이 정지하거나 충격이 오기 쉽다.

37 동력전달장치에서 토크컨버터에 대한 설명으로 틀린 것은?

① 부하에 따라 자동적으로 토크가 조절된다.
② 일정 이상의 과부하가 걸리면 엔진이 정지한다.
③ 기계적인 충격을 흡수하여 엔진의 수명을 연장한다.
④ 조작이 용이하고 엔진에 무리가 없다.

37 장비에 부하가 걸릴 때 토크컨버터의 터빈속도는 느려진다.

38 지게차에서 앞바퀴 정렬의 역할과 거리가 먼 것은?

① 방향 안정성을 준다.
② 조향핸들의 조작을 작은 힘으로 쉽게 할 수 있게 한다.
③ 브레이크의 수명을 길게 한다.
④ 타이어 마모를 최소로 한다.

38 차륜정렬의 역할
• 조향 휠의 조작안정성 및 주행안정성을 준다.
• 조향 휠에 적중성을 준다.
• 조향휠의 조작력을 가볍게 한다.
• 타이어의 편마모 방지로 타이어의 수명 연장
※ 앞바퀴 정렬은 브레이크의 수명과는 관련이 없다.

39 지게차 조향바퀴정렬의 요소가 아닌 것은?

① 캠버(camber)
② 토인(toe in)
③ 캐스터(caster)
④ 부스터(booster)

39 조향바퀴 얼라인먼트는 토인, 캠버, 캐스터, 킹핀 경사각이다.

40 지게차 유압식 브레이크의 주요부품이 아닌 것은?

① 휠 실린더　　　　　② 마스터 실린더
③ 하이드로 백　　　　④ 드래그링크

40 드래그 링크는 유압 조향실린더 작동기와 벨 크랭크 사이에 설치되는 조향장치의 구성품이다.

41 지게차의 포크 조작과 관련된 레버만을 나열한 것은?

① 리프트 레버, 마스트 레버　　② 스윙 레버, 리프트 레버
③ 틸트 레버. 리프트 레버　　　④ 틸트 레버, 스윙 레버

41 리프트 레버는 포크를 위아래로 움직이고, 틸트 레버는 포크를 앞뒤로 경사시킨다.

42 축전지와 전동기를 동력원으로 하는 지게차는?

① 엔진 지게차　　　　② 유압 지게차
③ 수동 지게차　　　　④ 전동 지게차

42 축전지를 동력원으로 하는 지게차는 전동 지게차이다.

43 지게차의 조종 레버에 대한 설명으로 틀린 것은?

① 로어링 : 짐을 내릴 때 사용
② 리프팅 : 짐을 올릴 때 사용
③ 틸팅 : 짐을 기울일 때 사용
④ 덤핑 : 짐을 옮길 때 사용

43 리프팅과 로어링은 포크를 상승 또는 하강하는 동작이며, 틸팅을 마스트를 전경 또는 후경시키는 동작이다.

44 일반적으로 지게차의 장비 중량에 포함되지 않는 것은?

① 연료　　　　　　　② 냉각수
③ 운전자　　　　　　④ 그리스

44 지게차의 장비 중량은 연료, 냉각수, 그리스 등이 모두 포함된 상태에서의 총 중량을 말하며, 운전자의 무게는 포함되지 않는다.

45 지게차가 무부하 상태에서 최대 조향각으로 운행 시 가장 바깥쪽바퀴의 접지 자국 중심점이 그리는 원의 반경을 무엇이라고 하는가?

① 윤간거리　　　　　② 최소선회 지름
③ 최소회전 반경　　　④ 최소직각 통로폭

45 최소회전 반경
무부하 상태에서 최대 조향각으로 운행한 경우, 가장 바깥바퀴 접지자국의 중심점이 그리는 궤적의 반지름(원의 반경)을 말한다.

46 지게차에서 카운터 웨이트의 역할은?

① 포크의 화물 뒤쪽을 받쳐준다.
② 앞쪽에 화물을 실었을 때 전복을 방지한다.
③ 리프트 롤러를 통해 상·하 미끄럼 운동을 한다.
④ 포크를 상승 및 하강시키는 작용을 한다.

46 카운터 웨이트는 밸런스 웨이트라고도 하며, 작업 시 균형을 잡아 화물로 인한 전복의 위험을 방지한다.

47 지게차의 조향 방법으로 맞는 것은?

① 전자 조향　　　　　② 4륜 조향
③ 전륜 조향　　　　　④ 후륜 조향

47 지게차는 앞바퀴 구동, 후륜(뒷바퀴) 조향방식이다.

48 유압모터를 선택할 때의 고려사항으로 가장 거리가 먼 것은?

① 효율　　　　　　② 부하
③ 점도　　　　　　④ 동력

49 지게차는 자동차와 다르게 현가 스프링을 사용하지 않는 이유를 설명한 것으로 옳은 것은?

① 화물에 충격을 줄여주기 위해
② 롤링이 생기면 적하물이 떨어질 수 있기 때문에
③ 앞차축이 구동축이기 때문에
④ 현가장치가 있으면 조향이 어렵기 때문에

50 유압유(작동유)의 주요 기능이 아닌 것은?

① 냉각작용　　　　② 압축작용
③ 윤활작용　　　　④ 동력전달작용

51 어큐뮬레이터의 용도로 적합하지 않은 것은?

① 유압 에너지의 저장　　② 충격 흡수
③ 유량 분배 및 제어　　　④ 압력 보상

52 유압회로에서 유압유의 점도가 높을 때 발생될 수 있는 현상이 아닌 것은?

① 열 발생의 원인이 될 수 있다.
② 유압이 낮아진다.
③ 동력손실이 커진다.
④ 관내의 마찰손실이 커진다.

53 지게차에서 작동유를 한 방향으로는 흐르게 하고 반대방향으로는 흐르지 않게 하기 위해 사용하는 밸브는?

① 릴리프 밸브　　　② 부부하 밸브
③ 감압 밸브　　　　④ 체크 밸브

54 액추에이터의 속도를 서서히 감속시키는 경우나 서서히 증속시키는 경우에 사용되며, 일반적으로 캠(cam)으로 조작되는 밸브는?

① 카운터밸런스 밸브　　② 디셀러레이션 밸브
③ 체크 밸브　　　　　　④ 릴리프 밸브

55 유압장치의 기본 구성요소가 아닌 것은?

① 유압 실린더　　　② 유압 펌프
③ 종감속 기어　　　④ 유압 제어 밸브

---

48 유압모터를 선택할 때 고려해야 할 사항
- 체적 및 효율이 우수할 것
- 주어진 부하에 대한 내구성이 클 것
- 필요한 동력을 얻을 수 있을 것

49 지게차에 현가 스프링을 사용하면 롤링(좌우로 흔들림)이 생겨 적하물이 떨어질 수 있으므로 사용하지 않는다.

50 유압 작동유의 역할
- 압력에너지를 이송하여 동력을 전달한다.
- 윤활작용 및 냉각작용을 한다.
- 부식을 방지한다.
- 필요한 요소 사이를 밀봉한다.

51 어큐뮬레이터(Accumulator)의 용도
- 유압유의 압력 에너지를 저장
- 서지 압력(충격 압력)의 흡수, 펌프 맥동의 흡수
- 일정한 압력의 유지 및 압력강하에 대한 압력보상
- 비상용 유압원 및 보조유압원

52 유압유의 점도가 높으면 유압이 높아지는 원인이 된다.

53 체크 밸브는 작동유를 한 방향으로만 흐르게 하여 유압회로에서 역류를 방지하고 회로 내의 잔압을 유지하게 한다

54 디셀러레이션 밸브(감속밸브)는 유량을 감소시켜 액추에이터의 속도를 서서히 감속시키는 밸브이며, 캠에 의해 조작된다.

55 종감속 기어는 동력전달장치의 구성요소로, 추진축의 회전력을 차축에 전달하는 역할을 한다.

56 지게차의 유압 복동 실린더에 대한 설명으로 틀린 것은?

① 싱글 로드형이 있다.

② 더블 로드형이 있다.

③ 피스톤의 양방향으로 유압을 받아 늘어난다.

④ 수축은 자중이나 스프링에 의해서 이루어진다.

56 수축을 자중이나 스프링에 의하는 실린더는 유압 단동 실린더이다.

57 다음 유압기호에서 "A" 부분이 나타내는 것은?

① 가변용량 유압모터

② 스트레이너

③ 가변용량 유압펌프

④ 오일 냉각기

57 스트레이너 : 굵은 입자를 걸러내는 필터

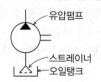

유압펌프

스트레이너

오일탱크

58 일반적인 오일탱크의 구성품이 아닌 것은?

① 드레인 플러그   ② 스트레이너

③ 유압 실린더   ④ 배플 플레이트

58 오일탱크는 스트레이너, 배플 플레이트, 드레인 플러그, 유면계로 구성되어 있다.

59 리듀싱(감압)밸브에 대한 설명으로 틀린 것은?

① 입구의 주회로에서 출구의 감압회로로 유압유가 흐른다.

② 출구의 압력이 감압밸브의 설정압력보다 높아지면 밸브가 작동하여 유로를 닫는다.

③ 상시 폐쇄상태로 되어 있다.

④ 유압장치에서 회로 일부의 압력을 릴리프밸브 설정압력 이하로 하고 싶을 때 사용한다.

59 감압밸브는 주회로 압력보다 낮은 압력으로 작동체를 작동시키고자 하는 분기회로에 사용되는 밸브로, 하류의 압력이 지시압력보다 낮으면 유체는 밸브를 통과하고, 압력이 높아지면 밸브가 닫혀 압력을 감소시킨다.
※ 감압밸브는 상시 열림상태이다.

60 일반적인 유압펌프에 대한 설명으로 틀린 것은?

① 오일을 흡입하여 컨트롤 밸브로 송유한다.

② 엔진 또는 모터의 동력으로 구동된다.

③ 동력원이 회전하는 동안에는 항상 회전한다.

④ 벨트에 의해서만 구동된다.

60 유압펌프의 구동은 벨트나 기어장치에 의해서 구동된다.

【 CBT 적중 모의고사 제3회 정답 】

01 ①	02 ②	03 ④	04 ④	05 ④	06 ③	07 ②	08 ②	09 ①	10 ①
11 ①	12 ①	13 ④	14 ②	15 ④	16 ①	17 ④	18 ①	19 ①	20 ③
21 ④	22 ④	23 ④	24 ①	25 ①	26 ④	27 ③	28 ④	29 ①	30 ①
31 ②	32 ①	33 ①	34 ②	35 ④	36 ③	37 ②	38 ③	39 ④	40 ④
41 ③	42 ④	43 ④	44 ③	45 ③	46 ②	47 ④	48 ③	49 ②	50 ②
51 ③	52 ②	53 ④	54 ②	55 ③	56 ④	57 ②	58 ③	59 ③	60 ④

CBT 적중모의고사 4회

해설

▶ 실력테스트를 위해 문제 옆 해설란을 가리고 문제를 풀어보세요 ▶ 정답은 285쪽에 있습니다.

---

01 안전·보건표지의 종류와 형태에서 그림의 안전표지판이 나타내는 것은?

① 출입금지
② 작업금지
③ 보행금지
④ 사용금지

01 사용금지 표지이다.

---

02 줄 작업을 위한 적절한 방법과 거리가 먼 것은?

① 공작물을 정확히 바이스에 고정한다.
② 작업 시작 전 줄의 상태를 확인한다.
③ 작업 중 발생하는 절삭 가루의 제거에는 솔을 사용한다.
④ 허리를 곧게 펴고 한손만 사용하여 작업한다.

02 줄 작업을 할 때에는 양손을 이용하여 단단히 잡고 작업한다.

---

03 보통화재라고 하며, 목재, 종이 등 일반 가연물의 화재로 분류되는 것은?

① A급 화재
② B급 화재
③ C급 화재
④ D급 화재

03 화재의 분류

A급 화재	목재, 종이, 천 등 고체 가연물의 화재
B급 화재	가연성 유류 및 가스에 의한 화재
C급 화재	전기에 의한 화재
D급 화재	금속나트륨이나 금속칼륨 등의 금속화재

---

04 산업재해의 분류에서 사람이 평면상으로 넘어졌을 때(미끄러짐 포함)를 말하는 것은?

① 낙하
② 충돌
③ 전도
④ 추락

04 산업재해에서 미끄러짐을 포함하여 넘어지는 것을 전도(顚倒)라고 한다.

---

05 자연적 재해가 아닌 것은?

① 지진
② 방화
③ 홍수
④ 태풍

---

06 스패너 작업 시 유의할 사항으로 틀린 것은?

① 너트에 스패너를 정확히 물려서 힘을 준다.
② 스패너 치수와 너트의 크기가 알맞은 것을 사용해야 한다.
③ 스패너의 자루에 파이프를 연결하여 사용해서는 안 된다.
④ 스패너와 너트 사이에는 쐐기를 넣고 사용하는 것이 편리하다.

06 스패너와 너트 사이에 쐐기 등을 넣지 않는다.

---

chapter 10

07 산업안전보건법상 안전보건표지에서 색채와 용도가 틀리게 짝지어진 것은?

① 파란색 : 지시
② 녹색 : 안내
③ 노란색 : 위험
④ 빨간색 : 금지, 경고

08 안전관리 상 옳지 못한 것은?

① 기름 묻은 걸레는 정해진 용기에 보관한다.
② 흡연은 정해진 장소에서 한다.
③ 쓰고 남은 기름은 하수구에 버린다.
④ 연소하기 쉬운 물질은 특히 주의를 요한다.

08 쓰고 남은 기름은 환경오염 및 인체에 해로울 수 있으므로 항상 허가된 자격자에 의해서 처리하여야 한다.

09 유류 및 전기화재 모두 적용 가능하나, 질식 작용에 의해 화염을 진화하기 때문에 실내 사용에는 특히 주의를 기울여야 하는 것은?

① A급 화재 소화기
② 이산화탄소 소화기
③ 모래
④ 분말 소화기

09 이산화탄소 소화기는 질식 작용에 의해 화염을 진화시키는 소화기로 유류화재 및 전기화재에 적용한다.

10 기계 취급에 관한 안전수칙 중 잘못된 것은?

① 기계운전 중에는 자리를 지킨다.
② 기계의 청소는 작동 중에 수시로 한다.
③ 기계운전 중 정전 시 메인 스위치를 끈다.
④ 기계공장에서는 작업복과 안전화를 착용한다.

10 기계의 청소는 작업 후에 기계의 동작을 완전히 멈춘 후에 한다.

11 지게차 용도에 따른 분류 중 어느 분류에 속하는가?

① 운반장비
② 포장장비
③ 인양장비
④ 토목장비

11 지게차는 화물을 운반하는 목적으로 사용된다.

12 지게차 작업장치에서 작업 전 점검사항에 해당하는 것은?

① 좌·우 마스트 체인의 유격 동일 여부
② 좌·우 붐 인양 로프의 마모 여부
③ 버킷 실린더의 오일 누유 여부
④ 블레이드의 정상적인 좌·우 이동 여부

12 ②, ③, ④는 지게차의 작업장치가 아니다.

13 지게차 주행방법에 대한 설명으로 틀린 것은?

① 틸트는 적재물이 백레스트에 완전히 닿도록 하고 운행한다.
② 경사지에서 내려올 때는 후진으로 주행한다.
③ 앞바퀴가 지면에서 5cm 이하로 떨어졌을 때는 카운터 밸런스 중량을 올린다.
④ 주행방향을 바꿀 때에는 완전 정지 또는 저속에서 운행한다.

13 화물이 너무 무거워 뒷바퀴가 들릴 때 카운터 밸러스의 중량을 올린다.

14 지게차의 분류 중 동력원에 의한 분류가 아닌 것은?

① LPG 지게차   ② 디젤 지게차

③ 전동 지게차   ④ 복륜식 지게차

14 지게차의 동력원에 의한 분류는 디젤지게차, LPG지게차, 가솔린지게차, 전동지게차가 있다.

15 지게차 운전자가 지켜야 할 안전수칙으로 틀린 것은?

① 허용 하중을 초과하여 운행하지 말 것

② 화물을 높이 들고 운반하지 말 것

③ 포크 끝단으로 화물을 올리지 말 것

④ 화물로 인하여 전면시야가 방해 받을 경우 후진 운행 하지 말 것

15 지게차 작업 시 전방시야가 방해 받을 경우 후진으로 운행하여야 한다.

16 지게차에서 주행 중 핸들이 떨리는 원인으로 틀린 것은?

① 포크가 휘었을 때

② 타이어 밸런스가 맞지 않을 때

③ 타이어 휠이 휘었을 때

④ 킹핀의 각도가 적당하지 못할 때

16 지게차의 포크는 지게차의 주행성능과는 관련이 없다.

17 추운 날씨에 지게차 운행 및 점검 방법 중 틀린 것은?

① 지게차에 승하차 시 또는 점검 시 미끄럼 방지 처리가 되지 않은 부분을 밟지 않는다.

② 부동액 상태를 점검한다.

③ 빙판길 주행 시는 신속히 통과한다.

④ 지게차를 작동시키기 전에 창문에 있는 얼음이나 눈 등을 제거한다.

17 빙판길 주행 시 서행하여야 한다. 도로교통법에서 노면이 얼어붙은 경우 최고속도의 50/100을 줄인 속도로 운행해야 한다.

18 도로교통법령상 교차로의 가장자리나 도로의 모퉁이로부터 몇 m 이내의 장소에 정차하거나 주차하여서는 안 되는가?

① 5   ② 12

③ 8   ④ 10

18 교차로의 가장자리나 도로의 모퉁이로부터 5m 이내에 차량을 주차시키거나 정차시키면 안 된다.

19 건설기계 조종 중 재산피해를 입혔을 때 피해금액 50만원 마다 면허효력정지 기간은?

① 5일   ② 1일

③ 3일   ④ 2일

19 건설기계 조종 중 재산피해를 입혔을 때는 피해금액 50만원마다 면허효력정지 1일이다.

20 건설기계의 주요 구조변경 및 개조 범위에 해당되지 않는 것은?

① 적재함의 용량증가를 위한 구조변경

② 유압장치의 형식변경

③ 원동기의 형식변경

④ 제동장치의 형식변경

20 건설기계의 기종 변경, 육상 작업용 건설기계 규격의 증가 또는 적재함의 용량 증가를 위한 구조변경은 할 수 없다.

21 고의로 경상 2명의 인명피해를 입힌 건설기계를 조종한 자에 대한 면허의 취소·정지처분 내용으로 옳은 것은?

① 면허취소
② 면허효력 정지 10일
③ 면허효력 정지 20일
④ 면허효력 정지 30일

21 고의로 인명피해를 입힌 경우에는 피해자의 인원 및 경중에 상관없이 면허취소사유에 해당한다.

22 차마가 길가의 건물이나 주차장 등에서 도로로 들어가고자 하는 때의 통행방법으로 가장 적절한 것은?

① 보행자가 있는 경우는 빨리 통과한다.
② 수신호와 함께 진행한다.
③ 일단 정지 후 안전을 확인하면서 서행한다.
④ 경음기를 사용하면서 통과한다.

22 일단 정지 후 안전을 확인하면서 서행으로 진입한다.

23 건설기계 조종 면허에 관한 사항으로 틀린 것은?

① 운전면허로 조종할 수 있는 건설기계는 없다.
② 건설기계 조종을 위해서는 해당 부처에서 규정하는 면허를 소지하여야 한다.
③ 건설기계조종사 면허의 적성검사는 도로교통법상 제1종 운전면허에 요구되는 신체검사서로 갈음할 수 있다.
④ 소형건설기계는 관련법에서 규정한 기관에서 교육을 이수한 후에 소형건설기계조종면허를 취득할 수 있다.

23 덤프트럭, 아스팔트 살포기, 노상 안정기 등은 운전면허(1종 대형면허)로 운전할 수 있다.

24 건설기계등록번호표의 도색이 흰색 판에 검은색 문자인 경우는?

① 영업용
② 관용
③ 대여사업용
④ 수입용

24 등록번호표의 식별색 기준
 • 비사업용(관용 또는 자가용) : 흰색 바탕에 검은색 문자
 • 대여사업용 : 주황색 바탕에 검은색 문자

25 정기검사에서 불합격한 건설기계의 정비명령에 관한 설명으로 틀린 것은?

① 불합격한 건설기계에 대해서 검사를 완료한 날부터 10일 이내에 정비명령을 하여야 한다.
② 정비를 마친 건설기계는 다시 검사를 받을 필요 없이 운행이 가능하다.
③ 정비명령을 따르지 아니하면 해당 건설기계의 등록번호표는 영치될 수 있다.
④ 정비명령을 받은 건설기계소유자는 지정된 기간 내에 정비를 해야 한다.

25 정기검사에서 불합격하여 정비명령을 받은 건설기계소유자는 지정된 기간 안에 건설기계를 정비한 후 다시 검사신청을 해야 한다.

26 다음 기초번호판에 대한 설명으로 옳지 않은 것은?

종 로
Jong-ro
2345

① 도로명과 건물번호를 나타낸다.
② 도로의 시작 지점에서 끝 지점 방향으로 기초번호가 부여된다.
③ 표지판이 위치한 도로는 종로이다.
④ 건물이 없는 도로에 설치된다.

26 기초번호판은 도로명과 기초번호를 나타낸다.

27 도로교통법령상 도로에서 교통사고로 인하여 사람을 사상한 때, 운전자의 조치로 가장 적합한 것은?

① 즉시 정차하여 사상자를 구호하는 등 필요한 조치를 한다.
② 경찰관을 찾아 신고하는 것이 가장 우선 시 되는 행위이다.
③ 중대한 업무를 수행하는 중인 경우에는 후조치를 할 수 있다.
④ 경찰서에 출두하여 신고한 다음 사상자를 구호한다.

27 교통사고 발생 시 운전자는 즉시 정차하여 사상자를 구호하고, 위해방지 및 신고 등 필요한 조치를 한다.

28 기관의 윤활유에 대한 설명 중 틀린 것은?

① 적당한 점도가 있어야 한다.
② 인화점이 낮은 것이 좋다.
③ 온도에 의한 점도 변화가 적어야 한다.
④ 응고점이 낮은 것이 좋다.

28 인화점이 낮다는 것은 불이 붙는 온도가 낮다는 것이므로 화재발생의 위험이 커진다.

29 기관의 과열 원인으로 가장 적절하지 않은 것은?

① 배기 계통의 막힘이 많이 발생함
② 워터펌프의 결함으로 냉각수 순환 안됨
③ 수온조절기가 열려있는 채로 고착됨
④ 라디에이터 코어가 막힘

29 수온조절기가 닫힌 채로 고착되면 기관이 과열되고, 열린 채로 고착되면 과냉이 된다.

30 디젤엔진에서 고압의 연료를 연소실에 분사하는 것은?

① 조속기
② 분사노즐
③ 프라이밍 펌프
④ 인젝션 펌프

30 분사노즐은 분사펌프에서 보내온 고압의 연료를 연소실에 분사한다.

31 디젤엔진 연소 과정 중 연소실 내에 분사된 연료가 착화될 때까지의 지연되는 기간으로 옳은 것은?

① 착화지연 기간
② 화염 전파 기간
③ 직접 연소 기간
④ 후 연소 시간

31 연소실 내에 분사된 연료가 착화될 때까지 지연되는 기간을 착화지연기간이라 한다.

32 부동액의 구비 조건 중 틀린 것은?

① 비등점이 낮고 응고점이 높을 것
② 침전물이 발생하지 않을 것
③ 냉각수와 혼합이 잘될 것
④ 휘발성이 없고 유동성이 좋을 것

32 부동액은 물보다 비등점은 높고 응고점은 낮아야 한다.

33 디젤기관에서 노킹을 일으키는 원인으로 맞는 것은?

① 연소실에 누적된 연료가 많아 일시에 연소할 때
② 연료에 공기가 혼입되었을 때
③ 흡입공기의 온도가 높을 때
④ 착화지연 기간이 짧을 때

33 디젤기관의 노킹은 착화지연 기간 중 분사된 다량의 연료가 화염전파 기간 중 일시에 연소가 되어 급격한 압력 상승이나 부조현상을 나타내는 것을 말한다.

chapter 10

34 디젤기관에서 터보차저의 기능으로 맞는 것은?

① 기관 회전수를 조절하는 장치이다.
② 실린더 내에 공기를 압축 공급하는 장치이다.
③ 냉각수 유량을 조절하는 장치이다.
④ 윤활유 온도를 조절하는 장치이다.

34 터보차저는 과급기라고도 하며, 실린더에 공기를 압축 공급하여 체적효율을 증가시켜 기관의 출력을 증가시켜 준다.

35 그림과 같이 12V용 축전지 2개를 사용하여 24V용 건설기계를 시동하고자 할 때 연결방법으로 옳은 것은?

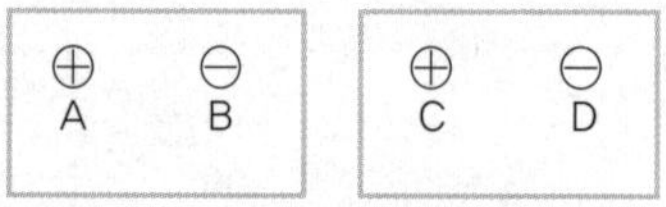

⊕	⊖
A	B

⊕	⊖
C	D

① A - C
② B - C
③ B - D
④ A - B

35 축전지의 전압을 높이려면 직렬로 연결해야 하므로, B–C, A–D(⊕극과 ⊖극 연결)가 연결되어야 한다.

36 야간 운행을 위한 조명등으로 알맞은 것은?

① 전조등
② 안개등
③ 방향등
④ 후진등

36 자동차나 건설기계 등의 앞에 부착되어 야간 주행 시 앞을 밝히는 등은 전조등이다.

37 교류 발전기의 구성품이 아닌 것은?

① 슬립링
② 전류 조정기
③ 다이오드
④ 스테이터 코일

37 전류 조정기는 직류발전기용 레귤레이터에 사용된다.

38 기동 전동기의 브러시 스프링 장력의 측정에 알맞은 것은?

① 스프링 저울
② 다이얼 게이지
③ 필러 게이지
④ 배터리 스타트 테스터

38 기동 전동기의 브러시 스프링의 장력은 스프링 저울로 측정한다.

39 지게차 클러치의 구비조건에 대한 설명으로 틀린 것은?

① 방열성과 내열성이 좋을 것
② 회전부분은 평형이 좋고 관성이 클 것
③ 차단은 확실하고 신속할 것
④ 구조가 간단하고 다루기 쉬우며 고장이 적을 것

39 클러치는 회전부분의 평형이 좋고, 관성이 적어야 한다.

40 지게차의 앞, 뒤 바퀴 유압회로에 각각 1개씩 설치되어 한쪽 바퀴의 브레이크가 파열되어도 다른 쪽 바퀴는 정상적으로 작동되도록 한 것은?

① 로드 센싱 밸브
② 바퀴스피드 방지 장치
③ 탠덤 마스터실린더
④ 감속브레이크

40 탠덤 마스터실린더는 앞, 뒤 바퀴에 대하여 각각 독립적으로 작동하는 2계통의 브레이크 회로를 두는 방식으로 어느 한 쪽이 파열되어도 다른 쪽은 정상 작동되도록 한다.

41 지게차의 토크컨버터에서 회전력이 최대인 상태를 말하는 것은?

① 유체충돌 손실비　　　② 토크 변환비
③ 종감속비　　　　　　 ④ 변속기어비

41 토크컨버터의 최대 회전력의 값을 토크 변환비라 한다.

42 지게차에서 저압타이어를 사용하는 주된 이유는?

① 고압타이어는 파손이 쉽고 정비의 난이도가 높기 때문에 저압타이어를 사용한다.
② 저압타이어는 지게차의 롤링 방지를 위해 현가스프링을 장착하지 않기 때문에 사용한다.
③ 저압타이어는 조향을 쉽게 하고 타이어의 접착력이 크게 하기 때문에 사용한다.
④ 고압타이어는 가격적 측면에 비경제적이고 사용기간이 짧기 때문에 저압타이어를 사용한다.

42 지게차는 롤링을 방지하기 위하여 현가스프링을 장착하지 않기 때문에 주로 저압타이어를 사용한다.

43 지게차가 안전하게 적재작업을 위해서 마스트의 전경각으로 가장 적절한 것은?

① 15~20°　　　　　　 ② 5~6°
③ 20~25°　　　　　　 ④ 11~15°

43 지게차가 안정적인 작업을 하는 마스트의 전경각은 5~6°, 후경각은 10~12°의 범위이다.

44 지게차의 구동방식에 대한 설명으로 맞는 것은?

① 앞바퀴로 구동된다.
② 앞·뒷바퀴로 구동된다.
③ 뒷바퀴로 구동된다.
④ 중간차축에 의해 구동된다.

44 지게차는 앞바퀴로 구동되고, 뒷바퀴로 조향한다.

45 지게차의 메인컨트롤 밸브 레버작동 설명 중 틀린 것은?

① 리프트 레버를 밀면 리프트 실린더에 유압유가 공급된다.
② 리프트 레버를 당기면 리프트 실린더에 유압유가 공급된다.
③ 틸트 레버를 밀면 틸트 실린더에 유압유가 공급된다.
④ 틸트 레버를 당기면 틸트 실린더에 유압유가 공급된다.

45 장치에 부하가 걸릴 때 실린더에 유압유가 공급되며, 포크의 상승(리프트 레버 당김), 마스트의 전, 후경(틸트레버 밀기, 당기기) 시에 실린더에 유압이 공급된다.

46 지게차에서 기준 무부하 상태에서 마스트를 수직으로 하되 마스트의 높이를 변화시키지 않은 상태에서 포크의 높이를 최저 위치에서 최고 위치로 올릴 수 있는 경우의 높이는?

① 프리 리프팅 높이　　　② 기준 부하 높이
③ 기준 무부하 높이　　　④ 프리 틸팅 높이

46 프리 리프팅 높이에 대한 설명이며, 자유 인상 높이 또는 프리 리프트 높이라고도 한다.

　※ 최대들어올림 높이 : 기준 무부하 상태에서 지면과 수평상태로 포크를 가장 높이 올렸을 때의 높이(마스트의 높이를 변화시켜 최대로 들어 올릴 수 있는 높이)

47 지게차 리프트 실린더의 주된 역할은?

① 마스트를 틸트 시킨다.　　② 마스트를 이동시킨다.
③ 포크를 상승, 하강시킨다.　④ 포크를 앞뒤로 기울게 한다.

47 리프트 실린더는 포크를 상승 또는 하강시킨다.

48 지게차의 전경각과 후경각을 조정하는 레버는?

① 틸트 레버
② 리프트 레버
③ 변속 레버
④ 전후진 레버

48 지게차의 마스트를 앞뒤로 기울이는 레버는 틸트 레버이다.

49 지게차 작업장치의 구성품 중에서 포크의 주된 역할은?

① 지게차가 넘어지지 않게 지지한다.
② 지게차가 굴러가지 않게 고인다.
③ 화물을 찌른다.
④ 화물을 받친다.

49 지게차의 포크는 화물을 받쳐서 들거나 내릴 때 사용하는 작업장치이다.

50 깨지기 쉬운 화물이나 불안전한 화물의 낙하를 방지하기 위하여 포크 상단에 상하 작동할 수 있는 압력판을 부착한 지게차는?

① 하이 마스트
② 사이드 시프트 마스트
③ 로드 스태빌라이저
④ 3단 마스트

50 지게차의 작업장치 중 포크 상단에 압착판을 부착하여 화물의 낙하를 방지하는 작업장치는 로드 스태빌라이저이다.

51 유압유 관내에 공기가 혼입되었을 때 일어날 수 있는 현상과 가장 거리가 먼 것은?

① 공동현상
② 숨 돌리기 현상
③ 기화현상
④ 열화현상

51 유압유 관내에 공기가 혼입되면 공동현상(캐비테이션), 유압유의 열화현상, 실린더의 숨 돌리기 현상이 나타난다.

52 그림과 같은 유압기호에 해당하는 밸브는?

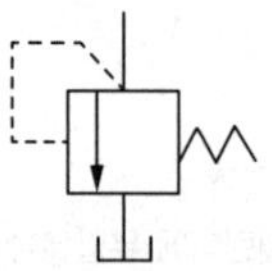

① 릴리프 밸브
② 카운터 밸런스 밸브
③ 리듀싱 밸브
④ 체크 밸브

53 유압모터의 일반적인 특징에 대한 설명으로 가장 적절한 것은?

① 저속에만 적합하고 강력한 힘을 얻을 수 있다.
② 넓은 범위의 무단변속이 용이하다.
③ 강력한 힘을 얻을 수 있으나 부피가 크다.
④ 각도에 제한 없이 왕복 각운동을 한다.

53 유압모터는 비교적 넓은 범위의 무단변속이 용이하다.

54 유압펌프의 기능을 설명한 것으로 옳은 것은?

① 유체 에너지를 동력으로 전환한다.
② 어큐뮬레이터와 동일한 역할을 한다.
③ 엔진의 기계적 에너지를 유체 에너지로 전환한다.
④ 유압회로 내의 압력을 측정한다.

54 유압펌프는 엔진의 기계적 에너지를 유체 에너지로 전환시킨다.

55 방향전환밸브의 조작방식 중 단동 솔레노이드 조작을 나타내는 기호는?

① (기호) ② (기호)

③ (기호) ④ (기호)

56 일반적으로 유압유의 구비조건으로 틀린 것은?

① 온도에 따른 점도 변화가 작을 것
② 화학적으로 안정될 것
③ 인화점이 낮을 것
④ 방청성이 좋을 것

57 유압유의 온도 상승 원인이 아닌 것은?

① 작동유의 점도가 너무 높을 때
② 유압회로 내에서 공동현상이 발생될 때
③ 유압회로 내의 작동압력이 너무 낮을 때
④ 유압모터 내에서 내부마찰이 발생될 때

58 유압탱크의 구비조건으로 틀린 것은?

① 오일에 이물질이 혼입되지 않도록 밀폐되어 있어야 한다.
② 적당한 크기의 주유구 및 스트레이너를 설치한다.
③ 드레인(배출밸브) 및 유면계를 설치한다.
④ 오일 냉각을 위한 쿨러를 설치한다.

59 축압기(어큐뮬레이터)의 기능과 관계가 없는 것은?

① 유압 에너지 축적 ② 유압 펌프의 맥동 흡수
③ 충격 압력 흡수 ④ 릴리프 밸브 제어

60 유압장치 중에서 회전운동을 하는 것은?

① 복동 실린더 ② 하이드로릭 실린더
③ 배기 밸브 ④ 유압 모터

해설

55 ① 인력조작 레버
　② 기계조작 누름방식
　③ 단동 솔레노이드
　④ 직접 파일럿 조작

56 유압유의 인화점은 높아야 한다. (쉽게 연소되지 않도록 함)

57 유압회로 내의 작동압력이 너무 낮은 것은 유압유의 온도 상승 원인과 가장 거리가 멀다.

58 오일 쿨러는 엔진의 라디에이터나 실린더 블록에 설치한다.

59 어큐뮬레이터는 유압에너지의 축적, 충격압력의 흡수, 펌프의 맥동흡수, 비상용 유압원, 일정한 압력의 유지 등의 기능을 한다.

60 유압 모터는 작동 유압에너지에 의해 연속적으로 회전운동을 한다. 유압실린더는 직선운동을 한다.

【 CBT 적중 모의고사 제4회 정답 】

01 ④	02 ④	03 ①	04 ③	05 ②	06 ④	07 ③	08 ③	09 ②	10 ②
11 ①	12 ①	13 ③	14 ④	15 ④	16 ①	17 ③	18 ①	19 ②	20 ①
21 ①	22 ③	23 ①	24 ②	25 ②	26 ①	27 ①	28 ②	29 ③	30 ②
31 ①	32 ①	33 ①	34 ②	35 ②	36 ①	37 ②	38 ①	39 ②	40 ③
41 ②	42 ②	43 ②	44 ①	45 ①	46 ①	47 ③	48 ①	49 ④	50 ③
51 ③	52 ①	53 ②	54 ③	55 ③	56 ③	57 ③	58 ④	59 ④	60 ④

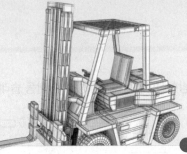

CBT 적중모의고사 5회

해설

▶실력테스트를 위해 문제 옆 해설란을 가리고 문제를 풀어보세요   ▶정답은 294쪽에 있습니다.

01   산업안전을 통한 기대효과로 옳은 것은?
① 기업의 생산성이 저하된다.
② 근로자의 생명이 보호된다.
③ 기업의 재산만 보호된다.
④ 근로자와 기업의 발전이 도모된다.

01 산업안전을 통한 기대효과로는 근로자나 기업의 어느 한 쪽만이 아닌 양쪽의 발전이 도모될 수 있다.

02   용접할 때 사용하는 보호 장비로 틀린 것은?
① 집게   ② 앞치마
③ 용접면   ④ 장갑

02 용접작업에 사용되는 보호장비로는 용접면, 용접용 장갑, 안전작업복, 용접용 앞치마, 안전화 등이 있다.

03   안전·보건표지의 종류와 형태에서 그림의 표지와 맞는 것은?
① 몸 균형 상실 경고
② 방독 마스크 착용
③ 보행 금지
④ 안전복 착용

03 안전복 착용의 지시표지이다.

04   안전을 위하여 눈으로 보고, 손으로 가리키고, 입으로 복창하여 귀로 듣고, 머리로 종합적인 판단을 하는 지적확인의 특성은?
① 의식을 강화한다.
② 지식수준을 높인다.
③ 안전태도를 형성한다.
④ 육체적 기능 수준을 높인다.

04 안전을 위하여 눈으로 보고 손으로 가리키고, 입으로 복창하여 귀로 듣고, 머리로 종합적인 판단을 하는 지적확인은 의식을 강화하기 위해서 한다.

05   와이어 줄걸이 작업에서 사용되는 용구를 점검하여야 하는 안전조건으로 맞는 것은?
① 단위 용구의 시험인양하중을 확인하여야 한다.
② 샤클의 나사부는 해체하여 점검한다.
③ 샤클 본체는 구부려서 인장강도 시험을 한다.
④ 스크류 핀의 상태를 확인하여야 한다.

05 ① 정격하중 및 작업하중을 반드시 확인한다.
② 샤클의 나사부는 해체하지 않는다.
③ 샤클 본체를 구부리지 않는다.

와이어
본체
스크류 핀타입

[샤클]

06 경고표지로 사용되지 않는 것은?

① 인화성물질 경고　　　　② 급성독성물질 경고
③ 방진마스크 경고　　　　④ 낙하물 경고

06 안전표지에는 금지, 경고, 지시, 안내표지가 있으며, 방진 마스크 착용은 지시표지이다.

07 소화 설비를 설명한 내용으로 맞지 않는 것은?

① 포말 소화설비는 저온 압축한 질소가스를 방사시켜 화재를 진화한다.
② 분말 소화설비는 미세한 분말 소화재를 화염에 방사시켜 화재를 진화시킨다.
③ 물 분무 소화설비는 연소물의 온도를 인화점 이하로 냉각시키는 효과가 있다.
④ 이산화탄소 소화설비는 질식 작용에 의해 화염을 진화시킨다.

07 포말소화기는 탄산수소나트륨 용액과 황산알루미늄 용액이 화학반응을 일으켜 이산화탄소 거품과 수산화알루미늄의 거품이 생기는데 이 거품이 공기의 공급을 차단한다.

08 산업 재해의 통상적인 분류 중 통계적 분류에 대한 설명으로 틀린 것은?

① 사망 : 업무로 인해서 목숨을 잃게 되는 경우
② 무상해 사고 : 응급처치 이하의 상처로 작업에 종사하면서 치료를 받는 상해 정도
③ 중경상 : 부상으로 인하여 30일 이상의 노동 상실을 가져온 상해 정도
④ 경상해 : 부상으로 1일 이상 7일 이하의 노동 상실을 가져온 상해 정도

08 산업재해의 통상적인 분류 중 통계적 분류에서 중경상은 부상으로 인하여 8일 이상의 노동 상실을 가져온 상해정도를 말한다.

09 벨트 취급 시 안전에 대한 주의사항으로 틀린 것은?

① 벨트의 적당한 유격을 유지하도록 한다.
② 벨트 교환 시 회전이 완전히 멈춘 상태에서 한다.
③ 벨트의 회전을 정지시킬 때 손으로 잡아 정지시킨다.
④ 벨트에 기름이 묻지 않도록 한다.

09 벨트의 회전을 정지시킬 때 스스로 정지하도록 하여야 하며, 손이나 공구를 이용하여 정지시키는 행위는 하지 않아야 한다.

10 안전모 착용대상 사업장이 아닌 곳은?

① 2m 이상 고소 작업　　　② 낙하 위험 작업
③ 비계의 해체 조립 작업　　④ 전기 용접 작업

10 안전모는 낙하, 추락 또는 머리에 전선이 닿는 감전의 위험 등을 없애기 위하여 착용한다.

11 운선사는 삭업 전에 장비의 정비 상태를 확인하고 점검 하여야 하는데 적합하지 않은 것은?

① 모터의 최고 회전 시 동력 상태
② 타이어 및 궤도 차륜상태
③ 낙석, 낙하물 등의 위험이 예상되는 작업 시 견고한 헤드 가이드 설치상태
④ 브레이크 및 클러치의 작동상태

11 모터의 최고 회전 시 동력 상태는 작업 전에 확인 점검할 수 있는 사항이 아니다.

12 지게차 조종석 계기판에 없는 것은?

① 연료계
② 냉각수 온도계
③ 운행거리 적산계
④ 엔진회전속도(rpm) 게이지

12 일반 자동차는 운행거리 적산계를 통해 차량 점검 및 차량 수명 등을 체크하지만, 지게차는 아워미터를 통해 알 수 있다. 지게차의 주요 계기는 냉각수 온도계, 미션 온도계, 연료계, RPM게이지, 속도계 등이 있으며, 기종에 따라 다르다.

13 지게차로 창고 또는 공장에 출입할 때 안전사항으로 잘못된 것은?

① 짐이 출입구 높이에 닿지 않도록 주의한다.
② 지게차의 폭과 출입구의 폭을 확인하여야 한다.
③ 얼굴을 차체 밖으로 내밀어 주위 장애물 상태를 확인한다.
④ 부득이 포크를 올려서 출입하는 경우 출입구 높이에 주의한다.

13 지게차 운행 시 얼굴이나 몸을 차체 밖으로 내미는 행동은 위험한 행동이다.

14 지게차의 일상점검 사항이 아닌 것은?

① 작동유의 양 점검
② 틸트 실린더 오일 누유 점검
③ 타이어 손상 및 공기압 점검
④ 토크 컨버터의 오일 점검

14 토크 컨버터의 오일은 일상적으로 점검하기 어렵다.

15 지게차 제동장치의 마스터실린더 조립 시 무엇으로 세척하는 것이 좋은가?

① 솔벤트
② 브레이크 액
③ 석유
④ 경유

15 제동장치의 마스터실린더 조립 시 브레이크액(브레이크오일)으로 세척한다.

16 록킹볼이 불량하면 어떻게 되는가?

① 변속할 때 소리가 난다.
② 변속레버의 유격이 커진다.
③ 기어가 빠지기 쉽다.
④ 기어가 이중으로 물린다.

16 • 록킹볼 : 기어가 중립 또는 물림 위치에서 쉽게 빠지지 않도록 하는 기구
• 인터록 볼(인터록 장치) : 기어가 이중으로 물리는 것을 방지

17 지게차 포크의 간격은 팔레트 폭의 어느 정도로 하는 것이 가장 적당한가?

① 팔레트 폭의 1/2 ~ 1/3
② 팔레트 폭의 1/3 ~ 2/3
③ 팔레트 폭의 1/2 ~ 2/3
④ 팔레트 폭의 1/2 ~ 3/4

17 지게차의 포크 간격은 팔레트 폭의 1/2~3/4 정도가 가장 적당하다.

18 지게차를 주차 시킬 때 포크의 위치로 가장 적합한 것은?

① 지면에서 약간 올려놓는다.
② 지면에 완전히 내린다.
③ 지면에서 약 20~30cm 정도 올린다.
④ 지면에서 약 40~50cm 정도 올린다.

18 지게차를 주차시킬 때 포크는 지면에 완전히 내려놓는다.

19 지게차 운전 시 주의사항으로 가장 거리가 먼 것은?

① 화물을 실어 전방이 안 보이면 후진으로 주행한다.
② 바닥의 견고성을 확인한 후 주행한다.
③ 통행은 우측으로 주행한다.
④ 동승자를 태우고 교통상황을 확인하며 주행한다.

19 지게차 운전 시 사람을 태우고 작업하거나 운행하면 안 된다.

20 지게차의 하역작업에 대한 설명이다. 가장 거리가 먼 것은?

① 짐을 내릴 때는 마스트를 앞으로 약 4°정도 경사 시킨다.
② 리프트 레버를 사용할 때 시선은 포크를 주시한다.
③ 파렛트에 실은 짐이 안정되고 확실하게 실려 있는가를 확인한다.
④ 짐을 내릴 때 가속페달을 사용하여 신속하게 짐을 내린다.

20 짐을 내릴 때(리프트 하강)에는 가속페달을 사용하지 않는다.

21 건설기계조종사의 적성검사에 대한 설명으로 옳은 것은?

① 적성검사에 합격하여야 면허 취득이 가능하다.
② 적성검사는 2년마다 실시한다.
③ 적성검사는 수시 실시한다.
④ 적성검사는 60세까지만 실시한다.

21 건설기계조종사의 적성검사는 면허취득 시 실시한다.
 ※ 정기적성검사는 10년마다(65세 이상인 경우는 5년), 수시적성검사는 사유발생 시에 받는다.

22 건설기계의 정비명령을 이행하지 아니한 자에 대한 벌칙은?

① 50만원 이하의 벌금
② 30만원 이하의 과태료
③ 100만원 이하의 벌금
④ 1000만원 이하의 벌금

22 건설기계의 정비명령을 이행하지 아니한 자는 1년 이하의 징역 또는 1000만원 이하의 벌금에 처한다.

23 건설기계관리법령상 건설기계 검사의 종류가 아닌 것은?

① 일시검사
② 신규등록검사
③ 수시검사
④ 구조변경검사

23 건설기계관리법령상 건설기계의 검사는 신규등록검사, 정기검사, 구조변경검사, 수시검사가 있다.

24 「도로명 및 도로구간」에 대한 설명으로 틀린 것은?

① 도로명에는 도로의 폭이나 차선의 수에 따라 "대로", "로", "길"을 붙인다.
② "~로"란, 8차로 이상의 도로를 말한다.
③ 도로구간의 설정은 시작지점이 서쪽인 경우 끝지점을 동쪽으로 한다.
④ 도로명은 도로명주소를 부여하기 위하여 도로구간마다 부여한 이름이다.

24 도로의 폭이 40미터 이상 또는 왕복 8차로 이상 도로는 대로(大路)이다.

25 술에 취한 상태의 기준은 혈중 알콜 농도가 최소 몇 퍼센트 이상인 경우인가?

① 0.02
② 0.03
③ 0.08
④ 0.2

25 운전이 금지되는 술에 취한 상태
 • 혈중 알콜농도 0.03%이상으로 한다.
 • 혈중 알콜농도 0.08%이상이면 만취상태로 본다.

26 오토 사이클 기관에 비해 디젤 사이클 기관의 장점이 아닌 것은?

① 운전이 정숙하다.
② 연료소비율이 낮다.
③ 열효율이 높다.
④ 화재의 위험이 적다.

26 오토(Otto) 사이클 기관은 가솔린 기관을 의미하며, 디젤 기관은 열효율이 높고, 연료소비량이 적으며 넓은 회전 속도 범위에 걸쳐 회전토크가 큰 장점이 있다. 운전의 정숙은 가솔린 기관의 장점이다.

27 건설기계의 구조 변경 범위에 속하지 않는 것은?

① 건설기계의 길이, 너비, 높이 변경
② 적재함의 용량 증가를 위한 변경
③ 조종장치의 형식 변경
④ 수상작업용 건설기계 선체의 형식변경

27 건설기계의 기종 변경, 육상 작업용 건설기계 규격의 증기 또는 적재함의 용량 증가를 위한 구조변경은 할 수 없다.

28 건설기계 등록신청 시 첨부하지 않아도 되는 서류는?

① 호적등본
② 건설기계 소유자임을 증녕하는 서류
③ 건설기계 제작증
④ 건설기계 제원표

28 건설기계 등록신청 시 제출서류
• 건설기계의 출처를 증명하는 서류 (건설기계 제작증, 수입면장, 매수증서 중 1)
• 건설기계의 소유자임을 증명하는 서류
• 건설기계 제원표
• 보험 또는 공제의 가입을 증명하는 서류

29 다음의 교통안전 표지는 무엇을 의미하는가?

5.5 t

① 차 중량 제한 표지
② 차 폭 제한 표지
③ 차 적재량 제한 표지
④ 차 높이 제한 표지

29 차 중량 제한 표지이다.

30 자가용 건설기계 등록번호표의 색상은?

① 흰색 판에 검은색 문자　② 녹색 판에 흰색 문자
③ 주황색 판에 흰색 문자　④ 적색 판에 흰색 문자

30 등록번호표의 식별색칠
• 비사업용(관용 또는 자가용) : 흰색 바탕에 검은색 문자
• 대여사업용 : 주황색 바탕에 검은색 문자

31 승차 또는 적재의 방법과 제한에서 운행상의 안전기준을 넘어서 승차 및 적재가 가능한 경우는?

① 동·읍·면장의 허가를 받은 때
② 도착지를 관할하는 경찰서장의 허가를 받은 때
③ 관할 시·군수의 허가를 받은 때
④ 출발지를 관할하는 경찰서장의 허가를 받은 때

31 승차인원, 적재중량 등 운행상의 안전기준을 넘어서 운행하고자 하는 경우에는 출발지를 관할하는 경찰서장의 허가를 받아야 한다.

32 냉각팬의 벨트 유격이 너무 클 때 일어나는 현상으로 옳은 것은?

① 발전기의 과충전이 발생된다.
② 강한 텐션으로 벨트가 절단된다.
③ 기관과열의 원인이 된다.
④ 점화시기가 빨라진다.

32 냉각팬 벨트의 유격이 너무 크면 냉각팬의 구동이 원활하지 못하므로 냉각효과가 떨어져 기관과열의 원인이 된다.

33 디젤기관의 연료분사 노즐에서 섭동면의 윤활은 무엇으로 하는가?

① 그리스　② 윤활유
③ 기어오일　④ 경유

33 디젤기관의 연료 분사노즐에서 섭동(미끄럼 운동) 면의 윤활은 연료(경유)로 해야한다.

34 디젤 기관에 사용되지 않는 수온 조절기의 형식은?

① 벨로즈형　　　　　　② 펠릿형
③ 바이메탈형　　　　　④ 블라인더형

34 수온조절기의 종류에는 벨로즈형, 펠릿형, 바이메탈형이 있으며, 이 중 펠릿형이 가장 많이 사용되고 있다.

35 기관의 피스톤이 고착되는 원인으로 틀린 것은?

① 압축 압력이 정상일 때
② 기관이 과열되었을 때
③ 냉각수 양이 부족할 때
④ 기관오일이 부족하였을 때

35 냉각수량의 부족, 기관오일의 부족, 기관의 과열, 피스톤과 실린더 벽의 간극이 적을 때 피스톤이 고착된다.

36 직류(DC)발전기의 계자코일, 계자철심과 같이 자속을 만드는 역할을 교류(AC) 발전기는 어느 부품이 하는가?

① 전기자　　　　　　　② 로터
③ 스테이터　　　　　　④ 정류기

36 직류발전기의 계자코일, 계자철심의 역할을 하여 자속을 발생시키는 교류발전기의 부품은 로터이다.
전기자(직류발전기) – 스테이터(교류발전기)

37 충전장치에서 발전기는 어떤 축과 연동되어 구동되는가?

① 추진축　　　　　　　② 캠축
③ 크랭크축　　　　　　④ 변속기 입력축

37 교류발전기의 로터는 팬 벨트에 의해 크랭크축과 연동되어 구동시킨다.

38 건설기계에서 사용되는 납산 축전지의 용량 단위는?

① PS　　　　　　　　　② kV
③ KW　　　　　　　　　④ Ah

38 축전지의 용량은 암페어시(Ah)로 나타낸다. 즉 '전류(Ampere)×시간(hour)'을 의미한다.

39 전조등 회로에 대한 설명으로 맞는 것은?

① 전조등 회로는 직, 병렬로 연결되어 있다.
② 전조등 회로 전압은 5V 이하이다.
③ 전조등 회로는 퓨즈와 병렬로 연결되어 있다.
④ 전조등 회로는 병렬로 연결되어 있다.

39 전조등 회로는 한쪽 전등이 고장나도 다른 쪽은 작동되어야 하므로 병렬로 연결된 복선식으로 구성된다.
① 전조등 회로는 병렬로 연결되어 있다.
② 전조등 회로 전압은 12V이다.
③ 전조등 회로는 퓨즈와 직렬로 연결되어 있다.

40 타이어식 건설기계에서 조향 바퀴의 토인을 조정하는 곳은?

① 핸들　　　　　　　　② 타이로드
③ 웜 기어　　　　　　④ 드래그 링크

40 조향바퀴의 토인은 타이로드의 나사를 이용하여 조정한다.

41 클러치의 용량은 기관 회전력의 몇 배 인가?

① 1.5~2.5배　　　　　② 3~5배
③ 4~6배　　　　　　　④ 5~9배

41 클러치의 용량은 일반적으로 기관의 최대 토크에 대해 1.5~2.5배 정도이다.

42 긴 내리막길을 내려갈 때 베이퍼록을 방지하려고 하는 좋은 운전 방법은?

① 변속레버를 중립으로 놓고 브레이크 페달을 밟고 내려간다.
② 시동을 끄고 브레이크 페달을 밟고 내려간다.
③ 엔진 브레이크를 사용한다.
④ 클러치를 끊고 브레이크 페달을 계속 밟고 속도를 조정하며 내려간다.

42 긴 내리막에서 베이퍼록을 방지하는 가장 좋은 방법은 엔진 브레이크를 사용하는 것이다.

43 지게차의 자유인상높이(Free lift)는 다음의 어느 것과 관계가 있는가?

① 화물을 높이 들 때 전도를 방지하는 척도이다.
② 화물을 자체중량보다 더 많이 실을 때 필요한 척도이다.
③ 포크로 화물을 들고 낮은 공장문을 출입할 수 있는지에 대한 척도이다.
④ 화물을 어느 정도의 높이까지 적재할 수 있는지에 대한 척도이다.

43 자유인상높이는 마스트를 전혀 움직이지 않고 포크를 최저높이에서 최고높이까지 올릴 수 있는 높이를 말하는 것으로, 낮은 공장문을 출입할 수 있는지의 여부를 알 수 있다.

44 지게차의 리프트 실린더는 주로 어떤 형식의 실린더가 사용되는가?

① 단동 실린더
② 복동 실린더
③ 다단 실린더
④ 조합형 실린더

44 지게차의 리프트 실린더는 포크를 상승, 하강시키는 실린더로 주로 단동 실린더가 사용된다.

45 지게차의 작업장치의 종류에 속하지 않는 것은?

① 힌지드 버킷
② 리퍼
③ 사이드 시프트
④ 로드 스태빌라이저

45 리퍼는 굴착기나 도저 등에 장착하여 단단한 흙이나 암석 등을 파내는 데 사용되는 작업장치이다.

46 카운터 밸런스형 지게차 마스트의 전경각과 후경각의 안전기준은 몇 도인가?

① 전경각 5도 이하, 후경각 5도 이하
② 전경각 5도 이하, 후경각 10도 이하
③ 전경각 6도 이하, 후경각 10도 이하
④ 전경각 6도 이하, 후경각 12도 이하

46 카운터 밸런스형의 마스트 경사각은 일반적으로 전경각 5~6°, 후경각 10~12°의 범위이다.
※ 건설기계 안전기준에 관한 규칙에 전경각 6° 이하, 후경각 12° 이하로 규정되어 있다.

47 기준부하상태의 지게차가 포크(쇠스랑)를 들어 올린 경우 하강작업 또는 유압계통의 고장에 의한 쇠스랑의 하강속도는 초당 몇 m 이하이어야 하는가?

① 0.2
② 0.8
③ 0.4
④ 0.6

47 지게차의 기준부하상태에서 쇠스랑을 들어 올린 경우 하강작업 또는 유압 계통의 고장에 의한 쇠스랑의 하강속도는 초당 0.6 미터 이하여야 한다.

48 지게차의 축간거리를 표시한 것은?

① A
② B
③ C
④ D

48 지게차의 축간거리는 앞축(드라이브 엑슬)의 중심부에서 뒤축(스티어링 엑슬)의 중심부까지의 수평거리이다. 즉, 앞타이어의 중심에서 뒷타이어의 중심까지의 거리이다.

49 석탄, 소금, 비료, 모래 등 흘러내리기 쉬운 화물을 운반하는데 적합한 것은?

① 스키드 포크
② 로테이팅 포크
③ 로드 스테빌라이저
④ 힌지드 버킷

49 지게차의 작업장치 중 힌지드 버킷은 힌지드 포크에 버킷을 끼워 흘러내리기 쉬운 화물을 운반하는데 적합하다.

50 유압유에서 잔류탄소의 함유량은 무엇을 예측하는 척도인가?

① 열화
② 발화
③ 산화
④ 포화

50 열화(劣化)는 유압유의 물리적 성질의 영구적인 감소를 말하는 것으로, 잔류탄소 함유량으로 유압유의 열화를 예측할 수 있다.

51 유압 작동기의 방향을 전환시키는 밸브에 사용되는 형식 중 원통형 슬리브 면에 내접하여 축 방향으로 이동하면서 유로를 개폐하는 형식은?

① 베인 형식
② 포핏 형식
③ 스풀 형식
④ 카운터 밸런스 형식

51 스풀 형식은 유압 작동기(액추에이터)의 방향전환 밸브에 사용되는 형식으로 원통형 슬리브 면에 내접하여 축 방향으로 이동하면서 유로를 개폐한다.

52 유압장치에서 내구성이 강하고 작동 및 움직임이 있는 곳에 사용하기 적합한 호스는?

① 강 파이프 호스
② PVC 호스
③ 구리 파이프 호스
④ 플렉시블 호스

52 플렉시블 호스(flexible hose)는 구부러지기 쉬운 호스를 말하며, 유압장치 중 작동 및 움직임이 있는 곳에서 사용하기 적합하다.

53 유압장치의 구성요소가 아닌 것은?

① 제어밸브
② 유압펌프
③ 차동장치
④ 오일탱크

53 차동장치는 선회 시 좌우 구동바퀴에 회전속도 차이를 주어 바깥쪽 바퀴의 회전속도를 증가, 안쪽 바퀴의 회전속도를 감소시켜 회전을 원활하게 도와주는 동력전달장치이다.

54 유압실린더의 지지방식이 아닌 것은?

① 플랜지형
② 푸트형
③ 트러니언형
④ 유니언형

54 유압실린더를 부착하는 방법에 따라 푸트형, 플랜지형, 클레비스형, 트러니언형 등이 있다.
※ 유니언형은 배관 이음 방식이다.

55 건설기계에 사용되는 유압펌프의 종류가 아닌 것은?

① 베인 펌프
② 플런저 펌프
③ 기어 펌프
④ 포막 펌프

55 건설기계에는 베인 펌프, 기어 펌프, 플런저(피스톤) 펌프가 사용된다.

56 그림의 유압 기호는 무엇을 표시하는가?

① 오일 탱크
② 유압실린더 로드
③ 어큐뮬레이터
④ 유압실린더

56 어큐뮬레이터의 유압기호이다.

57 유압회로에 사용되는 유압밸브의 역할이 아닌 것은?

① 일의 방향을 변환시킨다.
② 일의 크기를 조정한다.
③ 일의 관성을 제어한다.
④ 일의 속도를 제어한다.

57 유압회로에 사용되는 유압밸브는 압력(일의 크기), 방향(일의 방향), 유량(일의 속도)을 제어한다.

58 지게차의 유압장치에서 내부압력을 받는 호스, 배관, 그 밖의 연결 부분 장치는 유압회로가 받는 압력의 몇 배 이상의 압력에 견딜 수 있어야 하는가?

① 2배　　　　　② 3배
③ 4배　　　　　④ 5배

58 지게차의 유압장치의 호스, 배관, 연결부분의 장치 등은 유압회로가 받는 압력의 3배 이상의 압력을 견딜 수 있어야 한다.

59 유압 모터와 유압 실린더의 설명으로 맞는 것은?

① 둘 다 왕복운동을 한다.
② 모터는 직선운동, 실린더는 회전운동을 한다.
③ 모터는 회전운동, 실린더는 직선운동을 한다.
④ 둘 다 회전운동을 한다.

59 유압 모터는 회전운동, 유압 실린더는 직선왕복운동을 한다.

60 블래더식 축압기(어큐뮬레이터)의 고무주머니에 들어가는 물질은?

① 매탄　　　　　② 그리스
③ 질소　　　　　④ 에틸렌 글린콜

60 블래더형 축압기는 압력용기 상부에 고무주머니(블래더)를 설치하여 기체실과 유체실을 구분하며, 블래더 내부에는 질소가스가 충진되어 있다.

[CBT 적중 모의고사 제5회 정답]

01 ④	02 ①	03 ④	04 ①	05 ④	06 ③	07 ①	08 ③	09 ③	10 ④
11 ①	12 ③	13 ③	14 ④	15 ②	16 ③	17 ④	18 ②	19 ④	20 ④
21 ①	22 ④	23 ①	24 ②	25 ②	26 ①	27 ②	28 ①	29 ③	30 ①
31 ④	32 ③	33 ④	34 ④	35 ①	36 ②	37 ③	38 ④	39 ④	40 ②
41 ①	42 ③	43 ③	44 ①	45 ②	46 ④	47 ④	48 ③	49 ④	50 ①
51 ③	52 ④	53 ③	54 ④	55 ④	56 ③	57 ③	58 ②	59 ③	60 ③

최종점검 - 변경된 출제기준에 따라 출제빈도가 높은 기출문제와 예상문제를 엄선하다!

CBT 적중모의고사 6회

해설

▶실력테스트를 위해 문제 옆 해설란을 가리고 문제를 풀어보세요 ▶정답은 303쪽에 있습니다.

01 화재 시 소화원리에 대한 설명으로 틀린 것은?

① 기화소화법은 가연물을 기화시키는 것이다.
② 냉각소화법은 열원을 발화온도 이하로 냉각하는 것이다.
③ 제거소화법은 가연물을 제거하는 것이다.
④ 질식소화법은 가연물에 산소공급을 차단하는 것이다.

01 화재 시 소화법에는 냉각소화법, 제거소화법, 질식소화법이 있다.

02 볼트나 너트를 죄거나 푸는 데 사용하는 각종 렌치에 대한 설명으로 틀린 것은?

① 조정 렌치 : 멍키 렌치라고도 호칭하며 제한된 범위 내에서 어떠한 규격의 볼트나 너트에도 사용할 수 있다.
② 엘(L) 렌치 : 6각형 봉을 L자 모양으로 구부려서 만든 렌치이다.
③ 복스 렌치 : 연료 파이프 피팅 작업에 사용한다.
④ 소켓 렌치 : 다양한 크기의 소켓을 바꾸어가며 작업할 수 있도록 만든 렌치이다.

02 연료 파이프 피팅을 풀고 조일 때는 오픈 렌치가 적합하다.

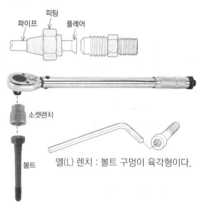

엘(L) 렌치 : 볼트 구멍이 육각형이다.

03 재해 발생 원인으로 가장 높은 비중을 차지하는 것은?

① 사회적 환경
② 작업자의 성격적 결함
③ 불안전한 작업환경
④ 작업자의 불안전한 행동

03 재해 발생 원인 중 가장 높은 비중을 차지하는 것은 작업자의 불안전한 행동이다.

04 연삭기의 작업에서 안전수칙에 대한 설명으로 틀린 것은?

① 숫돌의 압지는 반드시 제거 후 장착한다.
② 숫돌에 균열이 있는지 반드시 확인한다.
③ 지정된 속도 이내에서 사용하여야 한다.
④ 숫돌 커버는 규정된 치수의 것을 사용한다.

04 숫돌을 연삭기의 주축에 고정할 때 숫돌과 플랜지 사이에 압지(壓紙) 또는 고무와셔를 끼우며, 제거하면 안 된다.

05 작업에 사용되는 수공구 중 드라이버의 길이는 일반적으로 어느 부분을 말하는가?

① 손잡이를 제외한 날부분(샤프트)만의 길이
② 손잡이를 포함한 전체의 길이
③ 날부분(샤프트)을 제외한 손잡이 부분의 길이
④ 날부분(샤프트)의 직경

05 일반적으로 스크루 드라이버의 길이는 손잡이 부분을 제외한 날부분(샤프트)의 길이를 말한다.

chapter 10

06 작업장에서 V벨트나 평면벨트 등에 직접 사람이 접촉하여 말려들거나 마찰위험이 있는 작업장에서의 방호장치로 맞는 것은?

① 격리형 방호장치
② 덮개형 방호장치
③ 위치제공형 방호장치
④ 접근반응형 방호장치

06 격리형 방호장치는 위험한 작업점과 작업자 사이에 서로 접근되어 일어날 수 있는 재해를 방지하기 위해 차단벽이나 망을 설치하는 방법으로 사업장에서 가장 흔히 볼 수 있는 방호형태이다.

07 화재의 분류에서 유류 화재에 해당되는 것은?

① A급 화재
② B급 화재
③ C급 화재
④ D급 화재

07 • A급 화재 : 종이, 목재 등 일반적인 화재
• B급 화재 : 유류 화재
• C급 화재 : 전기 화재
• D급 화재 : 금속 화재

08 전기 기기에 의한 감전 사고를 막기 위하여 필요한 설비로 가장 중요한 것은?

① 접지 설비
② 방폭등 설비
③ 고압계 설비
④ 대지 전위 상승 설비

08 감전사고를 막기 위하여 가장 필요한 설비는 접지 설비이다.

09 세척작업 중에 알칼리 또는 산성 세척유가 눈에 들어갔을 경우에 가장 먼저 조치하여야 하는 응급처치는?

① 눈을 크게 뜨고 바람 부는 쪽을 향해 눈물을 흘린다.
② 산성 세척유가 눈에 들어가면 병원으로 후송하여 알칼리성으로 중화시킨다.
③ 먼저 수돗물로 씻어낸다.
④ 알칼리성 세척유가 눈에 들어가면 붕산수를 구입하여 중화시킨다.

09 먼저 수돗물로 씻어낸 후 반드시 의사의 치료를 받아야 한다.

10 겨울철에 디젤기관 시동이 잘 안 되는 원인은?

① 엔진오일의 점도가 낮은 것을 사용
② 예열장치 고장
③ 점화코일 고장
④ 4계절용 부동액을 사용

10 예열장치는 겨울철에 시동을 쉽게 하기 위하여 설치한 장치로 고장이 나면 시동이 잘 걸리지 않는다.

11 작업 장치를 갖춘 건설기계의 작업 전 점검사항이다. 틀린 것은?

① 제동장치 및 조종 장치 기능의 이상 유무
② 하역장치 및 유압장치 기능의 이상 유무
③ 유압장치의 과열 이상 유무
④ 전조등, 후미등, 방향지시등 및 경보장치의 이상 유무

11 유압장치의 과열은 작업 중에 점검이 가능한 사양이다.

12 지게차에 대한 설명으로 틀린 것은?

① 연료탱크에 연료가 비어 있으면 연료게이지는 ⓔ를 가리킨다.
② 오일 압력 경고등은 시동 후 워밍업 되기 전에 점등 되어야한다.
③ 암페어 메타의 지침은 방전되면 (-)쪽을 가리킨다.
④ 히터 시그널은 연소실 글로우 플러그의 가열상태를 표시한다.

12 오일 압력 경고등은 엔진이 가동 중에 엔진 오일이 순환되지 않으면 계기판이 점등되는 것으로, 충분한 워밍업 후에도 오일 압력이 낮으면 점등된다.

13 응급구호표지의 바탕색으로 맞는 것은?

① 녹색　　　　　　　　② 흰색
③ 흑색　　　　　　　　④ 노랑색

13 응급구호표지의 바탕색은 녹색, 관련부호는 흰색으로 표시되어있다.

14 운전 중 축전지 충전 표시등이 점등되면 무엇을 점검하여야 하는가? (단, 정상인 경우 작동 중에는 점등 되지 않는 형식임)

① 충전계통 점검
② 연료수준 표시등 점검
③ 에어클리너 점검
④ 엔진오일 점검

14 충전 표시등에 빨간 불이 들어오면 충전이 되지 않고 있음을 나타내는 것으로 충전계통을 점검해야 한다.

15 지게차 작업 장치의 포크가 한쪽이 기울어지는 가장 큰 원인은?

① 한쪽 체인(chain)이 늘어짐
② 한쪽 로울러(side roller)가 마모
③ 한쪽 실린더(cylinder)의 작동유가 부족
④ 한쪽 리프트 실린더(lift cylinder)가 마모

15 지게차의 포크가 한쪽으로 기울어지는 가장 큰 원인은 한쪽의 리프트 체인이 늘어지는 경우이다.

16 지게차의 작동유의 양을 점검할 때 알맞은 것은?

① 포크를 지면에 닿도록 내려놓고 작동유의 양을 점검한다.
② 포크를 중간 정도에 위치시키고 작동유의 양을 점검한다.
③ 포크를 최대로 올리고 작동유의 양을 점검한다.
④ 저속으로 주행하면서 작동유의 양을 점검한다.

16 지게차의 작동유의 양을 점검할 때 포크는 지면에 닿도록 내려놓고 점검한다.

17 지게차로 하물을 이동시킬 때 주의해야 할 점이 아닌 것은?

① 적재할 장소에 물건 등이 있는지 확인한다.
② 포크를 팔레트에 평행하게 넣는다.
③ 포크를 적당한 높이까지 올린다.
④ 작업 시 클러치 페달을 밟고 작업한다.

17 지게차 작업 시 클러치 페달을 밟고 작업하지 않는다.

18 지게차에 관한 설명으로 틀린 것은?

① 짐을 싣기 위해 마스트를 약간 전경시키고 포크를 끼워 물건을 싣는다.
② 틸트 레버는 앞으로 밀면 마스트가 앞으로 기울고 따라서 포크가 앞으로 기운다.
③ 포크를 상승시킬 때는 리프트 레버를 뒤쪽으로, 하강시킬 때는 앞쪽으로 민다.
④ 목적지에 도착 후 물건을 내리기 위해 틸트 실린더를 후경시켜 전진한다.

18 화물을 내릴 때는 마스트를 수직으로 하거나 4° 정도 앞으로 경사시켜 하역한다.

19 라디에이터의 구비조건으로 옳은 것은?

① 가급적 무거울 것　　　② 공기 흐름 저항이 클 것
③ 냉각수 흐름 저항이 클 것　　④ 방열량이 클 것

19 라디에이터는 기관의 과열을 방지하기 위한 냉각장치로 방열량이 커야한다. 가급적 가벼운 것이 좋으며, 냉각수의 흐름이나 공기흐름의 저항은 작아야 한다.

20 운전 중 좁은 장소에서 지게차를 방향 전환시킬 때 가장 주의할 점으로 맞는 것은?

① 뒷바퀴 회전에 주의하여 방향 전환한다.
② 포크 높이를 높게 하여 방향 전환한다.
③ 앞바퀴 회전에 주의하여 방향 전환한다.
④ 포크가 땅에 닿게 내리고 방향 전환한다.

20 지게차는 뒷바퀴 조향방식을 사용하므로 방향전환 시 뒷바퀴의 최전에 주의하여 방향 전환한다.

21 지게차의 축간거리에 대한 설명으로 옳지 않은 것은?

① 일반적으로 mm로 표기한다.
② 축간거리가 커질수록 지게차의 회전반경은 작아진다.
③ 지게차의 앞축의 중심부로부터 뒤축의 중심부까지의 수평거리를 말한다.
④ 축간거리가 커질수록 지게차의 안정도는 향상된다.

21 지게차의 축간거리는 앞축의 중심에서 뒷축의 중심부까지의 수평거리를 말한다. 축간거리가 커질수록 지게차의 안정도는 향상되나, 회전반경이 커져 작업에 지장을 초래한다.

22 건설기계 조종사 면허에 관한 사항으로 틀린 것은?

① 면허를 받고자 하는 자는 국·공립병원, 시·도지사가 지정하는 의료기관의 적성검사에 합격하여야 한다.
② 소형건설기계는 국가에서 지정한 기관에서 교육을 이수 받은 후 조종 가능하다.
③ 특수건설기계 조종은 국토교통부장관이 지정하는 면허를 소지하여야 한다.
④ 운전면허로 조종할 수 있는 건설기계는 없다.

22 덤프트럭, 아스팔트 살포기, 노상 안정기 등은 운전면허(1종 대형면허)로 운전할 수 있다.

23 다음 도로명판에 대한 설명으로 맞는 것은?

강남대로 1→699
Gangnam-daero

① 왼쪽과 오른쪽 양 방향용 도로명판이다.
② "1→" 이 위치는 도로 끝나는 지점이다.
③ 강남대로는 699미터이다.
④ "강남대로"는 도로이름을 나타낸다.

23 강남대로는 도로이름을 나타낸다.
「1→」: 도로의 시작점을 의미하고, 강남대로는 6.99km라는 것을 나타낸다.

24 정기검사를 받지 아니하고, 정기검사 신청기간 만료일로부터 30일 이내일 때의 과태료는?

① 2만원
② 10만원
③ 5만원
④ 20만원

24 정기검사를 받지 않은 경우 과태료 10만원이며, 신청기간 만료일부터 30일을 초과하는 경우 3일 초과 시마다 10만원을 가산한다.

25 등록되지 아니한 건설기계를 사용하거나 운행한 자의 벌칙은?

① 1년 이하의 징역 또는 1천만원 이하의 벌금
② 2년 이하의 징역 또는 2천만원 이하의 벌금
③ 20만원 이하의 벌금
④ 10만원 이하의 벌금

25 등록되지 않은 건설기계를 사용하거나 운행한 자는 2년 이하의 징역 또는 2,000만원 이하의 벌금에 처한다.

26 건설기계가 위치한 장소에서 정기검사를 받을 수 있는 경우가 아닌 것은?

① 자체중량이 20톤인 경우
② 최고속도가 시간당 25킬로미터인 경우
③ 도서지역에 있는 경우
④ 너비가 3.5미터인 경우

27 도로교통법상 반드시 서행하여야 할 장소로 지정된 곳으로 가장 적절한 것은?

① 교통정리가 행하여지고 있는 횡단보도
② 비탈길의 고갯마루 부근
③ 교통정리가 행하여지고 있는 교차로
④ 안전지대 우측

28 도로교통법령상 고속도로를 제외한 도로에서 왼쪽차로로 통행 가능한 것은?

① 중형 승합자동차　　② 건설기계
③ 특수자동차　　　　④ 대형 승합자동차

29 건설기계조종사의 적성검사기준으로 틀린 것은?

① 두 눈을 동시에 뜨고 잰 시력(교정시력 포함)이 0.7 이상이고 두 눈의 시력이 각각 0.3 이상일 것
② 55 데시벨(보청기를 사용하는 사람은 40 데시벨)의 소리를 들을 수 있을 것
③ 시각은 150도 이상일 것
④ 언어분별력이 60퍼센트 이상일 것

30 건설기계 조종사 면허를 받지 아니하고 건설기계를 조종한 자에 대한 벌칙은?

① 1년 이하의 징역 또는 1천만원 이하의 벌금
② 100만원 이하의 벌금
③ 50만원 이하의 벌금
④ 30만원 이하이 과태료

31 도로교통법에 위반되는 것은?

① 밤에 교통이 빈번한 도로에서 전조등을 계속 하향했다.
② 낮에 어두운 터널 속을 통과할 때 전조등을 켰다.
③ 소방용 방화 물통으로부터 10m 지점에 주차하였다.
④ 노면이 얼어붙은 곳에서 최고속도의 20/100을 줄인 속도로 운행하였다.

32 디젤기관에서 과급기를 장착하는 목적은?

① 기관의 냉각을 위해서
② 배기 소음을 줄이기 위해서
③ 기관의 유효압력을 낮추기 위해서
④ 기관의 출력을 증대시키기 위해서

---

26 출장검사를 받을 수 있는 경우
• 도서 지역에 있는 경우
• 자체 중량이 40톤을 초과하는 경우
• 축중이 10톤을 초과하는 경우
• 너비가 2.5m를 초과하는 경우
• 최고속도가 시간당 35km 미만인 경우

27 도로교통법상 서행하여야 하는 장소
1. 교통정리를 하고 있지 아니하는 교차로
2. 도로가 구부러진 부근
3. 비탈길의 고갯마루 부근
4. 가파른 비탈길의 내리막
5. 지방경찰청장이 필요하다고 인정하여 안전표지로 지정한 곳

28 고속도로 이외의 도로에서 차로를 반으로 나누어 1차로에 가까운 부분을 왼쪽차로라 하며, 왼쪽차로는 승용자동차 및 경형부터 중형까지의 승합자동차가 통행할 수 있다.

29 적성검사 기준은 ①, ②, ③ 이외에
④ 언어분별력은 80퍼센트 이상일 것
⑤ 정신질환자 또는 뇌전증 환자가 아닐 것
⑥ 마약·대마·향정신성의약품 또는 알코올 중독자가 아닐 것

30 건설기계 조종사의 면허를 받지 아니하고 건설기계를 조종한 자는 1년 이하의 징역 또는 1천만원 이하의 벌금에 처한다.

31 노면이 얼어붙은 곳에서는 최고속도의 50/100을 줄인 속도로 운행하여야 한다.

32 과급기(터보차저)는 실린더 내에 공기를 압축 공급하는 일종의 공기펌프이며, 기관의 출력을 증대시키기 위해서 사용한다.

33 기관에서 피스톤 작동 중 측압을 받지 않는 스커트 부분을 절단한 피스톤은?

① 솔리드 피스톤
② 슬리퍼 피스톤
③ 스플릿 피스톤
④ 오프셋 피스톤

33 슬리퍼 피스톤은 측압을 받지 않는 스커트부를 잘라내어 피스톤을 가볍게 한 것으로 고속엔진에 많이 사용된다.
- 스플릿 피스톤 : 가로홈(스커트 열전달 억제)과 세로홈 (전달에 의한 팽창 억제)을 둔다.
- 오프셋 피스톤 : 피스톤 핀을 중심으로 1.5mm 정도로 오프셋시켜(중심에서 조금 비껴서) 피스톤의 측압을 감소시킨다.

34 운전 중인 기관의 에어클리너가 막혔을 때 나타나는 현상으로 맞는 것은?

① 배출가스 색은 검고, 출력은 저하한다.
② 배출가스 색은 희고, 출력은 성상이다.
③ 배출가스 색은 무색이고, 출력과는 무관하다.
④ 배출가스 색은 청백색이고, 출력은 증가 된다.

34 에어클리너가 막히면 공기가 부족하게 되어 불완전 연소가 되므로 배기색은 검고 출력은 저하된다.

35 기관에서 상사점과 하사점까지의 거리는?

① 행정
② 사이클
③ 과급
④ 소기

35 실린더 속의 피스톤이 한쪽 끝(상사점)에서 다른 쪽 끝 (하사점)까지 움직이는 거리를 행정이라 한다.

36 축전지 충전 방법 중에서 틀린 방법은?

① 정전류 충전법
② 정전압 충전법
③ 단별전류 충전법
④ 정저항 충전법

36 축전지의 충전 방법은 정전류, 정전압, 단별전류 충전법이 있으며 이 중 정전류 충전법이 가장 많이 사용된다.

37 축전지를 충전기에 의해 충전 시 정전류 충전범위로 틀린 것은?

① 표준충전전류 : 축전지 용량의 10%
② 최소충전전류 : 축전지 용량의 5%
③ 최대충전전류 : 축전지 용량의 50%
④ 최대충전전류 : 축전지 용량의 20%

37 정전류 충전은 충전 시작부터 끝까지 일정한 전류로 충전을 하는 방법으로 충전전류는 다음과 같다.
- 표준충전전류 : 축전지 용량의 10%
- 최소충전전류 : 축전지 용량의 5%
- 최대충전전류 : 축전지 용량의 20%

38 기관에서 크랭크축을 회전시켜 엔진을 가동시키는 장치는?

① 예열장치
② 시동장치
③ 점화장치
④ 충전장치

38 내연기관은 1회의 폭발을 얻어야 기관을 기동시킬 수 있으므로 초기에 시동장치(기동전동기)를 이용하여 크랭크축을 회전시켜야 한다.

39 지게차가 커브를 돌 때 장비의 회전을 원활히 하기 위한 장치로 맞는 것은?

① 유니버셜 조인트
② 차동장치
③ 최종감속기어
④ 변속기

39 휠형 건설기계의 회전을 원활하게 하는 장치는 차동장치이다.

40 납산 축전지에서 셀 커넥터와 터미널의 설명으로 틀린 것은?

① 양극판이 음극판의 수보다 1장 더 적다.
② 셀 커넥터는 납 합금으로 되어있다.
③ 축전지 내 각각의 셀을 직렬로 연결하기 위한 것이다.
④ 색깔로 구분되어 있는 것은 (-)가 적색으로 되어있다.

40 축전지의 양극과 음극을 색으로 표시하는 경우 양극(+)이 적색, 음극(-)은 흑색으로 되어있다.

41 유압식 조향장치의 핸들의 조작이 무거운 원인과 가장 거리가 먼 것은?

① 유압이 낮다.
② 오일이 부족하다.
③ 유압계통 내에 공기가 혼입되었다.
④ 펌프의 회전이 빠르다.

41 조향펌프의 오일이 부족하여 유압이 낮거나 유압계통에 공기가 혼입되면 핸들이 무거워진다.

42 지게차의 유압식 브레이크와 브레이크 페달은 어떤 원리를 이용한 것인가?

① 지렛대 원리, 애커먼 장토식 원리
② 파스칼 원리, 지렛대 원리
③ 랙크 피니언 원리, 애커먼 장토식 원리
④ 랙크 피니언 원리, 파스칼 원리

42 유압식 브레이크는 파스칼의 원리를 이용하며, 브레이크 페달은 지렛대 원리를 이용한다.

43 다음 중 지게차의 구성품이 아닌 것은?

① 리프트 실린더
② 마스트
③ 코일 스프링
④ 리프트 체인

43 지게차는 적하물이 롤링에 의해 낙하할 수 있으므로 스프링을 장착하지 않는다.

44 지게차의 마스트용 체인의 최소파단하중비는 얼마 이상이어야 하는가?

① 2
② 3
③ 4
④ 5

44 지게차 마스트 체인의 최소파단하중비는 5 이상이어야 한다.

45 지게차가 최대하중을 싣고 엔진을 정지한 경우, 포크가 차중 및 하중에 의하여 내려가는 거리는 10분당 몇 mm 이하여야 하는가? (단, 유압유의 온도가 50°C일 때)

① 200
② 100
③ 10
④ 50

45 지게차의 유압펌프의 오일온도가 섭씨 50도인 상태에서 지게차가 최대하중을 싣고 엔진을 정지한 경우 쇠스랑이 자중 및 하중에 의하여 내려가는 거리는 10분당 100밀리미터 이하이어야 한다.

46 지게차의 작업 용도에 의한 분류 중 틀린 것은?

① 사이드 시프트
② 하이 마스트
③ 3단 시프트
④ 프리 리프트 마스트

46 3단 마스트형은 마스트가 3단으로 늘어나 출입구가 제한되어 있거나 높은 장소에 짐을 높이 쌓는데 유용한 지게차이다.

47 포크를 상하 각도로 이동시켜 원목, 전주, 파이프 등 원통형 하물을 운반하고자 하는데 적합한 장치는?

① 사이드 시프트
② 로드 스태빌라이저
③ 로테이팅 포크
④ 힌지드 포크

47 힌지드 포크는 포크의 힌지드 부분이 상하로 움직여서 원목 및 파이프 등의 적재작업에 적합하다.

48 유압오일의 온도가 상승할 때 나타날 수 있는 결과가 아닌 것은?

① 점도 상승
② 유압밸브의 기능 저하
③ 오일 누설 발생
④ 펌프 효율 저하

48 유압오일의 온도가 상승하면 점도가 저하되므로 펌프효율 및 밸브류의 기능이 저하되고 오일 누설이 발생한다.

chapter 10

49 지게차 마스트 작업 시 조종레버가 3개 이상일 경우 좌측으로부터 그 설치 순서가 바르게 나열 된 것은?

① 틸트 레버, 부수장치 레버, 리프트 레버

② 리프트 레버, 부수장치 레버, 틸트레버

③ 리프트 레버, 틸트 레버, 부수장치 레버

④ 틸트 레버, 리프트 레버, 부수장치 레버

49 지게차의 조종레버는 3개 이상인 경우 좌측으로부터 리프트 레버, 틸트 레버, 부수장치 레버의 순서로 설치되어 있으며, 부수장치 레버는 부수적으로 부착되는 작업장치의 조종을 위하여 사용된다.

50 지게차의 인칭조절장치에 대한 설명으로 맞는 것은?

① 트랜스미션 내부에 있다.

② 브레이크 드럼 내부에 있다.

③ 디셀레이터 페달이다.

④ 작업장치의 유압상승을 억제한다.

50 지게차의 인칭조절 장치는 변속기 내에 설치되어 있으며 인칭페달을 밟으면 엔진 동력이 차단되고 제동이 걸려 차량을 정지시키고 이 때 엔진동력을 이용하여 빠른 유압작동으로 신속하게 화물을 상승시킬 수 있다.

51 유체 에너지를 이용하여 외부에 기계적인 일을 하는 유압기기는?

① 유압 탱크

② 기동 전동기

③ 근접 스위치

④ 유압 모터

51 유체에너지를 기계적 일로 변환하는 유압기기에는 유압 모터와 유압 실린더가 있다.

52 다음 유압기호가 나타내는 것은?

① 순차 밸브(sequence valve)

② 감압 밸브(reducing valve)

③ 무부하 밸브(unload valve)

④ 릴리프 밸브(relief valve)

52 무부하 밸브의 유압기호이다.(외부 파일럿 신호에 의해 입력된 유압이 출력된다는 의미)

※ 저자의 변) 밸브 기호 중 릴리프 밸브, 무부하 밸브, 감압밸브, 시퀀스 밸브는 비교하여 숙지해 두자.

53 압력제어밸브 중 상시 닫혀 있다가 일정조건이 되면 열려서 작동하는 밸브가 아닌 것은?

① 언로드 밸브

② 릴리프 밸브

③ 리듀싱 밸브

④ 시퀀스 밸브

53 리듀싱 밸브(감압 밸브)는 상시 열려 있다가 압력이 지시 압력보다 낮으면 유체는 밸브를 통과하고, 압력이 높아지면 밸브를 닫아 압력을 감소시킨다.

54 유압 실린더에서 피스톤 행정이 끝날 때 발생하는 충격을 흡수하기 위해 설치하는 장치는?

① 쿠션 기구

② 스로틀 밸브

③ 서보 밸브

④ 압력보상 장치

54 쿠션기구는 유압실린더의 구성부품으로 피스톤 행정이 끝날 때 발생하는 충격을 흡수하기 위해 설치한다.

55 유압장치에서 고압 소용량, 저압 대용량 펌프를 조합운전 할 때 작동 압력이 규정 압력 이상으로 상승 시 저압 대용량 펌프에서 나오는 오일을 탱크로 회송시켜 동력을 절감시켜 주는 밸브는?

① 감압밸브(reducing valve)

② 무부하 밸브(unload valve)

③ 릴리프 밸브(relief valve)

④ 순차 밸브(sequence valve)

55 무부하밸브는 회로내의 압력이 설정값에 도달하면 펌프의 전 유량을 탱크로 방출하여 펌프에 부하가 걸리지 않도록 하여 동력을 절감할 수 있는 제어밸브이다.

56 다른 유압펌프에 비해 고속·고압이며 효율이 높은 펌프는?

① 베인 펌프　　② 플런저 펌프
③ 기어 펌프　　④ 스크류 펌프

56 유압펌프 중 고속, 고압이며 고효율인 펌프는 플런저 펌프(피스톤 펌프)이다.

57 유압장치의 장점이 아닌 것은?

① 고장원인의 발견이 쉽다.
② 운동방향을 쉽게 변경할 수 있다.
③ 과부하 방지가 용이하다.
④ 작은 동력원으로 큰 힘을 낼 수 있다.

57 유압장치는 고장원인의 발견이 어렵고, 보수관리가 어려운 단점이 있다.

58 유압유의 열화를 촉진시키는 가장 직접적인 원인은?

① 유압유의 온도상승
② 배관에 사용되는 금속의 강도 약화
③ 공기 중의 습도 저하
④ 유압펌프의 고속회전

58 유압유의 열화는 유압유의 온도상승이 가장 직접적인 원인이다.

59 유압회로 내의 압력이 설정압력에 도달하면 펌프에서 토출된 오일의 일부 또는 전부를 직접 탱크로 돌려보내 회로의 압력을 설정값으로 유지시키는 밸브는?

① 체크밸브
② 감압밸브
③ 릴리프밸브
④ 카운터 밸런스 밸브

59 릴리프 밸브는 압력제어밸브로, 유압을 설정압력 이하로 일정하게 유지시켜주는 역할을 한다.

60 유압장치에서 방향제어밸브에 대한 설명으로 틀린 것은?

① 유체의 흐름 방향을 한쪽으로 허용한다.
② 유체의 흐름 방향을 변환한다.
③ 액추에이터의 속도를 제어한다.
④ 유압실린더나 유압모터의 작동 방향을 바꾸는데 사용된다.

60 유량제어밸브는 액추에이터의 속도를 제어한다.

[CBT 적중 모의고사 제6회 정답]

01 ①	02 ③	03 ④	04 ①	05 ①	06 ①	07 ②	08 ①	09 ③	10 ②
11 ③	12 ②	13 ①	14 ①	15 ①	16 ①	17 ④	18 ④	19 ④	20 ①
21 ②	22 ④	23 ④	24 ②	25 ②	26 ①	27 ②	28 ①	29 ④	30 ①
31 ④	32 ④	33 ②	34 ①	35 ①	36 ④	37 ③	38 ②	39 ②	40 ④
41 ④	42 ②	43 ③	44 ④	45 ②	46 ③	47 ④	48 ①	49 ③	50 ①
51 ④	52 ③	53 ③	54 ①	55 ②	56 ②	57 ①	58 ①	59 ③	60 ③

최종점검 – 변경된 출제기준에 따라 출제빈도가 높은 기출문제와 예상문제를 엄선하다!

CBT 적중모의고사 7회

해설

▶ 실력테스트를 위해 문제 옆 해설란을 가리고 문제를 풀어보세요 ▶ 정답은 313쪽에 있습니다.

01 조종사를 보호하기 위해 설치한 지게차의 안전장치가 아닌 것은?

① 아웃트리거
② 백 레스트
③ 안전벨트
④ 헤드 가드

01 리치형 지게차(입식형)는 차체 전방으로 튀어나온 아웃트리거(앞바퀴)에 의해 차체의 안정을 유지하고 그 아웃트리거 안을 포크가 전후방으로 움직이며 작업을 하도록 되어 있다. 조종사의 보호와 가장 거리가 멀다.

02 공구 사용법에 대한 설명으로 틀린 것은?

① 볼트머리나 너트에 맞는 렌치를 선정하여 작업한다.
② 조정 렌치는 고정조가 있는 부분으로 힘이 가해지게 하여 사용한다.
③ 스패너 작업은 당기면서 하는 것보다 밀어서 작업하는 것이 안전하다.
④ 스패너에 파이프 등을 끼워서 사용해서는 안 된다.

02 스패너나 렌치로 작업을 할 때는 볼트·너트에 잘 결합하여 항상 몸 쪽으로 잡아당길 때 힘이 걸리도록 해야 한다.

03 인양작업 시 하물의 중심에 대하여 필요한 사항을 설명한 것으로 틀린 것은?

① 하물 중량 중심이 하물의 위에 있는 것과 좌·우로 치우쳐있는 것은 특히 경사지지 않도록 주의 할 것
② 하물 중량 중심의 바로 위에 훅을 유도할 것
③ 하물의 중량 중심을 정확히 판단할 것
④ 하물 중량 중심은 스윙을 고려하여 여유 옵셋을 확보할 것

03 옵셋은 하물의 중심과 훅의 중심이 다른 것으로 여유 옵셋을 두면 화물이 기울어 위험할 수 있다.

04 산업안전보건 상 사업주의 의무와 비교할 때 근로자의 의무사항이 아닌 것은?

① 위험한 장소에는 출입금지
② 위험상황 발생 시 작업 중지 및 대피
③ 보호구 착용
④ 사업장의 유해, 위험요인에 대한 실태 파악 및 개선

04 사업장의 유해, 위험요인에 대한 실태 파악 및 개선은 사업주가 부담하여야 할 의무이다.

05 화재에 대한 설명으로 틀린 것은?

① 화재가 발생하기 위해서는 가연성 물질, 산소, 발화원이 반드시 필요하다.
② 화재는 어떤 물질이 산소와 결합하여 연소하면서 열을 방출시키는 산화반응을 말한다.
③ 가연성 가스에 의한 화재를 D급 화재라 한다.
④ 전기 에너지가 발화원이 되는 화재를 C급화재라 한다.

05 가연성 유류 및 가스에 의한 화재를 B급 화재라고 하며, D급 화재는 금속나트륨이나 금속칼륨 등의 금속화재를 말한다.

06 중량물을 들어 올리거나 내릴 때 손이나 발이 중량물과 지면 등에 끼어 발생하는 재해는?

① 낙하
② 협착
③ 충돌
④ 전도

06 협착(狹窄)은 물체와 물체사이에 신체가 끼거나 물리는 사고를 말한다.

07 회전 중인 물체를 정지시킬 때 안전한 방법은?

① 스스로 정지하도록 한다.
② 손으로 정지시킨다.
③ 공구로 정지시킨다.
④ 발로 정지시킨다.

07 벨트 등의 회전중인 물체를 정지시킬 때는 스스로 정지하도록 하는 것이 가장 안전하다.

08 선반 작업, 목공 기계 작업, 연삭 작업, 해머 작업 등을 할 때 착용하면 불안전한 보호구는?

① 장갑
② 방진안경
③ 차광안경
④ 귀마개

08 선반 작업, 목공 기계 작업, 연삭 작업, 해머 작업, 드릴 작업, 정밀 기계 작업 등에는 장갑을 사용하지 않아야 한다.

09 드라이버 사용 시 바르지 못한 것은?

① 드라이버 날 끝이 나사 홈의 너비와 길이에 맞는 것을 사용한다.
② (-) 드라이버 날 끝은 평범한 것이어야 한다.
③ 이가 빠지거나 둥글게 된 것은 사용하지 않는다.
④ 필요에 따라서 정으로 대신 사용한다.

09 드라이버를 정 대신으로 사용하면 안 된다.

10 작업 시 안전사항으로 준수해야 할 사항 중 틀린 것은?

① 정전 시는 반드시 스위치를 끊을 것
② 딴 볼일이 있을 때는 기기 작동을 자동으로 조정하고 자리를 비울 것
③ 고장 중의 기기에는 반드시 표식을 할 것
④ 대형 화물을 기중 작업할 때는 서로 신호에 의거할 것

10 작업 중 기기가 작동 되고 있을 때에는 자리를 비우지 않아야 하며, 부득이하게 자리를 이탈할 때는 기기의 작동을 멈추어야 한다.

11 지게차를 워밍업 운전할 때 전후 경사운동과 포크의 상승, 하강 운동을 2~3회 실시하는 목적으로 가장 적합한 것은?

① 유압 작동유의 유온을 올리기 위해서
② 유압 탱크내의 공기를 빼기 위해서
③ 유압 실린더 내부의 녹을 제거하기 위해서
④ 오일 여과기의 찌꺼기를 제거하기 위해서

11 지게차의 워밍업 운전은 작동유의 유온을 정상범위에 도달시키기 위하여 시행한다. (작동유의 정상작동온도는 약 40℃ 내외이다)

12 지게차의 운전 전 점검사항으로 거리가 가장 먼 것은?

① 주요부의 볼트, 너트의 풀림점검
② 연료, 작동유, 냉각수, 엔진오일 점검
③ 타이어의 손상 및 공기압 점검
④ 배기가스의 색깔 점검

12 배기가스의 점검은 운전 중에 점검할 수 있는 사항이다.

☐ ☐ ☐

13 리프트 레버를 작동하여 포크를 상승시켰을 때 2/3가량은 잘 상승되었으나, 그 이후에 상승이 잘 되지 않은 경우 점검해야 할 곳은?

① 엔진오일의 양
② 유압유 탱크의 오일량
③ 냉각수의 양
④ 연료의 양

13 리프트 레버를 조작했을 때 포크의 상승이 어느 정도 되다가 안 되는 경우는 유압탱크의 오일량이 부족한 경우이다.

☐ ☐ ☐

14 지게차의 유압 오일량을 점검하고자 할 때 맞는 것은?

① 저속으로 운행하면서 기어 변속 시에 점검한다.
② 포크를 최대로 높인 상태에서 점검한다.
③ 포크를 지면에 완전히 내린 상태에서 점검한다.
④ 최대적재량의 하중으로 포크를 지면에서 20~30cm 올린 후 점검한다.

14 지게차 유압탱크의 오일량을 점검할 때 포크는 지면에 완전히 내린 상태에서 점검한다.

☐ ☐ ☐

15 지게차의 체인장력 조정법이 아닌 것은?

① 좌우체인이 동시에 평행한가를 확인한다.
② 포크를 지상에서 10~15cm 올린 후 확인한다.
③ 조정 후 록크 너트를 록크시키지 않는다.
④ 손으로 체인을 눌러보아 양쪽이 다르면 조정 너트로 조정한다.

15 록크 너트는 지게차의 체인 고정용 너트 풀림방지장치로 체인 조정 후 록크시켜야 한다.

☐ ☐ ☐

16 지게차를 주차할 때 취급사항으로 틀린 것은?

① 포크를 지면에 완전히 내린다.
② 기관을 정지한 후 주차 브레이크를 작동시킨다.
③ 시동을 끈 후 시동스위치의 키는 그대로 둔다.
④ 포크의 선단이 지면에 닿도록 마스트를 전방으로 적절히 경사 시킨다.

16 지게차의 키는 시동을 끈 후 시동 스위치에서 빼내어 보관한다.

☐ ☐ ☐

17 지게차 작업 시 안전 수칙으로 틀린 것은?

① 주차 시에는 포크를 완전히 지면에 내려야 한다.
② 화물을 적재하고 경사지를 내려갈 때는 운전 시야 확보를 위해 전진으로 운행해야 한다.
③ 포크를 이용하여 사람을 싣거나 들어 올리지 않아야 한다.
④ 경사지를 오르거나 내려올 때는 급회전을 금해야 한다.

17 화물을 적재하고 경사지를 내려갈 때는 반드시 화물을 앞으로 하고 지게차가 후진으로 내려 가야 한다.

☐ ☐ ☐

18 지게차 주행 시 안전사항으로 적합한 것은?

① 비포장, 좁은 장소 등에서 급회전한다.
② 지게차의 최고속도로 운행한다.
③ 후진 시에는 경광등, 후진경고음, 경적 등을 사용한다.
④ 탑재한 화물에 사람을 태우고 운행한다.

18 지게차 주행 시 후진할 때는 경광등, 후진 경고음 등을 사용한다. 급회전이나 과속을 하면 안되며, 탑재한 화물에 사람을 태우면 안된다.

☐ ☐ ☐

19 주차·정차가 금지되어 있는 장소가 아닌 것은?

① 건널목
② 교차로
③ 경사로의 정상부근
④ 횡단보도

19 교차로, 횡단보도, 건널목 등은 주·정차 금지장소이며, 경사로의 정상부근은 서행하여야 할 장소이다.

20 지게차의 작업에서 적재물을 싣고 안전한 운반을 위해 해야 할 행동 중 맞는 것은?

① 적재물을 포크로 찍어 운반한다.

② 틸트레버를 사용 10° 정도 후경하여 운반한다.

③ 적재물을 최대한 높이 들고 운행한다.

④ 마스트를 5~6° 전경하여 운반한다.

20 지게차를 적재물을 싣고 운반을 할 때에는 틸트레버를 이용하여 마스트를 4~6°(이 문제에서는 10°정도) 후경하여 운반한다.

21 지게차를 경사면에서 운전할 때 안전운전 측면에서 짐의 방향으로 가장 적절한 것은?

① 짐이 언덕 위쪽으로 가도록 한다.

② 짐이 언덕 아래쪽으로 가도록 한다.

③ 운전에 편리하도록 짐의 방향을 정한다.

④ 짐의 크기에 따라 방향이 정해진다.

21 지게차를 경사면에서 운전할 때는 항상 짐이 언덕 위쪽을 향하도록 하여야 한다. 따라서 내려갈 때는 후진으로 내려가야 한다.

22 건설기계관리법상 건설기계의 등록이 말소된 장비의 소유자는 며칠 이내에 등록번호표의 봉인을 떼어낸 후 그 등록번호표를 반납하여야 하는가?

① 30일   ② 15일

③ 5일   ④ 10일

22 건설기계의 등록이 말소된 경우, 등록된 건설기계 소유자의 주소지 및 등록번호의 변경 시, 등록번호표의 봉인이 떨어지거나 식별이 어려울 때 등록번호표의 봉인을 떼어낸 후 10일 이내에 그 등록번호표를 시·도지사에게 반납하여야 한다.

23 건설기계를 운전하여 교차로에서 우회전을 하려고 할 때 가장 적합한 것은?

① 우회전 신호를 행하면서 빠르게 우회전한다.

② 우회전은 언제 어느 곳에서나 할 수 있다.

③ 신호를 하면서 서행으로 주행해야 하며, 교통신호에 따라 횡단하는 보행자의 통행을 방해하여서는 안 된다.

④ 우회전은 신호가 필요 없으며, 보행자를 피하기 위해 빠른 속도로 진행한다.

23 교차로에서 우회전을 할 때에는 신호를 하며 서행으로 주행하며, 신호에 따라 횡단하는 보행자의 통행을 방해하여서는 안 된다.

24 교차로 진행방법에 대한 설명으로 가장 적합한 것은?

① 우회전 차는 차로에 관계없이 우회전 할 수 있다.

② 좌회전 차는 미리 도로의 중앙선을 따라 서행으로 진행한다.

③ 좌·우회전 시는 경음기를 사용하여 주위에 주의 신호를 한다.

④ 교차로 중심 바깥쪽으로 좌회전한다.

24 교차로에서 좌회전을 하려는 경우에는 미리 도로의 중앙선을 따라 서행하면서 교차로의 중심 안쪽을 이용하여 좌회전하여야 한다.

25 건설기계 운전자가 조종 중 고의로 중상 2명, 경상 5명의 사고를 일으킬 때 면허처분 기준은?

① 면허취소

② 면허효력 정지 10일

③ 면허효력 정지 30일

④ 면허효력 정지 20일

25 고의로 인명피해를 입힌 경우에는 피해자의 인원 및 경중에 상관없이 면허취소사유에 해당한다.

26 건설기계의 구조변경검사는 누구에게 신청할 수 있는가?

① 건설기계 폐기 업소
② 자동차 검사소
③ 건설기계 정비 업소
④ 건설기계 검사대행자

27 교차로에서 차마의 정지선으로 옳은 것은?

① 황색 점선
② 백색 점선
③ 황색 실선
④ 백색 실선

27 도로교통법상 노면표지색
- 황색 : 중앙선 표시, 노상장애물 중 도로중앙장애물표시, 주·정차금지표시, 안전지대표시
- 청색 : 버스전용차로표시, 다인승차량 전용차선표시
- 적색 : 어린이보호구역 또는 주거지역 안에 설치하는 속도제한표시의 테두리선
- 백색 : 위의 경우를 제외한 노면표시
☞ 노면표지에서 점선은 허용, 실선은 제한, 복선은 의미의 강조를 나타낸다.

28 노면표지 중 진로변경 제한선으로 맞는 것은?

① 황색 점선은 진로변경을 할 수 없다.
② 백색 점선은 진로변경을 할 수 없다.
③ 황색 실선은 진로변경을 할 수 있다.
④ 백색 실선은 진로변경을 할 수 없다.

28 노면표시 중 점선은 허용, 실선은 제한, 복선은 의미의 강조이다.

29 건설기계를 등록 전에 일시적으로 운행할 수 있는 경우가 아닌 것은?

① 등록신청을 위하여 건설기계를 등록지로 운행하는 경우
② 신규등록검사 및 확인검사를 받기 위하여 건설기계를 검사장소로 운행하는 경우
③ 건설기계를 대여하고자 하는 경우
④ 수출을 하기 위하여 건설기계를 선적지로 운행하는 경우

29 임시운행 사유
- 등록신청을 위해 등록지로 운행
- 신규 등록검사 및 확인검사를 위해 검사장소로 운행
- 수출목적으로 선적지로 운행
- 수출을 하기 위하여 등록말소한 건설기계를 정비, 점검하기 위하여 운행
- 신개발 건설기계의 시험목적의 운행
- 판매 및 전시를 위하여 일시적인 운행

30 다음 중 관공서용 건물번호판은?

① 중앙로 35 Jungang-ro
② 평촌길 60 Pyeongchon-gil
③ ⓘ 24 보성길 Boseong-gil
④ 수 6 문연로 Munyeon-ro

30 ①,② : 일반용
③ : 문화재 및 관광용
④ : 관공서용

31 건식 공기청정기의 장점이 아닌 것은?

① 작은 입자의 먼지나 오물을 여과할 수 있다.
② 구조가 간단하고 여과망을 세척하여 사용할 수 있다.
③ 설치 또는 분해조립이 간단하다.
④ 기관 회전속도의 변동에도 안정된 공기청정효율을 얻을 수 있다.

31 건식 공기청정기의 여과망은 세척하지 않고, 압축공기로 불어서 청소한다.

32 디젤기관의 연료계통에서 연료의 압력이 가장 높은 부분은?

① 인젝션 펌프와 노즐 사이
② 연료필터와 탱크 사이
③ 인젝션 펌프와 탱크 사이
④ 탱크와 공급펌프 사이

32 인젝션 펌프(분사 펌프)는 기관에서 연료를 압축하여 분사노즐로 압송하는 장치로 인젝션 펌프와 노즐 사이의 압력이 가장 높다.

33 기관의 라디에이터에 연결된 보조탱크의 역할에 대한 설명으로 틀린 것은?

① 냉각수 온도를 적절하게 조절한다.
② 오버플로(overflow) 되어도 증기만 방출된다.
③ 장기간 냉각수 보충이 필요 없다.
④ 냉각수의 체적팽창을 흡수한다.

33 기관 방열기에 연결된 보조탱크는 냉각수의 양을 조절하며, 냉각수의 온도를 조절하는 역할을 하지 않는다.

34 예연소실식 연소실에 대한 설명으로 가장 거리가 먼 것은?

① 예연소실은 주연소실 보다 작다.
② 예열 플러그가 필요하다.
③ 분사압력이 낮다.
④ 사용 연료의 변화에 민감하다.

34 예연소실식 연소실은 연료 성질 변화에 둔감하여 선택범위가 넓은 장점을 가진다.

35 기관에서 윤활유의 여과방식이 아닌 것은?

① 샨트식
② 분류식
③ 전류식
④ 자력식

35 윤활방식의 분류
• 샨트(shunt)식 : 오일의 일부는 여과시켜서 공급, 일부는 바로 공급되는 방식
• 분류식 : 윤활유의 일부는 여과시키고, 여과하지 않은 오일은 공급하는 방식
• 전류식 : 윤활유 전부를 여과시켜 공급하는 방식

36 축전지 터미널의 부식을 방지하기 위한 조치방법으로 가장 옳은 것은?

① 헝겊으로 감아 놓는다.
② 그리스를 발라 놓는다.
③ 전해액을 발라 놓는다.
④ 비닐 테이프를 감아 놓는다.

36 축전지의 터미널의 부식을 방지하기 위하여 그리스를 칠한 다음 보호 커버를 씌운다.

37 직류직권 전동기에 대한 설명 중 틀린 것은?

① 기동 회전력이 분권 전동기에 비해 크다.
② 부하를 크게 하면 회전속도가 낮아진다.
③ 부하에 따른 회전 속도의 변화가 크다.
④ 부하에 관계없이 회전속도가 일정하다.

37 직류직권 전동기는 부하가 걸리면 회전속도가 낮아진다.

38 지게차 운전 중 다음과 같은 경고등이 점등 되었다. 경고등의 명칭은?

① 냉각수 온도 게이지
② 엔진 오일 게이지
③ 연료 게이지
④ 미션 온도 게이지

38 냉각수 온도 게이지를 나타내는 계기판이다.

39 방향 지시등 전구에 흐르는 전류를 일정한 주기로 단속 점멸하는 기능을 가진 부품은 무엇인가?

① 플래셔 유닛
② 디머 스위치
③ 파일럿 유닛
④ 방향지시기 스위치

39 플래셔 유닛(flasher unit)은 방향 지시등에 흐르는 전류를 일정한 주기로 단속하여 점멸시키는 기능을 한다.(일명 '깜빡이'라고 함)
※ 디머 스위치 : 다이얼을 돌려 조명의 밝기를 조정하는 스위치이다.

40 지게차에서 자동차와 같이 스프링을 사용하지 않는 이유는 무엇인가?

① 지게차에 롤링이 생기면 적하물이 낙하할 수 있기 때문
② 현가장치가 있으면 조향이 어렵기 때문
③ 무거운 하중을 버티지 못하기 때문
④ 앞차축이 구동축이기 때문

40 지게차에 스프링을 사용하면 롤링(rolling)이 생겨 적하물이 떨어질 수 있기 때문에 스프링을 사용하지 않는다.

41 제동장치의 구비조건으로 틀린 것은?

① 작동이 확실하여야 한다.
② 마찰력이 작아야 한다.
③ 점검 및 조정이 용이해야 한다.
④ 신뢰성과 내구성이 뛰어나야 한다.

41 제동장치는 마찰력을 이용하는 브레이크장치를 말하며 마찰력이 커야 좋은 제동력을 얻을 수 있다.

42 지게차의 현가장치는 어떤 방식으로 구성되어 있는가?

① 판 스프링식
② 공기 스프링식
③ 코일 스프링식
④ 스프링장치가 없다.

42 지게차에 스프링이 있으면 롤링이 생겨 적하물이 낙하할 수 있으므로 지게차에는 스프링이 없다.

43 지게차의 작업용도 및 효율성에 따라 작업장치를 선택하여 부착할 수 있는 장치가 아닌 것은?

① 로테이팅 장치
② 폴더
③ 포크 포지셔너
④ 사이드 시프트

43 ① 로테이팅 장치 : 포크를 360° 회전시킬 수 있는 장치
③ 포크 포지셔너 : 포크의 넓이를 조정할 수 있는 장치
④ 사이드 시프트 : 차체를 이동시키지 않고 포크를 좌우로 움직일 수 있는 장치

44 지게차 포크의 수직면으로부터 포크 위에 놓인 화물의 무게중심까지의 거리를 무엇이라고 하는가?

① 자유인상높이
② 하중중심
③ 전장
④ 마스트 최대 높이

44 하중중심은 지게차 수직면으로부터 포크 위에 올려진 화물의 무게중심까지의 거리를 말한다.

45 다음 [보기]는 무엇에 대한 설명인가?

【보기】

L자형으로 2개이며, 핑거 보드에 체결되어 화물을 떠받쳐 운반한다. 또 적재하는 화물의 크기에 따라 간격을 조정할 수 있도록 되어 있다.

① 포크
② 리프트 체인
③ 틸트 실린더
④ 마스트

45 지게차의 포크에 대한 설명이다.

46 아래의 내용은 지게차의 어느 부위를 설명한 것인가?

【보기】

• 마스트와 프레임 사이에 설치되고 2개의 복동식 유압실린더이다.
• 마스트를 앞, 뒤로 경사 시키는데 쓰인다.
• 레버를 당기면 마스트가 뒤로, 밀면 앞으로 기울어진다.

① 틸트 실린더
② 마스트 실린더
③ 슬라이딩 실린더
④ 리프트 실린더

46 틸트 실린더는 마스트를 전·후로 경사시킬 때 사용되는 장치로 2개의 복동식 유압실린더로 되어있다.

47 유압유의 온도가 50℃일 때, 지게차가 최대하중을 싣고 엔진을 정지한 경우 마스트가 수직면에 대하여 이루는 기울기의 변화량은 최초 10분 동안 몇 도 이하여야 하는가?

① 5도
② 7도
③ 9도
④ 12도

47 유압유의 온도가 50℃일 때 지게차가 최대하중을 싣고 엔진을 정지한 경우 마스트가 수직면에 대하여 기우는 기울기의 변화량은 최초 10분 동안 5도 이하여야 한다.

48 둥근 목재나 파이프 등을 작업하는데 적합한 지게차의 작업장치는?

① 힌지드 포크
② 사이드 시프트
③ 로우 마스트
④ 하이 마스트

48 힌지드 포크는 포크의 힌지드 부분이 상하로 움직여서 원목 및 파이프 등의 적재작업에 용이하다.

49 지게차 동력조향장치에 사용하는 유압실린더로 적합한 것은?

① 다단실린더 텔레스코핑
② 복동실린더 싱글로드형
③ 단동실린더 싱글로드형
④ 복동실린더 더블로드형

49 지게차 동력조향장치의 유압실린더는 복동실린더 양로드(더블로드)형이 주로 사용된다.

50 유압 모터의 회전속도가 규정 속도보다 느릴 경우, 그 원인이 아닌 것은?

① 오일의 내부 누설
② 유압 펌프의 오일 토출량 과다
③ 유압유의 유입량 부족
④ 각 작동부의 마모 또는 파손

50 유압장치의 속도가 늦어지는 것은 유량이 부족하거나 유압장치의 고장 때문이다. 유압펌프의 토출량 과다는 유압모터의 속도가 늦어지는 원인이 아니다.

51 유압을 일로 바꿔주는 유압장치는?

① 유압 액추에이터(actuator)
② 유압 어큐뮬레이터(accumulator)
③ 압력 스위치(switch)
④ 유압 디퓨저(diffusor)

52 일반적으로 캠(cam)으로 조작되는 유압 밸브로서 액추에이터의 속도를 서서히 감속시키는 밸브는?

① 카운터 밸런스 밸브(counter balance valve)
② 디셀러레이션 밸브(deceleration valve)
③ 릴리프 밸브(relief valve)
④ 체크 밸브(check valve)

53 다음 중 액추에이터의 입구 쪽 관로에 설치한 유량제어 밸브로 흐름을 제어하여 속도를 제어하는 회로는?

① 시스템 회로
② 블리드 오프 회로
③ 미터 인 회로
④ 미터 아웃 회로

54 그림과 같은 실린더의 명칭은?

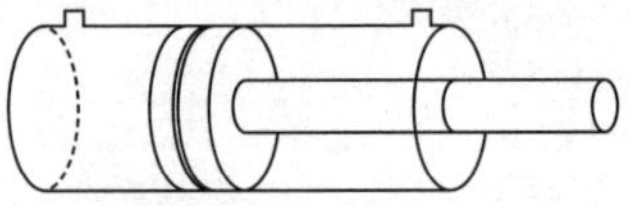

① 단동 실린더
② 단동 다단 실린더
③ 복동 실린더
④ 복동 다단 실린더

55 유압장치에서 가변용량형 유압펌프의 기호는?

① 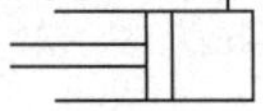 ② 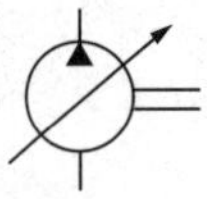 ③ 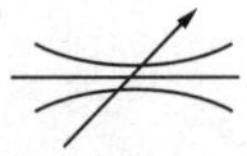 ④

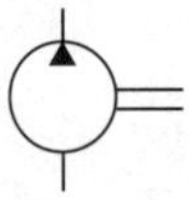

56 작동 중인 유압펌프에서 소음이 발생할 경우 가장 거리가 먼 것은?

① 오일 탱크의 유량 부족
② 프라이밍 펌프의 고장
③ 흡입되는 오일에 공기혼입
④ 흡입 스트레이너의 막힘

---

51 액추에이터는 유압 에너지(힘)를 기계적 에너지(일)로 바꿔주는 장치로 유입실린더와 유입모터를 말한다.

52 디셀러레이션 밸브(감속밸브)는 유량을 감소시켜 액추에이터의 속도를 서서히 감속시키는 밸브이며, 캠에 의해 조작된다.

53 미터 인(meter-in) 회로 : 액추에이터(실린더)의 입구 쪽 관로에 유량제어밸브를 설치하여 작동유의 흐름을 교축시켜 실린더의 전진속도를 제어하는 회로이다.
※ 미터 아웃(meter-in) 회로 : 액추에이터(실린더)의 출구 쪽 관로에 유량제어밸브를 설치하여 실린더의 전진속도를 제어한다.
※ 블리드 오프 회로 : 실린더 입구측에 분기회로를 병렬로 설치하여 불필요한 유압을 배출시켜 작동효율을 증진한다.

54 파이프 연결부가 한 곳이면 단동 실린더이고, 두 곳이면 복동 실린더를 나타낸다.

55 ① 단동실린더
③ 가변교축밸브
④ 정용량형 유압펌프

56 프라이밍 펌프(priming pump)는 디젤기관의 연료계통 정비 후 연료분사펌프에 연료를 보내거나 연료계통의 공기를 배출할 때 사용하는 장치이다.

57 유압 실린더 지지방식 중 트러니언형 지지 방식이 아닌 것은?

① 캡측 플랜지 지지형   ② 센터 지지형
③ 헤드측 지지형   ④ 캡측 지지형

58 유압유(작동유)의 압력을 제어하는 밸브가 아닌 것은?

① 리듀싱 밸브(reducing valve)
② 체크 밸브(check valve)
③ 시퀀스 밸브(sequence valve)
④ 릴리프 밸브(relief valve)

59 릴리프 밸브(relief valve)에서 볼(ball)이 밸브의 시트(seat)를 때려 소음을 발생시키는 현상은?

① 채터링(chattering) 현상
② 베이퍼 록(vaper lock) 현상
③ 페이드(fade) 현상
④ 노킹(knock) 현상

60 파스칼의 원리와 관련된 설명이 아닌 것은?

① 정지 액체에 접하고 있는 면에 가해진 압력은 그 면에 수직으로 작용한다.
② 정지 액체의 한 점에 있어서의 압력의 크기는 전 방향에 대하여 동일하다.
③ 점성이 없는 비압축성 유체에서 압력에너지, 위치에너지, 운동에너지의 합은 일정하다.
④ 밀폐용기 내의 한 부분에 가해진 압력은 액체 내의 여러 부분에 같은 압력으로 전달된다.

---

57 유압 실린더 지지방식

푸트형(foot)	축방향 푸트형, 축직각 푸트형
플랜지형(flange)	헤드측 플랜지 지지형, 캡측 플랜지 지지형
트러니언형(trunnion)	센터측, 헤드측, 캡측 지지형
클레비스형(clevis)	클레비스 지지형, 아이 지지형

58 체크 밸브는 유체를 한쪽 방향으로만 흐르게 하고 역방향 흐름을 방지하는 방향제어밸브이다.

59 채터링 현상은 릴리프밸브 스프링의 장력이 약화되면 발생한다.

60 파스칼의 원리
- 유체의 압력은 면에 대하여 직각으로 작용한다.
- 각 점의 압력은 모든 방향으로 같다.
- 밀폐된 용기 내의 액체 일부에 가해진 압력은 유체 각 부분에 동시에 같은 크기로 전달된다.
※ ③은 베르누이 법칙에 관한 설명이다.

[CBT 적중 모의고사 제7회 정답]

01 ①	02 ③	03 ④	04 ④	05 ③	06 ②	07 ①	08 ①	09 ④	10 ②
11 ①	12 ④	13 ②	14 ③	15 ③	16 ③	17 ②	18 ③	19 ③	20 ②
21 ①	22 ④	23 ③	24 ②	25 ①	26 ④	27 ④	28 ④	29 ③	30 ④
31 ②	32 ①	33 ①	34 ④	35 ④	36 ②	37 ④	38 ①	39 ①	40 ①
41 ②	42 ④	43 ②	44 ②	45 ①	46 ①	47 ①	48 ①	49 ④	50 ②
51 ①	52 ②	53 ③	54 ③	55 ②	56 ②	57 ①	58 ①	59 ①	60 ③

1 산업재해 조사의 목적에 대한 설명으로 가장 타당한 것은?

① 재해 발생에 대한 통계를 작성하기 위하여
② 재해를 유발한 자의 책임추궁을 위하여
③ 적절한 예방대책을 수립하기 위하여
④ 기업의 재산을 보호하기 위하여

2 지게차를 이용한 작업 중에 위쪽으로부터 떨어지는 화물에 의한 위험을 방지하기 위하여 조종수의 머리 위쪽에 설치하는 덮개는?

① 리프트 실린더
② 핑거보드
③ 백레스트
④ 헤드가드

3 조종사를 보호하기 위해 설치한 지게차의 안전장치로 가장 거리가 먼 것은?

① 아웃트리거
② 안전벨트
③ 백레스트
④ 헤드가드

4 건설기계 또는 산업현장 관련 작업장에서 해머 작업 시 안전사항으로 가장 적절한 것은?

① 반드시 면장갑을 착용할 것
② 해머의 본래 사용목적 이외의 용도로 사용해도 된다.
③ 타격을 하기 전에 주위 상황을 점검하고 시작할 것
④ 큰 힘이 필요할 때는 파이프를 연결하여 사용할 것

5 산업안전보건법령상에서 제시한 안전표지의 구성요소가 아닌 것은?

① 재질
② 모양
③ 색채
④ 내용

6 산업안전보건표지의 종류에서 지시표시에 해당하는 것은?

① 안전모착용
② 출입금지
③ 고온경고
④ 차량통행금지

7 경고표지로 사용되지 않는 것은?

① 낙하물 경고
② 급성독성물질 경고
③ 방진마스크 경고
④ 인화성물질 경고

8 건설기계 보관 장소에서 금속화재가 발생했다. 금속화재에 대한 설명으로 가장 적절한 것은?

① 포 소화기로 소화하는 것이 가장 좋다.
② 금속나트륨은 A급화재로 A급 소화기로만 소화하여야 한다.
③ 물로 소화하는 것이 가장 좋다.
④ 질식소화법이 가장 좋고 건조된 모래(건조사) 등을 이용한다.

9 건설기계 관련 작업장에서 유류화재가 발생했다. 화재의 분류에서 유류 화재는?

① A급 화재
② B급 화재
③ C급 화재
④ D급 화재

10 건설기계 관련 작업 현장에서 유류화재 시 소화용으로 거리가 가장 먼 것은?

① 물
② B급 화재용 소화기
③ 포(포말) 소화기
④ 이산화탄소 소화기

11 건설기계 조종수가 장비 점검 및 확인을 위한 드릴 작업 시 안전수칙으로 가장 적절하지 않은 것은?

① 머리가 긴 사람은 묶어서 드릴에 말리지 않도록 주의한다.
② 드릴을 끼운 후 척 렌치는 그대로 둔다.
③ 일감은 견고하게 고정시켜 손으로 잡고 구멍을 뚫지 않도록 주의한다.
④ 칩을 제거할 때는 회전을 중지시킨 상태에서 솔로 제거한다.

12 건설기계 조종수가 장비 점검을 위하여 공구를 사용할 때 공구 사용법에 대해 설명으로 틀린 것은?

① 조정 렌치는 고정 조가 있는 부분으로 힘이 가해지게 하여 사용한다.
② 스패너에 파이프 등을 끼워서 사용해서는 안 된다.
③ 볼트 머리나 너트에 맞는 렌치를 선정하여 작업한다.
④ 스패너 작업은 당기면서 하는 것보다 밀어서 작업하는 것이 안전하다.

13 건설기계 조종수가 안전 점검 및 확인을 위한 스패너 작업 시 안전 및 주의사항으로 틀린 것은?

① 장시간 보관할 때에는 방청제를 바르고 건조한 곳에 보관한다.
② 녹이 생긴 볼트나 너트에는 윤활제를 사용한다.
③ 힘겨울 때는 파이프 등의 연장대를 끼워서 사용한다.
④ 볼트 크기에 알맞은 치수의 스패너를 사용한다.

14 절연용 개인 착용 보호구의 종류가 아닌 것은?

① 절연 시트
② 절연 장갑
③ 절연모
④ 절연화

15 연삭기에서 연삭칩의 비산을 막기 위한 안전 방호장치는?

① 양수 조작식 방호장치
② 안전 덮개
③ 급정지 장치
④ 광전식 안전 방호장치

16 건설기계 조종수가 장비 점검 및 확인을 위한 벨트 취급 시 안전에 대한 주의사항으로 틀린 것은?

① 벨트의 적당한 장력을 유지하도록 한다.
② 벨트의 회전을 정지시킬 때 손으로 잡아 정지시킨다.
③ 벨트에 기름이 묻지 않도록 한다.
④ 벨트 교환 시 회전이 완전히 멈춘 상태에서 한다.

17 안전 작업 사항에 대한 설명으로 잘못된 것은?

① 엔진에서 배출되는 일산화탄소에 대비한 환기장치를 설치한다.
② 주요 장비 등 조작자를 지정하여 아무나 조작하지 않도록 한다.
③ 전기장치는 접지를 하고 이동식 전기기구는 방호장치를 설치한다.
④ 담뱃불은 발화력이 약하므로 제한 장소 없이 흡연해도 무방하다.

18 지게차 작업 중 유압장치에 문제가 발생되어 유압실린더를 점검 및 정비할 때 주의사항이 <u>아닌</u> 것은?

① 피스톤 로드에 손상 여부를 확인하고 이상이 있으면 수리 또는 교체한다.

② 정비지침서를 참고하여 분해 조립을 한다.

③ 분해 조립할 때 금속 해머로 타격한다.

④ 분해 전 내부의 오일을 제거한다.

19 지게차에서 리프트 실린더의 상승력이 부족한 원인과 거리가 가장 먼 것은?

① 틸트 로크 밸브의 밀착 불량

② 유압펌프의 불량

③ 리프트 실린더에서 유압유 누출

④ 유압 오일 필터의 막힘

20 마스트 점검사항으로 가장 적절하지 않은 것은?

① 작동 오일이 흐르는 부위의 피팅, 호스류들의 누유를 점검한다.

② 리프트 실린더의 로드 부위를 깨끗하게 유지한다.

③ 볼트 및 클램프류의 풀림 상태를 점검한다.

④ 작업을 하지 않을 때는 포크를 약 30cm 올려놓아야 한다.

21 [보기]의 지게차 작업장치 점검사항 중 작업 전 점검사항을 <u>모두</u> 고른 것은?

┌─────────【보기】─────────┐
│ ⓐ 포크의 균열상태 │
│ ⓑ 리프트 체인의 장력 및 주유상태 │
│ ⓒ 리프트 체인의 연결부위 균열상태 │
│ ⓓ 마스트의 전·후경 및 상·하 작동상태 │
└──────────────────────────┘

① ⓐ, ⓑ, ⓓ

② ⓐ, ⓑ, ⓒ, ⓓ

③ ⓐ, ⓒ, ⓓ

④ ⓐ, ⓑ, ⓒ

22 지게차로 화물을 운반할 때 가장 적절한 포크의 높이는?

① 지면으로부터 20~30cm 정도 높이를 유지한다.

② 지면으로부터 100cm 이상 높이를 유지한다.

③ 지면으로부터 60~80cm 정도 높이를 유지한다.

④ 포크 높이는 관계없이 편리하게 위치한다.

23 지게차에서 흔들리는 화물을 운송 시 주의사항으로 거리가 가장 먼 것은?

① 흔들리는 화물을 운송할 때에는 사람이 흔들리지 않게 잡고 운행한다.

② 매달린 화물의 고정 수단은 뜻하지 않게 움직이거나 풀리지 않도록 한다.

③ 화물이 흔들리는 상태에 따라 주행속도와 방법을 조절한다.

④ 화물을 매단 상태에서의 경사 주행은 하지 않는다.

24 자동변속기가 장착된 지게차를 주차할 때 주의사항으로 <u>옳지 않은</u> 것은?

① 주 브레이크를 제동시켜 놓는다.

② 전·후진 레버의 위치는 중립에 놓는다.

③ 주차브레이크 레버를 당겨 놓는다.

④ 포크를 지면에 내려놓는다.

25 기관의 윤활유 사용 방법에 대한 설명으로 옳은 것은?

① 계절과 윤활유 SAE 번호는 관계가 없다.

② 계절과 관계없이 사용하는 윤활유의 SAE 번호는 일정하다.

③ 여름용은 겨울용보다 SAE 번호가 큰 윤활유를 사용한다.

④ 겨울은 여름보다 SAE 번호가 큰 윤활유를 사용한다.

26 디젤기관에서 과급기를 장착하는 목적은?

① 배기 소음을 줄이기 위해서

② 기관의 유효압력을 낮추기 위해서

③ 기관의 냉각을 위해서

④ 기관의 출력을 증대시키기 위해서

27 디젤엔진에서 고압의 연료를 연소실에 분사하는 것은?

① 분사노즐
② 조속기
③ 과급기
④ 프라이밍 펌프

28 디젤기관에서 노킹의 원인이 <u>아닌 것</u>은?

① 연료의 분사압력이 낮다.
② 연료의 세탄가가 높다.
③ 연소실의 온도가 낮다.
④ 착화지연 시간이 길다.

29 가압식 라디에이터의 장점으로 <u>틀린 것</u>은?

① 방열기를 작게 할 수 있다.
② 냉각장치의 효율을 높일 수 있다.
③ 냉각수의 순환 속도가 빠르다.
④ 냉각수의 비등점을 높일 수 있다.

30 디젤기관에서 과급기를 사용하는 이유로 <u>틀린 것</u>은?

① 냉각효율 증대
② 체적효율 증대
③ 출력 증대
④ 회전력 증대

31 기관의 오일레벨 게이지에 대한 설명으로 <u>틀린 것</u>은?

① 윤활유 육안 검사 시에도 활용된다.
② 기관의 오일 팬에 있는 오일을 점검하는 것이다.
③ 윤활유 레벨을 점검할 때 사용한다.
④ 반드시 기관 작동 중에 점검해야 한다.

32 기관에서 밸브 스템 엔드와 로커암(태핏) 사이의 간극은?

① 캠 간극
② 밸브 간극
③ 스템 간극
④ 로커암 간극

33 디젤기관의 시동을 용이하게 하기 위한 방법이 <u>아닌 것</u>은?

① 겨울철에 예열장치를 사용한다.
② 시동 시 회전속도를 낮춘다.
③ 축전지 상태를 최상으로 유지한다.
④ 흡기온도를 상승시킨다.

34 기관 피스톤링의 구비조건이 <u>아닌 것</u>은?

① 실린더 벽에 동일한 압력을 가하지 말 것
② 고온에서도 탄성을 유지할 것
③ 장시간 사용 시에도 링 자체나 실린더 마멸이 적을 것
④ 열팽창률이 적을 것

35 기관 과열의 원인이 <u>아닌 것</u>은?

① 라디에이터 막힘
② 냉각수 부족
③ 오일의 압력 과다
④ 냉각장치 내부에 이물질이 쌓였을 때

36 기관의 에어클리너에 대한 설명을 <u>틀린 것</u>은?

① 흡기계통에서 발생하는 흡기 소음을 줄여주는 역할을 한다.
② 에어클리너는 연소실에 부착되어 있다.
③ 실린더 내에 흡입되는 공기 중에 포함된 먼지를 걸러 준다.
④ 에어클리너는 공기 흡입구에 부착되어 있다.

37 디젤기관을 가동 중 검은 매연이 심하게 배출될 때 점검해야 할 사항으로 거리가 가장 먼 것은?

① 연료라인에 공기혼입 여부 점검
② 분사펌프의 점검
③ 분사시기 점검
④ 에어클리너의 막힘 점검

38 디젤기관에서 연료계통의 공기빼기 순서로 옳은 것은?

① 연료여과기 → 분사펌프 → 공급펌프
② 분사펌프 → 연료여과기 → 공급펌프
③ 공급펌프 → 연료여과기 → 분사펌프
④ 공급펌프 → 분사노즐 → 분사펌프

39 기관의 윤활방식 중 주로 4행정 사이클 기관에서 많이 사용되고 있는 윤활방식은?

① 혼합식, 압력식, 원심식
② 비산식, 압송식, 비산 압송식
③ 혼용식, 압력식, 중력식
④ 원심식, 비산식, 비산 압송식

40 전기회로의 안전사항으로 가장 적절하지 않은 것은?

① 모든 계기는 사용 시 최대 측정 범위를 초과하지 않도록 해야 한다.
② 전기장치는 반드시 접지하여야 한다.
③ 퓨즈는 용량이 맞는 것을 사용한다.
④ 전선의 접속은 접촉저항이 크게 하는 것이 좋다.

41 직류 발전기와 비교한 교류 발전기의 특징으로 틀린 것은?

① 소형이며 경량이다.
② 브러시의 수명이 길다.
③ 저속 시에도 충전이 가능하다.
④ 전류 조정기만 있으면 된다.

42 엔진의 회전이 기동전동기에 전달되지 않도록 하는 장치는?

① 전자석 스위치
② 브러시
③ 전기자
④ 오버런닝 클러치

43 건설기계에 사용하는 교류발전기의 특징으로 틀린 것은?

① 저속 시에도 충전이 가능하다.
② 전류조정기를 사용한다.
③ 다이오드 사용으로 정류 특성이 좋다.
④ 소형 경량이다.

44 시동전류의 공급과 기관이 정지된 상태에서 각종 전기장치에 전류를 보내는 것은?

① 축전지
② 시동모터
③ 콘덴서
④ 발전기

45 축전지 설명 중 틀린 것은?

① 단자의 기둥은 양극이 음극보다 굵다.
② 양극판이 음극판보다 1당 더 적다.
③ 격리판은 다공성이며 전도성인 물질로 만든다.
④ 일반적으로 12V 축전지의 셀은 6개로 구성되어 있다.

46 축전지에서 음극판이 1장 더 많은 이유로 옳은 것은?

① 가격이 저렴하기 때문에
② 양극판보다 황산에 조금 더 강하기 때문에
③ 양극판보다 화학 작용이 활성적이지 못하기 때문에
④ 양극판과 음극판의 단락을 방지하기 위해

47 할로겐 전조등에 대한 장점으로 **틀린** 것은?

① 필라멘트 아래에 차광판이 있어서 차축 방향으로 반사하는 빛을 없애는 구조로 되어있다.

② 할로겐 사이클로 흑화현상이 있어 수명을 다하면 밝기가 변한다.

③ 색 온도가 높아 밝은 백색 빛을 얻을 수 있다.

④ 전구의 효율이 높아 밝고 환하다.

48 교류발전기에서 전류가 발생되는 곳은?

① 스테이터 코일

② 계자 코일

③ 로터 코일

④ 전기자 코일

49 영구자석의 자력에 의하여 발생한 맴돌이 전류와 영구자석의 상호작용에 의하여 바늘이 돌아가는 계기는?

① 유압계

② 전류계

③ 속도계

④ 연료계

50 지게차 타이어의 트레드에 대한 설명으로 **틀린** 것은?

① 타이어의 공기압이 높으면 트레드의 양단부보다 중앙부의 마모가 크다.

② 트레드가 마모되면 열의 발산이 불량하게 된다.

③ 트레드가 마모되면 구동력과 선회능력이 저하된다.

④ 트레드가 마모되면 지면과 접촉 면적이 크게 됨으로써 마찰력이 증대되어 제동성능은 좋아진다.

51 지게차의 조향핸들 조작이 무겁게 되는 원인으로 **거리가 가장 먼** 것은?

① 타이어 공기압이 낮다.

② 조향 기어 백래시가 작다.

③ 앞바퀴 정렬이 적절하다.

④ 윤활유가 부족 또는 불량하다.

52 수동변속기 지게차의 **동력 전달 순서**는?

① 엔진 → 변속기 → 클러치 → 차축 → 앞바퀴

② 엔진 → 변속기 → 차축 → 클러치 → 앞바퀴

③ 엔진 → 클러치 → 차축 → 변속기 → 앞바퀴

④ 엔진 → 클러치 → 변속기 → 차축 → 앞바퀴

53 내연기관을 사용하는 지게차의 구동과 관련한 설명으로 **옳은** 것은?

① 앞바퀴로 구동한다.

② 복륜식은 앞바퀴 좌·우 각각 1개인 구동륜을 말한다.

③ 뒷바퀴로 구동한다.

④ 기동성 위주로 사용되는 지게차는 복동륜을 사용한다.

54 지게차의 브레이크 페달을 밟았을 때 한쪽으로 쏠리는 원인과 **거리가 가장 먼** 것은?

① 엔진의 출력이 부족할 때

② 한쪽 라이닝에 오일이 묻었을 때

③ 타이어 공기압이 평형하지 않을 때

④ 앞바퀴 정렬이 불량할 때

55 지게차 저압 타이어에 [9.00-20-14PR]로 표시된 경우 "20"이 의미하는 것은?

① 타이어 폭

② 타이어 높이

③ 타이어 내경

④ 타이어 재질

56 지게차의 조향장치 특징에 관한 설명으로 **틀린** 것은?

① 노면으로부터 충격이나 원심력 등의 영향이 적어야 한다.

② 조향조작이 경쾌하고 자유로워야 한다.

③ 타이어 및 조향장치의 내구성이 커야 한다.

④ 회전반경이 되도록 커야 한다.

57 지게차의 브레이크를 연속적으로 사용 시 마찰열의 축적으로 드럼과 라이닝이 과열되어 제동력이 감소하는 현상은?

① 하이드로플래닝 현상
② 노킹 현상
③ 채팅 현상
④ 페이드 현상

58 지게차에 대한 설명으로 틀린 것은?

① 포크는 상·하, 좌·우뿐 아니라 기울임이 가능한 것도 있다.
② 평형추는 지게차의 앞쪽에 설치되어 마스트 전·후경 작동을 한다.
③ 지게차 방호(안전)장치로 백레스트, 헤드가드 등이 있다.
④ 엔진식 지게차는 보통 전륜을 구동하고 후륜으로 조향한다.

59 지게차의 탑재된 화물이 운행 또는 하역 중 미끄러져 떨어지지 않도록 화물 상부를 지지할 수 있는 클램프가 있는 것은?

① 트리플 스테이지 마스트
② 스키드 포크
③ 힌지 버킷
④ 하이 마스트

60 지게차에서 일반적으로 캐리지에 설치되는 2개의 L자형 작업장치는?

① 포크
② 차축
③ 평형추
④ 마스트

61 지게차의 분류 중 카운터 웨이터가 없고 마스트가 앞·뒤로 움직여 화물을 적재할 수 있는 형식은?

① 카운터형
② 리치형
③ 웨이터형
④ 밸런스형

62 지게차의 규격표시 방법으로 옳은 것은?

① 지게차의 최대 적재중량(ton)
② 지게차의 원동기출력(ps)
③ 지게차의 총중량(ton)
④ 지게차의 자체중량(ton)

63 지게차를 이용한 작업 중 마스트를 뒤로 기울일 때 화물이 마스트 방향으로 떨어지는 것을 방지하기 위해 설치하는 짐받이 틀은?

① 스캐리파이어
② 방향지시등
③ 포크
④ 백레스트

64 지게차로 들어 올릴 화물의 너비에 따라 포크의 좌·우 간격을 조정하는 장치는?

① 포크 틸트 간격 조정장치
② 포크 리프트 상·하 간격 조정레버
③ 브레이크
④ 포크 간격 조정장치

65 지게차에서 리프트 체인의 길이 조정 방법은?

① 핑거보드의 롤러 위치로 조정한다.
② 리프트 실린더 조정볼트로 조정한다.
③ 마스트 실린더 로드 길이로 조정한다.
④ 체인 연결부를 탈거하여 조정한다.

66 지게차의 마스트를 앞·뒤로 기울이기 위해 조작하는 것은?

① 조향 핸들
② 리프트 레버
③ 주차 레버
④ 틸트 레버

67 리프트 실린더의 주 역할은?

① 마스트를 하강 이동시킨다.
② 마스트를 틸트 시킨다.
③ 포크를 앞·뒤로 기울게 한다.
④ 포크를 상승·하강 시킨다.

68 지게차에서 기준 무부하 상태에서 마스트를 수직으로 하되 마스트의 높이를 변화시키지 않은 상태에서 포크의 높이를 최저 위치에서 최고 위치로 올릴 수 있는 경우의 높이는?

① 기준 틸팅 높이
② 프리 리프트 높이
③ 프리 틸팅 높이
④ 기준 부하 높이

69 건설기계안전기준에 관한 규칙상 카운터밸런스 지게차의 전경각은 몇 도 이하인가? (단, 특수한 구조 또는 안전경보 장치 등을 설치한 경우는 제외)

① 12도 이하
② 8도 이하
③ 6도 이하
④ 10도 이하

70 건설기계안전기준규칙상 일반적인 사이드포크형 지게차의 마스트 전경각 기준은?

① 10도 이하
② 15도 이하
③ 5도 이하
④ 12도 이하

71 다음 빈칸에 대한 용어는?

【보기】
건설기계안전기준규칙상 '마스트의 (   )'이란 지게차의 기준무부하 상태에서 지게차의 마스트를 쇠스랑(포크)쪽으로 가장 기울인 경우 마스트가 수직면에 대하여 이루는 기울기

① 면적
② 제동능력
③ 전경각
④ 최소파단하중비

72 무부하 상태의 지게차가 최저속도로 최소의 회전을 할 때 지게차의 가장 바깥 부분이 그리는 원의 반경은?

① 최소 회전반경
② 최소 직각 통로폭
③ 최대 선회반경
④ 윤간거리

73 지게차의 상부에 설치된 압착판으로 화물을 위에서 포크 쪽으로 눌러 안전하게 운반할 수 있도록 설치된 작업장치는?

① 하이 마스트
② 고저수위 조절장치
③ 로드 스태빌라이저
④ 평형 클러치

74 지게차의 포크에 버킷을 끼워 흘러내리기 쉬운 물건이나 흐트러진 물건을 운반 또는 트럭에 상차하는데 쓰는 작업장치는?

① 로드 스태빌라이저
② 사이드 시프트 클램프
③ 로테이팅 포크
④ 힌지드 버킷

75 마스트가 3단으로 늘어나며 천장이 높은 장소 및 출입구가 제한되어 있는 장소에서 짐을 적재하는데 가장 적절한 것은?

① 트리플 스테이지 마스트
② 로드 스태빌라이저
③ 로테이팅 포크
④ 스키드 포크

76 [보기]의 지게차 작업장치 중 사이드 시프트 클램프의 특징에 해당하는 것을 모두 고른 것은?

─────【보기】─────
ⓐ 화물의 손상이 적고 작업이 매우 신속하다.
ⓑ 부피가 큰 경화물의 운반 및 적재작업에 적합하다.
ⓒ 차체를 이동시키지 않고 적재 및 하역 작업을 할 수 있다.
ⓓ 좌·우측에 설치된 클램프를 좌측 또는 우측으로 이동시킬 수 있다.

① ⓐ, ⓑ ,ⓒ, ⓓ
② ⓐ, ⓑ ,ⓒ
③ ⓐ, ⓑ , ⓓ
④ ⓑ ,ⓒ, ⓓ

77 유압장치의 기본 구성요소가 아닌 것은?

① 유압 펌프
② 유압 제어 밸브
③ 종감속 기어
④ 유압 실린더

78 유압펌프의 소음발생 원인으로 틀린 것은?

① 펌프축의 센터와 원동기축의 센터가 일치한다.
② 펌프의 회전이 너무 빠르다.
③ 펌프 상부커버의 고정 볼트가 헐겁다.
④ 펌프 흡입관부에서 공기가 혼입된다.

79 기어 펌프에 대한 설명으로 틀린 것은?

① 소형이며 구조가 간단하다.
② 다른 펌프에 비해 흡입력이 매우 나쁘다.
③ 초고압에는 사용이 곤란하다.
④ 플런저 펌프에 비해 효율이 낮다.

80 유압모터의 대한 설명으로 옳지 않은 것은?

① 관성력이 크다.
② 구조가 간단하다.
③ 무단변속이 가능하다.
④ 자동 원격조작이 가능하다.

81 유압모터의 장점으로 가장 알맞은 것은?

① 소형 제작이 불가능하며 무게가 무겁다.
② 공기와 먼지 등의 침투에 큰 영향을 받지 않는다.
③ 무단변속의 범위가 비교적 넓다.
④ 소음이 크다.

82 직선 왕복운동을 하는 유압 액추에이터는?

① 유압 모터
② 유압 펌프
③ 스태핑 모터
④ 유압 실린더

83 건설기계 유압기기에서 유압유의 구비조건으로 가장 적절하지 않은 것은?

① 인화점 및 발화점이 매우 낮아야 한다.
② 비중이 적당하고 비압축성이어야 한다.
③ 적당한 점도와 유동성이 있어야 한다.
④ 열 방출이 잘 되어야 한다.

84 건설기계 유압기기에서 유압유 온도를 알맞게 유지하기 위해 오일을 냉각하는 부품은?

① 방향 제어 밸브
② 유압 밸브
③ 오일 쿨러
④ 어큐뮬레이터

85 일반적인 오일탱크의 구성품이 아닌 것은?

① 스트레이너
② 유압 실린더
③ 배플 플레이트
④ 드레인 플러그

86 건설기계 유압기기 부속장치인 축압기의 주요 기능으로 틀린 것은?

① 장치 내의 맥동 감쇄
② 장치 내의 충격 흡수
③ 유체의 유속 증가 및 제어
④ 압력 보상

87 유압장치의 일상 점검 항목이 아닌 것은?

① 오일의 변질상태 점검
② 오일의 누유 여부 점검
③ 오일의 상 점검
④ 오일탱크의 내부 점검

88 유압기기의 고정부위에서 누유를 방지하는 것으로 가장 적합한 것은?

① O-링
② U-패킹
③ L-패킹
④ V-패킹

89 유압 실린더의 지지하는 방식이 아닌 것은?

① 푸트형
② 트러니언형
③ 유니언형
④ 플랜지형

90 유압유의 온도가 과열되었을 때 유압계통에 미치는 영향으로 틀린 것은?

① 온도변화에 의해 유압기기가 열변형 되기 쉽다.
② 오일의 점도 저하에 의해 누유 되기 쉽다.
③ 유압펌프의 효율이 높아진다.
④ 오일의 열화를 촉진한다.

91 리듀싱(감압) 밸브에 대한 설명으로 옳지 않은 것은?

① 유압장치에서 회로 일부의 압력을 릴리프밸브 설정 압력 이하로 하고 싶을 때 사용한다.
② 상시 폐쇄상태로 되어있다.
③ 출구의 압력이 감압 밸브의 설정 압력보다 높아지면 밸브가 작동하여 유로를 닫는다.
④ 입구의 주 회로에서 출구의 감압회로로 유압유가 흐른다.

92 지게차에 설치된 유압밸브 중 작업 장치의 속도를 제어하기 위해 사용되는 밸브가 아닌 것은?

① 분류 밸브
② 릴리프 밸브
③ 고정형 교축밸브
④ 가변형 교축밸브

93 유압장치에서 압력 제어밸브가 아닌 것은?

① 언로드 밸브
② 시퀀스 밸브
③ 체크 밸브
④ 릴리프 밸브

94 2개 이상의 분기회로를 갖는 회로 내에서 작동순서를 회로의 압력 등에 의하여 제어하는 밸브는?

① 시퀀스 밸브
② 서보 밸브
③ 체크 밸브
④ 릴리프 밸브

95 유압장치에서 방향제어밸브에 대한 설명으로 **틀린 것**은?

① 유체의 흐름 방향을 한쪽으로 허용한다.
② 유압실린더나 유압모터의 작동방향을 바꾸는데 사용된다.
③ 유체의 흐름 방향을 변환한다.
④ 액추에이터의 속도를 제어한다.

96 그림과 같은 유압기호에 해당하는 밸브는?

① 체크 밸브
② 릴리프 밸브
③ 리듀싱 밸브
④ 카운터밸런스 밸브

97 다음 유압기호에 해당하는 것은?

① 가변 토출 밸브
② 가변용량형 유압 모터
③ 가변 흡입 밸브
④ 유압 펌프

98 다음 유압기호가 나타내는 것은?

① 축압기
② 감압 밸브
③ 유압 펌프
④ 여과기

99 다음 중 건설기계 구조변경검사신청서를 어디에 제출하는가?

① 자동차 검사소
② 건설기계 정비업소
③ 건설기계 검사대행자
④ 건설기계 폐기업소

100 건설기계관리법령상 건설기계 소유자가 건설기계를 등록하려면 건설기계등록신청서를 누구에게 제출하여야 하는가?

① 소유자 주소지의 검사대행자
② 소유자 주소지의 경찰서장
③ 소유자 주소지의 안전관리원
④ 소유자 주소지의 시·도지사

101 건설기계관리법령상 건설기계조종사면허의 반납 사유로 거리가 가장 먼 것은? (단, 면허 소지자의 본인 의사에 따른 반납은 제외)

① 주소를 이전했을 때
② 면허가 취소된 때
③ 면허의 효력이 정지된 때
④ 면허증 재교부를 받은 후 잃어버린 면허증을 발견한 때

102 건설기계관리법령상 건설기계 검사의 종류가 **아닌 것**은?

① 신규 등록검사
② 수시검사
③ 정기검사
④ 감항검사

103 건설기계관리법령상 건설기계를 신규로 등록할 때 실시하는 검사는?

① 예비검사
② 구조변경검사
③ 신규 등록검사
④ 정기검사

104 건설기계조종사면허가 효력정지처분을 받은 후 건설기계를 계속하여 조종한 자에 대한 벌칙은?

① 2백만원 이하의 벌금
② 1년 이하의 징역 또는 1천만원 이하의 벌금
③ 1백만원 이하의 벌금
④ 2년 이하의 징역 또는 2천만원 이하의 벌금

105 건설기계관리법령상 건설기계 조종사가 조종 중 고의로 중상을 입힌 경우 면허처분 기준은?

① 면허 정지 15일
② 면허 취소
③ 면허 정지 45일
④ 면허 정지 30일

106 고의로 경상 2명의 인명피해를 입힌 건설기계를 조종한 자에 대한 면허의 취소·정지처분 내용으로 옳은 것은?

① 면허취소
② 면허효력 정지 20일
③ 면허효력 정지 30일
④ 면허효력 정지 60일

107 건설기계관리법령상 건설기계의 등록말소 사유로 적절하지 않은 것은?

① 건설기계의 차대가 등록 시의 차대와 다른 경우
② 건설기계를 도난당한 경우
③ 건설기계를 정기검사한 경우
④ 건설기계를 교육·연구목적으로 사용하는 경우

108 소유자의 신청이나 시·도지사의 직권으로 건설기계의 등록을 말소할 수 있는 사유에 해당하지 않는 것은?

① 건설기계를 장기간 운행하지 않게 된 경우
② 건설기계를 폐기한 경우
③ 건설기계를 교육 연구 목적으로 사용하는 경우
④ 건설기계를 수출하는 경우

109 건설기계관리법령상 건설기계의 구조 변경범위에 속하지 않는 것은?

① 작업장치 중 가공작업을 수반하지 않고 작업장치를 부착할 경우의 형식변경
② 조종장치의 형식변경
③ 건설기계의 길이, 너비, 높이 변경
④ 수상작업용 건설기계 선체의 형식변경

110 건설기계 소유자가 건설기계의 등록 전 일시적으로 운행을 할 수 없는 경우는?

① 신규등록검사 및 확인검사를 받기 위해 검사장소로 운행하는 경우
② 간단한 작업을 위하여 건설기계를 일시적으로 운행하는 경우
③ 등록신청을 하기 위하여 건설기계를 등록지로 운행하는 경우
④ 신개발 건설기계의 성능, 연구의 목적으로 운행하는 경우

111 건설기계관리법상 건설기계 정기검사를 연기할 수 있는 사유에 해당하지 않는 것은? (단, 특별한 사유로 검사신청 기간 내에 검사를 신청할 수 없는 경우는 제외)

① 1월 이상에 걸친 정비를 하고 있을 때
② 건설기계를 도난당했을 때
③ 건설기계의 사고가 발생했을 때
④ 건설 현장에 투입하여 작업이 계속 있을 때

112 도로교통법령상 승차인원, 적재중량에 관하여 대통령령으로 정하는 운행상의 안전기준을 넘어서 운행하고자 하는 경우 누구에게 허가를 받아야 하는가?

① 국회의원
② 출발지를 관할하는 경찰서장
③ 절대 운행 불가
④ 시·도지사

113 교통정리를 하고 있지 아니하고 양보를 표시하는 안전표지가 설치되어 있는 교차로 진입 시의 운전 방법으로 옳은 것은?

① 수신호를 한다.
② 경음기를 울린다.
③ 일지 정지 또는 양보한다.
④ 차폭등을 켠다.

114 도로교통법상 횡단보도로부터 몇 m 이내인 곳에 정차 및 주차를 해서는 안 되는가?

① 20m
② 10m
③ 30m
④ 15m

115 도로교통법령상 최고 속도의 100분의 50으로 감속 운행하도록 제한한 경우가 아닌 것은?

① 폭우·폭설·안개 등으로 가시거리가 100m 이내인 경우
② 눈이 20mm 이상 쌓인 경우
③ 노면이 얼어붙은 경우
④ 비가 내려 노면이 젖어 있는 경우

116 다음 (   )안에 들어갈 알맞은 것은?

─────【보기】─────
눈이 20mm 미만 쌓인 경우는 최고속도의 (   )을 줄인 속도로 운행하여야 한다.
───────────────

① 100분의 30
② 100분의 50
③ 100분의 40
④ 100분의 20

117 도로교통법령상 주차를 금지하는 곳으로 가장 적절하지 않은 것은?

① 도로공사 구역의 양쪽 가장자리로부터 5m 이내인 곳
② 터널 안
③ 다리 위
④ 상가 앞 도로의 5m 이내인 곳

118 그림과 같은 「도로명판」에 대한 설명으로 틀린 것은?

① '예고용' 도로명판이다.
② '중앙로'의 전체 도로구간 길이는 200m이다.
③ '중앙로'는 왕복 2차로 이상, 8차로 미만의 도로이다.
④ '중앙로'는 현재 위치에서 앞쪽 진행방향으로 약 200m 지점에서 진입할 수 있는 도로이다.

119 차량이 남쪽에서부터 북쪽 방향으로 진행 중일 때, 다음과 같은 「3방향 도로명표지」에 대한 설명으로 틀린 것은?

① 차량을 우회전하는 경우 '새문안길'로 진입할 수 있다.
② 연신내역 방향으로 가려는 경우 차량을 직진한다.
③ 차량을 우회전하는 경우 '새문안길' 도로구간의 시작지점에 진입할 수 있다.
④ 차량을 좌회전하는 경우 '충정로' 도로구간의 시작지점에 진입할 수 있다.

120 교통사고 사상자가 발생하였을 때, 도로교통법령상 운전자가 즉시 취하여야 할 조치사항 중 가장 적절한 것은?

① 즉시 정차 – 신고 – 위해방지
② 즉시 정차 – 위해방지 – 증인 확보
③ 증인 확보 – 정차 – 사상자 구호
④ 즉시 정차 – 사상자 구호 – 신고

1 정답 ③

재해조사의 목적은 동종의 재해를 다시 반복하지 않도록 재해의 원인을 제거하고 적절한 예방대책을 수립하기 위해서이다.

2 정답 ④

지게차의 위쪽으로부터 떨어지는 화물에 의한 위험을 방지하기 위한 안전장치는 헤드가드이다.

3 정답 ①

조종사를 보호하기 위한 지게차의 안전장치는 안전벨트, 백레스트, 헤드가드 등이 있다.

4 정답 ③

① 해머작업 시 면장갑은 착용하면 안 된다. (미끄러져 사고 위험)
② 해머의 본래 사용 목적 이외의 용도로 사용하면 안 된다.
④ 파이프 등의 연결대를 연결하여 사용하지 않아야 한다.

5 정답 ①

산업안전보건법령상 산업안전표지는 모양, 색채, 내용으로 구성된다.

6 정답 ①

산업안전보건표지에는 금지, 경고, 지시, 안내표지가 있으며 안전모착용과 같은 종류는 지시표시에 해당한다.

7 정답 ③

지시표지로 방진마스크 착용이 있다.

8 정답 ④

금속화재는 D급화재로 건조사 등을 뿌리는 질식소화법을 이용한다.

9 정답 ②

화재의 분류에서 유류화재는 B급화재이다.
※ A급(일반가연성화재), C급(전기화재), D급(금속화재)

10 정답 ①

유류화재(B급화재)를 진화할 때는 분말 또는 포말 소화기, 탄산가스 소화기가 적당하며, 물을 뿌리면 유증기로 인해 불길이 확산되므로 사용해서는 안 된다.

11 정답 ②

드릴 척은 드릴링 머신의 주축에 드릴을 장착하는 공구로 드릴을 끼운 후에 적당한 위치로 잘 치워놓아야 한다.

12 정답 ④

스패너나 렌치로 작업을 할 때는 볼트·너트에 잘 결합하여 항상 몸쪽으로 잡아당길 때 힘이 걸리도록 해야 한다.

13 정답 ③

스패너나 렌치로 작업을 할 때 파이프 등의 연장대를 끼워서 사용하면 안 된다.

14 정답 ①

절연시트는 개인 착용 보호구로 볼 수 없다.

15 정답 ②

연삭기 작업 중 연삭칩의 비산(흩뿌려짐)을 막기 위하여 안전덮개를 설치한다.

16 정답 ②

벨트의 회전을 정지시킬 때 스스로 정지하도록 하여야 하며, 손이나 공구를 이용하여 정지시키는 행위는 하지 않아야 한다.

17 정답 ④

흡연이 허용된 장소에서만 흡연해야 한다.

18 정답 ③

유압실린더를 분해 조립할 때 금속 해머로 타격하면 유압실린더가 손상될 수 있으므로 고무 또는 플라스틱 해머를 이용한다.

19 정답 ①

리프트 실린더의 상승력이 부족하다면 유압계통의 고장이나 누설 등을 점검하여야 한다.

20 정답 ④

지게차가 작업을 하지 않을 때는 포크를 지면에 완전히 밀착하여야 한다.

21 정답 ②

지게차 작업 전에 포크, 리프트, 오버헤드가드, 핑거보드, 마스트 등의 상태와 작동을 점검한다.

22 정답 ①

화물을 적재하고 주행할 때 포크의 높이는 20~30cm의 높이를 유지한다.

23 정답 ①

화물 운반 시 어떠한 경우라도 사람이 승차하여 화물을 붙잡는 행위를 하면 안 된다.

24 정답 ①

• 지게차의 주차 시 주차브레이크를 고정시키면 된다.
• 전·후진 레버는 중립에 놓거나 "P"위치에 놓으며, 포크는 지면에 내려놓는다.

25 정답 ③

여름에는 점도가 높은 것(SAE 번호가 큰 것)을 사용하고, 겨울에는 점도가 낮은 (SAE 번호가 작은 것) 오일을 사용하여야 한다.

26 정답 ④

과급기(터보차저)는 실린더 내에 공기를 압축 공급하는 일종의 공기펌프이며, 기관의 출력을 증대시키기 위해서 사용한다.

27 정답 ①

분사노즐은 분사펌프에서 보내온 고압의 연료를 연소실에 분사한다.

28 정답 ②

연료의 세탄가가 너무 낮은 경우 노킹의 원인이 된다.

29 정답 ③

냉각수의 순환 속도는 냉각수 펌프와 온도에 따라 좌우된다.

30 정답 ①

디젤기관에서 과급기를 사용하면 출력 증대, 회전력 증대, 체적효율 증대의 효과가 있다. 냉각효율과는 거리가 멀다.

31 정답 ④

엔진오일은 평탄한 장소에서 기관을 정지시킨 후 5~10분이 경과한 다음 점검한다.

32 정답 ②

밸브 간극 또는 태핏 간극이라고도 부른다.

33 정답 ②

디젤기관의 시동을 용이하게 하기 위하여 축전지 상태는 최상으로 유지하고, 흡기온도를 상승시키는 예열장치 등을 사용한다.

34 정답 ①

기관 피스톤링은 실린더 벽에 일정한 면압을 줄 수 있어야 한다.

35 정답 ③

기관이 과열되는 원인은 냉각계통에 문제가 생겼을 때이다.

36 정답 ②

에어클리너는 공기 흡입구에 부착되어 연소에 필요한 공기를 실린더로 흡입할 때 먼지 등의 불순물을 여과하여 피스톤 등의 마모를 방지하고 흡기계통에서 발생하는 흡기 소음을 줄여주는 역할을 한다.

37 정답 ①

디젤기관에서 검은색의 배기가스가 배출될 때는 에어클리너가 막혔을 때와 엔진에서 불완전 연소가 이루어질 때이다.
※ 연료라인에 공기혼입 여부 점검이 가장 거리가 멀다.

38 정답 ③

연료장치의 공기빼기는 공급펌프, 연료여과기, 분사펌프의 순으로 한다.

39 정답 ②

4행정 사이클 기관에서 주로 사용되는 윤활방식은 비산식, 압송식, 비산 압송식이다.

40 정답 ④

전선의 접촉저항은 가능한 한 작을수록 좋다.

41 정답 ④

교류발전기는 전류조정기와 컷아웃 릴레이가 필요 없이 전압 조정기만 필요하다.

42 정답 ④

오버러닝 클러치는 기동전동기의 회전을 엔진에 전달하고, 엔진의 회전력을 기동전동기로 전달되지 않도록 한다.

43 정답 ②

교류발전기는 전류조정기를 사용하지 않는다.(다이오드가 그 역할을 대신함)

44 정답 ①

축전지는 기동 전동기의 전기적 부하 및 점등장치, 그 외 장치 등에 전원을 공급해 주기 위해 사용된다.

45 정답 ③

축전지의 격리판은 다공성이며, 비전도성이어야 한다.
격리판은 양극판과 음극판을 전기적으로 격리시켜 극판의 단락을 방지하여야 하기 때문에 비전도성의 물질로 만든다.

46 정답 ③

축전지는 전류의 화학 작용을 이용한 장치이며, 음극판이 양극판보다 화학 작용이 활성적이지 못하기 때문에 평형을 고려하여 음극판을 1장 더 둔다.

47 정답 ②

할로겐 사이클은 전구의 흑화현상을 방지하여 램프의 밝기를 더 긴 시간 동안 유지시켜 준다.

48 정답 ①

교류발전기의 로터가 전자석이 되어 회전하면 스테이터에서 전류(교류)가 발생하고 다이오드로 정류한다.

49 정답 ②

전류계에 대한 설명이며, 전류계는 전기회로에서 각 회로 요소에 흐르는 전류를 측정하는 기기이다.

【가동 코일형 전류계】

50 정답 ④

타이어의 트레드가 마모되면 제동력이 저하되어 제동거리가 길어진다.

51 정답 ③

앞바퀴 정렬이 불량할 때 조향핸들 조작이 무거워진다.

52 정답 ④

수동변속기 지게차의 동력전달순서
엔진 → 클러치 → 변속기 → 종감속기어 및 차동장치 → 앞구동축 → 앞바퀴

53 정답 ①

지게차는 앞바퀴로 구동하고, 뒷바퀴로 조향한다.

54 정답 ①

엔진출력이 부족한 것과 브레이크를 밟았을 때 한쪽으로 쏠리는 원인과는 관계가 없다.

55 정답 ③

저압 타이어 표시 : 타이어의 폭 – 타이어의 내경 – 플라이수

56 정답 ④

조향장치는 회전반경이 작은 것이 더 좋다.

57 정답 ④

페이드 현상은 브레이크를 연속적으로 사용 시 브레이크 드럼과 라이닝 사이의 마찰열로 인하여 브레이크가 잘 듣지 않게되는 현상이다.

58 정답 ②

평형추는 카운터웨이트 또는 밸런스웨이트라고도 하며, 지게차의 뒤쪽에 설치되어 앞쪽에 화물을 실었을 때 전복을 방지하는 역할을 한다.

59 정답 ②

스키드 포크는 포크에 적재된 화물이 주행 중 또는 하역 작업 중에 미끄러져 떨어지지 않도록 화물 상부를 지지할 수 있는 클램프가 있는 지게차이다.

60 정답 ①

지게차의 캐리지에 설치되는 2개의 L자형 작업장치는 포크이다.

61 정답 ②

리치형 지게차(입식형)는 차체 전방으로 튀어나온 아웃트리거(앞바퀴)에 의해 차체의 안정을 유지하고 그 아웃트리거 안을 포크가 전후방으로 움직이며 작업을 하도록 되어있다.

62 정답 ①

지게차의 규격표시 방법 중 가장 대표적인 것은 지게차의 최대 적재중량(ton)이다.

63 정답 ④

백레스트는 포크 위에 올려진 화물이 마스트 후방으로 낙하하는 것을 방지하기 위한 짐받이 틀을 말한다.

64 정답 ④

지게차 포크의 좌·우 간격을 조정하는 장치는 포크 간격 조정장치(포크 포지셔너)이다.

65 정답 ①

시게차에서 리프트 체인은 한쪽은 마스터 스트랩에 고정되고, 한쪽은 핑거보드에 고정되어 있다. 핑거보드 롤러의 위치로 리프트 체인의 길이를 조정한다.

66 정답 ④

지게차의 마스트를 앞뒤로 기울이는 동작을 틸팅이라고 하며, 틸트 레버로 조작한다.

67 정답 ④

리프트 실린더는 포크를 상승 또는 하강시킨다.

68 정답 ②

지게차에서 기준 무부하 상태에서 마스트를 수직으로 하되 마스트의 높이를 변화시키지 않은 상태에서 포크의 높이를 최저 위치에서 최고 위치로 올릴 수 있는 경우의 높이를 프리 리프트 높이(자유 인상 높이)라고 한다.

69 정답 ③

건설기계안전기준에 관한 규칙에서 카운터밸런스 지게차의 전경각은 6° 이하, 후경각 12° 이하로 규정하고 있다.

70 정답 ③

▶ 지게차 마스트 경사각 기준

종류	전경각	후경각
카운터밸런스형	6도 이하	12도 이하
사이드포크형	5도 이하	5도 이하

71 정답 ③

마스트 경사각이란 기준무부하 상태에서 마스트를 앞과 뒤로 기울일 때 수직면에 대하여 이루는 각을 말하며, 쇠사랑 쪽으로 기울일 때 전경각, 조종실 쪽으로 기울일 때 후경각이라 한다.

72 정답 ①

최소 회전 반경(반지름)은 무부하 상태에서 최대 조향각으로 운행한 경우, 가장 바깥바퀴 접지자국의 중심점이 그리는 궤적의 반지름(원의 반경)을 말한다.

73 정답 ③

지게차의 상부에 압착판을 설치하여 화물을 위에서 눌러 안전하게 운반할 수 있도록 설치된 작업장치는 로드 스태빌라이저이다.

74 정답 ④

포크에 버킷을 끼워 사용하는 힌지드 버킷은 석탄, 소금, 비료, 모래 등 흘러내리기 쉬운 물건을 운반 또는 상차하는데 사용한다.

75 정답 ①

3단 마스트(트리플 스테이지 마스트)는 마스트가 3단으로 늘어나 높은 곳의 작업에 유용한 지게차이다.

76 정답 ①

사이드 시프트 클램프는 차체를 이동시키지 않고 포크를 좌우로 움직일 수 있는 사이드 시프트(side shift)와 좌·우에 설치되어 있는 클램프로 부피가 큰 경화물의 운반·적재에 용이한 사이드 클램프(side clamp)가 합쳐진 것이다.
※ ⓐ, ⓑ, ⓒ, ⓓ 모두 사이드 시프트 클램프의 특징이다.

77 정답 ③

유압장치의 기본 구성요소는 유압발생장치, 유압제어장치, 유압구동장치 및 부속기구로 구성되어 있으며, 종감속 기어는 동력전달장치이다.

78 정답 ①

②, ③, ④의 경우 유압펌프에서 소음이 발생한다.

79 정답 ②

기어펌프는 다른 펌프에 비해 흡입력이 가장 좋다.

80 정답 ①

유압모터 등 유압장치는 구조가 간단하고 무단변속이 가능하며, 전기적 조작과 조합이 간단하여 원격조작이 가능하다.
※ 토크에 대한 관성력은 작다.

81 정답 ③

유압모터는 소형, 경량으로 큰 출력을 낼 수 있으며 무단변속의 범위가 비교적 넓다.

82 정답 ④

유압실린더는 유압 에너지를 직선 왕복운동으로 변화시킨다.
※ 유압모터는 회전운동으로 변화

83 정답 ①

유압유의 인화점 및 발화점은 매우 높아야 한다.

84 정답 ③

유압유의 온도를 정상 온도로 일정하게 유지하기 위해 사용하는 장치는 오일 쿨러(오일냉각기)이다.

85 정답 ②

오일탱크는 스트레이너, 배플 플레이트, 드레인 플러그, 유면계로 구성되어 있다.

86 정답 ③

축압기(어큐뮬레이터)는 유압 에너지의 축적, 충격 압력의 흡수, 펌프의 맥동 흡수, 비상용 유압원, 압력 보상 등의 기능을 한다.

87 정답 ④

오일탱크의 내부 점검은 일상적으로 할 수 있는 점검 사항은 아니다.

88 정답 ①

유압기기의 고정부위에서 누유를 방지하기 위하여 O-링을 가장 많이 사용한다.

89 정답 ③

유압실린더를 부착하는 방법에 따라 푸트형, 플랜지형, 클레비스형, 트러니언형 등이 있다.

90 정답 ③

유압유 온도가 과도하게 상승하면 유압유가 산화와 열화로 수명이 짧아지며 점도 저하로 인한 누유와 펌프효율의 저하 등이 생긴다.

91 정답 ②

감압밸브는 주회로 압력보다 낮은 압력으로 작동체를 작동시키고자 하는 분기회로에 사용되는 밸브로, 하류의 압력이 지시압력보다 낮으면 유체는 밸브를 통과하고, 압력이 높아지면 밸브가 닫혀 압력을 감소시킨다.

92 정답 ②

유압장치에서 일의 속도는 유량으로 제어하며, 유량 제어밸브에는 교축밸브(스로틀 밸브), 분류 밸브 등이 있다.
※ 릴리프 밸브는 압력 제어밸브이다.

93 정답 ③

체크 밸브는 유압유의 흐름을 한쪽으로만 허용하고 반대방향으로의 흐름을 제어하는 방향 제어밸브이다.

94 정답 ①

시퀀스 밸브는 두 개 이상의 분기회로에서 유압회로의 압력에 의해 유압 액추에이터의 작동순서를 제어하는 밸브이다.

95 정답 ④

액추에이터의 속도를 제어하는 밸브는 유량제어밸브이다.

96 정답 ②

보기의 유압기호는 릴리프 밸브이다.

97 정답 ②

가변용량형 유압모터이다. (※ 유압모터와 유압펌프의 기호는 삼각형의 모양이 다르니 비교해서 알아두시기 바랍니다.)

98 정답 ③

정용량형 유압펌프의 유압기호이다.

99 정답 ③

건설기계의 구조변경검사는 개조한 날로부터 20일 이내에 시·도지사 또는 건설기계 검사대행자에게 신청한다.

100 정답 ④

건설기계 소유자가 건설기계를 등록하려면 건설기계 소유자의 주소지 또는 건설기계의 사용 본거지를 관할하는 특별시장·광역시장 또는 시·도 지사에게 신청한다.

101 정답 ①

다음의 사유가 발생한 날부터 10일 이내에 시장·군수·구청장에게 면허증을 반납해야 한다. – 면허의 취소 / 면허의 효력 정지 / 면허증의 재교부 후 잃어버린 면허증을 찾은 경우

102 정답 ④

건설기계관리법령상 건설기계의 검사는 신규 등록검사, 정기검사, 구조변경검사, 수시검사가 있다.

103 정답 ③

건설기계를 신규로 등록할 때 실시하는 검사는 신규 등록검사이다.

104 정답 ②

건설기계조종사면허가 취소되거나 건설기계조종사 면허의 효력정지처분을 받은 후에도 건설기계를 계속하여 조종한 자는 1년 이하의 징역 또는 1천만원 이하의 벌금에 처한다.

105 정답 ②

건설기계 조종 중 고의로 인명피해(사망, 중상, 경상 등)를 입혔을 때 면허취소 처분을 받는다.

106 정답 ①

건설기계 조종 중 고의로 인명피해(사망, 중상, 경상 등)를 입혔을 때 면허취소 처분을 받는다.

107 정답 ③

건설기계를 정기검사한 경우는 건설기계의 등록말소 사유가 되지 않는다.

108 정답 ①

▶ 등록의 말소 사유
- 거짓 그 밖의 부정한 방법으로 등록을 한 경우
- 건설기계가 사용할 수 없게 되거나 멸실된 경우
- 건설기계의 차대가 등록 시의 차대와 다른 경우
- 건설기계안전기준에 적합하지 아니하게 된 경우
- 정기검사를 받지 아니한 경우
- 건설기계의 수출 / 도난 / 폐기 시
- 건설기계를 제작·판매자에게 반품한 경우
- 건설기계를 교육·연구목적으로 사용하는 경우

109 정답 ①

가공작업을 수반하지 아니하고 작업장치를 선택부착하는 경우에는 작업장치의 형식변경으로 보지 아니한다.

110 정답 ②

간단한 작업을 위하여 건설기계를 일시적으로 운행하는 경우는 임시운행 사유가 되지 않는다.

111 정답 ④

천재지변, 건설기계의 도난, 사고 발생, 압류, 1월 이상에 걸친 정비 그 밖의 부득이한 사유로 검사신청기간 내에 검사를 신청할 수 없는 경우에 정기검사를 연기 할 수 있다.

112 정답 ②

안전기준을 초과하여 승차 또는 적재하는 경우 출발지를 관할하는 경찰서장의 허가를 받아야 한다.

113 정답 ③

교통정리를 하지 않고, 양보를 표시하는 안전표지가 설치되어 있는 교차로 진입 시에는 일시 정지 또는 양보한다.

114 정답 ②

횡단보도로부터 10m 이내는 주차 및 정차 금지 장소이다.

115 정답 ④

도로교통법령상 비가 내려 노면이 젖어 있는 경우는 최고 속도의 100분의 20으로 감속하여 운행하여야 한다.

116 정답 ④

최고속도의 20/100을 줄인 속도로 운행하는 경우
- 비가 내려 노면이 젖어 있는 때
- 눈이 20mm 미만 쌓인 때

117 정답 ④

상가 앞 도로의 5m 이내인 곳은 도로교통법령상 주차를 금지하는 장소가 아니다.

118 정답 ②

예고용 도로명판으로 앞쪽 진행방향 200m 지점에서 중앙로에 진입할 수 있다는 의미이다.
※ 대로(8차로 이상), 로(2~7차로), 길(2차로 미만)

119 정답 ④

도로구간의 시작지점과 끝지점은 "서쪽에서 동쪽, 남쪽에서 북쪽 방향으로 설정되므로, 차량을 좌회전하는 경우 '충정로' 도로구간의 끝지점에 진입한다.

120 정답 ④

교통사고 사상자 발생 시 운전자의 대응
즉시 정차 – 사상자 구호 – 신고 및 위해방지

부록 2 도로명 주소

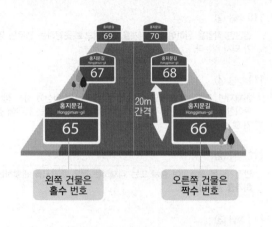

행정자치부에서 도로명주소의 빠른 정착을 위하여 교통공단 및 산업인력공단에서 주관하는 국가공인시험에 도로명 주소에 관한 사항을 출제하고 있습니다. 이에 따라 건설기계관련 시험에 간단한 문제가 출제되고 있으니 한번 읽어 보시면 출제가 되더라도 당황하지 않고 문제를 푸실 수 있습니다. 본 부록에서는 출제될 가능성이 높은 부분만을 간단히 요약하였습니다.

01 도로명 주소와 건물번호판

1 도로명 주소의 부여절차

① 도로구간의 시작 지점과 끝 지점은 『서쪽에서 동쪽, 남쪽에서 북쪽 방향』으로 설정한다.

② 도로명은 주된 명사와 도로별 위계명(대로 · 로 · 길)으로 구성한다.

  ※ 대로(8차로 이상), 로(2~7차로), 길(2차로 미만)

③ 기초번호 또는 건물번호는 "왼쪽은 홀수, 오른쪽은 짝수"로 부여하고, 그 간격은 도로의 시작점에서 20미터 간격으로 설정한다.

2 건물번호판의 종류

일반용
건물번호판

관공서용
건물번호판

문화재, 관광지용
건물번호판

02 도로명판

한 방향용 도로명판

강남대로
Gangnam-daero　1→699

- 강남대로 : 넓은 길, 시작지점을 의미
- 1 ➡ : 현재 위치는 도로 시작점 '1' → 강남대로 1지점
- 699 : 강남대로의 길이는 6.99km → 699(기초번호)×10m(기초간격)

양방향용 도로명판

92　중앙로 Jungang-ro　96

- 중앙로 : 중앙로 짝수길로 현재위치 중앙로 94이며, 맞은 편에는 홀수길이 있음
- 92 : 좌측으로 92번 이하 건물이 위치
- 96 : 우측 96번 이상 건물이 위치

앞쪽 방향용 도로명판

사 임 당 로　250
Saimdang-ro　↑
　92

- 사임당로 : 앞쪽방향으로 사임당로가 이어진다.
- 92 : 사임당로 920m(92×10) 지점
- 250 : 총길이 2500m(250×10)

1 3방향 도로명표지 (다른길)

📋 차량이 남쪽에서부터 북쪽 방향으로 진행 중일 때, 다음과 같은 「3방향 도로명표지」에 대한 설명으로 틀린 것은?

① 차량을 우회전하는 경우 '새문안길'로 진입할 수 있다.

② 연신내역 방향으로 가려는 경우 차량을 직진한다.

③ 차량을 우회전하는 경우 '새문안길' 도로구간의 시작지점에 진입할 수 있다.

④ 차량을 좌회전하는 경우 '충정로' 도로구간의 시작지점에 진입할 수 있다.

도로구간의 시작 지점과 끝 지점은 "서쪽에서 동쪽, 남쪽에서 북쪽으로 설정되므로, 차량을 좌회전하는 경우 '충정로' 도로구간의 끝지점에 진입한다. (정답 ④)

2 T자형 교차로 (2방향 도로명 표지)

📋 차량이 남쪽에서부터 북쪽 방향으로 진행 중일 때, 다음과 같은 「3방향 도로명표지」에 대한 설명으로 틀린 것은?

① 차량을 좌회전하는 경우 불광역 쪽 '통일로'의 건물번호가 커진다.

② 차량을 좌회전하는 경우 불광역 쪽 '통일로'로 진입할 수 있다.

③ 차량을 우회전하는 경우 서울역 쪽 '통일로'로 진입할 수 있다.

④ 차량을 좌회전하는 경우 불광역 쪽 '통일로'의 건물번호가 작아진다.

통일로는 남에서 북으로 향하는 도로이며, 서울역 쪽이 남쪽이고 불광역 쪽이 북쪽입니다. 건물번호는 남에서 북으로 부여되므로 차량을 좌회전하면 통일로의 건물번호가 커집니다. (정답 ④)

※ 지도로만 보면 서에서 동으로 건물번호가 부여되므로 불광역 쪽으로 좌회전하는 경우 건물번호가 작아지는 걸로 볼 수 있으니 유의하셔야 합니다. 약간의 문제 오류가 아닌가 싶습니다.

3 K자형 교차로 (3방향 노로병 표지)

📋 차량이 남쪽에서 북쪽 방향으로 진행 중일 때, 그림의 「3방향 도로명 표지」에 대한 설명으로 옳지 않은 것은?

① 차량을 좌회전하는 경우 '중림로' 또는 '만리재'로 진입할 수 있다.

② 차량을 좌회전하는 경우 '중림로' 또는 '만리재로' 도로구간의 끝 지점과 만날 수 있다.

③ 차량을 '만리재로'로 좌회전하면 '충정로역' 방향으로 갈 수 있다.

④ 차량을 직진하는 경우 '서소문공원' 방향으로 갈 수 있다.

차량을 '중림로' 방향으로 좌회전해야 '충정로역' 방향으로 갈 수 있다.

01장 안전관리

01 재해예방 4원칙

① 손실 우연의 원칙　　② 예방 가능의 원칙
③ 원인 계기의 원칙　　④ 대책 선정의 원칙

02 산업재해의 원인

직접적인 원인	• 불안전한 행동 : 재해요인 비율 중 가장 높음 (작업자의 실수 및 피로 등) • 불안정한 상태 : 기계의 결함, 불안전한 환경, 안전장치 결여
간접적인 원인	안전수칙 미제정, 안전교육 미비, 작업자의 가정환경 등의 직접적 요인 이외의 것
불가항력	천재지변 등

03 사고발생이 많이 일어날 수 있는 원인에 대한 순서

불안전행위 > 불안전조건 > 불가항력

04 재해발생시 조치순서

운전정지 → 피해자 구조 → 응급처치 → 2차 재해방지

05 보호안경을 끼고 작업해야 하는 사항

① 그라인더 작업을 할 때
② 장비의 하부에서 점검, 정비 작업을 할 때
③ 철분, 모래 등이 날리는 작업을 할 때
④ 전기용접 및 가스용접 작업을 할 때

06 작업복의 조건

① 몸에 알맞고 동작이 편해야 함
② 주머니가 적고 팔이나 발의 노출 최소
③ 옷소매 폭이 너무 넓지 않고 조여질 수 있는 것
④ 단추가 달린 것은 되도록 피함
⑤ 화기사용 작업 시 방염성, 불연성 재질
⑥ 강산, 알칼리 등의 액체(배터리 전해액)를 취급 시 고무 재질
⑦ 작업에 따라 보호구 및 기타 물건 착용 가능한 것

07 지게차 조종사를 위한 안전장치

헤드가드 / 백레스트 / 안전벨트

08 각종 기계장치 및 동력전달장치 계통에서의 안전수칙

① 벨트 교환 시 회전을 완전히 멈춘 상태에서 작업
② 기어 회전 부위 : 커버를 이용하여 위험 방지
③ 동력 전단기 사용 시 안전방호장치를 장착 후 작업 수행
④ 볼트·너트 풀림 상태를 육안 또는 운전 중 감각으로 확인
⑤ 소음상태 점검
⑥ 힘이 작용하는 부분의 손상 유무 확인

☞ 사고로 인한 재해가 가장 많이 발생하는 장치 : 벨트와 풀리
(대부분 회전 부위가 노출)
☞ 용접 작업 시 유해 광선으로 눈에 이상이 생겼을 때 응급처치
• 냉수로 씻어낸 다음 치료
• 냉수로 씻어낸 냉수포를 얹거나 병원 치료

09 작업 시 장갑을 착용하지 않고 해야 하는 작업

연삭 작업 / 해머 작업 / 정밀기계 작업 / 드릴 작업

10 작업장의 안전수칙

① 공구는 제자리에 정리한다.
② 무거운 구조물은 인력으로 무리하게 이동하지 않는 것이 좋다.
③ 작업이 끝나면 모든 사용 공구는 정 위치에 정리정돈 한다.
④ 위험한 작업장에는 안전수칙을 부착하여 사고예방을 한다.
⑤ 항상 청결하게 유지한다.
⑥ 작업대 사이, 또는 기계 사이의 통로는 안전을 위한 일정한 너비가 필요하다.
⑦ 전원 콘센트 및 스위치 등에 물을 뿌리지 않는다.
⑧ 작업복과 안전 장구는 반드시 착용한다.
⑨ 각종 기계를 불필요하게 공회전시키지 않는다.
⑩ 기계의 청소나 손질은 운전을 정지시킨 후 실시한다.
⑪ 기름 묻은 걸레는 정해진 용기에 보관한다.
⑫ 흡연 장소로 정해진 장소에서 흡연한다.
⑬ 연소하기 쉬운 물질은 특히 주의를 요한다.

11 안전표지

① 금지표지

출입금지	보행금지	차량통행금지	사용금지
탑승금지	금연	화기금지	물체이동금지

② 경고표지

인화성물질 경고	산화성물질 경고	폭발성물질 경고	급성독성 물질 경고
부식성물질 경고	방사성 물질 경고	고압전기 경고	매달린 물체 경고

낙하물 경고	고온 경고	저온 경고	몸균형 상실 경고
레이저광선 경고	발암성 · 변이원성 · 생식독성 · 전신독성 · 호흡기 과민성 물질 경고		위험장소 경고

③ 지시표지 (착용)

보안경	방독마스크	방진마스크	보안면	안전모
귀마개	안전화	안전장갑	안전복	

12 수공구 사용 시 안전사항

① 사용 전 이상 유무 확인 및 충분한 사용법 숙지
② 수공구 사용 시 올바른 자세로 사용하며, 무리한 힘이나 충격을 가하지 말 것
③ 작업과 규격에 맞는 공구를 선택 사용
④ 결함이 없는 안전한 공구를 사용
⑤ 공구는 목적 이외의 용도로 사용하지 않는다.
⑥ 손이나 공구에 묻은 기름, 물 등을 닦아낸다.
⑦ 작업 시 손에서 놓치지 않도록 주의
⑧ 공구는 기계나 재료 등의 위에 올려놓지 않는다.
⑨ 공구 사용 후 일정한 장소에 관리 보관한다.
⑩ 끝부분이 예리한 공구 등을 주머니에 넣지 말 것

13 화재안전

A급 화재	• 일반가연성 화재(종이나 목재 등) • 포말소화기, 산 · 알칼리 소화기
B급 화재	• 유류 화재(액상 또는 기체상의 연료성 화재) • 분말 소화기, 탄산가스 소화기가 적합 • 유류화재 시 물을 뿌리면 더 위험해진다. • 소화기 이외에는 모래나 흙을 뿌리는 것이 좋다. • 방화커튼을 이용하여 화재를 진압할 수 있다.
C급 화재	• 전기화재 • 이산화탄소 소화기가 적합 • 일반화재나 유류화재 시 유용한 포말소화기는 전기화재에는 적합하지 않음
D급 화재	• 금속화재 • 물에 의한 소화는 금지 • 소화에는 건조사(마른 모래), 흑연, 장석분 등을 뿌리는 것이 유효

14 지게차의 작업 전 점검

① 외관점검
  • 지게차가 안전하게 주기되었는지 확인
  • 오버헤드가드, 백레스트, 포크 및 핑거보드 등의 균열 및 변형과 연결상태 확인
② 타이어의 공기압 및 마모상태를 확인한다.
③ 팬벨트 장력을 점검한다. – 오른손 엄지손가락으로 팬벨트 중앙을 약 10kgf로 눌러 벨트의 처지는 양이 13~20mm 이면 정상이다.
④ 공기청정기, 후진경보장치, 룸미러, 전조등, 후미등 점검
⑤ 제동장치, 조향장치 점검
⑥ 엔진 시동 후 소음 상태 및 공회전 상태 점검
⑦ 엔진오일, 유압오일, 제동장치, 조향장치 및 냉각수의 누유 · 누수 점검
⑧ 그리스 주입 상태를 점검하고 부족 시 그리스를 주입한다.
  ☞ 지게차의 유압탱크 유량을 점검하기 전 포크는 지면에 내려놓는다.
  ☞ 지게차에서 리프트실린더의 상승력이 부족하면 오일필터의 막힘이나 유압펌프의 불량, 리프트 실린더의 누출 등을 점검한다.

15 계기판 점검

① 엔진오일 윤활압력 게이지 경고등 작동 상태 점검
  • 불순물 유입 등 심한 오염 : 검정색
  • 가솔린 유입 : 붉은색
  • 냉각수 유입 : 우유색(회색)
② 냉각수 온도 게이지 작동 상태 점검
③ 연료게이지 작동 상태 확인
④ 충전경고등 점등 시 축전지 충전 상태 점검
⑤ 팬벨트의 장력을 점검한다.
  • 팬벨트가 느슨하면 : 발전능력 저하
  • 팬벨트의 장력이 너무 크면 : 발전기 베어링 손상
⑥ 전류계 점검
  • 전류계 지침이 정상에서 (+)방향 지시 : 정상 충전
  • 전류계 지침이 정상에서 (–)방향 지시 : 비정상 충전
⑦ 방향지시등, 전조등, 아워미터 등 점검

16 지게사 세인장력 조정법

① 좌 · 우 체인이 동시에 평행한가를 확인한다.
② 포크를 지상에서 10~15cm 올린 후 조정한다.
③ 손으로 체인을 눌러보아 양쪽이 다르면 조정 너트로 조정한다.
④ 체인 장력을 조정 후 록크 너트를 고정시켜야 한다.

17 축전지 충전 방법

① 정전류 충전법 : 일반적인 충전법으로 완충될 때까지 일정한 전류로 충전하는 방법이다.
  • 표준 충전전류 : 축전지 용량의 10%
  • 최소 충전전류 : 축전지 용량의 5%
  • 최대 충전전류 : 축전지 용량의 20%
② 정전압 충전법 : 일정 전압으로 충전하며 충전 효율이 높고 가스 발생이 거의 없다.
③ 단별전류 충전법 : 충전 전류를 단계적으로 줄여 충전 효율을 높이고 온도 상승을 완만히 한다.

④ 급속충전 : 용량의 1/3 ~ 1/2 전류로 짧은 시간에 충전하는 방법이다.

18 예열플러그의 단선원인

① 엔진이 과열되었을 때
② 엔진 가동 중에 예열시킬 때
③ 예열플러그에 규정 이상의 과다전류가 흐를 때
④ 예열시간이 너무 길 때
⑤ 예열플러그 설치 시 조임 불량일 때

19 엔진 시동 시 주의

① 시동전동기 기동 시간은 1회 10초 정도이고, 기동되지 않으면 다른 부분을 점검하고 다시 기동한다.
② 시동전동기 최대 연속 사용시간은 30초 이내로 한다.
③ 엔진이 시동되면 재기동하지 않는다.
④ 시동전동기의 회전속도가 규정 이하이면 장시간 연속 기동해도 엔진이 시동되지 않으므로 회전속도에 유의한다.

20 지게차 난기운전 방법

① 엔진 온도를 정상온도까지 상승시킨다.
② 틸트 레버를 사용하여 전 행정으로 전후 경사운동 2~3회 실시(동절기 횟수 증가)
③ 리프트 레버를 사용하여 상승, 하강 운동을 전 행정으로 2~3회 실시(동절기 횟수 증가)
④ 시동 후 작동유의 유온을 정상 범위 내에 도달하도록 엔진 작동 후 5분간 저속 운전 실시

21 작업 후 안전주차 방법

① 운행이 종료되면 반드시 지정된 곳(주기장)에 안전하게 주차한다.
② 기관을 정지한 후(기동스위치 OFF위치) 시동키는 빼내어 안전하게 열쇠함에 보관한다.
③ 지게차의 전·후진 레버를 중립에 위치하고, 자동변속기가 장착된 경우 변속기를 "P"위치로 놓는다.
④ 주차 브레이크를 체결 후 안전하게 주차한다.
⑤ 주차 시 보행자의 안전을 위하여 지게차의 포크는 반드시 지면에 완전히 밀착하여 주차한다.
  – 포크의 끝이 지면에 닿도록 마스트를 앞으로 적당히 기울인다.
⑥ 경사지에 주차할 경우 안전을 위하여 바퀴에 고임대나 굄목을 사용하여 주차한다.

22 작업 후 연료량 점검

① 연료 보충은 지정된 안전한 장소에서 하며, 옥내보다는 옥외가 좋다.
② 급유 중에는 엔진을 정지하고 차량에서 하차한다.
③ 연료레벨이 너무 낮게 내려가지 않도록 한다.
④ 매일 운전이 끝난 후에는 연료를 보충하고 습기를 함유한 공기를 탱크에서 제거하여 응축이 안 되게 한다.
⑤ 탱크를 완전히 채워서도 안 된다.

23 퓨즈의 점검 및 관리

① 전기회로에서 단락에 의해 과대전류가 흐르는 것을 방지하기 위하여 설치한다.

② 직렬로 설치되어 있다.
③ 퓨즈 회로에 흐르는 전류의 크기에 따라 적정한 용량의 것을 사용한다.(암페어로 나타내며, 그 단위는 A로 표기)
④ 스타팅 모터의 회로에는 쓰이지 않는다.
⑤ 퓨즈는 표면이 산화되면 끊어지기 쉽다.
⑥ 퓨즈는 철사나 다른 용품으로 대용하면 안 된다.
⑦ 퓨즈의 재질은 납과 주석합금이다.

24 장비관리대장 및 작업일지

① 장비관리대장 : 장비 안전관리를 위한 정비 개소 및 사용부품 등을 장비관리대장에 기록
② 작업일지 : 운전 중 발생하는 특이사항을 관찰하여 작업일지에 기록

03장 화물적재, 운반, 하역작업

25 화물의 무게(W)는 차체무게(G)를 초과할 수 없다.

① 지게차로 하물 인양 시 지게차 뒷바퀴가 들려서는 안 된다.
② 화물의 모멘트 ≤ 차체 모멘트 (M1 ≤ M2)
  • 하물의 모멘트 $M_1 = W \times A$
  • 지게차의 모멘트 $M_2 = G \times B$

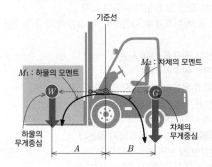

26 화물의 무게 중심점 판단하기

① 지게차 전용 컨테이너 또는 팔레트 화물은 포크로 지면에서 인양 시 무게 중심이 맞는지 서서히 인양하여 균형을 확인한다.
② 포장화물이 액체일 경우 유체 이동으로 주행 시 흔들림이 발생될 수 있으므로 적재 후 약간의 전·후진 주행 동작으로 유체 이동 여부를 감지하고 작업 시 대처한다.
③ 무게가 가볍고 부피가 큰 화물의 경우 외부 동하중(바람) 및 장애물에 대처한다.
④ 길이가 긴 철근, 파이프, 목재 등은 주행 시 발생되는 동하중으로 인한 안정성을 감안하여 인양한다.
⑤ 개별 포장이거나 단위별 묶음 포장일 경우 포크의 폭 및 좌우 이동으로 화물의 무게 중심을 정확히 맞추어 인양되도록 한다.
⑥ 패킹리스트나 컨테이너의 표시가 부착되어 있으면 적재 시 참고하여야 한다.

27 화물 적재 시 주의사항

① 포크는 화물의 받침대 속에 정확히 들어갈 수 있도록 조작한다.
② 포크의 끝단으로 화물을 들어 올리지 않는다.

③ 포크를 이용하여 사람을 싣거나 들어 올리지 말아야 한다.

④ 포크 밑으로 사람을 출입하게 하여서는 안 된다.

⑤ 허용하중을 초과한 화물을 적재하여서는 안 된다.

⑥ 무게중심을 유지하기 위하여 지게차 뒷부분에 중량물이나 사람을 태우고 작업하면 안 된다.

⑦ 포크의 간격(폭)은 컨테이너 및 팔레트 폭의 1/2 이상 3/4 이하 정도로 유지하여 적재한다.
   ▶ 무거운 물건의 중심 위치는 하부에 둔다.
   ▶ 화물을 올릴 때에는 가속 페달을 밟는 동시에 레버를 조작한다.

28 화물 하역작업 시 주의사항

① 지정된 장소로 이동 후 낙하에 주의하여 하역한다.

② 하역장소를 답사하여 하역장소의 지반 및 주변 여건을 확인하여야 한다.

③ 야적장의 지반이 견고한지 확인하고 불안정 시 작업관리자에게 통보하여 수정 후 하역장에서 하역할 수 있다.

④ 지게차가 경사된 상태에서 적하작업을 하지 않는다.

⑤ 적재되어 있는 화물의 붕괴, 파손 등의 위험을 확인한다.

⑥ 리프트 레버를 사용할 때 시선은 포크를 주시한다.

⑦ 하역하는 경우에 포크를 완전히 올린 상태에서는 마스트 전후 작동을 거칠게 조작하지 않는다.

⑧ 하역하는 상태에서는 절대로 차에서 내리거나 이탈하여서는 안 된다.

⑨ 하역 시 전후 안정도는 4%, 좌우 안정도는 6% 이내이며, 마스트는 전후 작동이 5~12%로써 마스트 작동 시에 변동 하중이 가산됨을 숙지하여야 한다.

29 지게차의 안전운전 작업

① 적재중량을 준수하여 적재한다.

② 전ㆍ후진 주행장치와 인칭 제동장치를 점검한다.

③ 포크를 수평으로 유지하고 안전높이로 조정한다.
   • 포크를 지면으로부터 10cm 들어 올려 화물의 안정 상태와 포크에 대한 편하중을 확인한다.
   • 마스트를 뒤로 충분히 기울이고 포크를 지면으로부터 20cm 들어 올린다.

④ 포크 간격을 조절하고 서행 운전한다.

⑤ 칭고 출입 시 차폭 및 장애물을 확인한다.

⑥ 기타 지게차 운전 시 안전수칙을 준수한다.

30 지게차 운행 시 주의사항

① 짐을 싣고 주행할 때는 절대로 속도를 내서는 안 된다.
   ☞ 지게차 주행속도는 10km/h를 초과할 수 없다.

② 급출발, 급정지, 급선회를 하지 않는다.

③ 화물 운반 시 포크의 높이는 지면으로부터 20~30cm를 유지한다.
   ☞ 화물적재 상태에서 지상에서부터 30cm 이상 들어 올리지 않아야 한다.

④ 운반 중 마스트를 뒤로 4~6° 가량 경사시킨다.
   ☞ 마스트가 수직이거나 앞으로 기울인 상태에서 주행하지 않는다.

⑤ 틸트는 적재물이 백레스트에 완전히 닿도록 한 후 운행한다.

⑥ 적재하중이 무거워 지게차의 뒤쪽이 들리는 듯한 상태로 주행해서는 안 된다.

⑦ 주행 중 노면상태에 주의하고, 노면이 고르지 않은 곳에서 천천히 운행한다.

⑧ 내리막길에서는 기어의 변속을 저속상태로 놓고 서서히 주행한다.

⑨ 주행방향을 바꿀 때에는 완전 정지 또는 저속에서 운행한다.

⑩ 운전 중 좁은 장소에서 방향 전환할 때에는 뒷바퀴회전에 주의하여야 한다.

⑪ 후진 시에는 경광등, 후진경고음, 경적 등을 사용한다.

⑫ 주행 및 작업 중에는 운전자 한 사람만 승차하여야 한다.

⑬ 부득이하게 탑승할 경우 추락 등에 대한 위험이 없도록 조치하여야 한다.

⑭ 건물 내부에서 장비를 가동시킬 때에는 적절한 환기조치를 한다.

⑮ 운행 조작은 시동을 걸고 약 5분 후에 시행한다.
   ☞ 경사지에서 화물운반을 할 때 내리막 시는 후진으로, 오르막 시는 전진으로 운행한다.

04장 건설기계관리법 및 도로교통법

31 건설기계 관리법의 목적

건설기계를 효율적으로 관리하고 건설기계의 안전도를 확보함으로써 건설공사의 기계화를 촉진

32 건설기계사업

건설기계사업을 하려는 자는 대통령령으로 정하는 바에 따라 사업의 종류별로 시장ㆍ군수 또는 구청장에게 등록해야 함

건설기계 대여업	건설기계를 대여를 업으로 하는 것
건설기계 정비업	건설기계를 분해ㆍ조립 또는 수리 등의 건설기계를 원활하게 사용하기 위한 모든 행위를 업으로 하는 것
건설기계 매매업	중고건설기계의 매매 또는 그 매매의 알선, 등록사항에 관한 변경신고의 대행을 업으로 하는 것
건설기계 폐기업	국토교통부령으로 정하는 건설기계 장치의 폐기를 업으로 하는 것

33 건설기계의 등록

① 등록신청ㆍ대통령령으로 정하는 바에 따라 건설기계 소유자의 주소지 또는 건설기계의 사용 본거지를 관할하는 특별시장ㆍ광역시장 또는 시ㆍ도지사에게 취득일로부터 2월 이내(전시 등에는 5일)

② 등록사항의 변경 : 변경이 있는 날부터 30일 이내(전시 등은 5일 이내)에 대통령령이 정하는 바에 따라 시ㆍ도지사에게 신고

34 건설기계를 등록 신청할 때 제출하여야 할 서류

① 건설기계의 출처를 증명하는 서류 : 건설기계 제작증, 수입면장, 매수증서 중 하나

② 건설기계의 소유자임을 증명하는 서류

③ 건설기계 제원표

④ 보험 또는 공제의 가입을 증명하는 서류

35 등록이전신고

① 등록한 주소지 또는 사용본거지가 시·도 간의 변경이 있는 경우에 함
② 변경이 있은 날부터 30일(상속의 경우에는 상속개시일부터 6개월) 이내에 새로운 등록지를 관할하는 시·도지사에게 신청

36 등록의 말소 사유

① 거짓 그 밖의 부정한 방법으로 등록을 한 경우
② 건설기계가 천재지변 또는 이에 준하는 사고 등으로 사용할 수 없게 되거나 멸실된 경우
③ 건설기계의 차대가 등록 시의 차대와 다른 경우
④ 건설기계가 법 규정에 따른 건설기계안전기준에 적합하지 아니하게 된 경우
⑤ 정기검사 유효기간이 만료된 날부터 3월 이내에 시·도지사의 최고를 받고 지정된 기한까지 정기검사를 받지 아니한 경우
⑥ 건설기계의 수출/ 도난/ 폐기 시
⑦ 건설기계를 제작·판매자에게 반품한 경우
⑧ 건설기계를 교육·연구목적으로 사용하는 경우

37 등록번호표의 식별색칠

구분	색칠
비사업용(관용 또는 자가용)	흰색 바탕에 검은색 문자
대여사업용	주황색 바탕에 검은색 문자
임시운행	흰색목판에 검은색 문자

38 기종별 기호표시

표시	기종	표시	기종
01	불도저	06	덤프트럭
02	굴착기	07	기중기
03	로더	08	모터 그레이더
04	지게차	09	롤러
05	스크레이퍼	10	노상 안정기

39 등록번호표의 반납

다음의 사유가 발생하였을 때 10일 이내에 시·도지사에게 등록번호표 반납
① 건설기계의 등록이 말소된 경우
② 등록된 건설기계의 소유자의 주소지 또는 사용본거지의 변경(시·도간의 변경이 있는 경우에 한함)
③ 등록번호의 변경
④ 등록번호표(또는 그 봉인)가 떨어지거나 식별이 어려울 때 등록 번호표의 부착 및 봉인을 신청하는 경우

40 특별표지 부착 대상 건설기계

① 길이가 16.7미터를 초과하는 건설기계
② 너비가 2.5미터를 초과하는 건설기계
③ 높이가 4.0미터를 초과하는 건설기계
④ 최소회전반경이 12미터를 초과하는 건설기계
⑤ 총중량이 40톤을 초과하는 건설기계
⑥ 총중량 상태에서 축하중이 10톤을 초과하는 건설기계

41 적재물 위험 표지

① 안전기준을 초과하는 적재허가를 받았을 때 다는 표지
② 너비 30cm 길이 50cm 이상의 빨간 헝겊으로 단다.

42 임시운행의 요건

① 등록신청을 위해 등록지로 운행하는 경우
② 신규등록검사 등을 위해 검사장소로 운행하는 경우
③ 수출을 하기 위해 선적지로 운행하는 경우
④ 수출을 하기 위하여 등록말소한 건설기계를 정비, 점검하기 위하여 운행
⑤ 신개발 건설기계를 시험·연구의 목적으로 운행하는 경우
⑥ 판매 또는 전시를 위해 일시적으로 운행하는 경우

☞ 미등록 건설기계를 사용하거나 운행한 자는 2년 이하의 징역이나 2천만원 이하의 벌금을 내야 한다.

43 정기검사 대상 건설기계 및 유효기간

검사유효기간	기종	구분	비고
6개월	타워크레인	–	–
	굴착기	타이어식	–
1년	기중기, 아스팔트살포기 천공기, 항타항발기	–	–
	덤프트럭, 콘크리트 믹서트럭, 콘크리트 펌프		20년 초과 연식 시 6개월
2년	로더	타이어식	
	지게차	1톤 이상	20년 초과 연식 시 1년
	모터그레이더	–	
1~3년	특수건설기계		–
3년	그 밖의 건설기계		20년 초과 연식 시 1년

44 건설기계의 검사를 연장 받을 수 있는 기간

① 해외임대를 위하여 일시 반출된 경우 : 반출기간 이내
② 압류된 건설기계의 경우 : 압류기간 이내
③ 건설기계 대여업을 휴지하는 경우 : 휴지기간 이내
④ 타워크레인 또는 천공기가 해체된 경우 : 해체되어 있는 기간 이내

45 건설기계의 구조 또는 장치를 변경하는 사항

① 건설기계정비업소에서 구조변경 범위 내에서 구조 또는 장치의 변경작업을 한다.
② 구조변경검사를 받아야한다.
③ 구조변경검사는 주요구조를 변경 또는 개조한날부터 20일 이내에 신청하여야한다.
④ 건설기계의 기종 변경, 육상 작업용 건설기계의 규격의 증가 또는 적재함의 용량 증가를 위한 구조 변경은 할 수 없다.

46 건설기계가 출장검사를 받을 수 있는 경우

① 도서 지역
② 자체중량이 40톤을 초과
③ 축중이 10톤을 초과
④ 너비가 2.5m를 초과
⑤ 최고속도가 시간당 35km 미만
　☞ 덤프트럭, 콘크리트 믹서 트럭, 트럭적재식 콘크리트 펌프, 아스팔트 살포기는 검사장에서 검사를 받아야 한다.

47 건설기계 정비업

종합건설기계정비업	롤러, 링크, 트랙슈의 재생/ 변속기의 분해정비/ 프레임 조정/ 엔진 탈·부착 및 정비
부분건설기계정비업	프레임 조정, 롤러, 링크, 트랙슈의 재생을 제외한 차체
전문건설기계정비업	유압정비업/ 원동기 전문건설기계정비업

☞ 유압장치의 호스교환은 시설을 갖춘 전문정비사업자만이 정비할 수 있으므로, 원동기 정비업자는 정비할 수 없음

48 운전면허로 조종하는 건설기계(1종 대형면허)

① 덤프트럭, 아스팔트 살포기, 노상 안정기
② 콘크리트 믹서 트럭, 콘크리트 펌프, 천공기(트럭적재식)
③ 특수 건설기계 중 국토교통부장관이 지정하는 건설기계

49 조종사 면허의 결격사유

① 18세 미만인 사람
② 정신질환자 또는 뇌전증 환자
③ 시각장애, 청각장애, 그 밖에 국토교통부령으로 정하는 장애인
④ 마약·대마·향정신성의약품 또는 알코올중독자
⑤ 건설기계조종사면허가 취소된 날부터 1년이 지나지 않거나 건설기계조종사면허의 효력정지처분 기간 중에 있는 자

50 면허의 반납

면허의 취소/ 면허의 효력 정지/ 면허증의 재교부 후 잃어버린 면허증을 찾은 경우에 사유가 발생한 날부터 10일 이내에 시장·군수·구청장에게 면허증을 반납

51 건설기계의 주행차로

① 고속도로 외의 도로 : 편도 4차선 → 3, 4 차로, 편도 3차선 →3차로
② 고속도로 : 1차로를 제외한 오른쪽 차로

52 도로교통법상 통행의 우선 순위

① 긴급자동차 → 긴급자동차 외의 자동차 → 원동기장치자전거→ 자동차 및 원동기장치자전거 이외의 차마
② 긴급자동차 외의 자동차 서로간의 통행의 우선순위는 최고 속도 순서에 따른다.
③ 비탈진 좁은 도로 : 내려가는 차 우선
④ 화물적재차량이나 승객이 탑승한차 우선

53
긴급 자동차는 대통령령이 정하는 자동차로 그 본래의 긴급한 용도로 사용되고 있을 때 우선권과 특례의 적용을 받는다.

54 이상기후 시 감속

운행속도	이상기후 상태
최고속도의 20/100을 줄인 속도	• 비가 내려 노면이 젖어 있는 때 • 눈이 20mm 미만 쌓인 때
최고속도의 50/100을 줄인 속도	• 노면이 얼어붙은 경우 • 폭우·폭설·안개 등으로 가시거리가 100m 이내일 때 • 눈이 20mm 이상 쌓인 때

55 앞지르기 금지 장소

① 교차로, 터널 안, 다리 위
② 경사로의 정상부근
③ 급경사의 내리막
④ 도로의 구부러진 곳(도로의 모퉁이)
⑤ 앞지르기 금지표지 설치장소

56 주·정차 금지 장소

주정차 금지	• 교차로·횡단보도·건널목이나 보도와 차도가 구분된 도로의 보도(노상주차장은 제외) • 교차로의 가장자리나 도로의 모퉁이로부터 5미터 이내 • 안전지대의 사방으로부터 각각 10미터 이내 • 버스의 정류지임을 표시하는 기둥이나 표지판 또는 선이 설치된 곳으로부터 10미터 이내 • 건널목의 가장자리 또는 횡단보도로부터 10미터 이내 • 지방경찰청장이 필요하다고 인정하여 지정한 곳
주차 금지	• 터널 안 및 다리 위 • 다음 항목으로부터 5미터 이내 　– 소화설비 : 소화기, 스프링클러 등 　– 경보설비 : 비상벨, 자동화재탐지설비, 가스누설경보기 등 　– 피난설비 : 피난기구, 유도등, 유도표지, 비상조명등 등 　– 비상구 및 영업장 내부 피난통로 　– 그 밖의 안전시설 • 지방경찰청장이 필요하다고 인정하여 지정한 곳

57 기타 도로교통법상 중요사항

① 도로교통법상 신호 중 경찰공무원의 신호가 가장 우선
② 교통 사고가 발생하였을 때 즉시 사상자를 구호하고 경찰 공무원에게 신고 → 인명의 구조가 가장 중요
③ 술에 취한 상태의 기준은 혈중 알콜 농도가 0.03% 이상이며, 0.08% 이상이면 면허가 취소
④ 1년간 벌점의 누산점수가 121점 이상이면 운전면허가 취소
　☞ 교통사고를 야기한 도주차량 신고로 인한 벌점상계에 대한 특혜점수는 40점
⑤ 승차인원·적재중량·적재용량에 관하여 안전기준을 넘어서 운행하고자 하는 경우 출발지를 관할하는 경찰서장에게 허가받아야 함
⑥ 30km/h 이상의 속도를 낼 수 있는 타이어식 건설기계에는 좌석안전띠를 설치해야 함
⑦ 도로교통 안전표지의 구분
주의표지, 규제표지, 지시표지, 보조표지, 노면표지

58 기관(엔진)

① 엔진 : 열에너지를 기계적 에너지로 변환시켜주는 장치
② rpm : 엔진의 분당 회전수(Revolution per minute)
③ 기관에서 열효율이 높다 : 일정한 연료로서 큰 출력을 얻는다는 의미

59 동력의 단위 – 마력(PS)

① 1 PS = 735.5 W
② 1 kW = 1.36 PS

60 디젤기관의 특성

① 압축비가 가솔린 기관보다 높음
② 압축착화
③ 경유를 연료로 사용
④ 압축착화하므로 가솔린기관에서 사용하는 점화장치(점화 플러그, 배전기 등)가 없다.

61 디젤기관의 장단점

장점	단점
• 열효율이 높음 • 인화점이 높은 경유를 사용하므로 취급 용이 (화재의 위험이 적다) • 연료소비율이 낮음	• 소음이 큼 • 진동이 큼 • 마력당 무게가 무거움 • 엔진 각부분의 구조가 튼튼 (제작비가 비싸다)

62 4행정 사이클 기관의 행정 순서

1 사이클 : 흡입 → 압축 → 동력(폭발) → 배기

63 크랭크축 기어와 캠축 기어와의 지름비 및 회전비

직경비(지름비) 1:2, 회전비 2:1

64 실린더 블록

① 특수 주철 합금제로 만드는 실린더 블록에는 실린더, 크랭크 케이스, 물 재킷, 크랭크축 지지부 등의 부품이 설치
② 엔진 블록의 세척 : 솔벤트나 경유

65 실린더 헤드 개스킷

① 실린더 블록이나 실린더 헤드에 있는 물과 압축가스, 오일 등이 새지 않도록 밀봉 작용을 한다.
② 실린더헤드 개스킷 손상되면 : 압축압력과 폭발압력이 떨어지고, 라디에이터 방열기 캡을 열어 냉각수를 점검했을 때 기름이 떠 있게 됨

66 실린더 헤드 연소실의 구비조건

① 압축 행정시 혼합가스의 와류가 잘 되어야 함
② 화염 전파시간이 가능한 짧아야 함
③ 연소실 내의 표면적은 최소가 되어야 함
④ 가열되기 쉬운 돌출부를 두지 말 것

67 실린더에 마모가 생겼을 때 나타나는 현상

• 압축효율저하
• 크랭크실 내의 윤활유 오염 및 소모
• 출력 저하

68 피스톤의 구비조건

• 고온고압에 견딜 것 　　　• 열전도가 잘될 것
• 열팽창율이 적을 것
• 관성력을 방지하기 위해 무게가 가벼울 것
• 가스 및 오일누출이 없어야 할 것
☞ 기관 실린더 벽에서 마멸이 가장 크게 발생하는 부위 : 상사점 부근(실린더 윗부분)
☞ 디젤기관에서 압축압력이 저하되는 가장 큰 원인 : 피스톤링의 마모, 실린더벽의 마모

69 실린더와 피스톤의 간극

클 때	• 블로 바이(blow by) 에 의한 압축 압력 저하 • 오일이 연소실에 유입되어 오일 소비가 많아짐 • 피스톤 슬랩 현상이 발생되어 기관출력이 저하
작을 때	• 마찰열에 의한 소결 • 마찰에 따른 마멸 증대

70 피스톤 링의 작용

① 기밀작용 : 압축가스가 누설 방지
② 오일제어작용 : 실린더 벽의 엔진오일을 긁어 내림
③ 열전도 작용

71 피스톤 링의 구비조건

① 내열성 및 내마멸성이 양호
② 제작이 용이
③ 실린더에 일정한 면압 유지하도록
④ 실린더 벽보다 약한 재질
　☞ 피스톤 링
　　• 피스톤 링의 절개부는 서로 120° 방향으로 끼움
　　• 피스톤 링 마모 및 간극이 크면 → 기관에서 엔진오일이 연소실로 올라오고, 혼합기 누설로 출력이 저하
　　• 실린더 헤드 쪽에 있는 것 : 압축링

72 크랭크축

실린더 블록에 지지되어 캠축을 구동시켜 주며, 피스톤의 직선운동을 회전운동으로 변환

73 크랭크축의 회전에 따라 작동되는 기구

발전기, 캠샤프트, 워터펌프, 오일펌프

74 플라이휠

기관의 맥동적인 회전을 관성력으로 일정하게 회전시킴
　☞ 플라이 휠과 같이 회전하는 부품 : 압력판

75 유압식 밸브 리프터의 장점

① 밸브 간극은 자동으로 조절
② 밸브 개폐시기가 정확
③ 밸브 기구의 내구성이 우수
④ 작동의 정숙

76 흡·배기 밸브의 구비 조건

① 열 전도율이 좋을 것
② 열에 대한 팽창력이 적을 것
③ 가스에 견디고 고온에 견딜 것
④ 충격과 부식에 견딜 것

77 밸브 간극

밸브스템엔드와 로커암(태핏)사이의 간극

밸브간극이 클 때	밸브간극이 작을 때
• 정상온도에서 밸브가 완전히 개방되지 않음 • 소음 발생 • 출력이 저하 • 스템 엔드부의 찌그러짐	• 정상온도에서 밸브가 확실하게 닫히지 않음 • 역화 및 후화 등의 이상연소 • 출력 저하

78 디젤기관에서 시동이 되지 않는 원인

① 연료 부족
② 연료공급 펌프 불량
③ 연료계통에 공기 유입
④ 크랭크축 회전속도가 너무 느릴 때

79 디젤기관의 진동원인

① 분사시기, 분사간격이 다르다.
② 각 피스톤의 중량차가 크다.
③ 각 실린더의 분사압력과 분사량이 다르다.
④ 인젝터에 불균률이 크다.

80 라디에이터

① 라디에이터의 구성요소 : 코어, 냉각핀, 냉각수 주입구
② 라디에이터 코어는 막힘률이 20% 이상이면 교환한다.
③ 방열기속의 냉각수 온도는 5~10℃정도 윗부분이 더 높다.

81 라디에이터 캡

① 냉각수 주입구의 마개를 말하며, 압력밸브와 진공밸브가 설치됨
② 압력식 라디에이터 캡은 냉각장치 내부압력이 부압이 되면 진공밸브가 열림
③ 기관이 작동 중 라디에이터 캡 쪽으로 물이 상승하면서 연소가스가 누출되는 원인은 실린더 헤드의 균열

82 가압식 라디에이터의 장점

① 방열기의 최소화
② 냉각수의 비등점을 높임
③ 냉각수 손실 적음

83 수온 조절기

① 냉각장치의 수온조절기가 열리는 온도가 낮을 경우는 워밍업 시간이 길어지기 쉬움
② 열린 채 고장 : 과냉의 원인이 됨
③ 닫힌 채 고장 : 과열의 원인이 됨

84 워터펌프

냉각수를 강제적으로 순환시키는 것으로 고장 시 기관 과열이 일어남

85 벨트로 구동되는 냉각팬

① 팬벨트의 조정은 발전기를 움직이면서 조정한다.
② 약 10kgf로 눌러서 처짐이 13~20mm 정도로 한다.

팬벨트의 장력이 너무 강할 때	팬벨트 유격이 너무 클 때
• 기관이 과냉이 된다. • 발전기 베어링이 손상된다.	• 기관이 과열된다. • 발전기 출력이 저하될 수 있다.

③ 전동팬
• 팬벨트 없이 모터로 직접 구동되므로 엔진의 시동과 무관하게 작동
• 냉각수의 온도(약 85~100℃)에 따라 간헐적으로 작동
• 전동팬의 작동과 관계없이 물펌프는 항상 회전

86 디젤기관의 과열 원인

① 냉각수 양이 적을 때
② 물 재킷 내의 물때가 많을 때
③ 물 펌프 회전이 느릴 때
④ 무리한 부하의 운전을 할 때
⑤ 냉각장치의 고장(물펌프의 고장, 라디에이터 코어 막힘 등)
⑥ 팬벨트의 유격이 클 때(느슨할 때)
⑦ 수온조절기(정온기)가 닫힌 채로 고장

87 윤활유의 작용

① 마찰감소 및 마멸방지 작용 ② 냉각 작용
③ 세척 작용 ④ 밀봉(기밀) 및 방청
⑤ 충격완화 및 소음 방지작용 ⑥ 응력 분산

88 윤활유의 점도와 점도지수

구분	높다(크다)	낮다(작다)
점도	유동성이 저하된다.	유동성이 좋아진다.
점도지수	점도 변화가 적다.	점도 변화가 크다.

☞ 오일의 점도가 높으면 기관의 압력이 높아지고, 필요 이상의 동력이 소모될 수 있다.
☞ 여름철에 사용하는 윤활유의 점도지수가 높아야 한다.

89 4행정 사이클 기관의 윤활 방식

비산식	오일디퍼가 오일을 퍼올려 비산시킨다.
압송식	오일펌프로 오일을 압송시켜 공급하는 방법으로 가장 일반적인 방법이다.
비산압송식	오일펌프와 오일디퍼를 모두 가지고 있다.

90 오일의 여과 방식

전류식	오일 펌프에서 나온 오일 전부를 오일 여과기에서 여과
분류식	오일 펌프에서 나온 오일의 일부는 윤활부분으로 직접 공급하고, 일부는 여과기로 여과한 후 오일 팬으로 되돌려 보낸다.
샨트식	전류식과 분류식을 합친 방식

91 바이패스 밸브 : 여과기가 막힐 경우 여과기를 통하지 않고 직접 윤활부로 윤활유를 공급하는 밸브

92 오일 여과기

① 여과기가 막히면 : 유압이 높아짐
② 여과능력이 불량하면 : 부품 마모가 빨라짐
③ 작업 조건이 나쁘면 : 교환시기 단축
④ 엘리먼트 청소 : 세척하여 사용
⑤ 엔진오일 교환 시 여과기도 같이 교환

93 건설기계 기관에서 사용되는 여과장치 : 공기청정기, 오일필터, 오일 스트레이너

94 오일의 교환 및 점검

① 엔진오일의 오염 상태
 • 검정색에 가까울 때 : 심하게 오염 (불순물 오염)
 • 붉은색을 띄고 있을 때 : 가솔린이 유입
 • 우유색을 띄고 있을 때 : 냉각수가 유입
② 엔진오일이 많이 소비되는 원인 : 연소와 누설
 • 피스톤, 피스톤링의 마모가 심할 때
 • 실린더의 마모가 심할 때
 • 밸브가이드의 마모가 심할 때
 • 계통에서 오일의 누설이 발생할 때

95 디젤기관의 연소실

직접분사식	• 흡기 가열식 예열장치를 사용 • 예열 플러그를 두지 않음 • 구조가 간단하고 열효율이 높음 • 분사 노즐의 상태와 연료의 질에 민감하고 노크가 쉽게 발생
예연소실식	• 예열플러그가 필요 • 연료장치의 고장이 적고 노크가 적음 • 연료 소비율이 높고 구조가 복잡
와류실식	노즐 가까이에서 공기 와류를 얻도록 설계
공기실식	부실에 대칭되는 위치에 분사노즐을 설치

96 노킹의 원인

① 착화기간 중 분사량이 많다.
② 노즐의 분무상태가 불량하다.
③ 기관이 과냉되어 있다.
④ 연료의 세탄가가 너무 낮다.
⑤ 연료의 분사 압력이 낮다.
⑥ 착화지연 시간이 길다.

97 노크 방지책의 비교

조건	디젤 노크	가솔린 노크
압축비	높인다	낮춘다
흡기온도	높인다	낮춘다
실린더 벽 온도	높인다	낮춘다
흡기압력	높인다	낮춘다
연료 착화 지연	짧게 한다	길게 한다

98 작업중 엔진부조를 하다가 시동이 꺼졌을 때의 원인

① 연료필터/분사노즐의 막힘
② 연료탱크 내에 물이나 오물의 과다
③ 연료 연결파이프의 손상으로 인한 누설
④ 연료 공급펌프의 고장

99 디젤 연료의 구비 조건

① 착화성이 좋고, 점도가 적당할 것
② 인화점이 높아야 함
③ 불순물과 유황분이 없어야 함
④ 연소 후 카본 생성이 적어야 함
⑤ 발열량이 커야 함
 ☞ 경유의 중요한 성질 : 비중 / 착화성 / 세탄가

100 작업 후 탱크에 연료를 가득 채워주는 이유

① 연료의 기포방지
② 다음 작업의 준비를 위하여
③ 공기 중의 수분이 응축되어 물 생성

101 분사펌프

분사시기 조정기 (타이머)	연료 분사 시기 조정 → 엔진의 속도가 빨라지면 분사시기를 빨리 하고 속도가 늦어지면 분사 시기를 늦춤
조속기(거버너)	• 연료 분사량을 조절하여 기관 회전속도 제어 • 엔진의 회전 속도나 부하의 변동에 따라 제어 슬리브와 피니언의 관계 위치를 변화시켜 조정

☞ 분사펌프(인젝션 펌프)는 디젤기관에만 사용
☞ 분사펌프의 플런저와 배럴 사이의 윤활 : 경유
☞ 연료 분사펌프의 기능 불량 → 엔진이 잘 시동되지 않거나 시동이 되더라도 출력이 약해짐

102 분사노즐

① 디젤엔진에서 연료를 고압으로 연소실에 분사
② 종류 : 개방형과 밀폐형(핀틀형, 스로틀형, 홀형)
③ 분사노즐 섭동면 윤활 : 경유
④ 분사노즐 테스터기는 연료의 분포상태, 연료 후적 유무, 연료 분사 개시 압력 등을 테스트하며, 분사시간은 테스트하지 않는다.

103 커먼레일 연료분사장치의 구성

저압부	• 연료를 공급하는 부품 • 연료탱크, 연료 스트레이너, 1차 연료펌프, 연료필터, 저압 연료라인
고압부	• 고압펌프, 커먼레일, 인젝터, 고압연료펌프(압력제어밸브가 부착), 커먼레일 압력센서, 연료리턴라인 등
전자제어 시스템	• ECU, 각종 센서 등의 전자제어 시스템

☞ 커먼레일 연료압력센서(RPS)
① 반도체 피에조 소자 방식
② RPS의 신호를 받아 연료 분사량과 분사시기를 조정 신호로 사용
☞ 압력제한밸브
① 고압연료펌프에 부착
② 연료압력이 높으면 연료의 일부분이 연료탱크로 리턴
③ 커먼레일과 같은 라인에 설치

104 기타 연료기기

벤트플러그	연료필터의 공기를 배출
오버플로우 밸브	연료 여과기에 장착되어 연료계통의 공기를 배출
프라이밍 펌프	연료분사펌프에 연료를 보내거나 연료계통에 공기를 배출 할 때 사용

☞연료계통의 공기빼기 : 공급펌프 → 연료여과기 → 분사펌프
☞연료의 순환순서 : 연료탱크 → 연료공급펌프 → 연료필터 → 분사펌프→ 분사노즐

105 연소상태에 따른 배출가스의 색

정상 연소	무색 또는 담청색
윤활유 연소	회백색 (피스톤링의 마모, 실린더 벽의 마모, 피스톤과 실린더의 간극 점검)
농후한 혼합비 공기청정기 막힘	검은색 (공기청정기 막힘 점검, 분사시기점검, 분사펌프의 점검)
희박한 혼합비	볏짚색

☞ 비정상적인 연소가 발생할 경우 기관의 출력은 저하된다.
☞ NO_x는 연소 온도를 낮추지 않으면 감소할 수 없다.

106 공기청정기가 막힐 경우

① 배기색 : 흑색으로 변함
② 출력 감소
③ 연소 나빠짐
④ 실린더 벽, 피스톤링, 피스톤 및 흡배기밸브 등의 마멸과 윤활부분의 마멸 촉진
　　☞ 건식공기청정기의 청소 : 압축공기로 안에서 밖으로 불어냄
　　☞ 습식공기청정기는 세척하여 사용

107 터보차저(과급기)

① 흡기관과 배기관 사이에 설치되어 실린더 내의 흡입 공기량 증가
② 기관의 출력을 증대
③ 고지대에서도 출력의 감소 적고, 회전력 증가
④ 디퓨저(Diffuser) : 과급기 케이스 내부에 설치되며, 공기의 속도에너지를 압력에너지로 변환
⑤ 블로어(Blower) : 과급기에 설치되어 실린더에 공기를 불어넣는 송풍기
　　☞배기터빈 과급기에서 터빈축의 베어링에는 기관오일로 급유

108 소음기(머플러)의 특성

① 카본이 많이 끼면 : 엔진이 과열되고, 출력 저하
② 머플러가 손상되어 구멍이 나면 : 배기음 커짐

109 배기관이 불량하여 배압이 높을 때

① 기관이 과열, 출력 감소
② 피스톤의 운동 방해
③ 기관의 과열로 냉각수의 온도 상승

110 예열 플러그

① 예연소실에 부착된 예열 플러그가 공기를 직접 예열하여 겨울철 시동을 쉽게하여 줌
② 예열 플러그의 오염원인 : 불완전 연소 또는 노킹
③ 예열 플러그는 정상상태에서 15~20초에 완전 가열
④ 병렬로 연결된 6기통 디젤기관에서 어느 한 기통의 예열 플러그가 단락되면 그 기통의 실린더만 작동이 안됨
⑤ 예열 플러그 회로는 디젤기관에만 해당되는 회로이다.
⑥ 히트레인지 : 직접 분사식 디젤기관에서 예열 플러그의 역할

111 전류의 3대 작용

① 발열작용 : 전구, 예열 플러그, 전열기
② 화학작용 : 축전지
③ 자기작용 : 전동기, 발전기, 경음기

112 옴의 법칙

$I = \dfrac{E}{R}$ (I : 전류, E : 전압, R : 저항)

☞ 전류는 전압크기에 비례하고 저항크기에 반비례한다.

113 전력과 줄의 법칙

$P(전력) = I \cdot E$
$P = I^2 \cdot R = \dfrac{E^2}{R}$

114 플레밍의 법칙

① 플레밍의 왼손 법칙 : 도선이 받는 힘의 방향을 결정하는 규칙이다. 전동기의 원리와 관계가 깊다.
② 플레밍의 오른손 법칙 : 유도 기전력 또는 유도 전류의 방향을 결정하는 규칙이다. 발전기의 원리와 관계가 깊다.

115 축전지

기동 전동기의 작동 및 점등장치 등에 전원 공급
① 납산축전지
　• 극판의 작용물질이 떨어지기 쉬우며 수명이 짧고 무거움
　• 양극판은 과산화납, 음극판은 해면상납을 사용하며, 전해액은 묽은 황산을 사용
　• 전해액이 자동 감소되면 증류수를 보충

② MF(Maintenance Free) 축전지
　　전해액의 보충이 필요 없는 무보수용 배터리

116 축전지의 구성

① 케이스, 극판, 격리판과 유리매트, 벤트플러그, 셀 커넥터, 터미널로 구성되어 있다.
② 축전지 케이스와 커버는 소다와 물로 청소한다.
③ 증류수 보충을 위한 구멍마개는 벤트플러그이다.
④ 축전지의 터미널의 구분 : 요철로 구분하지 않는다.

+	+ 표시	굵은 것	적색	문자 P
−	− 표시	가는 것	흑색	문자 N

117 전해액

① 완전충전 상태의 전해액 비중 : 20℃ 기준 1.280
② 전해액의 비중과 온도는 반비례
③ 전해액은 묽은 황산을 사용하며, 황산을 증류수에 부어야 함

118 납산 축전지의 전압과 용량

① 1셀의 전압은 2~2.2V이며, 12V의 축전지는 6개의 셀이 직렬로 연결
② 12V 납산축전지의 방전종지전압 : 10.5V
③ 납산 축전지 용량은 극판의 크기, 극판의 수, 전해액의 양(묽은 황산의 양)에 의해 결정
④ 축전지 용량 표시 : Ah(암페어시)

119 축전지의 연결법

직렬연결	용량은 한 개일 때와 동일, 전압은 2배로 됨 (전압 증가)
병렬연결	용량은 2배이고, 전압은 한 개일 때와 동일 (전류 증가)

120 축전지의 급속 충전

① 긴급할 때에만 사용
② 충전시간은 가능한 짧게 함
③ 통풍이 잘되는 곳에서 충전

121 축전지를 교환 및 장착할 때 연결 순서

① 탈거시 : 접지선 → ⊖ 케이블 → ⊕ 케이블
② 장착시 : ⊕ 케이블 → ⊖ 케이블 → 접지선

122 기동 전동기(DC 전동기)

① 전동기는 플레밍의 왼손 법칙의 원리를 이용
② 직류 직권 전동기를 주로 사용
③ 기동전동기의 시험항목 : 무부하 시험/ 회전력(부하) 시험/ 저항 시험/ 솔레노이드 풀인 시험 등
④ 기동 전동기의 전기자축에 결합된 피니언 기어가 플라이휠의 링기어를 회전시켜 시동이 걸림
⑤ 플라이휠 링기어 소손 : 기동전동기는 회전되나, 엔진은 크랭킹이 되지 않음
⑥ 시동이 걸린 후 시동 키(key) 스위치를 계속 누르고 있으면 피니언 기어가 소손되어 시동전동기의 수명이 단축
⑦ 건설기계 차량에서 시동모터에 가장 큰 전류가 흐르기 때문에 스타트 릴레이를 설치하여 시동을 도움

123 기동전동기가 작동하지 않거나 회전력이 약한 원인

① 배터리 전압이 낮음
② 배터리 단자와 터미널의 접촉 불량
③ 배선과 시동스위치가 손상 또는 접촉불량
④ 브러시와 정류자의 밀착불량
⑤ 기동전동기의 소손 원인 : 계자 코일 단락, 엔진 내부 피스톤이 고착

124 충전장치

① 운행 중 여러 가지 전기 장치에 전력 공급
② 축전지에 충전전류 공급
③ 발전기와 레귤레이터 등으로 구성
④ 발전기는 크랭크축에 의하여 구동
⑤ 발전기는 전류의 자기작용을 응용(플레밍의 오른손 법칙의 원리)

125 교류발전기(AC 발전기)

① 건설기계장비의 충전장치는 주로 3상 교류발전기 사용
② 교류발전기의 구조

스테이터	교류(AC)발전기에서 전류가 발생되는 부분
로터	브러시를 통해 들어온 전류에 의해 전자석이 되어 회전하면 스테이터에서 전류가 발생한다.
슬립 링과 브러시	브러시는 스프링 장력으로 슬립링에 접촉되어 축전기 전류를 로터 코일에 공급
다이오드 (정류기)	• 교류 전기를 정류하여 직류로 변환시키는 역할 • 축전지에서 발전기로 전류의 역류 방지

☞ 직류발전기 : 전기자에서 전류 발생
☞ AC 발전기의 출력 : 로터 전류를 변화시켜 조정
☞ 다이오드를 거쳐 AC 발전기의 B단자에서 발생되는 전기 : 3상 전파 직류전압

126 레귤레이터

레귤레이터 고장 → 발전기에서 발전이 되어도 축전지에 충전 되지 않음

직류발전기 레귤레이터	교류발전기 레귤레이터
전압조정기, 컷 아웃 릴레이 전류 제한기	전압 조정기만 필요

127 전조등

병렬로 연결된 복선식으로 구성

세미실드빔형	렌즈와 반사경은 일체이고 전구만 따로 교환
실드빔형	전조등의 필라멘트가 끊어진 경우 렌즈나 반사경에 이상이 없어도 전조등 전부를 교환

128 퓨즈 사용 시 유의사항

① 퓨즈 회로에 흐르는 전류 크기에 따르는 용량으로 사용
② 스타팅 모터의 회로에는 사용하지 않음
③ 표면이 산화되면 끊어지기 쉬움
④ 철사나 다른 용품으로 대용하면 안됨

129 계기류

충전경고등	작업 중 충전경고등에 빨간불이 들어오는 경우 충전이 잘 되지 않고 있음을 나타내므로, 충전 계통을 점검
전류계	발전기에서 축전지로 충전되고 있을 때는 전류계 지침이 정상에서 (+) 방향을 지시
오일 경고등	건설기계 장비 작업시 계기판에서 오일 경고등이 점등되었을 때 즉시 시동을 끄고 오일계통을 점검
기관 온도계	냉각수의 온도를 나타냄

07장 전·후진 주행장치 익히기

130 클러치

① 기관 시동시 기관을 무부하 상태로 만듦
② 발진시나 변속시에 필요한 미끄럼(slip)을 부여
③ 기어 변속시에 동력을 차단 또는 연결
④ 클러치 용량은 엔진 회전력의 약 1.5~2.5배 정도 커야 함

클러치 용량이 너무 크면	엔진이 정지하거나 동력전달 시 충격이 일어나기 쉬움
클러치 용량이 너무 적으면	클러치가 미끄러짐

131 마찰 클러치

클러치판	• 마찰판: 플라이휠과 압력판 사이에 설치 • 클러치판: 변속기 입력축의 스플라인에 끼워져 있음 • 토션 스프링(비틀림 코일 스프링) : 클러치 작동 시의 충격 흡수 • 쿠션 스프링 : 동력 전달과 차단 시 충격을 흡수하여 클러치판의 변형 방지
압력판	• 역할 : 클러치 스프링의 장력으로 클러치판을 밀어서 플라이휠에 압착 • 기관의 플라이휠과 항상 같이 회전
클러치 스프링	클러치 스프링의 장력이 약하면 클러치가 미끄러진다.

132 토크 컨버터

① 구성 : 펌프(임펠러), 터빈, 스테이터, 가이드링
② 역할 : 스테이터는 오일의 방향을 바꾸어 회전력을 증대
③ 토크컨버터가 유체클러치와 구조상 다른 점 : 스테이터 유무
④ 펌프는 엔진에 직결되어 엔진과 같은 회전수로 회전
⑤ 동력전달 효율 – 2~3:1 정도의 토크 증가

133 클러치의 유격

작을 때	• 클러치 미끄럼이 발생하여 동력 전달이 불량 • 클러치판이 소손 • 릴리스 베어링의 빠른 마모 • 클러치 소음이 발생
클 때	• 클러치가 잘 끊어지지 않음 • 변속할 때 기어가 끌리는 소음 발생

134 변속기의 필요성

① 주행 저항에 따라 기관 회전 속도에 대한 구동바퀴의 회전 속도를 알맞게 변경한다.
② 장비의 후진 시 필요하다.
③ 기관의 회전력을 증대시킨다.
④ 시동 시 장비를 무부하 상태로 만든다.

☞ 인터록 볼(인터록 장치) : 기어가 이중으로 물리는 것을 방지
☞ 로크볼 : 기어가 중립 또는 물림 위치에서 쉽게 빠지지 않도록 하는 기구
☞ 유성기어 장치의 주요부품 : 선기어, 유성기어, 링기어, 유성 캐리어

135 드라이브 라인

클러치의 동력을 후차축까지 전달하는 축을 말하며, 유니버설 조인트(자재이음)나 슬립 조인트(슬립이음)로 설계

프로펠러 샤프트	변속기에서 구동축에 동력을 전달하는 축으로 추진축의 회전 시 진동 방지를 위한 밸런스 웨이트 설치
유니버설 조인트	회전 각속도의 변화를 상쇄하기 위한 십자축 자재이음을 추진축 앞뒤에 설치
슬립 이음	추진축의 길이 방향에 변화를 주기 위해 사용

☞ 슬립 이음이나 유니버설 조인트 등 연결부위에서 가장 적합한 윤활유 : 그리스

136 차동 기어 장치

하부 추진체가 휠로 되어 있는 건설기계장비로 선회 시 좌·우 구동바퀴의 회전속도를 달리 하여 선회를 원활하게 함

137 타이어의 구조

카커스	타이어에서 고무로 피복된 코드를 여러 겹으로 겹친 층에 해당하며 타이어 골격을 이루는 부분
트레드	직접 노면과 접촉되어 마모에 견디고 적은 슬립으로 견인력을 증대시키며 미끄럼 방지·열 발산의 효과

☞ 저압 타이어 표시 : 타이어의 폭－타이어의 내경 – 플라이 수

138 조향장치

① 지게차의 조향장치의 원리 : 에커먼 장토식
② 지게차의 일반적 조향방식 : 뒷바퀴 조향방식
③ 다이로드 : 타이어식 건설기계에서 조향 바퀴의 토인을 조징 하는 곳

139 앞바퀴 정렬(휠 얼라이먼트)

캠버	앞바퀴를 앞에서 보았을 때 윗부분이 바깥쪽으로 약간 벌어져 상부가 하부보다 넓게 되어 있다. 이때 바퀴의 중심선과 노면에 대한 수직선이 이루는 각도
캐스터	앞바퀴를 옆에서 보았을 때 수직선에 대해 조향축이 앞으로 또는 뒤로 기울여 설치
토인	앞바퀴를 위에서 볼 때 좌·우 앞바퀴의 간격이 뒤보다 앞이 좁은 것
킹핀 경사각	앞바퀴를 앞에서 볼 때 킹핀 중심이 수직선에 대하여 경사각을 이룸

140 베이퍼록과 페이드 현상

베이퍼록	브레이크의 지나친 사용으로 인한 마찰열로 브레이크 오일이 비등(끓음)하여 브레이크 회로 내에 기포가 발생하여 제동력이 떨어지는 현상 → 긴 내리막길에서 엔진브레이크를 사용
페이드	브레이크를 연속하여 자주 사용하면 드럼과 라이닝 사이에 마찰열이 발생하여 브레이크가 잘 듣지 않는 현상 → 작동을 멈추고 열을 식혀야 함

141 브레이크

유압식	• 종류 : 드럼식, 디스크식 • 유압식 브레이크 장치에서 마스터 실린더의 리턴구멍이 막히면 제동이 잘 풀리지 않음 • 첵밸브 : 잔압 유지, 역류 방지
배력식	• 하이드로백 : 유압 브레이크에 진공식 배력장치를 병용하여 큰 제동력을 발생 • 배력장치에 의한 제동장치가 고장나더라도 유압에 의한 제동장치는 작동함
공기식	• 압축공기의 압력을 이용하여 제동하는 장치 • 브레이크 슈는 캠에 의해서 확장되고 리턴 스프링에 의해서 수축

08장 작업장치 익히기

142 작업장치의 구성

마스트	• 작업장치의 기둥으로 리프트 실린더, 리프트 체인, 롤러, 틸트 실린더, 핑거보드, 백레스트, 캐리어, 포크 등이 장착되어 있다.
리프트 실린더	• 포크를 상승 또는 하강시킨다. • 단동 실린더 • 포크의 상승 시 실린더에 유압유가 공급된다.
틸트 실린더	• 마스트를 전경 또는 후경으로 작동시킨다. • 2개의 복동식 유압실린더(마스트와 프레임 사이에 설치) • 마스트를 전·후경 시킬 때 실린더에 유압유가 공급된다.
포크 (쇠스랑)	• L자형으로 2개이며, 핑거 보드에 체결되어 화물을 떠받쳐 운반하는 역할
리프트 체인	• 마스트를 따라 캐리지(포크 암을 지지하는 부분)를 올리고 내리는 체인 • 한쪽 체인이 늘어지는 경우 지게차의 좌우 포크 높이가 달라지므로 체인 조정을 한다. • 리프트 체인에는 엔진오일을 주유한다.
카운터 웨이트	• 작업할 때 안정성 및 균형을 잡아주기 위해 지게차 장비 뒤쪽에 설치되어 있다.
백레스트	• 포크위에 올려진 화물이 마스트 후방으로 낙하하는 것을 방지하기 위한 짐받이 틀
핑거보드	• 백레스트에 지지되어 포크를 설치하는 수평판

143 지게차의 조종레버 및 동작

리프트 레버	• 뒤로 당기면 포크가 상승 • 앞으로 밀면 포크가 하강
틸트 레버	• 뒤로 당기면 마스트 후경(운전자쪽) • 앞으로 밀면 마스트 전경(전방쪽)
전후진 레버	• 앞으로 밀면 전진 • 뒤로 당기면 후진

144 조종레버가 3개 이상인 경우의 위치

운전석 기준으로 좌측으로부터 리프트 레버, 틸트 레버, 부수장치 레버의 순으로 위치한다.

145 지게차 작업장치의 동력전달 기구

리프트 실린더, 틸트 실린더, 리프트 체인

146 지게차 레버 조작 시 주의사항

① 포크의 상승 또는 마스트를 전후로 기울일 때 엑셀레이터를 가볍게 밟는다.
② 포크 하강 시에는 엑셀을 밟지 않는다.
③ 필요이상으로 엔진 회전수를 올리거나 레버를 조작하는 것은 고장과 소음의 원인이 된다.

147 지게차의 제원

기준부하 상태	지면으로부터의 높이가 300mm인 수평상태의 지게차 쇠스랑 윗면에 최대하중이 고르게 가해지는 상태
기준무부하 상태	지면으로부터의 높이가 300mm인 수평상태의 지게차 쇠스랑의 윗면에 하중이 가해지지 아니한 상태
축간거리	• 지게차의 앞축(앞바퀴)의 중심부로부터 뒤축(뒷바퀴)의 중심부까지의 거리 • 축간거리가 커질수록 지게차의 안정도는 향상되나 회전반경은 커짐 ※ 건설기계의 길이, 너비, 높이 등을 표시할 때는 일반적으로 mm로 표시
최대올림 높이	지게차의 기준무부하상태에서 지면과 수평상태로 쇠스랑(포크)을 가장 높이 올렸을 때 지면에서 쇠스랑 윗면까지의 높이
최대 들어올림 용량	지게차의 기준부하상태에서 지면과 수평상태로 쇠스랑을 지면에서 3,000mm 높이로 올렸을 때 기준하중의 중심에 최대로 적재할 수 있는 하중
최대하중	안정도를 확보한 상태에서 쇠스랑을 최대올림높이로 올렸을 때 기준하중의 중심에 최대로 적재할 수 있는 하중
하중중심	지게차 포크의 수직면으로부터 포크 위에 놓인 화물의 무게 중심까지의 거리
기준하중의 중심	지게차의 쇠스랑 윗면에 최대하중이 고르게 가해지는 상태에서 하중의 중심
자체중량	연료, 냉각수 및 윤활유 등을 가득 채우고 휴대 공구, 작업 용구 및 예비 타이어를 싣거나 부착하고, 즉시 작업할 수 있는 상태에 있는 건설기계의 중량(조종사의 중량 제외)

148 마스트 경사각(카운터 밸런스형)

전경각	• 마스트를 포크 쪽으로 기울인 최대경사각 • 일반적으로 5~6°(법규 6° 이하)
후경각	• 마스트를 운전자 쪽으로 기울인 최대경사각 • 일반적으로 10~12°(법규 12° 이하)

149 지게차의 안전기준

① 지게차 유압유의 온도가 50°C인 상태에서 지게차가 최대하중을 싣고 엔진을 정지한 경우 쇠스랑(포크)이 자중 및 하중에 의하여 내려가는 거리는 10분당 100mm 이하여야 한다.
② 지게차의 기준부하상태에서 쇠스랑(포크)을 들어 올린 경우 하강작업 또는 유압 계통의 고장에 의한 쇠스랑의 하강속도는 초당 0.6m 이하이여야 한다.

150 최소 회전 반경(최소 회전 반지름) – 바퀴

무부하 상태에서 최대 조향각으로 서행한 경우, 가장 바깥쪽 바퀴의 접지 자국 중심점이 그리는 원의 반경

151 최소 선회 반경(최소 선회 반지름) – 차체

무부하 상태에서 최대 조향각으로 서행한 경우 차체의 가장 바깥부분이 그리는 궤적의 반지름

152 지게차의 동력전달장치

마찰 클러치형	엔진 → 클러치 → 변속기 → 종감속기어 및 차동장치 → 앞구동축 → 차륜
토크 컨버터형	엔진 → 토크컨버터 → 변속기 → 종감속 기어 및 차동장치 → 앞구동축 → 최종 감속기 → 차륜

153 지게차의 조향장치

① 뒷바퀴 조향방식이다.
② 조향원리는 애커먼 장토식이 사용된다.
③ 지게차 조향장치의 유압실린더는 복동실린더 더블로드형이 사용된다.
④ 지게차의 토인조정은 타이로드로 한다.
⑤ 벨크랭크 : 조향실린더의 직선운동을 회전운동으로 바꾸어줌과 동시에 타이로드에 직선운동을 시킨다.
⑥ 벨크랭크와 유압조향 실린더 작동기 사이에는 드래그링크가 설치되어 있다.
⑦ 조향핸들에서 바퀴까지 조작력 전달 : 핸들 → 조향기어 → 피트먼 암 → 드래그링크 → 타이로드 → 조향암 → 바퀴

154 지게차의 제동장치

① 유압식 브레이크는 파스칼의 원리를 이용한다.
② 브레이크 페달은 지렛대의 원리를 이용한다.
③ 유압 제동장치에서 마스터 실린더의 리턴구멍이 막히면 제동이 잘 풀리지 않는다.
④ 제동장치의 마스터 실린더 세척은 브레이크액으로 한다.

155 지게차의 앞차축

① 지게차의 앞바퀴는 직접 프레임에 설치된다.
② 지게차에서 자동차와 같이 스프링을 사용하지 않은 이유는 롤링이 생기면 적하물이 떨어지기 때문이다.

156 지게차의 차동장치

지게차 등의 휠형 건설기계가 회전을 할 때 장비의 회전을 원활하게 한다.

157 전동식 지게차

① 축전지와 전동기를 동력원으로 하여 움직이는 지게차
② 매연, 소음이 없어 소형 창고 및 공장 등에서 많이 사용

158 작업용도에 따른 지게차의 분류

프리 리프트 마스트	프리 리프트의 양이 커서 마스트 상승이 불가능한 장소 및 천장이 낮은 장소에 적합
하이 마스트	마스트가 2단으로 되어 높은 위치에 물건을 쌓거나 내리는 데 적합
3단 마스트	마스트가 3단으로 되어 높은 곳의 작업 및 천장이 낮은 장소의 작업에 적합
로테이팅 포크	포크를 360° 회전시켜 용기에 들어있는 액체 또는 제품의 운반이나 붓는 작업에 적합
로테이팅 클램프	원추형의 화물을 좌우로 조이거나 회전시켜서 운반하는데 적합
힌지드 포크	원목 및 파이프 등의 적재작업에 적합
힌지드 버킷	힌지드 포크에 버킷을 장착하여 흘러내리기 쉬운 석탄, 소금, 비료, 모래 등을 운반
로드 스태빌라이저	화물을 위에서 눌러주는 압착판을 설치하여 화물의 낙하를 방지. 거치른 지면, 경사지에 적합
사이드 클램프	좌우에 클램프가 설치되어 솜, 양모, 펄프 등 가볍고 부피가 큰 화물의 작업에 적합
드럼 클램프	사이드 클램프를 반달형으로 하여 드럼통을 운반 및 적재하는데 적합

159 포크 포지셔너(fork positioner)

① 포크의 간격을 운전석에서 조정할 수 있는 장치
② 양개식 : 레버 1개로 포크를 좌우로 조정
③ 편개식 : 레버 2개로 각각의 포크를 조정

160 지게차의 포크 위치

주행시	• 지면에서 20~30cm 올림 • 화물운반시 마스트 4~6° 후경
주차시	• 포크를 지면에 완전히 내림 • 포크의 선단이 지면에 닿도록 마스트를 전방으로 적절히 경사시킴
유량점검시	포크를 지면에 완전히 내림
체인조정시	포크를 10~15cm 올리고 점검

161 기타 지게차의 중요 포인트

① 플로우 레귤레이터(슬로우 리턴)밸브
  지게차의 리프트 실린더 작동회로에 사용되며 포크를 천천히 하강
  하도록 작용한다.
② 틸트록 밸브
  지게차의 마스트를 기울일 때 갑자기 시동이 정지되면 작업하던 그 상
  태를 유지시켜주는 밸브
③ 지게차의 체인 장력 조정
  • 한 쪽 체인이 늘어지면 포크가 한쪽으로 기울어진다.
  • 체인 장력조정 후 록크너트를 고정시켜야 한다.

09장   건설기계 유압

162 유압 일반

① 압력 : 유체내에서 단위면적당 작용하는 힘(kg/cm²)
  압력 = 가해진 힘 / 단면적
② 유량 : 단위시간에 이동하는 유체의 체적을 말한다.
③ 압력의 단위 : 건설기계에서는 kgf/cm²가 쓰인다.
  ☞ 그 외 압력의 단위 : Pa, psi, kPa, mmHg, bar, atm 등

163 파스칼의 원리

① 유체의 압력은 면에 대하여 직각으로 작용
② 각 점의 압력은 모든 방향으로 같다.
③ 밀폐된 용기 내의 액체 일부에 가해진 압력은 유체 각 부분에 동시에 같
  은 크기로 전달

164 유압펌프

① 원동기의 기계적 에너지를 유압에너지로 변환
② 엔진의 플라이휠에 의해 구동
③ 엔진이 회전하는 동안에는 항상 회전
④ 유압탱크의 오일을 흡입하여 컨트롤밸브로 송유(토출)
⑤ 작업 중 큰 부하가 걸려도 토출량의 변화가 적고, 유압토출 시 맥동이 적
  은 성능이 요구
  ☞ 펌프의 용량은 주어진 압력과 그 때의 토출량으로 표시
  ☞ GPM은 분당 토출하는 액체의 체적이며, 계통 내에서 이동되는 유체의 양
    을 나타냄

165 기어펌프

① 정용량형 펌프
② 구조 간단, 고장 적음, 가격 저렴
③ 유압 작동유의 오염에 비교적 강함
④ 흡입 능력이 가장 큼
⑤ 피스톤 펌프에 비해 효율이 떨어짐
⑥ 소음이 비교적 큼
  ☞ 기어펌프의 회전수가 변하면 오일의 유량이 변한다.
  ☞ 기어식 유압펌프에서 소음이 나는 원인 :
    흡입 라인의 막힘/ 펌프의 베어링 마모/ 오일의 과부족

166 베인펌프

① 소형 · 경량 · 간단, 보수 용이, 수명이 김
② 맥동이 적음
③ 토크(torque)가 안정되어 소음이 적음
④ 마모가 일어나는 곳 : 캠링면과 베인 선단부분

167 피스톤 펌프(플런저 펌프)

① 유압펌프 중 가장 고압, 고효율
② 높은 압력에 잘 견디고, 토출량의 변화범위가 큼
③ 가변용량이 가능
④ 피스톤은 왕복운동, 축은 회전 또는 왕복운동
⑤ 고압 대출력에 사용
⑥ 단점 : 구조 복잡 / 비싸다 / 오일의 오염에 민감 / 흡입능력이 낮음/ 베
  어링에 부하가 큼

168 유압펌프의 비교

구분	기어펌프	베인펌프	피스톤펌프 (플런저펌프)
구조	간단	간단	복잡
최고압력(kgf/cm²)	약 210	약 175	약 350
토출량의 변화	정용량형	가변용량가능	가변용량가능
소음	중간	작다	크다
자체 흡입 능력	좋다	보통	나쁘다
수명	중간	중간	길다

169 유압의 제어방법

① 압력제어 : 일의 크기 제어
② 방향제어 : 일의 방향 제어
③ 유량제어 : 일의 속도 제어

170 압력 제어밸브

① 유압 회로 내의 최고 압력을 규제하고 필요한 압력을 유지 시켜 일의 크
  기를 조절
② 토크 변환기에서 오일의 과다한 압력을 방지
③ 압력제어 밸브는 펌프와 방향전환 밸브 사이에 설치

릴리프
밸브
	• 펌프의 토출측에 위치하여 회로 전체의 압력 제어
	• 유압이 규정치보다 높아 질 때 작동하여 계통 보호
	• 유압을 설정압력으로 일정하게 유지
	• 릴리프밸브의 설정 압력이 불량하면 유압건설 기계의 고압
	  호스가 자주 파열
	• 릴리프밸브 스프링의 장력이 약화될 때 채터링 현상(떨림)
	  발생

리듀싱 밸브	• 유압회로에서 입구 압력을 감압하여 유압실린더 출구 설정 압력 으로 유지하는 감압 밸브
무부하 밸브	• 펌프를 무부하로 만들어 동력 절감과 유온 상승 방지 (언로드 밸브)
시퀀스 밸브	• 두 개 이상의 분기회로에서 유압회로의 압력에 의해 유압 액 추에이터의 작동 순서 제어
카운터 밸런스 밸브	• 실린더가 중력으로 인하여 제어속도 이상으로 낙하 방지

171 방향 제어밸브

① 유체의 흐름 방향을 변환
② 유체의 흐름 방향을 한쪽으로만 허용
③ 유압실린더나 유압모터의 작동 방향을 바꾸는데 사용

체크 밸브	• 유압회로에서 오일의 역류를 방지하고, 회로 내의 잔류압력을 유지 • 유압유의 흐름을 한쪽으로만 허용하고 반대방향의 흐름을 제어
셔틀 밸브	• 두 개 이상의 입구와 한 개의 출구가 설치되어 있으며, 출구가 최고 압력의 입구를 선택하는 기능 (즉, 저압측은 통제하고 고압측만 통과)

172 유량 제어밸브

회로에 공급되는 유량을 조절하여 액추에이터의 운동 속도를 제어

스로틀 밸브	오일이 통과 하는 관로를 줄여 오일량을 조절 (구성품 : 오리피스와 쵸크)
분류 밸브	유량을 제어하고 유량을 분배
니들 밸브	내경이 작은 파이프에서 미세한 유량을 조정

173 액추에이터(유압모터와 유압 실린더)

① 유압펌프를 통하여 송출된 에너지를 직선운동이나 회전운동을 통하여 기계적 일을 하는 기기
② 압력에너지(힘)를 기계적 에너지(일)로 변환

174 유압모터

① 유압 에너지를 회전 운동으로 변화
② 유압 모터의 속도 : 오일의 흐름 량에 의해 결정
③ 유압모터의 용량 : 입구압력(kgf/cm²)당 토크

175 유압 모터의 종류

기어형 모터	• 구조 간단, 가격 저렴 • 고장 발생이 적음 • 전효율은 70% 이하로 그다지 좋지 않다.
베인형 모터	• 출력 토크가 일정하고 역전이 가능한 무단 변속기 • 상당히 가혹한 조건에도 사용
피스톤형 (플런저형) 모터	• 구조가 복잡, 대형, 가격이 비쌈 • 펌프의 최고 토출압력, 평균효율이 가장 높아 고압 대출력에 사용

176 유압 실린더

① 유압 에너지를 직선왕복운동으로 변화
② 유압 실린더의 작동속도는 유량에 의해 조절
③ 유압 실린더의 과도한 자연낙하현상 : 작동압력이 저하되면 생긴다.

177 유압 실린더의 종류

단동식	• 피스톤의 한쪽에서만 유압이 공급되어 작동 • 피스톤형, 램형, 플런저형
복동식	• 피스톤의 양쪽에 압유를 교대로 공급하여 작동 • 편로드형, 양로드형
다단식	• 유압 실린더의 내부에 또 하나의 실린더를 내장하거나, 하나의 실린더에 여러개의 피스톤을 삽입하는 방식

178 유압탱크의 기능

① 계통 내의 필요한 유량 확보
② 격판에 의한 기포 분리 및 제거
③ 탱크 외벽의 방열에 의한 적정온도 유지
④ 스트레이너 설치로 회로 내 불순물 혼입 방지

179 유압탱크와 구비조건

① 오일의 열을 발산
② 오일에 이물질이 혼입되지 않도록 밀폐
③ 드레인(배출밸브) 및 유면계를 설치
④ 흡입관과 복귀관(리턴 파이프) 사이에 격판이 설치
⑤ 적당한 크기의 주유구 및 스트레이너를 설치
⑥ 유면은 적정범위에서 "F"에 가깝게 유지

180 유압탱크의 부속품

스트레이너	흡입구에 설치되어 회로 내의 입자가 큰 불순물 여과
배플(칸막이)	기포의 분리 및 제거
드레인 플러그	오일 탱크 내의 오일을 전부 배출시킬 때 사용(탱크 하부에 위치한 플러그)
주입구 캡	주입구 마개
유면계	오일량 측정

181 축압기(어큐뮬레이터)

① 기능 : 유압 에너지의 일시 저장, 충격 흡수, 압력 보상
② 공기압축식 : 피스톤형, 블래더형(블래더형의 고무주머니에 질소를 주입), 다이어프램형

182 유압장치의 여과기

① 유압장치의 금속가루 및 불순물을 제거하기 위한 장치
② 종류 : 필터, 스트레이너

183 배관의 구분과 이음

① 나선 와이어 브레이드 호스 : 유압기기 장치에 사용되는 유압호스 중 가장 큰 압력에 견딘다.
② 유니온 조인트 : 호이스트형 유압호스 연결부에 가장 많이 사용

184 오일 실(seal)

① 오일 실은 기기의 오일 누출을 방지
② 유압계통을 수리할 때마다 오일 실은 항상 교환
③ 유압작동부에서 오일이 새고 있을 때 가장 먼저 점검
　☞ 더스트 실(dust seal) : 유압장치에서 피스톤 로드에 있는 먼지 또는 오염 물질 등이 실린더 내로 혼입되는 것을 방지

185 유압유(작동유)의 구비조건

① 점도지수가 높을 것(온도변화에 의한 점도변화가 적을 것)
② 열팽창계수가 작을 것
③ 산화 안정성, 윤활성, 방청·방식성이 좋을 것
④ 압력에 대해 비압축성일 것
⑤ 발화점이 높을 것
⑥ 적당한 유동성과 적당한 점도를 가질 것
⑦ 강인한 유막을 형성할 것
⑧ 밀도가 작고 비중이 적당할 것

186 유압유의 점도에 따른 영향

점도가 높을 때	• 관내의 마찰 손실이 커짐 • 동력 손실이 커짐 • 열 발생 • 유압이 높아짐
점도가 낮을 때	• 오일 누설(실린더 및 컨트롤밸브에서 누출 발생) • 펌프 효율이 떨어짐 • 유압이 낮아짐

187 캐비테이션(공동현상)

① 작동유 속에 용해된 공기가 기포로 발생하여 유압 장치 내에 국부적인 높은 압력, 소음 및 진동이 발생하여 양정과 효율이 저하되는 현상
② 필터의 여과 입도수(mesh)가 너무 높을 때 발생

188 작동유의 정상 작동 온도 범위 : 40~60℃

189 유압 장치의 수명 연장을 위한 가장 중요한 요소 :
오일 필터의 점검과 교환

190 유압 회로

압력제어 회로	작동 목적에 알맞은 압력을 얻음
속도제어 회로	유압 모터나 유압 실린더의 속도를 임의로 쉽게 제어
무부하 회로	작업 중에 유압펌프 유량이 필요치 않을 시 펌프를 무부하시킴

191 속도 제어회로

미터인 회로	액추에이터의 입구 쪽 관로에 설치한 유량제어 밸브로 흐름을 제어하여 속도를 제어하는 회로
미터아웃 회로	액추에이터의 출구 쪽 관로에 설치한 회로로서 실린더에서 유출되는 유량을 제어하여 속도 제어
블리드 오프 회로	실린더 입구의 분기 회로에 유량제어 밸브를 설치하여 실린더 입구 측의 불필요한 압유를 배출시켜 작동 효율을 증진시킨 회로

192 유압회로의 점검

① 압력에 영향을 주는 요소 : 유체의 흐름량, 유체의 점도, 관로 직경의 크기
② 유압의 측정은 유압펌프에서 컨트롤 밸브 사이에서 한다.
③ 회로내 압력손실이 있으면 유압기기의 속도가 떨어진다.
④ 회로내 잔압을 설정하여 작업이 신속히 이루어지고, 공기 혼입이나 오일의 누설을 방지한다.

수험교육의 최정상의 길 - 에듀웨이 EDUWAY

(주)에듀웨이는 자격시험 전문출판사입니다.
에듀웨이는 독자 여러분의 자격시험 취득을 위한 교재 발간을 위해 노력하고 있습니다.

기분파
지게차운전기능사 필기

2025년 03월 20일 12판 3쇄 인쇄
2025년 03월 31일 12판 3쇄 발행

지은이 | 에듀웨이 R&D 연구소(건설부문)
펴낸이 | 송우혁

펴낸곳 | (주)에듀웨이
주 소 | 경기도 부천시 소향로13번길 28-14, 8층 808호(상동, 맘모스타워)
대표전화 | 032) 329-8703
팩 스 | 032) 329-8704
등 록 | 제387-2013-000026호
홈페이지 | www.eduway.net

기획,진행 | 에듀웨이 R&D 연구소
북디자인 | 디자인 동감
교정교열 | 김미정, 박창석
인 쇄 | 미래피앤피

Copyright©에듀웨이 R&D 연구소, 2025. Printed in Seoul, Korea

책값은 뒤표지에 있습니다.

ISBN 979-11-86179-95-6

이 도서의 국립중앙도서관 출판시도서목록(CIP)은 서지정보유통지원시스템 홈페이지
(http://seoji.nl.go.kr)와 국가자료공동목록시스템(http://www.nl.go.kr/kolisnet)에서 이
용하실 수 있습니다.

Craftman **Fork Lift Truck Operator**